学用一册通：Dreamweaver+Photoshop+Flash+Fireworks 网站建设与网页设计

第4章 创建图文混排网页

第4章 插入视频文件

第4章 插入与设置图像属性

第5章 创建热区链接导航

第4章 在网页中插入媒体实例

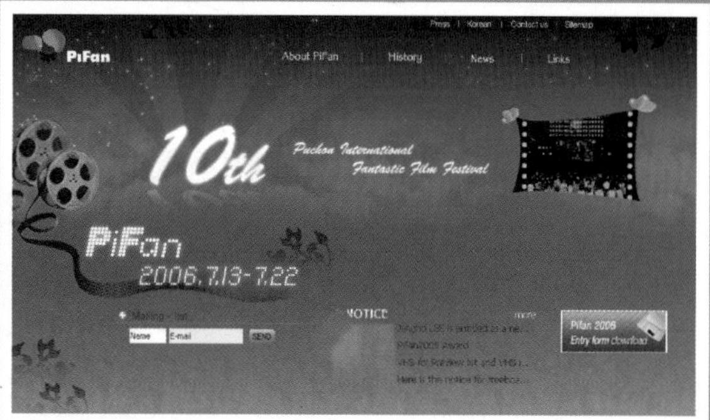

第5章 创建下载文件链接

第3章 插入项目列表

第3章 创建基本文本网页

第4章 插入Java小程序

第4章 插入鼠标经过图像后

第4章 添加声音

第5章 创建锚点链接

第5章 创建锚点链接实例

第5章 创建图像热区链接

第10章 拖动AP元素

学用一册通：Dreamweaver+Photoshop+Flash+Fireworks 网站建设与网页设计

第10章 打开浏览器窗口

第13章 加深图像

第10章 跳转菜单

第10章 检查表单

Dreamweaver+Photoshop+Flash+Fireworks网站建设与网页设计

何海霞 等编著

電子工業出版社
Publishing House of Electronics Industry
北京•BEIJING

内 容 简 介

本书是一本由浅入深的网站建设与网页设计类百科全书式教程，不是纯粹的软件教程，书中除了介绍软件的使用外，更多地介绍了创意设计与软件功能的结合。

全书分为 6 篇共 25 章。详细介绍了现在最流行的网页设计工具组合——Dreamweaver CS6、Photoshop CS6、Fireworks CS6 和 Flash CS6 的使用方法、操作技巧和实战案例，涵盖了网页设计与制作过程中的常用技术和操作步骤。本书作者具有多年网站设计与教学经验，在写作本书时，作者对所有的实例都亲自进行了实践与测试，力求使每一个实例都真实而完整地呈现在读者面前。

本书语言简练、内容丰富、结构合理，采用循序渐进的讲述方法，通过丰富的实战案例对知识点进行讲解，按照理论与实例相结合的形式编排内容，并在光盘中提供了丰富的教学资源，不仅适合网页制作初学者和爱好者使用，同时也是培训班和各院校相关专业理想的教学用书。

图书在版编目（CIP）数据

学用一册通.Dreamweaver+Photoshop+Flash+Fireworks 网站建设与网页设计/何海霞等编著. —北京：电子工业出版社，2013.6
ISBN 978-7-121- 20242-1

Ⅰ. ①学… Ⅱ. ①何… Ⅲ. ①网页制作工具 ②网站—建设 Ⅳ. ①TP393.092

中国版本图书馆 CIP 数据核字（2013）第 084542 号

策划编辑：胡辛征
责任编辑：许　艳
特约编辑：赵树刚
印　　刷：北京中新伟业印刷有限公司
装　　订：北京中新伟业印刷有限公司
出版发行：电子工业出版社
北京市海淀区万寿路 173 信箱　邮编：100036
开　　本：787×1092　1/16　印张：31.75　字数：813 千字　彩插：2
印　　次：2013 年 6 月第 1 次印刷
印　　数：4000 册　定价：69.80 元（含光盘 1 张）

凡所购买电子工业出版社图书有缺损问题，请向购买书店调换。若书店售缺，请与本社发行部联系，联系及邮购电话：（010）88254888。

质量投诉请发邮件至 zlts@phei.com.cn，盗版侵权举报请发邮件至 dbqq@phei.com.cn。

服务热线：（010）88258888。

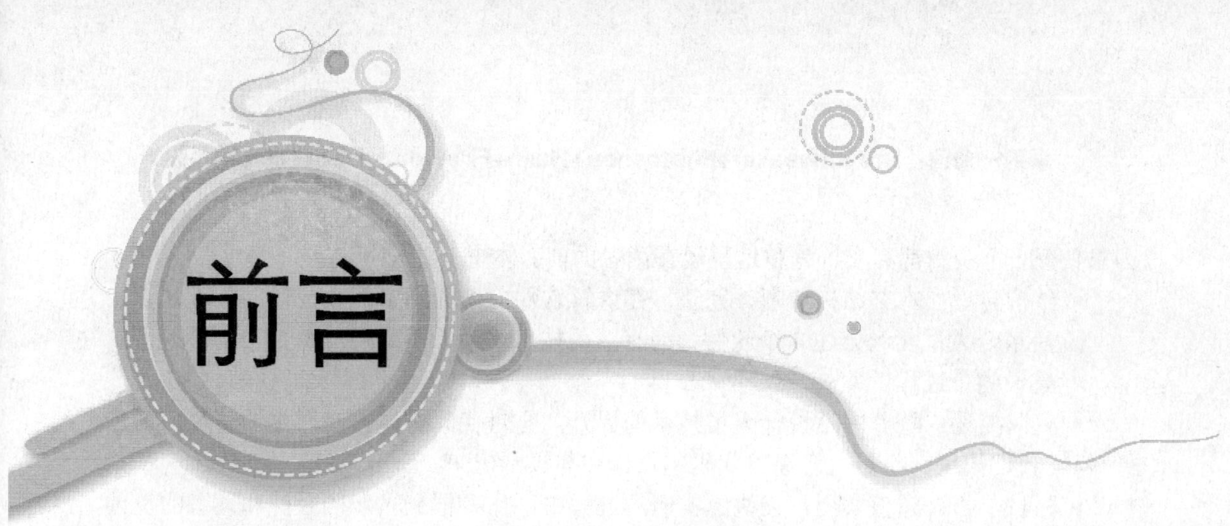

当前计算机和网络的飞速发展，使网页设计与网站建设成为热门技术。页面设计、动画设计、图形图像设计是网页设计与网站建设的三大核心。随着网页设计与网站建设技术的不断发展和完善，产生了众多网页制作软件。但是目前使用最多的是 Photoshop、Dreamweaver、Flash 和 Fireworks 4 个软件，这 4 个软件的组合完全能高效地实现网页的各种功能，所以称这个组合为黄金搭档。现在，Adobe 公司又及时地推出了 Dreamweaver CS6、Flash CS6、Photoshop CS6 与 Fireworks CS6，它们已经成为网页设计与网站建设的梦幻工具组合，以其强大的功能和易学易用的特性，赢得了广大网页设计人员的青睐。

新网页四剑客无论从外观还是功能上都表现得很出色，并且与 Adobe 其他系列软件的配合也更加融洽和高效。无论是设计师还是初学者，都能更加容易地完成各自的目标，真切地体验到 CS6 中文版为创意工作流程带来的全新变革。

本书不是纯粹的软件教程，书中除了介绍软件的使用外，更多地介绍了如何将创意设计与软件功能结合运用。全书以软件的实际应用为主线，针对 Dreamweaver CS6、Photoshop CS6、Flash CS6 和 Fireworks CS6 版本中的新功能等方面的知识进行了深入探讨。

本书主要内容

本书详细介绍了现在最流行的网页设计工具组合——Dreamweaver CS6、Photoshop CS6、Fireworks CS6 和 Flash CS6 的使用方法、操作技巧和实战案例。全书内容分为 6 篇共 25 章。

第 1 篇介绍网页设计基础知识，包括网页制作基本知识与网站建设流程，以及网页色彩的搭配。

第 2～5 篇依次介绍网页制作软件 Dreamweaver CS6，网页图像制作软件 Photoshop CS6 与 Fireworks CS6，以及网页动画制作软件 Flash CS6。

第 6 篇详细介绍企业网站建设和购物网站建设的具体方法，旨在帮助读者融会贯通所学知识，并最终步入网站建设与网页设计高手的行列。

本书主要特点

本书是一本由浅入深的网站建设与网页设计类百科全书式教程，面向的读者是初级专业人员及网页设计爱好者。为了方便广大读者学习，本书结合大量的实例进行介绍。在写作本书时，作者倾注了多年网站设计与教学经验，对所有的实例都亲自进行了实践与测试，

力求使每一个实例都真实、完整地呈现在读者面前。本书具有如下特点。

- 结构合理：本书结构清晰、完整，在讲解软件前先介绍了网页设计的基础知识。之后结合大量实例分述 4 个软件和动态网页技术。最后两章通过综合实例讲述了网站建设的全过程。
- 代码揭秘：随着网站设计人员技术的提升，会对代码有越来越深刻的研究，增加了“代码揭秘”栏目，意在将代码重点标注与提示出来。
- 栏目丰富，超值实用：在讲解实例的过程中，作者根据多年的经验和读者的反馈，精心策划了“指点迷津”“高手支招”等栏目。“指点迷津”用于对疑难问题和常见技巧的解答；“高手支招”用于介绍问题的一题多解的方法。
- 双栏排版，提示标注：采用双栏图解排版，一步一图，图文对应，并在图中添加了操作提示标注，以便于读者快速学习。
- 专家秘籍：每章最后一部分均安排了专家秘籍，这些秘籍来源于网站建设专家多年的经验和技巧总结，解答了初学者常见的困惑，又扩大了初学者的知识面。
- 超值配套光盘：本书所附光盘的内容为书中介绍范例的源文件及重点实例的操作演示视频，供读者学习时参考和对照使用。在光盘中还有“HTML 常用标记手册”、“JavaScript 语法手册”、“CSS 属性一览表”、“VBScript 语法手册”、“ADO 对象方法属性详解”、“常见网页配色词典”等超值内容，在制作网页时也是很有参考价值的。另外，本书赠送的精美图像等素材文件，读者可在 www.broadview.com.cn/12424 网站进行下载。

本书读者对象

本书语言通俗易懂，知识结构系统全面，突出了实战性，采用由浅入深的编排方法，内容丰富，结构清晰，实例众多，图文并茂，适用于以下读者对象：

- 网页设计与制作人员。
- 网站建设与开发人员。
- 大中专院校相关专业师生。
- 网页制作培训班学员。
- 个人网站爱好者与自学人员。

本书由国内著名网页设计培训专家何海霞编写，参加编写和提供素材的还有邓静静、李银修、刘宇星、邓方方、张礼明、孙良军、杨建伟、李晓民、刘中华、邓方方、徐洪峰、孙起云、吕志彬、何海霞等。

本书能够最终付梓，是和很多人的努力分不开的。感谢出版社的胡辛征老师，他非常认真地审阅了本书的内容，并提出了非常具体的修改意见和建议，没有他做后盾，这本书是不可能面世的。由于作者水平有限，加之时间仓促，书中错误和纰漏在所难免，希望广大读者予以批评指正。

目录

第1篇

网页设计入门基础篇

目录

学用一册通：Dreamweaver+Photoshop+Flash+Fireworks网站建设与网页设计

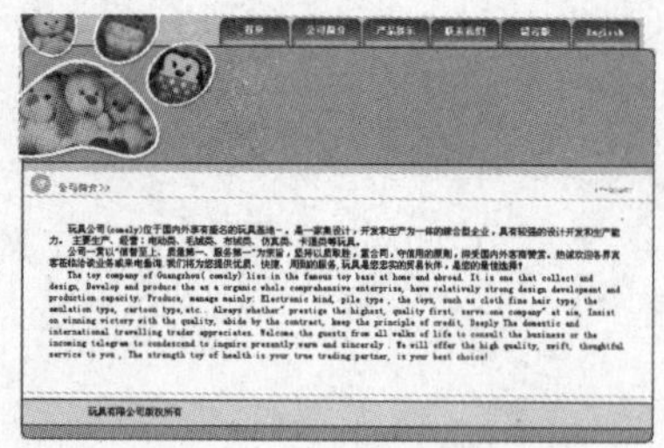

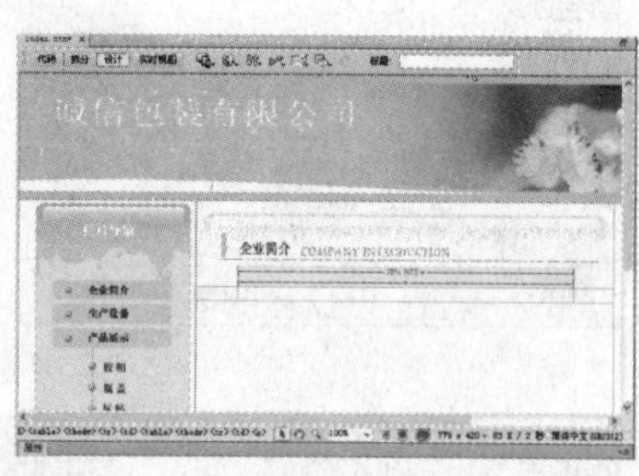

目录

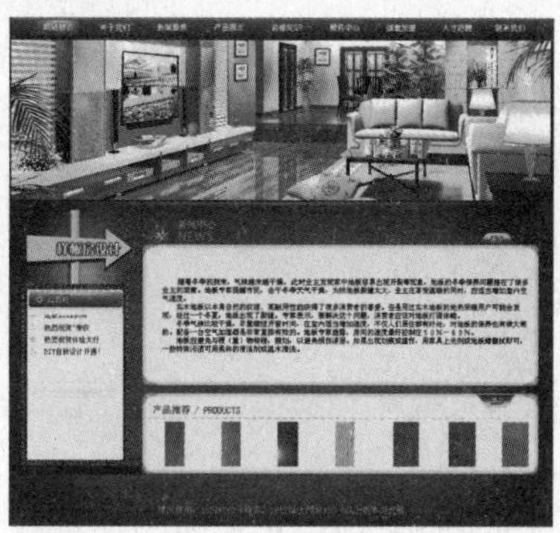

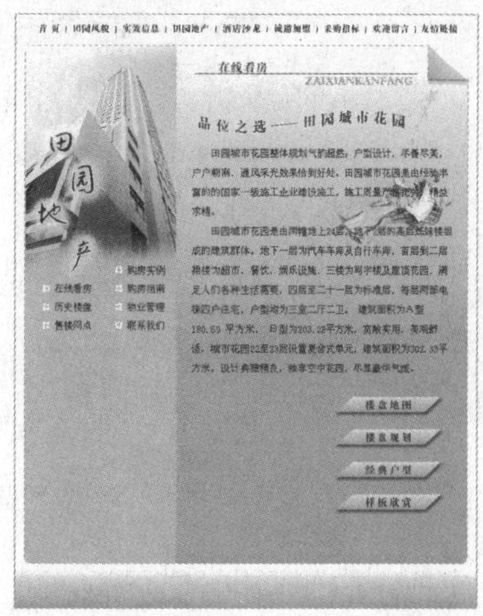

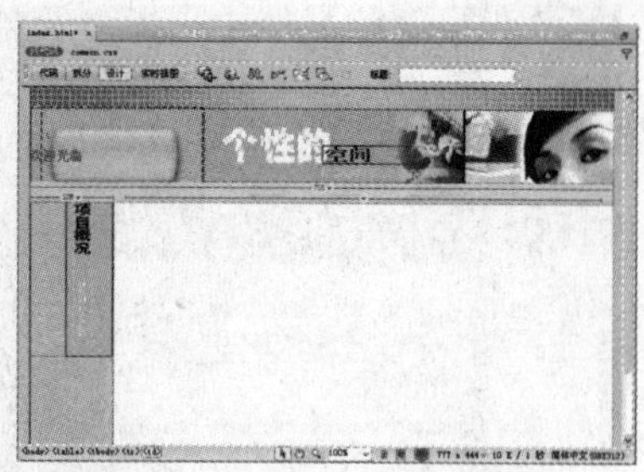
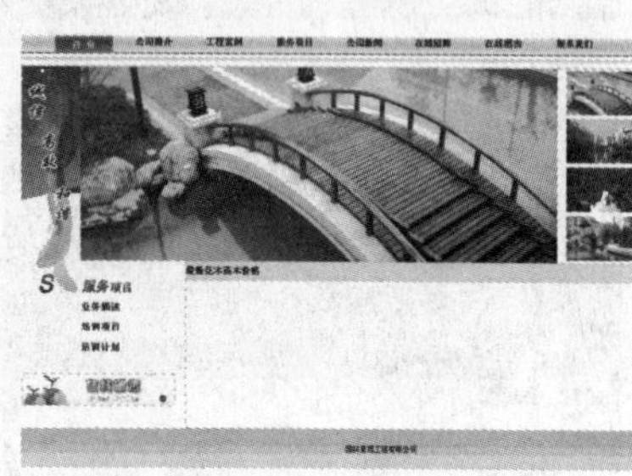
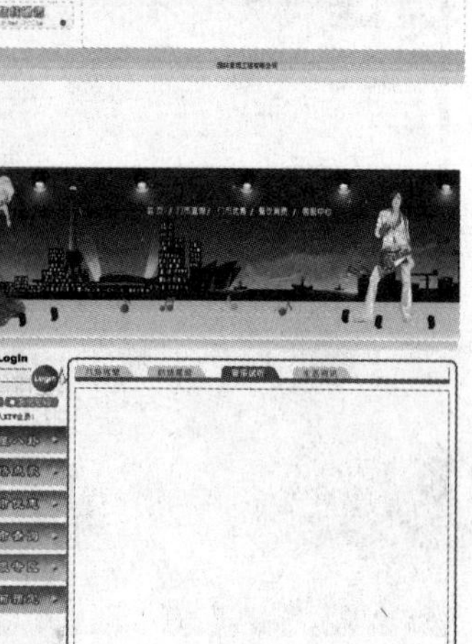
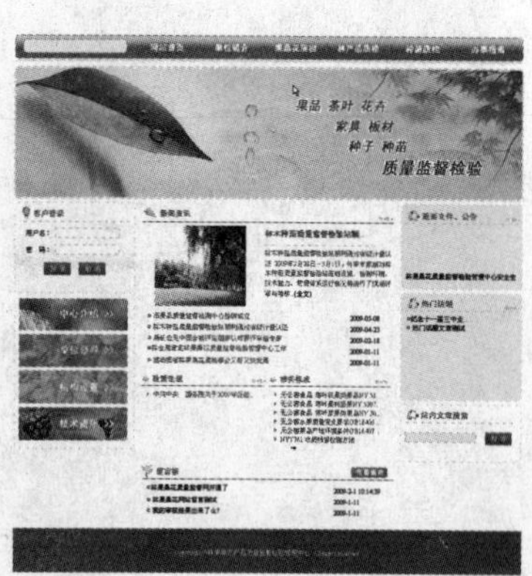

目录

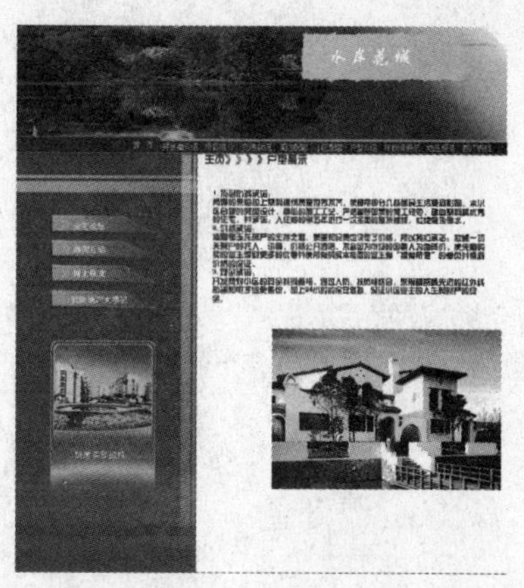

RED TAG DIVA
HOME
STORE
FAQ
RESOURCE
CONTACT
Featured Products

凭力上青云 敢为天下先
建网套餐

目录

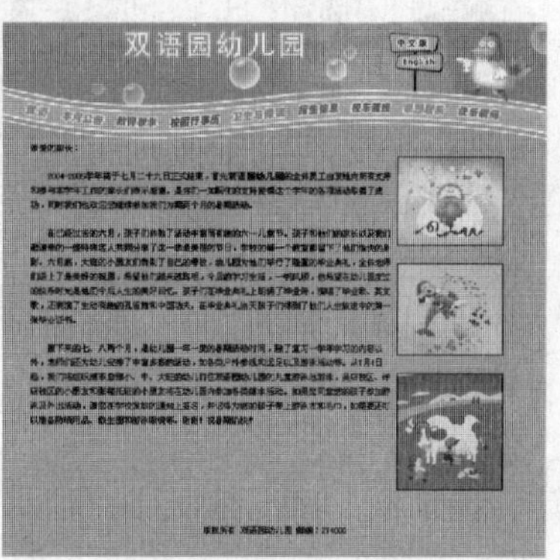

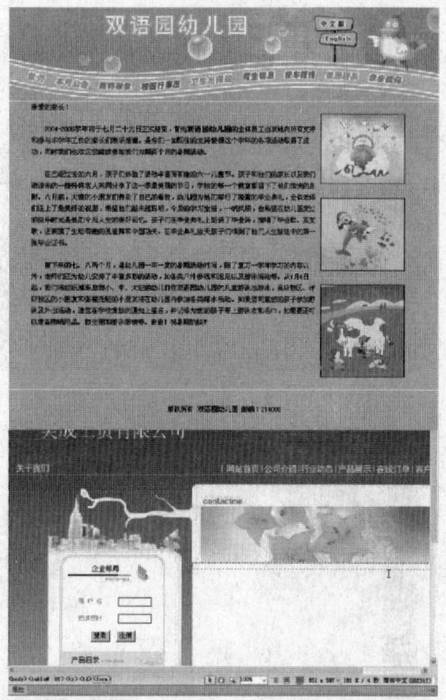

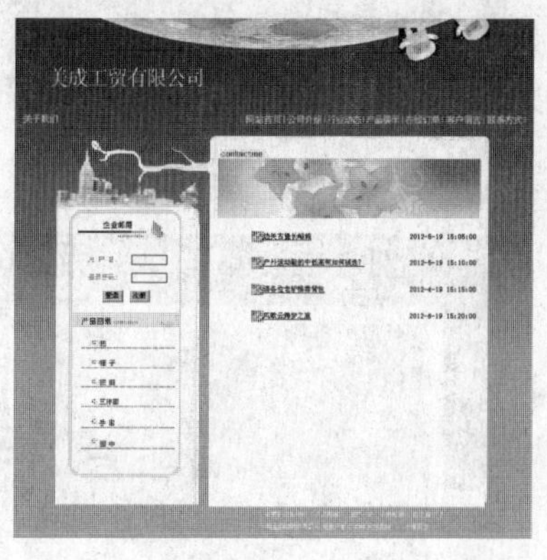

目录

第 3 篇

用 Photoshop 制作与处理图像

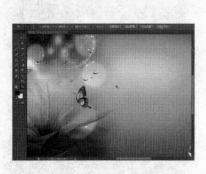

目录

河南省第十届大学生田径运动会

第 4 篇

Fireworks 设计网页图像篇

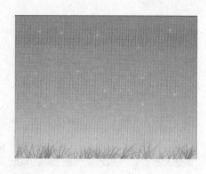

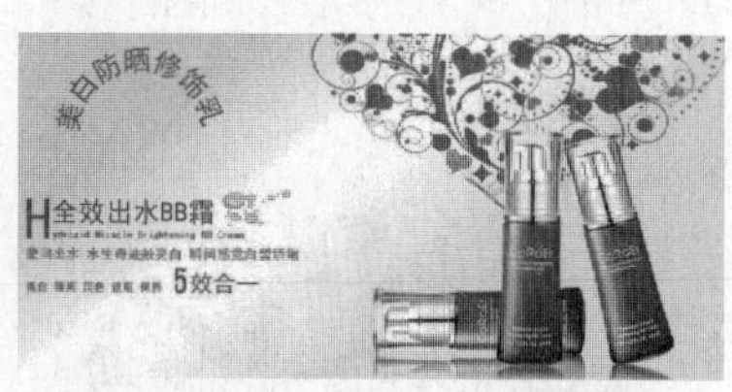

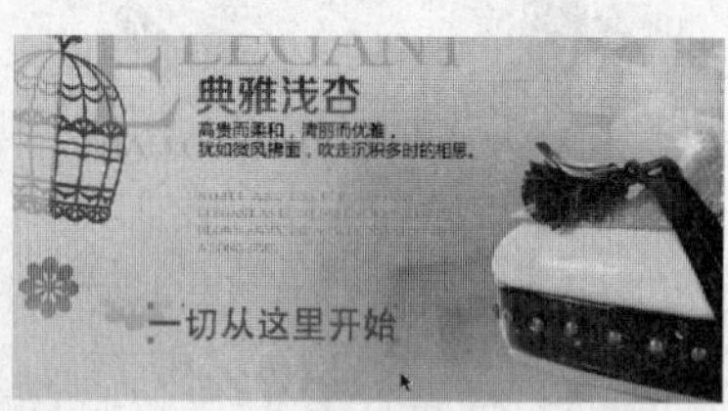

精选
热卖商品
不容错过
热卖名品低价抢购

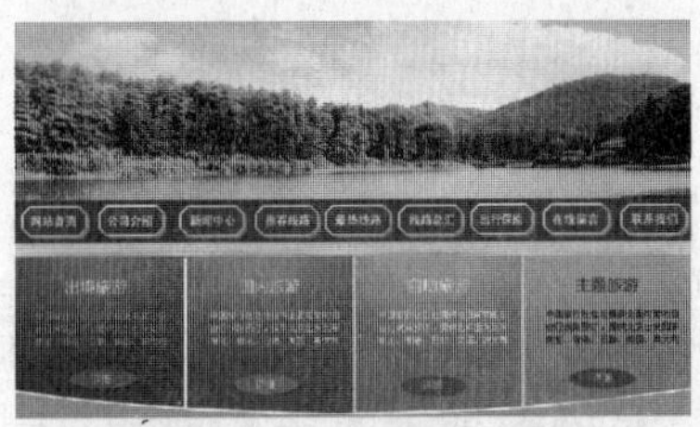

目录

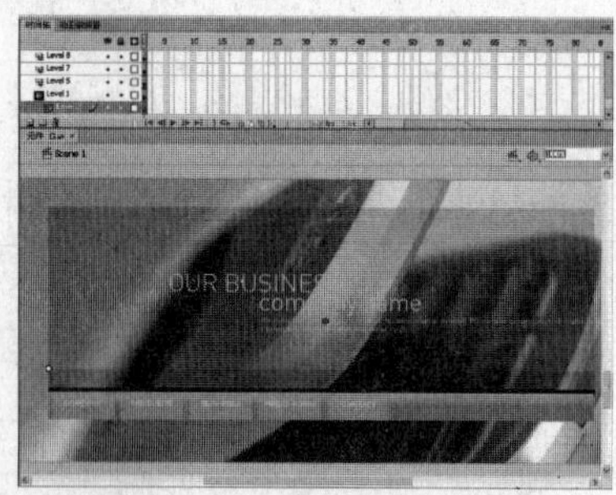

目录

目录

第 6 篇

网站开发实战篇

第1篇

网页设计入门基础篇

第1章 初识网页设计

学前必读

在具体设计制作网页前，不仅要清楚网页中的基本概念和网页的基本构成元素，了解网页制作常用工具和技术，还要了解网站建设的基本流程。通过本章的学习，读者可以了解与网页设计制作相关的基础知识和怎样快速地建设基本网页。

学习流程

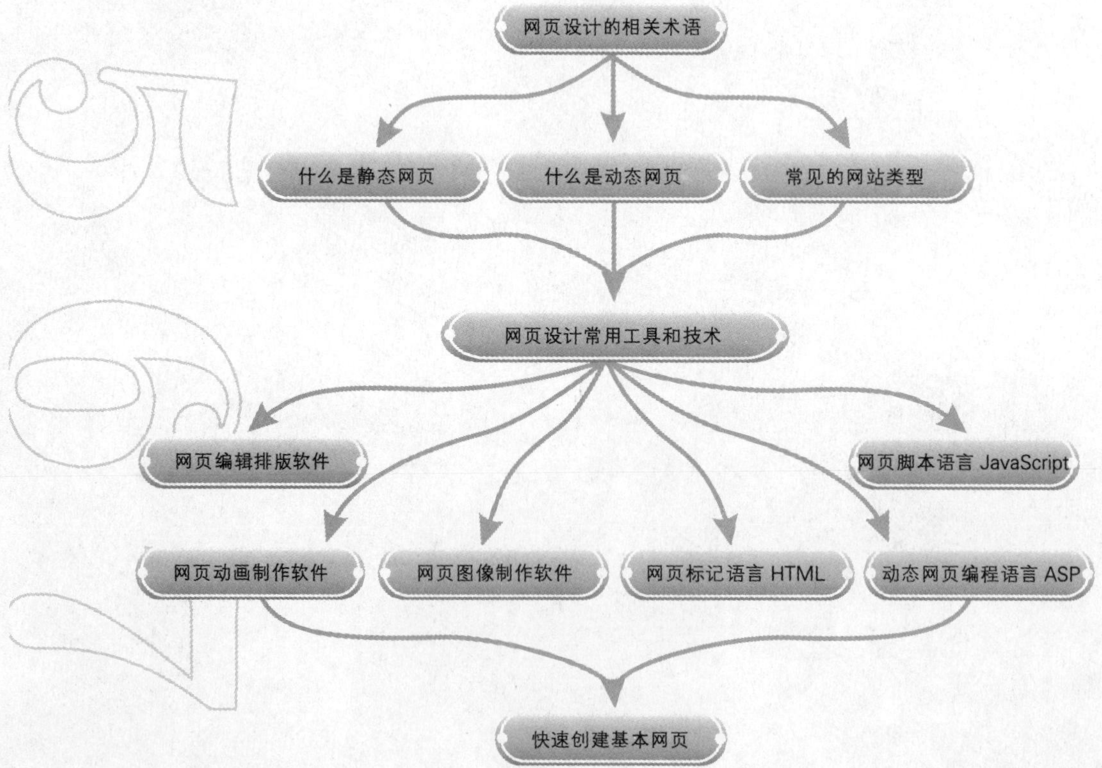

1.1　网页设计的相关术语

先来认识和了解一下什么是网页和网站，以及有哪些常见的网站类型，以为今后的学习打好基础。

1.1.1　什么是静态网页

静态网页是采用传统的 HTML 编写的网页，其文件扩展名一般为.htm、.html、.shtml 和.xml 等。静态网页并不是指网页中的元素都是静止不动的，而是指浏览器与服务器端不发生交互的网页，但是网页中可能会包含 GIF 动画、鼠标经过图像和 Flash 动画等。静态网页的主要特点如下。

- 静态网页的每个页面都有一个固定的 URL。
- 静态网页的内容相对稳定，因此容易被搜索引擎检索。
- 静态网页没有数据库的支持，当网站信息量很大时，依靠静态网页的制作方式比较困难。
- 静态网页交互性比较差。信息流向是单向的，即从服务器到浏览器。服务器不能根据用户的选择调整返回给用户内容。如图 1-1 所示是静态网页。

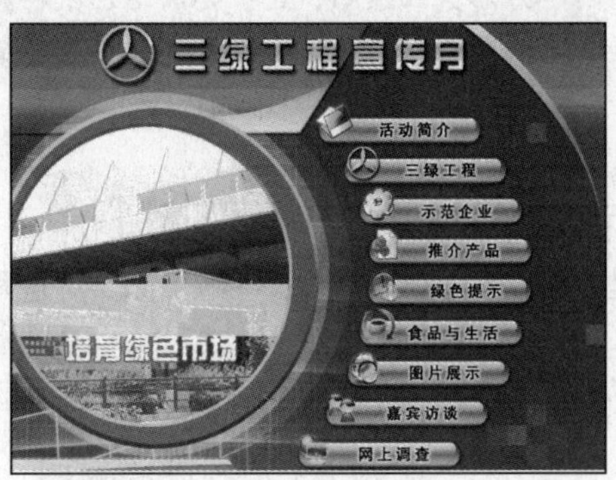

图 1-1　静态网页

1.1.2　什么是动态网页

所谓动态网页是指网页文件里包含了程序代码，通过后台数据库与 Web 服务器的信息交互，由后台数据库提供实时数据更新和数据查询服务。这种网页的扩展名根据程序设计语言的不同而不同，如常见的有.asp、.jsp、.php、.perl 和.cgi 等形式。动态网页主要特点如下。

- 动态网页没有固定的 URL。
- 动态网页以数据库技术为基础，可以大大降低网站维护的工作量。
- 采用动态网页技术的网站可以实现更多的功能，如用户注册、用户登录、在线调查、用户管理和订单管理等。
- 动态网页实际上并不是独立存在于服务器上的网页文件，只有当用户请求时服务器才返回一个完整的网页。

如图 1-2 所示是动态购物网站页面。

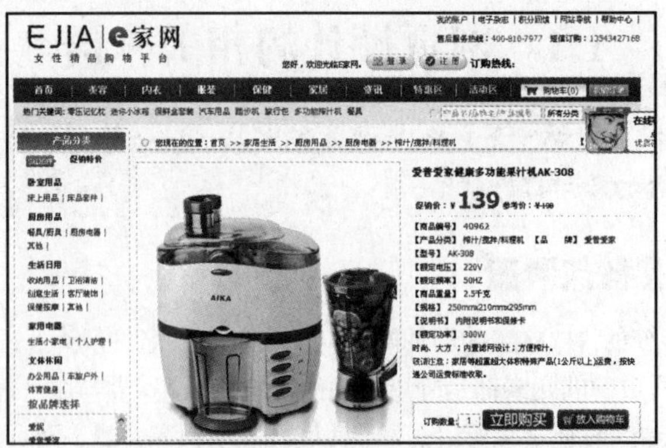

图 1-2　动态购物网站页面

1.2　常见的网站类型

网站就是把一个个网页系统地链接起来的集合，如新浪、搜狐和网易等。网站按其内容的不同可分为个人网站、企业类网站、机构类网站、娱乐休闲类网站、行业信息类网站、门户网站和购物类网站等，下面分别进行介绍。

1.2.1　个人网站

个人网站一般是个人为了兴趣爱好或展示个人等目的而建的网站，具有较强的个性化特征，带有很明显的个人色彩，无论是内容、风格，还是样式，都形色各异，包罗万象。个人网站是由一个人来完成的，相对于大型网站来说，个人网站的内容一般比较少，但是技术的采用不一定比大型网站的差。很多精彩的个人网站的站长往往就是一些大型网站的设计人员。如图 1-3 所示为个人网站。

图 1-3　个人网站

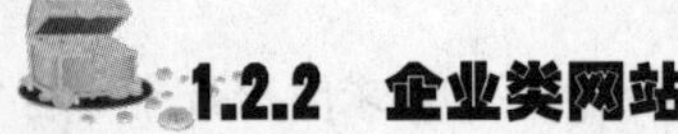

1.2.2　企业类网站

随着信息时代的到来，企业类网站作为企业的名片越来越受到人们的重视，成为企业宣传品牌、展示服务与产品乃至进行所有经营活动的平台和窗口。企业网站是企业的“商标”，在高

度信息化的社会里，创建富有特色的企业网站是最直接的宣传手段。通过网站可以展示企业形象，扩大社会影响，提高企业的知名度。如图 1-4 所示为企业类网站。

图 1-4　企业类网站

1.2.3　机构类网站

所谓机构类网站通常指政府机关、非营利性机构或相关社团组织建立的网站，网站的内容多以机构或社团的形象宣传和政府服务为主，网站的设计通常风格一致、功能明确，受众面也较为明确，内容相对较为专一。如图 1-5 所示为机构类网站。

图 1-5　机构类网站

1.2.4　娱乐休闲类网站

娱乐休闲类网站大都是以提供娱乐信息和流行音乐为主的网站。如很多在线游戏网站、电影网站和音乐网站等，它们可以提供丰富多彩的娱乐内容。这类网站的特点也非常显著，通常色彩鲜艳明快，内容综合，多配以大量图片，设计风格或轻松活泼，或时尚另类。如图 1-6 所示为娱乐休闲类网站。

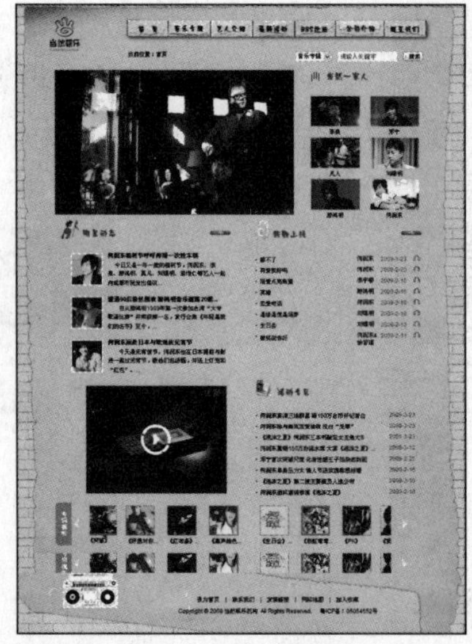

图 1-6　娱乐休闲类网站

1.2.5　行业信息类网站

随着互联网的发展，网民人数的增多及网上不同兴趣群体的形成，门户网站已经明显不能满足不同上网群体的需要。一批能够满足某一特定领域上网人群及其特定需要的网站应运而生。由于这些网站的内容服务更为专一和深入，因此人们将其称为行业信息类网站，也称为垂直网站。行业信息类网站只专注于某一特定领域，并通过提供特定的服务内容，有效地把对某一特定领域感兴趣的用户与其他网民区分开来，并长期持久地吸引着这些用户，从而为其发展提供理想的平台。如图 1-7 所示为行业信息类网站。

图 1-7　行业信息类网站

1.2.6　门户类网站

门户类网站将无数信息整合、分类，为上网者打开方便之门，绝大多数网民通过门户类网站来寻找自己感兴趣的信息资源，巨大的访问量给这类网站带来了无限的商机。门户类网站涉及的领域非常广泛，是一种综合性网站，如搜狐、网易和新浪等。此外这类网站还具有非常强大的服务功能，如搜索、论坛、聊天室、电子邮箱、虚拟社区和短信等。门户类网站的外观通常整洁大方，用户所需的信息在上面基本都能找到。

目前国内较有影响力的门户类网站有很多，如新浪（www.sina.com.cn）、搜狐（www.sohu.com）和网易（www.163.com）等。如图 1-8 所示为新浪首页。

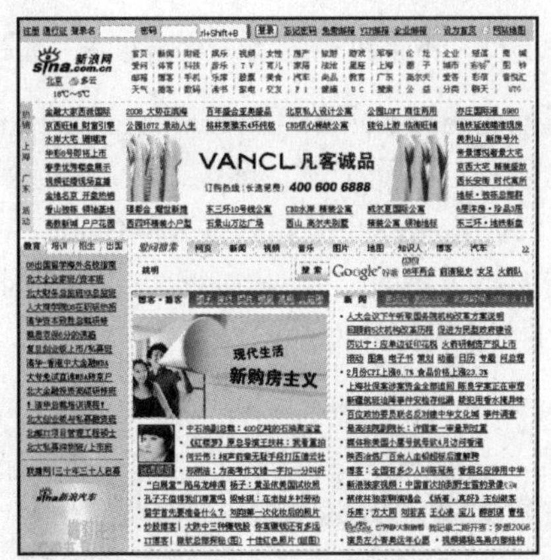

图 1-8　新浪首页

1.2.7　购物类网站

随着网络的普及和人们生活水平的提高，网上购物已成为一种时尚。网上购物因其丰富多彩的网上资源、价格实惠的打折商品、服务优良的送货上门服务，已成为人们休闲、购物两不误的首选方式。网上购物也为商家有效地利用资金提供了帮助，而且通过互联网来宣传自己的产品覆盖面更广，因此现实生活中涌现出了越来越多的购物网站。

在线购物网站在技术上要求非常严格，其工作流程主要包括商品展示、商品浏览、添加购物车和结账等。如图 1-9 所示是购物类网站。

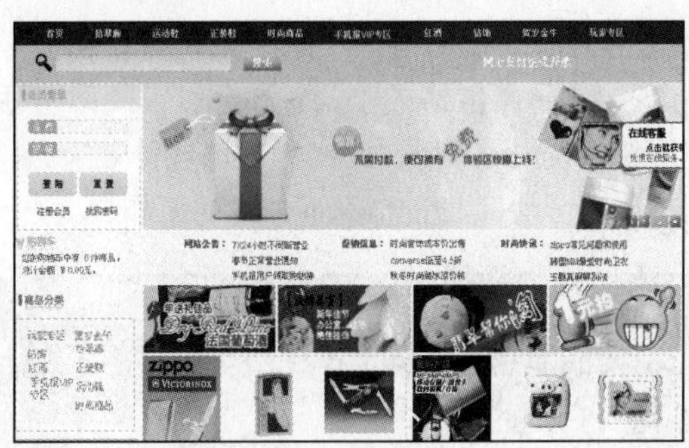

图 1-9　购物类网站

1.3　网页设计常用工具和技术

由于网页元素的多样化，因此要想制作出精致美观、丰富生动的网页，单靠一种软件是很难实现的，需要结合使用多种软件才能实现。这些软件包括网页布局软件（Dreamweaver）、网页图像处理软件（Photoshop 和 Fireworks）、网页动画制作软件（Flash）、网页标记语言（HTML）、网页脚本语言（JavaScript）和（VBScript），以及动态网页编程语言 ASP 等。

1.3.1 网页编辑排版软件 Dreamweaver CS6

常用的网页编辑排版软件有 Dreamweaver 和 FrontPage。Dreamweaver 是大众化的专业网页编辑排版软件，它的排版能力较强，功能全面，操作灵活，专业性强，因而受到广大网站专业设计人员的青睐。FrontPage 作为 Microsoft 公司的办公软件之一，与 Office 的其他软件具有高度的兼容性，且有规范、简洁的操作界面，但网页制作方面的功能不如 Dreamweaver 强大。如图 1-10 所示为 Dreamweaver CS6 的工作界面。

图 1-10　Dreamweaver CS6 的工作界面

1.3.2 网页图像制作软件 Photoshop CS6 和 Fireworks CS6

Photoshop CS6 是一款功能强大、使用范围广泛的优秀图像处理软件，一直占据图像处理软件的领导地位。Photoshop 支持多种图像格式以及多种色彩模式，还可以任意调整图像的尺寸、分辨率及画布的大小，使用 Photoshop 可以设计出网页的整体效果图、网页 Logo、网页按钮和网页宣传广告等图像。如图 1-11 所示是 Photoshop CS6 的工作界面。

图 1-11　Photoshop CS6 的工作界面

Fireworks CS6 是一款用来设计网页图形的应用程序。它所包含的创新性解决方案解决了图形设计人员和网站管理人员面临的主要问题。Fireworks 中的工具种类齐全，使用这些工具，可

以在单个文件中创建和编辑位图和矢量图像、设计网页效果、修剪和优化图形以减小其文件大小，以及通过使重复性任务自动运行来节省时间。如图 1-12 所示是 Fireworks CS6 的工作界面。

图 1-12　Fireworks CS6 的工作界面

1.3.3　网页动画制作软件 Flash CS6

Flash 是网页动画制作软件之一，它具有小巧、灵活且功能卓越等特点。用 Flash 制作的动画文件很小，有利于网上发布，而且它还能制作出有交互功能的矢量动画。Flash CS6 的工作界面如图 1-13 所示。

图 1-13　Flash CS6 的工作界面

1.3.4　网页标记语言 HTML

HTML 的英文全称是“Hyper Text Markup Language”，中文译为“超文本标记语言”。“超文本”就是指页面内可以包含图片、链接，甚至音乐和程序等非文字的元素。

网页是由 HTML 编写出来的。但 HTML 不是程序语言，只是标记语言。HTML 的格式非常简单，仅由文字及标记组合而成，因此任何文本编辑器都可以制作 HTML 页面，像记事本等，

但目前“所见即所得”的编辑器逐渐被网站设计人员接受，如 FrontPage、Dreamweaver 等。虽然这类编辑器不需要设计人员非常熟悉 HTML 代码，但毕竟是以 HTML 为基础，有些必要的语法和页面的优化仍然要用到 HTML 源代码。

1.3.5 网页脚本语言 JavaScript

使用 HTML 只能制作出静态的网页，无法独立地完成与客户端动态交互的任务。虽然也有其他的语言如 CGI、ASP、Java 等能制作出交互的网页，但是因为其编程方法较为复杂，因此 Netscape 公司开发出了 JavaScript 语言，它引进了 Java 语言的概念，是内嵌于 HTML 中的脚本语言。Java 和 JavaScript 语言虽然在语法上很相似，但它们仍然是两种不同的语言。JavaScript 仅仅是一种嵌入到 HTML 文件中的描述性语言，并不编译产生机器代码，只是由浏览器的解释器将其动态地处理成可执行的代码。而 Java 与 JavaScript 语言也是比较复杂的编译性语言。

JavaScript 是一种内嵌于 HTML 文件的、基于对象的脚本设计语言。它是一种解释性的语言，不需要 JavaScript 程序进行预先编译而产生可运行的机器代码。由于 JavaScript 是由 Java 集成而来，因此它也是一种面向对象的程序设计语言。它所包含的对象有两个组成部分，即变量和函数，也称为属性和方法。

1.3.6 动态网页编程语言 ASP

ASP 是 Active Server Page 的缩写。ASP 是微软公司开发的代替 CGI 脚本程序的一种语言，它可以与数据库和其他程序进行交互，是一种简单、方便的编程工具。ASP 文件的格式是.asp，可以用来创建和运行动态网页或 Web 应用程序。ASP 网页可以包含 HTML 标记、普通文本、脚本命令及 COM 组件等。与 HTML 相比，ASP 网页具有以下特点。

- 利用 ASP 实现动态网页技术。
- ASP 文件包含在由 HTML 代码所组成的文件中，易于修改和测试。
- ASP 语言无须进行编译或链接就可以直接执行，使用一些相对简单的脚本语言，如 JavaScript 和 VBScript 的一些基础知识，结合 HTML 即可完成网站的制作。
- ASP 提供了一些内置对象，使用这些对象可以使服务器端脚本功能更强。
- ASP 可以使用服务器端 ActiveX 组件来执行各种各样的任务。

由于服务器是将 ASP 程序执行的结果以 HTML 格式传回客户端浏览器的，因此使用者不会看到 ASP 所编写的原始程序代码，可确保源程序的完整。

1.4 快速创建基本网页

本节将介绍一个简单的网页设计制作方法，使读者对网页制作软件的基本使用方法和网页制作流程有一定的了解，为后面的学习打下基础。如图 1-14 所示为创建好的网页。

图 1-14　网页

1.4.1　确定网页主要栏目和整体布局

不管是简单的个人网站，还是复杂的具有几千个页面的大型网站，对网站的需求规划都要放到第一步，因为它直接关系到网站的功能是否完善、是否达到预期的目的等。

规划一个网站，可以用树状结构先把每个页面的内容大纲列出来。尤其是当要制作一个很大的网站时，特别需要把架构规划好，也要考虑到以后的扩充性，免得做好以后再更改整个网站的结构。

1.4.2　创建本地站点

为了更好地利用站点对文件进行管理，也为了尽量减少错误，如路径或链接出错，在使用 Dreamweaver 制作网页以前，首先应定义一个新站点，具体操作步骤如下。

规划站点结构需要遵循的规则如下。

- 每个栏目一个文件夹，把站点划分为多个目录。
- 不同类型的文件放在不同的文件夹中，以利于调用和管理。
- 在本地站点和远端站点使用相同的目录结构，使在本地制作的站点原封不动地显示出来。

（1）执行“站点”|“管理站点”命令，弹出“管理站点”对话框，在对话框中单击“新建站点”按钮，如图 1-15 所示。

（2）弹出“站点设置对象实例素材”对话框，在对话框中选择“站点”选项，在“站点名称”文本框中输入名称，单击“本地站点文件夹”文本框右侧的“浏览文件夹”按钮，单击“保存”按钮如图 1-16 所示，在弹出的对话框中选择站点文件。

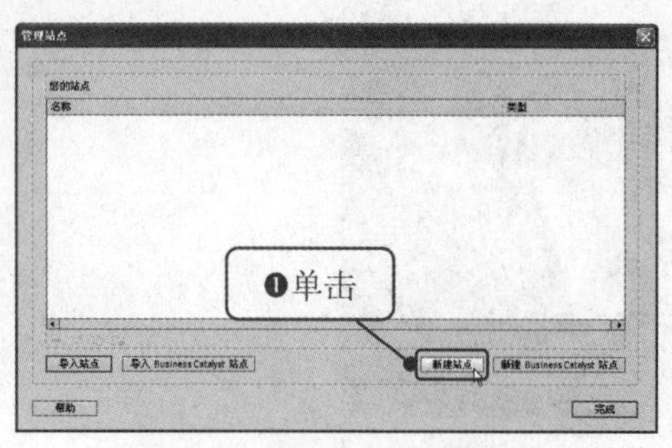

图 1-15 “管理站点”对话框

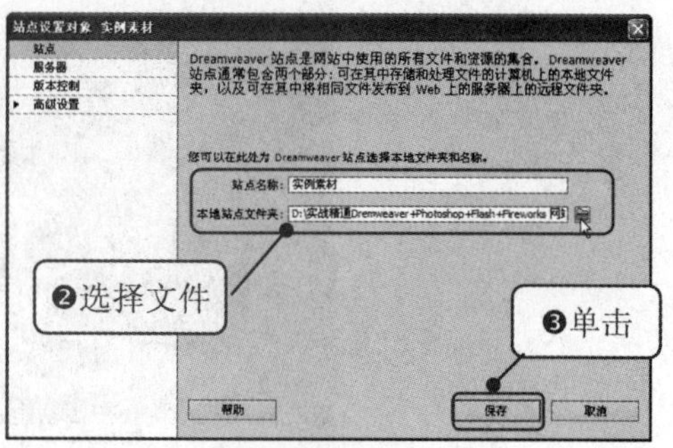

图 1-16 设置站点对象

（3）单击“保存”按钮，返回到“管理站点”对话框，在对话框中显示新建的站点，如图 1-17 所示。单击“完成”按钮，即可完成站点的创建。

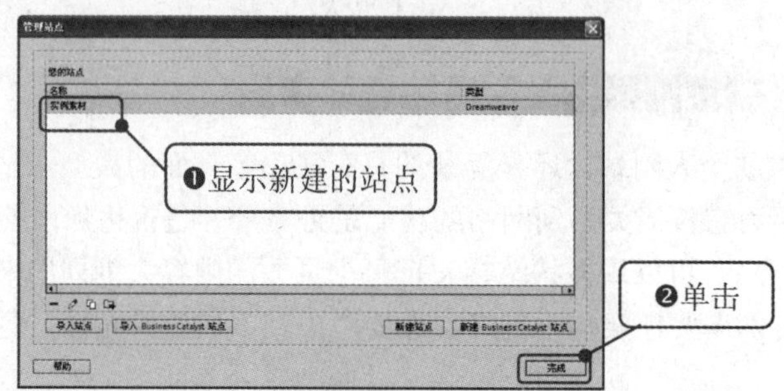

图 1-17 “管理站点”对话框

1.4.3 新建网页文档

在创建完本地站点后，就可以创建具体的网页了，新建网页文档的具体操作步骤如下。

（1）执行“文件”|“新建”命令，弹出“新建文档”对话框，在对话框中选择“空白页”|“HTML”|“无”选项，如图 1-18 所示。

（2）单击“创建”按钮，新建网页文档，在“标题”文本框中输入“公司简介”，如图 1-19 所示。

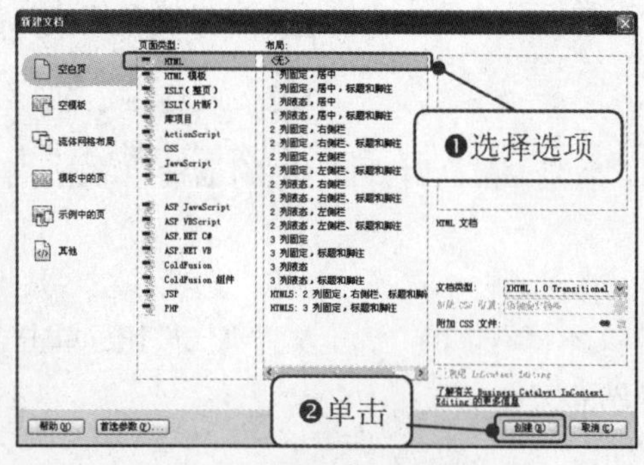

图 1-18 “新建文档”对话框

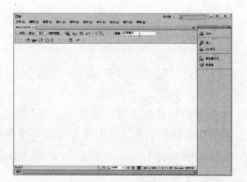

图 1-19 新建文档

（3）执行“修改”|“页面属性”命令，弹出“页面属性”对话框，在对话框中将“左边距”、“上边距”、“下边距”和“右边距”分别设置为“0”，如图 1-20 所示。单击“确定”按钮，完成页面属性的设置。

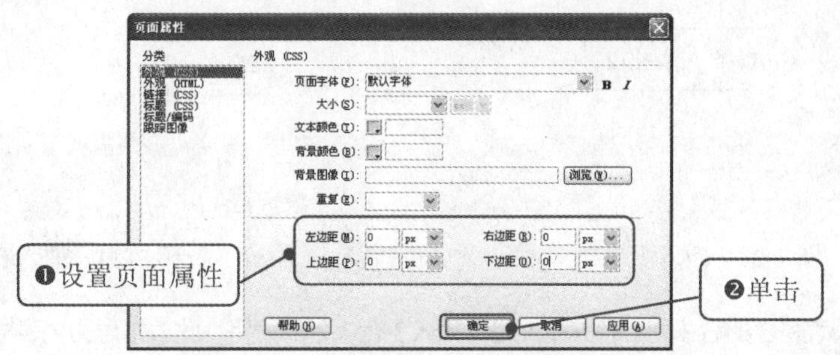

图 1-20　“页面属性”对话框

1.4.4　插入表格布局网页

表格是最常用的网页布局工具，使用表格可以对页面中的元素进行准确定位。合理利用表格来布局网页，有助于协调页面结构的均衡。

（1）将光标放置在页面中，执行“插入”|“表格”命令，弹出“表格”对话框，在对话框中将“行数”设置为“3”，“列数”设置为“1”，“表格宽度”设置为“797”，如图 1-21 所示。

（2）单击“确定”按钮，插入表格，此表格记为表格 1，将“对齐”设置为“居中对齐”，如图 1-22 所示。

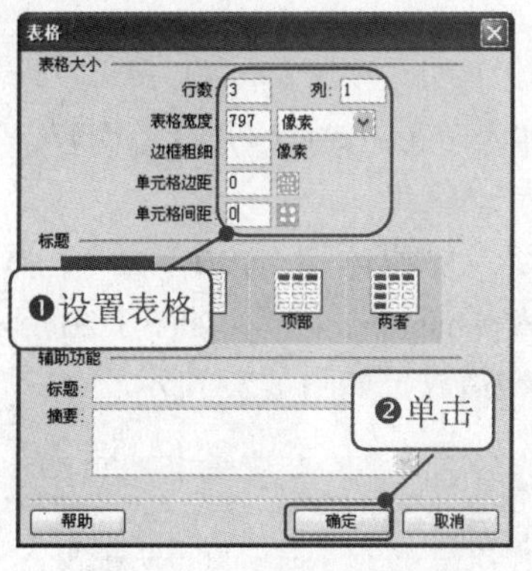

图 1-21　“表格”对话框

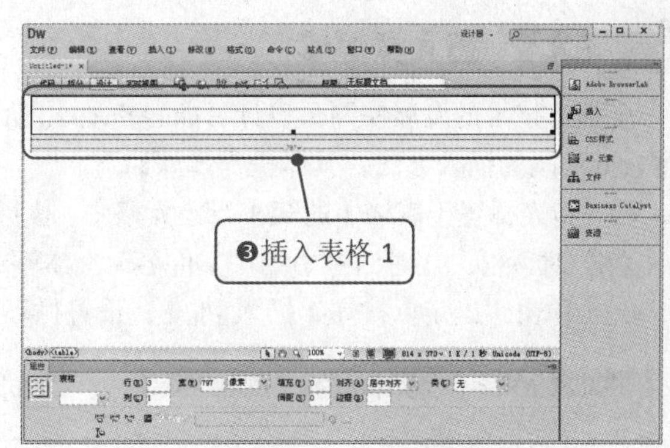

图 1-22　插入表格 1

（3）将光标置于表格 1 的第 2 行单元格中，插入 1 行 5 列的表格，此表格记为表格 2，如图 1-23 所示。

（4）将光标置于表格 2 的第 1 列单元格中，插入 4 行 1 列的表格，此表格记为表格 3，如图 1-24 所示。

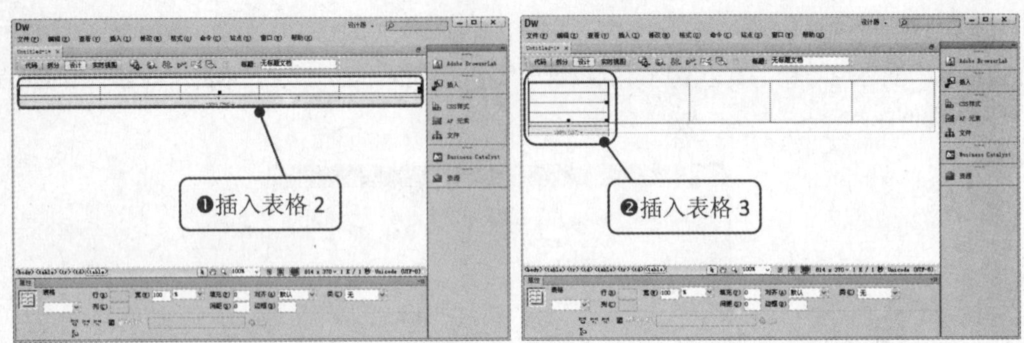

图 1-23　插入表格 2　　图 1-24　插入表格 3

（5）选择表格 2 的后 3 列，合并单元格，插入 3 行 3 列的表格，此表格记为“表格 4”，如图 1-25 所示。

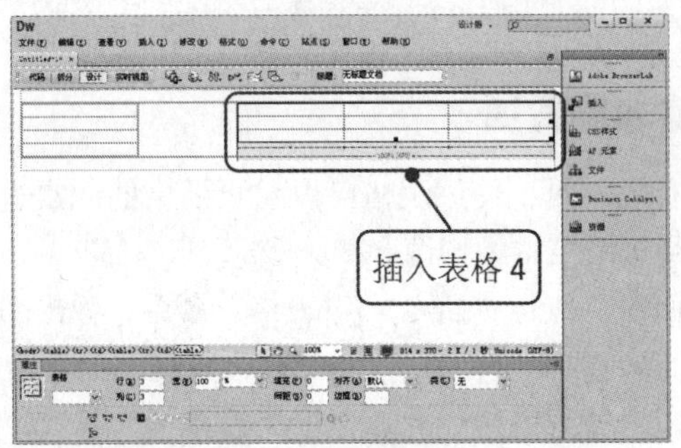

图 1-25　插入表格 4

1.4.5　插入多媒体

多媒体技术的发展使网页设计者能轻松地在网页中加入声音、动画、影片等内容。下面讲述 Flash 动画的插入方法，具体操作步骤如下。

（1）将光标置于表格 1 的第 1 行单元格中，执行“插入”|“媒体”|“SWF”命令，弹出“选择 SWF”对话框，在对话框中的“文件名”文本框中输入“banner.swf ”，如图 1-26 所示。

（2）单击“确定”按钮，插入 Flash，设置循环及自动播放，如图 1-27 所示。

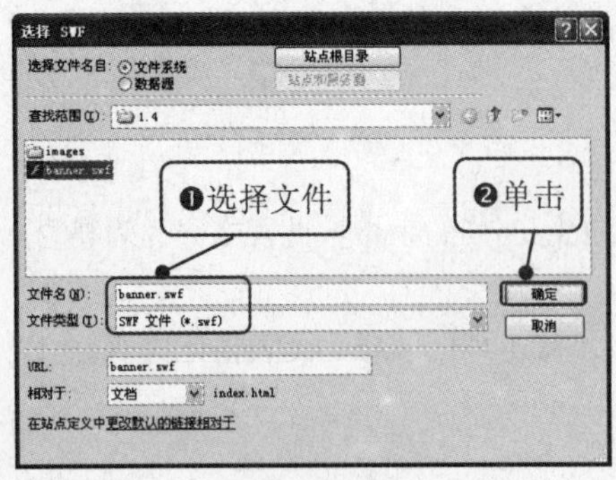

图 1-26　“选择 SWF”对话框

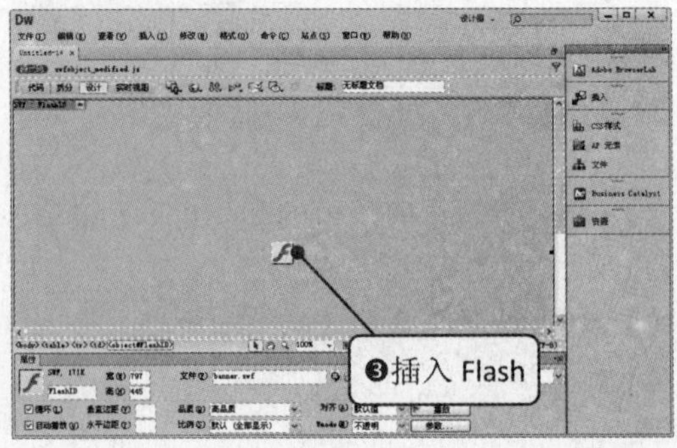

图 1-27　插入 Flash

1.4.6　插入文本内容

文本是基本的信息载体，不管网页内容如何丰富，文本自始至终都是网页中最基本的元素，下面讲述文本的插入和使用。

（1）将光标置于表格 4 的第 3 行第 1 列单元格中，输入文字“2012 年”，如图 1-28 所示。

（2）同理在表格 4 内的第 3 行的其他单元格中，输入文字，如图 1-29 所示。

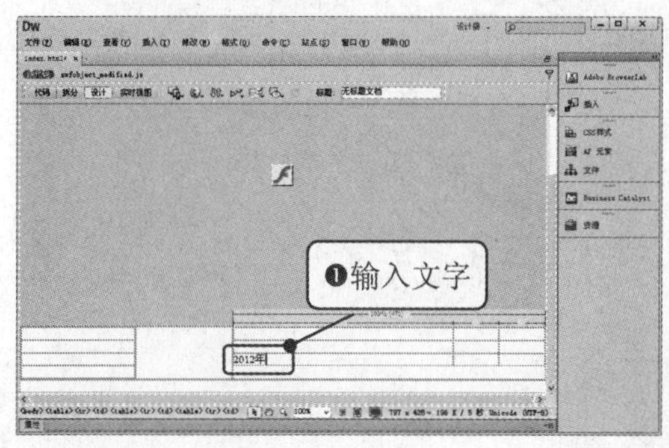

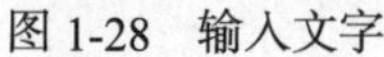

图 1-28　输入文字

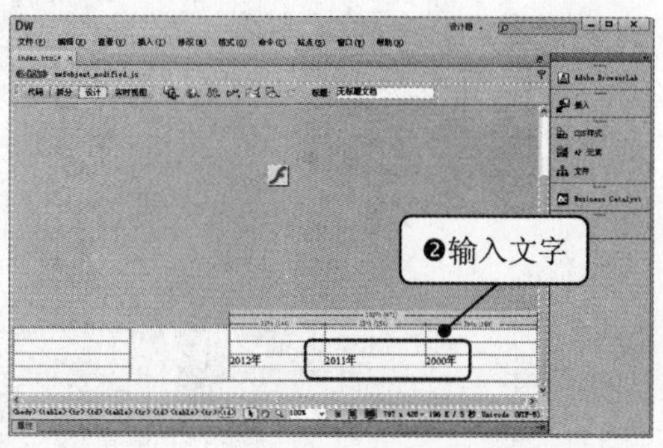

图 1-29　输入文字

1.4.7　插入图像

美观的网页是图文并茂的，漂亮的图像不但使网页更加美观、形象和生动，而且使网页中的内容更加丰富多彩。

（1）将光标置于表格 4 的第 1 行第 1 列单元格中，合并单元格，执行“插入”|“图像”命令，在弹出的“选择图像源文件”对话框中选择合适的图像，如图 1-30 所示。

（2）单击“确定”按钮，插入图像，如图 1-31 所示。

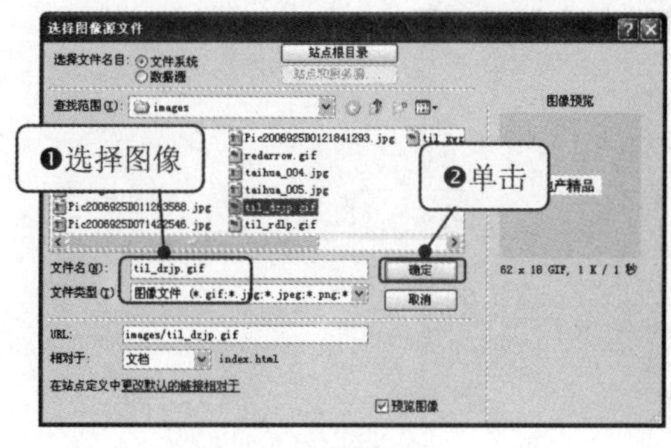

图 1-30　选择图像

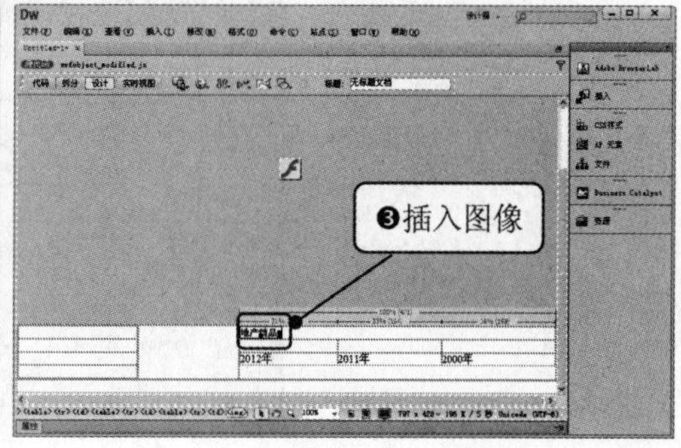

图 1-31　插入图像

（3）将光标置于表格 4 的第 2 行单元格中，执行“插入”|“图像”命令，弹出“选择图像源文件”对话框，分别插入图像，效果如图 1-32 所示。

（4）将光标置于表格 3 相应的单元格中，执行“插入”|“图像”命令，弹出“选择图像源文件”对话框，分别插入其他图像，效果如图 1-33 所示。

（5）将光标置于表格 1 的第 3 行单元格中相应的位置，插入图像，如图 1-34 所示。

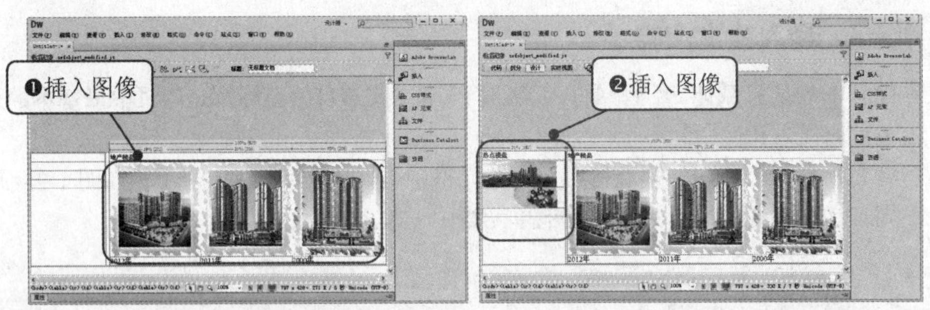

图 1-32　插入图像　　　　图 1-33　插入其他图像

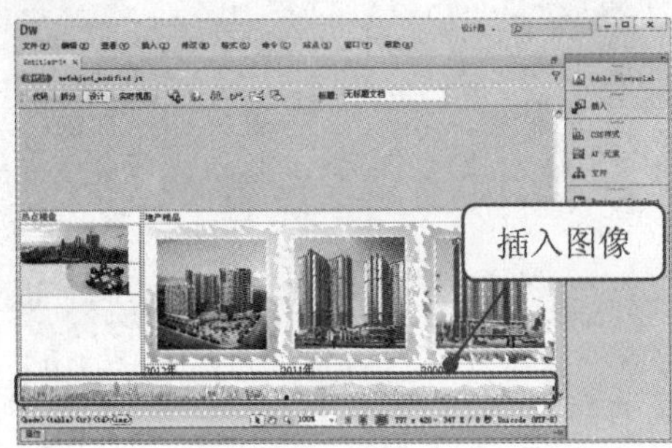

图 1-34　插入图像

 1.4.8　保存浏览网页

网页制作完成并保存后，即可在浏览器中看到网页效果了。

执行"文件"|"保存"命令，弹出"另存为"对话框，在对话框中选择保存的位置，在"文件名"文本框中输入"index.html"，如图 1-35 所示。单击"保存"按钮，即可保存文档。

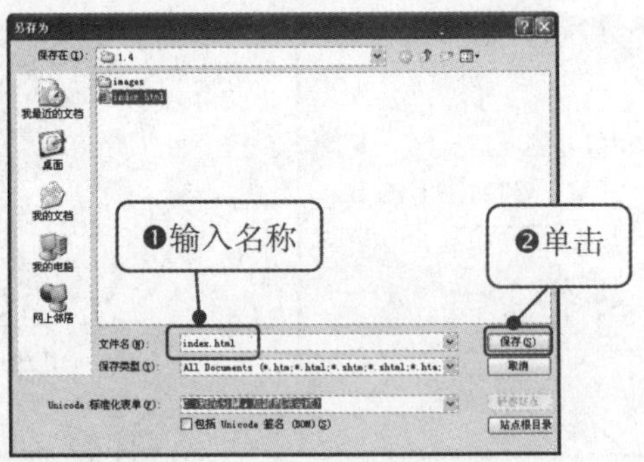

图 1-35　"另存为"对话框

1.5　本章小结

本章主要对网页和网站的基本概念、网页的基本构成要素、网页制作常用工具和技术，以及网页制作的基本流程进行概要性介绍，使广大初学者对网络有个大致的了解，为今后的学习打好基础。通过本章的学习，读者可以对网页设计与网站建设有一个初步的认识。

第2章 打造赏心悦目的网页

学前必读

设计网页的第一步是布局页面元素。好的网页布局会令访问者耳目一新，同样也可以使访问者比较容易在站点上找到他们所需要的信息。网页的色彩是树立网站形象的关键之一，因此，在设计网页时，还要高度重视色彩的搭配。

学习流程

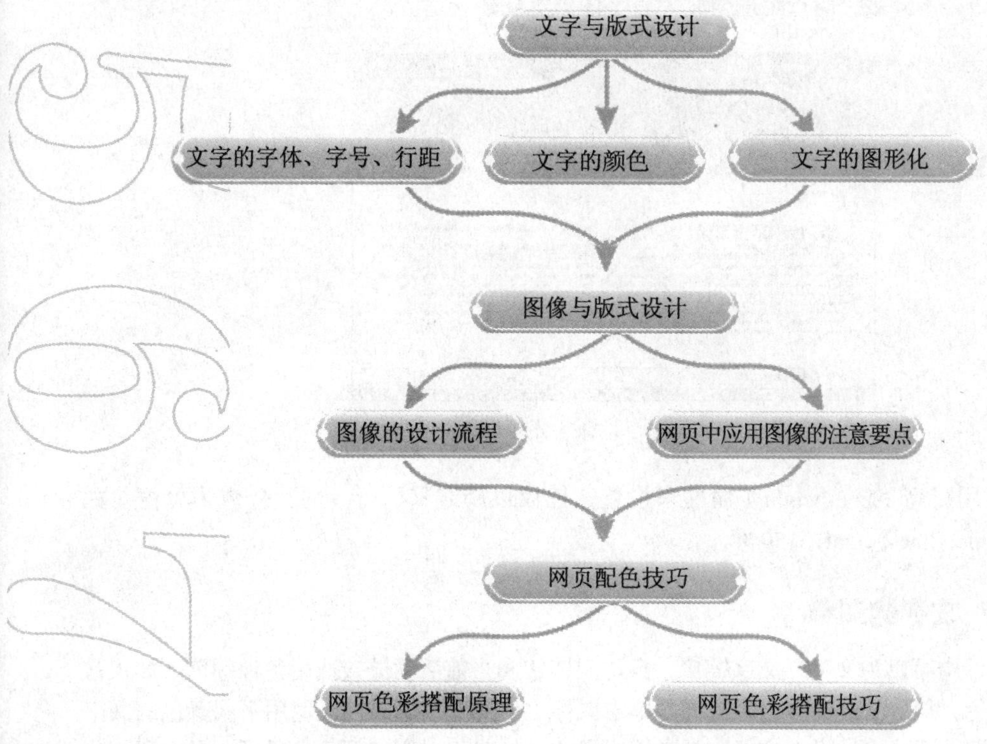

2.1 文字与版式设计

文本是人类重要的信息载体和交流工具，网页中的信息也是以文本为主。虽然文字不如图像直观形象，但是却能准确地表达信息的内容和含义。在确定网页的版面布局后，还需要确定文本的样式，如字体、字号和颜色等，还可以将文字图形化。

2.1.1 文字的字体、字号、行距

网页中中文默认的标准字体是“宋体”，英文是“Times New Roman”。如果在网页中没有设置任何字体，在浏览器中将以这两种字体显示。

字号大小可以使用磅（pound）或像素（pixel）来确定。一般网页常用的字号大小为 12 磅左右。较大的字体可用于标题或其他需要强调的地方，小一些的字体可以用于页脚和辅助信息。需要注意的是，小字号容易产生整体感和精致感，但可读性较差。

无论选择什么字体，都要依据网页的总体设想和浏览者的需要。在同一页面中，字体种类少，版面雅致，有稳重感；字体种类多，则版面活跃，色彩丰富。关键是如何根据页面内容来掌握这个比例关系。

行距的变化也会对文本的可读性产生很大影响，一般情况下，接近字体尺寸的行距设置比较适合正文。行距的常规比例为 10：12，即用字 10 点，则行距 12 点，如图 2-1 所示行距太小的时候字体看着很不舒服，而行距适当放大后字体感觉比较合适。

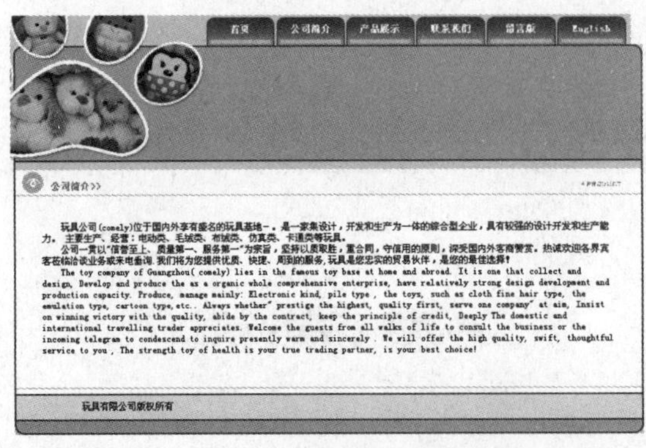

图 2-1　行距太小

行距可以用行高（line-height）属性来设置，建议以磅或默认行高的百分数为单位。如 line-height：20pt、line-height：150%。

2.1.2 文字的颜色

在网页设计中可以为文字、文字链接、已访问链接和当前活动链接选用各种颜色。如正常字体颜色为黑色，默认的链接颜色为蓝色，单击鼠标之后又变为紫红色。使用不同颜色的文字可以使想要强调的部分更加引人注目，但应该注意的是，对于文字的颜色，只可少量运用，如

果什么都想强调，其实等于什么都没有强调。况且，在一个页面上运用过多的颜色，会影响浏览者阅读页面内容，除非有特殊的设计目的。

颜色的运用除了能够起到强调整体文字中特殊部分的作用之外，对于整个文案的情感表达也会产生影响。

另外需要注意的是文字颜色的对比度，它包括明度上的对比、纯度上的对比以及冷暖色调的对比。这些不仅对文字的可读性发生作用，更重要的是，可以通过对颜色的运用实现想要的设计效果、设计情感和设计思想。

如图 2-2 和图 2-3 所示为链接文字单击前颜色和单击后的颜色。（具体请看本书所附光盘中的文字效果）

图 2-2　链接文字单击前颜色

图 2-3　链接文字单击后颜色

2.1.3　文字的图形化

所谓文字的图形化，即把文字作为图形元素来表现，同时又强化了原有的功能。作为网页设计者，既可以按照常规的方式来设置字体，也可以对字体进行艺术化的设计。无论怎样，一切都应该围绕如何更出色地实现自己的设计目标来设计。

将文字图形化，以更富创意的形式表达出深层的设计思想，能够克服网页的单调与平淡，从而打动人心，如图 2-4 所示为图形化的文字。

图 2-4　图形化的文字

2.2 图像与版式设计

图像是网页构成中最重要的元素之一，美观的图像会给网页增色不少。另外，图像本身也是传达信息的重要手段之一，与文字相比，它可以更直观更容易地把那些文字无法表达的信息表达出来，易于浏览者理解和接受，所以图像在网页中非常重要。下面介绍网页中常见图像的属性、设计流程，以及图像应用的注意事项。

2.2.1 图像的设计流程

网页中的图像文件由若干部分组成，可以将图像的不同部分理解为部件。设计人员了解了图像中需要设计的部件后，才能考虑其如何设计。

图像中每个部件都会具有相关的属性，有的属性可以用精确的数值定义，如尺寸、形状、颜色等，而有的属性只能利用大概的方法定义。

当设计人员需要处理数量较多的图像或动画时，就有必要根据具体的情况，在设计初期制定出设计流程。使用设计流程能够在保证设计质量、规范化工作的同时，尽可能地减少工作量，降低设计成本。设计流程具体步骤如下。

（1）确定图像所传递的信息。

（2）确定主要设计参数，包括各部件的尺寸、效果，并绘制出一些参考线。

（3）通过反复修改，获得理想的设计。

（4）根据之前的设计经验，总结出一个简练、有效的设计流程。

使用设计流程和效果规范的目的是为了使批量化的设计变得简单可行、有章可循，还能够保证质量。试想一下，如果一个拥有众多熟练设计师的设计小组使用一系列良好规范和流程进行设计，那么他们的生产效率、速度、质量将非常令人满意。随着科学技术的进步，图像和动画设计技术和工具软件会变得越来越先进。对于设计人员来说，熟练掌握技术背后的设计思路能够更好地把握设计质量和成本。

2.2.2 在网页中应用图像时的注意事项

网页设计与一般的平面设计不同，网页图像不需要很高的分辨率，但是这并不代表任何图像都可以添加到网页上。在网页中使用图像还需注意以下几点。

- 图像不仅仅是修饰性的点缀，还可以传递相关信息。所以在选择图像时，应选择与文本内容以及整个网站相关的图像。如图 2-5 所示为与网站相关的图像。
- 除了图像的内容以外，还要考虑图像的大小，如果图像文件太大，浏览者在下载时会花费很长的时间去等待，这将会大大影响浏览者的下载意愿。所以一定要尽量压缩图像的文件大小。
- 图像的主体最好清晰可见，图像的含义最好简单明了。图像文字的颜色和图像背景颜色最好形成鲜明对比。

图 2-5　与网站相关的图像

- 在使用图像作为网页背景时，最好能使用淡色系列的背景图。背景图像像素越小越好，这样既能大大降低文件的质量，又可以制作出美观的背景图。如图 2-6 所示为淡黄色的背景。

图 2-6　淡黄色的背景

- 对于网页中的重要图像，最好添加提示文本。这样做的好处是，即使浏览者关闭了图像显示或由于网速而使图像没有下载完，浏览者也能看到图像的说明，从而决定是否下载图像。

2.3　网页配色技巧

> 色彩搭配既是一项技术性工作，同时也是一项艺术性很强的工作，因此在设计网页时除了考虑网站本身的特点外，还要遵循一定的艺术规律，从而设计出色彩鲜明、个性独特的网站。

2.3.1　网页色彩搭配原理

1．色彩的鲜明性

网页的色彩要鲜艳，容易引人注意，给浏览者耳目一新的感觉，如图 2-7 所示是色彩鲜明的网页。

2．色彩的独特性

要有与众不同的色彩，使得大家对你网页的印象强烈。网页的用色必须要有自己独特的风格，这样才能给浏览者留下深刻的印象。如图 2-8 所示为网页采用了独特的色彩。

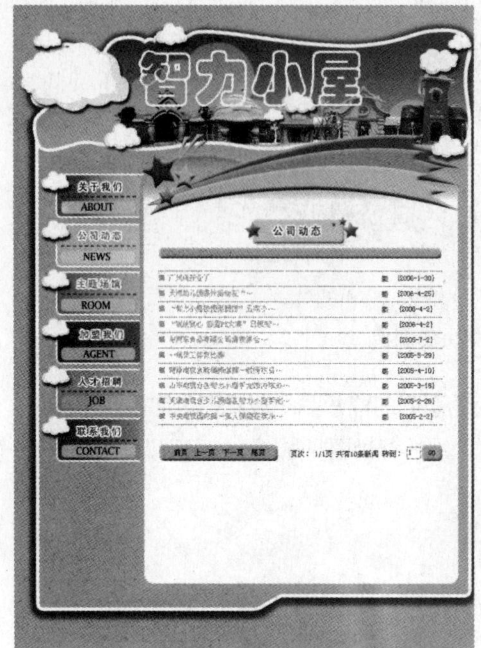

图 2-7　色彩鲜明的网页

图 2-8　网页采用独特的色彩

3．色彩的合适性

色彩要根据主题来确定，不同的主题用不同的色彩。如用蓝色能体现科技型网站的专业，粉红色能体现女性的柔性等。如图 2-9 所示为粉色的女性网站。

图 2-9　粉色的女性网站

4．色彩的联想性

不同色彩会使人产生不同的联想，蓝色想到天空，黑色想到黑夜，红色想到喜事等，选择色彩要和你网页的内涵相关联。如图 2-10 所示，红色联想到喜事。

图 2-10　红色联想到喜事

2.3.2　网页色彩搭配技巧

到底用什么色彩搭配好看呢？下面是网页色彩搭配的一些常见技巧。

1．运用相同色系色彩

所谓相同色系，是指几种色彩在 360° 色相环上位置十分相近，在 45° 左右或同一色彩不同明度的几种色彩。这种搭配的优点是易于使网页色彩趋于一致，对于网页设计新手来说有很好的借鉴作用，这种用色方式容易塑造网页和谐统一的氛围，缺点是容易造成页面的单调，因此往往利用局部加入对比色来增加变化，如局部对比色彩的图片等。如图 2-11 所示为运用相同色系色彩的网页。

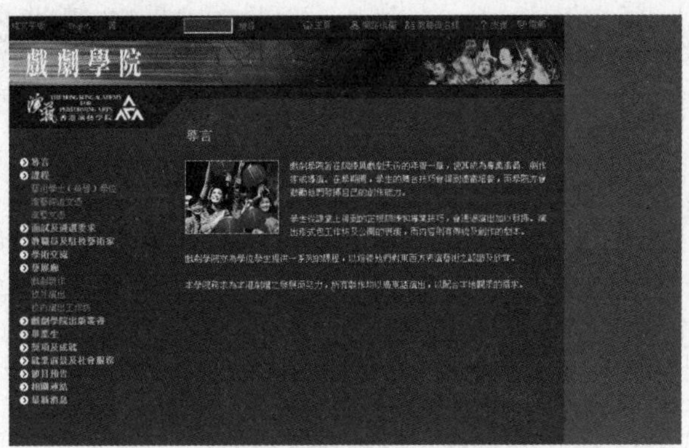

图 2-11　运用相同色系色彩的网页

2．使用邻近色

所谓邻近色，就是在色带上相邻近的颜色，如绿色和蓝色、红色和黄色就互为邻近色。采用邻近色设计网页可以使网页避免色彩杂乱，易于达到页面的和谐统一。邻近色能够神奇地将几种不协调的色彩统一起来，在网页中合理地使用邻近色能够使你的色彩搭配技术更上一层楼。

3．黑色的使用

黑色是一种特殊的颜色，如果使用恰当，设计合理，往往能产生很强烈的艺术效果，黑色一般用做背景色，与其他纯度色彩搭配使用。

4．使用对比色

对比色可以突出重点，能产生强烈的视觉效果，通过合理使用对比色能够使网站特色鲜明、重点突出。在设计时一般以一种颜色为主色调，对比色作为点缀，可以起到画龙点睛的效果，如图 2-12 所示为运用对比色的网页。

5．背景色的使用

背景色一般采用素淡清雅的色彩，避免采用花纹复杂的图片和纯度很高的色彩作为背景色，同时背景色要与文字的色彩对比强烈一些，如图 2-13 所示为使用背景色的网页。

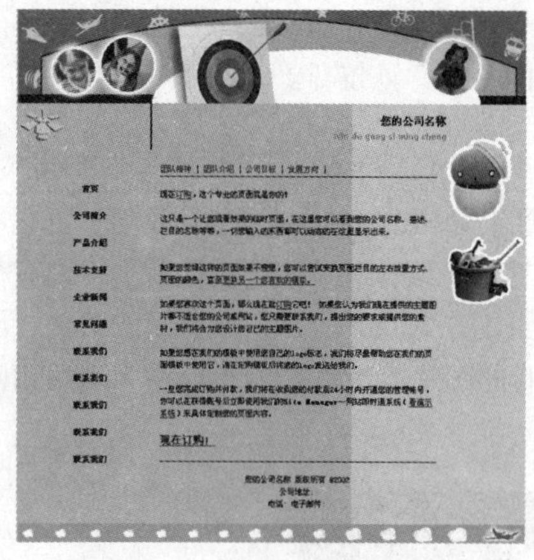

图 2-12　运用对比色的网页

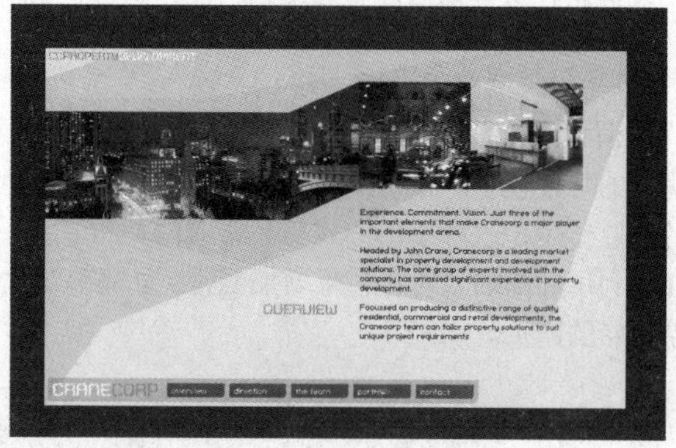

图 2-13　使用背景色的网页

6．色彩的数量

一般初学者在设计网页时往往使用多种颜色，使网页变得很“花”，缺乏统一和协调性，表面看起来很花哨，但缺乏内在的美感。事实上，网站用色并不是越多越好，一般控制在 3 种色彩以内，通过调整色彩的各种属性来改变色彩的数量。

2.4　本章小结

我们浏览一个网页时，网页给我们的第一印象就是页面设计，所以设计一个好的页面在整个网站建设过程中是至关重要的。好的页面首先要注意版面编排，文字和图片是网页排版中最重要的元素，文字与图片的密切配合，互为衬托，既能活跃页面，又使网站制作有丰富的内容。色彩是人的视觉最敏感的东西，网页色彩总的应用原则应该是“总体协调，局部对比”，也就是，网页设计的整体色彩效果应该和谐统一，只有局部的、小范围的地方可以有一些强烈色彩的对比。

第 2 篇

Dreamweaver CS6 搭建与制作网页篇

第 3 章 使用 Dreamweaver 轻松创建多彩的文本网页

学前必读

文本是网页的基本组成部分,人们通过网页了解的信息大部分是从文本对象中获得的。只有将文本内容处理好，才能使网页更加美观易读，使访问者在浏览时赏心悦目，激发浏览的兴趣。本章主要介绍网页文本的使用，特殊字符、项目列表和编号列表的使用，网页头部内容的使用等。

学习流程

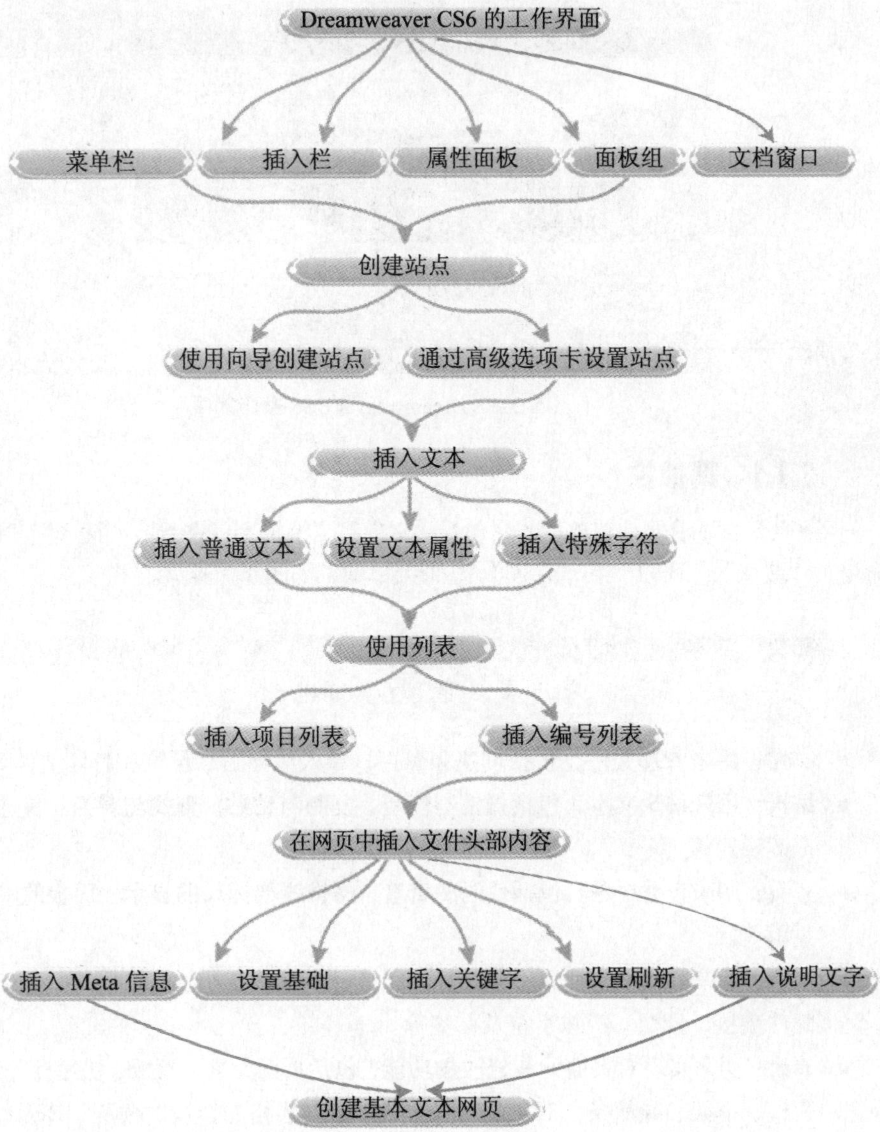

Dreamweaver CS6 的工作界面

菜单栏　插入栏　属性面板　面板组　文档窗口

创建站点

使用向导创建站点　通过高级选项卡设置站点

插入文本

插入普通文本　设置文本属性　插入特殊字符

使用列表

插入项目列表　插入编号列表

在网页中插入文件头部内容

插入 Meta 信息　设置基础　插入关键字　设置刷新　插入说明文字

创建基本文本网页

3.1　Dreamweaver CS6 的工作界面

为了更好地使用 Dreamweaver CS6，应了解 Dreamweaver CS6 操作界面的基本元素。Dreamweaver CS6 的操作界面由菜单栏、插入栏、文档窗口、属性面板以及浮动面板组成，整体布局显得紧凑、合理、高效。图 3-1 所示为 Dreamweaver CS6 操作界面。

图 3-1　Dreamweaver CS6 操作界面

 3.1.1　菜单栏

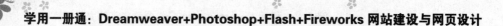

标题栏下方显示的是菜单栏，它包括“文件”、“编辑”、“查看”、“插入”、“修改”、“格式”“命令”、“站点”、“窗口”和“帮助”10 个菜单项，如图 3-2 所示。

文件(F)　编辑(E)　查看(V)　插入(I)　修改(M)　格式(O)　命令(C)　站点(S)　窗口(W)　帮助(H)

图 3-2　菜单栏

- 文件：用来管理文件，包括创建和保存、导入与导出、预览和打印文件等。
- 编辑：用来编辑文本，包括撤销与恢复、复制与粘贴、查找与替换、首选参数设置和快捷键设置等。
- 查看：用来查看对象，包括代码的查看、网格线与标尺的显示、面板的隐藏及工具栏的显示等。
- 插入：用来插入网页元素，包括插入图像、多媒体、AP Div、框架、表格、表单、电子邮件链接、日期、特殊字符及标签等。
- 修改：用来实现对页面元素修改的功能，包括页面元素、面板、快速标签编辑器、链接、表格、框架、导航条、对象的对齐方式、层与表格的转换、模板、库及时间轴等。
- 格式：用来对文本进行操作，包括字体、字形、字号、字体颜色、HTML/CSS 样式、段落格式化、扩展、缩进、列表、文本的对齐方式和检查拼写等。
- 命令：收集了所有的附加命令项，包括应用记录、编辑命令清单、获得更多命令、插件管理器、应用源代码格式、清除 HTML/WORD HTML、设置配色方案、格式化表格、表格排序等。
- 站点：用来创建与管理站点，包括站点显示方式、新建、打开与自定义站点、上传与下载、登记与验证、查看链接和查找本地/远程站点等。

- 窗口：用来打开与切换所有的面板和窗口，包括插入栏、属性面板、站点窗口、CSS 面板等。
- 帮助：内含 Dreamweaver 联机帮助、注册服务、技术支持中心和 Dreamweaver 的版本说明。

 3.1.2　插入栏

插入栏包含用于创建和插入对象的按钮。当鼠标移到一个按钮上时，会出现一个工具提示，其中含有该按钮的名称。单击该按钮即可插入相应的元素，如图 3-3 所示。

 3.1.3　属性面板

属性面板主要用于查看和更改所选对象的各种属性，每种对象都具有不同的属性。在属性面板包括两种选项，一种是“HTML”选项，将默认显示文本的格式、样式和对齐方式等属性。单击属性面板中的“CSS”选项，可以在“CSS”选项中设置各种属性，如图 3-4 所示。

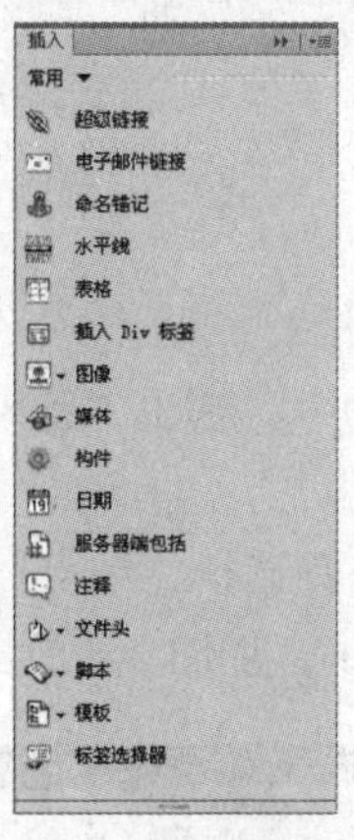

图 3-3　插入栏

图 3-4　属性面板

 3.1.4　面板组

在 Dreamweaver 工作界面的右侧排列着一些浮动面板，这些面板集中了网页编辑和站点管理过程中最常用的一些工具按钮。这些面板被集合到面板组中，每个面板组都可以展开或折叠，并且可以和其他面板停靠在一起或取消停靠。面板组还可以停靠到集成的应用程序窗口中。这样就能够很容易地访问所需的面板，而不会使工作区变得混乱。面板组如图 3-5 所示。

 3.1.5　文档窗口

可以在“文档”窗口中通过“代码”视图、“拆分”视图、“设计”视图、“实时”视图查看文档。文档窗口如图 3-6 所示。

图 3-5　面板组

图 3-6　文档窗口

3.2　创建站点

利用 Dreamweaver 可以在本地计算机上创建网站的框架，从整体上把握网站全局，完成网站文件的管理和测试。

3.2.1　上机练习——使用向导创建站点

可以使用"站点定义向导"创建本地站点，具体操作步骤如下。

（1）启动 Dreamweaver，执行菜单中的"站点"|"管理站点"命令，弹出"管理站点"对话框，在对话框中单击"新建站点"按钮，如图 3-7 所示。

（2）弹出"站点设置对象 未命名站点"对话框，在对话框的左侧选择"站点"选项，在"站点名称"文本框中输入名称，可以根据网站的需要任意起一个名字，如图 3-8 所示。

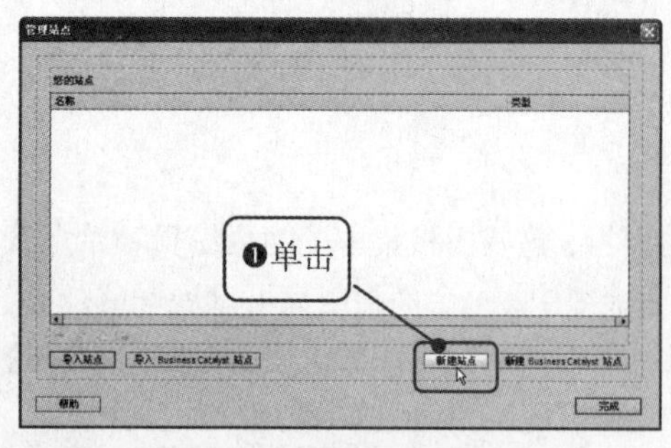

图 3-7　"管理站点"对话框

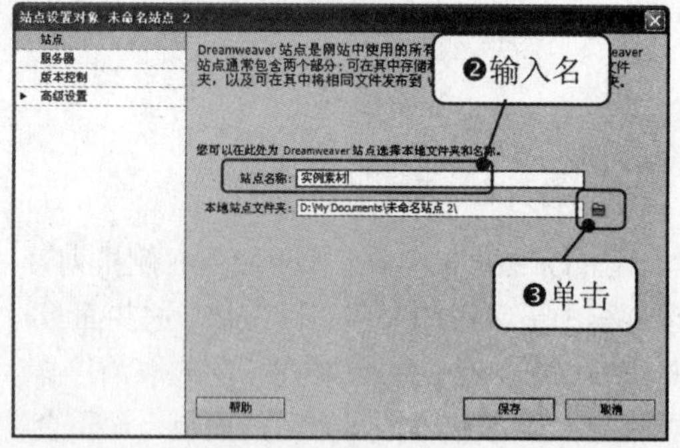

图 3-8　"站点设置对象 未命名站点"对话框

（3）单击"本地站点文件夹"文本框右边的"浏览文件夹"按钮，弹出"选择根文件夹"对话框，选择站点文件，如图 3-9 所示。

（4）单击"选择"按钮，选择站点文件后如图 3-10 所示。

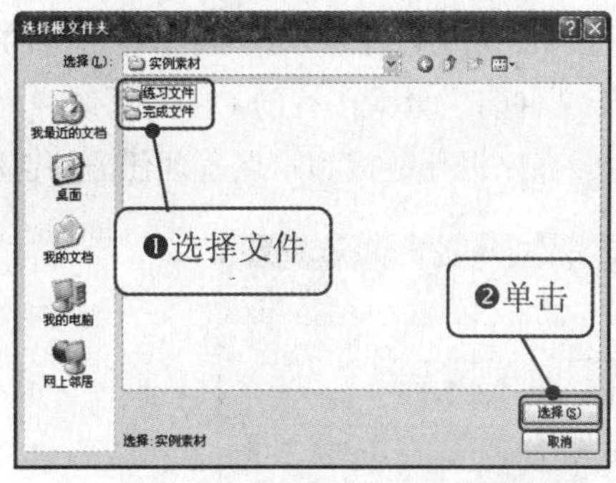

图 3-9　“选择根文件夹”对话框

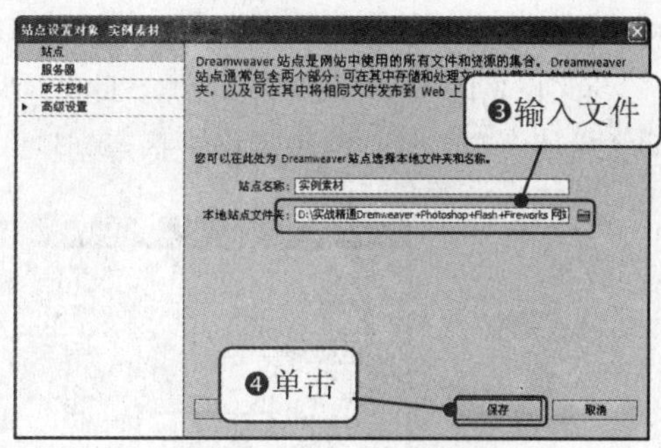

图 3-10　指定站点位置

（5）单击“保存”按钮，更新站点缓存，出现“管理站点”对话框，其中显示了新建的站点，如图 3-11 所示。

（6）单击“完成”按钮，此时在“文件”面板中可以看到创建的站点文件，如图 3-12 所示。

图 3-11　“管理站点”对话框

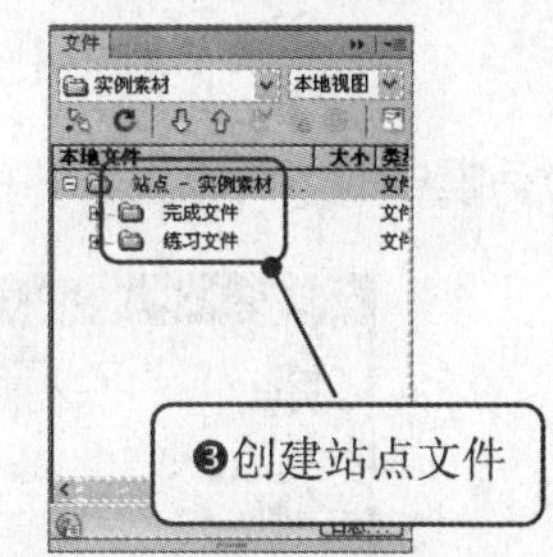

图 3-12　创建的站点文件

3.2.2　上机练习——通过高级选项卡设置站点

还可以在“站点设置对象”对话框中选择“高级设置”选项卡，快速设置“本地信息”、“遮盖”、“设计备注”、“文件视图列”、“Contribute”、“模板”、“Spry”和“Web”字体中的参数来创建本地站点。

（1）打开“站点设置对象 实例素材”对话框，在对话框中的“高级设置”中选择“本地信息”选项，如图 3-13 所示。

在“本地信息”选项中有以下参数。

- “默认图像文件夹”文本框：输入此站点的默认图像文件夹的路径，或者单击文件夹按钮浏览到该文件夹。此文件夹是 Dreamweaver 上传到站点上的图像的位置。
- “链接相对于”：在站点中创建指向其他资源或页面的链接时，指定 Dreamweaver 创建的链接类型。Dreamweaver 可以创建两种类型的链接：文档相对链接和站点根目录相对链接。
- “Web URL”文本框：输入 Web 站点的 URL。Dreamweaver 使用 Web URL 创建站点根目录相对链接，并在使用链接检查器时验证这些链接。

- “区分大小写的链接检查”复选框：在 Dreamweaver 检查链接时，将检查链接的大小写与文件名的大小写是否相匹配。此选项用于文件名区分大小写的 UNIX 系统。
- “启用缓存”复选框表示指定是否创建本地缓存以提高链接和站点管理任务的速度。

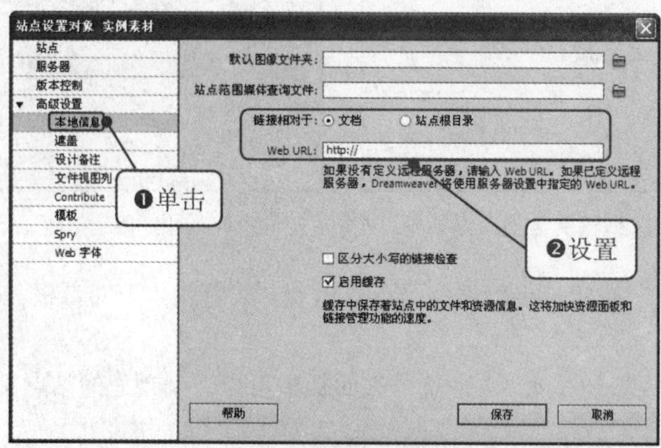

图 3-13 “本地信息”选项

（2）在对话框中的“高级设置”中选择“遮盖”选项，如图 3-14 所示。

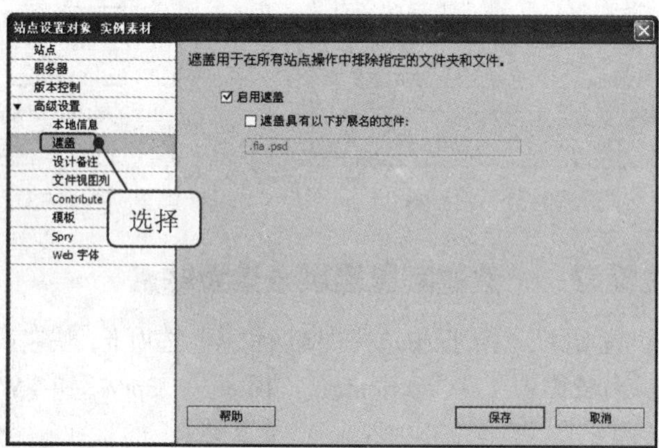

图 3-14 “遮盖”选项

在“遮盖”选项中可以设置以下参数。

- “启用遮盖”复选框：选中后激活文件遮盖。
- “遮盖具有以下扩展名的文件”复选框：勾选它可以对特定文件名结尾的文件使用遮盖。

（3）在对话框中的“高级设置”中选择“设计备注”选项，在最初开发站点时，需要记录一些开发过程中的信息、备忘。如果在团队中开发站点，需要记录一些与别人共享的信息，然后上传到服务器，供别人访问，如图 3-15 所示。

在“设计备注”选项中可以进行如下设置。

- “维护设计备注”复选框：可以保存设计备注。
- “清理设计备注”复选框：单击此按钮，删除过去保存的设计备注。

- “启用上传并共享设计备注”复选框：可以在上传或取出文件的时候，设计备注上传到“远程信息”中设置的远端服务器上。

（4）在对话框中的“高级设置”中选择“文件视图列”选项，用来设置站点管理器中的文件浏览器窗口所显示的内容，如图 3-16 所示。

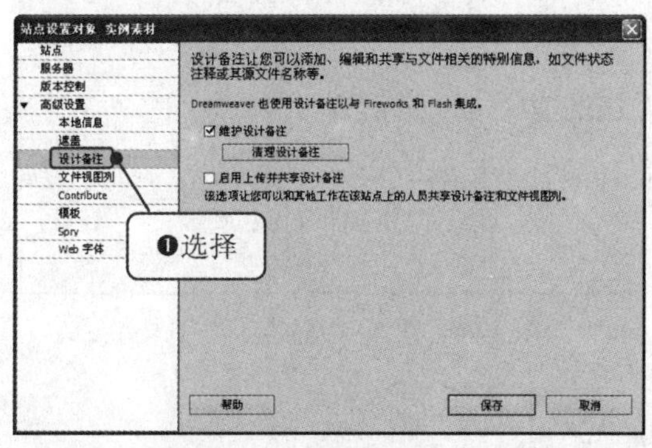

图 3-15　“设计备注”选项

图 3-16　“文件视图列”选项

在“文件视图列”选项中可以进行如下设置。

- 名称：显示文件名。
- 备注：显示设计备注。
- 大小：显示文件大小。
- 类型：显示文件类型。
- 修改：显示修改内容。
- 取出者：正在被谁打开和修改。

（5）在对话框中的“高级设置”中选择“Contribute”选项，勾选“启用 Contribute 兼容性”复选框，则可以提高与 Contribute 用户的兼容性，如图 3-17 所示。

（6）在对话框中的“高级设置”中选择“模板”选项，如图 3-18 所示。

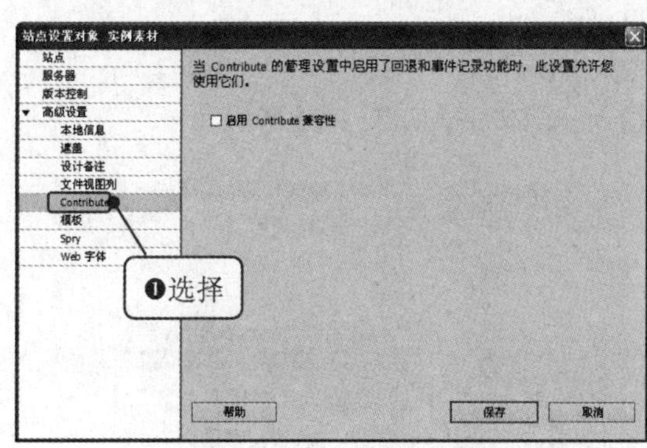

图 3-17　“Contribute”选项

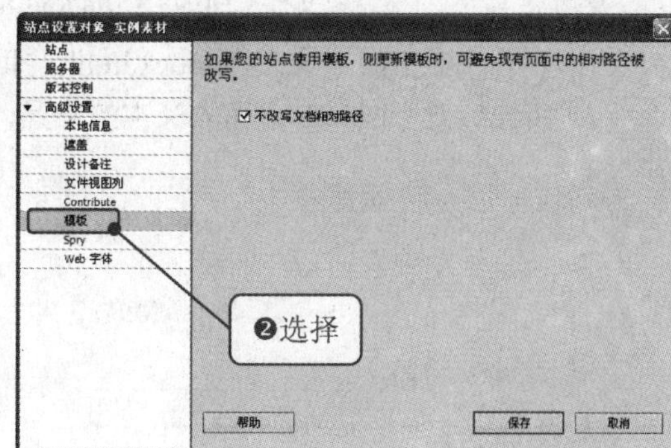

图 3-18　“模板”选项

（7）在对话框中的“高级设置”中选择“Spry”选项，如图 3-19 所示。

（8）在对话框中的“高级设置”中选择“Web 字体”选项，如图 3-20 所示。

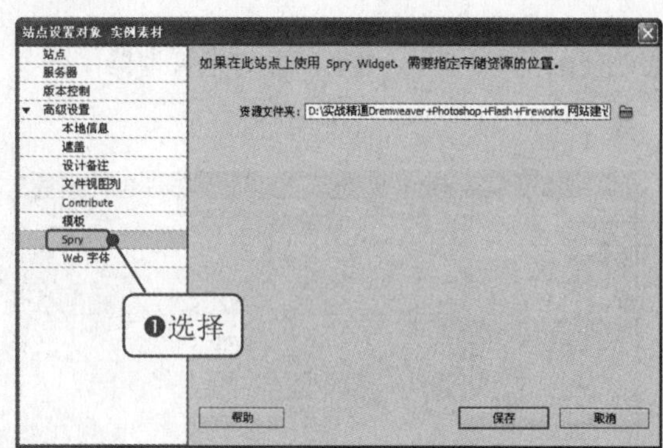

图 3-19 “Spry”选项

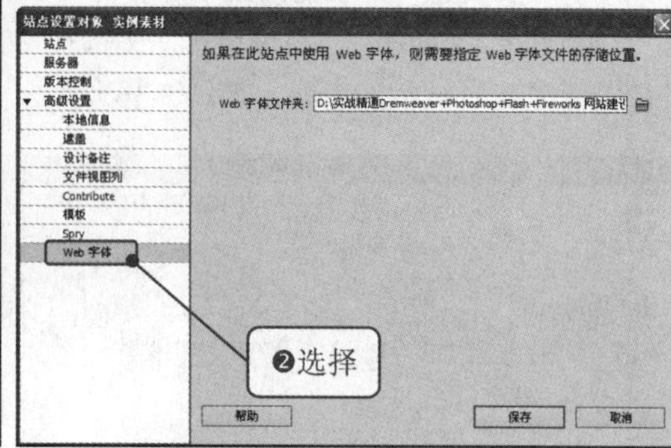

图 3-20 选择“Web 字体”选项

3.3 插入文本

文本是网页中最简单，也是最基本的部分，无论当前的网页多么绚丽多彩，其中占多数的还是文本。Dreamweaver 提供了多种在网页中添加文本和设置文本格式的方法，可以插入文本，设置字体类型、大小、颜色和对齐属性。

3.3.1 上机练习——插入普通文本

网页中可以插入的常见文本类型有 ASCII 文本文件、RTF 文件和 Microsoft Office 文档。Dreamweaver CS6 可以通过以下方式在网页中添加文本。直接将文本输入网页文档中的操作步骤如下。

练习文件 实例素材/练习文件/CH03/3.3.1/index.html

完成文件 实例素材/完成文件/CH03/3.3.1/index1.html

（1）打开光盘中的网页文件 index.html，如图 3-21 所示。

（2）将光标置于网页中要输入文本的位置，输入一段文字，如图 3-22 所示。

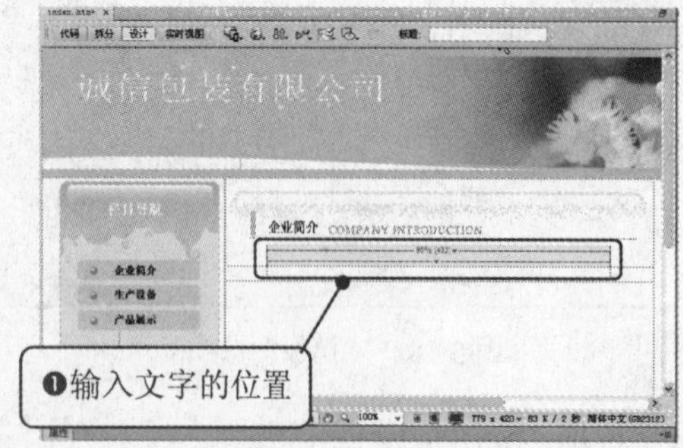

图 3-21 打开文件

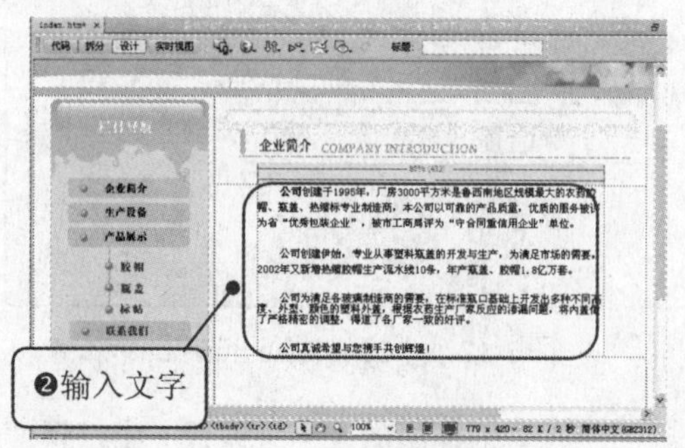

图 3-22 输入文字

3.3.2　上机练习——设置文本属性

如果网页中的文本样式太单调，会大大降低网页的外观效果，通过对文本格式的设置可使文本变得美观，让网页更具魅力。选中需设置格式的文本，然后在“属性”面板中设置文本的具体属性。具体操作步骤如下。

练习文件　实例素材/练习文件/CH03/3.3.2/index.html

完成文件　实例素材/完成文件/CH03/3.3.2/index1.html

（1）选中文字，执行“窗口”|“属性”命令，打开“属性”面板，在“大小”文本框中将文字的“大小”设置为“12”像素，如图 3-23 所示。

（2）在弹出的“新建 CSS 规则”对话框中的“选择器类型”中选择“类”，在“选择器名称”中输入名称“.yangshi”，在“规则定义”中选择“(仅限该文档)”，如图 3-24 所示，单击“确定”按钮，完成设置字体的字号。

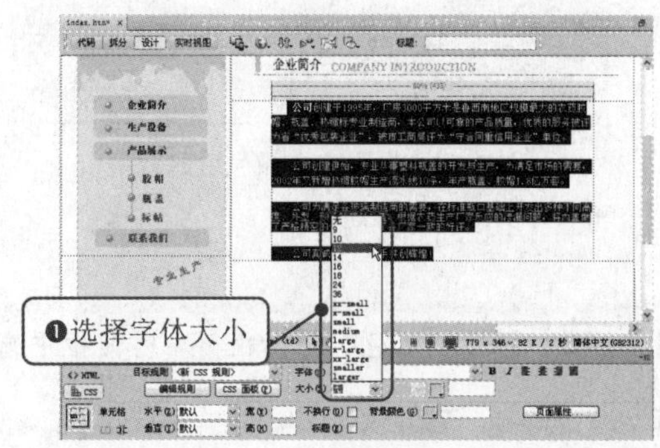

图 3-23　设置文字的大小

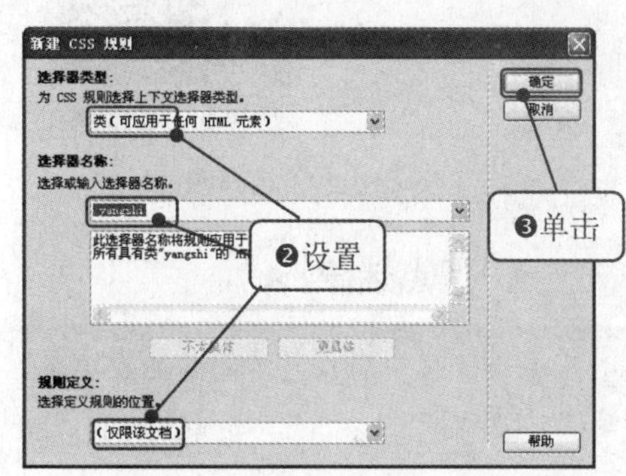

图 3-24　“新建 CSS 规则”对话框

（3）在“属性”面板中的“字体”下拉列表中选择“编辑字体列表”选项，如图 3-25 所示。

（4）在对话框中的“可用字体”列表框中选择要添加的字体，单击«按钮添加到左侧的“选择的字体”列表框中，在“字体”列表框中也会显示新添加的字体，如图 3-26 所示。重复以上操作即可添加多种字体，若要取消已添加的字体，可以选中该字体单击»按钮。

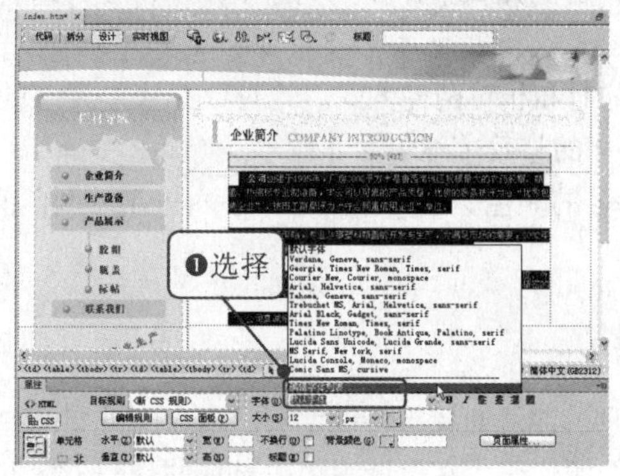

图 3-25　选择字体

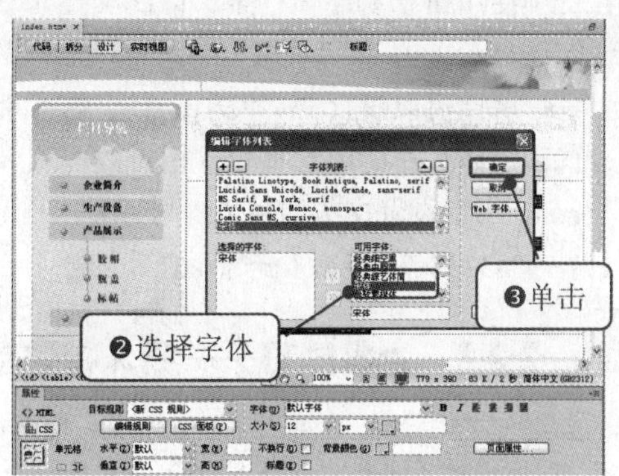

图 3-26　“编辑字体列表”对话框

（5）完成一个字体样式的编辑后，单击[+]按钮可进行下一个样式的编辑。若要删除某个已经编辑的字体样式，可选中该样式单击[-]按钮。

（6）完成字体样式的编辑后，单击“确定”按钮关闭该对话框。

（7）单击“Color”颜色按钮，在弹出的颜色框中设置文本颜色为“#C00”，如图 3-27 所示。设置文本的颜色后回到“新建 CSS 规则”对话框单击“确定”按钮即可，效果如图 3-28 所示。

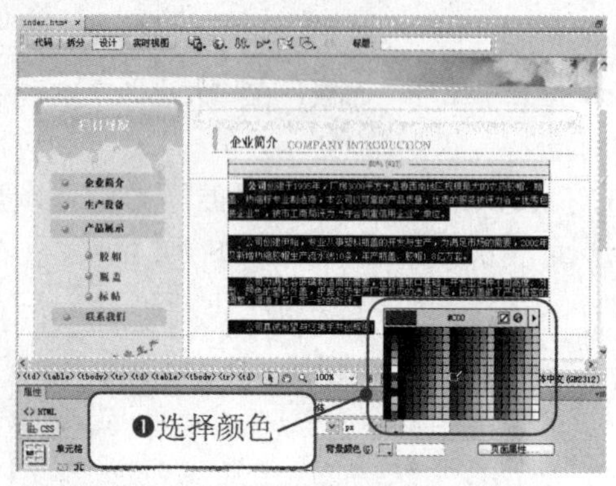

图 3-27　选择颜色

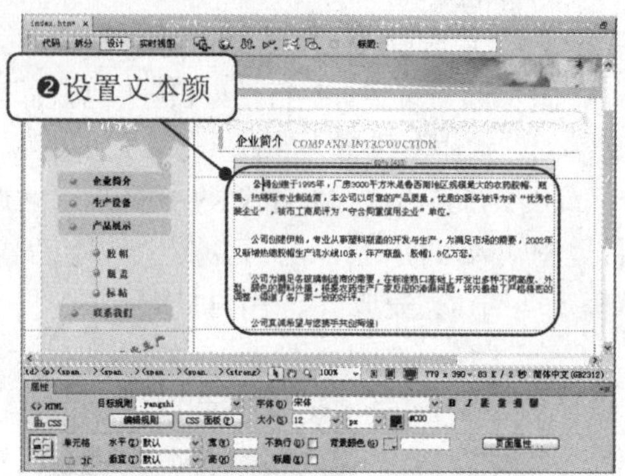

图 3-28　设置文本颜色后的效果

★ 指点迷津 ★

如果调色板中的颜色不能满足需要时，单击[ ]按钮，弹出“颜色”对话框，在对话框中选择需要的颜色即可。

代码揭秘：字体标签 font

<font>标签用来控制字体、字号和颜色等属性，它是 HTML 中最基本的标签之一。

```
<font face="字体的名称" size="文字大小"  color="字体的颜色">……</font>
```

face 属性用来定义字体，任何安装在操作系统中的文字都可以显示在浏览器中，可以给 face 属性一次定义多个字体，字体直接使用“,”分隔开，浏览器在读取字体时，如果第 1 种字体不存在，则使用第 2 种字体代替，以此类推。如果设置的几种字体在浏览器中都不存在，则会以默认字体显示。

size 属性可以设置文字大小，文字的大小有绝对和相对两种方式。绝对数：从 1 到 7 的整数，代表字体大小的绝对字号；相对数：从-4 到+4 的整数（不包含 0）。

color 用于设置文本的颜色。可以是一个已命名的颜色，也可以是一个十六进制的颜色值。如 color="#3333CC"或 color="#red"。

3.3.3　上机练习——插入特殊字符

特殊字符包含换行符、不换行空格、版权信息、注册商标等特殊字符。当在网页文档中插入特殊字符时，在代码视图中显示的是特殊字符的源代码，在设计视图中显示的是一个标志，只有在浏览器窗口中才能显示其真正面目。具体操作步骤如下。

练习文件　实例素材/练习文件/CH03/3.3.3/index.html

完成文件　实例素材/完成文件/CH03/3.3.3/index1.html

（1）执行“插入”|“HTML”|“特殊字符”命令，从打开的子菜单中选择“版权”选项，如图 3-29 所示。

（2）选择“版权”选项后，即可插入版权符，如图 3-30 所示。

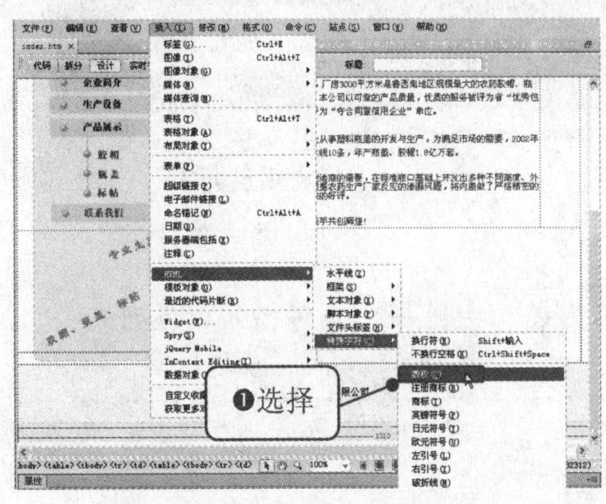

图 3-29　选择特殊字符

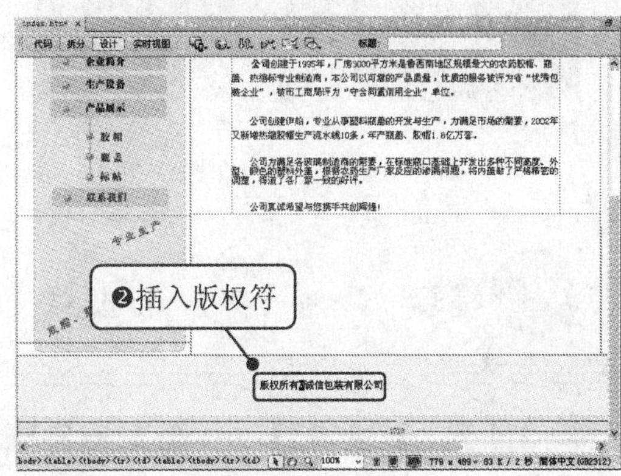

图 3-30　插入版权符

★ 指点迷津 ★

许多浏览器（尤其是旧版本的浏览器，除 Netscape Navigator 和 Internet Explorer 外的其他浏览器）无法正常显示很多特殊字符，因此应尽量少用特殊字符。

3.4　使用列表

在网页中，从总体上分为两种类型的列表：一种是无序列表，即项目列表，另一种是有序列表，即编号列表。

3.4.1　上机练习——插入项目列表

如果列表之间是并列关系，各个列表项之间没有顺序级别之分，则需要使用项目列表。插入项目列表的具体操作步骤如下。

练习文件　实例素材/练习文件/CH03/3.3.4/index.html

完成文件　实例素材/完成文件/CH03/3.3.4/index1.html

（1）打开光盘中的素材文件 index.html，如图 3-31 所示。

（2）将光标置于要插入项目列表的位置，执行“文本”|“列表”|“项目列表”命令，即可插入项目列表，如图 3-32 所示。

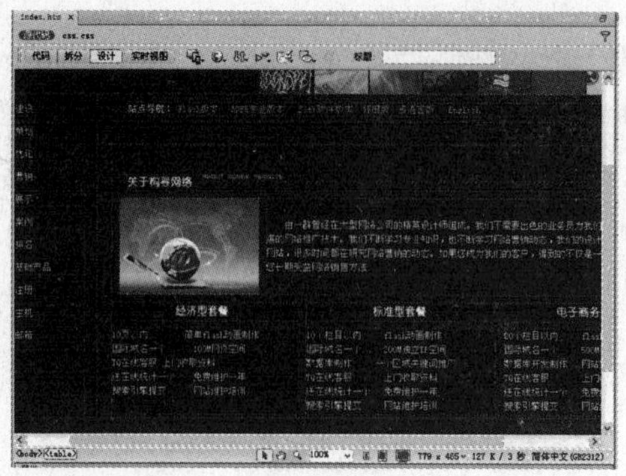

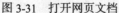

图 3-31　打开网页文档

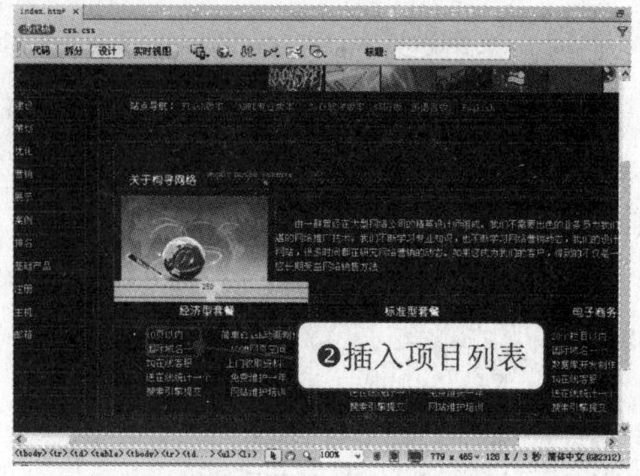

图 3-32　插入项目列表

提示　单击“属性”面板中的“项目列表”按钮，也可插入项目列表。

3.4.2　上机练习——插入编号列表

如果各个列表项之间有顺序级别之分，则需要使用编号列表。编号列表使用编号来排列各个列表项，还可以指定编号列表的编号类型和起始编号。将光标置于要插入编号列表的位置，执行“文本”|“列表”|“编号列表”命令，即可插入编号列表，如图 3-33 所示。

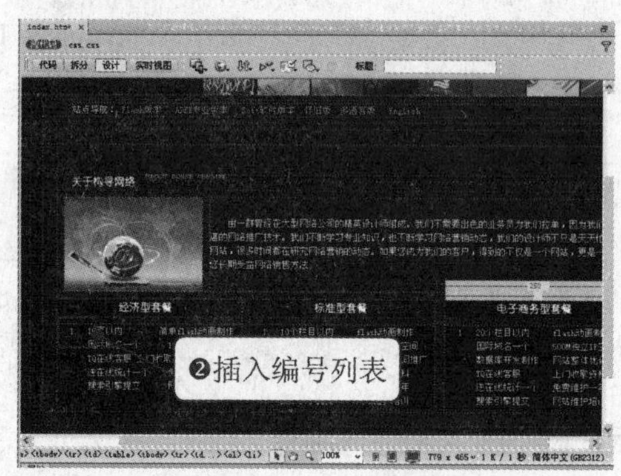

图 3-33　插入编号列表

提示　单击“属性”面板中的“编号列表”按钮，也可插入编号列表。

代码揭秘：无序列表标签 ul 和有序列表标签 ol

列表元素是网页设计中使用频率非常高的元素，在传统网站设计中，无论是新闻列表，还是产品或是其他内容，均需要以列表的形式来体现。通过列表标记的使用能使这些内容在网页中条理清晰、层次分明、格式美观地表现出来。

1. 无序列表

无序列表（Unordered List）是一个没有特定顺序的相关条目的集合，在无序列表中，各个列表项之间属并列关系，没有先后顺序之分。ul 用于设置无序列表，各个列表之间没有顺序级别之分。<ul>和</ul>表示无序列表的开始和结束，<li>则表示一个列表项的开始。

```
<ul>
<li>天祥系列</li>
<li>尊贵系列</li>
<li>汇祥系列</li>
</ul>
```

2. 有序列表

有序列表使用编号，而不是使用项目符号来编排项目。列表中的项目采用数字或英文字母开头，通常各项目间有先后的顺序性。在有序列表中，主要使用<ol>和<li>两个标记以及 type 和 start 属性。

在有序列表的默认情况下，使用数字序号作为列表的开始，可以通过 type 属性将有序列表的类型设置为英文或罗马字母。在默认的情况下，有序列表从数字 1 开始记数，这个起始值通过 start 属性可以调整。

```
<ol type="序号类型" start="起始数值" >
<li>列表项</li>
<li>列表项</li>
<li>列表项</li>
</ol>
```

3.5　在网页中插入文件头部内容

文件头标签也就是通常说的 Meta 标签，文件头标签在网页中是看不到的，它包含在网页中<head>...</head>标签之间。所有包含在该标签之间的内容在网页中都是不可见的。

文件头标签主要包括标题、META、关键字、说明、刷新、基础和链接，下面分别介绍常用的文件头标签的使用。

3.5.1　插入 Meta 信息

Meta 对象常用于插入一些为 Web 服务器提供选项的标记符，方法是通过 http-equiv 属性和其他各种在 Web 页面中包括的、不会使浏览者看到的数据。设置 Meta 的具体操作步骤如下。

（1）执行“插入”|“HTML”|“文件头标签”|“Meta”命令，弹出“META”对话框，如图 3-34 所示。

图 3-34　“META”对话框

在“属性”下拉列表中可以选择“名称”或“http-equiv”选项，指定 Meta 标签是否包含有关页面的描述信息或 http 标题信息。

- 在“值”文本框中指定在该标签中提供的信息类型。
- 在“内容”文本框中输入实际的信息。

（2） 设置完毕后，单击“确定”按钮即可。

★ 高手支招 ★

单击“常用”插入栏中的按钮，在弹出的菜单中选择 META 选项，弹出“META”对话框，插入 META 信息。

3.5.2 设置基础

基础就是指在文件头中添加一个脚本的链接，该网页文档中所有的链接都以此链接为基准，而其他网页中的链接与该网页中的基准链接无关。设置基础的方法如下。

执行“插入”|“HTML”|“文件头标签”|“基础”命令，打开“基础”对话框，如图 3-35 所示。在对话框中进行相应的设置后，单击“确定”按钮。

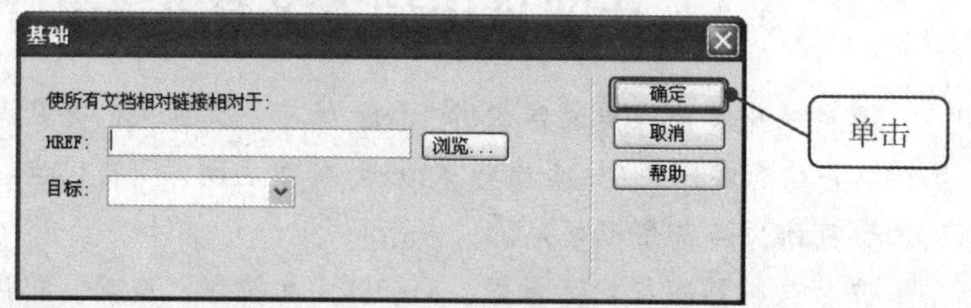

图 3-35　“基础”对话框

- href：输入一个地址作为超级链接的基本地址，或单击“浏览”按钮选择链接地址。
- 目标：在下拉列表中可以选择打开方式。“空白”是以新窗口的形式打开，“父”是在父窗口中打开，“自身”是在原来的窗口中打开，“顶部”是在页面的顶部窗口中打开。

★ 高手支招 ★

单击“常用”插入栏中的按钮，在弹出的菜单中选择“基础”选项，也可以打开“基础”对话框。

3.5.3　插入关键字

关键字也就是与网页的主题内容相关的简短而有代表性的词汇，这是给网络中的搜索引擎准备的。关键字一般要尽可能地概括网页内容，这样浏览者只要输入很少的关键字，就能最大限度地搜索网页。插入关键字的具体操作步骤如下。

（1）执行“插入”|“HTML”|“文件头标签”|“关键字”命令，弹出“关键字”对话框，如图 3-36 所示。

（2）在“关键字”文本框中输入一些值，单击“确定”按钮即可。

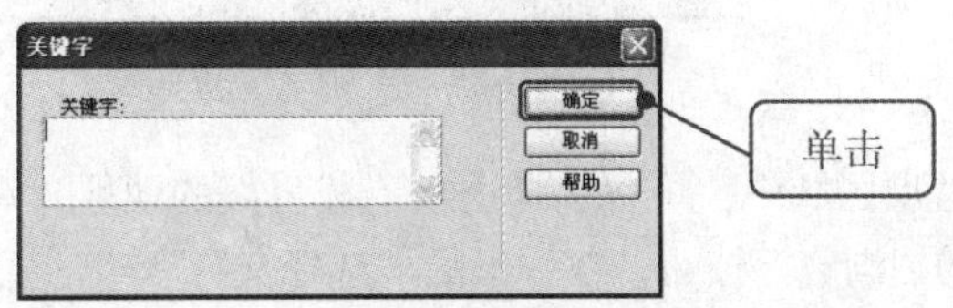

图 3-36　“关键字”对话框

★ 高手支招 ★

单击“常用”插入栏中的按钮，在弹出的菜单中选择“关键字”选项，弹出“关键字”对话框，插入关键字。

3.5.4　插入说明文字

插入说明的具体操作步骤如下。

（1）执行“插入”|“HTML”|“文件头标签”|“说明”命令，弹出“说明”对话框，如图 3-37 所示。

（2）在“说明”文本框中输入一些值，单击“确定”按钮即可。

图 3-37　“说明”对话框

★ 高手支招 ★

单击“常用”插入栏中的按钮，在弹出的菜单中选择“说明”选项，弹出“说明”对话框，插入说明。

3.5.5　设置刷新

设置网页的自动刷新特性，使其在浏览器中显示时，每隔一段指定的时间，就跳转到某个页面或是刷新自身。插入刷新的具体操作步骤如下。

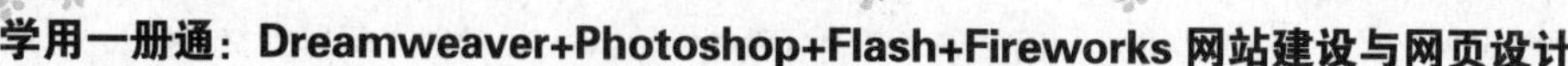

（1）执行“插入”|“HTML”|“文件头标签”|“刷新”命令，弹出“刷新”对话框，如图 3-38 所示。

（2）在“延迟”文本框中输入刷新文档要等待的时间。

图 3-38 “刷新”对话框

在“操作”选项区域中，可以选择重新下载页面的地址。勾选“转到 URL”单选按钮时，单击文本框右侧的“浏览”按钮，在弹出的“选择文件”对话框中选择要重新下载的 Web 页面文件。返回到“刷新”对话框中，勾选“刷新此文档”单选按钮时，将重新下载当前的页面。设置完毕后，单击“确定”按钮即可。

3.6 综合应用——创建基本文本网页

本章主要讲述了创建网页文本的基本知识，下面通过实例讲述如何创建基本文本网页的效果，创建文本网页前效果如图 3-39 所示，创建基本文本网页的效果如图 3-40 所示，具体操作步骤如下。

图 3-39 创建文本网页前效果

图 3-40 创建基本文本网页效果

练习文件 实例素材/练习文件/CH03/3.6/index.html

完成文件 实例素材/完成文件/CH03/3.6/index1.html

（1）打开光盘中的素材文件 index.html，如图 3-41 所示。

（2）将光标置于要输入文字的位置，输入文字，如图 3-42 所示。

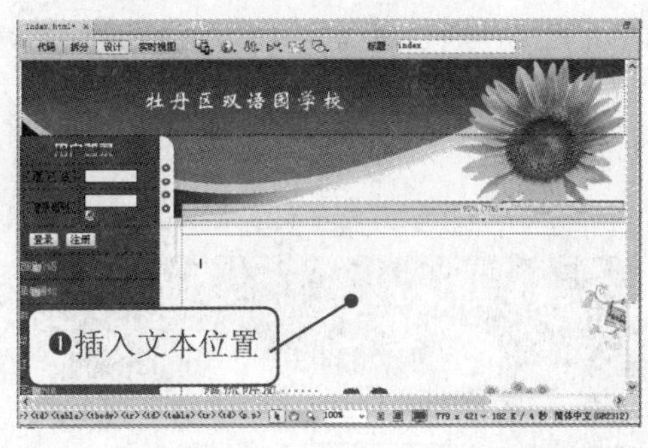

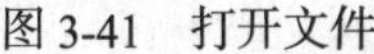

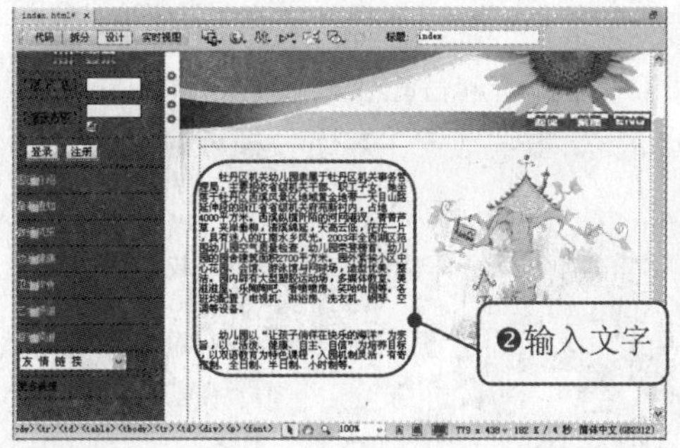

图 3-41　打开文件　　　　图 3-42　输入文字

（3）将光标置于文字开头，按住鼠标的左键向下拖动至文字结尾，选中所有的文字，在属性面板中单击“大小”文本框右侧的下拉按钮，在弹出的菜单中选择文字的大小，如图 3-43 所示。

（4）弹出“新建 CSS 规则”对话框，在对话框中的“选择器名称”文本框中输入名称，如图 3-44 所示。

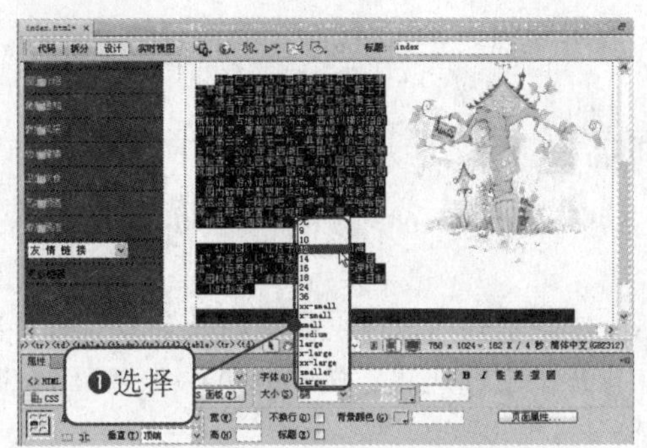

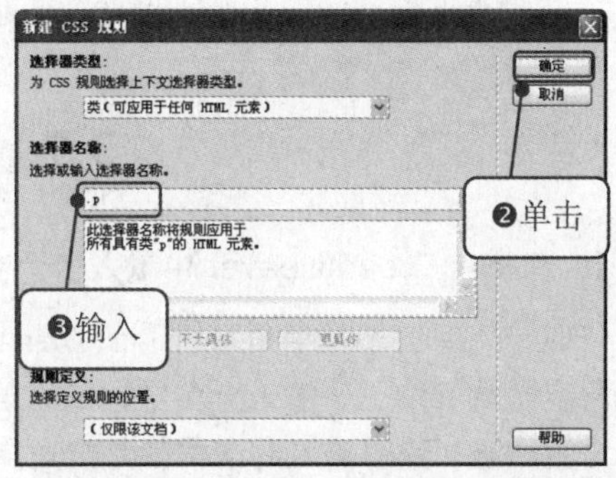

图 3-43　设置文字的大小　　　　图 3-44　“新建 CSS 规则”对话框

（5）单击“确定”按钮，完成文本大小的设置，单击“文本颜色”按钮，在打开的调色板中设置文本的颜色为“#060”，如图 3-45 所示。

（6）在属性面板中单击“字体”文本框右侧的下拉按钮，在弹出的列表中选择要设置的字体，如图 3-46 所示。

图 3-45　设置文本颜色　　　　图 3-46　设置字体

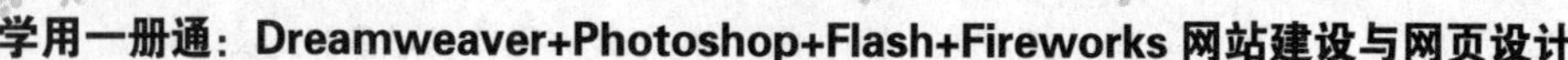

（7）将光标置于要插入时间的位置，执行“插入”|“日期”命令，弹出“插入日期”对话框，在对话框中进行相应的设置，如图 3-47 所示。

（8）单击“确定”按钮，插入时间，如图 3-48 所示。

图 3-47　“插入日期”对话框

图 3-48　插入时间

（9）保存文档，按 F12 键在浏览器中预览，效果如图 3-40 所示。

3.7　专家秘籍

1. 怎样在 Dreamweaver 中输入多个空格

平时输入的空格是半角字符，在 Dreamweaver 中只能输入一个，要想输入多个空格只要输入全角空格就可以了。输入全角空格的方法是：打开中文输入法，按“Shift+Space”组合键切换到全角状态。这时输入的空格就是全角空格了。

2. 为何插入的水平线无法修改颜色

在网页中只能插入黑色的水平线，而不能直接插入彩色的水平线，在 Dreamweaver 中插入水平线时，在水平线“属性”面板中并没有提供关于水平线颜色的设置，这是由于早期的 Netscape 浏览器并不支持水平线的颜色属性，所以在 Dreamweaver 中也没有在面板中提供其设置。可以通过在水平线“属性”面板中的快速标签编辑器中来设置水平线的颜色。

3. 为什么让一行字居中，其他行也居中

在 Dreamweaver 中进行居中、居右操作时，默认的区域是 P、H1-H6、Div 等格式标识符，因此，如果语句没有用上述标识符隔开，Dreamweaver 会将整段文字均做居中处理，解决方法就是将居中文本用 P 隔开。

4. 为什么在 Dreamweaver 中按“Enter”键换行时，与上一行的距离很大

在 Dreamweaver 中按 Enter 键换行时，与上一行的距离很远这是因为按“Enter”键时默认的是一个段落，而不是一般的单纯的换行所造成的。因此若要换行，应先按住“Shift”键不放，然后再按“Enter”键，这样两行间的距离就不会差一大段了。

5．如何隐藏浮动面板

打开 Dreamweaver，给人的第一印象是一堆浮动面板，往往弄得你眼花缭乱，虽然它可以拖开，但毕竟占据着本来就很有限的屏幕，若把它关闭了，等一下用时又要打开很不方便。其实只要按一下“F4”键，所有浮动面板都会隐藏不见，再按“F4”键它们又都重现于屏幕上了。

6．如何清除网页中不必要的 HTML 代码

虽然 Dreamweaver 不会为网页任意添加不必要的 HTML 代码，但有时因为网页过于复杂，或者在网页上过度频繁地移动图片、文本或者其他对象，这样，一些冗余的代码就会产生。不必要的代码会影响网页的下载速度和网页的兼容性，所以，在编辑完网页后，必须手动清除它们。在 Dreamweaver 中，执行“命令” | “清理 HTML”命令，弹出“清理 HTML/XHYML”对话框。如图 3-49 所示，有 5 个选择来清除不需要的代码：空标签区块、多余的嵌套标签、不属于 Dreamweaver 的 HTML 注解、Dreamweaver 特殊标记和指定的标签。

7．为何页面顶部和左边有明显的空白

要使页面中的上下部分不留白，需要将页面的上边距与左边距都设置为 0。在 Dreamweaver 中，执行“修改” | “页面属性”命令，弹出“页面属性”对话框，在“分类”选项中选择“外观（CSS）”选项，在“外观（CSS）”页面属性中将页面的上边距与左边距都设置为 0，这样就不会有空白了，如图 3-50 所示。

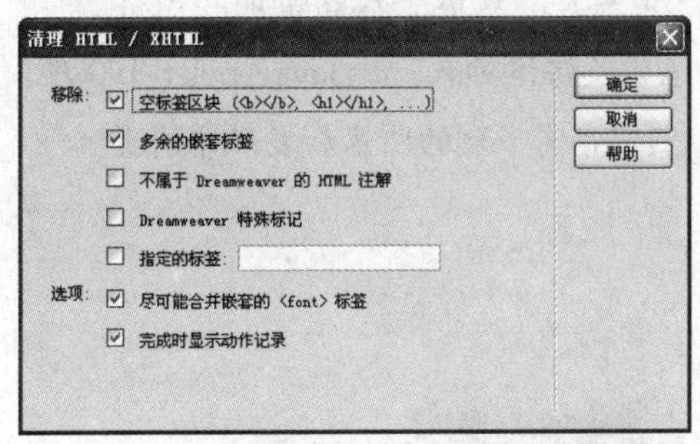

图 3-49　“清理 HTML/XHYML”对话框

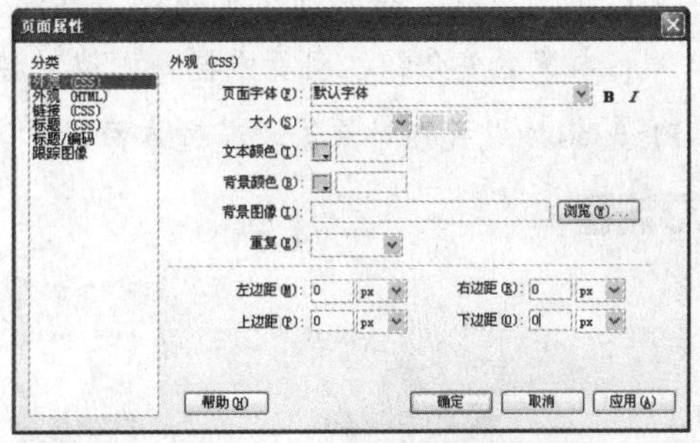

图 3-50　“页面属性”对话框

3.8　本章小结

在网页中，文本内容是最重要的组成部分，一个网站成功与否，它是关键的因素。本章的重点是熟悉 Dreamweaver CS6 的工作界面，创建和管理站点，以及掌握文本的使用。通过本章的学习，读者不仅可以掌握在 Dreamweaver 中输入文本和设置文本格式的方法，而且还可以学会如何插入其他文本元素，包括插入特殊符号、水平线、时间、注释，以及列表的设置等。

第4章 巧用绚丽的图像和多媒体让网页动起来

学前必读

图像和多媒体是网页中不可或缺的组成部分，恰当地使用图像和多媒体，可以使网站充满生命力与说服力，吸引更多的浏览者，加深他们欣赏你网站的意愿。图像和多媒体在网页中具有画龙点睛的作用，它能装饰网页，表达个人的情调和风格。

本章主要介绍在网页中插入图像、插入和编辑多媒体对象，如 Java Applet 小程序、Flash 影片或视频对象等。通过本章的学习可以创建丰富多彩的图像和多媒体网页。

学习流程

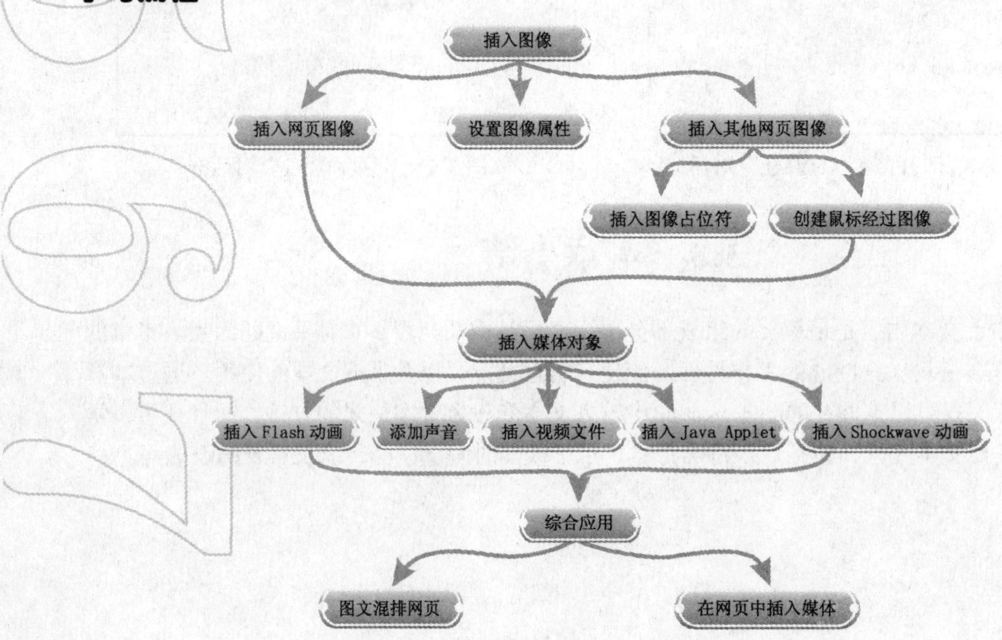

4.1　在网页中插入图像

图像是网页中最主要的元素之一，图像不但能美化页面，且与文本相比能够更加直观地表达设计者的意图。在网页中的适当位置放置一些图像，比单纯使用文字更能够使网页具有吸引力，这些图像是文本的说明及解释，不仅可以使文本清晰易读，而且使得文档更具吸引力。

4.1.1　上机练习——插入网页图像

美观的网页是图文并茂的，一幅幅图像和一个个设计精巧的按钮、标记不但使网页更加美观、形象和生动，而且使网页中的内容更加丰富多彩。可见，图像在网页中的作用是非常重要的。在网页中插入图像前后的效果如图 4-1 和图 4-2 所示，具体操作步骤如下。

图 4-1　插入图像前的效果

图 4-2　插入图像后的效果

练习文件　实例素材/练习文件/CH04/4.1.1/index.html

完成文件　实例素材/完成文件/CH04/4.1.1/index1.html

（1）打开光盘中的素材文件 index.html，将光标置于要插入图像的位置，如图 4-3 所示。

（2）执行“插入”|“图像”命令，弹出“选择图像源文件”对话框，在对话框中选择图像文件，单击“确定”按钮，如图 4-4 所示。

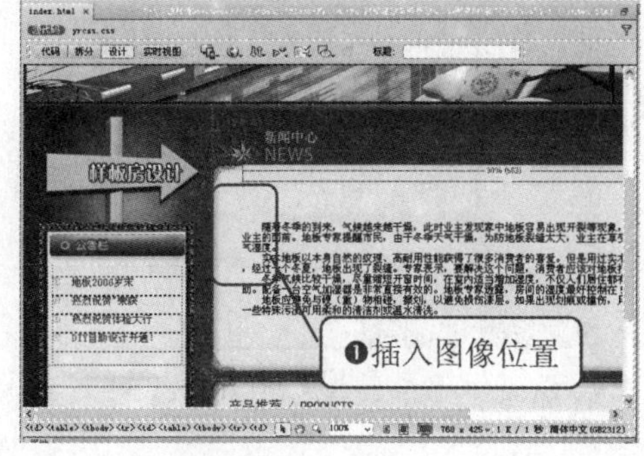

图 4-3　打开文件

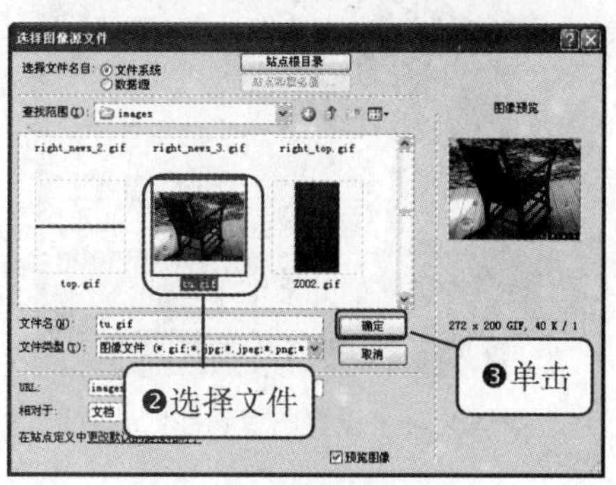

图 4-4　选择文件

★ 高手支招 ★

在插入图像时，建议在根目录或根目录下的任何文件夹中新建一个名称为 images 的文件夹，可以把网站中的所有图像都放入到该文件夹中。

（3）即可插入图像，如图 4-5 所示。保存文档，在浏览器中预览，效果如图 4-2 所示。

图 4-5 插入图像

★ 指点迷津 ★

网页中图像的格式通常有三种，即 GIF、JPEG 和 PNG。目前 GIF 和 JPEG 文件格式的支持情况最好，大多数浏览器都可以查看它们。而 PNG 文件具有较大的灵活性且文件较小，它对于几乎所有类型的网页图形都是最适合的。但是 Microsoft Internet Explorer 和 Netscape Navigator 只能部分支持 PNG 图像的显示。建议使用 GIF 或 JPEG 格式以满足更多人的需求。

4.1.2 设置图像属性

插入图像后，如果图像的大小和位置并不合适，还需要对图像的属性进行具体的调整，如大小、位置和对齐方式等。设置图像属性前后效果如图 4-6 和图 4-7 所示，具体操作步骤如下。

图 4-6 设置图像属性前的效果

图 4-7 设置图像属性后的效果

练习文件 实例素材/练习文件/CH04/4.1.2/index.html

完成文件 实例素材/完成文件/CH04/4.1.2/index1.html

（1）打开光盘中的素材文件 index.html，选中图像，单击鼠标右键，在弹出的菜单中选择“对齐”|“右对齐”选项，如图 4-8 所示。

（2）选择命令后将图像设置为“右对齐”，如图 4-9 所示。

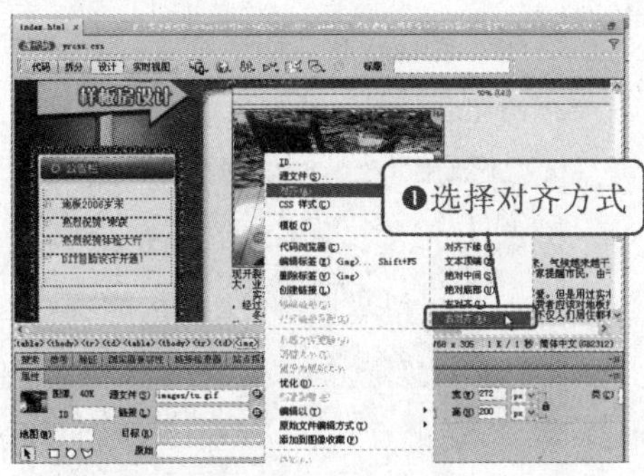

图 4-8　打开文件

图 4-9　设置右对齐

★ 指点迷津 ★

虽然图像具有上述种种优势，但图像的大小在很大程度上影响了网页的下载时间。因此我们在制作网页时优化图像的大小是非常关键的，优化后的图像也许仅仅减少了几千个字节，但当页面不只是一幅图像，不止一个用户且不止一次地访问该页面时，节省的下载时间和通道带宽将是巨大的。要记住图像优化目标是在质量可以接受的情况下使图像的容量最小。

代码揭秘：图片标签 img

在 HTML 文档中，显示图片所用的标签是 img，src 属性是图像必不可少的属性，用来指定图像源文件所在的路径。默认情况下，页面中图像的显示大小就是图片默认的宽度和高度，width 和 height 属性用来自定义图片的高度和宽度。

```
<img src="images/tu.gif" width="272" height="200" hspace="5" vspace="5"
border="2" align="right">
```

Img 标签的相关属性见表 4-1 所示。

表 4-1　img 标签的属性及功能

属　性	功　能
src	图像的源文件
alt	替换文字
width	图像的宽度
height	图像的高度
border	边框
vspace	垂直间距
hspace	水平间距
align	排列
usemap	映像地图

4.1.3 上机练习——裁剪图像

通常可能需要裁剪图像以强调图像的主题，并删除图像中不需要的部分，使图像的构图更加完美。裁剪图像可以说是图像素材编辑里最常使用的技巧，而且用 Dreamweaver 软件来实现是非常简单的。使用 Dreamweaver 裁剪图像前后的效果如图 4-10 和图 4-11 所示，具体操作步骤如下。

练习文件 实例素材/练习文件/CH04/4.1.3/index.html

完成文件 实例素材/完成文件/CH04/4.1.3/index1.html

图 4-10　裁剪前的效果

图 4-11　裁剪后的效果

（1）打开光盘中的网页文件 index.html，选中要裁剪的图像，在属性面板中单击“裁剪”按钮，如图 4-12 所示。

（2）单击裁剪按钮后，出现 Dreamweaver 提示对话框，单击“确定”按钮，如图 4-13 所示。

图 4-12　单击裁剪按钮

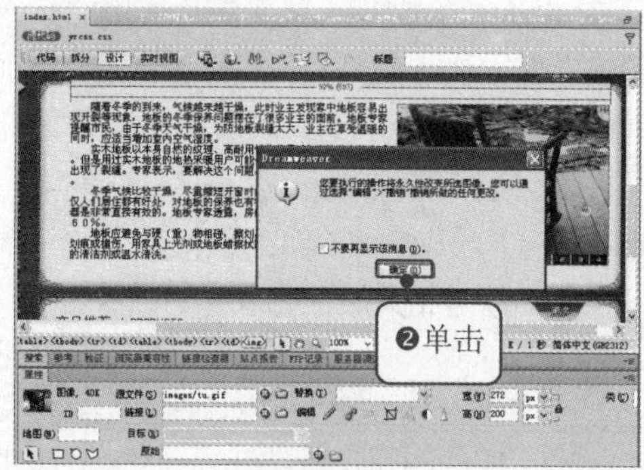

图 4-13　提示对话框

★ 指点迷津 ★

在 Dreamweaver 中裁剪图像时的注意事项，使用 Dreamweaver 裁剪时，会更改磁盘上的源图像文件，因此，需要备份图像文件，以在需要回复到原始图像时使用。

（3）在图像上出现裁剪范围的控制点，如图 4-14 所示。

（4）在裁剪范围中双击该图像，即可裁剪图像，裁剪后如图 4-15 所示。

（5）保存文档，在浏览器中预览效果如图 4-11 所示。

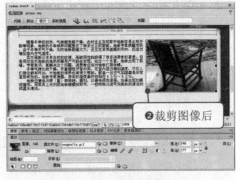

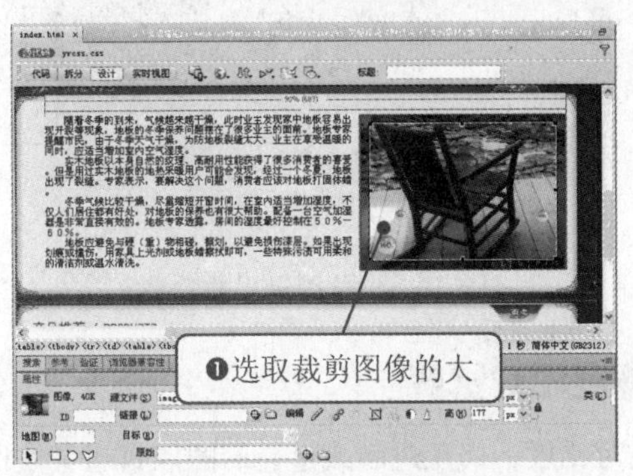

图 4-14　裁剪图像的大小

❷裁剪图像后

图 4-15　裁剪图像后

4.1.4　上机练习——使用 Photoshop 优化图像

在 Dreamweaver 中可以使用外部图像编辑软件 Photoshop 或 Fireworks 进行编辑图像的操作，具体操作步骤如下。

练习文件　实例素材/练习文件/CH04/4.1.4/index.html

完成文件　实例素材/完成文件/CH04/4.1.4/index1.html

（1）打开文档，选择要优化的图像，如图 4-16 所示。

（2）执行“窗口”|“属性”命令，打开“属性”面板，在“属性”面板中单击“编辑图像设置”按钮，如图 4-17 所示。

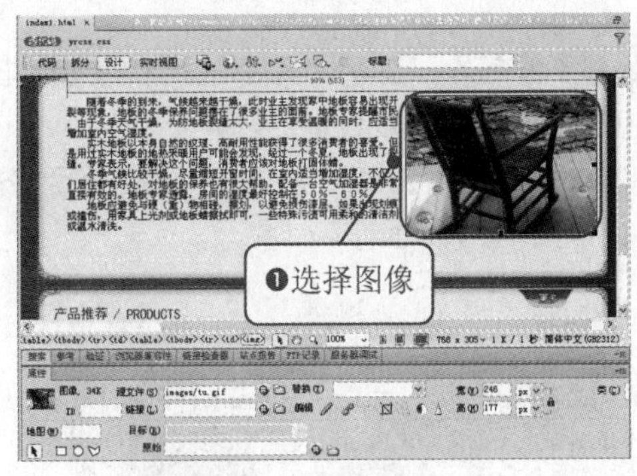

图 4-16　选中要优化的图像

图 4-17　单击“编辑图像设置”按钮

（3）打开如图 4-18 所示的“图像优化”对话框，在对话框中进行相应的设置。

（4）单击“确定”按钮，即可优化图像，效果如图 4-19 所示。

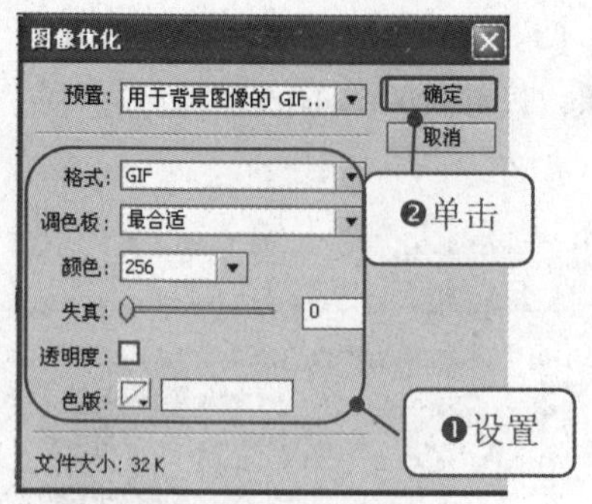

图 4-18 优化图像对话框

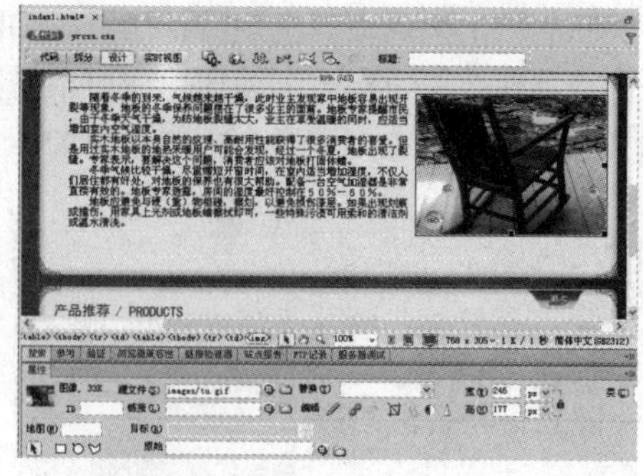

图 4-19 优化图像后的效果

4.1.5 上机练习——调整图像的亮度和对比度

亮度和对比度用来修改图像中像素的亮度或对比度，修正过暗或过亮的图像时通常使用亮度和对比度。在 Dreamweaver 中调整图像的亮度和对比度的前后效果如图 4-20 和图 4-21 所示。

图 4-20 调整前的效果

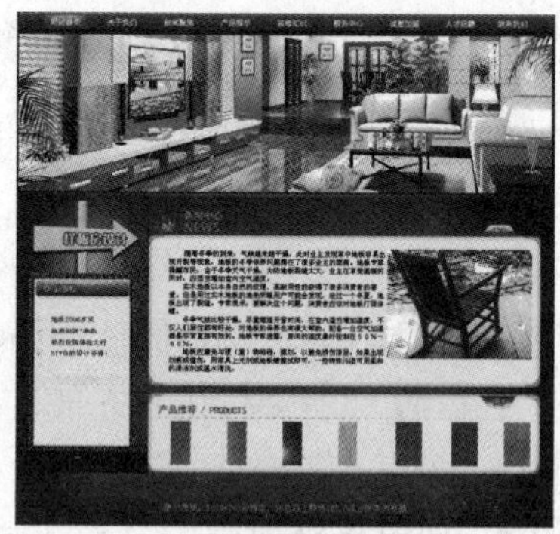

图 4-21 调整后的效果

（1）选中图像，在属性面板中单击“亮度和对比度”按钮，弹出“亮度/对比度”对话框，在该对话框中设置图像的“亮度”为“32”，“对比度”为“20”，如图 4-22 所示。

（2）若勾选“预览”复选框，可以在调节的同时在网页编辑窗口中观察图像的变化至满意为止，此处建议勾选，然后单击“确定”按钮即可，如图 4-23 所示。

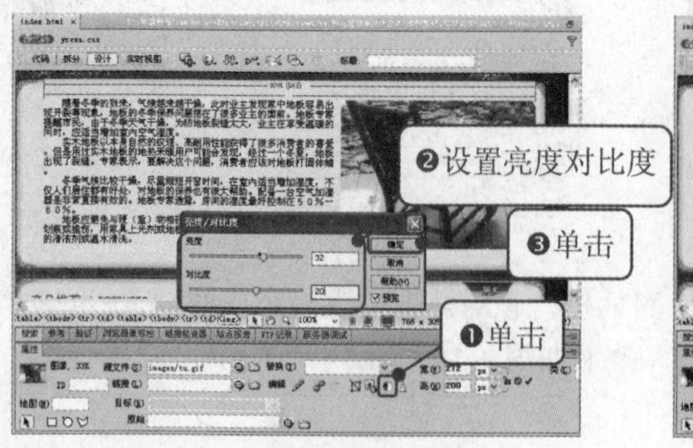

图 4-22 调整亮度对比度

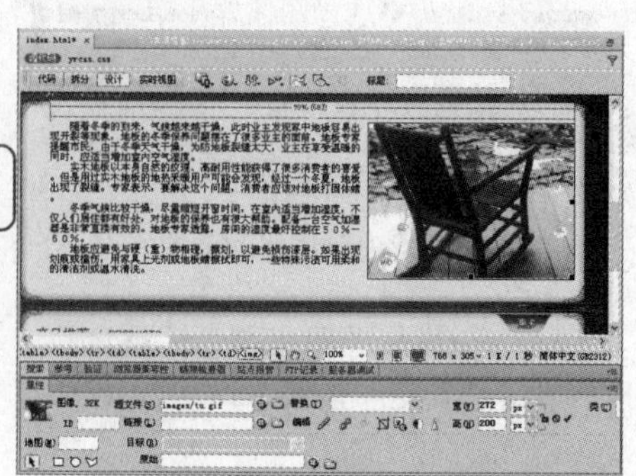

图 4-23 调整后的效果

（3）保存文档，在浏览器中预览效果如图 4-21 所示。

★ 高手支招★

在“亮度/对比度”对话框中向左拖动滑块可以降低亮度和对比度，向右拖动滑块可以增加亮度和对比度，其取值范围在-100～+100 之间，常用的取值为 0 时最佳。

4.1.6 上机练习——锐化图像

锐化将增加对象边缘的像素的对比度，从而增加图像清晰度或锐度，下面讲述使用 Dreamweaver 锐化图像后效果如图 4-24、图 4-25 所示。

练习文件 实例素材/练习文件/CH04/4.1.6/index.html

完成文件 实例素材/完成文件/CH04/4.1.6/index1.html

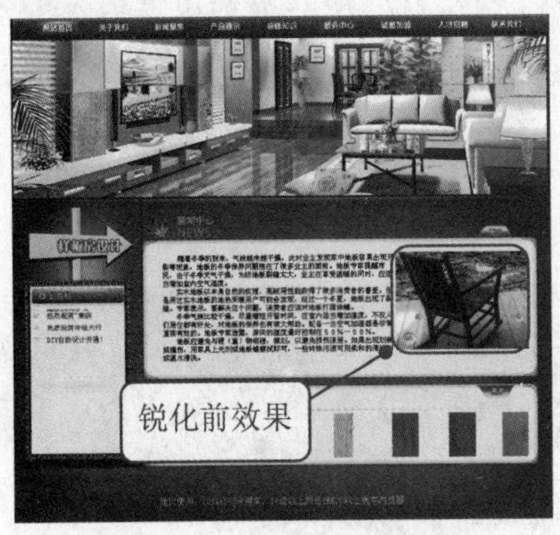

图 4-24　锐化图像前效果

图 4-25　锐化图像后效果

（1）选中锐化的图像，在属性面板中单击“锐化”按钮，弹出“锐化”对话框，在“锐化”对话框中设置“锐化”为 8，如图 4-26 所示。

（2）然后单击“确定”按钮即可，如图 4-27 所示。

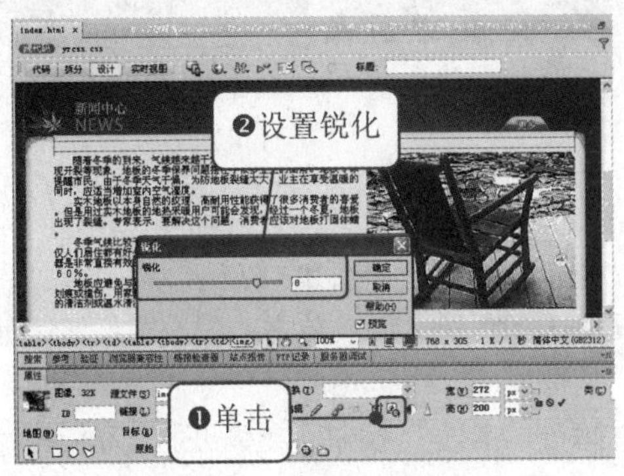

图 4-26　“锐化”对话框

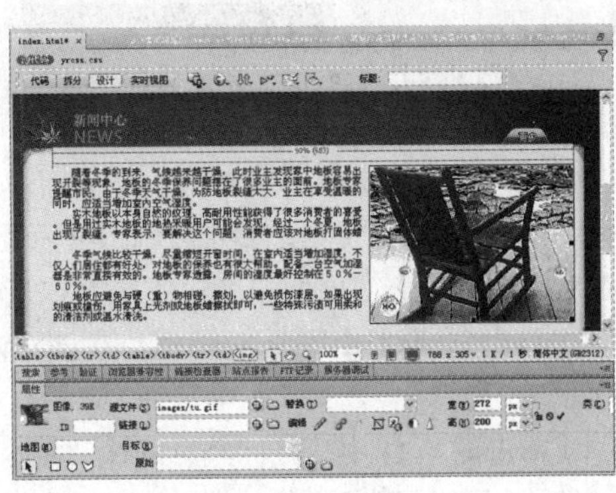

图 4-27　锐化后

4.2　插入鼠标经过图像

在网页中，鼠标经过图像经常被用来制作动态效果。当鼠标移动到图像上时，该图像就变为另一幅图像。下面就介绍一下如何插入鼠标经过图像效果。

在网页中插入鼠标经过图像前后的效果如图 4-28 和图 4-29 所示，具体操作步骤如下。

★ 指点迷津 ★

鼠标经过图像就是当鼠标经过图像时，原图像会变成另外一幅图像。鼠标经过图像其实是由两幅图像组成的：原始图像（页面显示时候的图像）和鼠标经过图像（当鼠标经过时显示的图像）。组成鼠标经过图像的两幅图像必须有相同的大小；如果两幅图像的大小不同，Dreamweaver 会自动将第二幅图像大小调整成与第一幅同样大小。

练习文件 实例素材/练习文件/CH04/4.2/index.html

完成文件 实例素材/完成文件/CH04/4.2/index1.html

图 4-28　鼠标经过图像前的效果

图 4-29　鼠标经过图像后的效果

（1）打开光盘中的素材文件 index.html，如图 4-30 所示。

（2）执行“插入”|“图像对象”|“鼠标经过图像”命令，弹出“插入鼠标经过图像”对话框，在对话框中单击“原始图像”文本框右侧的“浏览”按钮，如图 4-31 所示。

（3）弹出“原始图像：”对话框，在该对话框中选择图像文件，单击“确定”按钮，如图 4-32 所示。

（4）单击图 4-31 中“鼠标经过图像”文本框右侧的“浏览”按钮，在弹出的“鼠标经过图像：”对话框中选择图像文件，单击“确定”按钮，如图 4-33 所示。

图 4-30　打开素材文件

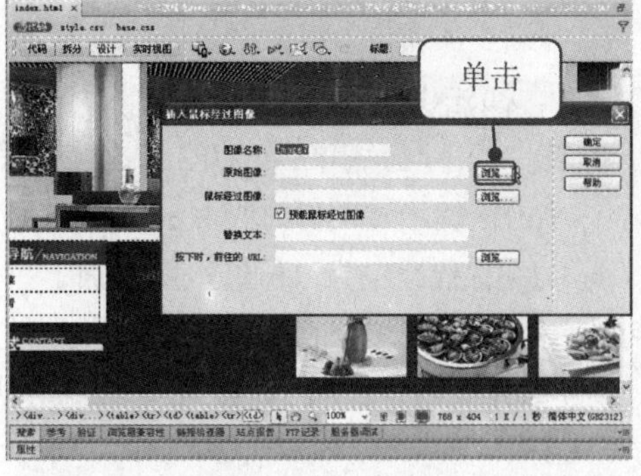

图 4-31　“插入鼠标经过图像”对话框

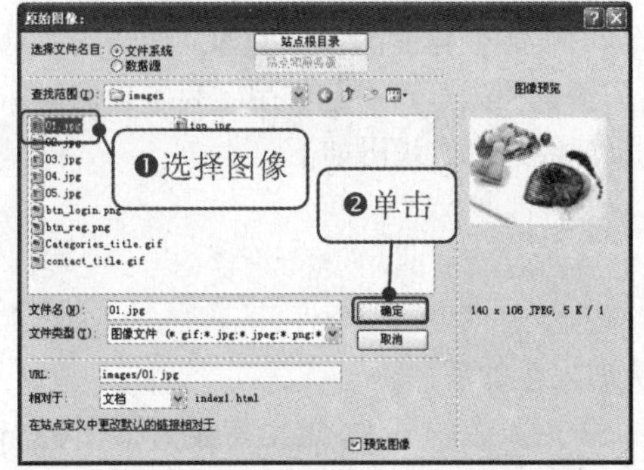

图 4-32　“原始图像:”对话框

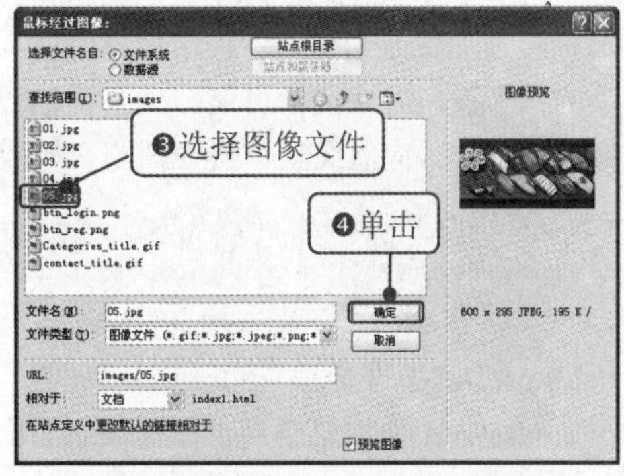

图 4-33　“鼠标经过图像:”对话框

（5）在各文本框中可以看到添加的图片路径，单击“确定”按钮，如图 4-34 所示。

（6）插入鼠标经过图像如图 4-35 所示。

图 4-34　添加文件

图 4-35　插入鼠标经过图像

在“插入鼠标经过图像”对话框中主要设置以下参数。

- 在“图像名称”文本框中输入名称。
- 在“原始图像”文本框右侧单击“浏览”按钮，选择图像源文件或直接输入图像路径。
- 在“鼠标经过图像”文本框右侧单击“浏览”按钮，选择图像文件或直接输入图像路径设置鼠标经过时显示的图像。

- 勾选“预载显示鼠标经过图像”复选框，让图像预先加载到浏览器的缓存中使图像显示速度快一点。
- 在“按下时，前往的 URL”文本框右侧单击“浏览”按钮，选择文件或者直接输入当单击鼠标经过图像时打开的文件路径。如果没有设置链接，Dreamweaver CS6 会自动在 HTML 代码中为鼠标经过图像加上一个空链接（#）。如果将这个空链接除去，鼠标经过图像将无法工作。

（7）保存文档，按 F12 键在浏览器中预览，当鼠标经过图像前后的效果如图 4-28 和图 4-29 所示。

代码揭秘：鼠标经过图像代码

鼠标经过图像是当访问者用鼠标指针指向该图像时发生变化的图像。例如，当访问者指向网页上的某个按钮时该按钮可能会变亮。鼠标经过图像只在浏览器中起作用。为了确保鼠标经过图像正常工作，应该在浏览器中预览文档效果。鼠标经过图像代码如下：

```
<a href="#" onMouseOut="MM_swapImgRestore()"
onMouseOver="MM_swapImage('Image7', ,'images/05.jpg',1)">
<img src="images/01.jpg" name="Image7" width="140" height="106" border="0">
```

onMouseOut 事件是指当光标离开页面元素上方时发生的事件。

onMouseOver 事件是指当光标移动到页面元素上方时发生的事件，这里将显示图片 05.jpg。

img src="images/01.jpg"表示原始的图片为 01.jpg。

4.3 添加声音和视频文件

> 声音和视频能极好地烘托网页页面的氛围，网页中常见的声音格式有 WAV、MP3、MIDI、AIF、RA，或 Real Audio 格式，视频的格式有 WMV、RM、MPEG。

4.3.1 上机练习——添加声音

如何能使自己的网站与众不同、充满个性，一直是设计师不懈努力的目标。除了尽量提高页面的视觉效果、互动功能以外，如果能在打开网页的同时，听到一曲优美动人的音乐，相信这会使你的网站增色不少。

通过代码提示，可以在代码视图中插入代码。在输入某些字符时，将显示一个列表，列出完成条目所需要的选项。下面通过代码提示讲述背景音乐的插入，在网页中插入背景音乐的效果如图 4-36 所示，具体操作步骤如下。

练习文件 实例素材/练习文件/CH04/4.3.1/index.html

完成文件 实例素材/完成文件/CH04/4.3.1/index1.html

图 4-36　插入背景音乐前的效果

（1）在使用代码之前，在 Dreamweaver 中首先执行“编辑”|“首选参数”命令，打开“首选参数”对话框，在“分类”列表框中选择“代码提示”选项，勾选“代码提示”选项区域中的所有复选框，并将“延迟”选项右侧的指针移至最左端，设置为“0”秒，如图 4-37 所示。

（2）打开光盘中的素材文件 index.html，如图 4-38 所示。

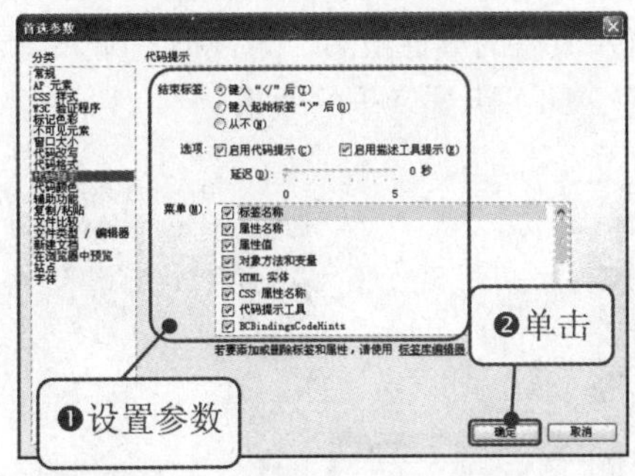

图 4-37　“首选参数”对话框

图 4-38　打开素材文件

（3）切换到拆分视图，在拆分视图中找到标签<BODY>，并在其后面输入“<”以显示标签列表，输入“<”时会自动弹出一个列表框，向下滚动该列表并双击标签 bgsound 以插入该标签，如图 4-39 所示。

（4）如果该标签支持属性，则按空格键以显示该标签允许的属性列表，从中选择属性 src，这个属性用来设置背景音乐文件的路径，如图 4-40 所示。

图 4-39　选择标签 bgsound

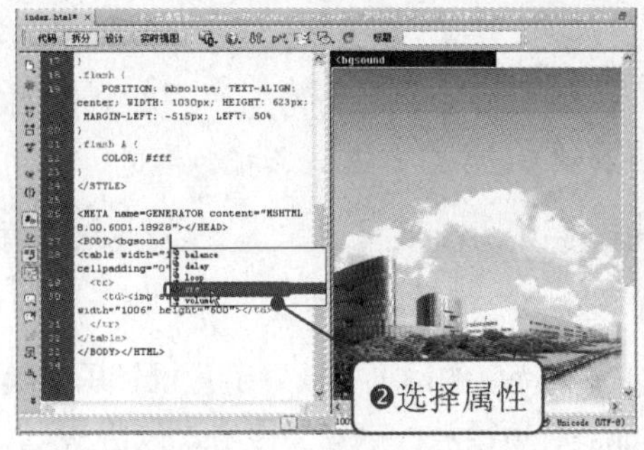

图 4-40　选择代码 src

（5）单击出现的“浏览”字样，如图 4-41 所示。

（6）打开“选择文件”对话框，从对话框中选择音乐文件，如图 4-42 所示。选择音乐文件后，单击“确定”按钮。

图 4-41 单击“浏览”字样

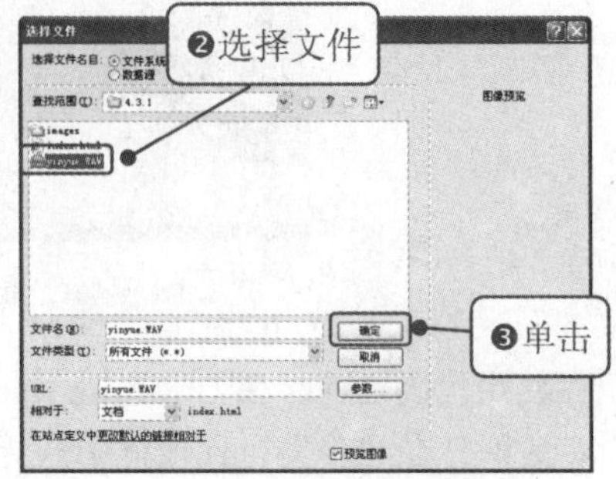

图 4-42 “选择文件”对话框

（7）在新插入的代码后按空格键，在属性列表中选择属性 loop，如图 4-43 所示。

（8）单击选中 loop，出现“-1”并选中。在输入最后的属性值后，为该标签输入“>”，如图 4-44 所示。保存文档，按 F12 键在浏览器中预览，即可听到音乐的效果。

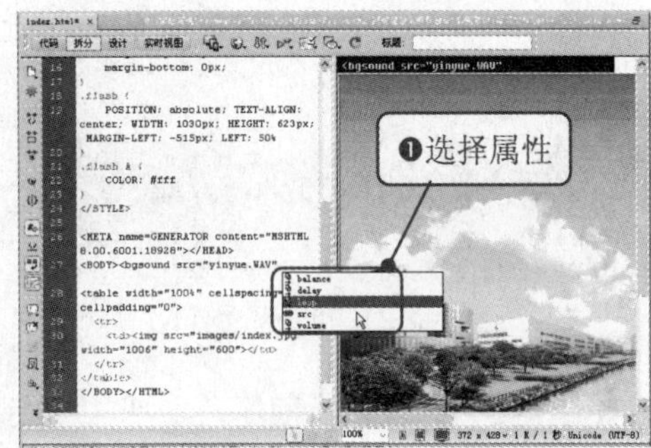

图 4-43 选择 loop 代码

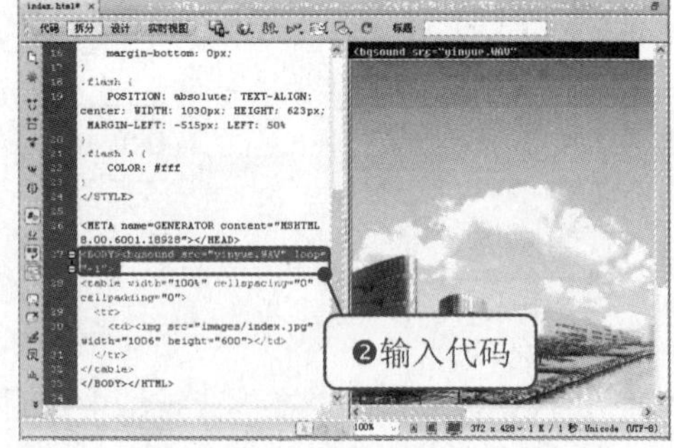

图 4-44 输入代码“>”

★ 高手支招 ★

这种添加背景音乐的方法是最基本的方法，也是最为常用的一种方法，对于背景音乐的格式支持现在大多的主流音乐格式，如 WAV、MID、MP3 等。如果要顾及到网速较低的浏览者，则可以使用 MID 音效作为网页的背景音乐，因为 MID 音乐文件小，这样在网页打开的过程中能很快加载并播放。如果计算机的网速较快，或是觉得 MID 音乐有些单调，也可以添加 MP3 的音乐。

代码揭秘：背景音乐标签

许多有特色的网页上放置了背景音乐，随网页的打开而循环播放。设置背景音乐的标记是<bgsound>，可播放的声音文件格式包括 WAV、MIDI、MP3 等。为网页添加背景音乐的方法一般有两种，第一种是通过<bgsound>标签来添加，另一种是通过<embed>标签来添加。

使用<bgsound>标签的代码如下。

```
<bgsound src="背景音乐的地址" loop="播放次数">
```

其中，如果 loop="-1"表示音乐无限循环播放，如果要设置播放次数，则改为相应的数字即可。

使用<embed>标签来添加音乐的代码如下。

```
<embed src="music.mp3" autostart="true" loop="true" hidden="true"></embed>
```

其中 autostart 设置打开页面时音乐是否自动播放，而 hidden 设置是否隐藏媒体播放器。

4.3.2 上机练习——插入视频文件

随着宽带技术的发展和推广，互联网上出现了许多视频网站。越来越多的人选择观看在线视频，同时也有很多的网站提供在线视频服务。视频文件的格式非常多，常见的有 MPEG、AVI、WMV、RM 和 MOV 等。

利用视频技术在网上可以视频聊天、在线观看电影等。在网页中插入视频主要有两种方法，一种方法是利用 ActiveX 插入，另一种方法是利用插件插入。网页中插入视频前后的效果如图 4-45 和图 4-46 所示，具体操作步骤如下。

图 4-45　插入视频前效果

图 4-46　插入视频后效果

练习文件 实例素材/练习文件/CH04/4.3.2/index.html

完成文件 实例素材/完成文件/CH04/4.3.2/index1.html

（1）打开光盘中的素材文件 index.html，将光标置于要插入视频的位置，如图 4-47 所示。

（2）执行“插入”|“媒体”|“FLV”命令，弹出“插入 FLV”对话框，如图 4-48 所示。

图 4-47　打开素材文件

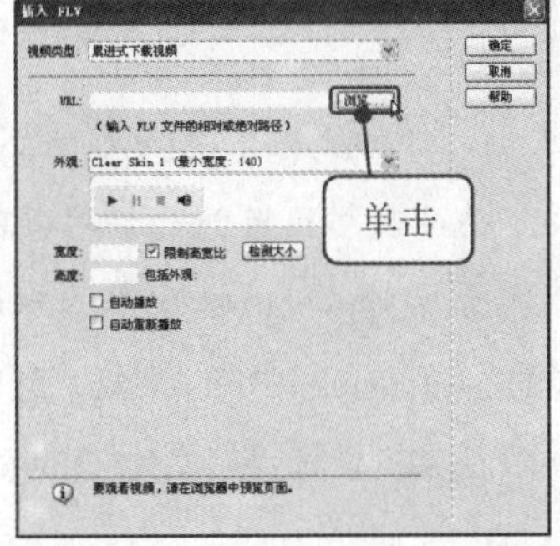

图 4-48　“插入 FLV”对话框

（3）在对话框中单击 URL 后面的“浏览”按钮，在弹出的“选择 FLV”对话框中选择视频文件，单击“确定”按钮，如图 4-49 所示。

（4）返回到“插入 FLV”对话框，在对话框中进行相应的设置，单击“确定”按钮，如图 4-50 所示。

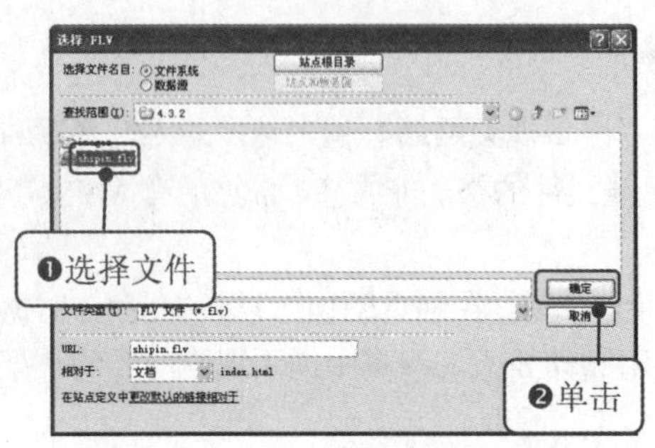

图 4-49　“选择 FLV”对话框

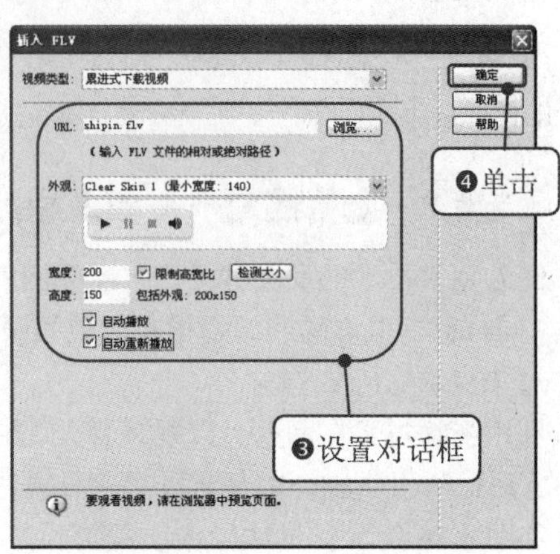

图 4-50　“插入 FLV”对话框

（5）插入视频，如图 4-51 所示。保存文档，按“F12”键在浏览器中预览效果如图 4-46 所示。

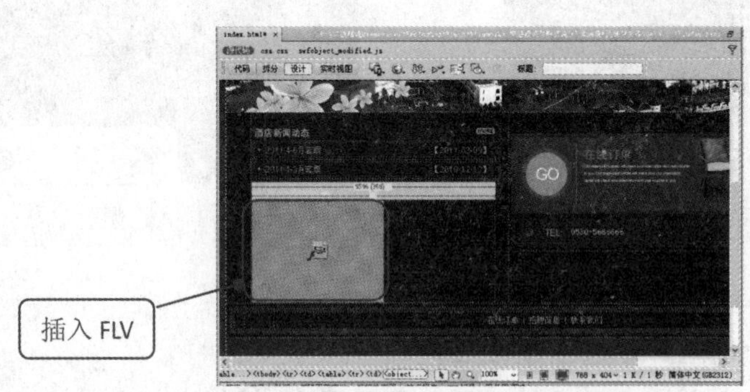

图 4-51　插入视频

4.4　添加 Flash 动画

SWF 动画是在专门的 Flash 软件中完成的，用它可以将音乐、声效、动画以及富有新意的界面融合在一起，以制作出高品质的网页动态效果。在 Dreamweaver 中能将现有的 SWF 动画插入到文档中。

在 Dreamweaver 中插入 SWF 影片的前后效果如图 4-52 和图 4-53 所示，具体操作步骤如下。

练习文件　实例素材/练习文件/CH04/4.4/index.html

完成文件　实例素材/完成文件/CH04/4.4/index1.html

图 4-52　插入 SWF 影片前效果　　　图 4-53　插入 SWF 影片后效果

（1）打开光盘中的素材文件 index.html，将光标置于要插入 SWF 影片的位置，如图 4-54 所示。

（2）执行“插入”|“媒体”|“SWF”命令，弹出“选择 SWF”对话框，在对话框中选择文件，如图 4-55 所示。

图 4-54　打开素材文件

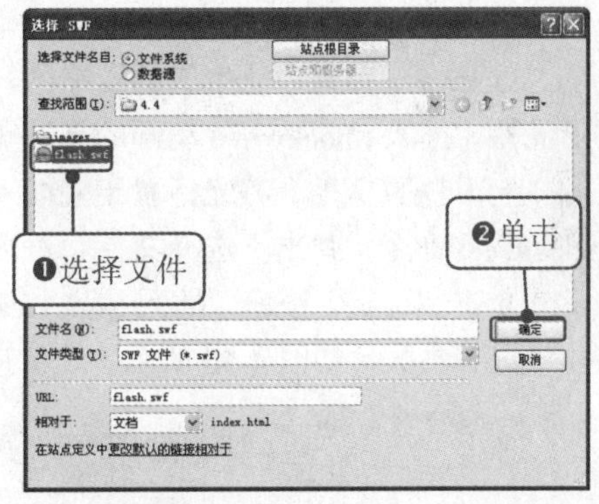

图 4-55　“选择 SWF”对话框

★ 新手提示 ★

单击“常用”插入栏中的媒体按钮，在弹出的菜单中选择 SWF 选项，弹出“选择 SWF”对话框，插入 SWF 影片。

（3）单击“确定”按钮，插入 SWF 影片，如图 4-56 所示。

（4）选中插入的 SWF 影片，打开属性面板，在面板中设置 SWF 影片的属性，如图 4-57 所示。

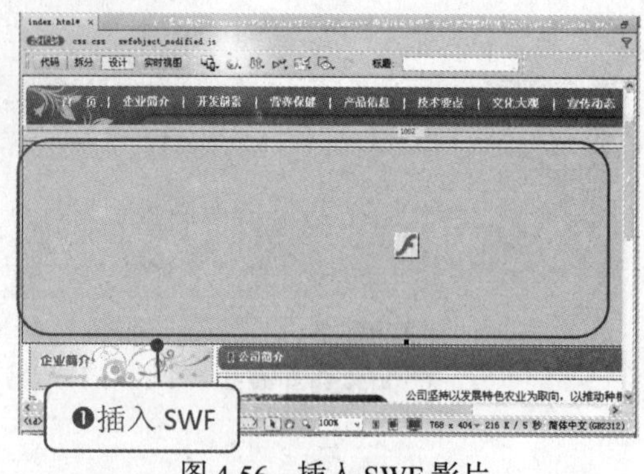

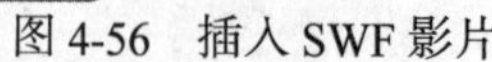

图 4-56　插入 SWF 影片

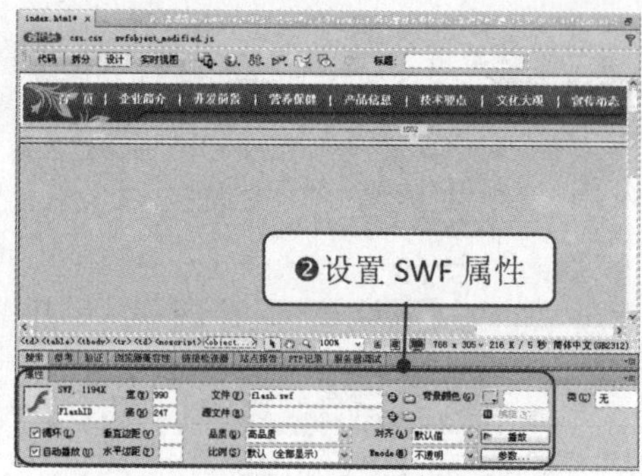

图 4-57　SWF 影片的属性面板

（5）保存文档，按 F12 键在浏览器中预览效果，如图 4-53 所示。

4.5　插入其他媒体对象

使用 Dreamweaver 可以在一个网页中插入多种媒体对象，如 Java 小程序、Shockwave 影片、ActiveX 控件等。

4.5.1　插入 Shockwave 影片

Shockwave 是网页中交互式多媒体的业界标准，其真正的含义是插件。可以通过 Director 来创建 Shockwave 动画，它生成的压缩格式可以被浏览器快速下载，并且可以被目前的主流服务器所支持。插入 Shockwave 动画的具体操作步骤如下。

（1）打开网页文档，将光标置于要插入 Shockwave 动画的位置，执行“插入”|“媒体”|“Shockwave”命令，弹出“选择文件”对话框，在该对话框中选择要插入的文件。

（2）单击“确定”按钮，插入 Shockwave 动画。选中插入的 Shockwave 动画，可以在属性面板中设置其参数，如图 4-58 所示。

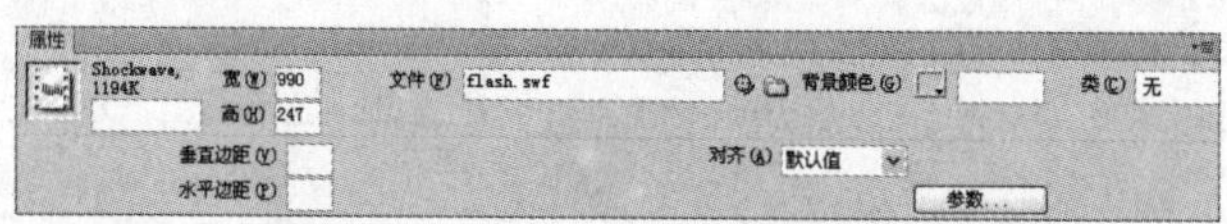

图 4-58　Shockwave 的属性面板

Shockwave 的属性面板中主要有以下参数。

- “Shockwave”名称文本框：设置 Shockwave 动画的名称以便在脚本中能够引用，文本框上面同时显示 Shockwave 的动画大小，在属性面板中最左边的无标记文本框中输入动画的名称。
- “高”和“宽”文本框：设置动画在浏览器中显示的宽度和高度，默认以像素为单位。
- “文件”文本框：设置 Shockwave 动画文件的地址，单击“选择文件”按钮，在弹出的对话框中选择文件，或直接输入文件地址。

- 参数：单击此按钮，弹出“参数”对话框，在该对话框中可以输入其他参数以传递给动画。
- “垂直边距”和“水平边距”文本框：设置 Shockwave 动画的上、下、左、右与其他元素的距离。
- “背景颜色”：指定动画区域的背景颜色。
- “对齐”下拉列表：设置动画和页面的对齐方式，包括“默认值”、“基线”、“顶端”、“居中”、“顶部”、“文本上方”、“绝对居中”、“绝对底部”、“左对齐”和“右对齐”10 个选项。

4.5.2　插入 Java 小程序

Java 是一款允许开发、可以嵌入 Web 页面的轻量级应用程序（小程序）的编程语言。在创建 Java 小程序后，可以使用 Dreamweaver 将该程序插入到 HTML 文档中，Dreamweaver 使用<applet>标签来标识对小程序文件的引用，插入 Java Applet 前后的效果如图 4-59 和图 4-60 所示，具体操作步骤如下。

练习文件　实例素材/练习文件/CH04/4.5.2/index.html

完成文件　实例素材/完成文件/CH04/4.5.2/index1.html

（1）打开光盘中的素材文件 index.html，将光标置于要插入 Applet 影片的位置，如图 4-61 所示。

（2）执行“插入”|“媒体”|“Applet”命令，弹出“选择文件”对话框，在对话框中选择相应的文件，单击“确定”按钮，如图 4-62 所示。

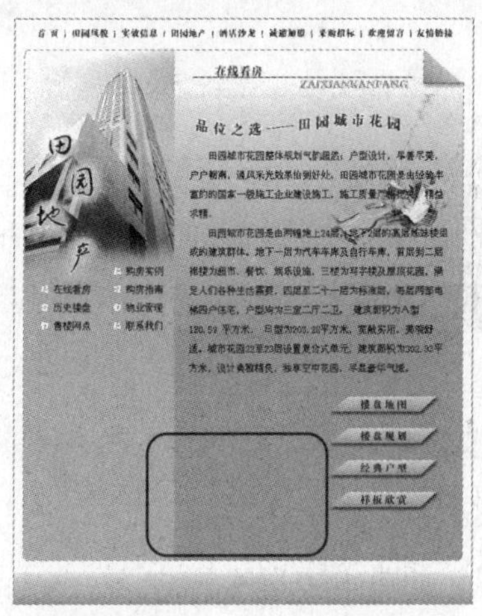

图 4-59　插入 Java Applet 前效果

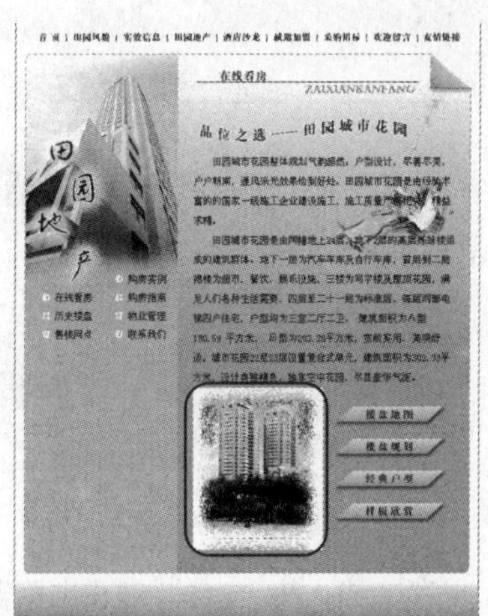

图 4-60　插入 Java Applet 后效果

（3）插入 Applet 影片，如图 4-63 所示。

（4）选中插入的 Applet 影片，打开属性面板，在属性面板中设置 Applet 影片的相关属性，如图 4-64 所示。

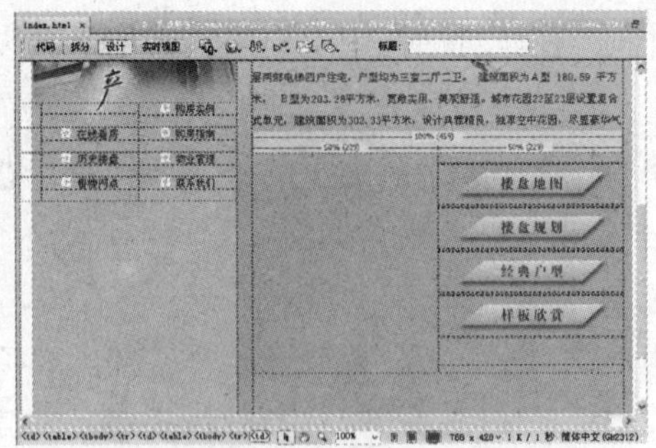

图 4-61　打开素材文件

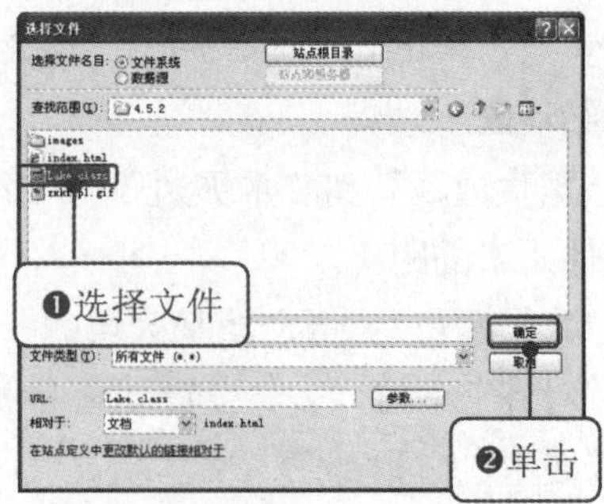

图 4-62　“选择文件”对话框

图 4-63　插入 Java Applet 影片

图 4-64　Java Applet 的属性面板

（5）打开“拆分”视图，在“拆分”视图中修改代码，如图 4-65 所示。修改的代码如下。

```
<appletcode="Lake.class"width="220"height="265">
<PARAMNAME="image" value="zxkftp1.gif"> //zxkftp1.gif 换为你的图像名
   </applet>
```

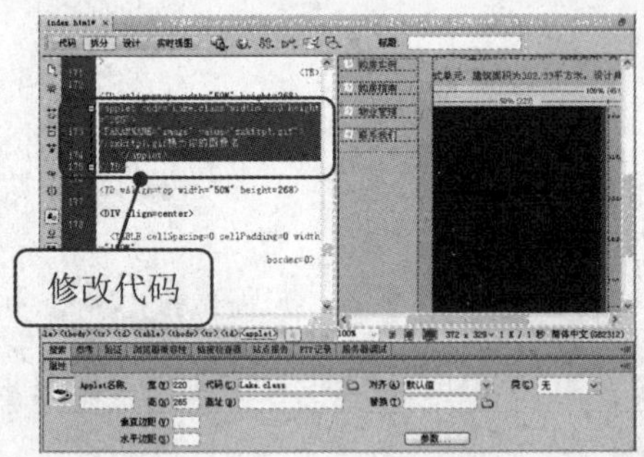

图 4-65　修改代码

（6）保存文档，按“F12”键在浏览器中浏览效果，如图 4-60 所示。

代码揭秘：Java Applet 代码

Java Applet 就是用 Java 语言编写的一些小应用程序，它们可以直接嵌入到网页中，并能够产生特殊的效果。当用户访问这样的网页时，Applet 被下载到用户计算机上执行，但前提是用户使用的是支持 Java 的网络浏览器。由于 Applet 是在用户计算机上执行的，因此它的执行

速度是不受网络带宽或者 MODEM 存取速度限制的，可以更好地欣赏网页上 Applet 产生的多媒体效果。

插入 Applet 将使用<applet>标签，实例代码如下。

```
<applet code="Lake.class" width="220" height="265">
<paramname="image" value="zxkftp1.gif">
    </applet>
```

- code：同 Dreamweaver 属性面板中的“代码”，表示 Applet 代码的路径和名称。
- width：表示 Applet 的宽度。
- height：表示 Applet 的高度。
- value：表示图片的名称。

4.6　综合应用

本章主要讲述了如何在网页中插入图像、设置图像属性、在网页中简单编辑图像和插入其他图像元素等，下面通过以上所学到的知识来具体讲述。

4.6.1　综合应用——创建图文混排网页

Dreamweaver 提供了强大的图文混排功能，为网页设计注入活力。下面通过实例讲述图文混排的方法，插入图像前的效果如图 4-66 所示，插入图像后的网页效果如图 4-67 所示，具体操作步骤如下。

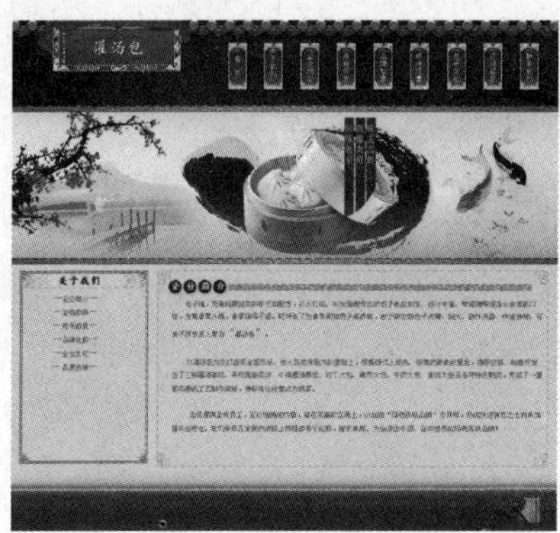

图 4-66　插入图像前的效果

图 4-67　图文混排的网页效果

练习文件　实例素材/练习文件/CH04/4.6.1/index.html

完成文件　实例素材/完成文件/CH04/4.6.1/index1.html

（1）打开光盘中的素材文件 index.html，如图 4-68 所示。

（2）将光标置于要插入图像的位置，执行菜单中的“插入”|“图像”命令，弹出“选择图像源文件”对话框，在对话框中选择图像文件，单击“确定”按钮，如图 4-69 所示。

（3）插入图像，如图 4-70 所示。

（4）选中图像，单击鼠标右键，在弹出的快捷菜单中选择“对齐”|“右对齐”选项，如图 4-71 所示。

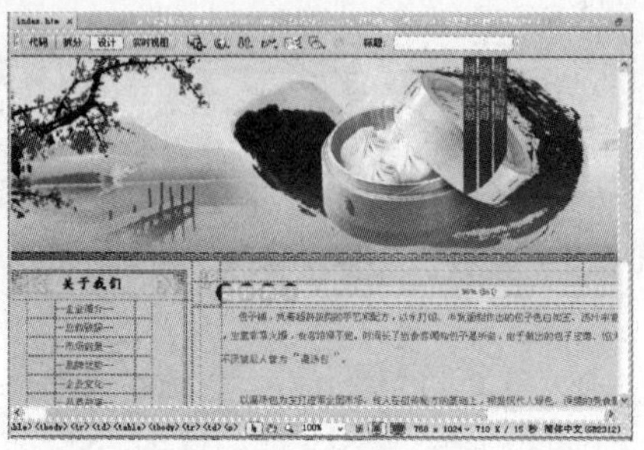

图 4-68 打开文件

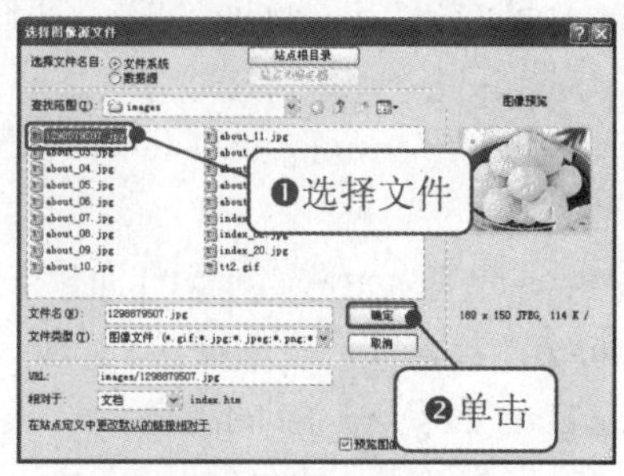

图 4-69 选择图像源文件对话框

图 4-70 插入图像

图 4-71 选择选项

（5）选择选项后即可将图像设置为左对齐，如图 4-72 所示。

图 4-72 设置对齐方式

（6）保存文档，按 F12 键在浏览器中预览，效果如图 4-67 所示。

4.6.2 综合应用——在网页中插入媒体实例

下面通过实例讲述在网页中插入 Flash 的效果，插入 Flash 动画前如图 4-73 所示，插入 Flash 后效果如图 4-74 所示，具体操作步骤如下。

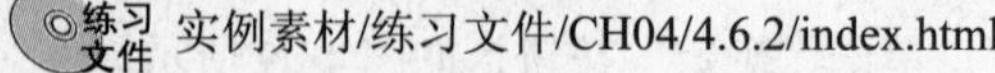

练习文件 实例素材/练习文件/CH04/4.6.2/index.html

完成文件 实例素材/完成文件/CH04/4.6.2/index1.html

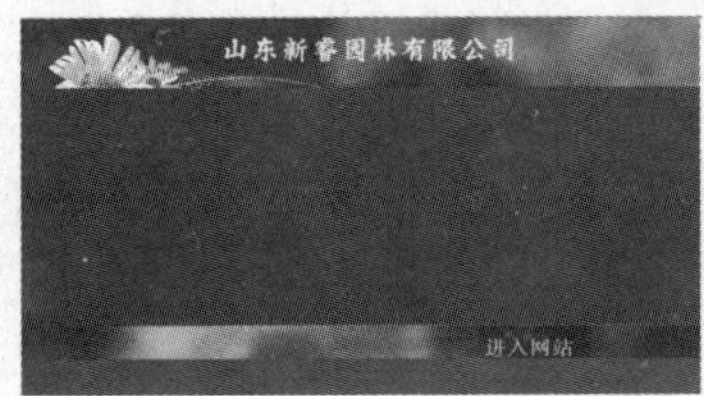

图 4-73　插入 Flash 前效果

图 4-74　插入 Flash 后效果

（1）打开光盘中的素材文件 index.html，如图 4-75 所示。

（2）执行“插入”|“媒体”|“SWF”命令，弹出“选择 SWF”对话框，在该对话框中选择文件，如图 4-76 所示。

图 4-75　打开文件

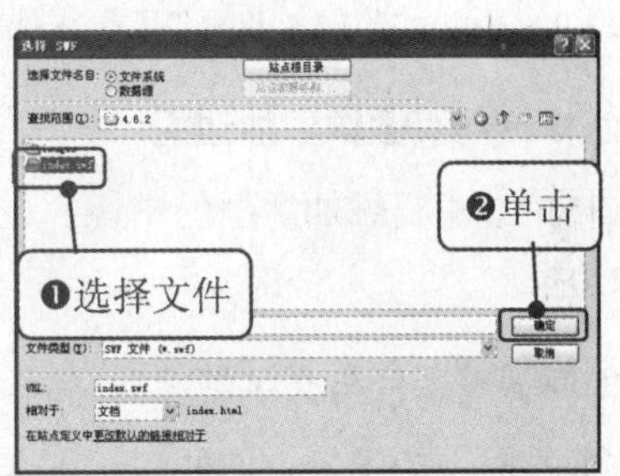

图 4-76　“选择 SWF”对话框

（3）单击“确定”按钮，插入 SWF，如图 4-77 所示。

（4）选中插入的 SWF，打开属性面板，在面板中设置相应的参数，如图 4-78 所示。

图 4-77　插入 SWF

图 4-78　SWF 的属性面板

（5）保存文档，按 F12 键在浏览器中预览，效果如图 4-74 所示。

4.7　专家秘籍

1. 为何设置的背景图像不显示

在 Dreamweaver 中图像显示还是正常的，启动 IE 浏览这个页面，背景图却看不到。这时返回到 Dreamweaver 中，查看光标所在处的代码，会发现 background 设置在<tr>标签中。在 IE 中表格的背景不能设置在<tr>中，只能放在<td>中。将背景代码移到<td>中，保存文档后，再浏

览，背景图就能正常显示了。

2．如何制作当鼠标移到图片上时会自动出现该图片的说明文字

选中要设置的图片及链接，在“属性”面板中的“替换”文本框中输入说明文字，在浏览时，当鼠标移到图片上时会自动出现输入的说明文字。

3．为何制作的网页传到网上后不显示图片

出现这种情况，一般有下面两种可能，第一是图片使用的是绝对路径，第二是大小写的问题。第一种情况是使用了绝对路径，并且使用了本地盘符，则上传后就找不到此图片文件。第二种情况是图像文件名或图像文件所在的目录中有大写字母，或有中文，因为服务器一般使用的是 UNIX 或 Linux 平台，而 UNIX 系统是区分大小写的。

4．怎样给网页图像添加边框

在文档中选中要添加边框的图像，在“属性”面板中的“边框”文本框中输入数值，即可设置图像边框。

5．如何调整图片与文字的间距

图文混排时，为了使它们的间距不至于太过紧密，可以在图片的“属性”面板中设定“垂直边距”和“水平边距”。其中，“垂直边距”是沿图片的顶部和底部添加边距，“水平边距”是沿图片的左边和右边添加边距。

6．如何避免自己的图片被其他站点使用

为图片起一个很怪的名字，这样可以避免被搜索到。除此之外，还可以利用 Photoshop 的水印功能加密。当然也可以在自己的图片上加上一段版权文字，如添加上自己的名字，这样一来，除非使用人截取图片，不然就是侵权了。

7．为何浏览网页时不能显示插入的 Flash 动画

出现这种情况可能有以下一些原因。

- 确认 Flash 动画的名称是否是中文，如果是中文要改为英文。
- 确认插入的 Flash 是否为 SWF 格式的文件。
- 确认网页文档中指定的 Flash 动画的路径是否与实际 Flash 动画的路径相同。

4.8　本章小结

通过本章的学习，读者应该掌握了各种对图像和多媒体的操作。在这里再强调一下图像和多媒体的重要性，它们使网页充满了生命力与说服力，体现了网页及其网站独有的风格。在拥有了华丽视觉效果的同时，读者也一定要时刻留意图像和多媒体所占的空间大小，在效果和大小之间找到一个合适的交叉点。

第5章 使用超级链接：网页互连的基础

学前必读

超级链接是网页中最重要、最基本的元素之一。每个网站实际上都由很多网页组成，这些网页都是通过超级链接的形式联系在一起的，如果页面之间彼此是独立的，那么这样的网站是无法运行的。为了建立起网页之间的联系，必须使用链接。正是因为有了网页之间的链接，才形成了纷繁复杂的网络世界。

学习流程

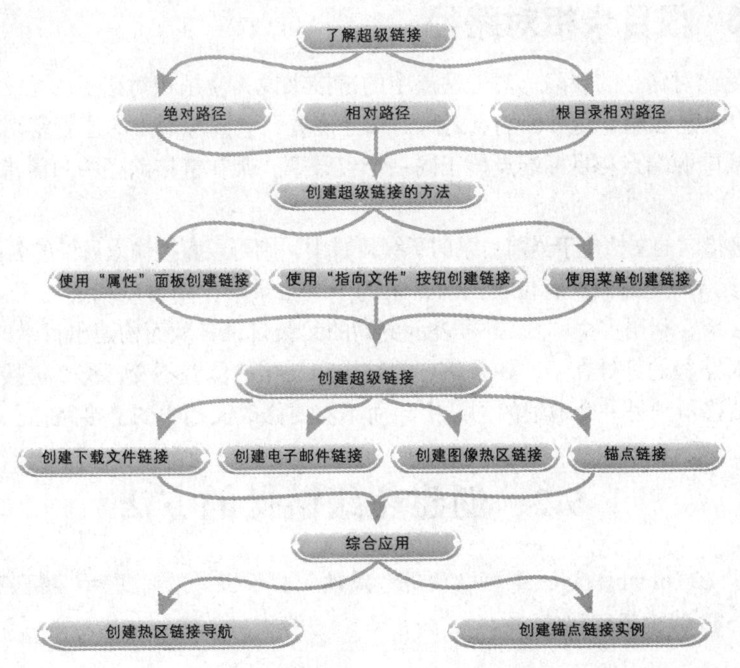

5.1 了解超级链接

链接是从一个网页或文件到另一个网页或文件的链接，包括图像或多媒体文件，还可以指向电子邮件地址或程序。要正确地创建链接，就必须了解链接文档与被链接文档之间的路径。下面介绍网页超级链接中常见的 3 种路径。

5.1.1 绝对路径

绝对路径是包括服务器规范在内的完全路径。不管源文件在什么位置，通过绝对路径都可以非常精确地将目标文档找到，除非它的位置发生变化，否则链接不会失败。

采用绝对路径的好处是，它同链接的源端点无关。只要网站的地址不变，则无论文档在站点中如何移动，都可以正常实现跳转而不会发生错误。另外，如果希望链接到其他站点上的文件，就必须使用绝对路径。

采用绝对路径的缺点在于，这种方式的链接不利于测试。如果在站点中使用绝对路径，那么要想测试链接是否有效，就必须在 Internet 服务器端对链接进行测试。

5.1.2 相对路径

相对路径也叫文档相对路径，对于大多数的本地链接来说，是最适用的路径。在当前文档与所链接的文档处于同一文件夹内时，文档相对路径特别有用。文档相对路径还可用来链接到其他的文件夹中的文档，方法是利用文件夹的层次结构指定从当前文档到所链接文档的路径。

5.1.3 根目录相对路径

为了避免绝对路径的缺陷，对于站点中的链接来说，使用相对路径就是一个很好的方法。相对路径可以表述源端点同目标端点之间的相互位置，它同源端点的位置密切相关。

如果链接中源端点和目标端点位于同一个目录下，则在链接路径中只需指明目标端点的文档名称即可。

如果链接指向的文档位于当前目录的子级目录中，则可以直接输入目录的名称和目录的位置。

如果链接指向的文档没有位于当前目录的子级目录中，则可以利用“..”符号来表示当前位置的父级目录，利用多个“..”符号表示更高的父级目录，从而构建出目录的相对位置。

使用相对路径的好处在于，如果站点的结构和文档的位置不变，那么链接就不会出错，可以将整个网站移植到另一个地址的网站中，而不需要修改文档中的链接路径。

5.2 创建超级链接的方法

在 Dreamweaver 中可以使用“属性”面板、“指向文件”按钮和菜单等方法创建超级链接。

5.2.1　使用“属性”面板创建链接

使用“属性”面板创建链接的具体操作步骤如下。

在网页中选中创建超级链接的文字。

在“属性”面板中单击“链接”文本框右侧的“浏览文件”按钮，在打开的“选择文件”对话框中选择一个文件作为超级链接目标。

在“属性”面板的“目标”下拉列表中选择文档的打开方式，如图 5-1 所示。

图 5-1　“属性”面板

在“目标”下拉列表中主要有以下参数。

- _blank：在弹出的新窗口中打开所链接的文档。
- _parent：如果是嵌套的框架，会在父框架或窗口中打开链接的文档；如果不是嵌套的框架，则与_top 相同，在整个浏览器窗口中打开所链接的文档。
- _self：浏览器默认的设置，在当前网页所在的窗口中打开链接的网页。
- _top：在完整的浏览器窗口中打开网页。
- _new：在新的窗口中打开链接。

5.2.2　使用“指向文件”按钮创建链接

在“属性”面板中拖动“链接”文本框右侧的“指向文件”按钮，拖动鼠标时会出现一条带箭头的细线，指示要拖动的位置，指向链接的文件后，释放鼠标，即会链接到该文件。

使用“指向文件”按钮可以方便快捷地创建指向“站点文件”面板中的一个文件或图像文件的链接，如图 5-2 所示。

使用“指向文件”按钮也可以创建指向一个打开文件中的命名锚点的链接，如图 5-3 所示。

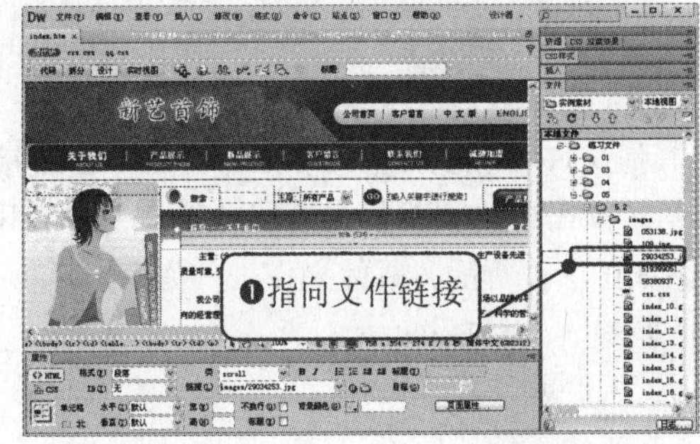

图 5-2　使用“指向文件”创建链接文件

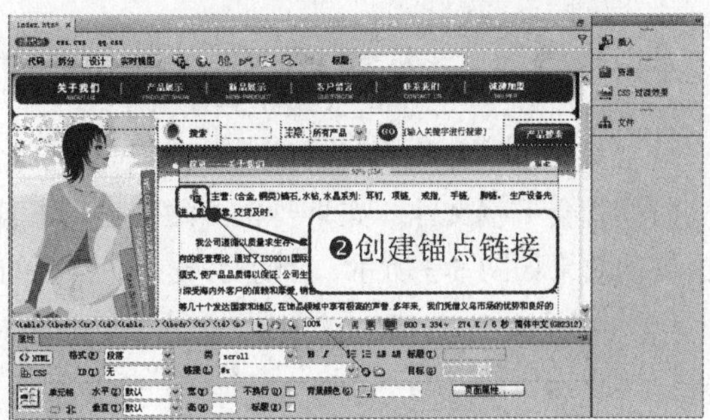

图 5-3　创建锚点链接

5.2.3 使用菜单创建链接

选择要创建链接的文本或图像，执行“插入”|“超级链接”命令，打开“超级链接”对话框，如图 5-4 所示。单击“常用”插入栏中的“超级链接”按钮，也可以打开“超级链接”对话框。

设置完各参数后，单击“确定”按钮，即可向网页中插入一个链接。

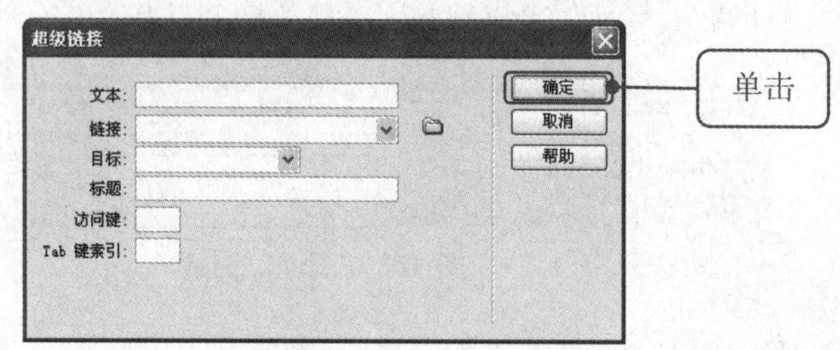

图 5-4 “超级链接”对话框

在“超级链接”对话框中主要有以下参数。

- “文本”文件框：设置超级链接显示的文本。
- “链接”文件框：设置超级链接的路径，最好输入相对路径而不是绝对路径。
- “目标”文件框：设置超级链接的打开方式，在下拉列表中包括 4 个选项。
- “标题”文件框：设置超级链接的标题。
- “访问键”文件框：设置键盘快捷键，使用键盘上的快捷键将选中这个超级链接。
- “Tab 键索引”文件框：设置在网页中按“Tab”键选中这个超级链接的顺序。

5.3 创建超级链接

超级链接是页面与页面之间的关联关系。通过单击链接，可以从一个页面跳转到另一个页面。下面介绍几种常见的超级链接的创建。

5.3.1 上机练习——创建下载文件链接

如果超级链接指向的不是一个网页文件，而是其他文件如 zip、mp3、exe 等，则单击链接的时候就会下载文件。如果要在网站中提供下载资料，就需要为文件提供下载链接。创建下载文件前效果如图 5-5 所示，创建下载文件链接的效果如图 5-6 所示，具体操作步骤如下。

练习文件 实例素材/练习文件/CH05/5.3.1/index.html

完成文件 实例素材/完成文件/CH05/5.3.1/index1.html

（1）打开光盘中的素材文件 index.html，如图 5-7 所示。

（2）选中要创建链接的文字，在“属性”面板中单击“链接”文本框右侧的“浏览文件”按钮，打开“选择文件”对话框，在对话框中选择要下载的文件，如图 5-8 所示。

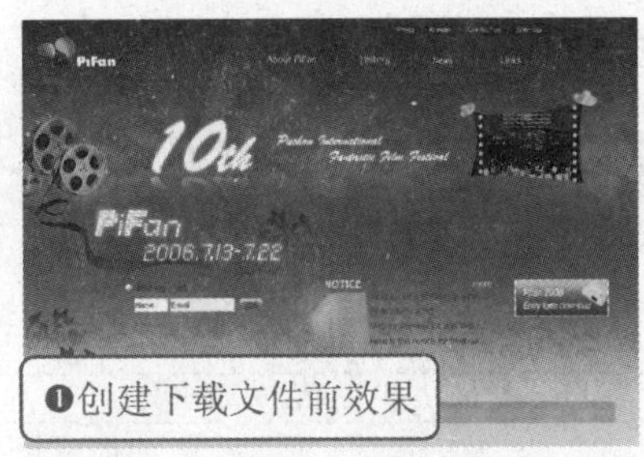

图 5-5　创建下载文件前效果

图 5-6　创建下载文件效果

图 5-7　打开文件

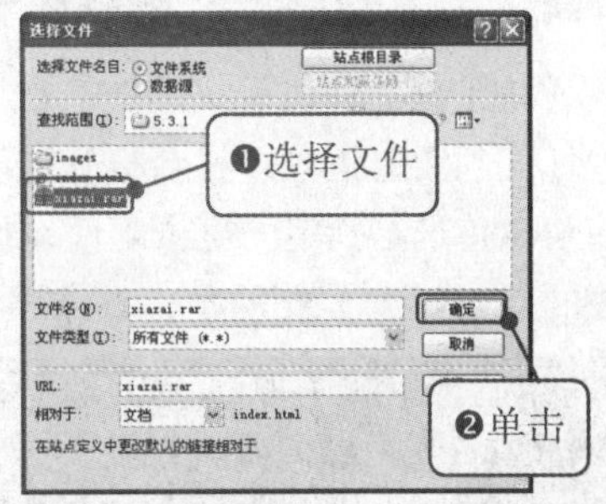

图 5-8　“选择文件”对话框

（3）单击“确定”按钮，创建下载文件超级链接，如图 5-9 所示。

（4）保存文档，按“F12”键在浏览器中预览，效果如图 5-6 所示。

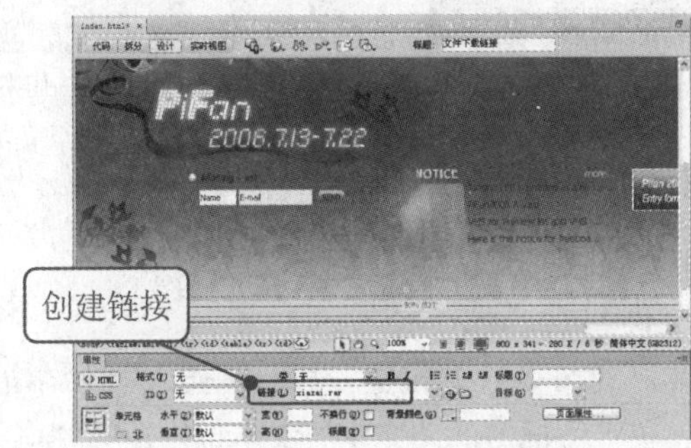

图 5-9　创建下载文件超级链接

★ 指点迷津 ★

网站中的每个下载文件必须对应一个下载链接，而不能为多个文件或文件夹建立下载链接。如果需要对多个文件或文件夹提供下载，只能利用压缩软件将这些文件或文件夹压缩成一个文件。

代码揭秘：下载文件链接代码

超链接的范围很广泛，利用它不仅可以进行网页间的相互链接，还可以使网页链接到相关的图像文件及下载文件等。

```
<a href="xiazai.rar">文件下载</a>
```

<a>标签的属性值如表 5-1 所示。

表 5-1 <a>标签的属性值

属　性	说　明
href	指定链接地址
name	给链接命名
title	给链接添加提示文字
target	指定链接的目标窗口

5.3.2 上机练习——创建电子邮件链接

电子邮件地址作为超级链接的链接目标与其他链接目标不同。当用户在浏览器上单击指向电子邮件地址的超级链接时，将会打开默认的邮件管理器的新邮件窗口，其中会提示用户输入信息并将该信息传送给指定的电子邮件地址。创建电子邮件链接前效果如图 5-10 所示，创建电子邮件链接的效果如图 5-11 所示，具体操作步骤如下。

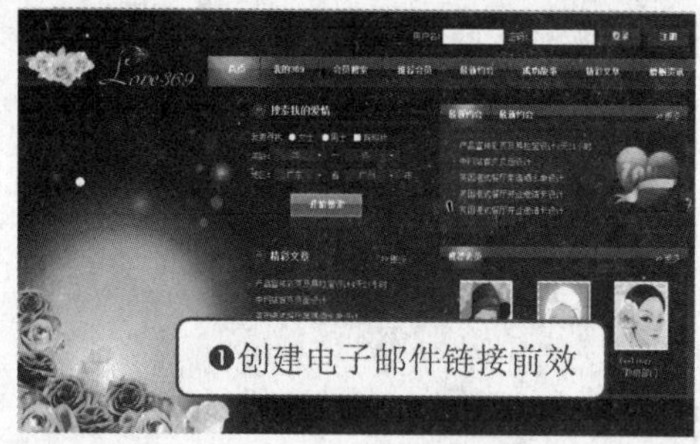

图 5-10 创建电子邮件链接前效果

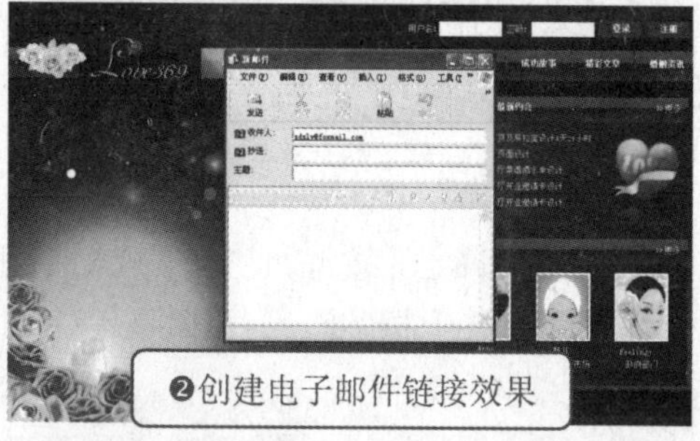

图 5-11 创建电子邮件链接效果

练习文件 实例素材/练习文件/CH05/5.3.2/index.html

完成文件 实例素材/完成文件/CH05/5.3.2/index1.html

（1）打开光盘中的素材文件 index.html，如图 5-12 所示。

（2）将光标置于要插入电子邮件链接的位置，执行“插入” | “电子邮件链接”命令，打开“电子邮件链接”对话框。在对话框中的“文本”文本框中输入“电子邮件链接”，在“电子邮件”文本框中输入“sdsly@foxmail.com”，如图 5-13 所示。

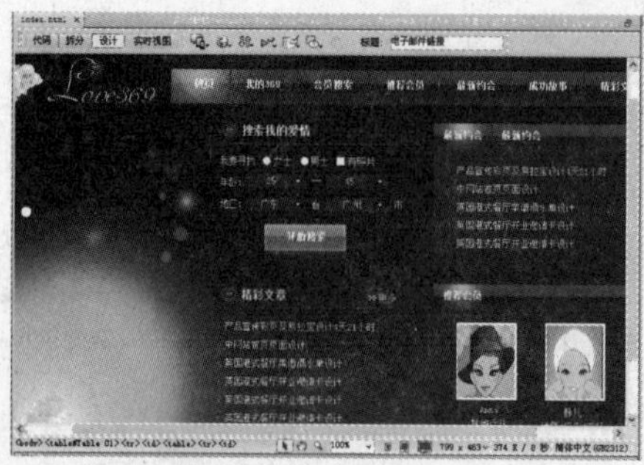

图 5-12 打开文件

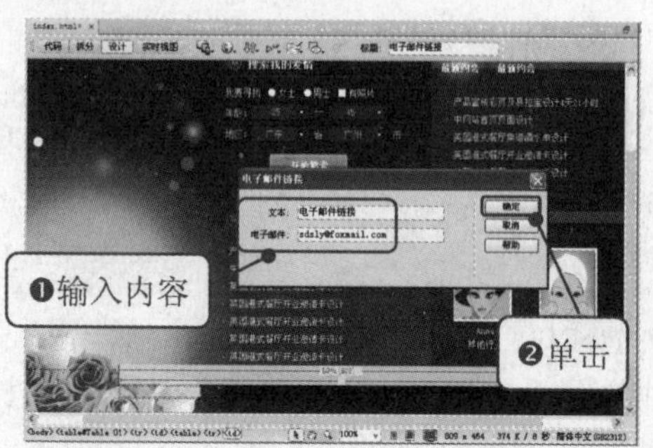

图 5-13 “电子邮件链接”对话框

单击“常用”插入栏中的“电子邮件链接”按钮，也可以打开“电子邮件链接”对话框。

（3）单击“确定”按钮，创建电子邮件链接，如图 5-14 所示。

（4）保存文档，按“F12”键在浏览器中预览，效果如图 5-11 所示。

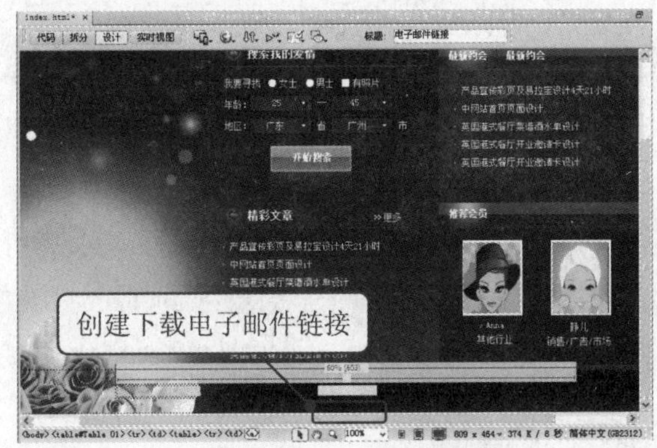

图 5-14　创建电子邮件链接

代码揭秘：邮件链接代码

在网页上创建电子邮件链接，可以使浏览者快速反馈自己的意见。当浏览者单击电子邮件链接时，可以立即打开浏览器默认的电子邮件处理程序，收件人的邮件地址由电子邮件超链接中指定的地址自动更新，无须浏览者输入。

邮件链接代码如下所示。

```
<a href="mailto:sdsly@foxmail.com ">电子邮件链接</a>
```

在该语法中的 mailto:后面输入电子邮件的地址。

5.3.3　上机练习——创建图像热区链接

当需要对一张图像的特定部位进行链接时就用到了热区链接，当用户单击某个热点时，会自动链接到相应的网页。矩形热区主要针对图像轮廓比较规则，且呈方形的图像；椭圆形热区主要针对圆形规则的轮廓；不规则多边形热区则针对复杂的轮廓外形。在这里以矩形为例介绍图像热区链接的创建。在创建过程中，首先选中图像，然后在“属性”面板中选择“热点”工具在图像上绘制热区。创建图像热区链接前的效果如图 5-15 所示，创建图像热区链接的效果如图 5-16 所示，具体操作步骤如下。

练习文件　实例素材/练习文件/CH05/5.3.3/index.html

完成文件　实例素材/完成文件/CH05/5.3.3/index1.html

（1）打开光盘中的素材文件 index.html，如图 5-17 所示。

（2）选中图像，在“属性”面板中选择“矩形热点”工具，如图 5-18 所示。

图 5-15　创建图像热区链接前效果

图 5-16　创建图像热区链接效果

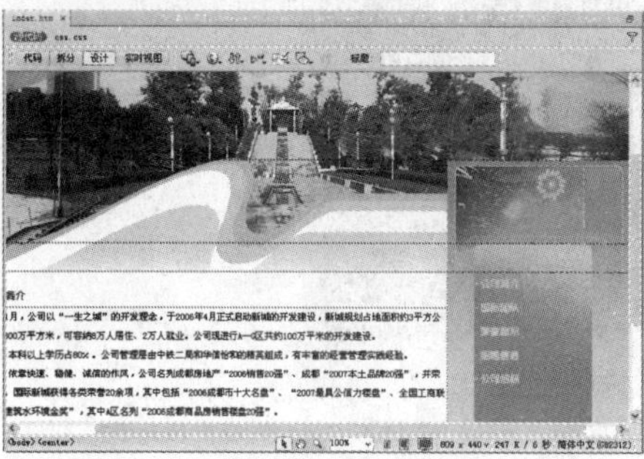

图 5-17　打开文件

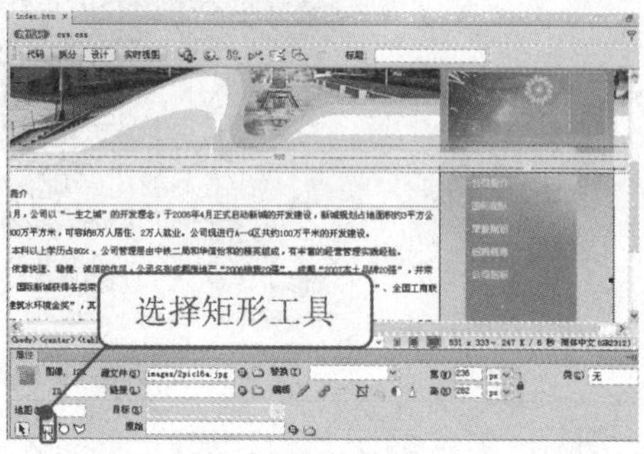

图 5-18　选择“矩形热点”工具

★ 指点迷津 ★

对于复杂的热点图像，可以选择“多边形热点”工具来绘制。

（3）将光标置于图像上要创建热点的部分，绘制一个矩形热点，在“属性”面板中的“链接”文本框中输入链接的文件，如图 5-19 所示。

（4）按照步骤（2）~（3）的方法绘制其他的热点并创建链接，如图 5-20 所示。

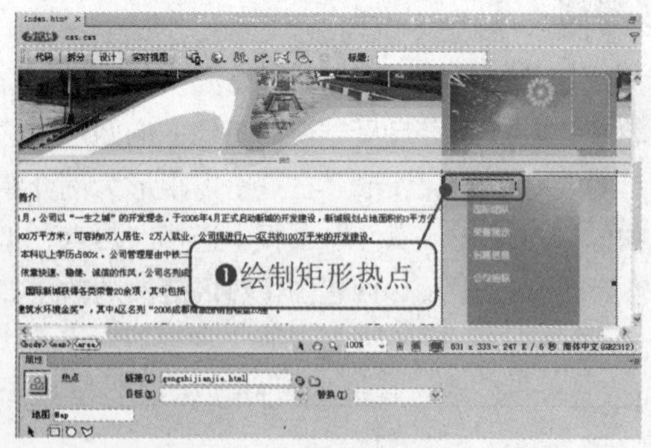

图 5-19　绘制矩形热点

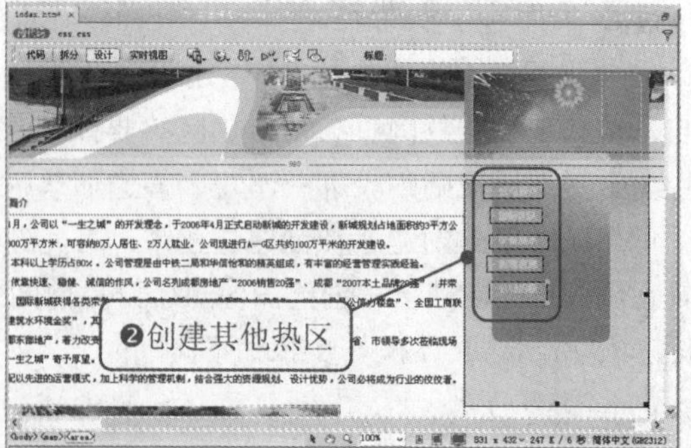

图 5-20　创建其他热区

（5）保存文档，按“F12”键在浏览器中预览效果，如图 5-16 所示。

代码揭秘：图像热点链接代码

同一个图像的不同部分可以链接到不同的文档，这就是热区链接。<map>标签定义一个客户端图像映射，图像映射（image-map）指带有可选择区域的一幅图像。<area>标签定义图像映射中的区域。<img>标签中的 usemap 属性与 map 元素的 name 属性相关联，创建图像与映射之间的联系。

```
<IMG src="images/2pic16a.jpg" width=236 height=282 usemap="#Map" border=0>
<map name="Map">
  <area shape="rect" coords="24,5,100,23" href="gongshijianjie.html">
  <area shape="rect" coords="32,34,99,54" href="#">
  <area shape="rect" coords="31,68,107,86" href="#">
  <area shape="rect" coords="28,94,100,115" href="#">
  <area shape="rect" coords="31,126,105,152" href="#">
</map>
```

<img>中的 usemap 属性可引用<map>中的 id 或 name 属性，所以我们应同时向<map>中添加 id 和 name 属性。

5.3.4　上机练习——创建锚点链接

有时候网页很长，为了找到其中的目标，不得不上下拖动滚动条将整个文档内容浏览一遍，这样就浪费了很多时间。利用锚点链接能够精确地控制访问者在单击超级链接之后到达的位置，使访问者能够快速浏览到指定的位置。

创建锚点链接可分为两步：首先创建命名锚记，然后创建到命名锚记的链接。创建锚点链接前的效果如图 5-21 所示，创建锚点链接的效果如图 5-22 所示，具体操作步骤如下。

图 5-21　创建锚点链接前效果

图 5-22　创建锚点链接效果

练习文件 实例素材/练习文件/CH05/5.3.4/index.html

完成文件 实例素材/完成文件/CH05/5.3.4/index1.html

（1）打开光盘中的素材文件 index.html，将光标置于要插入锚点的位置，如图 5-23 所示。

（2）执行“插入”|“命名锚记”命令，打开“命名锚记”对话框，在该对话框的“锚记名称”文本框中输入“jianjie”，如图 5-24 所示。

★ 指点迷津 ★

“锚记名称”可以用数字、英文或它们的混合来表示，最好要区分大小写。同一个网页中可以有无数个锚记，但不能有相同的两个“锚记名称”。

图 5-23 打开文件

图 5-24 “命名锚记”对话框

（3）单击“确定”按钮，即可插入命名锚记，如图 5-25 所示。

（4）选中网页左侧导航栏中的文字“公司简介”，在“属性”面板的“链接”文本框中输入“#jianjie”，如图 5-26 所示。

图 5-25 插入命名锚记

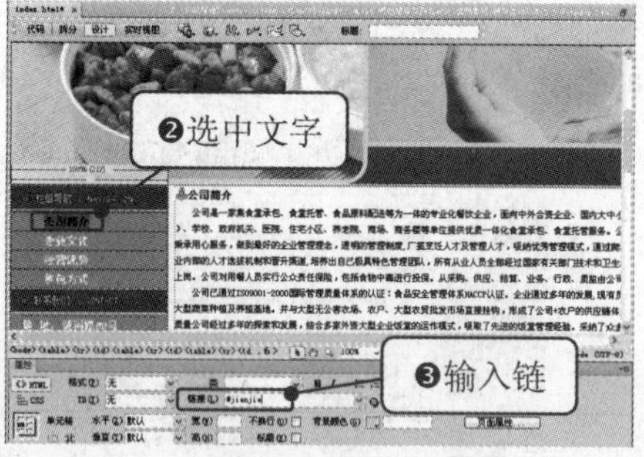

图 5-26 输入链接

★ 指点迷津 ★

如果链接到当前页面内的某一部分，可以直接在“属性”面板“链接”右侧的文本框中输入一个“#”符号，然后输入锚记的名称。

（5）按照步骤（2）~（4）的方法插入其他命名锚记，并创建锚点链接，如图 5-27 所示。

（6）保存文档，按 F12 键在浏览器中预览效果，如图 5-22 所示。

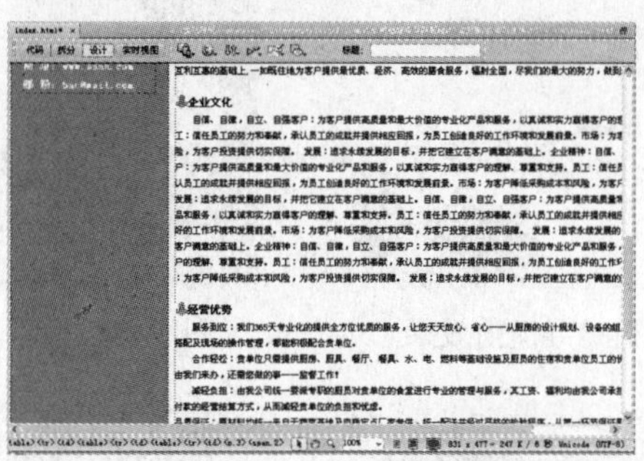

图 5-27　创建锚点链接

代码揭秘：锚点链接代码

当一个网页的主题或文字较多时，可以在网页内建立多个标记点，将超链接指定到这些标记点上，能够使浏览者快速找到要阅读的内容，我们将这些标记点称为锚点（Anchor）。而不必在一个很长的网页里自行寻找。在创建锚点链接前首先要建立锚点。利用锚点名称可以链接到相应的位置。这个名称只能包含小写 ASCII 和数字，且不能以数字开头，同一个网页中可以有无数个锚点，但是不能有相同名称的两个锚点。建立锚点代码如下。

```
<a name="A1" id="A1"></a>
```

这样的一个无内容的<a>标签，便是一个锚点了，我们可以把它放在网页中<body>与</body>之间的任意位置。当然，究竟放在哪个位置，就要看我们的实际需要了。

建立了锚点以后，就可以创建到锚点的链接，需要用#号以及锚点的名称作为 href 属性值。

```
<a href="#锚点的名称">……</a>
```

5.4　综合应用

可以创建图像、其他文档、文件或文本的链接，下面通过创建热区导航和锚点链接讲述链接的综合应用。

5.4.1　综合应用——创建热点链接导航

创建热区链接导航前的效果如图 5-28 所示，创建热点链接导航效果如图 5-29 所示，具体操作步骤如下。

练习文件　实例素材/练习文件/CH05/5.4.1/index.html

完成文件　实例素材/完成文件/CH05/5.4.1/index1.html

（1）打开光盘中的素材文件 index.html，如图 5-30 所示。

（2）选中图像首页，在“属性”面板中选择“矩形热点”工具，如图 5-31 所示。

图 5-28　创建热点链接导航前效果

图 5-29　创建热点链接导航效果

图 5-30　打开文件

图 5-31　选择"矩形热点"工具

（3）将光标置于图像上要创建热点的部分，绘制矩形热点，在"属性"面板中的"链接"文本框中输入链接，如图 5-32 所示。

（4）用同样的方法绘制其他的导航热区，并在"属性"面板中输入相应的链接文件，如图 5-33 所示。

图 5-32　绘制矩形热点

图 5-33　绘制其他矩形热点

（5）保存文档，按 F12 键在浏览器中预览效果，如图 5-29 所示。

 5.4.2　综合应用——创建锚点链接实例

在制作网页时，有些页面内容较多，页面就可能变长。为了方便浏览，可以在页面的底部增加返回到顶部的链接。创建锚点链接前的效果如图 5-34 所示，创建描点链接效果如图 5-35 所示，具体操作步骤如下。

练习文件 实例素材/练习文件/CH05/5.4.2/index.html

完成文件 实例素材/完成文件/CH05/5.4.2/index1.html

（1）打开光盘中的素材文件 index.html，如图 5-36 所示。

（2）将光标置于文字“关于我们”的前面，执行“插入”|“命名锚记”命令，打开“命名锚记”对话框，在对话框中的“锚记名称”文本框中输入“guanyuwomen”，如图 5-37 所示。

图 5-34　创建锚点链接前效果

图 5-35　创建锚点链接效果

图 5-36　打开文件

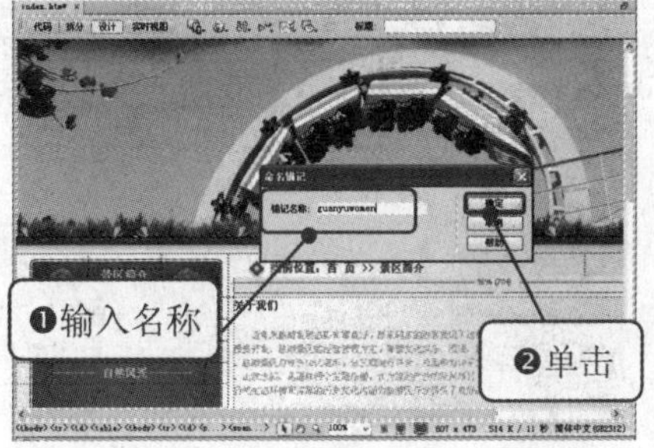

图 5-37　“命名锚记”对话框

（3）单击“确定”按钮，插入命名锚记，如图 5-38 所示。

（4）选中文字“关于我们”，在“属性”面板中的“链接”文本框中输入“#guanyuwomen”，如图 5-39 所示。

图 5-38　插入命名锚记

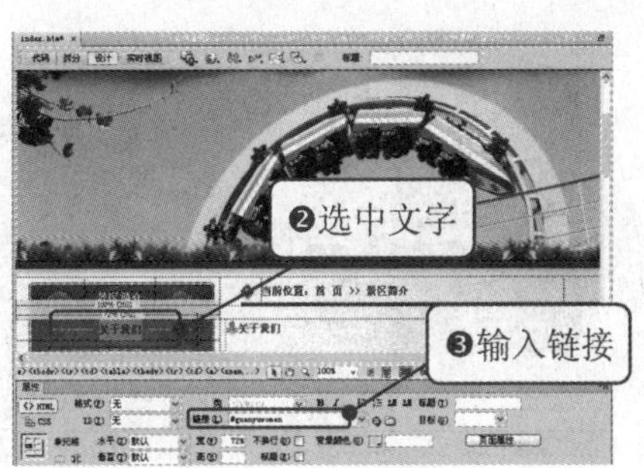

图 5-39　创建链接

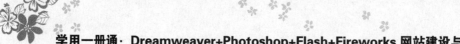

（5）将光标置于文字“风景名胜”的前面，执行“插入”|“命名锚记”命令，打开“命名锚记”对话框，在该对话框中的“锚记名称”文本框中输入“fengjingmingsheng”，如图 5-40 所示。

（6）单击“确定”按钮，插入命名锚记，如图 5-41 所示。

图 5-40 “命名锚记”对话框

图 5-41 插入命名锚记

（7）选中文字“风景名胜”，在“属性”面板中的“链接”文本框中输入“#fengjingmingsheng”，如图 5-42 所示。

（8）将光标置于文字“文化古迹”的前面，执行“插入”|“命名锚记”命令，打开“命名锚记”对话框，在该对话框中的“锚记名称”文本框中输入“wenhuaguji”，如图 5-43 所示。

图 5-42 创建链接

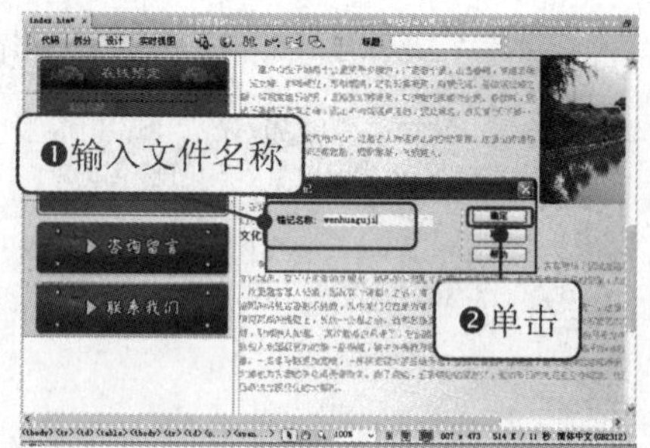

图 5-43 “命名锚记”对话框

（9）单击“确定”按钮，插入命名锚记，如图 5-44 所示。

（10）选中文字“文化古迹”，在“属性”面板中的“链接”文本框中输入“#wenhuaguji”，如图 5-45 所示。

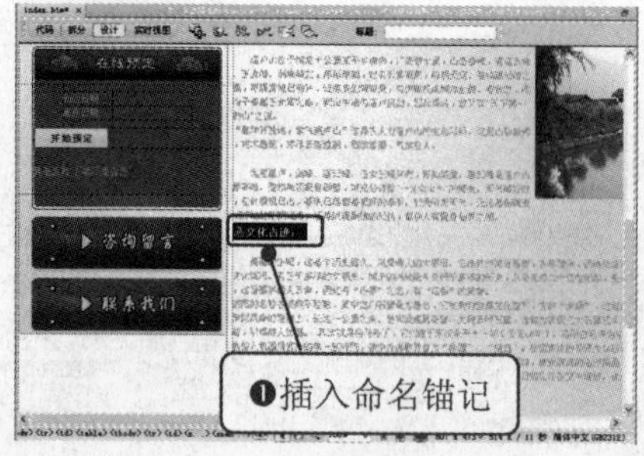

图 5-44 插入命名锚记

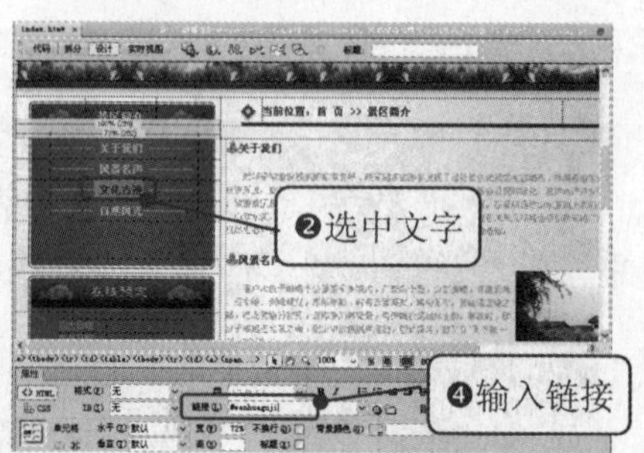

图 5-45 创建链接

（11）将光标置于文字“自然风光”的前面，执行“插入”|“命名锚记”命令，打开“命名锚记”对话框，在对话框中的“锚记名称”文本框中输入“ziranfengguang”，如图 5-46 所示。

（12）单击“确定”按钮，插入命名锚记，如图 5-47 所示。

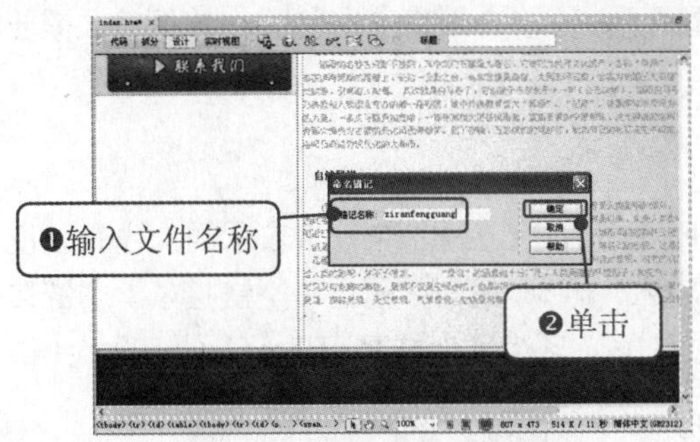

图 5-46　“命名锚记”对话框

图 5-47　插入命名锚记

（13）选中文字“自然风光”，在“属性”面板中的“链接”文本框中输入“#ziranfengguang”，如图 5-48 所示。

（14）保存文档，按 F12 键在浏览器中预览，效果如图 5-35 所示。

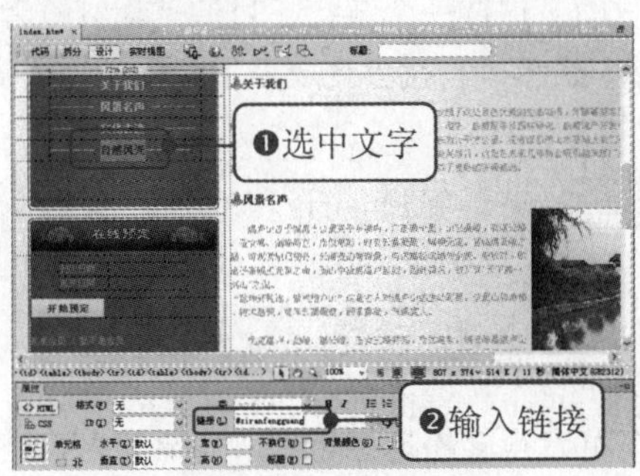

图 5-48　创建链接

5.5　专家秘籍

1. 为何创建的图片链接带有蓝色边框

选中要删除链接的蓝色边框的图像，在“属性”面板中的“边框”文本框中将数值设置为 0 即可。

2. 怎样一次链接到两个网页

一般来说，超链接一次只能链接到一个网页。要想一次在不同的框架网页中打开文档，可以使用“转到 URL”行为。具体操作方法是：打开一个有框架的网页，选择文字或图像，然后从行为面板中选择“转到 URL”。此时 Dreamweaver 会在“转到 URL”对话框中显示所有可用的框架。选择其中一个想做链接的框架并输入相应的 URL 后再选择另一个框架并输入另一个 URL，这样就可实现一次链接到两个网页。

3．如何添加图片及链接文字的提示信息

在浏览网页时，鼠标停留在图片对象或链接上，在鼠标指针的右下角有时会出现一个提示信息框。对目标进行一定的注释说明。对于某些场合，它的作用是很重要的。选中图片对象，在属性面板里会发现有个“替换”输入框。默认情况下，该输入框是空白的。在这里输入需要的提示内容就可以了。

4．如何制作“空链接”

空链接即是没有链接对象的链接，在空链接中，目标 URL 是用“#”来表示的。也就是说制作链接时，只要在属性面板的“链接”输入框中输入“#”标记，它就是个空链接了。空链接的出现涉及多方面的因素，比如一些没有定期完成的页面，又为了保持页面显示上的一致性（链接样式与普通文字样式的不同），就可以使用它了。

5．怎样改变超级链接形状

默认情况下，鼠标是一个向左上方翘起的箭头，下载页面时是一个沙漏的形状，而当鼠标移动到超级链接上时则是一个手的形状，在许多 Windows 的应用程序中鼠标的样子可以说是千变万化，新鲜而有趣，我们的网页中一样也做到了这一点。

现在许多网站上都有“帮助”这样一个链接，目的是让浏览者更好地浏览网站，当浏览者把鼠标移动到帮助链接的时候，鼠标指针就会变成表示帮助的左上方箭头加上一个问号的形状，实现代码如下：

```
<a style="cursor:help"href=help.htm>帮助</a>
```

5.6　本章小结

对一个网站而言，能让浏览者很轻松地浏览到所需要的内容是很重要的，这其中最关键的因素就是网页中的超级链接。如果整个网页中的链接系统有条理，那么浏览者浏览起来将会十分轻松，查找任何资料也将会十分方便。相反，如果整个网页中的链接杂乱无章，那么浏览者在浏览时将会遇到很多困难。本章的重点与难点是创建超级链接的方法，以及创建各种类型的超级链接，如下载文件超级链接、电子邮件超级链接、图像热区链接和锚点链接的创建等。

第6章 使用表格轻松排列和布局网页元素

学前必读

表格是网页布局定位的最佳选择，使用表格布局的网页在不同平台、不同分辨率的浏览器中都能保持原有页面布局和对齐状态。另外，使用表格还可以清晰地显示列表数据，可以将各种数据排成行和列，从而更容易阅读信息。本章就来介绍表格的插入、表格属性的设置、表格的基本操作、导入表格式数据、表格排序及特殊表格的创建。

学习流程

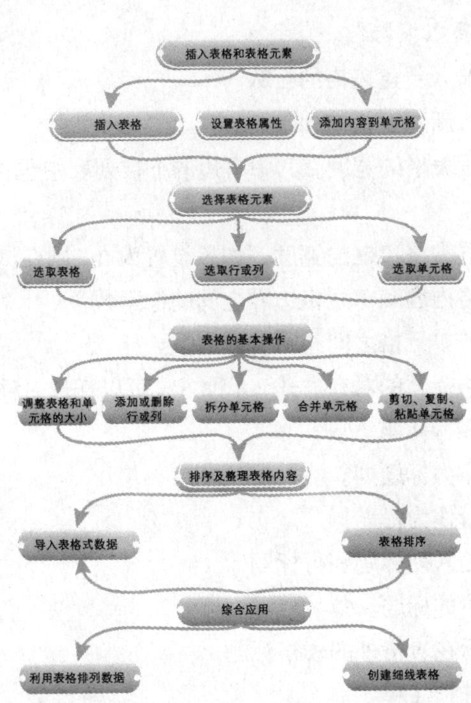

6.1 插入表格和表格元素

表格在网页中占有重要的地位，它不但能够排列各种数据，输入列表式的文字，而且还可以排列文字和图像。

6.1.1 上机练习——插入表格

在网页中插入表格的具体操作步骤如下。

（1）打开光盘中的素材文件 index.html，如图 6-1 所示。

（2）将光标置于要插入表格的位置，执行“插入”|“表格”命令，打开“表格”对话框，如图 6-2 所示。

图 6-1 打开文件

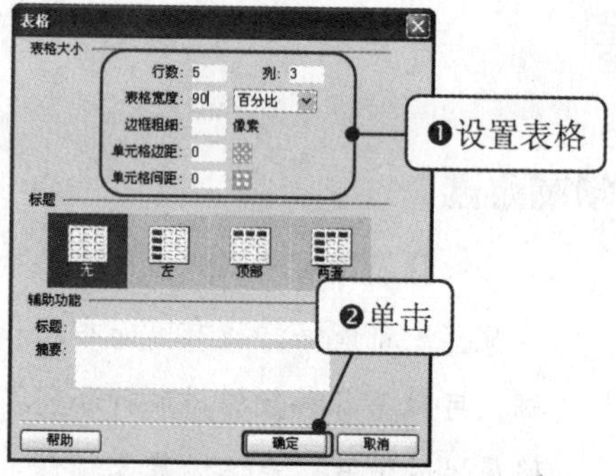

图 6-2 “表格”对话框

“表格”对话框中主要有以下参数。

- 行数：在文本框中输入新建表格的行数。
- 列：在文本框中输入新建表格的列数。
- 表格宽度：用于设置表格的宽度，其中右边的下拉列表中包含“百分比”和“像素”两个选项。
- 边框粗细：用于设置表格边框的宽度，如果设置为 0，则在浏览时看不到表格的边框。
- 单元格边距：单元格内容和单元格边界之间的像素数。
- 单元格间距：相邻的单元格之间相距的像素数。
- 标题：用来定义表格标题的对齐方式，4 种方式可以任选一种。
- 无：对表不启用列或行标题。
- 左：将表的第 1 列作为标题列。
- 顶部：将表的第 1 行作为标题行。
- 两者：能够在表中输入列标题和行标题。
- 辅助功能：定义表格的标题。
- 标题：提供一个显示在表格外的表格标题。
- 摘要：用来对表格进行注释。

（3）在“表格”对话框中将“行数”设置为 5，“列”设置为 3，“表格宽度”设置为 90%，单击“确定”按钮，插入表格，如图 6-3 所示。

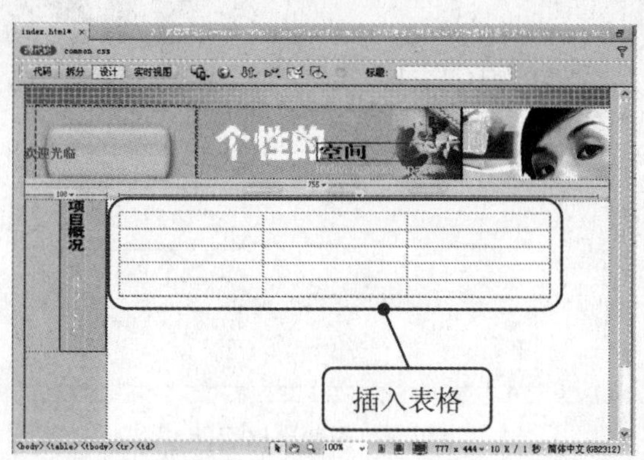

图 6-3　插入表格

★ 高手支招 ★

表格对话框会保留最近一次输入的设置值。

代码揭秘：表格的基本标签

在 HTML 语言中，表格涉及多种标记，下面我们就一一进行介绍。

- <table>元素：用来定义一个表格。每一个表格只有一对<table>和</table>。一个网页中可以有多个表格。
- <tr>元素：用来定义表格的行，一对<tr>和</tr>代表一行。一个表格中可以有多个行，所以<tr>和</tr>也可以在<table>和</table>中出现多次。
- <td>元素：用来定义表格中的单元格，一对<td>和</td>代表一个单元格。每行中可以出现多个单元格，即<tr>和</tr>之间可以存在多个<td>和</td>。在<td>和</td>之间，将出现表格每一个单元格中的具体内容。
- <th>元素：用来定义表格的表头，一对<th>和</th>代表一个表头。表头是一种特殊的单元格，在其中添加的文本，默认将是居中并且加粗的，实际中并不常用。

上面讲到的 4 个表格元素在使用时一定要配对出现，既要有开始标记，也要有结束标记。缺少其中任何一个，都将无法得到正确的结果。

6.1.2　设置表格属性

可以通过表格的“属性”面板设置表格的属性。选择表格，在“属性”面板中将显示表格的属性，将“填充”设置为 2，“边框”设置为 1，“间距”设置为 3，“对齐”设置为居中对齐，如图 6-4 所示。

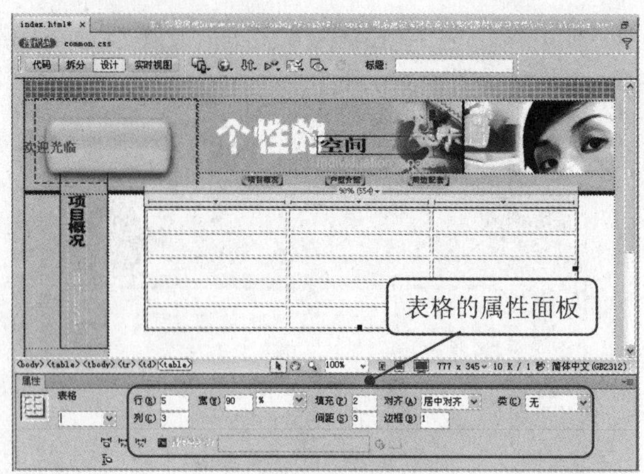

图 6-4　设置表格属性

在表格“属性”面板中主要有以下参数。

- 表格：为表格进行命名。
- 行和列：在文本框中设置表格的行数和列数。
- 宽：以像素为单位或表示为占浏览器窗口宽度的百分比。
- 对齐：设置表格的对齐方式，其下拉列表中共包含“默认”、“左对齐”、“居中对齐”和“右对齐”4 个选项。
- 边框：用来设置表格边框的宽度。
- 填充：单元格内容和单元格边界之间的像素数。
- 间距：相邻的表格单元格间的像素数。
- 类：对该表格设置一个 CSS 类。

[icon]：用于清除列宽。

[icon]：将表格宽度转换为像素。

[icon]：将表格宽度转换为百分比。

[icon]：用于清除行高。

★ 高手支招 ★

如果没有明确指定单元格间距和单元格边距的值，则大多数浏览器按单元格边距设置为 1，单元格间距设置为 2。若要使浏览器显示的表格没有边距和间距，则将单元格的边距和间距设置为 0。

代码揭秘：表格的属性代码

为了使创建的表格更加美观、醒目，需要对表格的属性（如表格的颜色、单元格的背景图像、背景颜色等）进行设置。如表 6-1 所示为表格的属性及说明。

表 6-1 表格属性及其功能说明

表格属性	功能说明
border	边框大小
align	对齐方式
background	背景图片
bgcolor	表格的背景颜色
borderclor	表格边框的颜色
borderclordark	表格暗边框的颜色
borderclorlight	表格亮边框的颜色
width	表格的宽度大小
height	表格的高度大小

6.1.3 添加内容到单元格

当表格插入到文档后，即可向表格中添加文本或图像等内容。向表格中添加内容的方法很简单，只需将光标定位到要输入内容的单元格，即可输入文本或插入图像。将光标置于表格中，添加相应的内容，如图 6-5 所示。

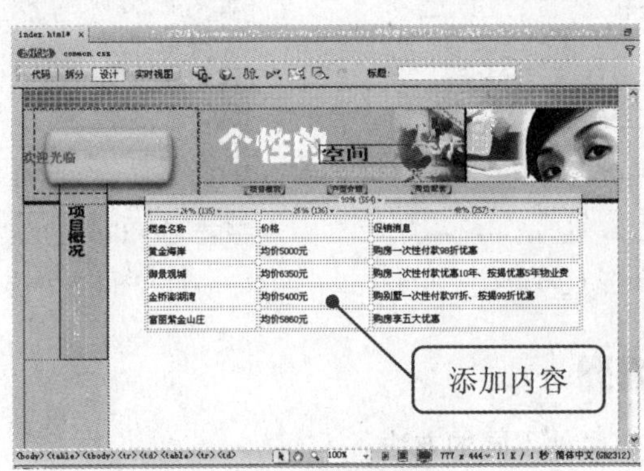

图 6-5　添加内容到单元格

6.2　选择表格元素

在网页中，表格用于网页内容的排版，如将文字放在页面的某个位置。下面讲述表格的选取、单元格的选取以及行或列的选取。

6.2.1 选取表格

要想对表格进行编辑，首先应该选择它。选取整个表格主要有以下 4 种方法。

（1）将光标置于表格内的任意位置，执行“修改”|“表格”|“选择表格”命令，如图 6-6 所示。

（2）将光标放置在表格的左上角，按住鼠标左键不放拖动到表格的右下角，单击鼠标右键，在弹出的快捷菜单中执行“表格”|“选择表格”命令，如图 6-7 所示。

（3）单击表格线任意位置，即可选择表格，如图 6-8 所示。

（4）将光标置于表格内任意位置，单击文档窗口左下角的“<table>”标签，如图 6-9 所示。

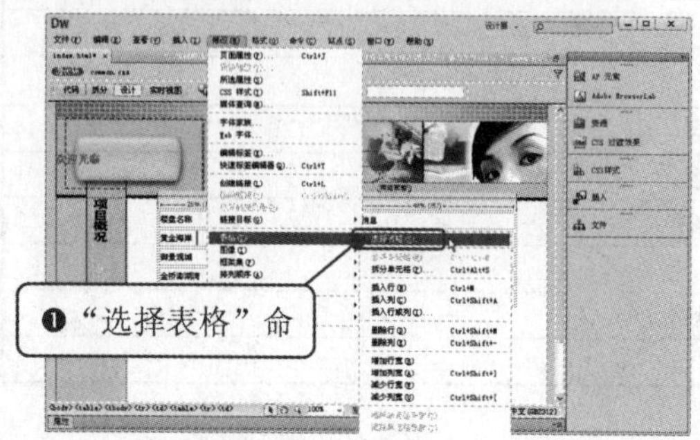

图 6-6　选择表格（1）

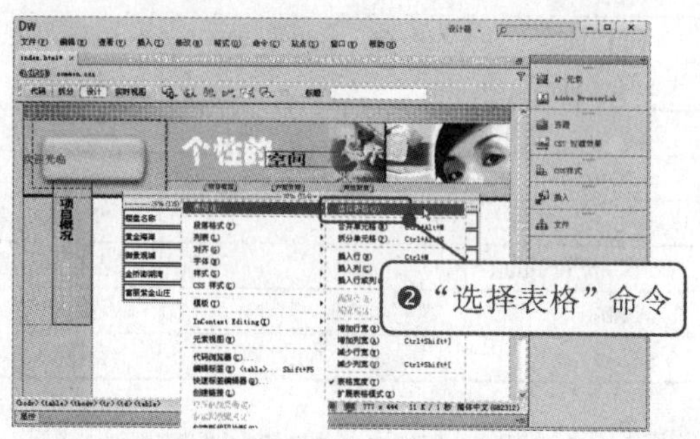

图 6-7　选择表格（2）

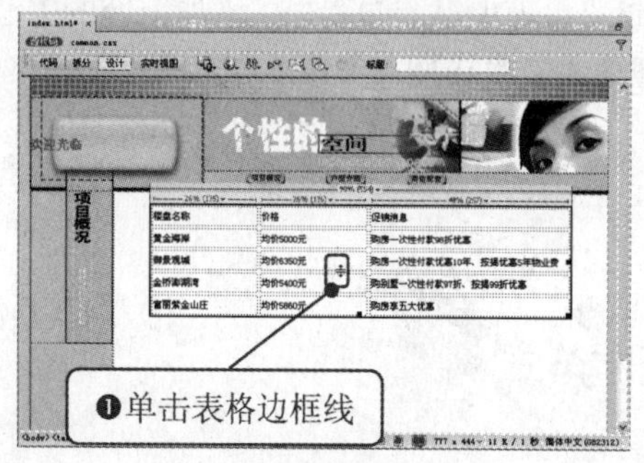

图 6-8　选择表格（3）

图 6-9　选择表格（4）

 6.2.2　选取行或列

选取表格的行与列也有两种不同的方法。

当鼠标指针指向要选择的行首或列顶，鼠标指针形状变成了黑箭头时，单击即可选中列或行，如图 6-10 和图 6-11 所示。

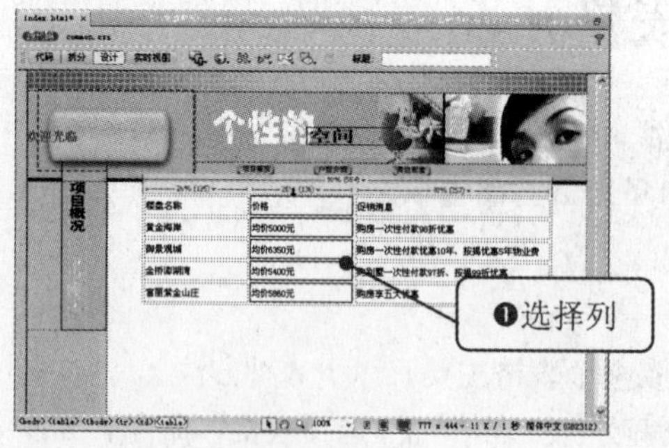

图 6-10　选择列

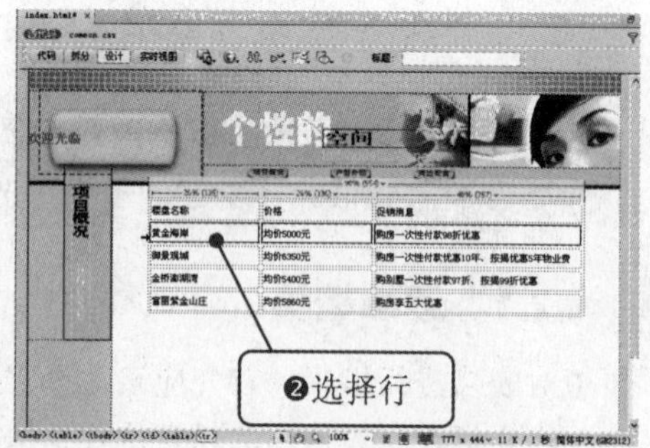

图 6-11　选择行

按住鼠标左键不放从左至右或从上至下拖曳，即可选中列或行，如图 6-12 和图 6-13 所示。

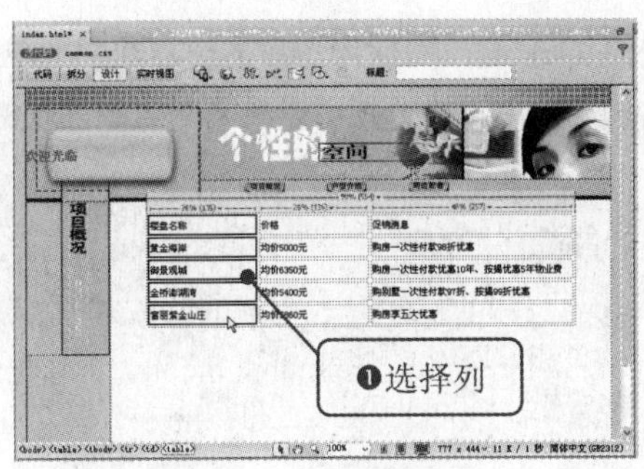

图 6-12　选择列

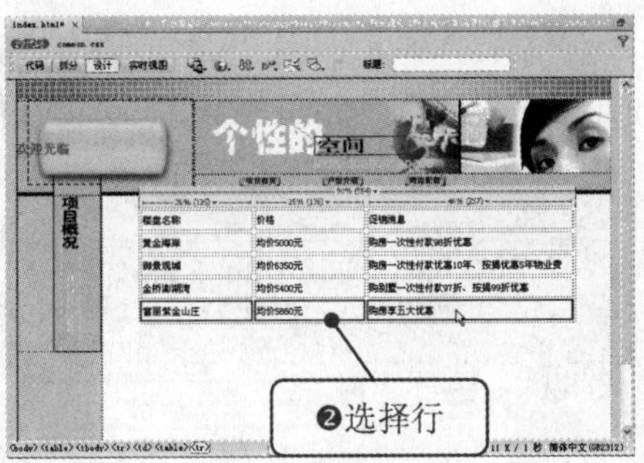

图 6-13　选择行

★ 高手支招 ★

还有一种方法只可以选中行，将光标置于要选择的行中，然后单击窗口左下角的<tr>标记，这种方法只能选择行，而不能选择列。

6.2.3　选取单元格

（1）有以下几种方法可以选择单个单元格。

- 按 Ctrl 键，然后单击要选中的单元格即可。
- 将光标置于要选择的单元格中，然后按 Ctrl + A 组合键并单击该单元格，即可选中该单元格。
- 将光标置于要选择的单元格中，然后执行“编辑”|“全选”命令，即可选中该单元格。
- 将光标置于要选择的单元格中，然后单击文档窗口左下角的“<td>”标签，也可以选中单元格，如图 6-14 所示。

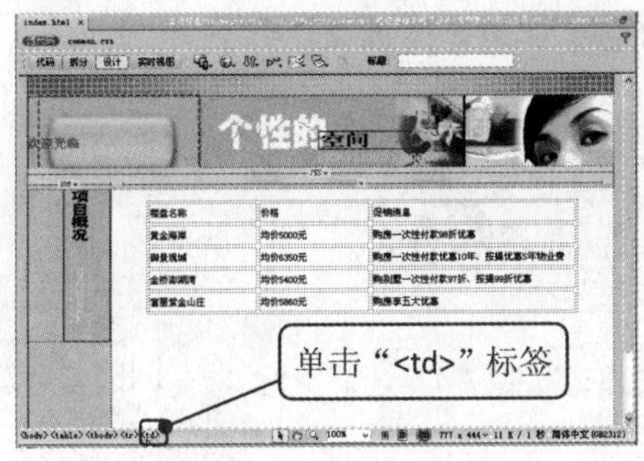

图 6-14　选中单元格

（2）若要选择多个相邻的单元格，首先应该将光标移至要选中的相邻单元格中的第一个单元格中，然后单击并拖动鼠标至最后一个单元格，即可选中该组相邻的单元格，如图 6-15 所示。另外还可以先单击一个单元格，然后按住 Shift 键在最后一个单元格中单击鼠标，也可选中该相邻的单元格。

（3）若要选中多个不相邻的单元格，则可以按住 Ctrl 键，然后依次单击想要选中的单元格即可，如图 6-16 所示。在按住 Ctrl 键的同时再次单击选中的单元格，则可以取消对该单元格的选定。

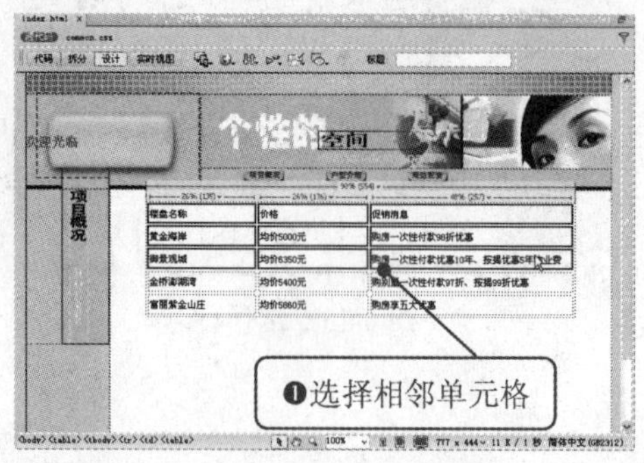

图 6-15　选择多个相邻的单元格

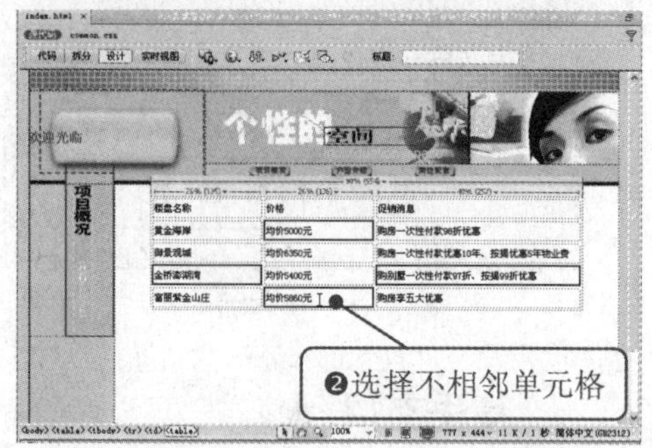

图 6-16　选择多个不相邻的单元格

6.3　表格的基本操作

表格创建好以后可能达不到所需要的效果，这时就需要对表格进行编辑操作。下面讲述表格的基本操作。

6.3.1　调整表格和单元格的大小

用属性面板中的“宽”和“高”文本框能精确地调整表格的大小，而用鼠标拖动调整则显得更为方便快捷，调整表格大小的操作如下。

- 调整列宽：把光标置于表格右边的边框上，当鼠标变为⟺时，拖动鼠标即可调整单元格的宽度，如图 6-17 所示，同时也调整表格的宽度，对行不产生影响。把光标置于表格中间列边框上，当鼠标变成⟺时，拖动鼠标可以调整中间列边框两边列单元格的宽度，调整后的效果如图 6-18 所示。

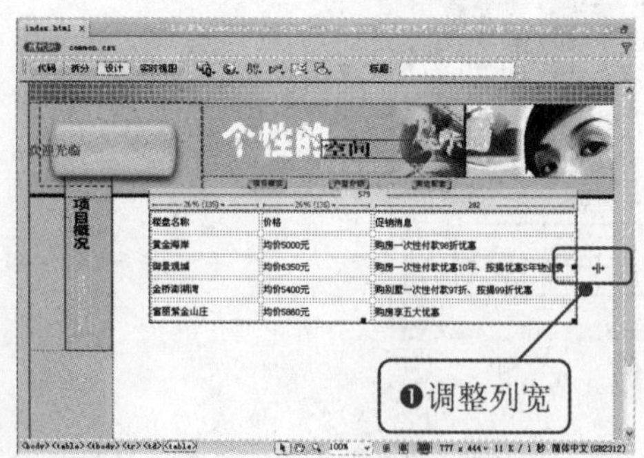

图 6-17　调整列宽

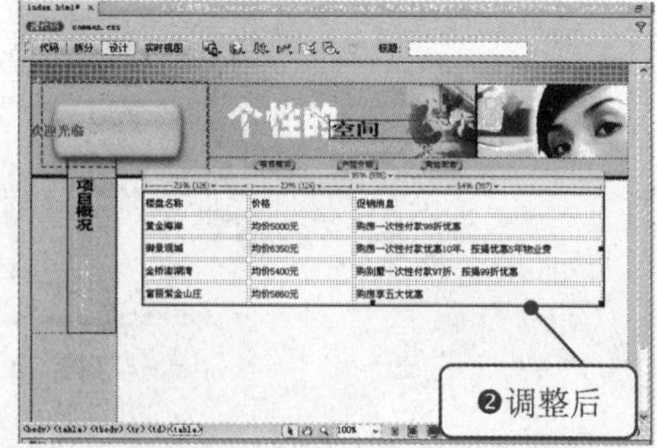

图 6-18　调整列宽后的效果

- 调整行高：把光标置于表格底部边框或者中间行线上，当光标变成⇕时，拖动鼠标即可调整行的高度，如图 6-19 所示，调整行高后的效果如图 6-20 所示。

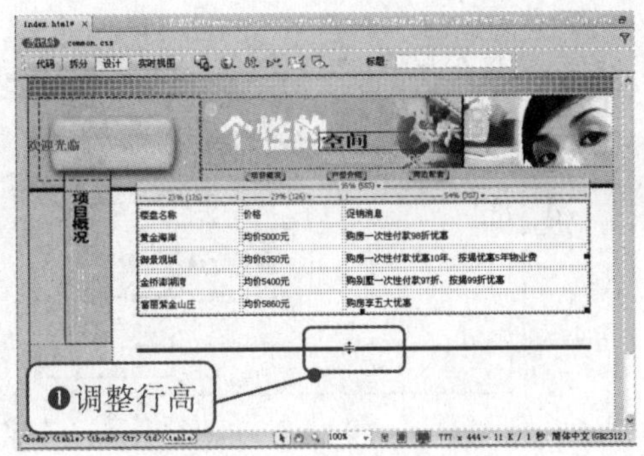

图 6-19　调整行高

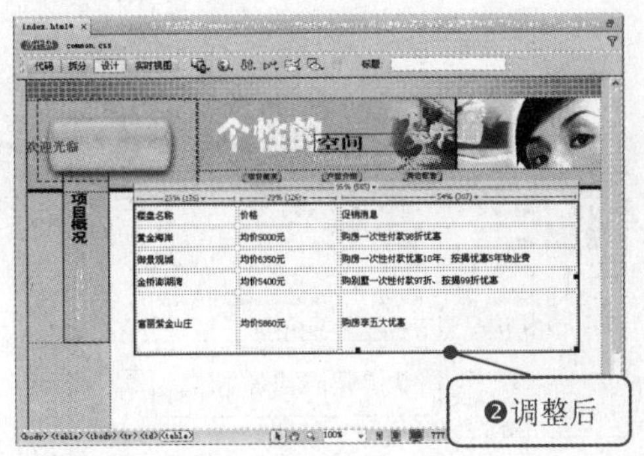

图 6-20　调整行高后的效果

- 调整表格宽度：选中整个表格，将光标置于表格右边框控制点上，当光标变成双箭头时，如图 6-21 所示，拖动鼠标即可调整表格整体宽度，调整后的效果如图 6-22 所示。
- 调整表格高度：选中整个表格，将光标置于表格底部边框控制点上，当光标变成双箭头时，如图 6-23 所示，拖动鼠标即可调整表格整体高度，调整后的效果如图 6-24 所示。

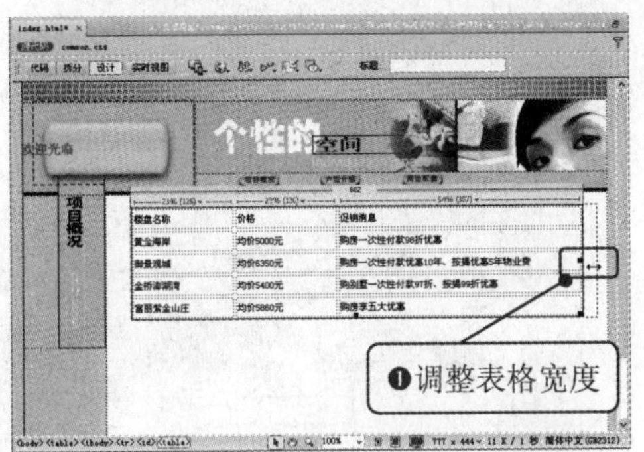

图 6-21　调整表格宽度

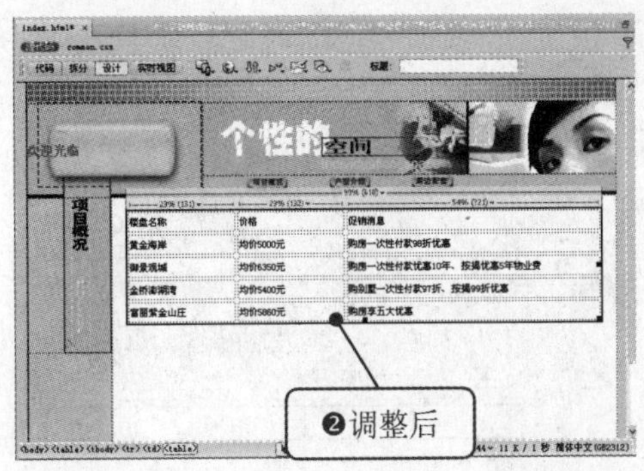

图 6-22　调整表格宽度后的效果

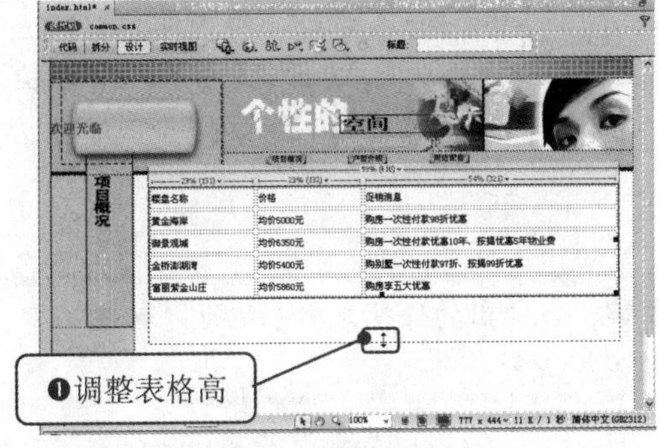

图 6-23　调整表格高

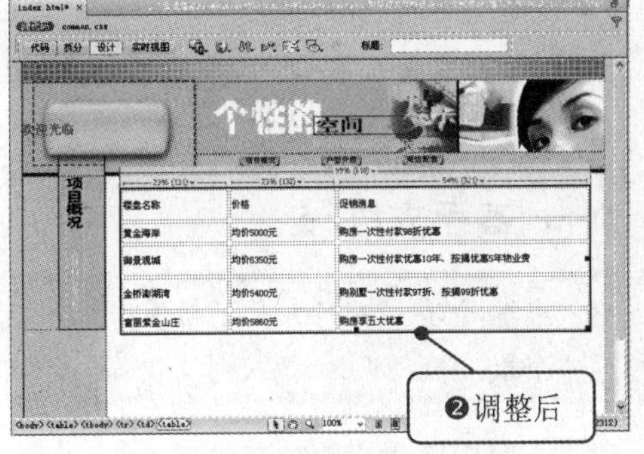

图 6-24　调整表格高后的效果

- 同时调整表格宽度和表格高度：选中整个表格，将光标置于表格右下角控制点上，当光标变成双箭头时，如图 6-25 所示，拖动鼠标即可调整表格整体高度和宽度，各行各列都会被均匀调整，调整后的效果如图 6-26 所示。

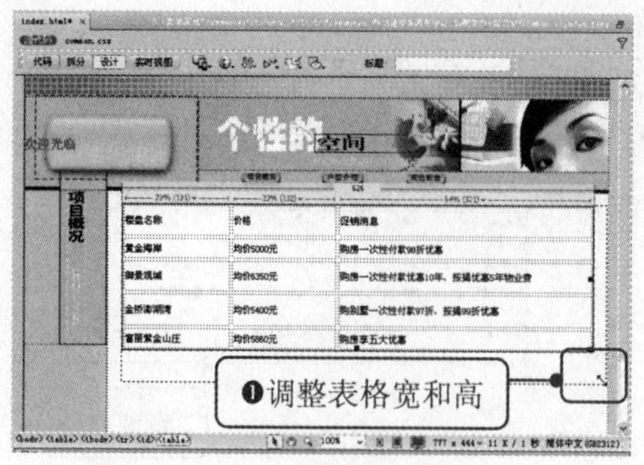

图 6-25　调整表格的宽度和高度

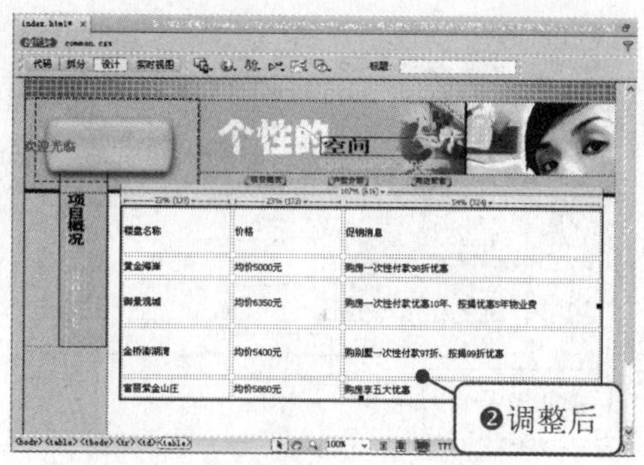

图 6-26　调整表格宽度和高度后的效果

6.3.2　添加或删除行或列

（1）在已创建的表格中添加行或列，要先将光标置于要插入行或列的单元格内，然后通过以下方式添加行或列。

执行“修改”|“表格”|“插入行”命令，在光标所在的单元格的上面增加一行，如图 6-27 所示。

执行“修改”|“表格”|“插入列”命令，在光标所在的单元格的左侧增加一列，如图 6-28 所示。

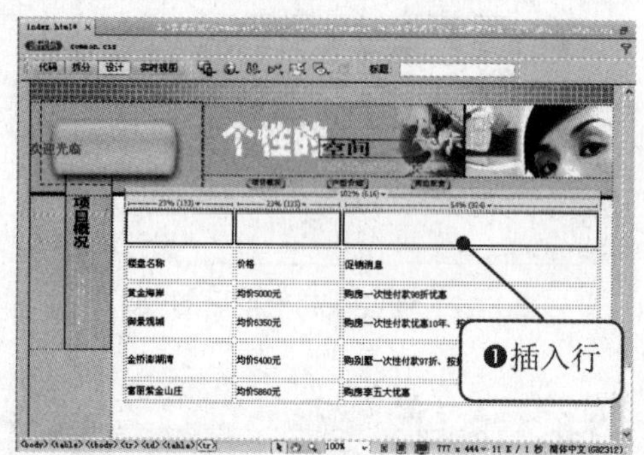

图 6-27　插入行

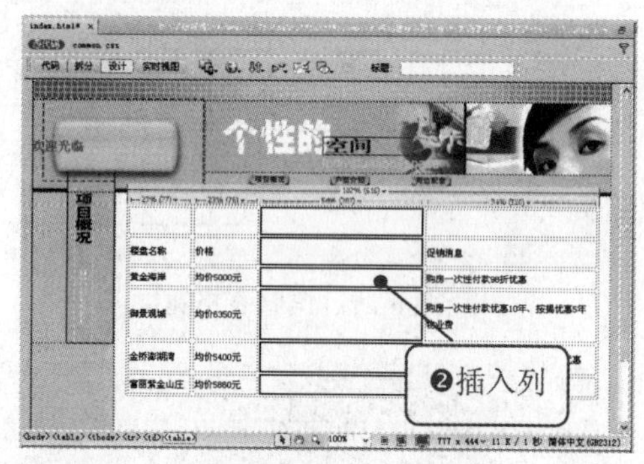

图 6-28　插入列

★ 高手支招 ★

将光标置于要插入行或列的位置，单击鼠标右键，在弹出的快捷菜单中执行“表格”|“插入行”命令或“表格”|“插入列”命令，也可以插入行或列。

（2）通过以下方式删除行或列。

将光标置于要删除行中的任意一个单元格，执行“修改”|“表格”|“删除行”命令，就可以删除当前行，如图 6-29 所示。

将光标置于要删除列中的任意一个单元格，执行“修改”|“表格”|“删除列”命令，就可以删除当前列，如图 6-30 所示。

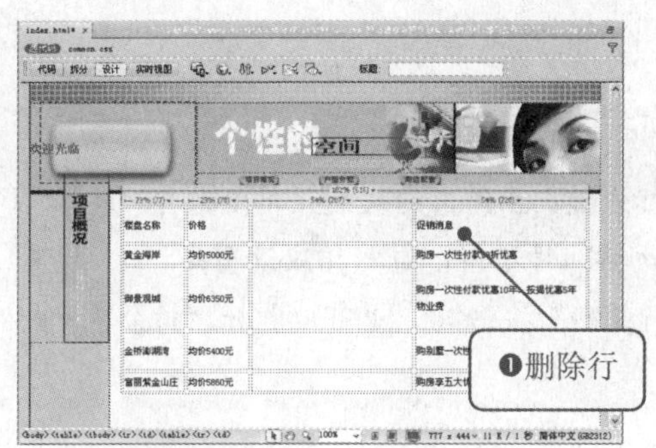

图 6-29　删除当前行

图 6-30　删除当前列

★ 高手支招 ★

将光标置于要删除行或列的位置，单击鼠标右键，在弹出的快捷菜单中执行“表格”|“删除行”命令或“表格”|“删除列”命令，也可以删除行或列。

也可以将光标置于要删除行或列的位置，在“属性”面板中的“行”或“列”文本框中增加或减少数值以添加或删除行或列。

6.3.3 拆分单元格

在使用表格的过程中，有时需要拆分单元格以达到自己所需的效果。拆分单元格就是将选中的单元格拆分为多行或多列。拆分单元格的具体操作步骤如下。

（1）将光标置于要拆分的单元格中，执行“修改”|“表格”|“拆分单元格”命令，打开“拆分单元格”对话框，如图 6-31 所示。

（2）在对话框中选中“把单元格拆分”栏中的“列”单选按钮，“列数”设置为 2，单击“确定”按钮，即可拆分指定单元格，如图 6-32 所示。

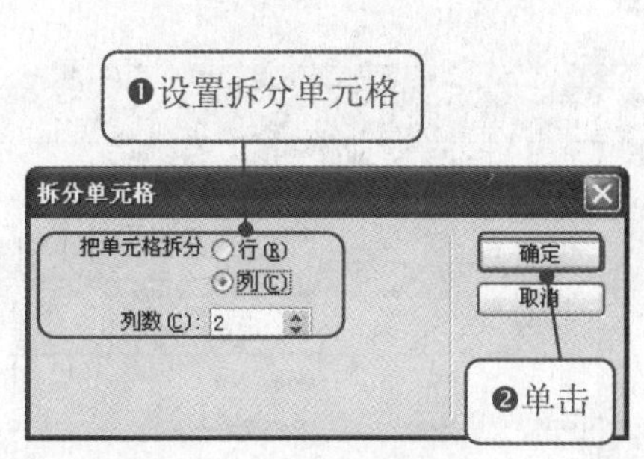

图 6-31　“拆分单元格”对话框

图 6-32　拆分单元格

“拆分单元格”对话框中主要有以下参数。

- 把单元格拆分：该单选按钮组指定将单元格拆分成行还是列。
- 行数（或列数）：该文本框指定将单元格拆分为多少行或多少列。

★ 高手支招 ★

拆分单元格还有以下两种方法。

- 将光标置于要拆分的单元格中，单击鼠标右键，在弹出的快捷菜单中执行“表格”|“拆分单元格”命令，也可以打开“拆分单元格”对话框，进行相应设置。
- 单击“属性”面板中的“拆分单元格为行或列”按钮，也可以打开“拆分单元格”对话框，进行相应设置。

6.3.4 合并单元格

合并单元格就是将选中的单元格合并为一个单元格。首先选中要合并的单元格，然后执行“修改”|“表格”|“合并单元格”命令，即可将多个单元格合并成一个单元格。

★ 高手支招 ★

在合并单元格时，只可对连续区域的单元格进行操作。合并单元格还有以下两种方法。

- 选中要合并的单元格，在“属性”面板中单击“合并所选单元格，使用跨度”按钮，即可合并单元格。
- 选中要合并的单元格，单击鼠标右键，在弹出的快捷菜单中执行“表格”|“合并单元格”命令，即可合并单元格。

6.3.5 剪切、复制、粘贴单元格

选中表格后，执行“编辑”|“复制”命令，或者按 Ctrl + C 组合键，即可将选中的表格复制，如图 6-33 所示。而执行“编辑”|“剪切”命令，或者按 Ctrl + X 组合键，即可将选中的表格剪切。

执行“编辑”|“粘贴”命令，或者按 Ctrl + V 组合键，即可粘贴复制或剪切过的表格，如图 6-34 所示。

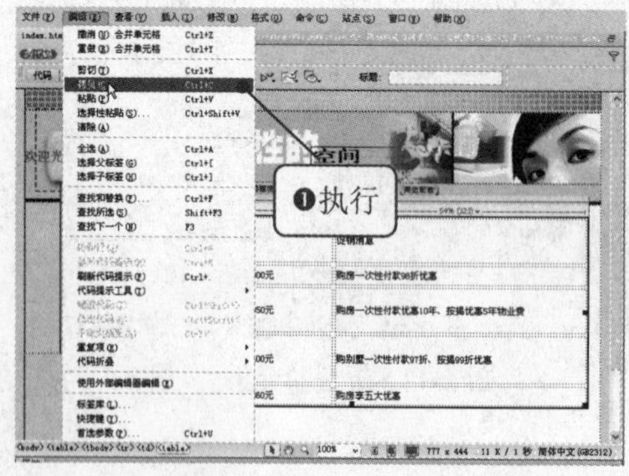

图 6-33 执行复制命令

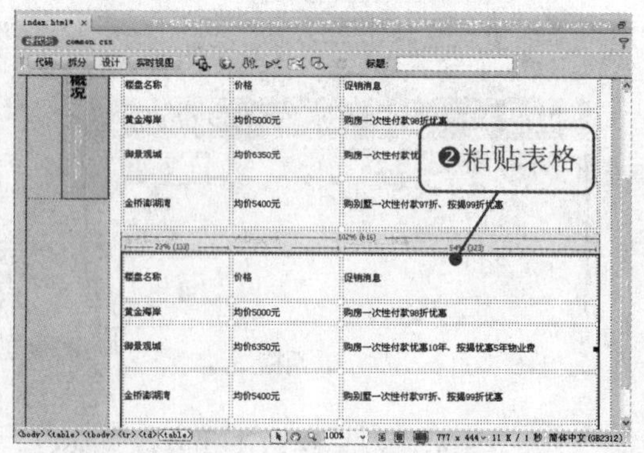

图 6-34 粘贴表格

6.4　排序及整理表格内容

下面介绍表格的其他功能，如导入表格式数据、表格排序和将表格转换为 AP Div。

6.4.1　上机练习——导入表格式数据

在实际工作中，有时需要把其他的程序（如 Excel、Access）建立的表格数据导入到网页中，在 Dreamweaver 中，利用“导入表格式数据”命令可以很容易地实现这一功能。导入表格式数据前后的效果如图 6-35、图 6-36 所示，具体操作步骤如下。

图 6-35　导入表格式数据前效果

图 6-36　导入表格式数据效果

练习文件　实例素材/练习文件/CH06/6.4.1/index.html

完成文件　实例素材/完成文件/CH06/6.4.1/index1.html

（1）打开光盘中的素材文件 index.html，如图 6-37 所示。

（2）将光标置于页面中，执行“插入”|“表格对象”|“导入表格式数据”命令，打开“导入表格式数据”对话框，如图 6-38 所示。

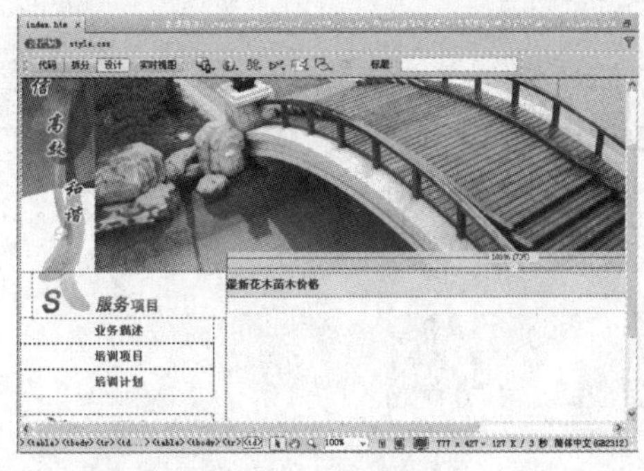

图 6-37　打开文件

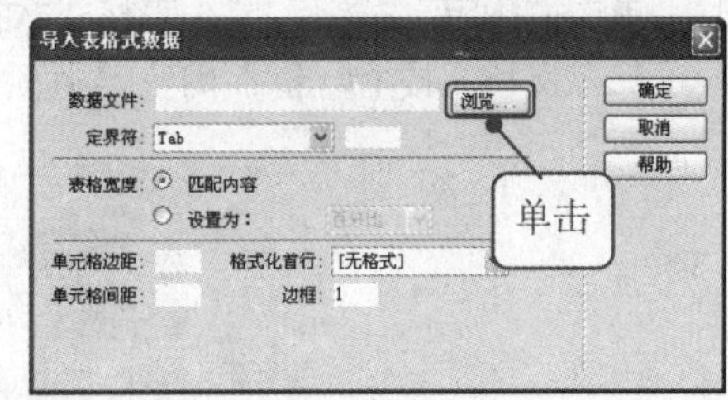

图 6-38　“导入表格式数据”对话框

在“导入表格式数据”对话框中主要有以下参数。

- 数据文件：输入要导入的数据文件的保存路径和文件名，或单击右边的“浏览”按钮进行选择。

- 定界符：选择定界符，使之与导入的数据文件格式相匹配。其下拉列表中包含“Tab”、“逗点”、“分号”、“引号”和“其他”5 个选项。
- 表格宽度：设置导入表格的宽度。
- 匹配内容：选中此单选按钮，创建一个根据最长文件进行调整的表格。
- 设置为：选中此单选按钮，在右面的文本框中输入表格的宽度并设置其单位。
- 单元格边距：单元格内容和单元格边界之间的像素数。
- 单元格间距：相邻的表格单元格间的像素数。
- 格式化首行：设置首行标题的格式。
- 边框：以像素为单位设置表格边框的宽度。

（3）在对话框中单击“数据文件”文本框右侧的“浏览”按钮，弹出“打开”对话框，在对话框中选择数据文件，如图 6-39 所示。

（4）单击“打开”按钮，弹出“导入表格式数据”对话框，将所选择的数据文件添加到“数据文件”文本框中，在“定界符”下拉列表中选择“逗点”选项，如图 6-40 所示。

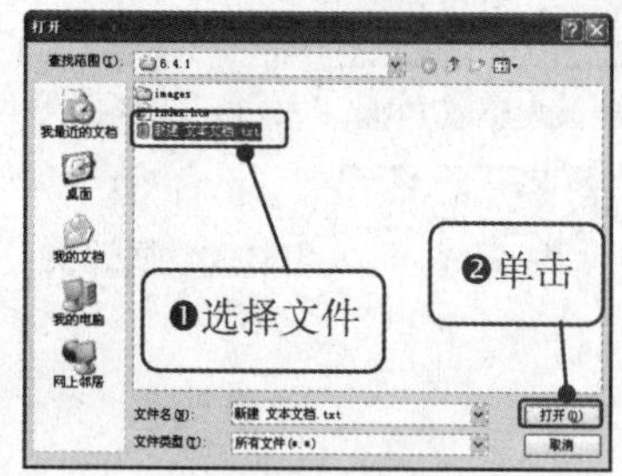

图 6-39 “打开”对话框

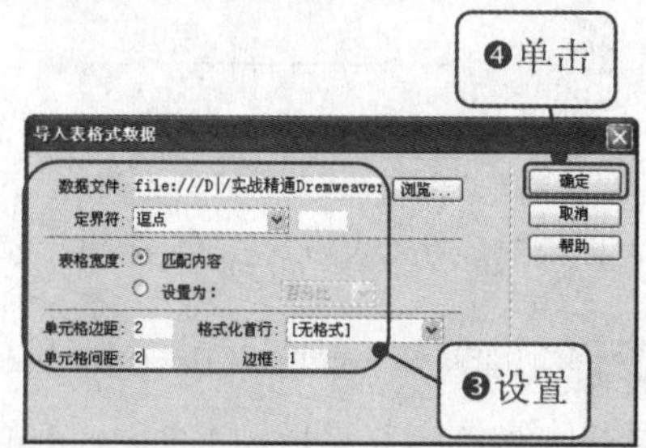

图 6-40 “导入表格式数据”对话框

提示 此例导入数据表格时注意“定界符”必须是“逗点”，否则可能会造成表格格式的混乱。

（5）单击“确定”按钮，导入表格式数据，如图 6-41 所示。

（6）保存文档，按 F12 键在浏览器中预览效果，如图 6-36 所示。

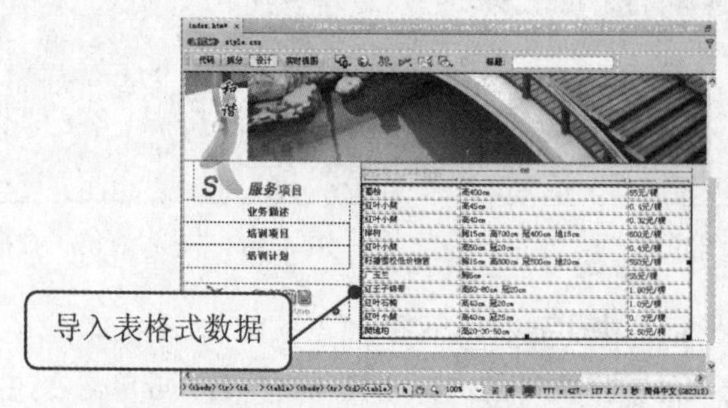

图 6-41 导入表格式数据

★ 指点迷津 ★

在导入表格式数据前，首先要将表格数据文件转换成.txt（文本文件）格式，并且该文件中的数据要带有分隔符，如逗号、分号、冒号等。导入到 Dreamweaver 中的数据不会出现分隔符，且会自动生成表格。

6.4.2 上机练习——表格排序

表格是一种常见的处理数据的形式，处理表格时常常需要对表格内容进行排序。在 Dreamweaver CS6 中提供了对表格进行排序的功能，可以根据一列的内容来完成一次简单的表格排序，也可以根据两列的内容来完成一次较复杂的排序。表格排序的前后效果如图 6-42 和图 6-43 所示，具体操作步骤如下。

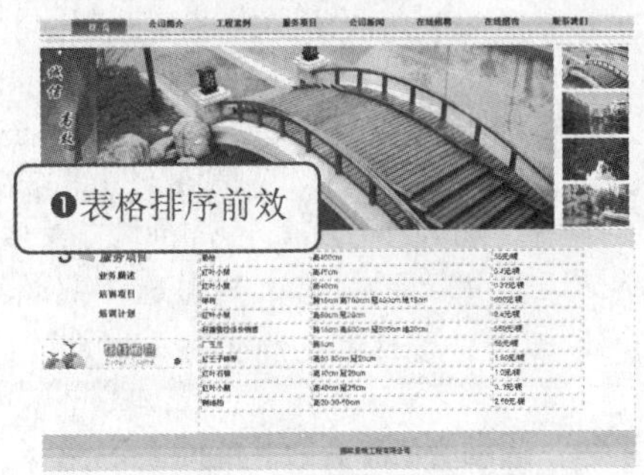

图 6-42　表格排序前的效果

图 6-43　表格排序效果

练习文件　实例素材/练习文件/CH06/6.4.2/index.html

完成文件　实例素材/完成文件/CH06/6.4.2/index1.html

（1）打开光盘中的素材文件 index.html，如图 6-44 所示。

（2）执行“命令”|“排序表格”命令，打开“排序表格”对话框，如图 6-45 所示。

图 6-44　打开文件

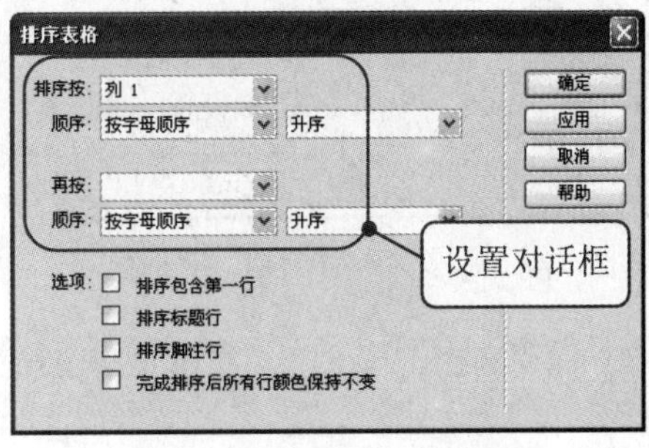

图 6-45　“排序表格”对话框

在“排序表格”对话框中主要有以下参数。

- 排序按：确定哪个列的值将用于对表格的行进行排序。

- 顺序：确定是按字母还是按数字顺序，是按升序还是降序对列进行排序。
- 再按：确定在不同列上第二种排列方法的排列顺序。在其后面的下拉列表中指定应用第二种排列方法的列，在下面的下拉列表中指定第二种排序方法的排序顺序。
- 排序包含第一行：勾选此复选框，可将表格的第一行包括在排序中。如果第一行是不应移动的标题或表头，则不勾选此复选框。
- 排序标题行：勾选此复选框，指定使用与 body 行相同的条件对表格 thead 部分的所有行进行排序。
- 排序脚注行：勾选此复选框，指定使用与 body 行相同的条件对表格 tfoot 部分的所有行进行排序。
- 完成排序后所有行颜色保持不变：勾选此复选框，指定排序之后表格行属性应该保持与相同内容的关联。

★ 高手支招 ★

如果表格行使用两种交替的颜色，则不要勾选“完成排序后所有行颜色保持不变”复选框，以确保排序后的表格仍具有颜色交替的行；如果行属性特定于每行的内容，则勾选“完成排序后所有行颜色保持不变”复选框，以确保这些属性保持与排序后表格中正确的行关联在一起。

（3）在对话框中的“排序按”下拉列表中选择“列 3”选项，“顺序”下拉列表中选择“按数字顺序”选项，在后面的下拉列表中选择“升序”选项，如图 6-46 所示。

（4）单击确定按钮，进行表格排序，如图 6-47 所示。

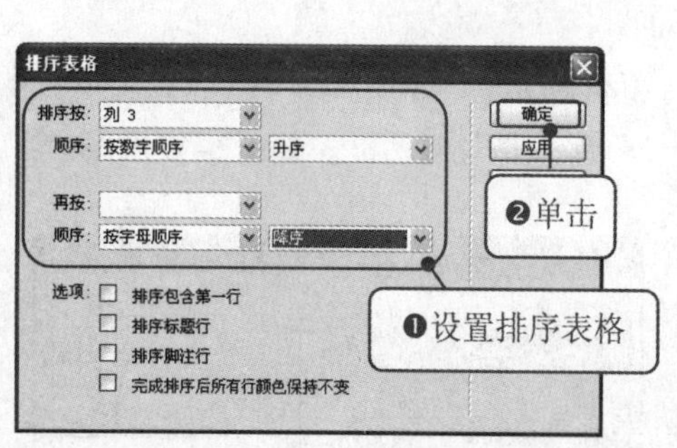

图 6-46　设置“排序表格”对话框

图 6-47　表格排序

（5）保存文档，按 F12 键在浏览器中预览效果，如图 6-43 所示。

★ 指点迷津 ★

如果表格中含有合并或拆分的单元格，则表格无法使用排序功能。

6.5　综合应用

本章主要讲述了插入表格、设置表格属性、表格的基本操作和表格的其他功能等，下面通过以上所学到的知识创建网页细线表格和利用表格排列数据。

6.5.1　综合应用——利用表格排列数据

表格是基本的网页排版工具，常用来排列网页元素。利用表格排列数据的前后效果如图 6-48 和图 6-49 所示，具体操作步骤如下。

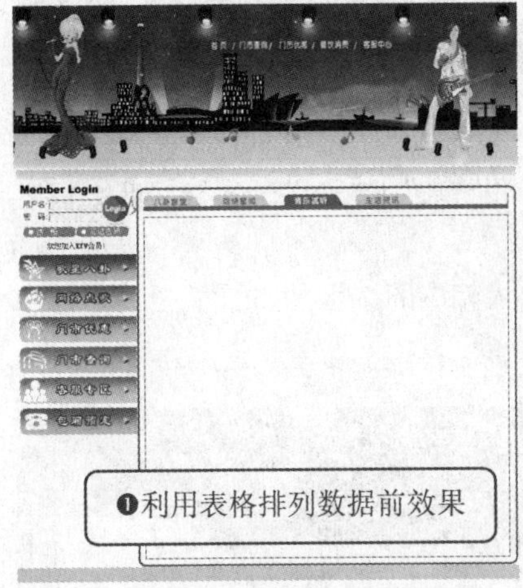

图 6-48　利用表格排列数据前效果

图 6-49　利用表格排列数据的效果

练习文件　实例素材/练习文件/CH06/6.5.1/index.html

完成文件　实例素材/完成文件/CH06/6.5.1/index1.html

（1）打开光盘中的素材文件 index.html，如图 6-50 所示。

（2）将光标置于页面中，执行“插入”|“表格”命令，打开“表格”对话框，在对话框中将“行数”设置为“20”，“列”设置为“1”，“表格宽度”设置为 95%，如图 6-51 所示。

图 6-50　打开文件

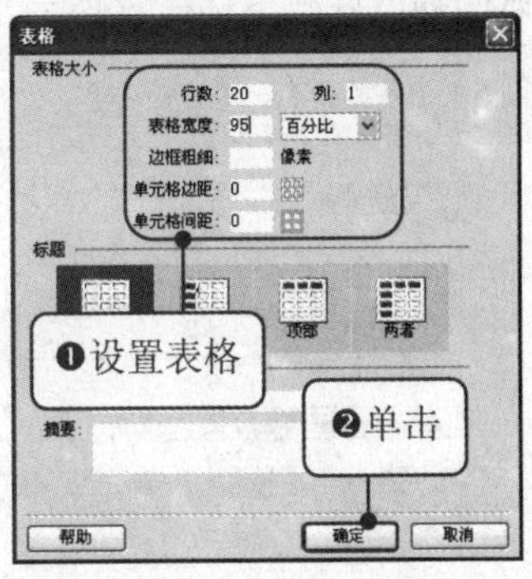

图 6-51　“表格”对话框

（3）单击“确定”按钮，插入表格，此表格记为表格 1，如图 6-52 所示。

（4）将光标置于表格 1 的第 1 行单元格中，将单元格的背景颜色设置为“#66CCFF”，如图 6-53 所示。

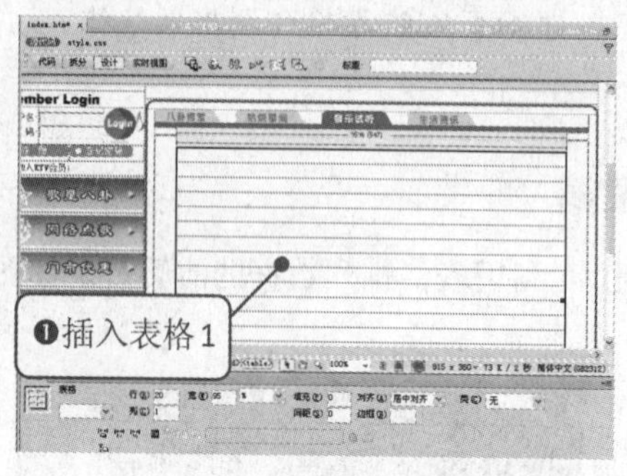

图 6-52　插入表格 1

图 6-53　设置单元格的背景颜色

（5）将光标置于表格 2 的第 1 行单元格中，执行“插入”|“表格”命令，插入 1 行 4 列的表格，此表格记为表格 2，如图 6-54 所示。

（6）返回设计视图，在表格 2 的单元格中分别输入相应的文字，如图 6-55 所示。

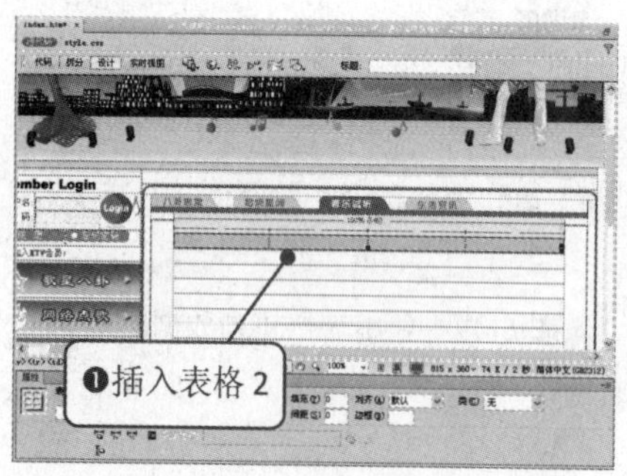

图 6-54　插入表格 2

图 6-55　输入文字

（7）将光标置于表格 1 的第 2 行单元格中，输入背景图像代码 background=images/newsbg.Jpg，高设置为 25，如图 6-56 所示。

（8）返回到设计视图，在代码图像上插入 1 行 4 列的表格，记为表格 3，如图 6-57 所示。

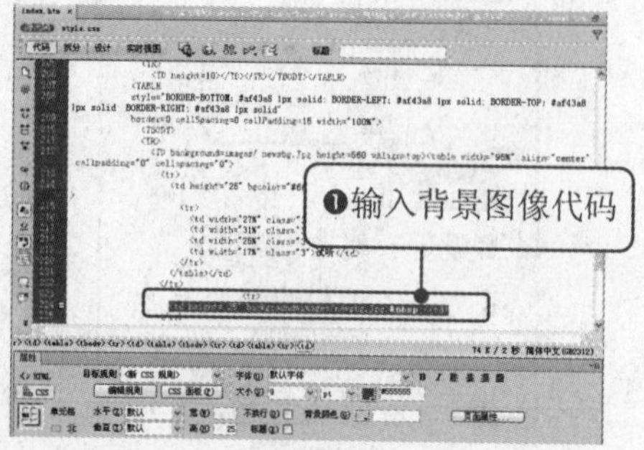

图 6-56　输入背景图像代码

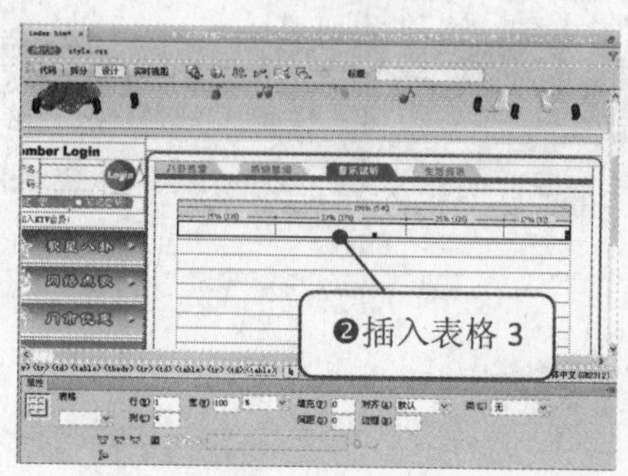

图 6-57　插入表格 3

（9）将光标置于表格 3 的第 1 列单元格中，输入文字“01”，如图 6-58 所示。

（10）将光标置于表格 3 的第 2 列单元格中，输入文字“宝宝学话”，将字体颜色设置为#FF3AB8，如图 6-59 所示。

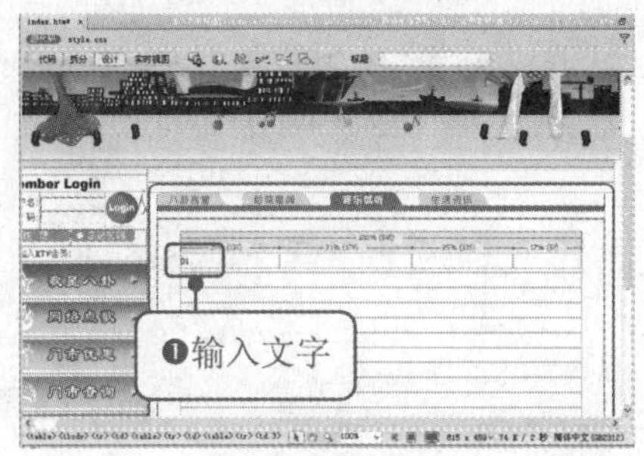

图 6-58 输入文字

图 6-59 输入文字

（11）将光标置于文本框的右边，执行“插入”|“图像”命令，弹出“选择图像源文件”对话框，在对话框中选择图像文件 images/hot.gif，如图 6-60 所示。

（12）单击“确定”按钮，插入图像 images/xiazai.jpg，如图 6-61 所示。

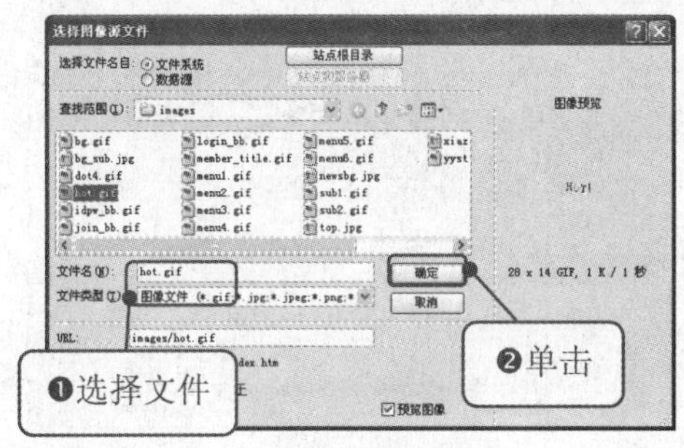

图 6-60 “选择图像源文件”对话框

图 6-61 插入图像

（13）将光标置于表格 3 的第 3 列单元格中，执行“插入”|“图像”命令，插入图像 images/xiazai.jpg，如图 6-62 所示。

（14）将光标置于表格 3 的第 4 列单元格中，执行“插入”|“图像”命令，插入图像 images/hot.gif，如图 6-63 所示。

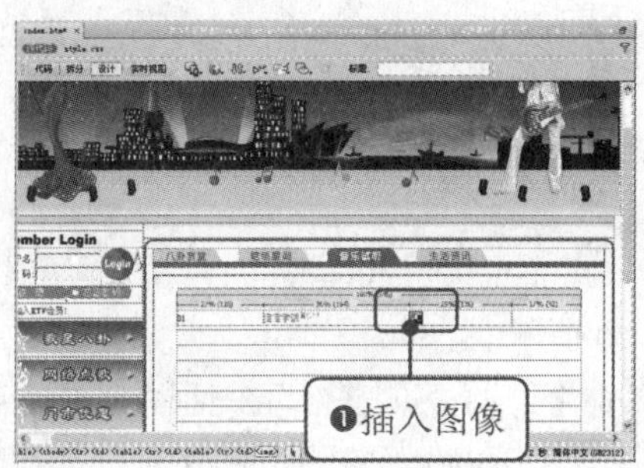

图 6-62 插入图像

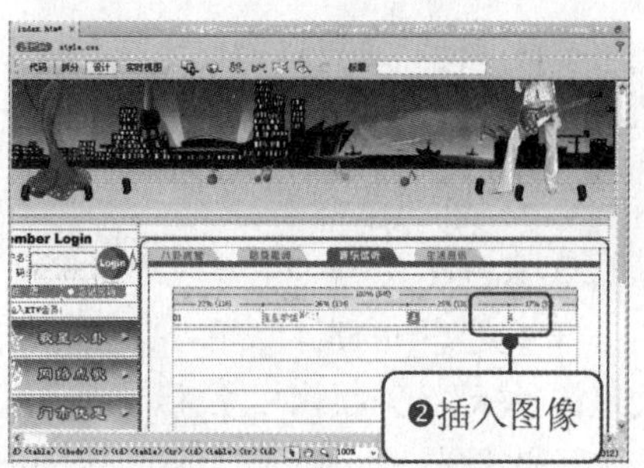

图 6-63 插入图像

（15）同步骤（7）~（14），在表格 1 的其他单元格中输入相应的内容，如图 6-64 所示。

（16）将光标置于表格 1 的第 20 行单元格中，将单元格的“背景颜色”设置为“#F6F6F6”，如图 6-65 所示。

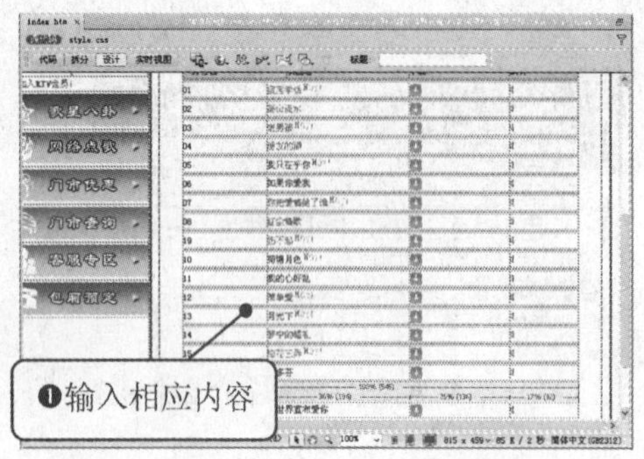

图 6-64　在其他单元格中输入相应的内容

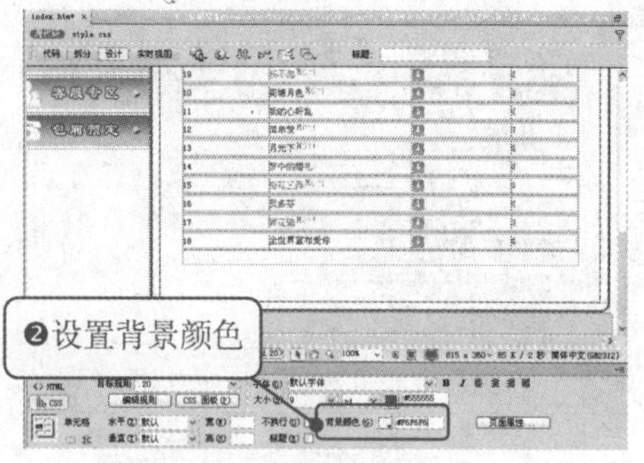

图 6-65　设置单元格的背景颜色

（17）将光标置于表格 1 的第 20 行单元格中，插入 1 行 4 列的表格，此表格记为表格 4，如图 6-66 所示。

（18）在表格 4 的单元格中输入相应的文字，如图 6-67 所示。

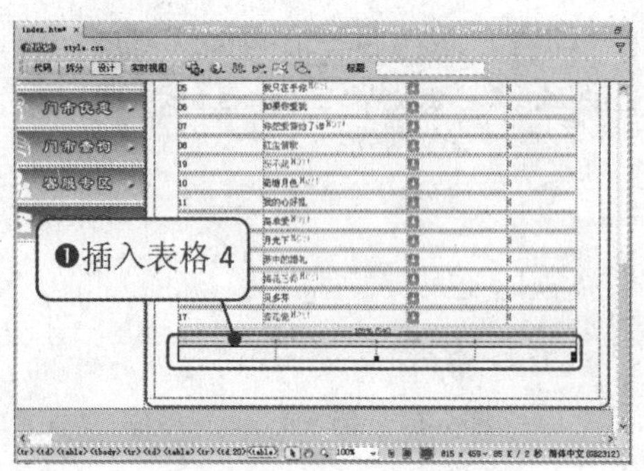

图 6-66　插入表格 4

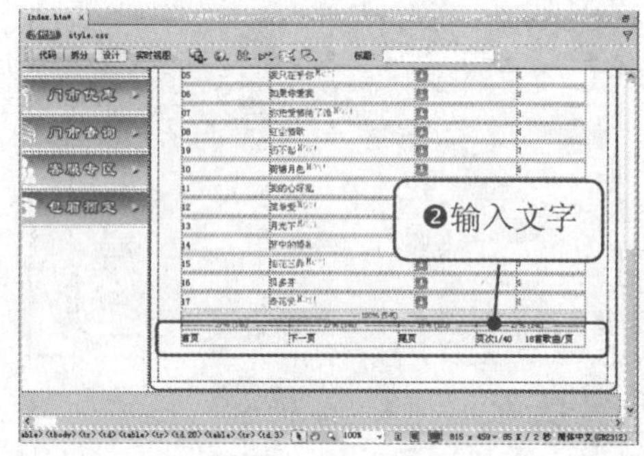

图 6-67　输入文字

（19）保存文档，按 F12 键在浏览器中预览效果，如图 6-49 所示。

6.5.2　综合应用——创建细线表格

利用表格属性和单元格的背景颜色可以制作细线表格，创建细线表格的前后效果如图 6-68 和图 6-69 所示，具体操作步骤如下。

练习文件　实例素材/练习文件/CH06/6.5.2/index.html

完成文件　实例素材/完成文件/CH06/6.5.2/index1.html

（1）打开光盘中的素材文件 index.html，如图 6-70 所示。

（2）将光标置于页面中，执行“插入”|“表格”命令，打开“表格”对话框，在对话框中将“行数”和“列”分别设置为“4”，“表格宽度”设置为 100%，如图 6-71 所示。

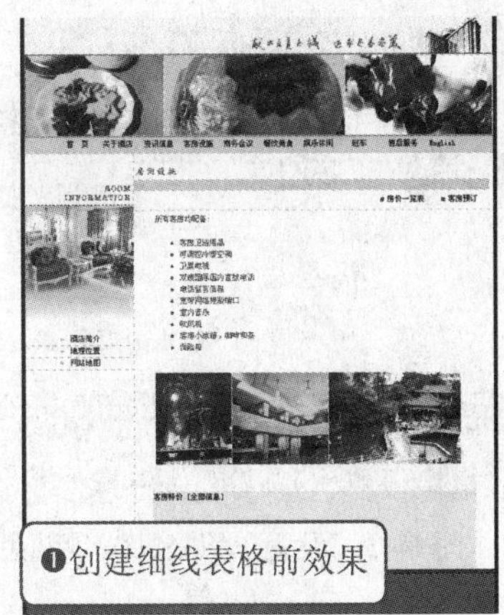

图 6-68　创建细线表格前效果

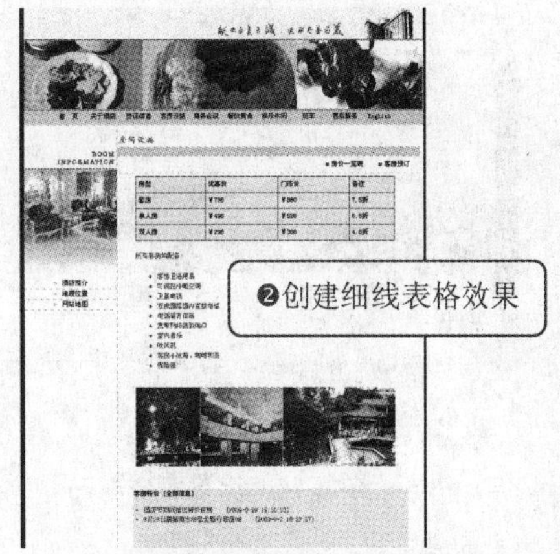

图 6-69　创建细线表格效果

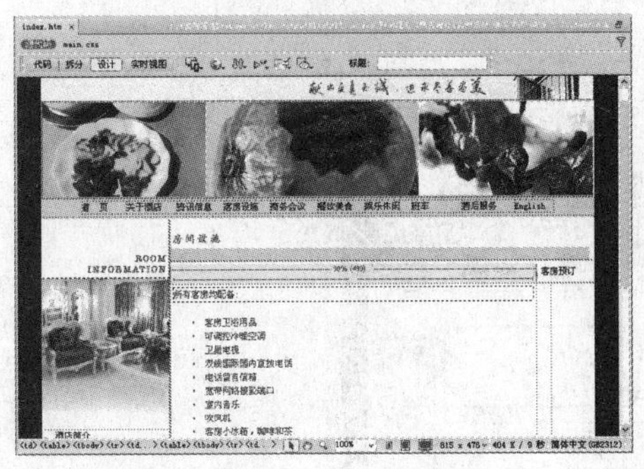

图 6-70　打开文件

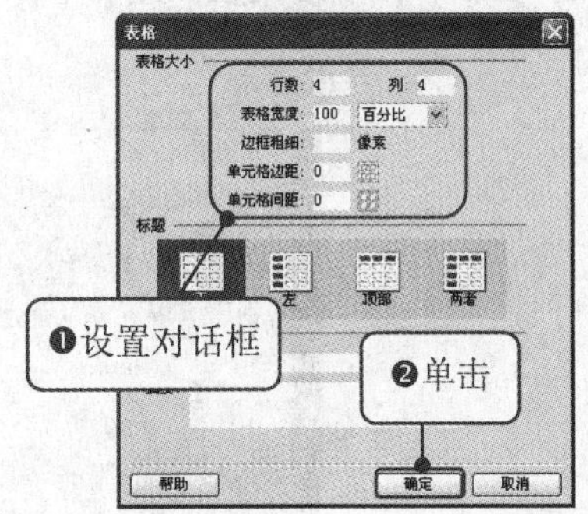

图 6-71　“表格”对话框

（3）单击“确定”按钮，插入表格，如图 6-72 所示。

（4）打开代码视图，在表格代码中输入 bgColor=#642A0C，设置表格的背景颜色，如图 6-73 所示。

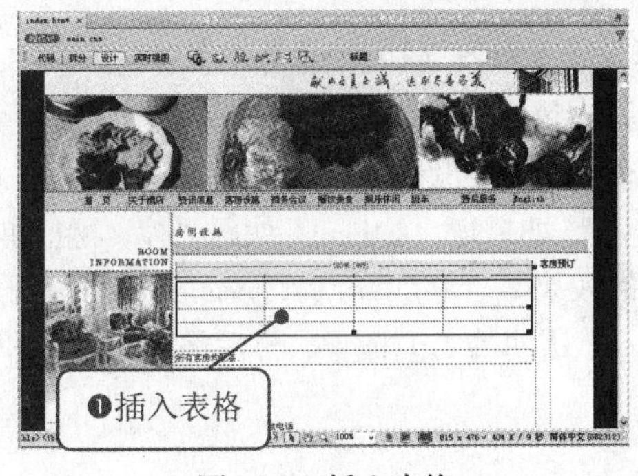

图 6-72　插入表格

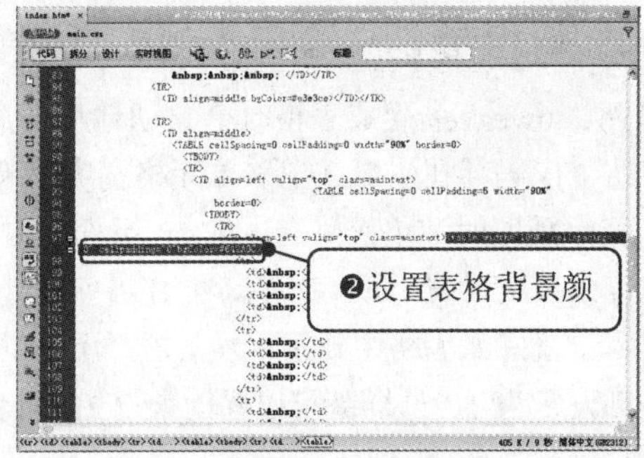

图 6-73　设置表格的背景颜色

（5）返回设计视图，可以看到设置的表格的背景颜色，选中表格，在属性面板中将“填充”设置为 5，“间距”设置为 1，如图 6-74 所示。

（6）选中此表格的所有单元格，将“背景颜色”设置为“#f7f0db”，如图 6-75 所示。

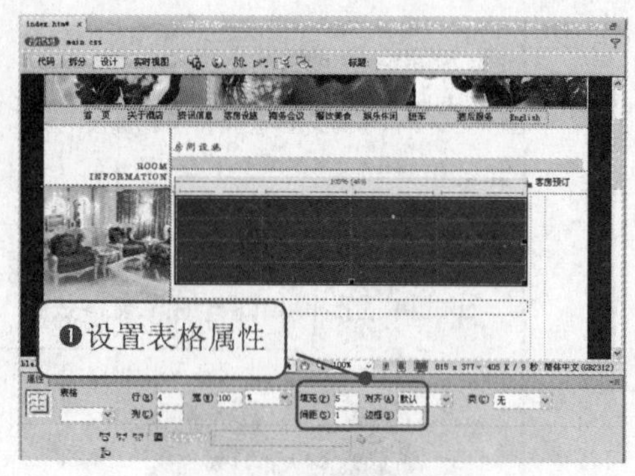

图 6-74　设置表格属性

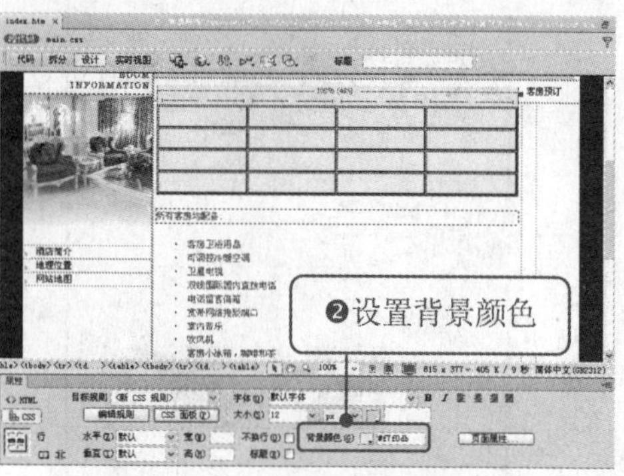

图 6-75　设置单元格的背景颜色

（7）分别在单元格中输入文字，如图 6-76 所示。

（8）保存文档，按 F12 键在浏览器中预览效果，如图 6-69 所示。

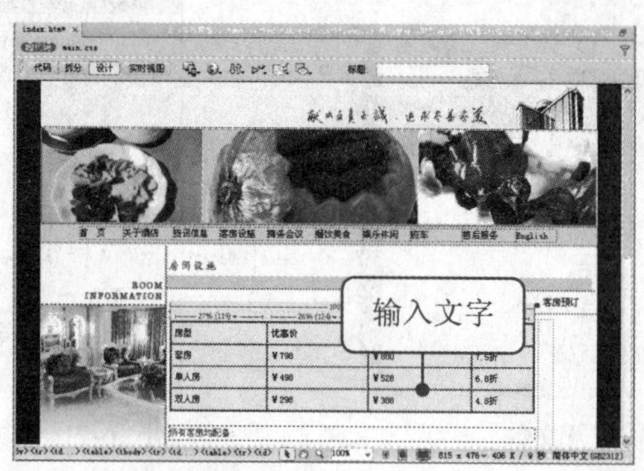

图 6-76　输入文字

6.6　专家秘籍

1．为何在 Dreamweaver 中把单元格宽度或高度设置为“1”没有效果

Dreamweaver 生成表格时会自动地在每个单元格里填充一个 代码，即空格代码。如果有这个代码存在，那么把该单元格宽度和高度设置为 1 就没有效果。

实际预览时该单元格会占据 10 像素左右的宽度。如果把“ ”代码去掉，再把单元格的宽度或高度设置为 1，就可以在 IE 中看到预期的效果。但是在 NS（Netscape）中该单元格不会显示，就好像表格中缺了一块。在单元格内放一个透明的 GIF 图像，然后将“宽度”和“高度”都设置为 1，这样就可以同时兼容 IE 和 NS 了。

2．为何两个表格不能并排

使两个表格并排的方法是：先插入一个 1 行 2 列的表格，在表格中的第 1 列和第 2 列单元格中分别插入表格，这样的话这两个表格就并排了。

3．制作细线表格有哪些方法

选中一个 1 行 1 列的表格，设置它的“填充”为 0，“边框”为 0，“间距”为 1，“背景颜色”为要显示的边框线的颜色。之后将光标置入表格内，设置单元格的“背景颜色”与网页的底色相同即可。

选中一个 1 行 1 列的表格，设置它的“填充”为 1，“边框”为 0，“间距”为 0，“背景颜色”为要显示的边框线的颜色。之后将鼠标置入表格内，插入一个与该表格“宽”和“高”都相等的嵌套表格，嵌套表格的“填充”、“边框”和“间距”均为 0，“背景颜色”与网页的底色相同即可。

4．怎样才能将 800×600 分辨率下生成的网页在 1024×768 下居中显示

把页面内容放在一个宽为 778 的大表格中，把大表格的对齐方式设置为居中对齐。宽度定为 778 是为了在 800×600 下窗口不出现水平滚动条，也可以根据需要进行调整。如果要加快关键内容的显示，也可以把内容拆开放在几个竖向相连的大表格中。

5．利用一个完整的表格制作首页有哪些技巧

在文档编辑状态，用户可以编辑已设计好的表格，改变它的行数、列数，拆分与合并单元格，改变其边框、底色等。在这个过程中需要用到表格的“属性”面板。若需要在页面上进行图文混排，利用表格来进行规划设计是一种很好的排版方法。在不同的单元格中放置文本和图片，对相应的表格属性进行适当的设置，就很容易设计出美观整齐的页面。在首页设计时，一般用图像处理软件，例如 Photoshop、Fireworks 等把整体的首页设计图像分割成几个小图像，然后在 Dreamweaver CS6 中借助表格把这些小图像合成为一个大图像。这样的话，访问者在浏览时，会看到小图像会逐个显示出来，最后显示成一幅完整的大图像。

6．如何在排版时将绝对宽度的表格和相对宽度的表格结合起来

制作网站的内页面时，解决方法是利用拆分的表格，当表格的高度很大时，可考虑拆分表格，把一个表格拆成若干个表格，注意将拆分后的表格宽度设为相等。这样表格的排版效果没变，但显示时各小表格的内容逐渐显示出来，明显加快了页面的打开速度。大表格设置为绝对宽度，小表格设置为相对宽度。

6.7　本章小结

表格是网页设计制作时不可缺少的重要元素，它以简洁明了、高效快捷的方式将数据、文本、图像和表单等元素有序地显示在页面上，从而设计出版式漂亮的页面。表格是网页排版布局的核心，可以不客气地说，不懂得利用表格就相当于不会设计网页，所以读者一定要做到能够熟练地使用它。本章的重点与难点是表格的插入、表格属性的设置、表格的选择、添加行和列、删除行和列、拆分与合并单元格等基本操作。

第7章 使用插件扩展Dreamweaver的功能

学前必读

Dreamweaver 的开发者留给用户无限广阔的天地来发挥个人才思，用户可以按照自己的需要来定制个性化的操作空间。Dreamweaver 的真正特殊之处在于它强大的无限扩展性，插件可用于拓展 Dreamweaver 的功能。Dreamweaver 的扩充插件功能使其用户可以轻松地安装插件以得到更多的网页效果。基本上所有的插件都可以免费得到。

学习流程

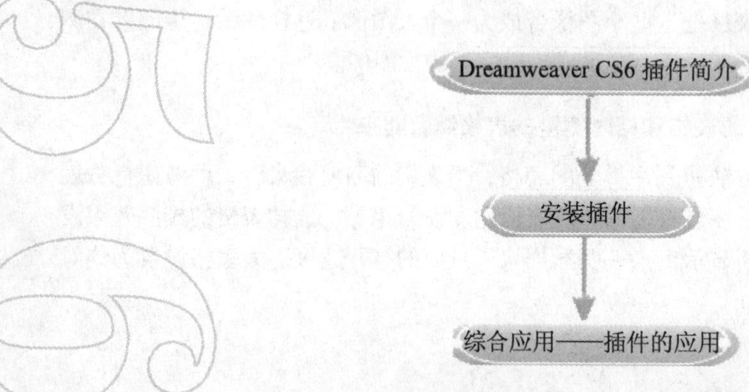

7.1 Dreamweaver CS6 插件简介

利用 Dreamweaver 附加功能的第三方插件，可以把网页制作得更加美观，而且还可以制作动态的页面，第三方插件可以根据功能和保存的位置进行分类，大体上分为行为、命令和对象 3 种类型，安装 Dreamweaver 之后，执行“开始”|“所有程序”|“Adobe Extension Manager CS6”命令，运行扩展管理器就可以在 Type 列中确认插件类型。

Dreamweaver CS6 中的插件主要有 3 种：命令、对象和行为。

- 命令：可以用于在网页编辑时实现一定功能，如设置表格的样式。
- 对象：用于在网页中插入元素，如在网页中插入音乐或者电影。
- 行为：主要用于在网页上实现动态的交互功能。

7.2　安装插件

使用 Adobe Extension Manager 功能扩展管理器，可以方便地安装和删除插件，下载安装了 Extension Manager 以后，可以启动扩展管理器，在扩展管理器中安装插件。具体操作步骤如下。

（1）执行“开始”|“所有程序”|“Adobe Extension Manager CS6”命令，弹出“Adobe Extension Manager CS6”对话框，如图 7-1 所示。

（2）在对话框中单击“安装”按钮，弹出“选取要安装的扩展”对话框，在对话框中选取要安装的扩展文件，如图 7-2 所示。

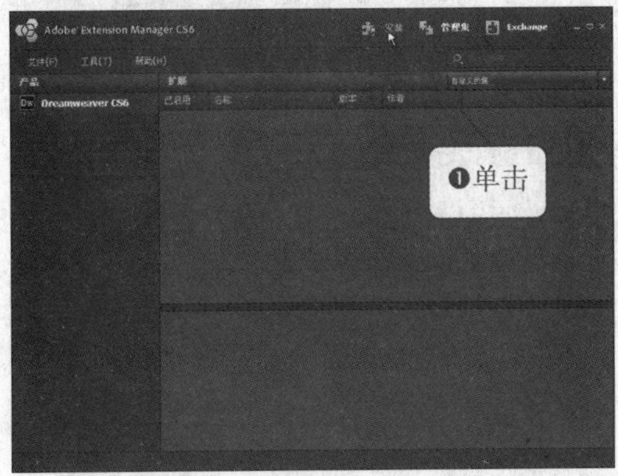

图 7-1　“Adobe Extension Manager CS6”对话框

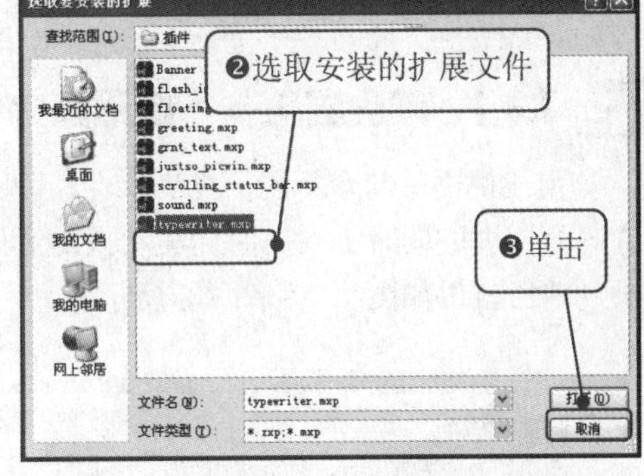

图 7-2　“选取要安装的扩展”对话框

（3）单击“打开”按钮，弹出“Adobe Extension Manager”对话框。如图 7-3 所示。

（4）单击“接受”按钮，弹出“Adobe Extension Manager”提示对话框，如图 7-4 所示。

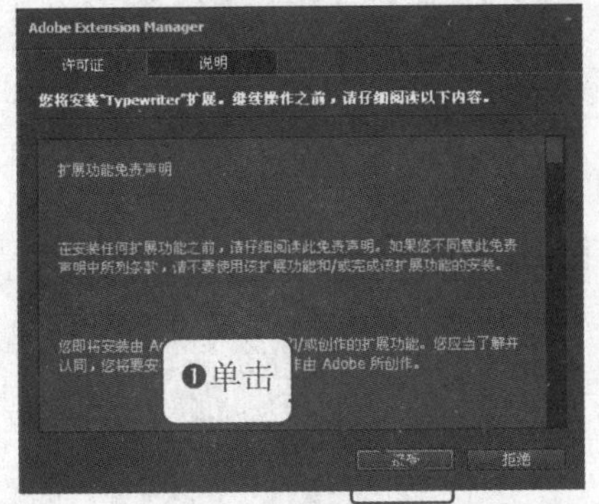

图 7-3　“Adobe Extension Manager”对话框

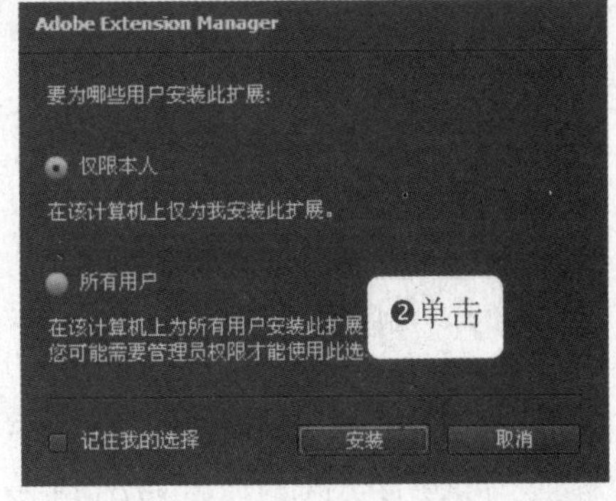

图 7-4　“Adobe Extension Manager”提示对话框

（5）单击“安装”按钮，弹出提示安装完成对话框，如图 7-5 所示。

（6）单击“确定”按钮，插件安装完成，如图 7-6 所示。

图 7-5　提示安装完成

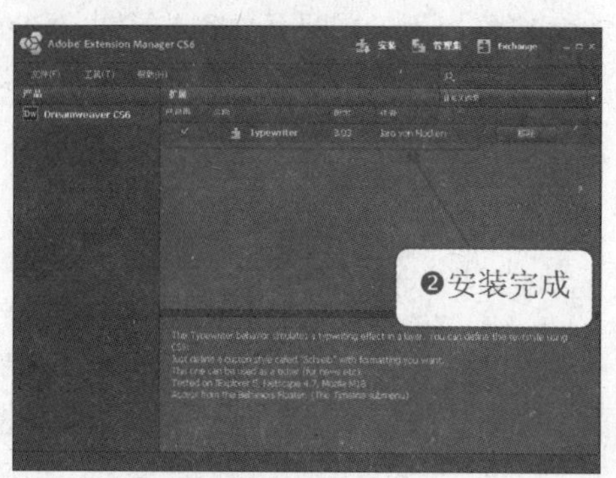

图 7-6　安装完成

7.3　综合应用

Dreamweaver 可以添加第三方开发的插件，利用这些插件可以快速制作各种复杂的网页特效。

7.3.1　综合应用——使用插件制作背景音乐网页

如何能使网站与众不同、充满个性，除了尽量提高页面的视觉效果、互动功能以外，如果能在打开网页的同时听到一曲优美动人的音乐，则会使网站增色不少。使用插件制作背景音乐网页的前后效果如图 7-7 和图 7-8 所示。

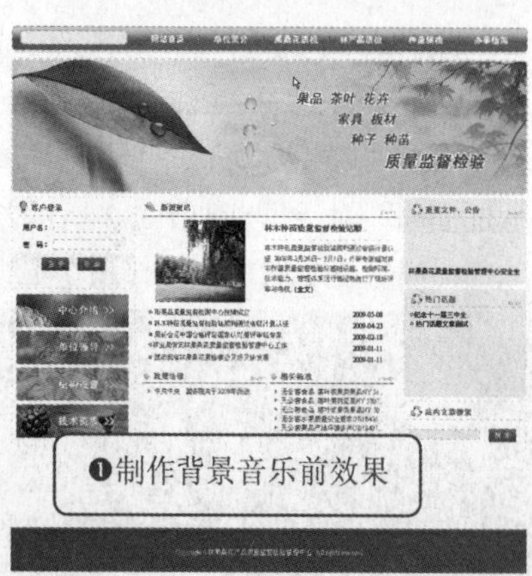

图 7-7　制作背景音乐前效果

图 7-8　制作背景音乐的效果

练习文件　实例素材/练习文件/CH07/7.3.1/index.html

完成文件　实例素材/完成文件/CH07/7.3.1/index1.html

（1）执行“开始”|“所有程序”|“Adobe Extension Manager CS6”命令，打开“Adobe Extension Manager CS6”对话框，如图 7-9 所示。

（2）在对话框中单击“安装”按钮，弹出“选取要安装的扩展”对话框，在对话框中选取要安装的扩展文件，如图 7-10 所示。

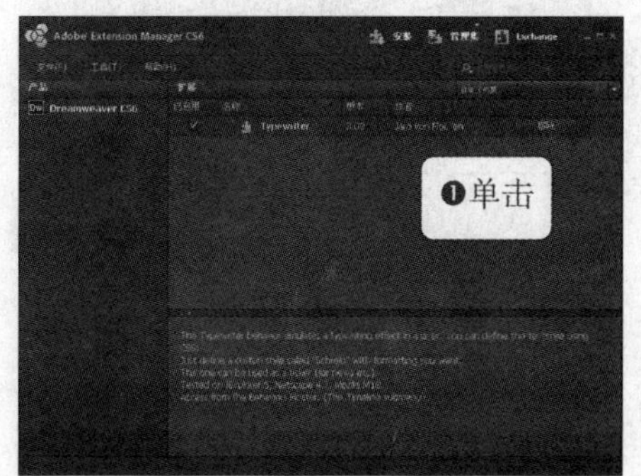

图 7-9　“Adobe Extension Manager CS6”对话框

图 7-10　“选取要安装的扩展”对话框

（3）单击“打开”按钮，根据系统提示，完成安装，如图 7-11 所示。

（4）打开光盘中的素材文件 index.html，在“常用”插入栏中可以看到按钮，如图 7-12 所示。

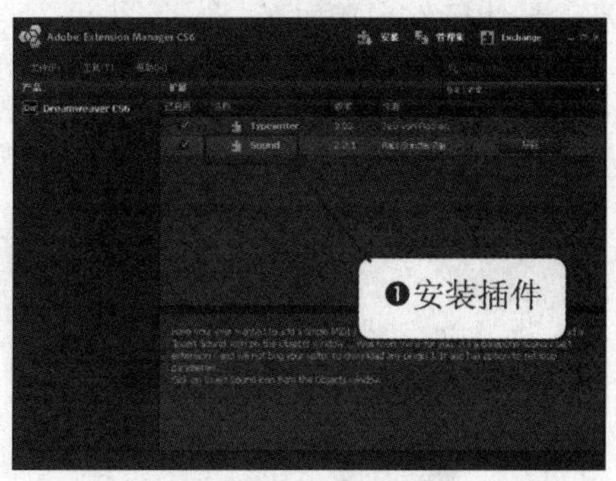

图 7-11　完成安装

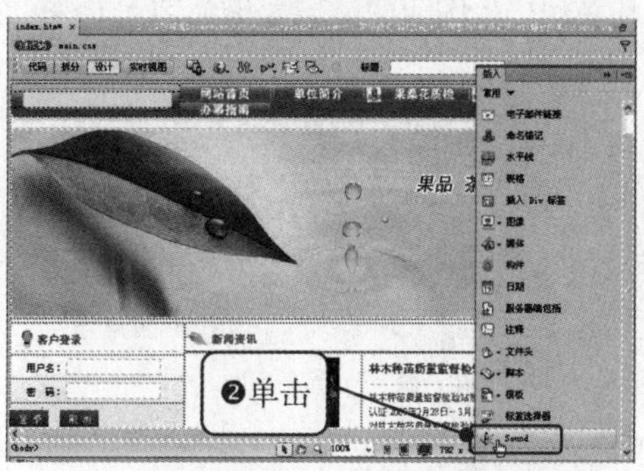

图 7-12　打开文件

（5）单击插入栏中的按钮，弹出“Sound”对话框，如图 7-13 所示。

（6）在对话框中单击“Browse”按钮，弹出“选择文件”对话框，如图 7-14 所示。

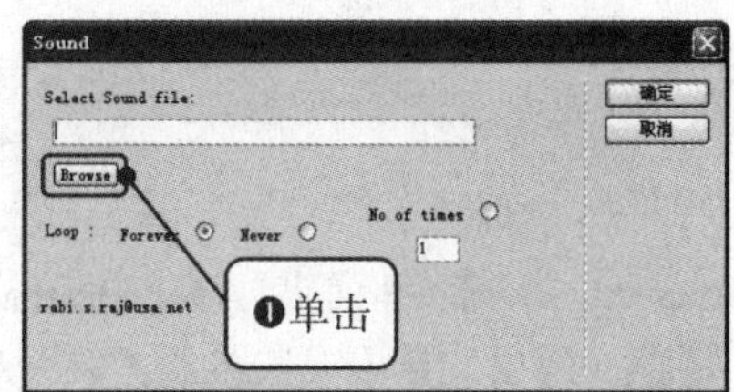

图 7-13　“Sound”对话框

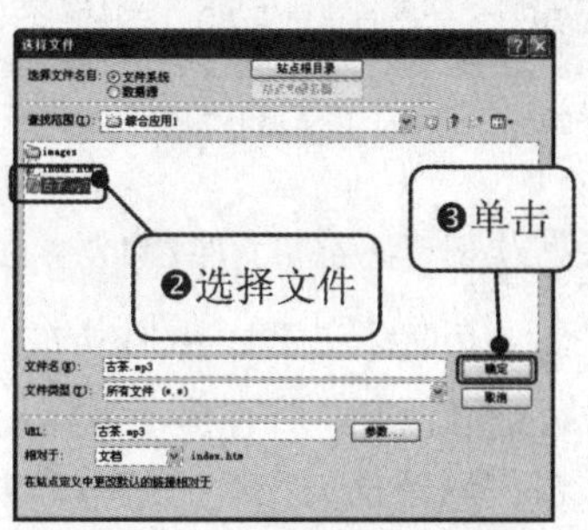

图 7-14　“选择文件”对话框

（7）在该对话框中选择相应的音乐文件，单击“确定”按钮选择文件，如图 7-15 所示。

（8）单击“确定”按钮，插入声音文件，如图 7-16 所示。

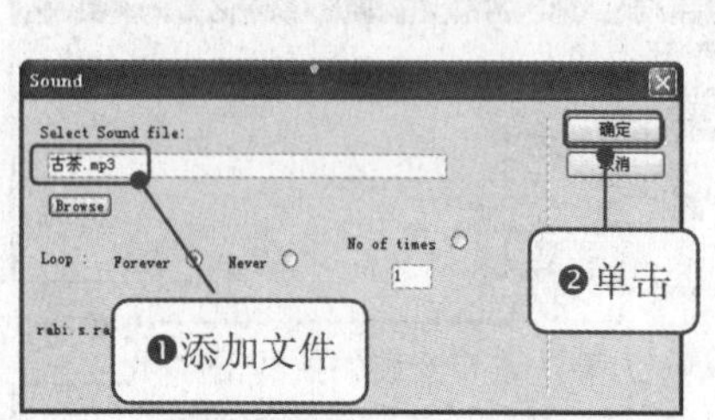

图 7-15　选择文件

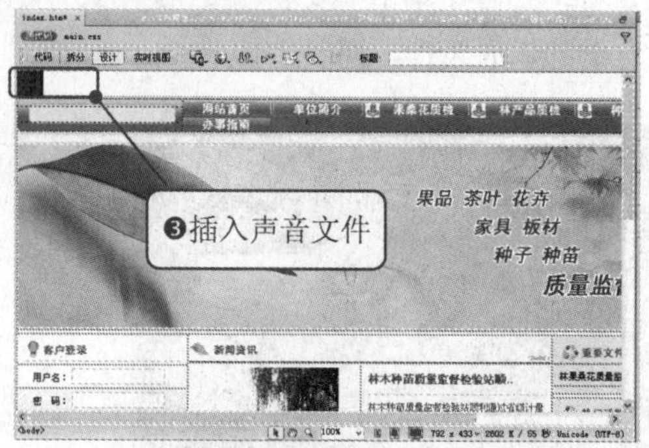

图 7-16　插入声音文件

（9）保存文档，按 F12 键在浏览器中浏览，就可以听到声音了，如图 7-8 所示。

7.3.2　综合应用——利用插件创建随机切换的广告图

网页中动态更新的广告图像比静态固定的图像更具有活力和吸引力。下面利用插件制作随机切换的广告图像的前后效果如图 7-17 和图 7-18 所示，具体操作步骤如下。

图 7-17　创建随机切换广告前效果

图 7-18　随机切换的广告效果

练习文件　实例素材/练习文件/CH07/7.3.2/index.html

完成文件　实例素材/完成文件/CH07/7.3.2/index1.html

（1）执行“开始”|“所有程序”|“Adobe Extension Manager CS6”命令，弹出“Adobe Extension Manager CS6”对话框，在对话框中单击“安装”按钮 安装 ，弹出“选取要安装的扩展”对话框，在对话框中选择安装的插件，如图 7-19 所示。

（2）单击"打开"按钮，根据提示，完成安装，如图 7-20 所示。

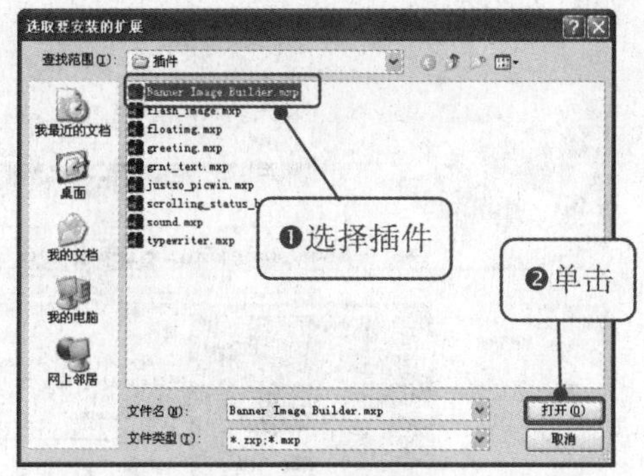

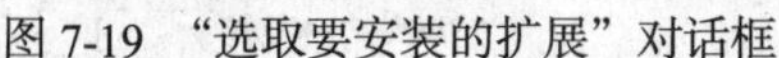

图 7-19　"选取要安装的扩展"对话框

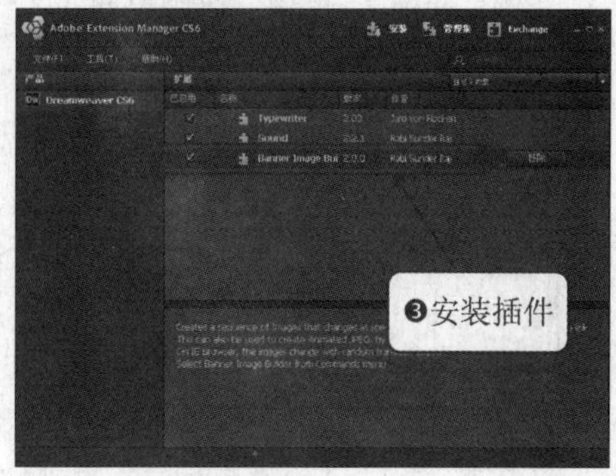

图 7-20　完成安装

（3）打开光盘中的素材文件 index.html，将光标置于相应的位置，执行"命令"|"Banner Image Builder"命令，如图 7-21 所示。

（4）选择以后弹出"Banner Image Builder 2.0.0"对话框，如图 7-22 所示。

图 7-21　执行"Banner Image Builder"命令

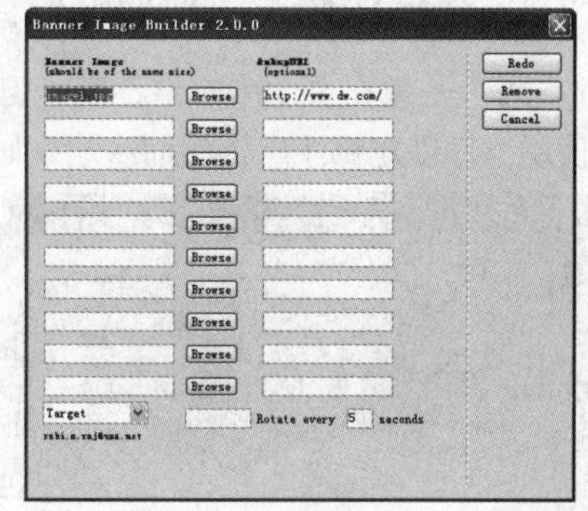

图 7-22　"Banner Image Builder 2.0.0"对话框

（5）在对话框中单击"Browse"按钮，弹出"选择图像源文件"对话框，选择相应的图像文件，效果如图 7-23 所示。

（6）单击"确定"按钮，将相应的图像文件添加到对话框中，如图 7-24 所示。

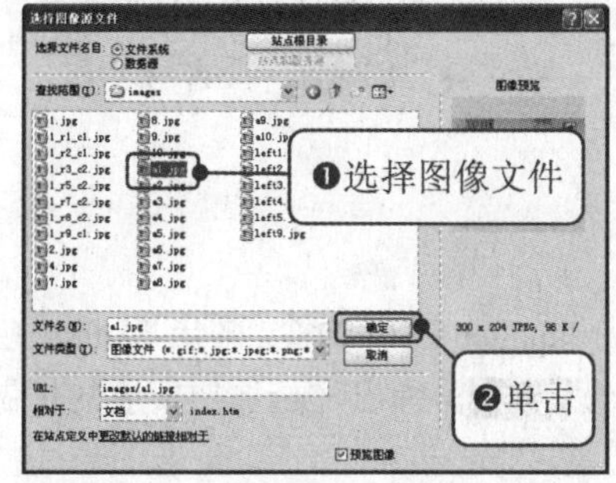

图 7-23　"选择图像源文件"对话框

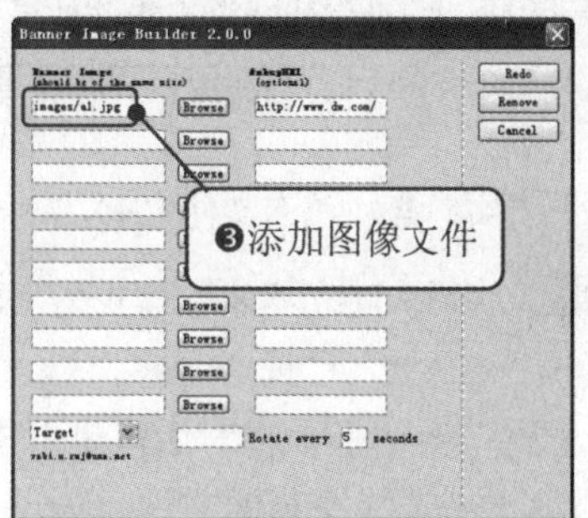

图 7-24　添加图像文件

（7）同样在以下的文本框中添加其他图像文件，如图 7-25 所示。

（8）单击“Redo”按钮，将图像插入文档，如图 7-26 所示。

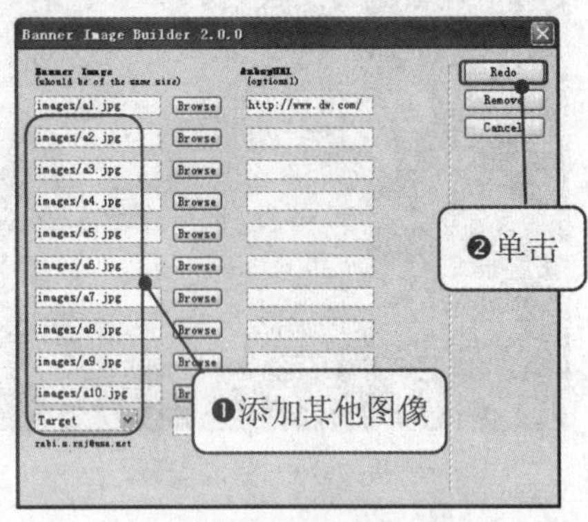

图 7-25　添加其他图像

图 7-26　插入图像

（9）保存文档，按 F12 键在浏览器中浏览，如图 7-18 所示。

7.3.3　综合应用——使用飘浮图像插件创建飘浮广告网页

“飘浮广告”是指在页面中飘浮不定，但不影响浏览者浏览页面的广告。动感强，比较引人注意。使用插件创建飘浮广告的前后效果如图 7-27 和图 7-28 所示，具体操作步骤如下。

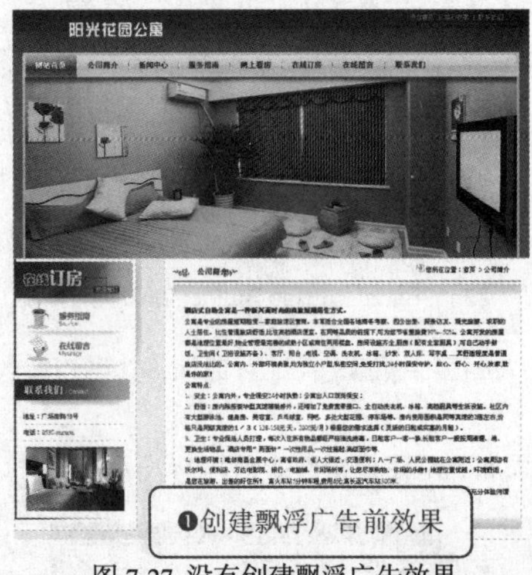

图 7-27 没有创建飘浮广告效果

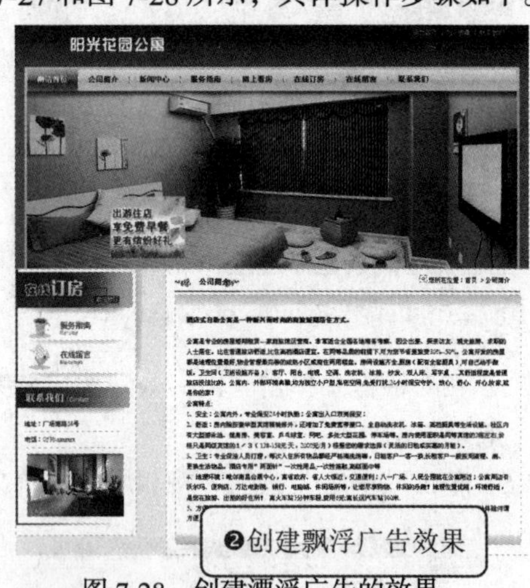

图 7-28　创建漂浮广告的效果

练习文件　实例素材/练习文件/CH07/7.3.3/index.html

完成文件　实例素材/完成文件/CH07/7.3.3/index1.html

（1）执行“开始”|“所有程序”|“Adobe Extension Manager CS6”命令，弹出“Adobe Extension Manager CS6”对话框，在对话框中单击“安装”按钮，弹出“选取要安装的扩展”对话框，在对话框中选择安装的文件，如图 7-29 所示。

（2）单击“打开”按钮，根据系统提示，完成安装，如图 7-30 所示。

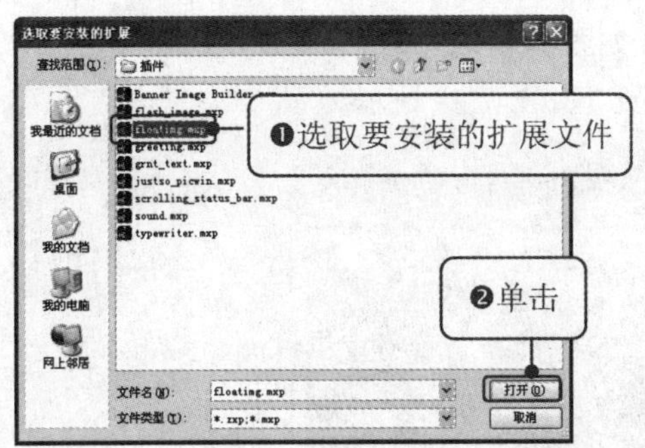

图 7-29　“选取要安装的扩展”对话框

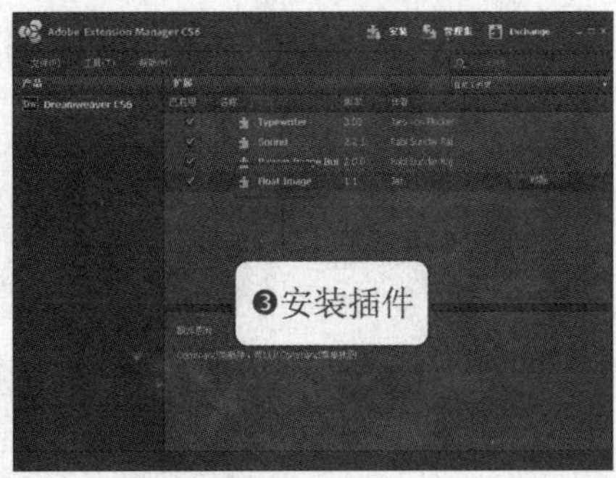

图 7-30　完成安装

（3）打开光盘中的素材文件 index.html，执行“命令”|“Floating Image”命令，如图 7-31 所示。

（4）执行后弹出“Untitled Document”对话框，如图 7-32 所示。

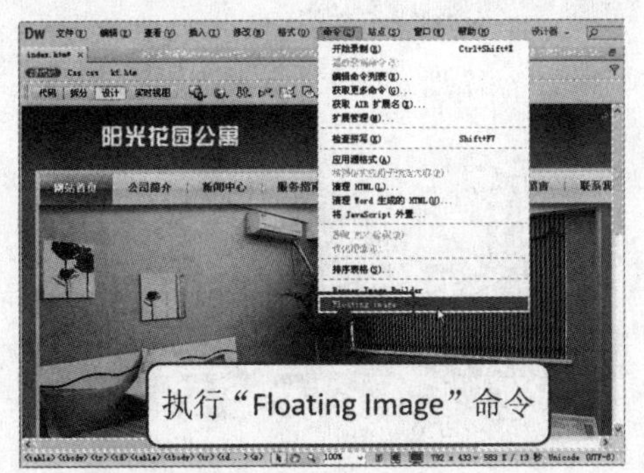

图 7-31　执行“Floating Image”命令

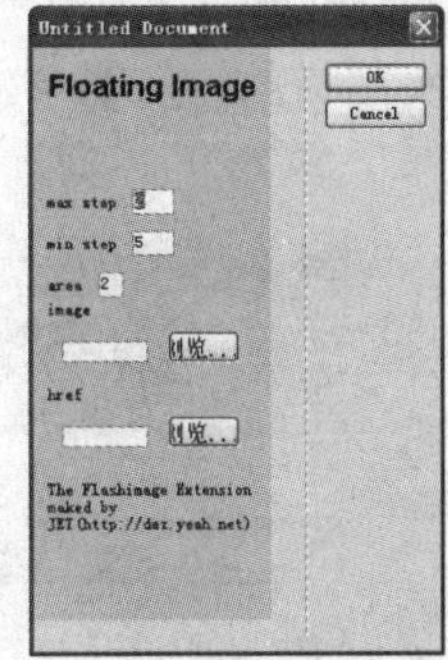

图 7-32　“Untitled Document”对话框

（5）在对话框中单击“image”文本框右边的“浏览”图标，弹出“选择文件”对话框，在对话框中选择飘浮的图像，效果如图 7-33 所示。

（6）单击“确定”按钮，在“Untitled Document”对话框中单击“href ”文本框右边的“浏览”按钮，如图 7-34 所示，弹出“选择文件”对话框，在对话框中选择相应的网页，单击“确定”按钮。

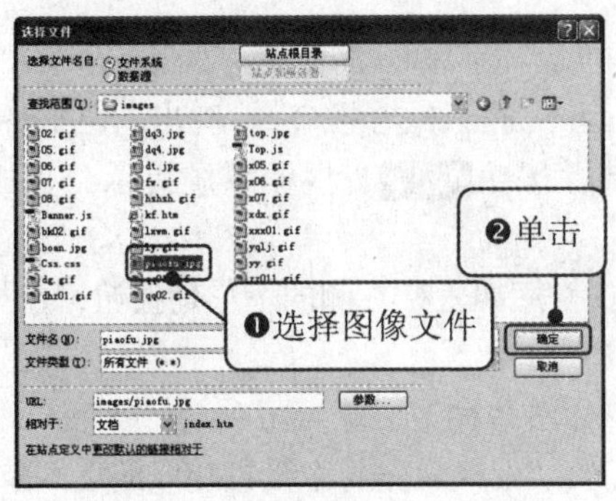

图 7-33　“选择文件”对话框

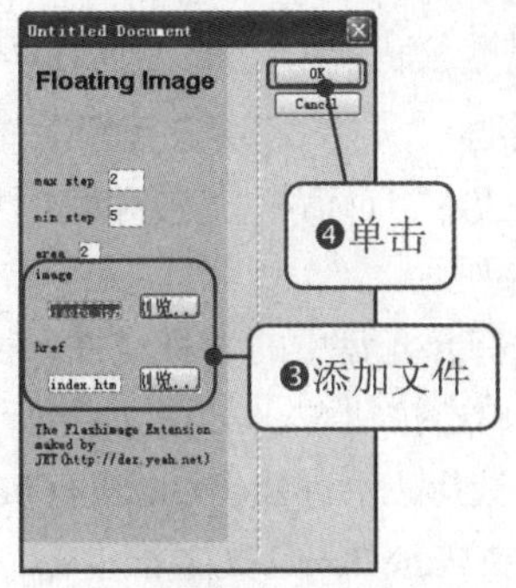

图 7-34　选择图像和链接文件

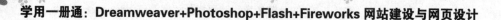

（7）单击“OK”按钮，插入飘浮图像，如图 7-35 所示。

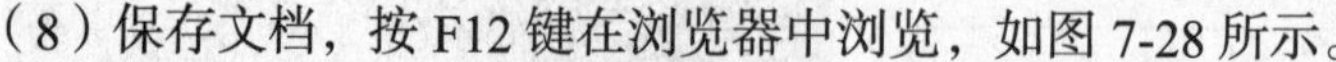

（8）保存文档，按 F12 键在浏览器中浏览，如图 7-28 所示。

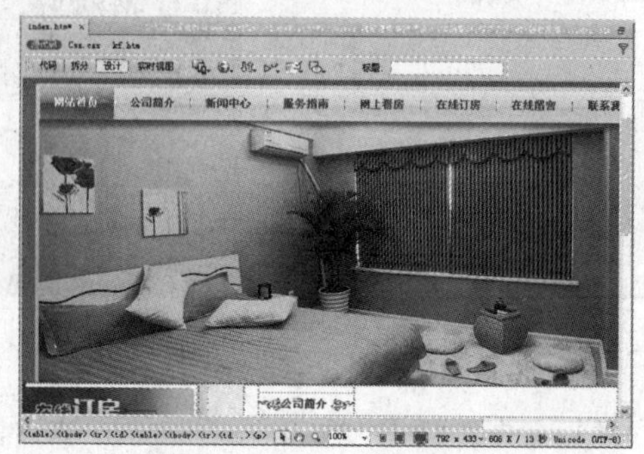

图 7-35　插入飘浮图像

7.3.4　综合应用——利用插件制作颜色渐变的文本

利用插件制作颜色渐变的文本效果如图 7-36 和图 7-37 所示，具体操作步骤如下。

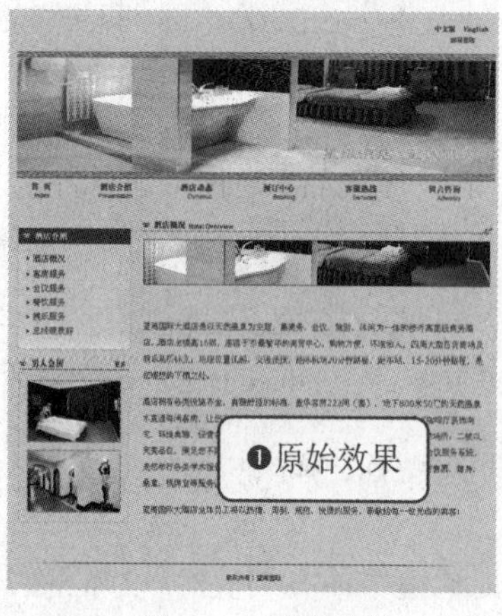

图 7-36　原始效果

图 7-37　颜色渐变文本效果

练习文件　实例素材/练习文件/CH07/7.3.4/index.html

完成文件　实例素材/完成文件/CH07/7.3.4/index1.html

（1）执行“开始”|“所有程序”|“Adobe Extension Manager CS6”命令，弹出“Adobe Extension Manager CS6”对话框，在对话框中单击“安装”按钮 安装 ，根据系统提示，完成安装，如图 7-38 所示。

（2）打开光盘中的素材文件 index.html，单击常用插入栏右侧的下三角按钮，在弹出的下拉列表中单击按钮 G ，如图 7-39 所示。

（3）选择以后弹出“Gradient Text”对话框，如图 7-40 所示。

（4）在“the Text”文本框中输入相应的文本，在“the Colors”中设置相应的文本渐变颜色，如图 7-41 所示。

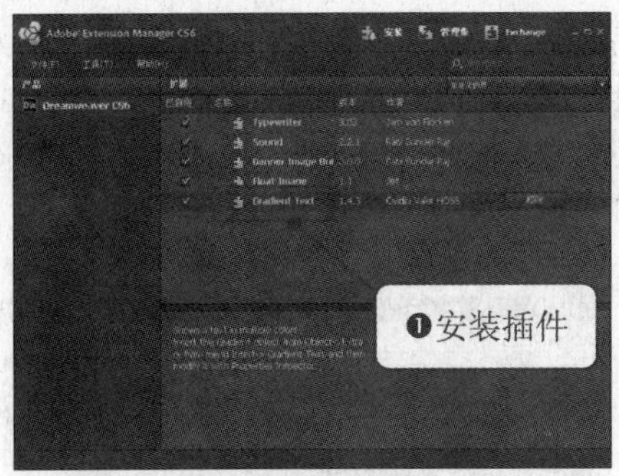

图 7-38　安装插件

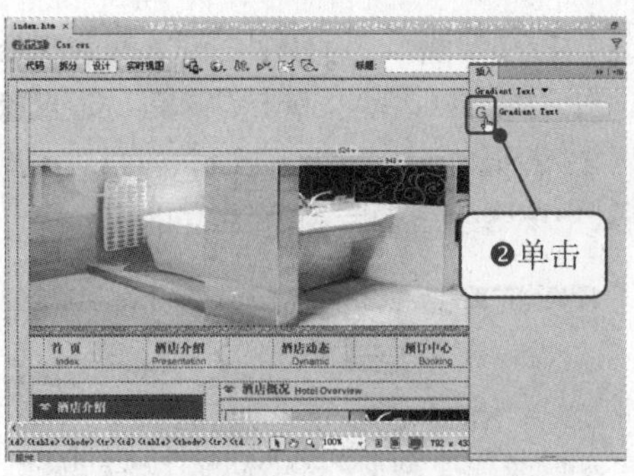

图 7-39　打开文件

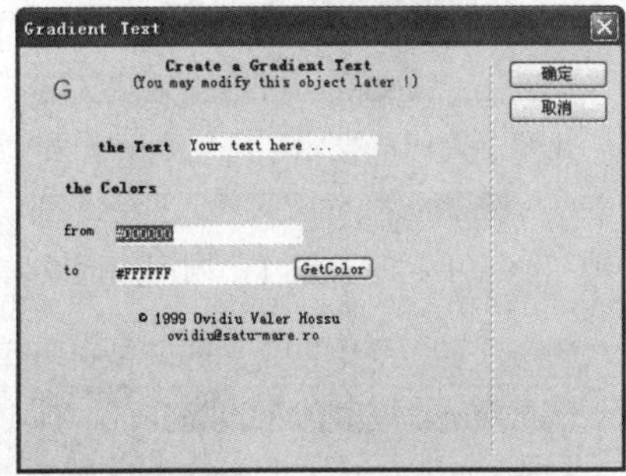

图 7-40　“Gradient Text”对话框

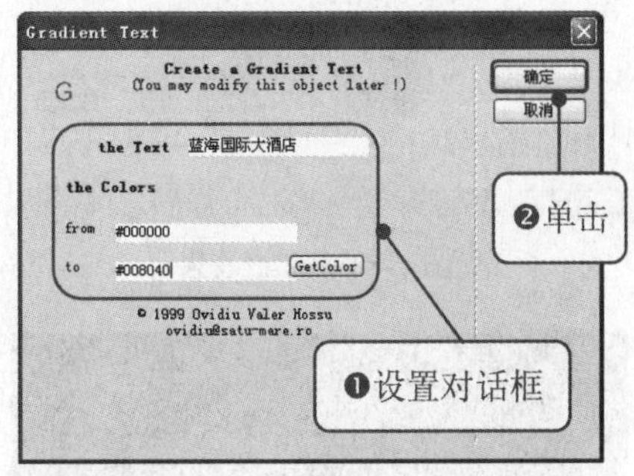

图 7-41　“Gradient Text”对话框

（5）单击“确定”按钮，插入文本，如图 7-42 所示。

（6）保存文档，按 F12 键在浏览器中浏览，如图 7-37 所示。

图 7-42　插入文本

7.3.5　综合应用 5——利用插件制作不同时段显示不同问候语

利用插件制作不同时段显示不同问候语的前后效果如图 7-43 和图 7-44 所示。具体操作步骤如下。

练习文件　实例素材/练习文件/CH07/7.3.5/index.html

完成文件　实例素材/完成文件/CH07/7.3.5/index1.html

（1）执行“开始”|“所有程序”|“Adobe Extension Manager CS6”命令，弹出“Adobe Extension Manager CS6”对话框，在对话框中单击“安装”按钮，根据系统提示，完成安装，如图 7-45 所示。

（2）打开光盘中的素材文件 index.html，单击常用插入栏右边的下三角按钮，在弹出的下拉列表中单击按钮，如图 7-46 所示。

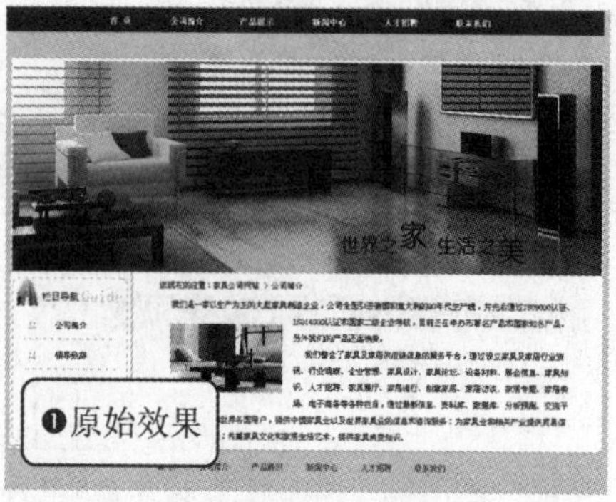

图 7-43　原始效果

图 7-44　不同时段显示不同问候语效果

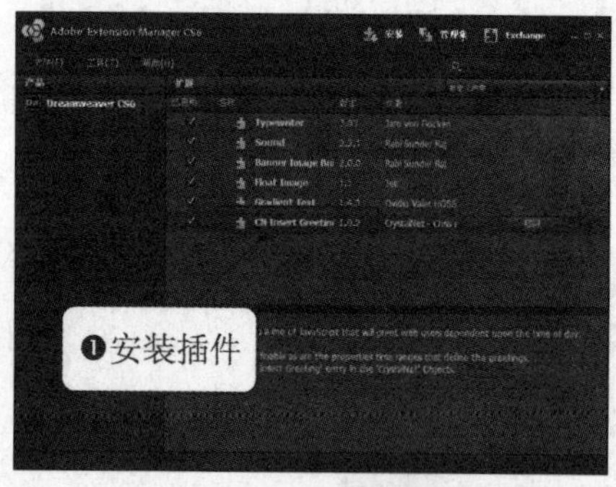

图 7-45　安装插件

图 7-46　打开文件

（3）选择后弹出“CN Insert Greeting”对话框，“Greeting1”设置为“上午好！”，“Greeting2”设置为“下午好！”，“Greeting3”设置为“晚上好！”，如图 7-47 所示。

（4）单击“确定”按钮，插入插件，保存文档，按 F12 键在浏览器中浏览，如图 7-44 所示。

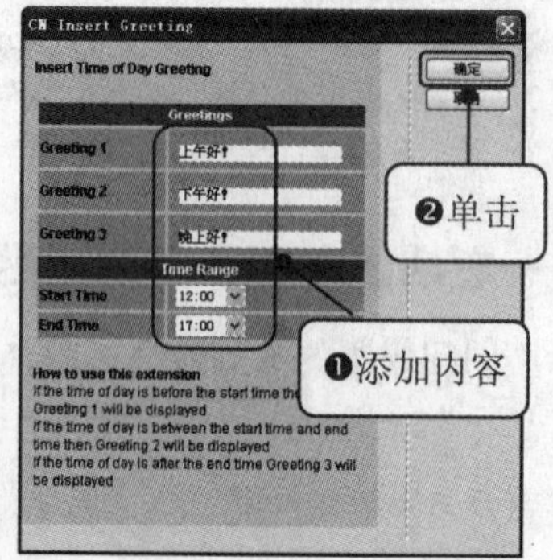

图 7-47　“CN Insert Greeting”对话框

7.3.6 综合应用——利用插件制作为指定图像打开窗口效果

利用插件制作为指定图像打开窗口效果如图 7-48、图 7-49 所示。具体操作步骤如下。

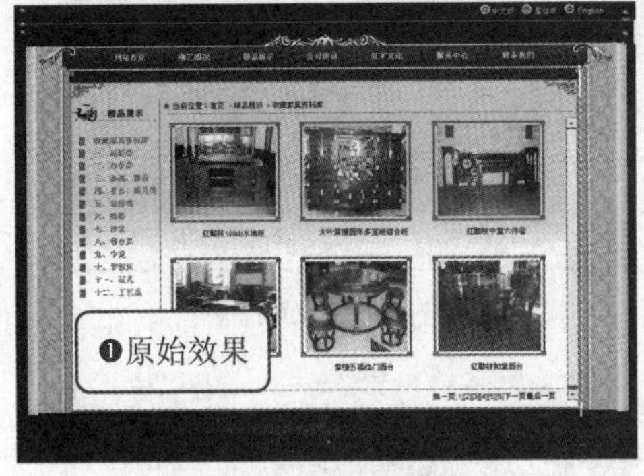

图 7-48 原始效果

图 7-49 利用插件制作为指定图像打开窗口效果

练习文件 实例素材/练习文件/CH07/7.3.6/index.html

完成文件 实例素材/完成文件/CH07/7.3.6/index1.html

（1）执行“开始”|“所有程序”|“Adobe Extension Manager CS6”命令，弹出“Adobe Extension Manager CS6”对话框，在对话框中单击“安装”按钮，根据系统提示，完成安装，如图 7-50 所示。

（2）打开光盘中的素材文件 index.html，打开“行为”面板，在该面板中单击按钮，在弹出的列表中选择“Just-So Picture Window”选项，如图 7-51 所示。

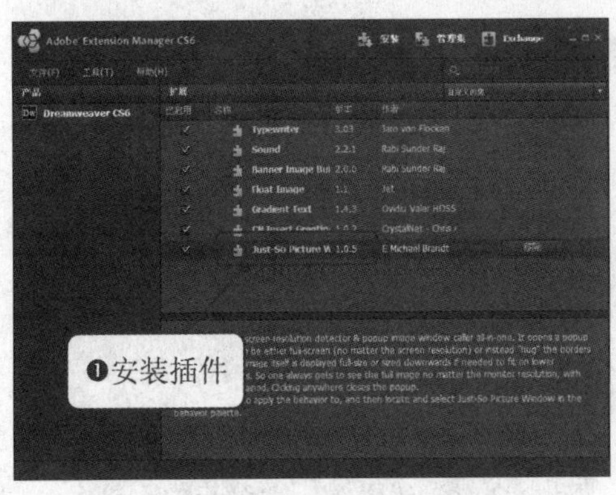

图 7-50 安装插件

图 7-51 选择“Just-So Picture Window”选项

（3）弹出“Just-So Picture Window”对话框，如图 7-52 所示。

（4）单击“Image Name”后边的“Browse”按钮，在弹出的选择文件对话框中选择相应的图像文件，如图 7-53 所示。

（5）单击“确定”按钮，选择图像，然后设置其余的参数，如图 7-54 所示。

（6）单击“确定”按钮，输入行为，如图 7-55 所示。

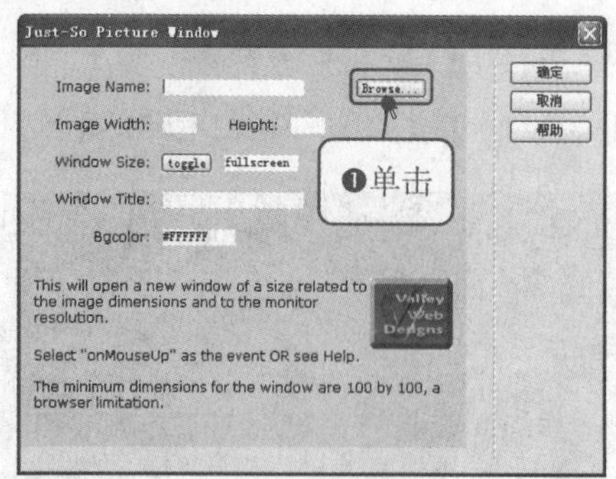

图 7-52 “Just-So Picture Window”对话框

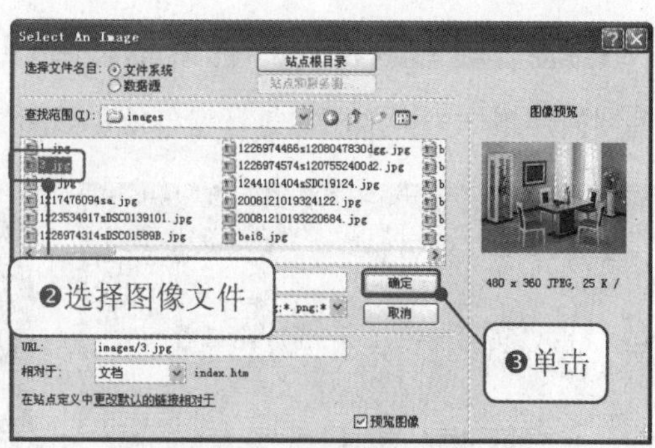

图 7-53 选择文件对话框

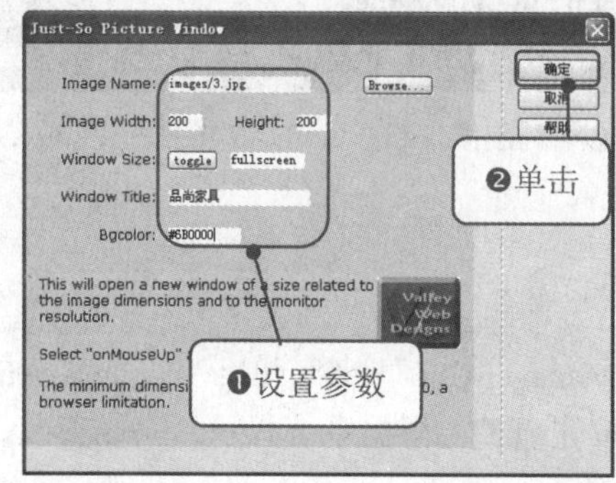

图 7-54 设置参数

图 7-55 输入行为

（7）保存文档，按 F12 键在浏览器中浏览，如图 7-49 所示。

7.3.7 综合应用——利用插件制作图像渐显渐隐效果

利用插件制作图像渐显渐隐前后效果如图 7-56 和图 7-57 所示。具体操作步骤如下。

图 7-56 图像显示效果

图 7-57 图像渐显渐隐效果

练习文件　实例素材/练习文件/CH07/7.3.7/index.html

完成文件　实例素材/完成文件/CH07/7.3.7/index1.html

（1）执行“开始”|“所有程序”|“Adobe Extension Manager CS6”命令，弹出“Adobe Extension Manager CS6”对话框，在对话框中单击“安装”按钮，根据系统提示，完成安装，如图 7-58 所示。

（2）打开光盘中的素材文件 index.html，执行“命令”|“ Flash Image”命令，如图 7-59 所示。

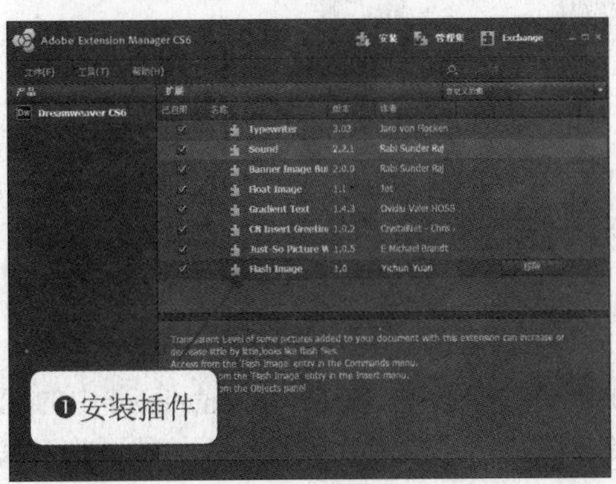

图 7-58　安装插件

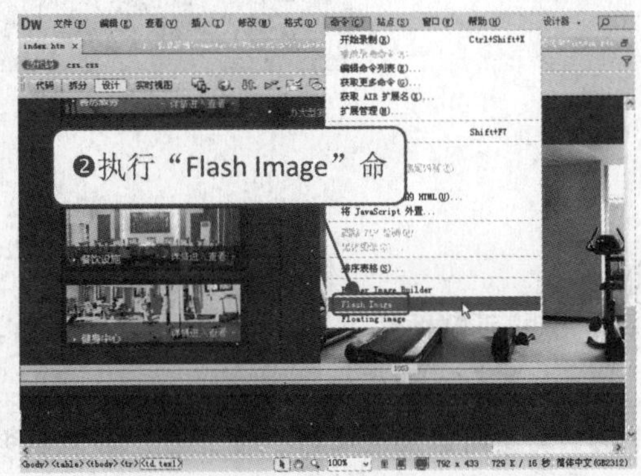

图 7-59　执行“Flash Image”命令

（3）弹出“Flash Image”对话框，如图 7-60 所示。

（4）单击“Image”文本框右边的“浏览”按钮，在弹出的“选择文件”对话框中选择相应的图像文件，如图 7-61 所示。

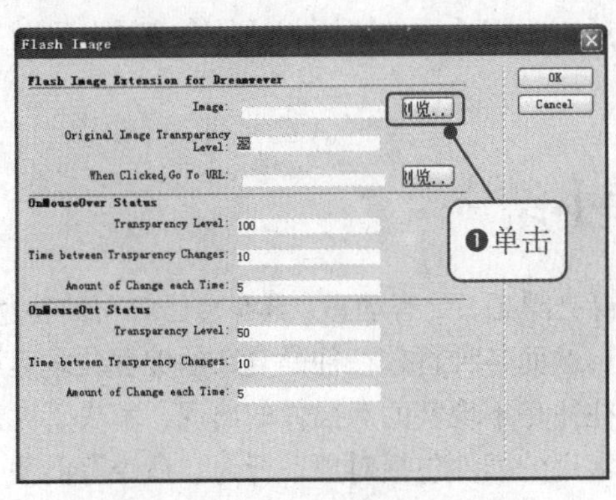

图 7-60　“Flash Image”对话框

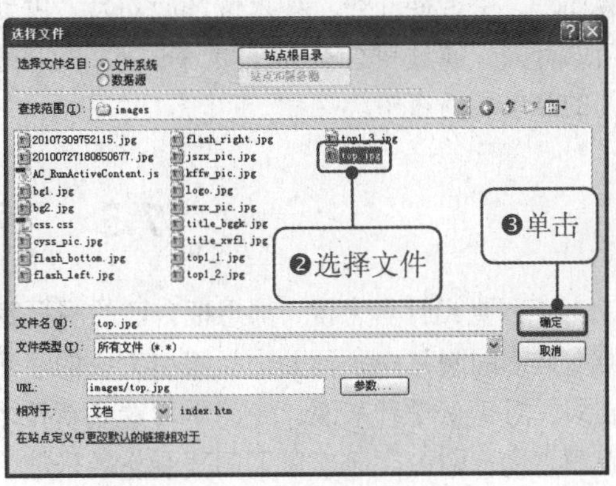

图 7-61　“选择文件”对话框

（5）单击“确定”按钮，插入图像，如图 7-62 所示。

（6）保存文档，按 F12 键在浏览器中浏览，如图 7-57 所示。

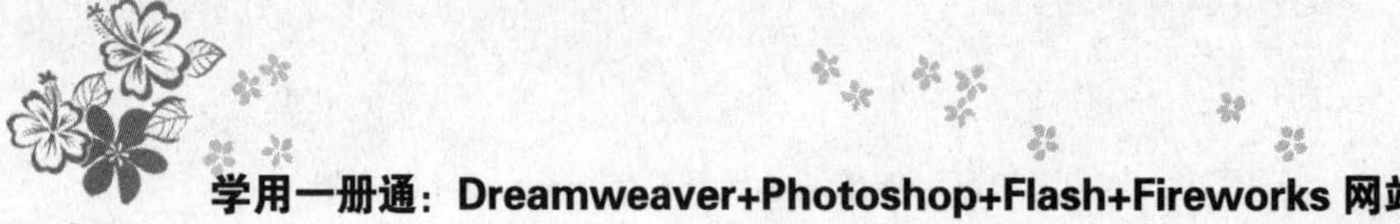

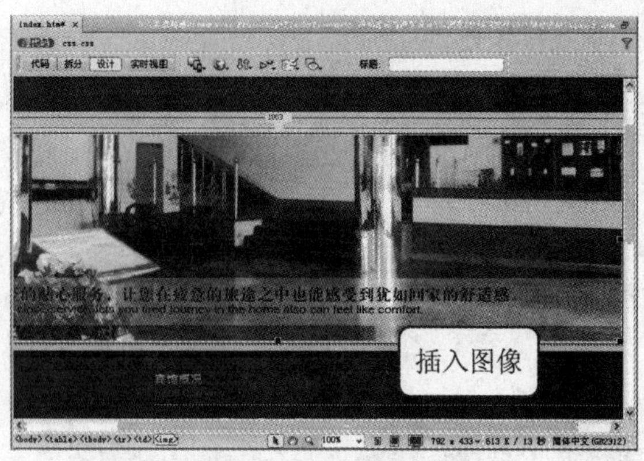

图 7-62　插入图像

7.4　专家秘籍

1．怎样下载插件

Adobe 公司免费提供 600 多种 Dreamweaver 的插件，其中可以用在 Dreamweaver 中的就有几十种。大家可以通过执行“命令”|“获取更多命令”命令，在其中选择需要的效果并下载。

2．网页中有哪些插件类型

Dreamweaver 的插件是专为用来扩充 Dreamweaver 功能所开发的。通过集成的插件，可以在网页上实现许多复杂的技术，从而避免从事大量源代码的编写和调试工作。

Dreamweaver 中的插件分为多种，如果按作用划分，可分为链接类插件、导航类插件、窗口类插件、层类插件等。如果按性质划分，可分为 HTML 代码插件、JavaScript 命令插件，以及新的行为、属性检查器和浮动面板等。安装插件后，根据性质的不同，插件命令被分别放在不同的菜单和面板中。

7.5　本章小结

对于网页设计者来说，都想把自己的网页制作得更漂亮、更有动感，具有自己鲜明的特色，以便在众多的网站中脱颖而出，吸引大家的注意力。然而各种特效往往是复杂的编程技术运用的结果，对于初学者来说，专门学习这些新技术，往往是不现实的。插件的出现，解决了大家的后顾之忧，它极大地丰富了网页制作的乐趣。最常用的插件包括对象、行为、命令等类型，每种插件都是为了实现某种特定功能而专门制作的。本章通过几个实例进行详细的讲述，从而使读者能够轻松地掌握并运用插件。

第8章 使用CSS样式表美化网页

学前必读

精美的网页制作离不开CSS技术，采用CSS技术，不仅可以控制大多数传统的文本格式属性，如字体、字号和对齐方式等，还可以定义一些特殊的效果，如定位、鼠标特效、滤镜效果等。利用CSS可以控制一个网页文档甚至多个网页文档的格式。使用CSS定义网页格式可以大大减轻烦琐重复的工作，而且使网页风格整体统一。

学习流程

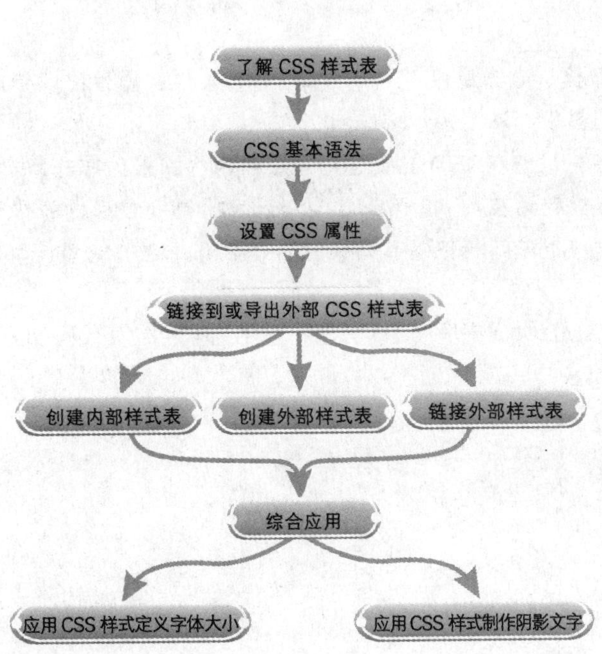

8.1 了解 CSS 样式表

CSS 是 Cascading Style Sheet 的缩写，有些书上称为“层叠样式表”或“级联样式表”，“样式表”是对以前 HTML 语法的一次重大革新。如今网页的排版格式越来越复杂，很多效果需要通过 CSS 来实现，Dreamweaver 在 CSS 功能的设计上有了很大的改进。

所谓样式就是层叠样式表，用来控制一个文档中的某一文本区域外观的一组格式属性。CSS 样式可以用来一次对若干个文档所有的样式进行控制。同 HTML 样式相比，使用 CSS 样式表的好处在于，它除了可以同时链接多个文档外，当 CSS 样式有所更新或被修改之后，所有应用了该样式表的文档都会被自动更新。

CSS 样式表的功能一般可以归纳为以下几点：

- 可以更加灵活地控制网页中文字的字体、颜色、大小、间距、风格及位置。
- 可以灵活地设置一段文本的行高、缩进，并可以为其加入三维效果的边框。
- 可以方便地为网页中的任何元素设置不同的背景颜色和背景图像。
- 可以精确地控制网页中各元素的位置。
- 可以为网页中的元素设置各种过滤器，从而产生如阴影、模糊、透明等效果。
- 可以与脚本语言结合，从而产生各种动态效果。
- 由于是直接的 HTML 格式的代码，因此打开网页的速度非常快。

8.2 CSS 基本语法

样式表基本语法为：HTML 标志{标志属性：属性值；标志属性：属性值；标志属性：属性值；……}。

现在首先讨论在 HTML 页面内直接引用样式表的方法。这个方法必须把样式表信息包括在<style>和</style>标记中，为了使样式表在整个页面中产生作用，应把该组标记及其内容放到<HEAD>和</HEAD>中去。

例如，要设置 HTML 页面中所有 H1 标题字显示为蓝色，其代码如下：

```
<html>
<head>
<title>This is a CSS samples</title>
<style type="text/css">
<!--
H1 {color: blue}
-->
</style>
```

```
</head>
<body>
... 页面内容...
</body>
</html>
```

在使用样式表过程中，经常会有几个标志用到同一个属性，例如规定 HTML 页面中凡是粗体字、斜体字、1 号标题字则显示为红色，按照上面介绍的方法应书写为

```
B{ color: red}
I{ color: red}
H1{ color: red}
```

显然这样书写十分麻烦，引进分组的概念会使其变得简洁明了，可以写成：

```
B,I,H1{color: red}
```

用逗号分隔各个 HTML 标志，把 3 行代码合并成 1 行。

此外，同一个 HTML 标志可能定义多种属性，例如，规定把 H1～H6 各级标题定义为红色黑体字，带下画线，则应写为

```
H1,H2,H3,H4,H5,H6 {
color: red;
text-decoration: underline;
font-family: "黑体"
}
```

8.3　设置 CSS 属性

CSS 样式分为类型、背景、区块、方框、边框、列表、定位和扩展 8 种类型，下面将分别进行讲述。

 8.3.1　设置 CSS 类型属性

在“分类”列表中选择“类型”选项，“类型”属性主要用于定义网页中文本的字体、颜色及字体风格等，如图 8-1 所示。

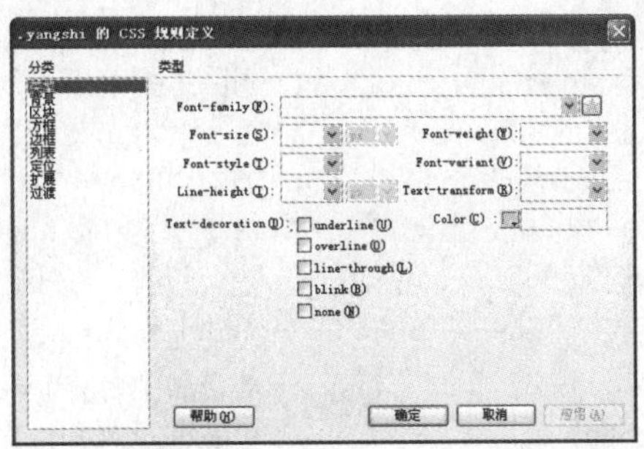

图 8-1　“类型”选项

在 CSS 的“类型”选项中的各项参数如下。

- Font-family：用于设置当前样式所使用的字体。
- Font-size：定义文本大小。可以通过选择数字和度量单位来选择大小，也可以选择相对大小。
- Font-style：将“正常”、“斜体”或“偏斜体”指定为字体样式，默认设置是“正常”。
- Line-height：设置文本所在行的高度。选择“正常”自动计算字体的行高，或输入一个确切的值并选择一种度量单位。
- Text-decoration：向文本中添加下画线、上画线或删除线，或使文本闪烁。正常文本的默认设置是“无”。“链接”的默认设置是“下画线”。将“链接”设置为“无”时，可以通过定义一个特殊的类删除链接中的下画线。
- Font-weight：对字体应用特定或相对的粗体量。“正常”等于“400”，“粗体”等于“700”。
- Font-variant：设置或检索对象中的文本是否为小型的大写字母。
- Text-transform：将选定内容中的每个单词的首字母大写或将文本设置为全部大写或小写。
- Color：设置文本颜色。

代码揭秘：CSS 类型代码

使用 CSS 样式表可以定义丰富多彩的文字格式，文字的属性主要有字体、字号、加粗与斜体等。CSS 文字属性常见代码如下。

```
color : #999999;                    /*文字颜色*/
font-family : 宋体,sans-serif;      /*文字字体*/
font-size : 9pt;                    /*文字大小*/
font-style:itelic;                  /*文字斜体*/
font-variant:small-caps;            /*小字体*/
letter-spacing : 1pt;               /*字间距离*/
line-height : 200%;                 /*设置行高*/
font-weight:bold;                   /*文字粗体*/
vertical-align:sub;                 /*下标字*/
vertical-align:super;               /*上标字*/
text-decoration:line-through;       /*加删除线*/
text-decoration:overline;           /*加顶线*/
text-decoration:underline;          /*加下画线*/
text-decoration:none;               /*删除链接下画线*/
text-transform : capitalize;        /*首字大写*/
text-transform : uppercase;         /*英文大写*/
text-transform : lowercase;         /*英文小写*/
text-align:right;                   /*文字右对齐*/
text-align:left;                    /*文字左对齐*/
text-align:center;                  /*文字居中对齐*/
text-align:justify;                 /*文字分散对齐*/
vertical-align 属性
```

```
vertical-align:top;                /*垂直向上对齐*/
vertical-align:bottom;             /*垂直向下对齐*/
vertical-align:middle;             /*垂直居中对齐*/
vertical-align:text-top;           /*垂直向上对齐*/
vertical-align:text-bottom;        /*垂直向下对齐*/
```

8.3.2　设置 CSS 背景属性

在“分类”列表中选择“背景”选项，“背景”属性主要用于为网页添加背景颜色或背景图像，如图 8-2 所示。

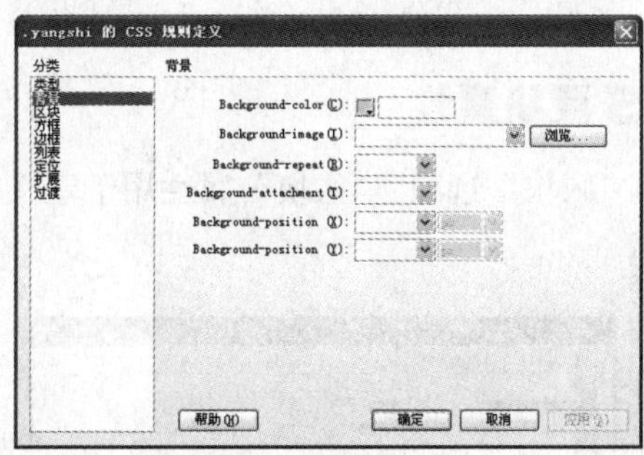

图 8-2　“背景”选项

在 CSS 的“背景”选项中可以设置以下参数。

- Background-color：设置元素的背景颜色。
- Background-image：设置元素的背景图像。可以直接输入图像的路径和文件，也可以单击“浏览”按钮选择图像文件。
- Background-repeat：确定是否以及如何重复背景图像。包含 4 个选项：“不重复”指在元素开始处显示一次图像；“重复”指在元素的后面水平或垂直平铺图像；“横向重复”和“纵向重复”分别显示图像的水平带区和垂直带区。图像被剪辑以适合元素的边界。
- Background-attachment：确定背景图像是固定在它的原始位置还是随内容一起滚动。
- Background-position 和 Background-position：指定背景图像相对于元素的初始位置。这可以用于将背景图像与页面中心垂直或水平对齐，如果附件属性为“固定”，则位置是相对于文档窗口而不是元素。

代码揭秘：CSS 背景代码

背景属性是网页设计中应用非常广泛的一种技术。通过背景颜色或背景图像，能给网页带来丰富的视觉效果。HTML 的各种元素基本上都是支持 background 属性，CSS 背景属性常见代码如下。

```
background-color:#F5E2EC;                  /*背景颜色*/
background:transparent;                    /*透视背景*/
background-image : url(/image/bg.gif);    /*背景图片*/
```

```
background-attachment : fixed;         /*浮水印固定背景*/
background-repeat : repeat;            /*重复排列-网页默认*/
background-repeat : no-repeat;         /*不重复排列*/
background-repeat : repeat-x;          /*在 x 轴重复排列*/
background-repeat : repeat-y;          /*在 y 轴重复排列*/
background-position : 90% 90%;         /*背景图片 x 与 y 轴的位置*/
 background-position : top;            /*向上对齐*/
 background-position : buttom;         /*向下对齐*/
 background-position : left;           /*向左对齐*/
 background-position : right;          /*向右对齐*/
 background-position : center;         /*居中对齐*/
```

8.3.3 设置 CSS 区块属性

在“分类”列表中选择“区块”选项，“区块”属性用于定义标签和属性的间距和对齐方式，如图 8-3 所示。

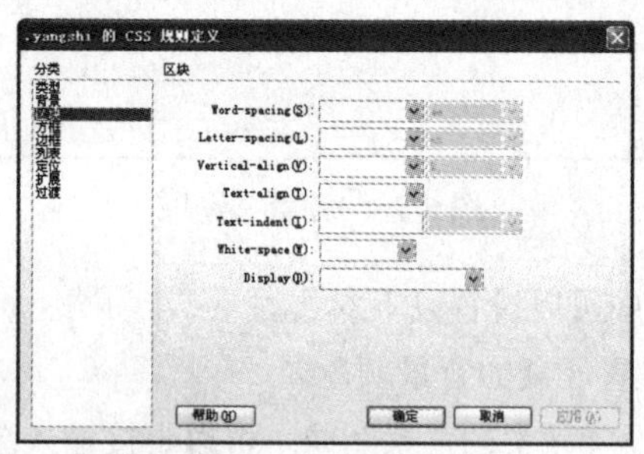

图 8-3 “区块”选项

在 CSS 的“区块”选项中各项参数如下。

- Word-spacing：设置单词的间距，若要设置特定的值，在下拉列表框中选择“值”，然后输入一个数值，在第二个下拉列表框中选择度量单位。
- Letter-spacing：增大或减小字母或字符的间距。若要减小字符间距，指定一个负值，字母间距设置为覆盖对齐。
- Vertical-align：指定应用它的元素的垂直对齐方式。仅当应用于<img>标签时，Dreamweaver 才在文档窗口中显示该属性。
- Text-align：设置元素中的文本对齐方式。
- Text-indent：指定第一行文本缩进的程度。可以使用负值创建凸出，但显示取决于浏览器。仅当标签应用于块级元素时，Dreamweaver 才在文档窗口中显示该属性。
- White-space：确定如何处理元素中的空白。包含 3 个选项：“正常”指收缩空白；“保留”的处理方式与文本被括在<pre>标签中一样（即保留所有空白，包括空格、制表符和回车）；“不换行”指定仅当遇到
标签时文本才换行，Dreamweaver 不在文档窗口中显示该属性。

- Display：指定是否显示以及如何显示元素。

代码揭秘：CSS 区块代码

利用 CSS 还可以控制区块段落的属性，主要包括单词间隔、字符间隔、纵向排列、文本排列、文本缩进等。

```
letter-spacing: 10px ;          /* 调整字母间距*/
word-spacing: 3px;              /* 调整单词间距*/
text-align: right;              /* 文本排列方式*/
text-indent: 4px;               /* 调整段落缩进*/
vertical-align: super;          /* 垂直对齐方式*/
white-space: nowrap;            /* 规定段落中的文本不进行换行*/
```

8.3.4　设置 CSS 方框属性

在“分类”列表中选择“方框”选项，“方框”属性主要用于为控制元素在页面上的放置方式的标签和属性定义的设置，如图 8-4 所示。

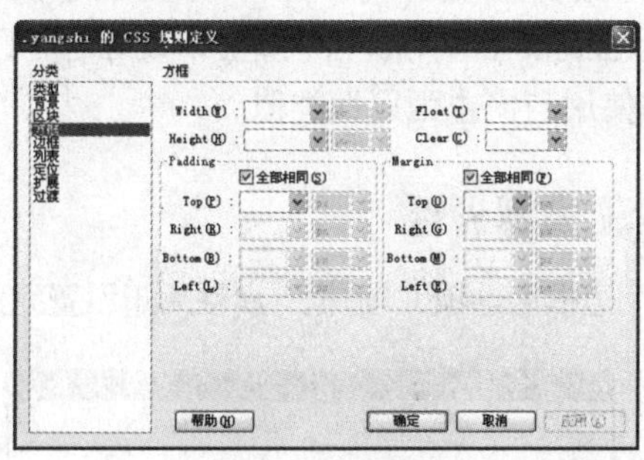

图 8-4　“方框”选项

在 CSS 的“方框”选项中各参数如下。

- Width 和 Height：设置元素的宽度和高度。
- Float：设置其他元素在哪个边围绕元素浮动。其他元素按通常的方式环绕在浮动元素的周围。
- Clear：定义不允许 AP Div 的边。如果清除边上出现 AP Div，则带清除设置的元素将移到该 AP Div 的下方。
- Padding：指定元素内容与元素边框（如果没有边框，则为边距）之间的间距。取消选择“全部相同”选项可设置元素各个边的填充；“全部相同”将相同的填充属性设置为它应用于元素的“Top”、“Right”、“Bottom”和“Left”侧。
- Margin：指定一个元素的边框（如果没有边框，则为填充）与另一个元素之间的间距。仅当应用于块级元素（段落、标题和列表等）时，Dreamweaver 才在文档窗口中显示该属性。取消选择“全部相同”可设置元素各个边的边距；“全部相同”将相同的边距属性设置为它应用于元素的“Top”、“Right”、“Bottom”和“Left”侧。

代码揭秘：CSS 方框代码

在网页布局中，为了能够在纷繁复杂的各个部分合理地进行组织，这个领域的一些专业人士对它的本质进行充分研究后，总结了一套完整的、行之有效的原则和规范。这就是“盒子模型”的由来。在 CSS 中一个独立的盒子模型由 content（内容）、padding（内边距）、border（边框）和 margin（外边距）4 部分组成。

1．内边距

内边距是内容区和边框之间的空间，可以被看做内容区的背景区域。内边距的属性有五种，即 padding-top、padding-bottom、padding-left、padding-right 以及综合了以上 4 种方向的快捷内边距属性 padding。使用这五种属性可以指定内容区与各方向边框间的距离。同时通过对盒子背景色属性的设置可以使内边距部分呈现相应的颜色，起到一定的变现效果。

2．外边距

外边距位于盒子的最外围，它不是一条边线而是添加在边框外面的空间。外边距使元素盒子之间不必紧凑地连接在一起，是 CSS 布局的一个重要手段。外边距的属性有五种，即 margin-top、margin-bottom、margin- left、margin-right 以及综合了以上 4 种方向的快捷外边距属性 margin，其具体的设置和使用与内边距属性类似。

8.3.5 设置 CSS 边框属性

在“分类”列表中选择“边框”选项，“边框”属性用于设置元素周围的边框，如图 8-5 所示。

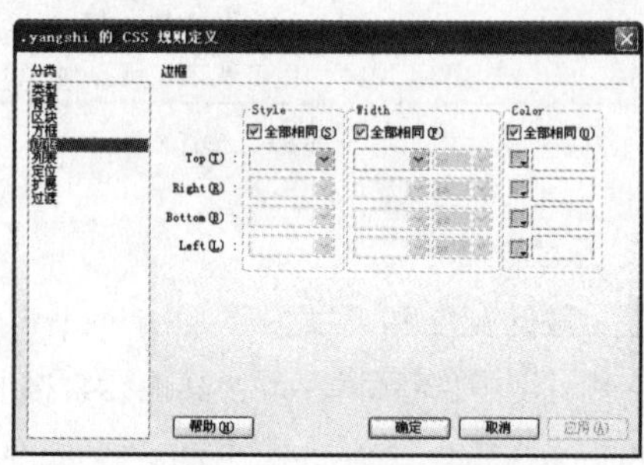

图 8-5 “边框”选项

在 CSS 的“边框”选项中各参数如下。

- Style：设置边框的样式外观。样式的显示方式取决于浏览器。Dreamweaver 在文档窗口中将所有样式呈现为实线。取消选择“全部相同”可设置元素各个边的边框样式；“全部相同”将相同的边框样式属性设置为它应用于元素的“Top”、“Right”、“Bottom”和“Left”侧。
- Width：设置元素边框的粗细。取消选择“全部相同”可设置元素各个边的边框宽度；“全部相同”将相同的边框宽度设置为它应用于元素的“Top”、“Right”、“Bottom”和“Left”侧。

- Color：设置边框的颜色。可以分别设置每个边的颜色。取消选择“全部相同”可设置元素各个边的边框颜色；“全部相同”将相同的边框颜色设置为它应用于元素的“Top”、“Right”、“Bottom”和“Left”侧。

代码揭秘：CSS 边框代码

border 是 CSS 的一个属性，用它可以给 HTML 标签（如 td、Div 等）添加边框，它可以定义边框的样式（Style）、宽度（Width）和颜色（Color），利用这 3 个属性相互配合，能设计出很好的效果。CSS 边框属性常见代码如下。

```
border-top : 1px solid #6699cc        上框线
border-bottom : 1px solid #6699cc     下框线
border-left : 1px solid #6699cc       左框线
border-right : 1px solid #6699cc      右框线
solid           实线框
dotted          虚线框
double          双线框
groove          立体内凸框
ridge           立体浮雕框
inset           凹框
outset          凸框
```

8.3.6 设置 CSS 列表属性

在“分类”列表中选择“列表”选项，“列表”属性主要用于为列表标签定义列表设置，如图 8-6 所示。

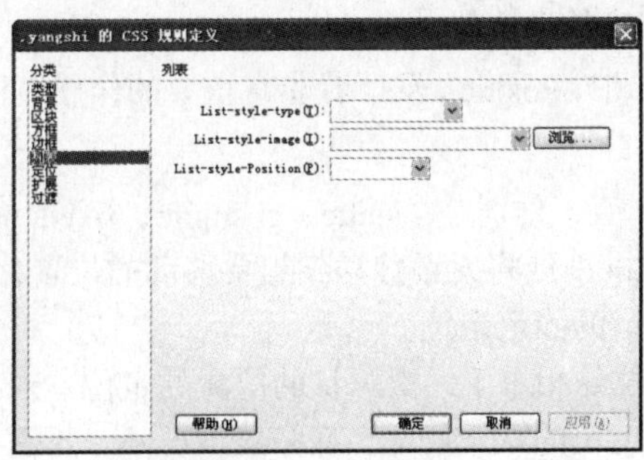

图 8-6 “列表”选项

在 CSS 的“列表”选项中各参数如下。

- List-style-type：设置项目符号或编号的外观。
- List-style-image：可以为项目符号指定自定义图像。单击“浏览”按钮选择图像，或输入图像的路径。
- List-style-Position：设置列表项文本是否换行和缩进（外部）以及文本是否换行到左边距（内部）。

代码揭秘：CSS 列表代码

列表是一种非常实用的数据排列方式，它以条列式的模式来显示数据，使读者能够一目了然。在网页中，列表元素通常用来定义导航，或者文章标题列表等内容。在 CSS 中，可以通过相应的属性，控制列表元素的各种显示效果。

```
list-style-type:disc; /*设置列表符号类型*/
list-style-image: url("images/list.png"); /*设置图像为项目符号*/
list-style-position: inside; /*用来定义列表中标签的显示位置，在样式属性中，常用两个属性值：outside、inside*/
```

8.3.7 设置 CSS 定位属性

在“分类”列表中选择“定位”选项，“定位”属性主要用于使用“层”首选参数中定义层的默认标签，将标签或所选文本块更改为新层，如图 8-7 所示。

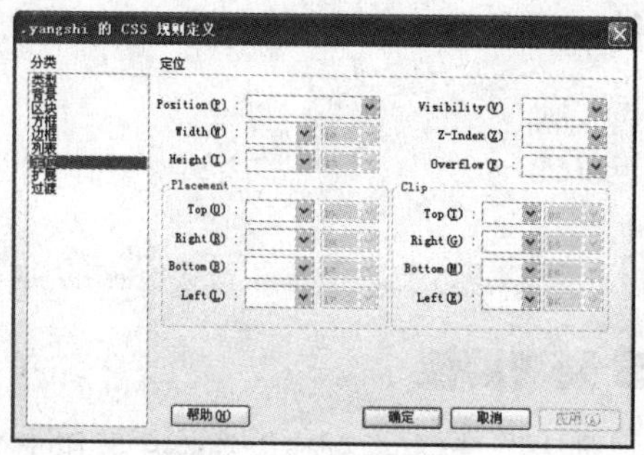

图 8-7 “定位”选项

在 CSS 的“定位”选项中各参数如下。

- Position：在 CSS 布局中，Position 发挥着非常重要的作用，很多容器的定位是用 Position 来完成的。

Position 属性有 4 个可选值，分别是：static、absolute、fixed、relative，各功能如下。

  - absolute：能够很准确地将元素移动到想要移动的位置，绝对定位元素的位置。
  - fixed：相对于窗口的固定定位。
  - relative：相对定位是相对于元素默认的位置的定位。
  - static：所有元素定位的默认情况，在一般情况下，不需要特别去声明它，但有时候遇到继承的情况，而又不愿意见到元素所继承的属性影响本身，从而可以用 position:static 取消继承，即还原元素定位的默认值。

- Visibility：如果不指定可见性属性，则默认情况下大多数浏览器都继承父级的值。
- Placement：指定 AP Div 的位置和大小。
- Clip：定义 AP Div 的可见部分。如果指定了剪辑区域，则可以通过脚本语言访问它，并操作属性以创建像“擦除”这样的特殊效果。通过使用“改变属性”行为可以设置这些擦除效果。

8.3.8　设置 CSS 扩展属性

在“分类”列表中选择“扩展”选项，如图 8-8 所示。

图 8-8　“扩展”选项

在 CSS 的“扩展”选项中各参数如下。

- 分页

  Page-break-before：其中两个属性的作用是为打印的页面设置分页符。

  Page-break-after：检索或设置对象后出现的页分割符。

- 视觉效果

  Cursor：指针位于样式所控制的对象上时改变指针图像。

  Filter：对样式所控制的对象应用特殊效果。

代码揭秘：CSS 扩展滤镜代码

CSS 滤镜可分为基本滤镜和高级滤镜两种。CSS 滤镜可以直接作用于对象上，并且立即生效的滤镜称为基本滤镜。而要配合 JavaScript 等脚本语言，能产生更多变幻效果的则称为高级滤镜。

```
filter: Alpha(Opacity=70);          /*设置对象的不透明度*/
/*设置动感模糊效果，add 设置滤镜是否激活，direction 用来设置模糊的方向，Strength 设置模糊的宽度。*/
filter: Blur(Add=true, Direction=100, Strength=8);
filter: chroma(color=#F6EFCC);    /*设置指定的颜色为透明色。*/
/*设置阴影效果，color 控制阴影的颜色，offX 和 offY 分别设置阴影相对于原始图像移动的水平距离和垂直距离，positive 设置阴影是否透明。*/
filter: dropShadow(color=#3366FF, offX=2, offY=1, positive=1);
filter: FlipH;                      /*水平翻转 */
filter: FlipV;                      /*垂直翻转 */
/*设置发光效果，color 用于设置发光的颜色，strength 用于设置发光的强度。*/
filter: Glow(Color=#fbf412, Strength=8);
filter: Gray;                       /*把一张图像变成灰度图 */
filter: Xray;                       /*X 光片效果 */
filter: Wave(Add=true, Freq=2, LightStrength=20, Phase=50, Strength=40);
/*把对象按照波形样式打乱*/
```

 8.3.9 设置过渡属性

在“分类”列表中选择“过渡”选项，如图 8-9 所示。

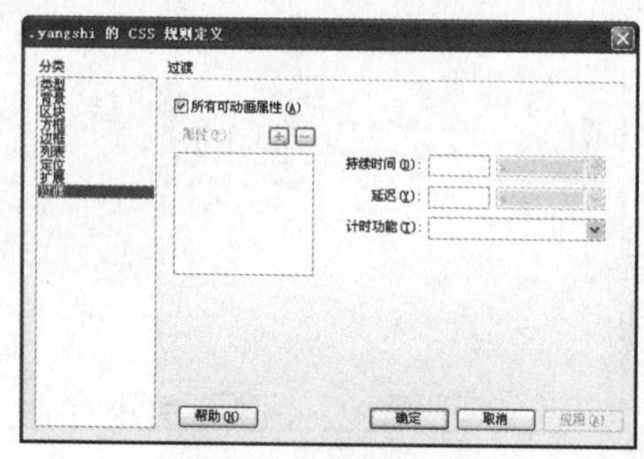

图 8-9 “过滤”选项

过渡效果最明显的表现就是当用户把鼠标悬停在某个元素上时高亮显示它们，如链接、表格、表单域、按钮等。过渡可以给页面增加一种非常平滑的外观。

在 CSS2 的世界中，过渡常常是非常单薄的，要么是从一种颜色变成另一种颜色，要么是从不透明变到透明，总而言之就是由一种状态变更到另外一种状态，这就导致了很多页面给人的感觉很突兀，没有一个平滑的过渡。CSS3 可以用一种简单的方法来实现这些过渡，因为相信在今后的 Web 应用中，平滑的过渡将越来越成为一种标准的展现形式。

8.4 链接到或导出外部 CSS 样式表

链接外部样式表可以方便地管理整个网站中的网页风格，它让网页的文字内容与版面设计分开，只要在一个 CSS 文档中定义好网页的外观风格，所有链接到此 CSS 文档的网页便会按照定义好的风格显示网页。

 8.4.1 上机练习——创建内部样式表

内部样式表只包含在当前操作的网页文档中，并只应用于相应的网页文档中，因此在创建背景网页的过程中，可以随时创建内部样式表，创建 CSS 内部样式表的具体操作步骤如下。

（1）执行“窗口”|“CSS 样式”命令，打开“CSS 样式”面板，如图 8-10 所示。

（2）在“CSS 样式”面板中单击“新建”按钮，如图 8-11 所示。

在“CSS 样式”面板的底部排列有 4 个按钮，分别如下。

- 附加样式表：在 HTML 文档中链接一个外部的 CSS 文件。
- 新建 CSS 样式：编辑新的 CSS 样式文件。
- 编辑样式表：编辑原有的 CSS 规则。
- 删除 CSS 样式：删除选中已有的 CSS 规则。

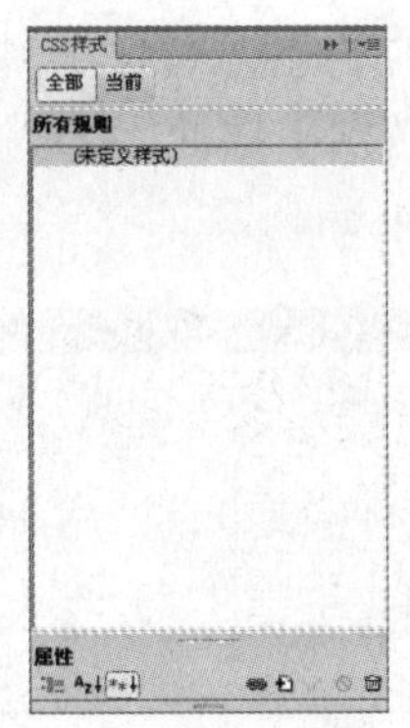

图 8-10　“CSS 样式”面板

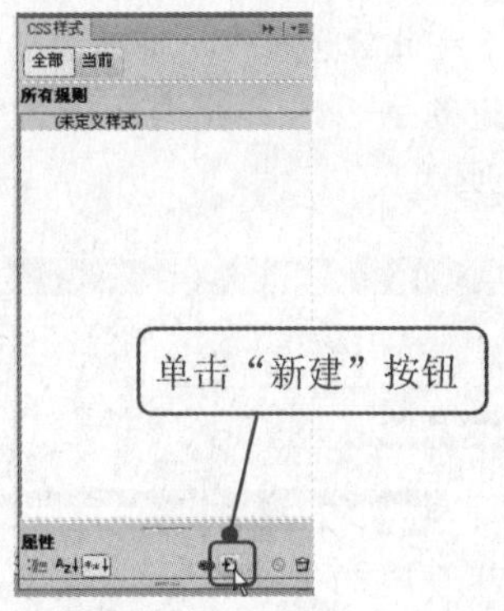

图 8-11　单击“新建”按钮

（3）弹出“新建 CSS 规则”对话框，在对话框中的“选择器类型”中选择“标签”选项，如图 8-12 所示。

（4）在对话框中的“选择器名称”下的下拉列表中选择一个 HTML 标签，也可以直接在“标签”后的下拉列表框中选择这个标签，如图 8-13 所示。

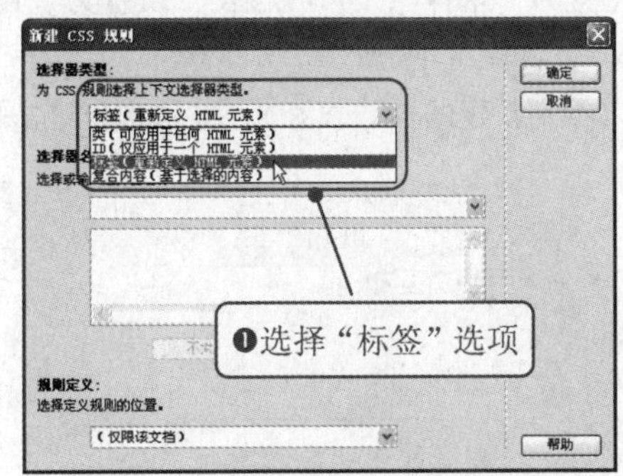

图 8-12　“新建 CSS 规则”对话框

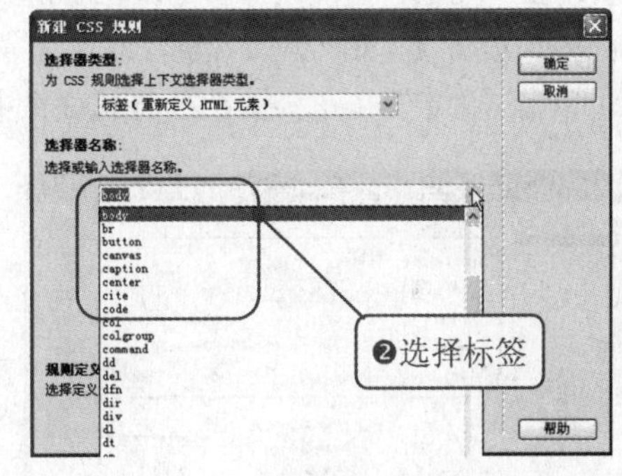

图 8-13　在“选择器类型”中选择标签选项

在“新建 CSS 规则”对话框中可以进行如下设置。

- 选择器名称：选择或输入选择器名称。
- 选择器类型：为 CSS 规则选择上下文的选择器类型。如果选择“类”选项，要在“选择器名称”下拉列表中输入自定义样式的名称，其名称可以是字母和数字的组合，如果没有输入符号“.”，Dreamweaver 会自动输入；如果选择“标签”选项，则需要在“标签”下拉列表中选择一个 HTML 标签，也可以直接在“标签”下拉列表框中输入这个标签；如果选择“复合内容”选项，则需要在“选择器名称”下拉列表中选择一个选择器。
- 规则定义：用来设置新建的 CSS 语句的位置。CSS 样式按照使用方法可以分为内部样式和外部样式。如果想把 CSS 语句新建在网页内部，则可以选中“仅限该文档”单选按钮。

（5）如果选择对话框中的“选择器类型”选项中的“复合内容”选项，则在“选择器类型”后的下拉列表中选择一个选择器的类型，也可以在“选择器名称”后的下拉列表框中输入一个选择器类型，如图 8-14 所示。

（6）在此处选择“选择器类型”中的“类”选项，然后在“选择器名称”中输入“.styes”。由于创建的是 CSS 样式内部样式表，所以在“规则定义”选项中选择“(仅限该文档)”，如图 8-15 所示。

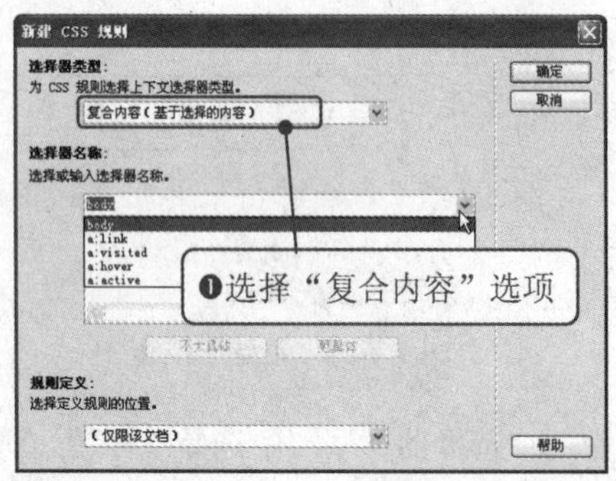

图 8-14　在“选择器类型”中选择“复合内容”选项　　图 8-15　选择“类”选项

（7）单击“确定”按钮，弹出“.styes 的 CSS 规则定义”对话框，选择“分类”中的“类型”选项，在“类型”选项组中将“Font-family”设置为“宋体”，“Font-size”设置为“12px”，“Line-height”设置为 150%，“Color”设置为“#000”，如图 8-16 所示。

（8）单击“确定”按钮，在 CSS 样式面板中可以看到新建的样式表和属性，如图 8-17 所示。

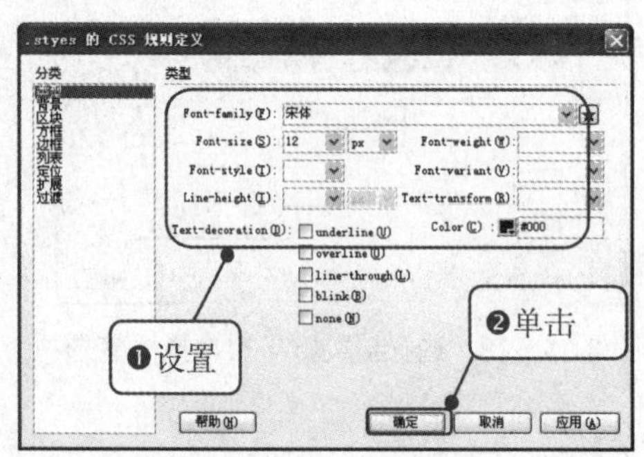

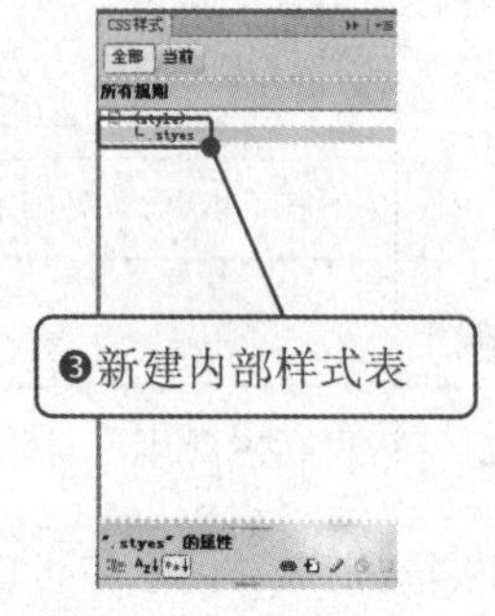

图 8-16　“.styes 的 CSS 规则定义”对话框　　图 8-17　新建的内部样式表

8.4.2　上机练习——创建外部样式表

外部样式表是一个独立的样式表文件，保存在本地站点中，外部样式表不仅可以应用在当前的文档中，还可以根据需要应用在其他的网页文档甚至整个站点的应用中。

创建外部 CSS 样式方法的具体操作步骤如下。

（1）执行“窗口”|“CSS 样式”命令，打开“CSS 样式”面板。在“CSS 样式”面板中单击“新建 CSS 规则”按钮，弹出“新建 CSS 规则”对话框，在对话框中的“选择器类型”中选择“标签”选项，在“选择器名称”文本框中选择“body”选项，“规则定义”设置为“新建样式表文件”选项，如图 8-18 所示。

（2）单击“确定”按钮，弹出如图 8-19 所示的“将样式表文件另存为”对话框，在“文件名”文本框中输入样式表文件的名称，并在“相对于”下拉列表中选择“文档”选项。

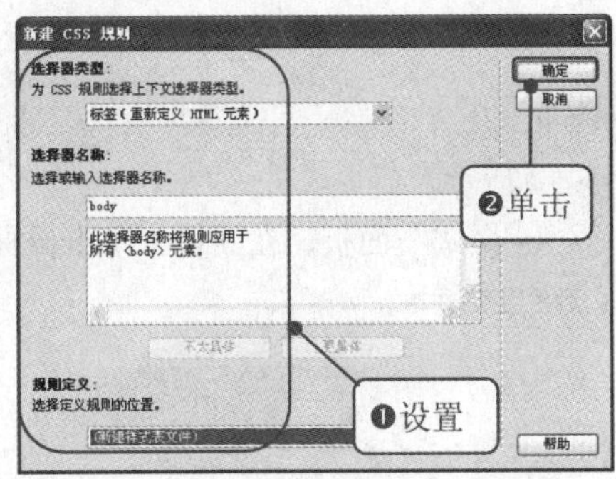

图 8-18 “新建 CSS 规则”对话框

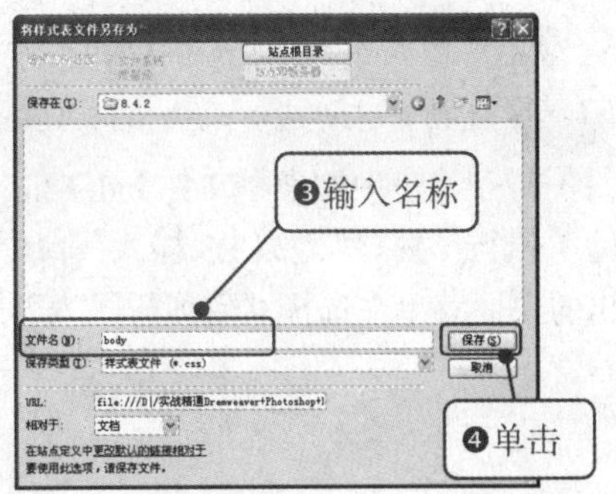

图 8-19 “将样式表文件另存为”对话框

（3）单击“保存”按钮，弹出如图 8-20 所示的对话框，在对话框中进行相应的设置。

（4）单击 “确定”按钮，在文档窗口中可以看到新建外部样式表文件，如图 8-21 所示。

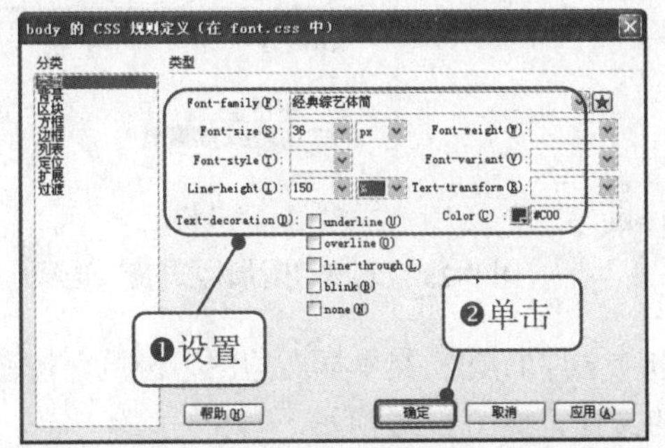

图 8-20 “body 的 CSS 规则定义”对话框

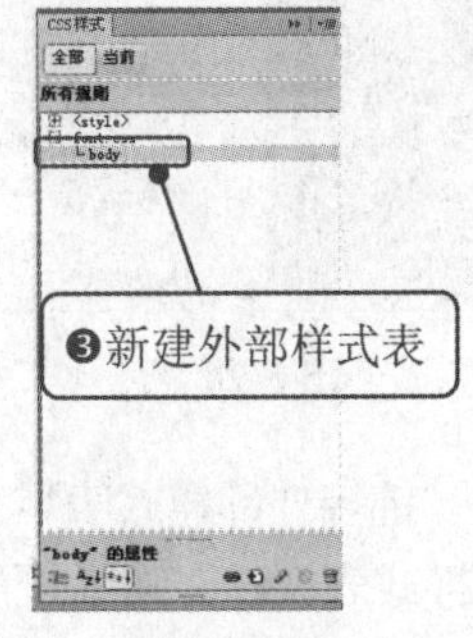

图 8-21 新建外部样式表

8.4.3 上机练习——链接外部样式表

外部 CSS 样式表最方便管理整个网站的网页风格，它让网页的文字内容与版面设计分开。只要在一个 CSS 文档中定义好网页的外观风格，所有链接到此 CSS 文档的网页，便会按照定义好的风格显示网页。链接到外部 CSS 样式表的前后效果如图 8-22、图 8-23 所示。链接外部 CSS 样式表的具体操作步骤如下。

图 8-22 链接外部 CSS 样式表前效果

图 8-23 链接外部 CSS 样式表效果

练习文件 实例素材/练习文件/CH08/8.4.3/index.html

完成文件 实例素材/完成文件/CH08/8.4.3/index1.html

（1）打开光盘中的素材文件 index.html，如图 8-24 所示。

（2）执行“窗口”|“CSS 样式”命令，打开“CSS 样式”面板，在面板中单击鼠标右键，在弹出的快捷菜单中选择“附加样式表”选项，如图 8-25 所示。

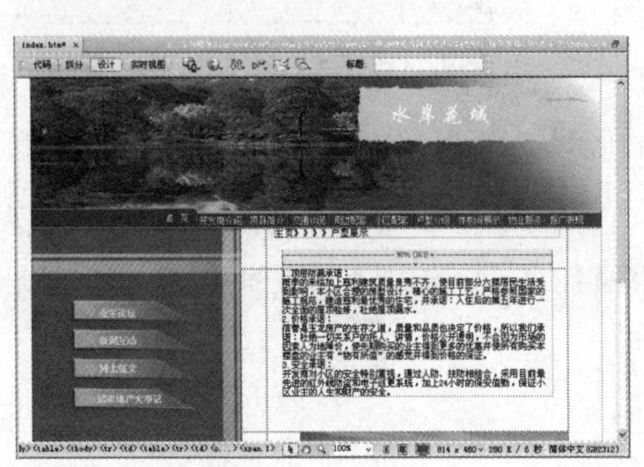

图 8-24 打开文件

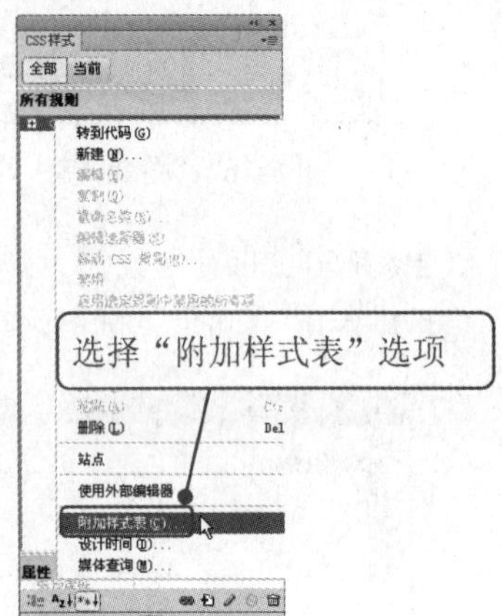

图 8-25 选择“附加样式表”选项

（3）弹出“链接外部样式表”对话框，单击“文件/URL”文本框右边的“浏览”按钮，在打开的“选择样式表文件”对话框中选择相应的文件，如图 8-26 所示。

（4）单击“确定”按钮，将样式添加到“链接外部样式表”对话框中，将对话框中的“添加为”设置为“链接”，如图 8-27 所示。

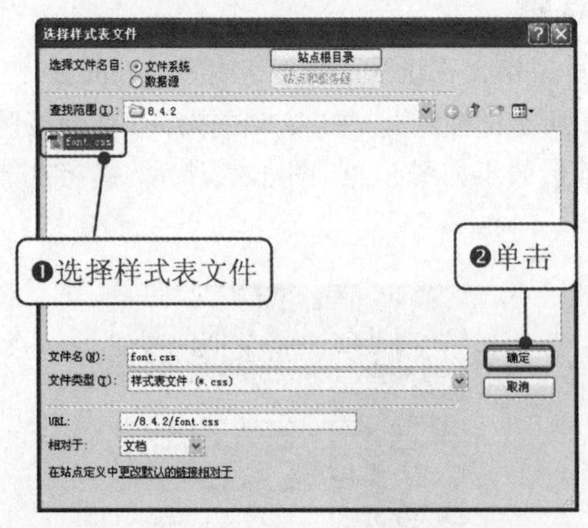

图 8-26 “选择样式表文件”对话框

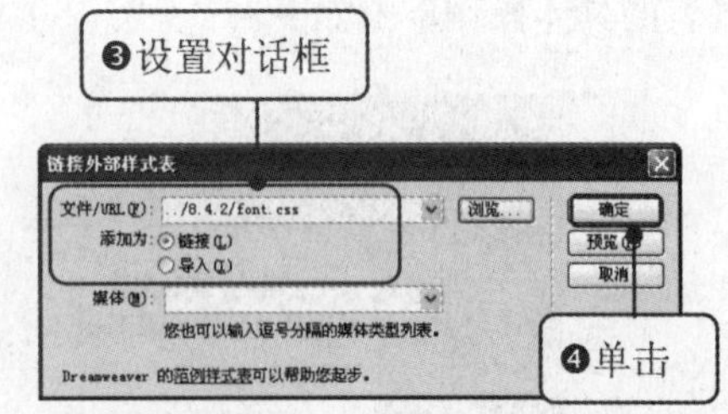

图 8-27 “链接外部样式表”对话框

（5）单击“确定”按钮，链接 CSS 样式表，如图 8-28 所示。

（6）保存文档，按 F12 键在浏览器中预览，效果如图 8-23 所示。

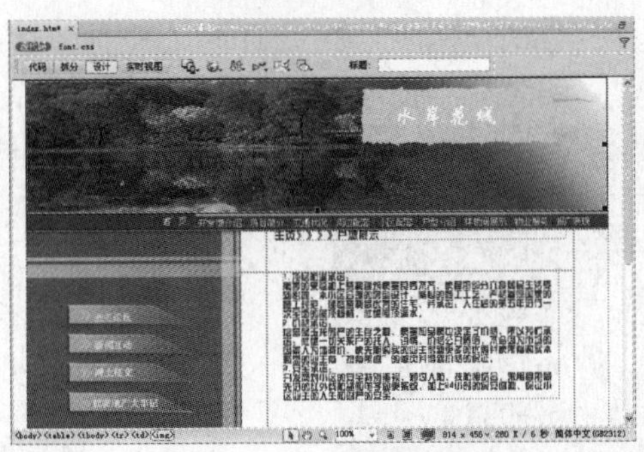

图 8-28　链接 CSS 样式表

8.5　综合应用

在制作网页时采用 CSS 技术，可以有效地对页面的布局、字体、颜色、背景和其他效果实现更加精确的控制。只要对相应的代码做一些简单的修改，就可以改变网页的外观和格式。

8.5.1　综合应用——应用 CSS 样式定义字体大小

利用 CSS 可以固定字体大小，使网页中的文本始终不随浏览器的改变而发生变化，总是保持着原来的大小。利用 CSS 固定字体大小的前后效果如图 8-29、图 8-30 所示，具体操作步骤如下。

图 8-29　利用 CSS 固定字体大小前的效果

图 8-30　利用 CSS 固定字体大小的效果

练习文件　实例素材/练习文件/CH08/8.5.1/index.html

完成文件　实例素材/完成文件/CH08/8.5.1/index1.html

（1）打开光盘中的素材文件 index.html，如图 8-31 所示。

（2）执行“窗口”|“CSS 样式”命令，打开“CSS 样式”面板，在面板中单击鼠标右键，在弹出的快捷菜单中选择“新建”选项，如图 8-32 所示。

（3）打开“新建 CSS 规则”对话框，在对话框中的“选择器名称”下拉列表中选择“.daxiao”选项，“选择器类型”设置为“类”，“规则定义”设置为“(仅限该文档)”，如图 8-33 所示。

（4）单击“确定”按钮，弹出“.daxiao 的 CSS 规则定义”对话框，在对话框中选择“类型”选项，将“Font-family”设置为“宋体”，“Font-size”设置为“12px”，“Color”设置为“#FFF”，“Line-height”设置为 200%，如图 8-34 所示。

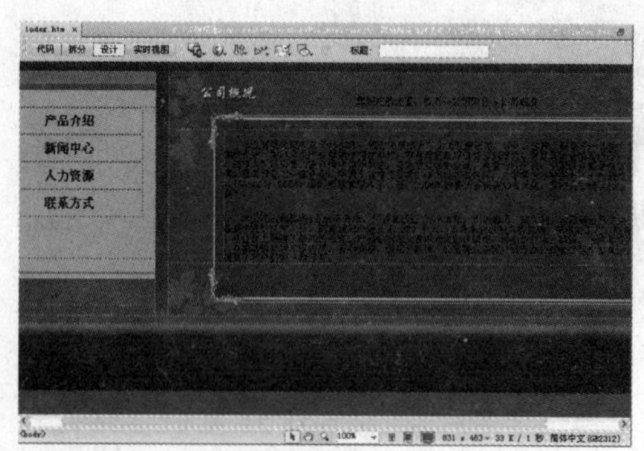

图 8-31　打开文件

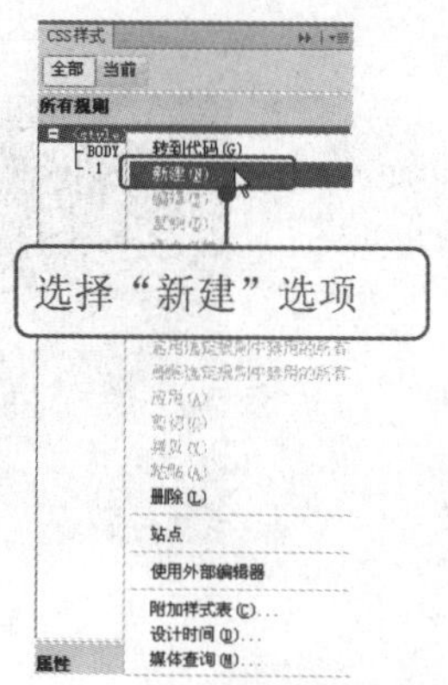

图 8-32　选择“新建”选项

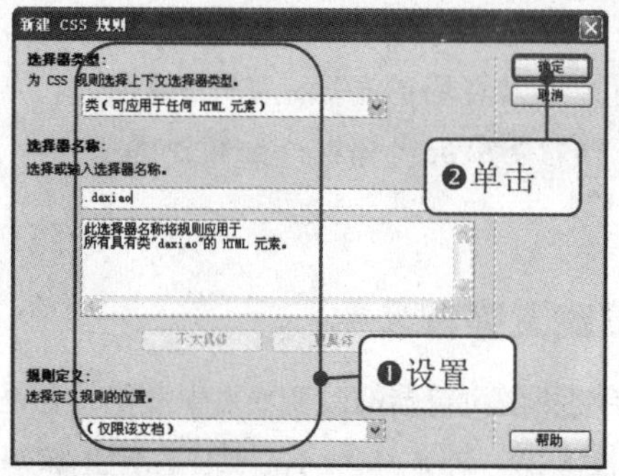

图 8-33　“新建 CSS 规则”对话框

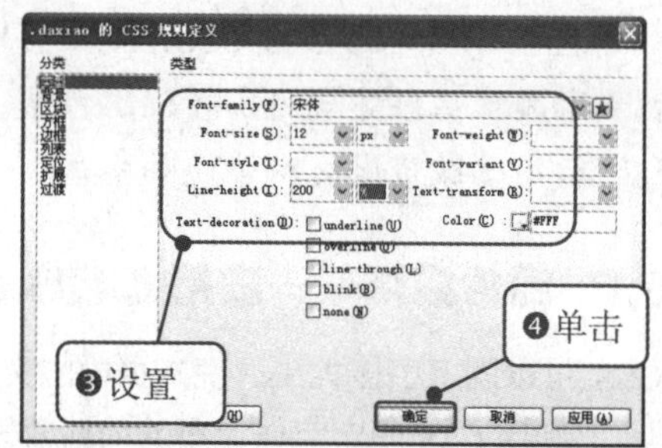

图 8-34　“.daxiao 的 CSS 规则定义”对话框

（5）单击“确定”按钮，在“CSS 样式”面板中显示新建的样式，如图 8-35 所示。

（6）在文档中选择正文内容，然后在“CSS 样式”面板中新建的样式上单击鼠标右键，在弹出的快捷菜单中选择“应用”选项，如图 8-36 所示。

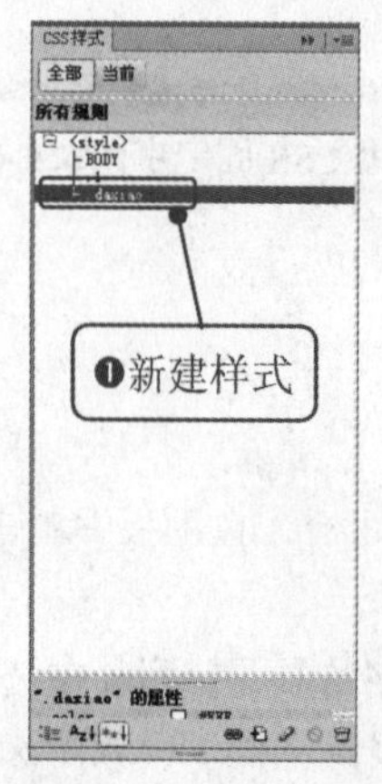

图 8-35　新建的样式

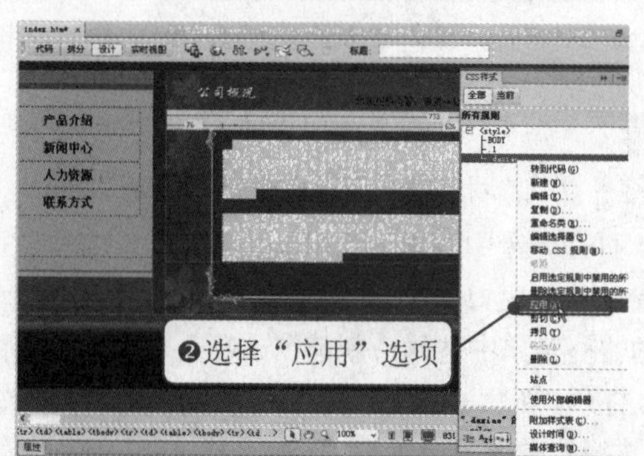

图 8-36　选择“应用”选项

（7）选择后，文档中的文字即自动套用新建的样式，如图 8-37 所示。

（8）保存文档，按 F12 键在浏览器中预览效果，如图 8-30 所示。

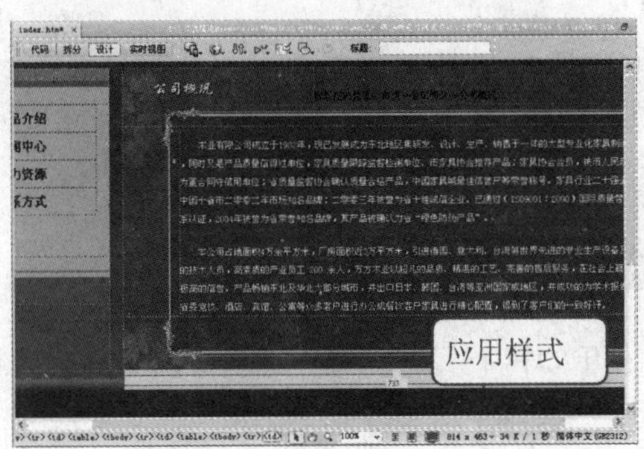

图 8-37　应用 CSS 样式

8.5.2　综合应用——应用 CSS 样式制作阴影文字

在制作网页时采用 CSS 技术可以有效地对页面的布局、字体、颜色、背景和其他效果实现更加精确的控制。只要对相应的代码做一些简单的修改，就可以改变网页的外观和格式。

滤镜对样式所控制的对象应用特殊效果（包括模糊和反转），使用 CSS 制作阴影文字的前后效果如图 8-38、图 8-39 所示，具体操作步骤如下。

图 8-38　使用 CSS 制作阴影文字前的效果

图 8-39　使用 CSS 制作阴影文字的效果

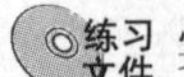

练习文件　实例素材/练习文件/CH08/8.5.2/index.html

完成文件　实例素材/完成文件/CH08/8.5.2/index1.html

（1）打开光盘中的素材文件 index.html，如图 8-40 所示。

（2）将光标置于页面中，执行“插入”|“表格”命令，打开“表格”对话框，在对话框中将“行数”设置为“1”，“列”设置为“1”，“表格宽度”设置为 50%，如图 8-41 所示。

图 8-40　打开文件

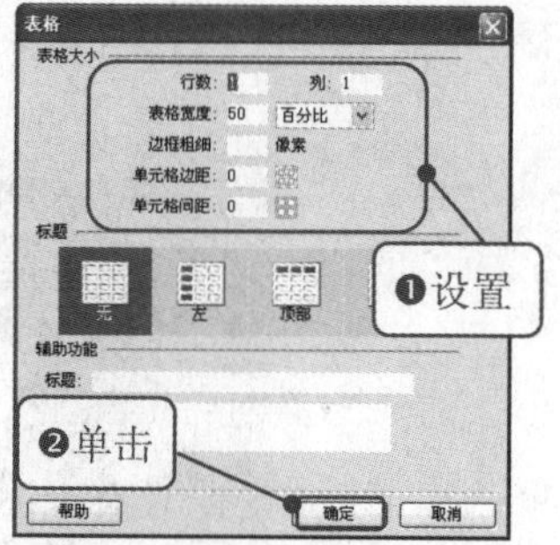

图 8-41　“表格”对话框

（3）单击“确定”按钮，插入表格，将“对齐”设置为“居中对齐”，如图 8-42 所示。

（4）将光标置于表格中，输入文字，如图 8-43 所示。

图 8-42　插入表格

图 8-43　输入文字

（5）执行“窗口”|“CSS 样式”命令，打开“CSS 样式”面板，在面板中单击鼠标右键，在弹出的快捷菜单中选择“新建”选项，如图 8-44 所示。

（6）弹出“新建 CSS 规则”对话框，在对话框中的“选择器名称”下拉列表中输入“.yinying”，“选择器类型”设置为“类”，“规则定义”设置为“(仅限该文档)”，如图 8-45 所示。

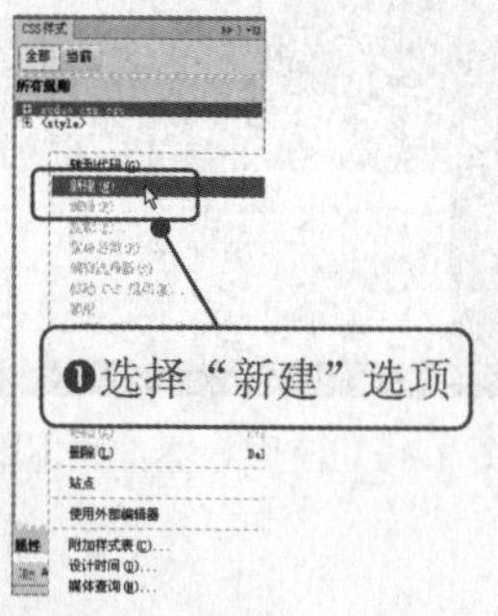

图 8-44　选择“新建”选项

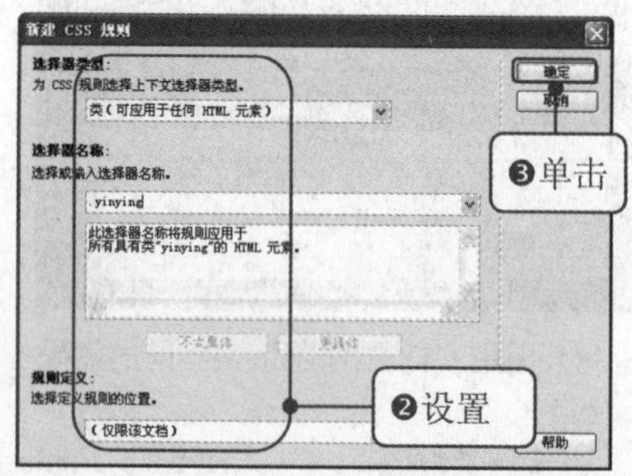

图 8-45　“新建 CSS 规则”对话框

（7）单击“确定”按钮，弹出“.yinying 的 CSS 规则定义”对话框，选择“分类”中的“类型”选项，在“类型”选项组中将“Font-family”设置为“宋体”，“Font-size”设置为“36”，“Font-weight”设置为“bold”，“Color”设置为“#FFFFFF”，如图 8-46 所示。

（8）单击“应用”按钮，再选择“分类”中的“扩展”选项，在“扩展”选项组中将“Filter”选择为“Shadow(Color=？，Direction=？)”，如图 8-47 所示。

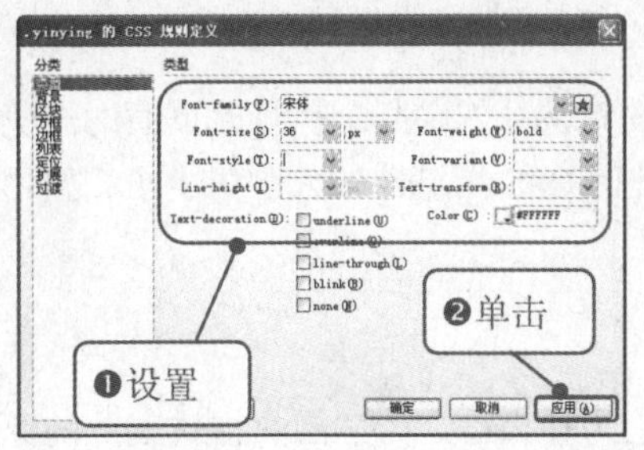

图 8-46　“.yinying 的 CSS 规则定义”对话框

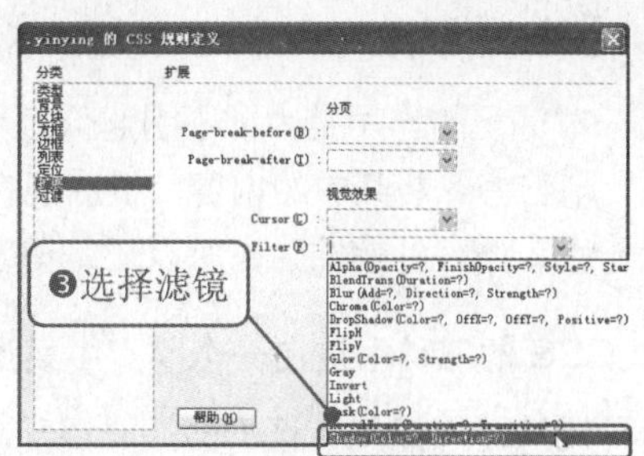

图 8-47　选择“过滤器”选项

★ 高手支招 ★

Shadow 滤镜可以使文字产生阴影效果，其语法格式为：Shadow（Color=?，Direction=?），其中 Color 为投影的颜色，Direction 为投影的角度，取值范围是 0～360，最常用的取值是 50，即可看出明显的阴影效果。

（9）在“Filter”中设置“Shadow(Color=#C1D51E, Direction=100)”，如图 8-48 所示。

（10）单击“确定”按钮，在文档中选中表格，然后在“CSS 样式”面板中新建的样式上单击鼠标右键，在弹出的快捷菜单中选择“应用”选项，如图 8-49 所示。

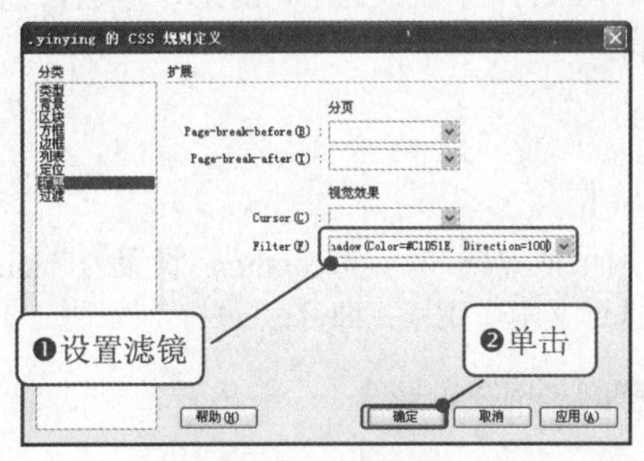

图 8-48　设置过滤

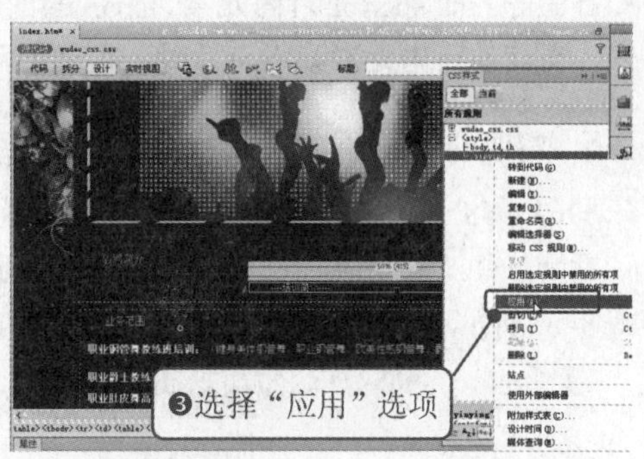

图 8-49　选择“应用”选项

（11）应用样式后，保存网页文档，按 F12 键在浏览器中预览阴影文字的效果，如图 8-39 所示。

8.6　专家秘籍

1．CSS 在网页制作中一般有三种方式的用法，那么具体在使用时该采用哪种用法

当有多个网页要用到 CSS，采用外链接 CSS 文件的方式，这样网页的代码大大减少，修改

起来非常方便；只在单个网页中使用的 CSS，采用文档头部方式；只有在一个网页一两个地方才用到的 CSS，采用行内插入方式。

2．在 CSS 中有“〈!--”和“--〉”，不要行吗

这一对标记的作用是为了不引起低版本浏览器的错误。如果某个执行此页面的浏览器不支持 CSS，则它将忽略其中的内容。虽然现在使用不支持 CSS 浏览器的人已很少了，但由于互联网上几乎什么都有可能发生，所以还是留着为好。

3．CSS 的三种用法在一个网页中要混用吗

三种用法可以混用，且不会造成混乱。这就是它为什么称之为“层叠样式表”的原因，浏览器在显示网页时是这样处理的：先检查有没有行内插入式 CSS，有就执行了，针对本句的其他 CSS 就不去管它了；其次检查头部方式的 CSS，有就执行了；在前两者都没有的情况下再检查外链接文件方式的 CSS。因此可以看出，三种 CSS 的执行优先级是：行内插入式、头部方式、外连文件方式。

4．div 标签与 span 标签有什么区别

虽然样式表可以套用在任何标签上，但是 div 和 span 标签的使用更是大大扩展了 HTML 的应用范围。div 和 span 这两个元素在应用上十分类似，使用时都必须加上结尾标签，也就是<div>...</div>和<span>...</span>。

span 和 div 的区别在于，div 是一个块级元素，可以包含段落、标题、表格，乃至章节、摘要和备注等。而 span 是行内元素，span 的前后是不会换行的，它没有结构的意义，纯粹是应用样式，当其他行内元素都不合适时，可以使用 span。

5．如何利用 CSS 去掉链接文字的下画线

利用 CSS 去掉链接文字的下画线，具体方法如下。

新建一个 CSS 规则，在“1 的 CSS 规则定义”对话框中将“Text-decoration”设置为“none”，如图 8-50 所示。单击“确定”按钮，新建样式，选中文本应用样式即可。

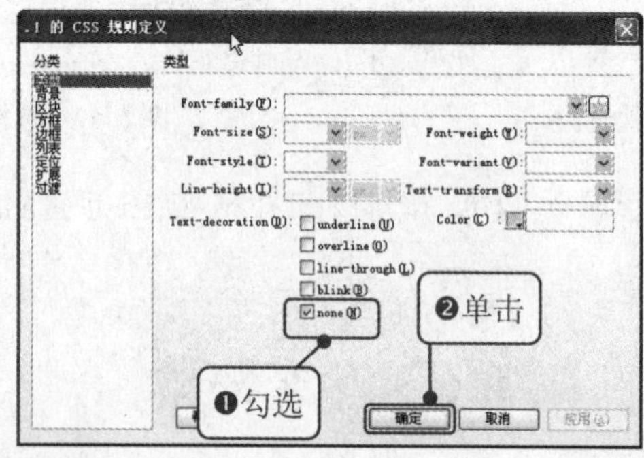

图 8-50　利用 CSS 去掉链接文字下画线

8.7　本章小结

CSS 即层叠样式表，是网页制作过程中普遍用到的技术，现在已经为大多数浏览器所支持，成为网页设计必不可少的工具之一。使用 CSS 技术，用户可以更轻松有效地对页面的整体布局、字体、图像、颜色等元素实现更加精确的控制，完成许多使用 HTML 无法实现的任务。本章的重点与难点是 CSS 的基本语法，在 Dreamweaver 中创建和使用 CSS 样式表，以及设置样式表属性。

第9章 用CSS+Div灵活布局页面

学前必读

CSS+Div布局的最终目的是搭建完整的页面架构，通过新的Web标准的构建，来提高网站设计的效率、可用性及其他实质性的优势，全站的CSS应用就成了CSS布局应用的一个关键环节。

学习流程

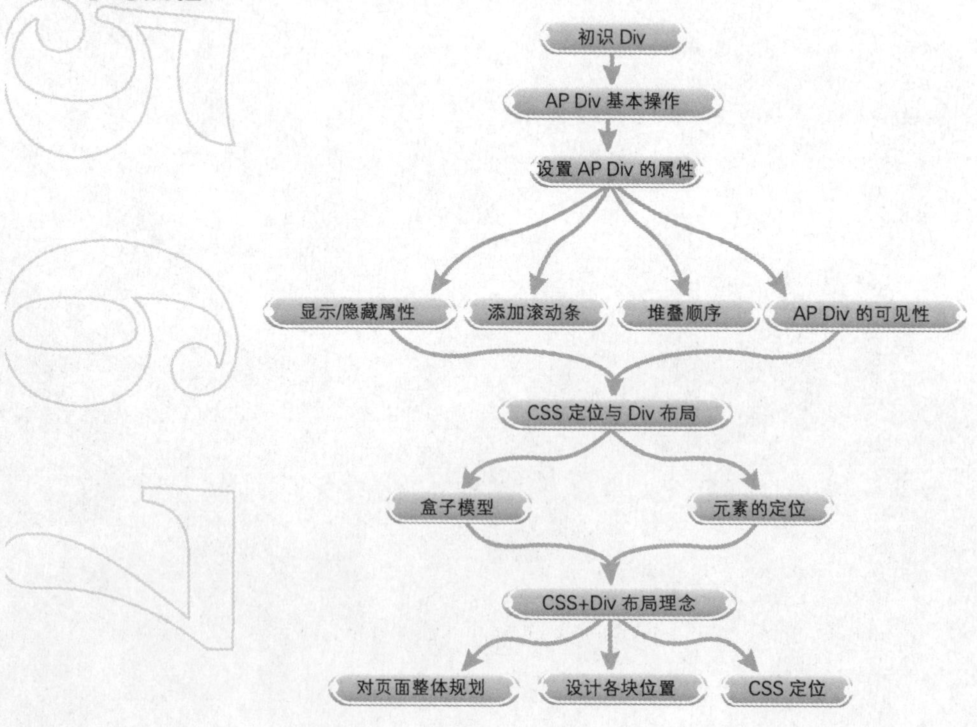

9.1　初识 Div

可以将 Div 理解为一个文档窗口内的又一个小窗口，像在普通窗口中的操作一样，在 Div 中可以输入文字，也可以插入图像、动画影像、声音、表格等，对其进行编辑。

9.1.1　Div 概述

Div 是 CSS 中的定位技术，在 Dreamweaver 中将其进行了可视化操作。文本、图像和表格等元素只能固定其位置，不能互相叠加在一起，使用 Div 功能，可以将其放置在网页中的任何位置，还可以按顺序排放网页文档中的其他构成元素。层体现了网页技术从二维空间向三维空间的一种延伸。将 Div 和行为综合使用，就可以不使用任何的 JavaScript 或 HTML 编码创作出动画效果。

Div 的功能主要有以下 3 个方面。

- 重叠排放网页中的元素：利用 Div，可以实现不同的图像重叠排列，而且可以随意改变排放的顺序。
- 精确的定位：单击 Div 上方的四边形控制手柄，将其拖动到指定位置，就可以改变层的位置。如果要精确定位 AP Div 在页面中的位置，则可以在 Div 的属性面板中输入精确的数值坐标。如果将 Div 的坐标值设置为负数，则 Div 会在页面中消失。
- 显示和隐藏 AP Div：AP Div 的显示和隐藏可以在 AP Div 面板中完成。当 AP Div 面板中的 AP Div 名称前显示的是"闭合眼睛"的图标时，表示 AP Div 被隐藏；当 AP Div 面板中的 AP Div 名称前显示的是"睁开眼睛"的图标时，表示 AP Div 被显示。

9.1.2　CSS+Div 布局的优势

过去最常用的网页布局工具是<table>标签，它本是用来创建电子数据表的，由于<table>标签本来不是用于布局的，因此设计师们不得不经常以各种不寻常的方式来使用这个标签，如把一个表格放在另一个表格的单元里面。这种方法的工作量很大，增加了大量额外的 HTML 代码，并使得后面很难修改设计。

而 CSS 的出现使得网页布局有了新的曙光。利用 CSS 属性，可以精确地设定元素的位置，还能将定位的元素叠放在彼此之上。当使用 CSS 布局时，主要把它用在 Div 标签上，<div>与</div>之间相当于一个容器，可以放置段落、表格和图片等各种 HTML 元素。

采用 CSS 布局有以下优点：

- 大大缩减页面代码，提高页面浏览速度，缩减带宽成本。
- 结构清晰，容易被搜索引擎搜索到。
- 缩短改版时间，只要简单地修改几个 CSS 文件就可以重新设计一个有成千上百页面的站点。
- 强大的字体控制和排版能力。

- CSS 非常容易编写，可以像写 HTML 代码一样轻松地编写。
- 提高易用性，使用 CSS 可以结构化 HTML，如<p>标记只用来控制段落，heading 标记只用来控制标题，table 标记只用来表现格式化的数据等。
- 表现和内容相分离，将设计部分分离出来放在一个独立样式文件中。
- 更方便搜索引擎的搜索，用只包含结构化内容的 HTML 代替嵌套的标记，搜索引擎将更有效地搜索到内容。
- 在 table 布局中，垃圾代码会很多，一些修饰的样式及布局的代码混合在一起，很不直观。而 Div 更能体现样式和结构相分离，结构的重构性强。
- 可以将许多网页的风格格式同时更新，不用再一页一页地更新了。可以将站点上所有的网页风格都使用一个 CSS 文件进行控制，只要修改这个 CSS 文件中相应的行，那么整个站点的所有页面都会随之发生变动。

9.2 AP Div 基本操作

AP Div 就像一个容器一样，可以将页面中的各种元素包含其中，从而控制页面元素的位置。在 Dreamweaver CS6 中，AP Div 用来控制浏览器窗口中对象的位置。AP Div 可以放置在页面的任意位置，AP Div 中可以包括图片和文本等元素。

9.2.1 AP Div 面板

在文档窗口中插入 AP Div 后，在操作过程中常常会根据需要对 AP Div 的大小进行适当调整。调整 AP Div 大小的具体操作步骤如下。

在“AP Div”面板中可以方便地处理 AP Div 的操作，设置 AP Div 的属性，执行“窗口”|“AP Div”命令，打开“AP Div”面板，如图 9-1 所示。

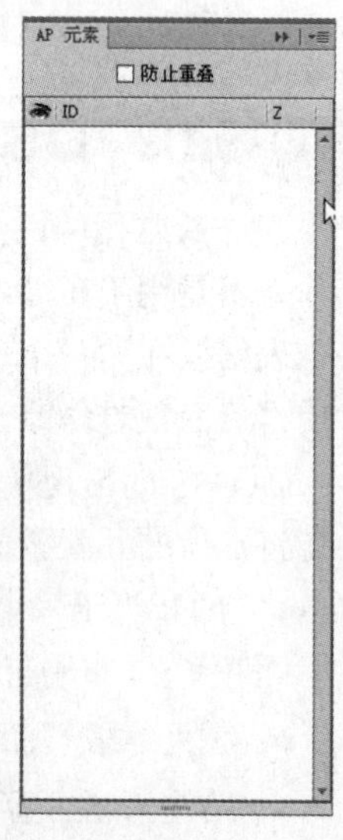

图 9-1 “AP Div”面板

AP Div 面板分 3 栏，最左侧的是“眼睛”标记，用鼠标直接单击标记，可以显示或隐藏所有的 AP Div；中间显示的是 AP Div 的名称；最右侧是 AP Div 在 Z 轴排列的情况。

9.2.2 创建普通 AP Div

在 Dreamweaver CS6 中有两种插入 AP Div 的方法：一种是通过菜单创建，另一种是通过插入栏创建。在网页中插入 AP Div 的具体操作步骤如下。

（1）打开光盘中的素材文件 index.html，如图 9-2 所示。

（2）执行“插入”|“布局对象”|“AP Div”命令，选择命令后，即可插入 AP Div，如图 9-3 所示。

图 9-2　打开文件

图 9-3　插入 AP Div

★ 指点迷津 ★

在“布局”插入栏中单击“绘制 AP Div”按钮，在文档窗口中按住鼠标左键进行拖动，可以绘制一个 AP Div。按住 Ctrl 键不放，可以连续绘制多个 AP Div。

9.2.3　创建嵌套 AP Div

在 Dreamweaver CS6 中，一个 AP Div 里还可以包含另外一个 AP Div，也就是嵌入 AP Div，嵌套的 AP Div 称为子 AP Div，子 AP Div 外面的 AP Div 称为父 AP Div。

将光标置于文档窗口中现有的 AP Div 中，执行“插入”|“布局对象”|“AP Div”命令，即可创建嵌套 AP Div，如图 9-4 所示。

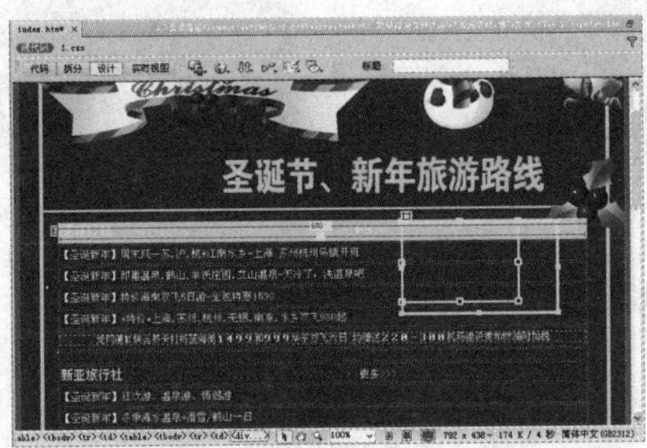

图 9-4　创建嵌套 AP Div

★ 高手支招 ★

一个 AP Div 完全处于另一个 AP Div 的区域内不一定是一个嵌入 AP Div，这是因为 AP Div 具有一个“Z 轴”属性，“Z 轴”用来设置 AP Div 的 Z 轴，可输入数值，这个数值可以是负值。当 AP Div 重叠时，Z 值大的 AP Div 将在最表面显示，覆盖或部分覆盖 Z 值小的 AP Div。也就是说，有可能在两个 AP Div 的位置出现 100％的重叠，因此，在这种情况下，重叠的两个 AP Div 并不是嵌套的关系。

9.3 设置 AP Div 的属性

插入 AP Div 后，可以在属性面板和“AP 元素”面板中修改 AP Div 的相关属性，如控制 AP Div 在页面中的显示方式、大小、背景和可见性等。

9.3.1 设置 AP Div 的显示/隐藏属性

当处理文档时，可以使用“AP Div”面板手动显示和隐藏 AP Div。当前选定 AP Div 始终会变为可见，它在选定时将出现在其他 AP Div 的前面。设置 AP Div 的显示/隐藏属性，具体操作步骤如下。

（1）执行“窗口”|“AP Div”命令，打开“AP Div”面板，单击“AP Div”面板中的“眼睛”按钮，可以显示或隐藏 AP Div，当“AP Div”面板中的“眼睛”按钮为“睁开”时，则为显示 AP Div，如图 9-5 所示。

（2）单击“AP Div”面板中的“眼睛”按钮，当“AP Div”面板中的“眼睛”按钮为“闭合”时，为隐藏 AP Div，如图 9-6 所示。

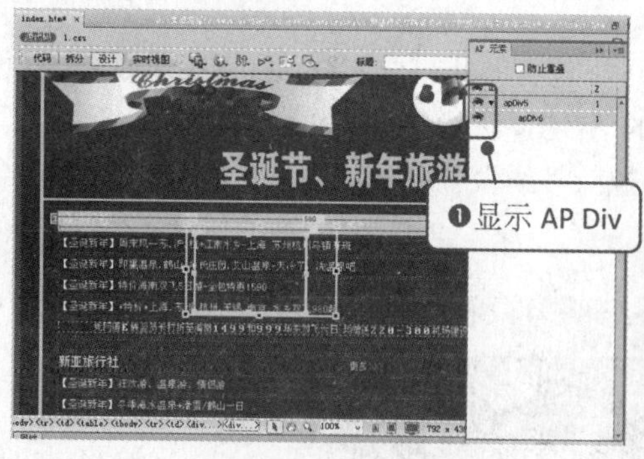

图 9-5 显示 AP Div

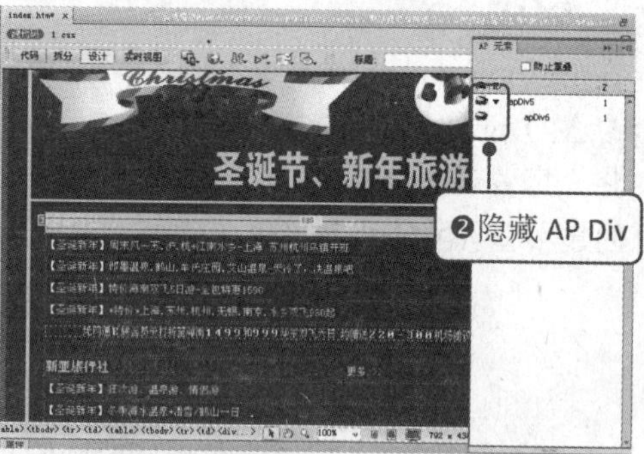

图 9-6 隐藏 AP Div

9.3.2 改变 AP Div 的堆叠顺序

在“AP Div”属性面板中更改 AP Div 的堆叠顺序，在“AP 元素”面板或“文档”窗口中选择 AP Div。执行“窗口”|“属性”命令，在面板中的“Z 轴”文本框中输入一个数字，如图 9-7 所示。

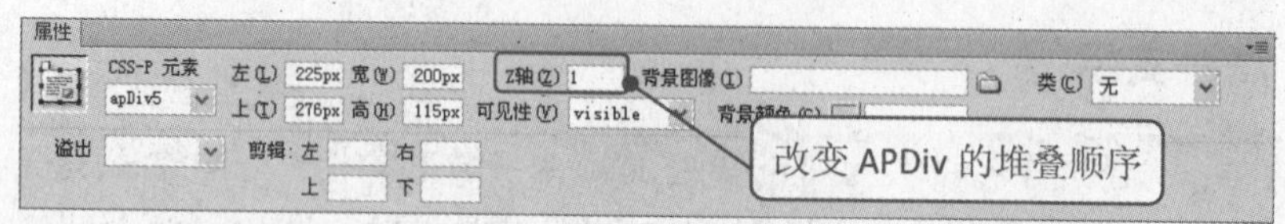

图 9-7 “AP Div”属性面板

在“AP Div”面板中选定某个 AP Div，然后单击“Z 轴”对应的属性列，此时会出现 Z 轴设置框，在设置框中更改数值即可调整 AP Div 的堆叠顺序。数值越大，显示越在上面。

★ 高手支招 ★

在“文档”窗口中，执行“修改”|“排列顺序”|“防止 AP 元素重叠”命令，可以防止 AP Div 的堆叠。

9.3.3 为 AP Div 添加滚动条

在“AP Div”属性面板中的“溢出”中用于控制当 AP Div 的内容超过 AP Div 的指定大小时如何在浏览器中显示 AP Div，如图 9-8 所示。

图 9-8　“AP Div”属性面板中的“溢出”选项

在 AP Div 属性面板中的各项参数如下。

- CSS-P 元素：AP Div 的名称，用于识别不同的 AP Div。
- 左：AP Div 的左边界距离浏览器窗口左边界的距离。
- 上：AP Div 的上边界距离浏览器窗口上边界的距离。
- 宽：AP Div 的宽。
- 高：AP Div 的高。
- Z 轴：AP Div 的 Z 轴顺序。
- 背景图像：AP Div 的背景图。
- 可见性：AP Div 的显示状态，包括 default、inherit、visible 和 hidden 4 个选项。
- 背景颜色：AP Div 的背景颜色。
- 剪辑：用来指定 AP Div 的哪一部分是可见的，输入的数值是距离 AP Div 的 4 个边界的距离。
- 溢出：如果 AP Div 里面的文字太多或图像太大，则 AP Div 的大小不足以全部显示的处理方式。其下拉列表中的各项参数如下。
  - visible（可见）：指示在 AP 元素中显示额外的内容；实际上，AP 元素会通过延伸来容纳额外的内容。
  - hidden（隐藏）：指定不在浏览器中显示额外的内容。
  - scroll（滚动条）：指定浏览器应在 AP 元素上添加滚动条，而不管是否需要滚动条。
  - auto（自动）：当 AP Div 中的内容超出 AP Div 范围时才显示 AP 元素的滚动条。
- 类：可以从该下拉列表中选择 CSS 样式定义 AP Div。

★ 高手支招 ★

“溢出”选项在不同的浏览器中会获得不同程度的支持。

9.3.4 改变 AP Div 的可见性

在“属性”面板中的“可见性”选项可以改变 AP Div 的可见性，如图 9-9 所示。

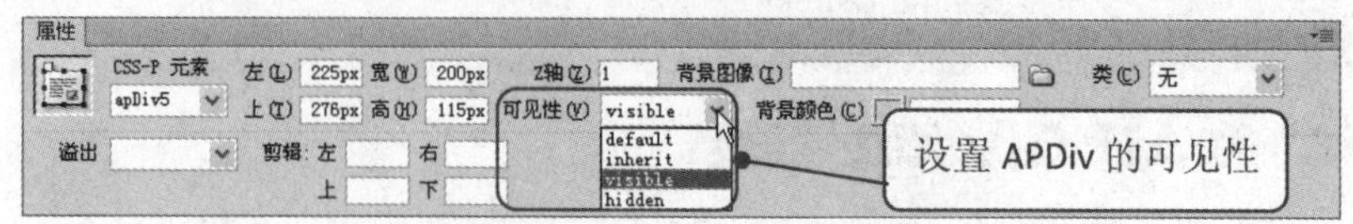

图 9-9　设置 AP Div 的可见性

在“可见性”选项中的各项参数如下。

- default（默认）：选择该选项时，则使用浏览器的默认设置。
- inherit（继承）：选择该选项时，在有嵌套的 AP Div 的情况下，当前 AP Div 使用父 AP Div 的可见性属性。
- visible（可见）：选择该选项时，则无论父 AP Div 是否可见，当前 AP Div 都可见。
- hidden（隐藏）：选择该选项时，则无论父 AP Div 是否可见，该 AP Div 都为隐藏。

9.4　CSS 定位与 DIV 布局

许多 Web 站点都使用基于表格的布局显示页面信息。表格对于显示表格数据很有用，并且很容易在页面上创建。但表格还会生成大量难于阅读和维护的代码。许多设计者首选基于 CSS 的布局，正是因为基于 CSS 的布局所包含的代码数量要比具有相同特性的基于表格的布局使用的代码少得多。

9.4.1 盒子模型

如果想熟练掌握 Div 和 CSS 的布局方法，则要对盒子模型有足够的了解。盒子模型是 CSS 布局网页时非常重要的概念，只有很好地掌握了盒子模型以及其中每个元素的使用方法，才能真正地布局网页中各个元素的位置。

所有页面中的元素都可以看做是一个装了东西的盒子，盒子里面的内容到盒子的边框之间的距离即为填充（padding），盒子本身有边框（border），而盒子边框外和其他盒子之间，还有边界（margin）。

一个盒子由 4 个独立部分组成，如图 9-10 所示。

- 最外面的是边界（margin）。
- 第二部分是边框（border），边框可以有不同的样式。
- 第三部分是填充（padding），填充用来定义内容区域与边框（border）之间的空白。
- 第四部分是内容区域（content）。

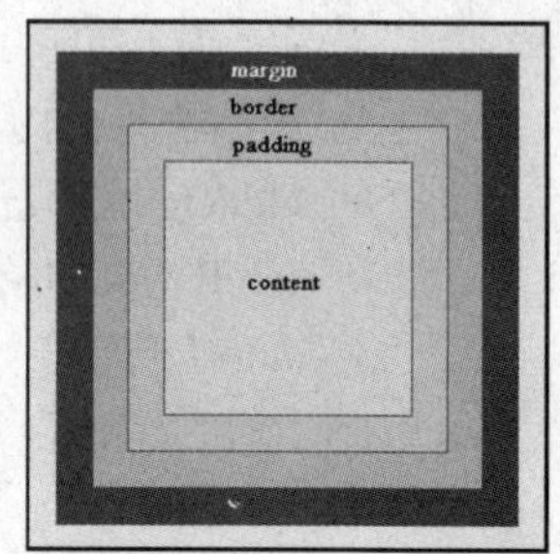

图 9-10　盒子模型

填充、边框和边界都含有“上、右、下、左”4 个方向，既可以分别定义，也可以统一定义。当使用 CSS 定义盒子的宽度（width）和高度（height）时，定义的并不是内容区域、填充、边框和边界所占的总区域。实际上定义的是内容区域的宽度和高度。为了计算盒子所占的实际区域，必须加上 padding、border 和 margin。

实际宽度=左边界+左边框+左填充+内容宽度+右填充+右边框+右边界

实际高度=上边界+上边框+上填充+内容高度+下填充+下边框+下边界

9.4.2 元素的定位

CSS 对元素的定位包括相对定位和绝对定位，同时，还可以把相对定位和绝对定位结合起来，形成混合定位。

1. position 属性

position 的原意为位置、状态、安置。在 CSS 布局中，position 属性非常重要，很多特殊容器的定位必须用 position 来完成。position 属性有 4 个值，分别是：static、absolute、fixed 和 relative。

position 定位允许用户精确定义元素框出现的相对位置，可以相对于它通常出现的位置，相对于其上级元素，相对于另一个元素，或者相对于浏览器视窗本身。每个显示元素都可以用定位的方法来描述，而其位置由此元素的包含块来决定。

语法：

```
Position: static | absolute | fixed | relative
```

static 表示默认值，无特殊定位，对象遵循 HTML 定位规则；absolute 表示采用绝对定位，需要同时使用 left、right、top 和 bottom 等属性进行绝对定位。而其层叠通过 z-index 属性定义，此时对象没有边框，但仍有填加边框功能；fixed 表示当页面滚动时，元素保持在浏览器视区内，其行为类似 absolute；relative 表示采用相对定位，对象不可层叠，但将依据 left、right、top 和 bottom 等属性设置在页面中的偏移位置。

当容器的 position 属性值为 fixed 时，这个容器即被固定定位了。固定定位和绝对定位非常类似，不过被定位的容器不会随着滚动条的拖动而变化位置。在视野中，固定定位的容器的位置是不会改变的。下面举例讲述固定定位的使用，其代码如下所示。

```
<!DOCTYPE html PUBLIC "-//W3C//DTD XHTML 1.0 Transitional//EN"
"http://www.w3. org/TR/xhtml1/DTD/xhtml1-transitional.dtd">
<html xmlns="http://www.w3.org/1999/xhtml">
<head>
<meta http-equiv="Content-Type" content="text/html; charset=gb2312" />
<title>CSS 固定定位</title>
<style type="text/css">
*{margin: 0px;
 padding:0px;}
#all{ width:500px;
    height:550px;
    background-color:#ccc0cc;}
#fixed{ width:150px;
```

```
      height:80px;
      border:15px outset #f0ff00;
      background-color:#9c9000;
      position:fixed;
      top:20px;
      left:10px;}
  #a{ width:250px;
     height:300px;
     margin-left:20px;
     background-color:#ee00ee;
     border:2px outset #000000;}
  </style>
  </head>
  <body>
  <div id="all">
     <div id="fixed">固定的 div 容器</div>
     <div id="a">无定位的 div 容器</div>
  </div>
  </body>
  </html>
```

在本例中给外部 Div 设置了# ccc0cc 背景色，给内部无定位的 Div 设置了#ee00ee 背景色，而给固定定位的 Div 容器设置了#9c9000 背景色，并设置了 outset 类型的边框。在浏览器中的浏览效果如图 9-11 和图 9-12 所示。

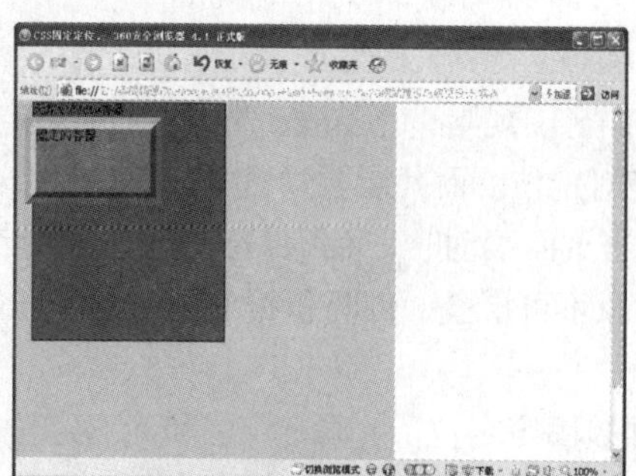

图 9-11　固定定位效果

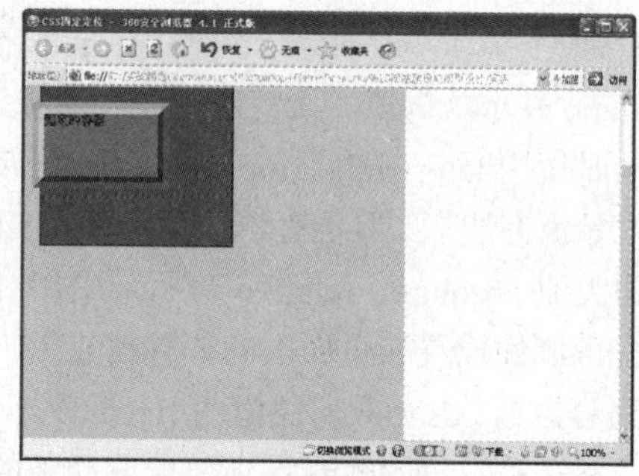

图 9-12　拖动浏览器后的效果

2. float 属性

应用 Web 标准创建网页以后，float 浮动属性是元素定位中非常重要的属性，常常通过对 Div 元素应用 float 浮动来进行定位，不但对整个版式进行规划，还可以对一些基本元素如导航等进行排列。

语法：

```
float:none|left|right
```

★ 指点迷津 ★

none 是默认值，表示对象不浮动；left 表示对象浮在左边；right 表示对象浮在右边。

CSS 允许任何元素 float 浮动，不论是图像、段落，还是列表。无论先前元素是什么状态，浮动后都成为块级元素。浮动元素的宽度默认为 auto。

float 属性不是想象的那么简单，不是通过本节的讲述就能明白的，需要在实践中不断总结经验。下面通过例子来说明它的工作情况。

如果 float 取值为 none 或没有设置 float 时，则不会发生任何浮动，块元素独占一行，紧随其后的块元素将在新行中显示。其代码如下所示，在浏览器中的效果如图 9-13 所示，可以看到由于没有设置 Div 的 float 属性，因此每个 Div 都单独占一行，两个 Div 分两行显示。

```
<html xmlns="http://www.w3.org/1999/xhtml">
<head>
<meta http-equiv="Content-Type" content="text/html; charset=gb2312" />
 <title>没有设置 float 时</title>
 <style type="text/css">
  #content_a {width:250px; height:100px; border:2px solid #000f00;
margin:15px; background:#0ccc00;}
  #content_b {width:250px; height:100px; border:2px solid #000f00;
margin:15px; background:#ff0000;}    </style>
</head>
<body>
  <div id="content_a">这是第一个 div</div>
  <div id="content_b">这是第二个 div</div>
</body>
</html>
```

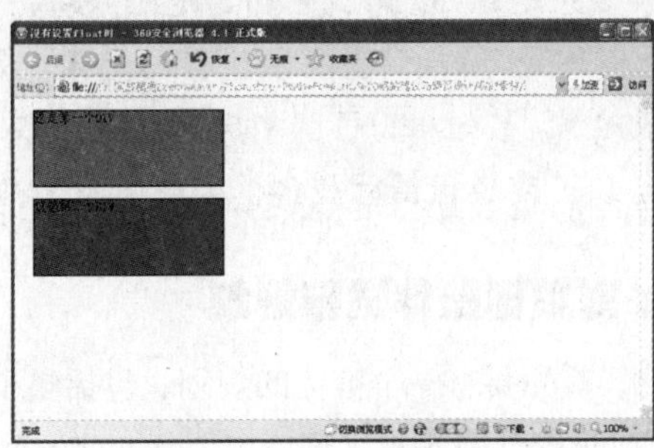

图 9-13　没有设置 float

下面修改一下代码，使用 float:left 对 content_a 应用向左的浮动，而 content_b 不应用任何浮动。其代码如下所示，在浏览器中的浏览效果如图 9-14 所示，可以看到对 content_a 应用向左的浮动后，content_a 向左浮动，content_b 在水平方向紧跟在它的后面，两个 Div 占一行，且在一行中并列显示。

```
<html xmlns="http://www.w3.org/1999/xhtml">
<head>
<meta http-equiv="Content-Type" content="text/html; charset=gb2312" />
 <title>一个设置为左浮动，一个不设置浮动</title>
 <style type="text/css">
```

```
    #content_a {width:250px; height:100px; float:left; border:2px solid
#000f00; margin:15px; background:#0ccc00;}
    #content_b {width:250px; height:100px; border:2px solid #000f00;
margin:15px; background:#ff0000;}    </style>
  </head>
  <body>
  <div id="content_a">这是第一个 div 向左浮动</div>
  <div id="content_b">这是第二个 div 不应用浮动</div>
  </body>
  </html>
```

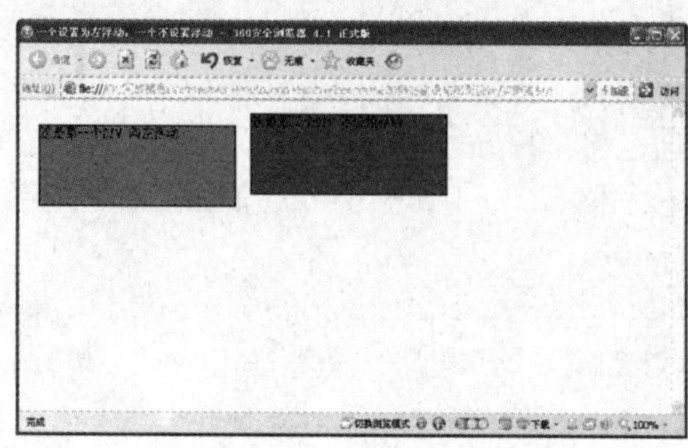

图 9-14　两个 Div 并列显示

9.5　CSS+Div 布局的常用方法

无论是使用表格还是 CSS，网页布局都是把大块的内容放进网页的不同区域里面。有了 CSS，最常用来组织内容的元素就是<div>标签。CSS 是一种很新的排版理念，首先要将页面使用<div>整体划分为几个板块，然后对各个板块进行 CSS 定位，最后在各个板块中添加相应的内容。

9.5.1　使用 Div 对页面整体进行规划

在利用 CSS 布局页面时，首先要有一个整体的规划，包括整个页面分成哪些模块，各个模块之间的父子关系等。以最简单的框架为例，整体框架（container）由横幅广告（banner）、主体内容（content）、菜单导航（links）和脚注（footer）4 个部分组成，各个部分分别用自己的 ID 来标识，如图 9-15 所示。

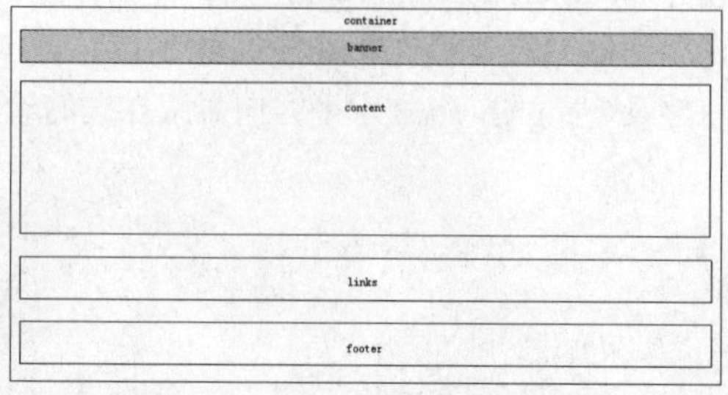

图 9-15　页面内容框架

其页面中的 HTML 框架代码如下所示。

```
  <div id="container">container
  <div id="banner">banner</div>
    <div id="content">content</div>
    <div id="links">links</div>
    <div id="footer">footer</div>
</div>
```

实例中每个板块都是一个<div>，这里直接使用 CSS 中的 id 来表示各个板块，页面中的所有 Div 块都属于 container，一般的 Div 排版都会在最外面加上这个父 Div，便于对页面的整体进行调整。对于每个 Div 块，还可以再加入各种元素或行内元素。

9.5.2　设计各块的位置

页面的内容已经确定后，则需要根据内容本身考虑整体的页面布局类型，如是单栏、双栏还是三栏等，这里采用的布局如图 9-16 所示。

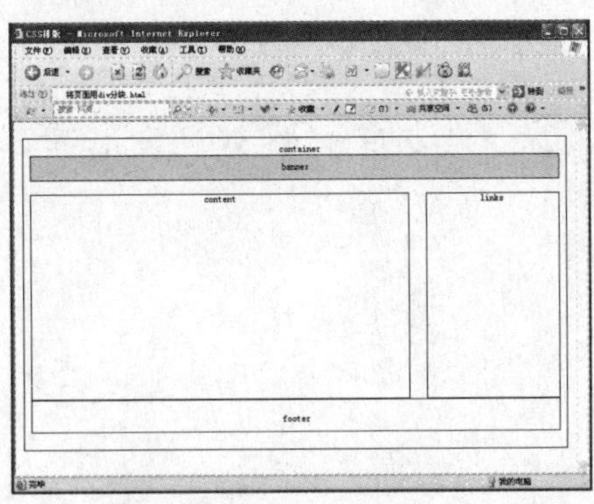

图 9-16　简单的页面布局

由图 9-16 可以看出，在页面外部有一个整体的框架 container，banner 位于页面整体框架中的最上方，content 与 links 位于页面的中部，其中 content 占据着页面的绝大部分。最下面是页面的脚注 footer。

9.5.3　使用 CSS 定位

整理好页面的框架后，就可以利用 CSS 对各个板块进行定位，实现对页面的整体规划，然后再往各个板块中添加内容。

下面首先对 body 标记与 container 父块进行设置，CSS 代码如下所示。

```
body {
   margin:15px;
   text-align:center;
}
#container{
   width:1000px;
   border:1px solid #000000;
```

```
    padding:10px;
}
```

上面代码设置了页面的边界和页面文本的对齐方式，以及父块的宽度为 1000px。下面来设置 banner 板块，其 CSS 代码如下所示。

```
#banner{
    margin-bottom:5px;
    padding:20px;
    background-color:#aaaa0f;
    border:1px solid #000000;
    text-align:center;
}
```

这里设置了 banner 板块的边界、填充和背景颜色等。

下面利用 float 方法将 content 移动到左侧，links 移动到页面右侧，这里分别设置了这两个板块的宽度和高度，读者可以根据需要自己调整。代码如下所示。

```
#content{
    float:left;
    width:670px;
    height:300px;
    background-color:#ca0a0f;
    border:1px solid #000000;
    text-align:center;
}
#links{
    float:right;
    width:300px;
    height:300px;
    background-color:yellow;
    border:1px solid #000000;
    text-align:center;
}
```

由于 content 和 links 对象都设置了浮动属性，因此 footer 需要设置 clear 属性，使其不受浮动的影响，代码如下所示。

```
#footer{
    clear:both;    /*不受 float 影响 */
    padding:10px;
    border:1px solid #000000;
    background-color:green;
    text-align:center;
}
```

这样页面的整体框架便搭建好了，如图 9-17 所示。这里需要指出的是 content 块中不能放宽度太长的元素，如很长的图片或不折行的英文等，否则 links 将再次被挤到 content 下方。

后期维护时如果希望 content 的位置与 links 对调，则只需要将 content 和 links 属性中的 left 和 right 改变。这是传统的排版方式所不可能实现的，也正是 CSS 排版的魅力之一。

另外，如果 links 的内容比 content 的长，在 IE 浏览器上 footer 就会贴在 content 下方而与 links 出现重合。

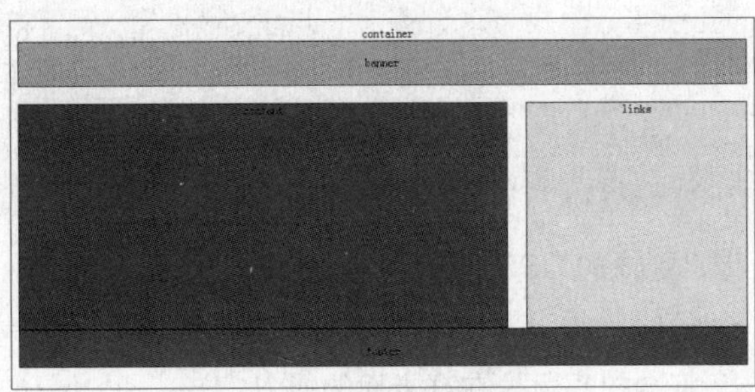

图 9-17　搭建好的页面布局

9.6　专家秘籍

1. 什么是 Web 标准

Web 标准是由 W3C 和其他标准化组织制定的一套规范集合，Web 标准的目的在于创建一个统一的用于 Web 表现层的技术标准，以便通过不同浏览器或终端设备向最终用户展示信息内容。

网页主要由三部分组成：结构（Structure）、表现（Presentation）和行为（Behavior）。对应的网站标准也分三方面：结构化标准语言，主要包括 XHTML 和 XML；表现标准语言，主要包括 CSS；行为标准，主要包括对象模型（如 W3C DOM）、ECMAScript 等。

2. 结构（Structure）

结构对网页中用到的信息进行分类与整理。在结构中用到的技术主要包括 HTML、XML 和 XHTML。

3. 表现（Presentation）

表现用于对信息进行版式、颜色、大小等形式控制。在表现中用到的技术主要是 CSS 层叠样式表。

4. 行为（Behavior）

行为是指文档内部的模型定义及交互行为的编写，用于编写交互式的文档。在行为中用到的技术主要包括 DOM 和 ECMAScript。

- DOM（Document Object Model）文档对象模型：DOM 是浏览器与内容结构之间的沟通接口，使大家可以访问页面上的标准组件。
- ECMAScript 脚本语言：ECMAScript 是标准脚本语言，用于实现具体的界面上对象的交互操作。

5. 怎样改变滚动条的样式

相信很多人都遇到过在设计中自定义滚动条样式的情景，IE 是最早支持滚动条样式的浏览器。

```
scrollbar-arrow-color: color;        /*三角箭头的颜色*/
scrollbar-face-color: color;         /*立体滚动条的颜色（包括箭头部分的背景色）*/
scrollbar-3dlight-color: color;      /*立体滚动条亮边的颜色*/
```

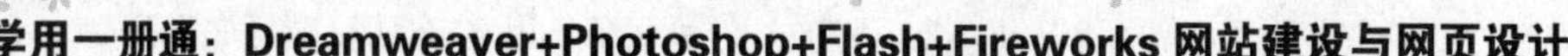


```
scrollbar-highlight-color: color;  /*滚动条的高亮颜色（左阴影）*/
scrollbar-shadow-color: color;     /*立体滚动条阴影的颜色*/
scrollbar-darkshadow-color: color; /*立体滚动条外阴影的颜色*/
scrollbar-track-color: color;      /*立体滚动条背景颜色*/
scrollbar-base-color:color;        /*滚动条的基色*/
```

6. 怎样写出更轻巧、更快的 CSS

为什么我们的 CSS 变得一团糟——我们真的很容易陷入这样的困惑中。写出更轻巧、更快的 CSS，以下这 7 个技巧将会提高大家在这方面的能力。

- 保持条理性：像做任何事情一样，让自己保持条理性（有组织）是值得的。采用清晰的结构，而不是随心所欲地组织 id 和 class。这会有助于记住 CSS 的级联性，并让样式表能够利用样式继承。
- 标题、日期和签名：让其他人知道谁写的 CSS，什么时候写的，以及如果有问题可以联系谁。在设计模板或主题时是非常有用的。
- 搞一个模板库：一旦选定了一个结构，就要把文件存成一个 CSS 模板，以便将来使用。你可以为多种用途保存多个版本，如两栏布局、博客布局、打印、移动等。
- 有用的命名习惯：用更通用的命名习惯，并保持一致。
- 用连字符取代下画线：比较老的浏览器可能对 CSS 中的下画线支持不太好，或者完全不支持。为了更好地向后兼容，要养成使用连字符的习惯。用#slj-alpha 而不是#slj_alpha。
- 不要重复自己：用组合元素代替重新声明样式来尽可能地重用样式。如果你的 h1 和 h2 都用同样的字体大小、颜色和边距，用逗号组合它们。
- 验证：使用 W3C 的免费 CSS 验证。如果遇到布局不像要求的那样工作，CSS 验证器会在指出错误方面给你很大的帮助。

9.7 本章小结

设计网页的第一步是设计布局，好的网页布局会令访问者耳目一新，同样也可以使访问者比较容易在站点上找到他们所需要的信息。无论是使用表格还是 CSS，网页布局都是把大块的内容放进网页的不同区域里面。

传统表格布局的快速与便捷加速了网页设计师对于页面创意的激情，而忽视了代码的理性分析。迄今为止，表格仍然主导着视觉丰富的网站的设计方式，但它却阻碍了一种更有亲和力的、更灵活的，而且功能更强大的 CSS 布局方法。

第10章 利用行为轻易实现网页特效

学前必读

行为是 Dreamweaver 中最有特色的功能，它可以使网页制作者不用编写一行 JavaScript 代码，就能制作出需要数百行代码才能完成的功能。行为的关键在于 Dreamweaver 提供了许多标准的 JavaScript 程序，这些程序被称为动作，每个动作都可以完成特定的任务。本章主要讲述行为的基本概念、常见的事件、常见的动作和 Dreamweaver 内置行为的使用。

学习流程

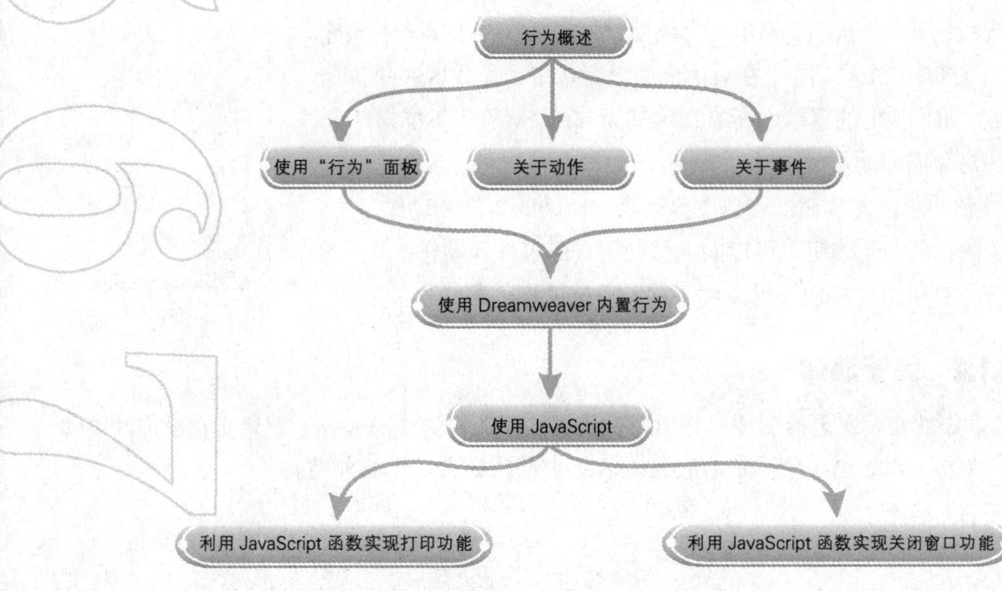

10.1 行为概述

> 行为是用来动态响应用户操作、改变当前页面效果或是执行特定任务的一种方法。行为由对象、事件和动作构成。

（1）对象是产生行为的主体。网页中的很多元素都可以成为对象，如整个 HTML 文档、插入的图片、文字等。

（2）事件是触发动态效果的条件。网页事件分为不同的种类，有的与鼠标有关；有的与键盘有关，如鼠标单击、按键盘上的某个键；有的事件还和网页相关，如网页下载完毕、网页切换等。对于同一个对象，不同版本的浏览器支持的事件种类和多少也是不一样的。

（3）动作是最终产生的动态效果，动态效果可能是图片的交换、链接的改变、弹出信息等。

10.1.1 使用“行为”面板

“行为”面板的作用是为网页元素添加动作和事件，使网页具有互动效果。在介绍“行为”面板前先了解一下 3 个词语：事件、动作和行为。

（1）事件：浏览器对每一个网页元素的响应途径与具体的网页对象相关。

（2）动作：一段事先编辑好的脚本，可用来选择某些特殊的任务，如播放声音、打开浏览器窗口、弹出菜单等。

（3）行为：实质上是事件和动作的合成体。

可以使用“行为”面板将行为附加到网页元素，更具体地说是附加到标签，并修改以前所附加行为的参数。

执行“窗口”|“行为”命令，打开“行为”面板，如图 10-1 所示。在“行为”面板中包含以下 4 个按钮。

- 按钮：单击此按钮，弹出一个菜单，在此菜单中选择其中的选项，会打开一个对话框，在对话框中设置选定动作或事件的各个参数。如果弹出的菜单中所有选项都为灰色，则表示不能对所选择的对象添加动作或事件。
- 按钮：单击此按钮，可以删除列表中所选的事件和动作。
- 按钮：单击此按钮，可以向上移动所选的事件和动作。
- 按钮：单击此按钮，可以向下移动所选的事件和动作。

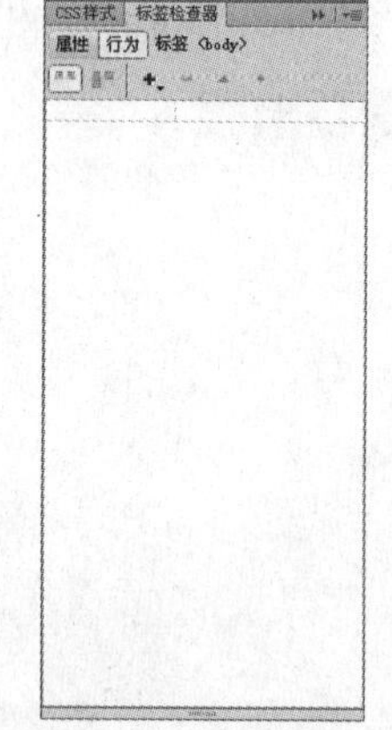

图 10-1 “行为”面板

10.1.2 关于动作

所谓的动作就是设定更换图片、弹出警告信息框等特殊的 JavaScript 效果。在设定的事件发生时运行动作。如表 10-1 所示是 Dreamweaver 中默认提供动作的种类。

表 10-1　Dreamweaver 中常见的动作

动　作	说　明
弹出消息	设置的事件发生之后，显示警告信息
交换图像	发生设置的事件后，用其他图片来取代选定的图片
恢复交换图像	在运用交换图像动作之后，显示原来的图片
打开浏览器窗口	在新窗口中打开
拖动 AP 元素	允许在浏览器中自由拖动 AP 元素
转到 URL	可以转到特定的站点或者网页文档上
检查表单	检查表单文档有效性的时候使用
调用 JavaScript	调用 JavaScript 特定函数
改变属性	改变选定客体的属性
跳转菜单	可以建立若干个链接的跳转菜单
跳转菜单开始	在跳转菜单中选定要移动的站点之后，只有单击按钮才可以移动到链接的站点上
预先载入图像	为了在浏览器中快速显示图片，事先下载图片之后显示出来
设置框架文本	在选定的框架上显示指定的内容
设置文本域文字	在文本字段区域显示指定的内容
设置容器中的文本	在选定的容器上显示指定的内容
设置状态栏文本	在状态栏中显示指定的内容
显示-隐藏 AP 元素	显示或隐藏特定的 AP 元素

10.1.3　关于事件

当访问者与网页进行交互时，浏览器生成事件，如果所选对象和显示事件子菜单中指定的浏览器不同，则显示在事件下拉列表中的事件将有所不同。如表 10-2 所示是 Dreamweaver 中常见的事件。

表 10-2　Dreamweaver 中常见的事件

事　件	内　容
onAbort	在浏览器窗口中停止加载网页文档的操作时发生的事件
onMove	移动窗口或框架时发生的事件
onLoad	选定的对象出现在浏览器上时发生的事件
onResize	访问者改变窗口或帧的大小时发生的事件
onUnLoad	访问者退出网页文档时发生的事件
onClick	用鼠标单击选定元素的一瞬间发生的事件
onBlur	鼠标指针移动到窗口或帧外部，在这种非激活状态下发生的事件
onDragDrop	拖动并放置选定元素的那一瞬间发生的事件
onDragStart	拖动选定元素的那一瞬间发生的事件
onFocus	鼠标指针移动到窗口或帧上，即激活之后发生的事件
onMouseDown	单击鼠标右键一瞬间发生的事件
onMouseMove	鼠标指针指向字段并在字段内移动时发生的事件
onMouseOut	鼠标指针经过选定元素之外时发生的事件
onMouseOver	鼠标指针经过选定元素上方时发生的事件
onMouseUp	单击鼠标右键，然后释放时发生的事件
onScroll	访问者在浏览器上移动滚动条时发生的事件
onKeyDown	当访问者按下任意键时发生的事件
onKeyPress	当访问者按下和释放任意键时发生的事件

续　表

事　件	内　容
onKeyUp	在键盘上按下特定键并释放时发生的事件
onAfterUpdate	更新表单文档内容时发生的事件
onBeforeUpdate	改变表单文档项目时发生的事件
onChange	访问者修改表单文档的初始值时发生的事件
onReset	将表单文档重设置为初始值时发生的事件
onSubmit	访问者传送表单文档时发生的事件
onSelect	访问者选定文本字段中的内容时发生的事件
onError	在加载文档的过程中，发生错误时发生的事件
onFilterChange	运用于选定元素的字段发生变化时发生的事件
Onfinish Marquee	用功能来显示的内容结束时发生的事件
Onstart Marquee	开始应用功能时发生的事件

10.2　使用 Dreamweaver 内置行为

Dreamweaver CS6 提供了丰富的内置行为，不需要编写任何代码就可以实现一些强大的交互性和控制功能，还可以从网络上下载一些第三方提供的动作来使用。

10.2.1　上机练习——交换图像

“交换图像”行为是将一幅图像替换成另外一幅图像，一个交换图像其实是由两幅图像组成的。

下面通过实例讲述“交换图像”行为的使用方法，鼠标未经过图像时的效果如图 10-2 所示，鼠标经过图像时的效果如图 10-3 所示，具体操作步骤如下。

图 10-2　鼠标未经过图像时的效果

图 10-3　鼠标经过图像时的效果

练习文件　实例素材/练习文件/CH10/10.2.1/index.html

完成文件　实例素材/完成文件/CH10/10.2.1/index1.html

（1）打开光盘中的素材文件 index.html，选中图像，如图 10-4 所示。

（2）在“行为”面板中单击“添加行为”按钮+，在弹出的菜单中选择“交换图像”选项，如图 10-5 所示。

（3）弹出“交换图像”对话框，在对话框中单击“设定原始档为”文本框右边的“浏览”按钮，弹出如图 10-6 所示的“选择图像源文件”对话框，在对话框中选择图像 images/tu2.jpg。

图 10-4　打开文件

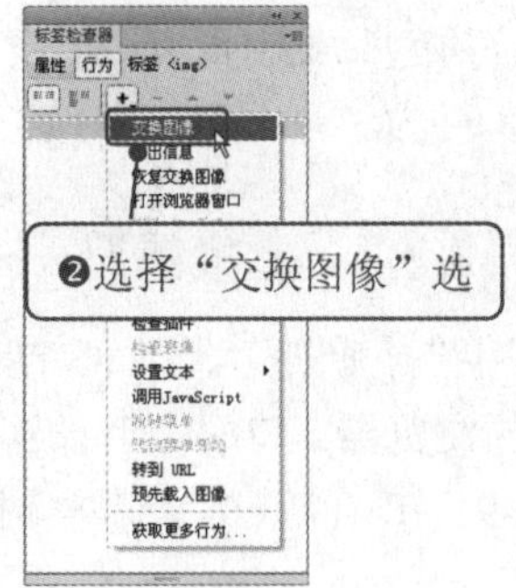

图 10-5　选择“交换图像”选项

（4）单击“确定”按钮，添加图像文件到文本框中，勾选“预先载入图像”复选框，在载入页面时将新图像载入到浏览器的缓存中。这样可以防止当图像该出现时由于下载而导致的延迟，如图 10-7 所示。

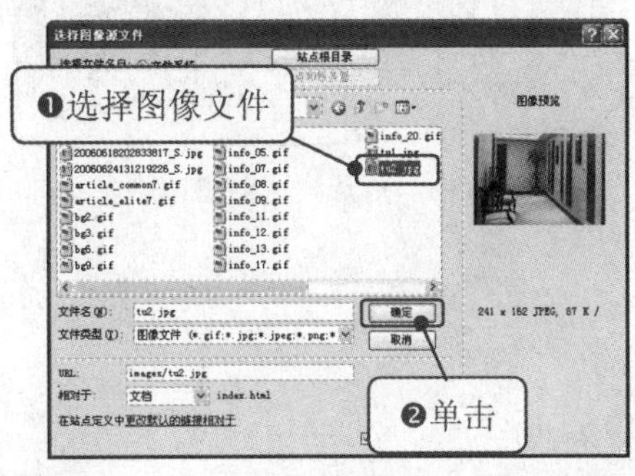

图 10-6　“选择图像源文件”对话框

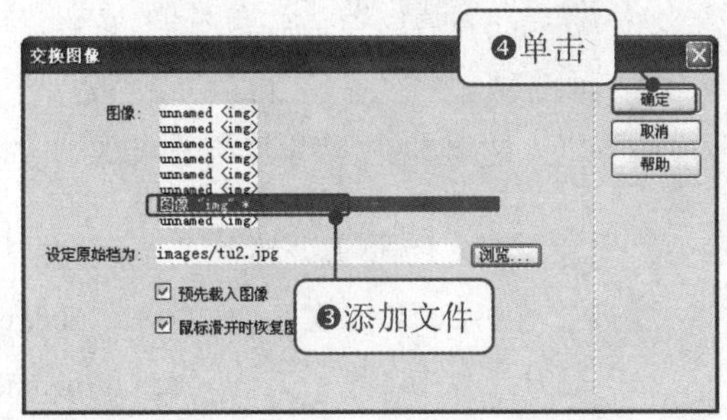

图 10-7　“交换图像”对话框

（5）单击“确定”按钮，添加到“行为”面板中，保存文档，按“F12”键在浏览器中预览，鼠标未经过图像时的效果如图 10-2 所示，鼠标经过图像时的效果如图 10-3 所示。

10.2.2 上机练习——恢复交换图像

利用“恢复交换图像”行为，可以将所有被替换显示的图像恢复为原始图像，一般来说，在设置“交换图像”行为时会自动添加“恢复交换图像”行为，这样当鼠标离开对象时就会自动恢复原始图像。

如果在设置“交换图像”行为时，没有选中“交换图像”对话框中的“鼠标滑开时恢复图像”复选框，则仅为对象附加“交换图像”行为，而没有附加“恢复交换图像”行为，这时读者可以手动为图像设置“恢复交换图像”行为，具体操作步骤如下。

（1）选中页面中附加了“交换图像”行为的对象。

（2）单击“行为”面板中的“添加行为”按钮+，在弹出的菜单中选择“恢复交换图像”选项，弹出“恢复交换图像”对话框，如图 10-8 所示。

图 10-8　“恢复交换图像”对话框

（3）在对话框上没有可以设置的选项，直接单击“确定”按钮，即可为对象添加“恢复交换图像”行为。

10.2.3 上机练习——打开浏览器窗口

使用“打开浏览器窗口”动作打开当前网页的同时，还可以再打开一个新的窗口，同时还可以编辑浏览器窗口的大小、名称、状态栏和菜单栏等属性。创建打开浏览器窗口网页的效果如图 10-9、图 10-10 所示，具体操作步骤如下。

图 10-9 原始效果

图 10-10 打开浏览器窗口网页

练习文件 实例素材/练习文件/CH10/10.2.3/index.html

完成文件 实例素材/完成文件/CH10/10.2.3/index1.html

（1）打开光盘中的素材文件 index.html，如图 10-11 所示。

（2）执行“窗口”|“行为”命令，打开“行为”面板，在面板中单击“添加行为”按钮+，在弹出的菜单中选择“打开浏览器窗口”选项，弹出 “打开浏览器窗口”对话框，如图 10-12 所示。

★ 新手提示 ★

如果不调整要打开的浏览器窗口大小，则在打开时它的大小与打开它的窗口的大小相同。

图 10-11 打开文件

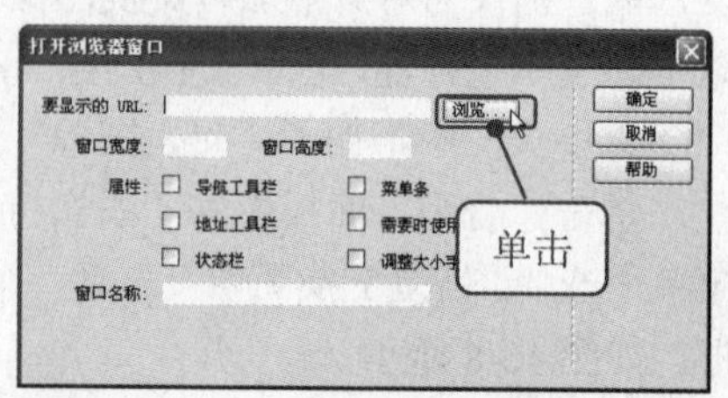

图 10-12 “打开浏览器窗口”对话框

在“打开浏览器窗口”对话框中主要有以下参数。

- 窗口宽度：指定以像素为单位的窗口宽度。
- 窗口高度：指定以像素为单位的窗口高度。
- 导航工具栏：浏览器按钮包括“前进”、“后退”、“主页”和“刷新”。
- 地址工具栏：浏览器地址。
- 状态栏：位于浏览器窗口底部的区域，用于显示信息。
- 菜单条：浏览器窗口菜单。
- 需要时使用滚动条：指定内容超过可见区域时滚动条自动出现。
- 调整大小手柄：指定是否可以调整窗口大小。
- 窗口名称：新窗口的名称。

（3）在对话框中单击“要显示的 URL”文本框右边的“浏览”按钮，打开“选择文件”对话框，如图 10-13 所示。

（4）在对话框中选择相应的文件，单击“确定”按钮，添加到文本框，将“窗口宽度”设置为“211”，“窗口高度”设置为“435”，如图 10-14 所示。

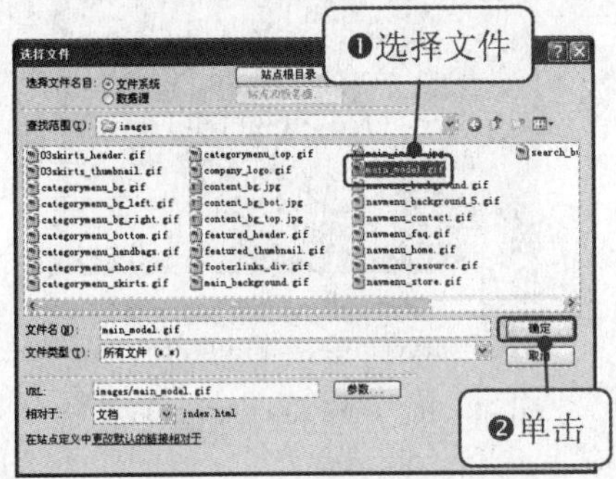

图 10-13　“选择文件”对话框

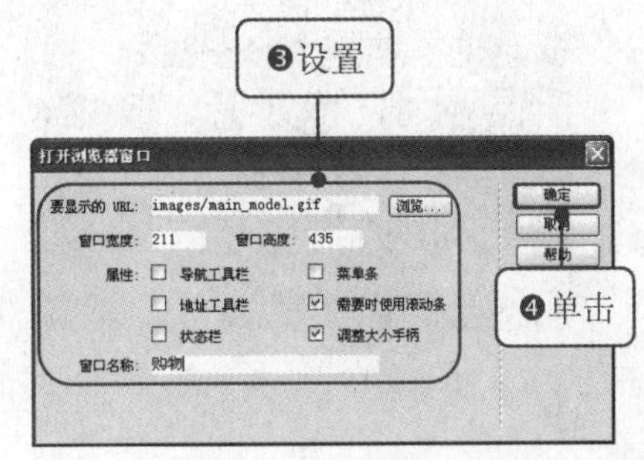

图 10-14　设置对话框

（5）单击“确定”按钮，将其添加到“行为”面板，保存文档，按“F12”键在浏览器中预览效果，如图 10-10 所示。

代码揭秘：打开浏览器窗口代码

首先在<head>与</head>内定义一个函数，用 window.open 方法创建一个弹出式窗口。The URL 是网页的地址，winName 是网页所在窗口的名字，features 是窗口的属性，如下代码所示。

```
<head>
<script type="text/javascript">
function MM_openBrWindow(theURL,winName,features) { //v2.0
  window.open(theURL,winName,features);
}
</script>
</head>
```

在 body 中利用 onLoad 事件，当加载网页时，弹出网页窗口文件，并且设置窗口的属性，chuangkou.html 是弹出窗口的文件，resizable 为 yes 表示允许改变窗口大小，scrollbars 为 yes 表示显示滚动条，height 和 width 表示窗口的高度和宽度，如下代码所示。

```
<body onload="MM_openBrWindow('images/main_model.gif','购物",
scrollbars=yes,resizable=yes,width=211,height=435')">
```

10.2.4 上机练习——调用 JavaScript

“调用 JavaScript”动作允许用户使用“行为”面板指定一个自定义功能，或当发生某个事件时应该执行的一段 JavaScript 代码，可以自己编写或者使用各种免费获取的 JavaScript 代码，下面利用“调用 JavaScript”行为创建一个自动关闭的网页，效果如图 10-15、图 10-16 所示，具体操作步骤如下。

图 10-15 原始效果

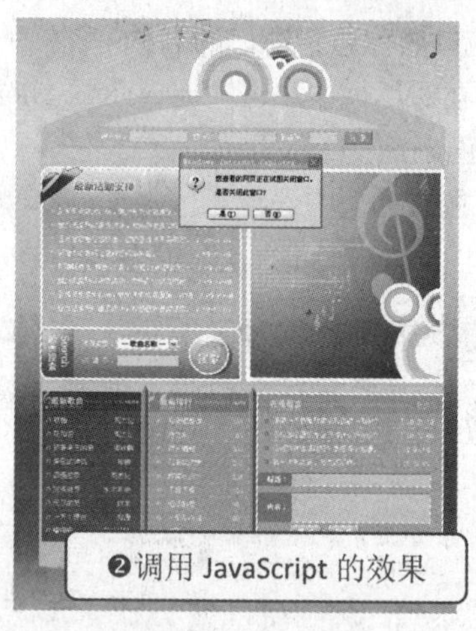

图 10-16 调用 JavaScript 的效果

练习文件 实例素材/练习文件/CH10/10.2.4/index.html

完成文件 实例素材/完成文件/CH10/10.2.4/index1.html

（1）打开光盘中的素材文件 index.html，如图 10-17 所示。

（2）执行“窗口”|“行为”命令，打开“行为”面板，在面板中单击“添加行为”按钮 +，在弹出的菜单中选择“调用 JavaScript”选项，如图 10-18 所示。

图 10-17 打开文件

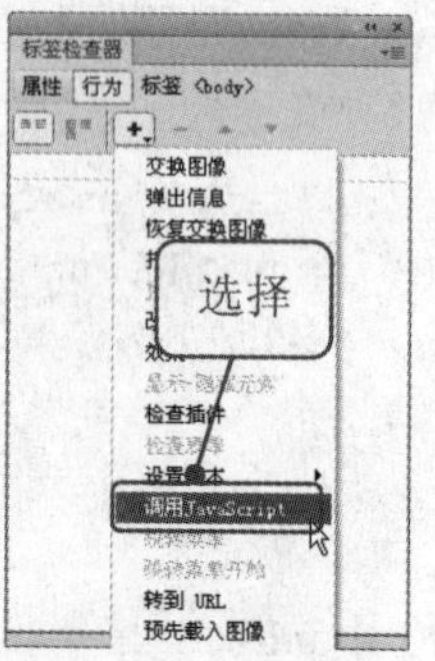

图 10-18 选择“调用 JavaScript”选项

（3）弹出“调用 JavaScript”对话框，在“JavaScript”文本框中输入“window.close()”，如图 10-19 所示。

（4）单击“确定”按钮，添加到“行为”面板，将事件设置为“onLoad”，如图 10-20 所示。

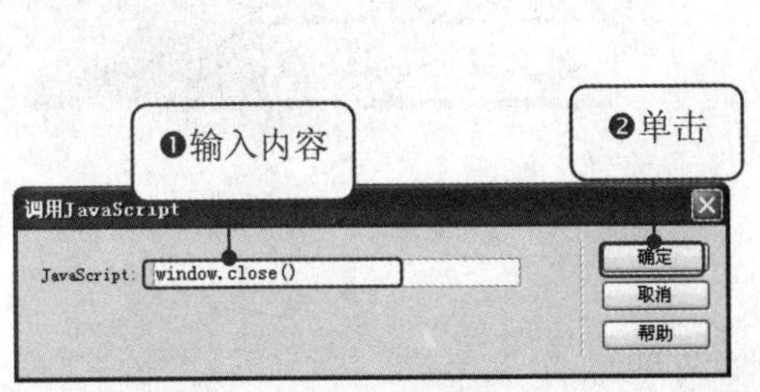

图 10-19　“调用 JavaScript”对话框

图 10-20　添加行为

（5）保存文档，按“F12”键在浏览器中预览，效果如图 10-16 所示。

10.2.5　改变属性

使用“改变属性”行为可以更改对象某个属性的值，可以更改的属性是由浏览器决定的。

执行“窗口”|“行为”命令，打开“行为”面板，在面板中单击“添加行为”按钮 +，在弹出的菜单中选择“改变属性”选项，弹出“改变属性”对话框，如图 10-21 所示。

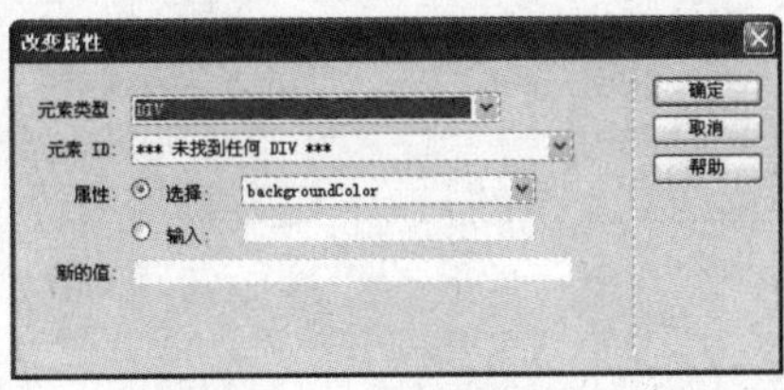

图 10-21　“改变属性”对话框

在“改变属性”对话框中主要有以下参数。

- 元素类型：选择要更改其属性的元素的类型，“元素”下拉列表中列出了所有所选类型的元素。
- 元素 ID：选择一个元素。
- 属性：“选择”一个属性，或在文本框中“输入”该属性的名称。
- 新的值：为该属性输入新值。

10.2.6　上机练习——拖动 AP 元素

“拖动 AP 元素”动作允许访问者拖动 AP Div，使用此行为可以创建拼板游戏和其他可移动的页面元素。拖动 AP 元素的效果如图 10-22、图 10-23 所示，具体操作步骤如下。

图 10-22　原始效果

图 10-23　拖动 AP 元素的效果

练习文件　实例素材/练习文件/CH10/10.2.6/index.html

完成文件　实例素材/完成文件/CH10/10.2.6/index1.html

（1）打开光盘中的素材文件 index.html，如图 10-24 所示。

（2）将光标置于页面中，执行“插入”|“布局对象”|“AP Div”命令，插入 AP Div，如图 10-25 所示。

图 10-24　打开文件

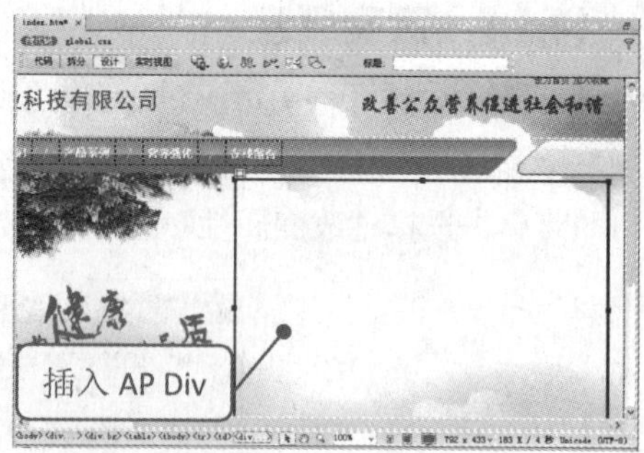

图 10-25　插入 AP Div

（3）将光标置于插入的 AP Div 中并输入文字，如图 10-26 所示。

（4）单击并选中文档窗口底部的<body>标签，按“Shift+F4”组合键打开“行为”面板。

（5）单击“行为”面板中的“添加行为”按钮，在弹出的菜单中选择“拖动 AP 元素”选项，打开“拖动 AP 元素”对话框。在对话框中进行相应的设置，如图 10-27 所示。

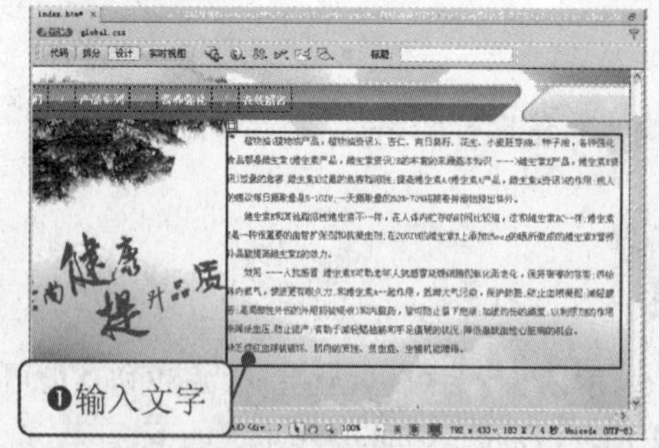

图 10-26　输入文字

图 10-27　“拖动 AP 元素”对话框

（6）单击“确定”按钮，保存文档，按“F12”键在浏览器中预览效果，如图 10-23 所示。

10.2.7　上机练习——转到 URL

“转到 URL”动作在当前窗口或指定的框架中打开一个新页，此动作对通过一次单击更改两个或多个框架的内容特别有用。转到 URL 前的效果如图 10-28 所示，转到 URL 后的效果如图 10-29 所示，具体操作步骤如下。

图 10-28　转到 URL 前的效果

图 10-29　转到 URL 后的效果

练习文件　实例素材/练习文件/CH10/10.2.7/index.html

完成文件　实例素材/完成文件/CH10/10.2.7/index1.html

（1）打开光盘中的素材文件 index.html，如图 10-30 所示。

（2）单击“行为”面板中的“添加行为”按钮 + ，在弹出的菜单中选择“转到 URL”选项，如图 10-31 所示。

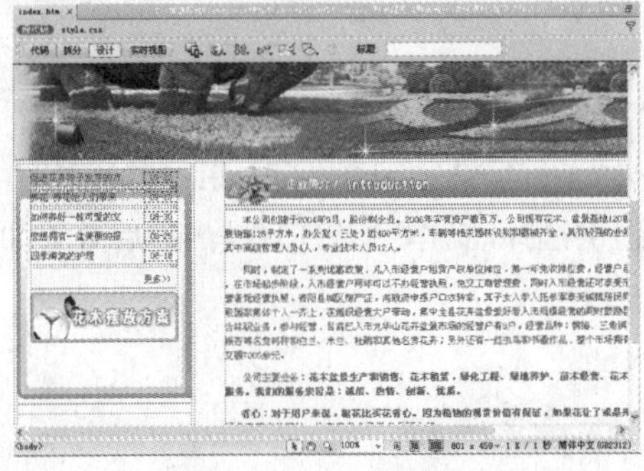

图 10-30　打开文件

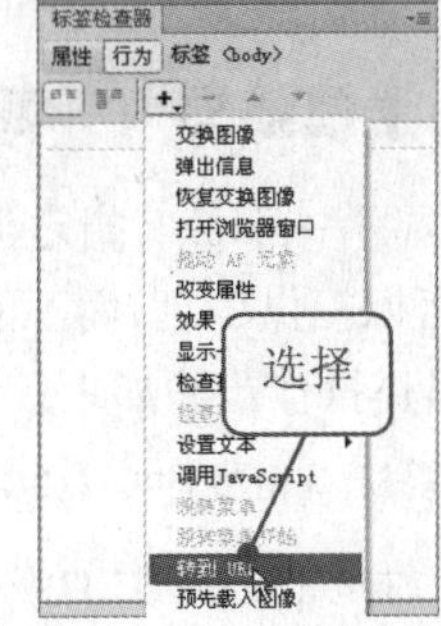

图 10-31　选择“转到 URL”选项

（3）弹出“转到 URL”对话框，在对话框中单击 URL 文本框右边的“浏览”按钮，如图 10-32 所示，弹出“选择文件”对话框。

（4）单击“确定”按钮，输入该文档的路径和文件名，如图 10-33 所示。

（5）单击“确定”按钮，将其添加到“行为”面板保存文档，按 F12 键在浏览器中预览，跳转前的效果如图 10-28 所示，跳转后的效果如图 10-29 所示。

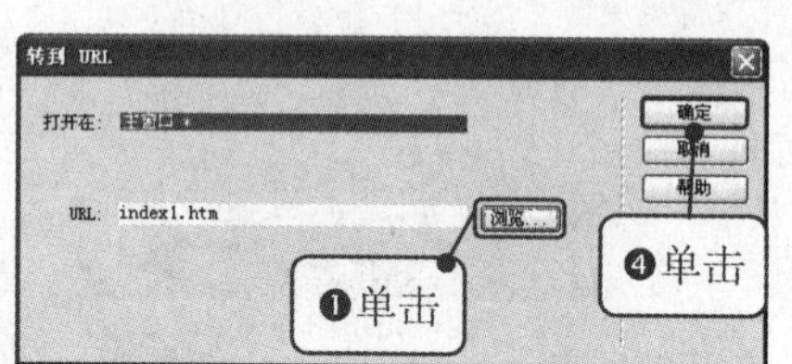

图 10-32 “转到 URL”对话框

图 10-33 “选择文件”对话框

代码揭秘：转到 URL 代码

首先在<head>与</head>内定义一个 MM_goToURL 函数，代码如下所示。

```
<script type="text/javascript">
function MM_goToURL() { //v3.0
  var i, args=MM_goToURL.arguments; document.MM_returnValue = false;
  for (i=0; i<(args.length-1); i+=2)
eval(args[i]+".location='"+args[i+1]+"'");
}
</script>
```

接着在 body 内利用 onload 事件加载网页时，在当前窗口调用 index1.html 网页，代码如下所示。

```
<body onLoad="MM_goToURL('parent','index1.htm');return
document.MM_returnValue">
```

 10.2.8 上机练习——弹出信息

“弹出信息”显示一个带有指定消息的 JavaScript 警告，因为 JavaScript 警告只有一个按钮，所以使用此动作可以提供信息，而不能为用户提供选择。制作“弹出信息”的前后效果如图 10-34、图 10-35 所示，具体操作步骤如下。

练习文件 实例素材/练习文件/CH10/10.2.8/index.html

完成文件 实例素材/完成文件/CH10/10.2.8/index1.html

（1）打开光盘中的素材文件 index.html，如图 10-36 所示。

（2）执行“窗口”|“行为”命令，打开“行为”面板，在面板中单击“添加行为”按钮+，在弹出的菜单中选择“弹出信息”选项，如图 10-37 所示。

图 10-34　原始效果

图 10-35　“弹出信息”的效果

图 10-36　打开文件

图 10-37　选择“弹出信息”选项

（3）弹出“弹出信息”对话框，在对话框中的“消息”文本框中输入“婷婷个人网站欢迎你来做客!”，如图 10-38 所示。

（4）单击“确定”按钮，将其添加到“行为”面板，将事件设置为“onload”，如图 10-39 所示

图 10-38　“弹出信息”对话框

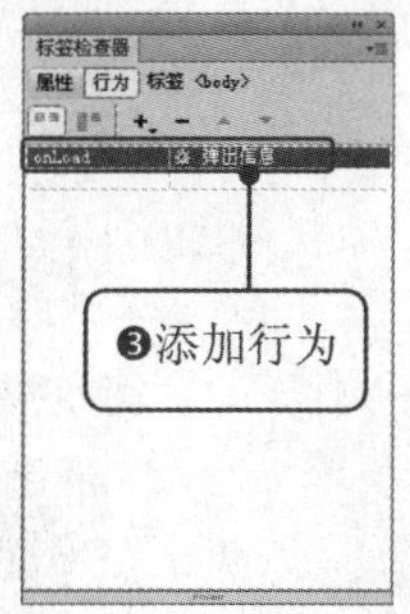

图 10-39　添加行为

（5）保存文档，按“F12”键在浏览器中预览“弹出信息”的效果，如图 10-35 所示。

★ 高手支招 ★

消息一定要简短，如果超出状态栏的大小，浏览器将自动截短该消息。

代码揭秘：弹出信息代码

首先在<head>与</head>内定义一个 MM_popupMsg(msg) 函数，代码如下所示。

```
<script type="text/javascript">
function MM_popupMsg(msg) { //v1.0
  alert(msg);
}
</script>
```

接着在 body 内利用 onload 事件加载网页时，调用 MM_popupMsg 函数显示提示文字，代码如下所示。

```
<body onload="MM_popupMsg('婷婷个人网站欢迎你来做客！')">
```

10.2.9 上机练习——预先载入图像

一个网页包含很多图像，但有些图像在下载时不能被同时下载，当需要显示这些图像时，浏览器需再次向服务器请求指令继续下载图像，这样会给网页的浏览造成一定程度的延迟。而使用"预先载入图像"行为就可以把一些图像预先载入浏览器的缓冲区内，这样就避免了在下载时出现的延迟。

下面通过实例讲述"预先载入图像"行为的使用方法，效果如图 10-40 所示，具体操作步骤如下。

练习文件 实例素材/练习文件/CH10/10.2.9/index.html

完成文件 实例素材/完成文件/CH10/10.2.9/index1.html

图 10-40 预先载入图像效果

（1）打开光盘中的素材文件 index.html，如图 10-41 所示。

（2）执行"窗口"|"行为"命令，打开"行为"面板，在面板中单击"添加行为"按钮 +，在弹出的菜单中选择"预先载入图像"选择，如图 10-42 所示。

（3）弹出"预先载入图像"对话框，在对话框中单击"图像源文件"文本框右边的"浏览"按钮，如图 10-43 所示。弹出"选择图像源文件"对话框，在对话框中选择要预先载入的图像 images/12464473907.jpg，如图 10-44 所示。

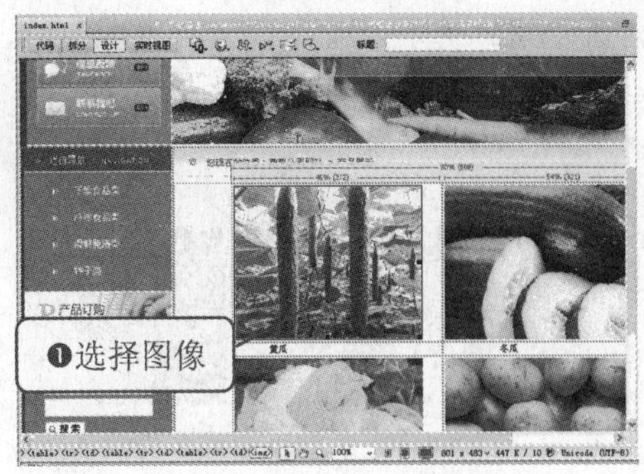

图 10-41　打开文件

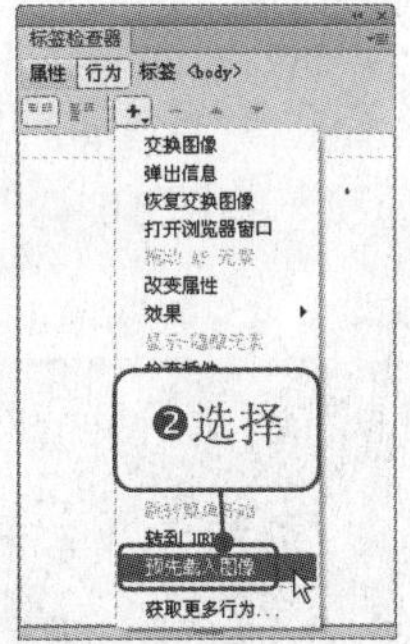

图 10-42　选择"预先载入图像"选项

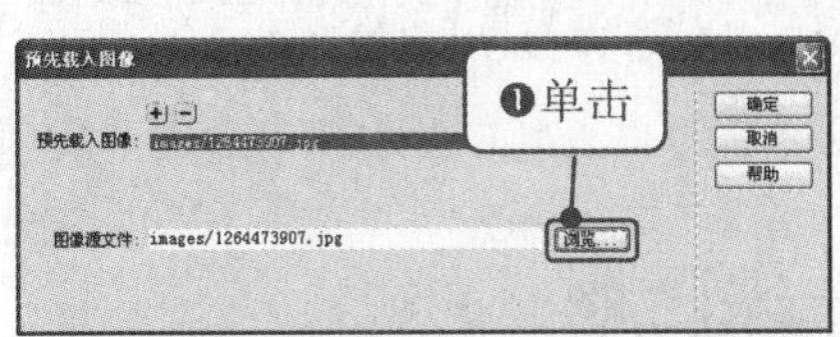

图 10-43　"预先载入图像"对话框

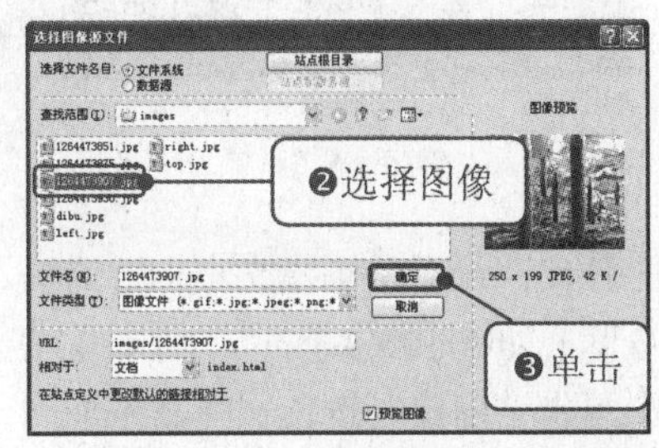

图 10-44　"选择图像源文件"对话框

（4）单击"确定"按钮，添加到"行为"面板中。保存文档，按"F12"键在浏览器中预览，效果如图 10-40 所示。

10.2.10　上机练习——设置状态栏文本

"设置状态栏文本"动作用于设置状态栏显示的信息，在适当的触发事件触发后在状态栏中显示信息。"设置状态栏文本"动作的作用与弹出信息动作很相似，不同的是如果使用消息框来显示文本，则访问者必须单击"确定"按钮才可以继续浏览网页中的内容，而在状态栏中显示的文本信息不会影响访问者的浏览速度。"设置状态栏文本"的前后效果如图 10-45、图 10-46 所示，具体操作步骤如下。

图 10-45　原始效果

图 10-46　"设置状态栏文本"效果

练习文件　实例素材/练习文件/CH10/10.2.10/index.html

完成文件　实例素材/完成文件/CH10/10.2.10/index1.html

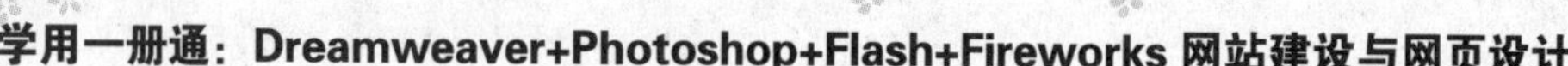

（1）打开光盘中的素材文件 index.html，如图 10-47 所示。

（2）单击“行为”面板中的“添加行为”按钮+，在弹出的菜单中选择“设置文本”|“设置状态栏文本”选项，如图 10-48 所示。

图 10-47　打开文件

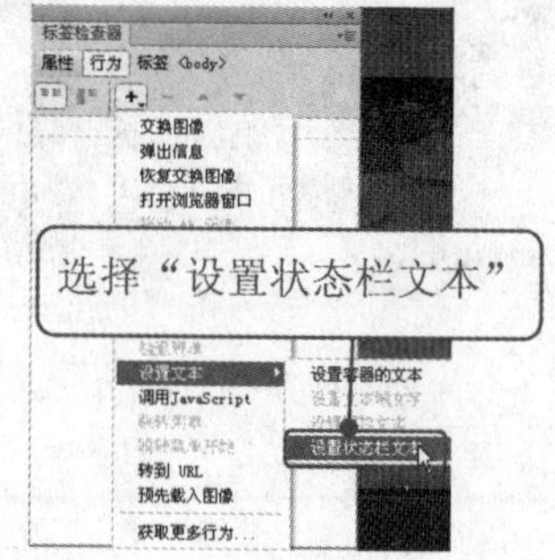

图 10-48　选择“设置状态栏文本”选项

（3）弹出“设置状态栏文本”对话框。在对话框中的“消息”文本框中输入“欢迎光临我们的网站!”，如图 10-49 所示。

（4）单击“确定”按钮，将其添加到“行为”面板，如图 10-50 所示。

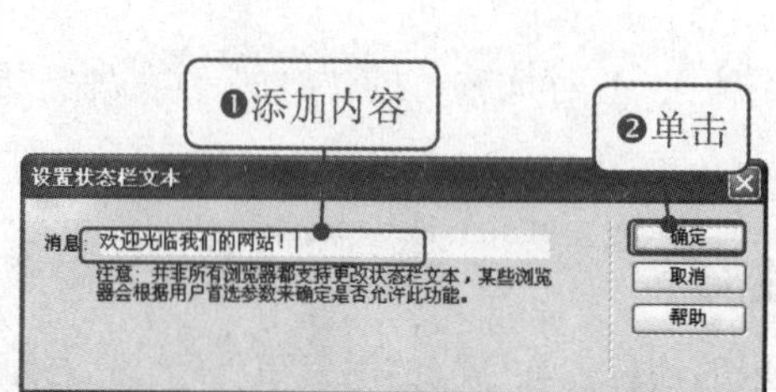

图 10-49　“设置状态栏文本”对话框

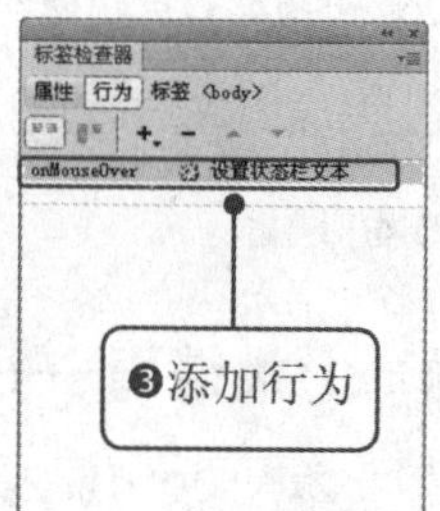

图 10-50　添加行为

★ 高手支招 ★

浏览者常常会忽略状态栏中的消息，如果用户的消息非常重要，则考虑将其显示为弹出信息或层文本。

10.2.11　跳转菜单

可以通过在行为面板中双击现有的“跳转菜单”行为，编辑和重新排列菜单项、更改要跳转到的文件。

下面通过实例讲述“跳转菜单”行为的使用方法，效果如图 10-51、图 10-52 所示，具体操作步骤如下。

练习文件 实例素材/练习文件/CH10/10.2.11/index.html

完成文件 实例素材/完成文件/CH10/10.2.11/index1.html

图 10-51　原始效果

图 10-52　跳转菜单效果

（1）打开光盘中的素材文件 index.html，选中要插入的跳转菜单，如图 10-53 所示。

（2）在“行为”面板中单击“添加行为”按钮+，在弹出的菜单中选择“跳转菜单”选项，弹出“跳转菜单”对话框，在对话框中添加相应的内容，单击“确定”按钮，添加行为，如图 10-54 所示。

图 10-53　打开文件

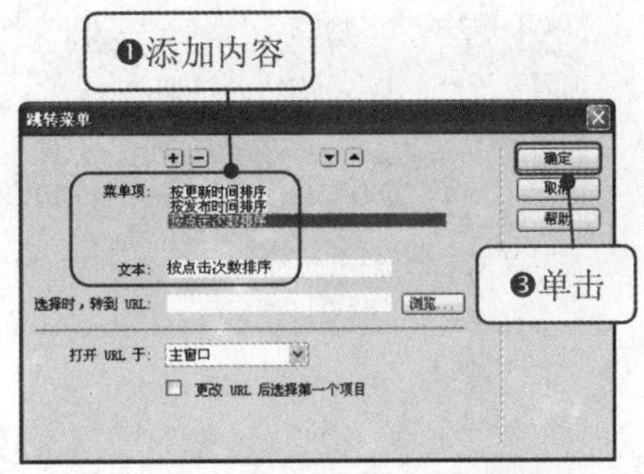

图 10-54　“跳转菜单”对话框

（3）保存文档，按“F12”键在浏览器中预览，效果如图 10-52 所示。

 10.2.12　显示—隐藏元素

“显示—隐藏元素”行为可以根据鼠标事件显示或隐藏页面中的元素，这样可以改善与用户之间的交互。

下面通过实例讲述“显示—隐藏元素”行为的使用方法，当鼠标经过文字前和鼠标经过文字时的效果分别如图 10-55 和图 10-56 所示，具体操作步骤如下。

练习文件　实例素材/练习文件/CH10/10.2.12/index.html

完成文件　实例素材/完成文件/CH10/10.2.12/index1.html

图 10-55　隐藏元素

图 10-56　显示元素

（1）打开光盘中的素材文件 index.html，如图 10-57 所示。

（2）将光标置于页面中，执行“插入”|“布局对象”|“AP Div”命令，插入 AP Div，并调整 AP 元素的大小，如图 10-58 所示。

图 10-57　打开文件

图 10-58　插入 AP Div

（3）将光标置于 AP Div 中，执行“插入”|“表格”命令，插入 6 行 1 列的表格，如图 10-59 所示，将“填充”设置为“4”，并设置单元格的“背景颜色”为#FD5799。

（4）在单元格中分别输入文字，如图 10-60 所示。

图 10-59　插入表格

图 10-60　输入文字

（5）选择文字“特色婚庆”，在“行为”面板中单击“添加行为”按钮+，在弹出的菜单中选择“显示—隐藏元素”选项，弹出“显示—隐藏元素”对话框，在对话框中选择“div‘apDiv1’（显示）”选项，单击“显示”按钮，如图 10-61 所示。

（6）单击“确定”按钮，添加到“行为”面板中，如图 10-62 所示。

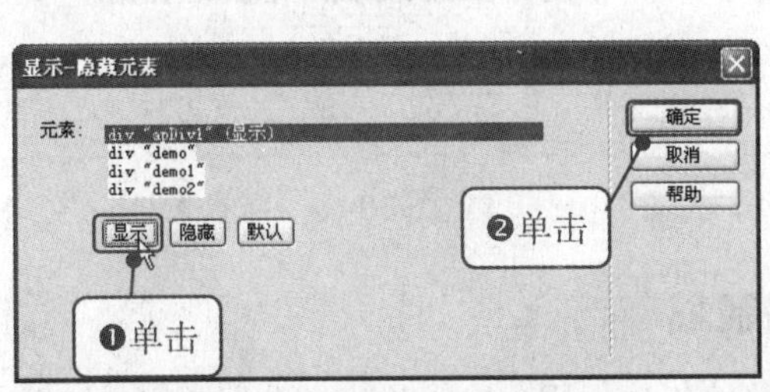

图 10-61　“显示—隐藏元素”对话框

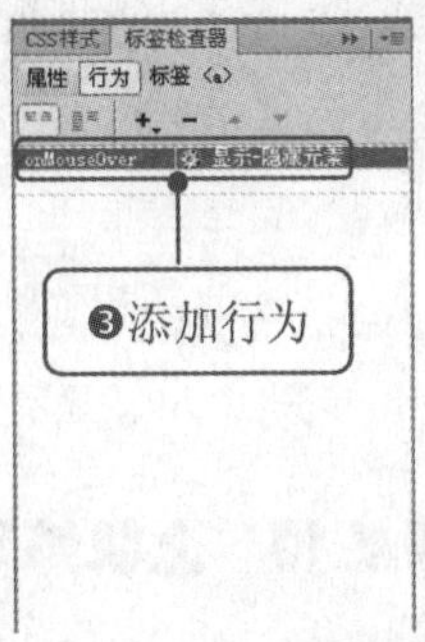

图 10-62　添加行为

（7）选择文字“特色婚庆”，在“行为”面板中单击“添加行为”按钮+，在弹出的菜单中选择“显示—隐藏元素”选项，弹出“显示—隐藏元素”对话框，如图 10-63 所示。在对话框中选择“div‘apDiv1’（隐藏）”，单击“隐藏”按钮。

（8）单击“确定”按钮，添加到“行为”面板，如图 10-64 所示。

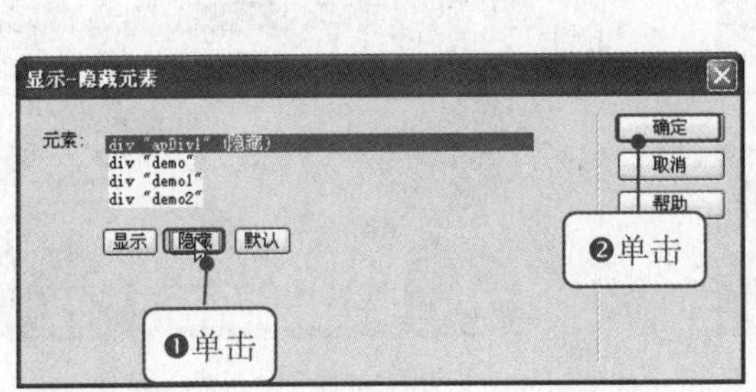

图 10-63　“显示—隐藏元素”对话框

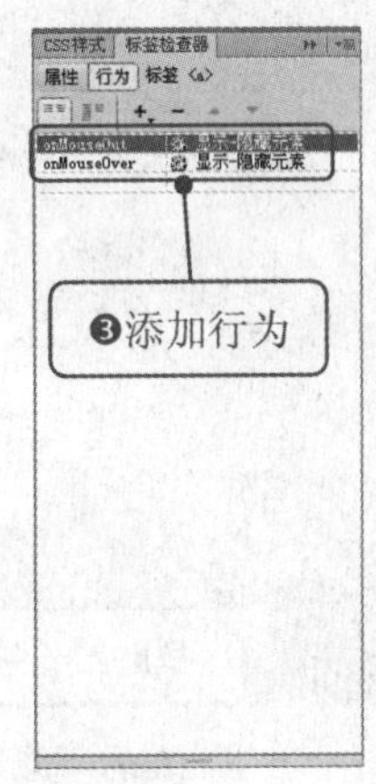

图 10-64　添加行为

（9）执行“窗口”|“AP 元素”命令，打开“AP 元素”面板，在面板中双击“睁开眼睛”按钮，出现“睁开眼睛”图标时为显示 AP Div，如图 10-65 所示。

（10）在“AP 元素”面板中双击“闭合眼睛”按钮，出现“闭合眼睛”图标时为隐藏 AP Div，如图 10-66 所示。

（11）保存文档，按“F12”键在浏览器中预览，当鼠标经过文字前和鼠标经过文字时的效果分别如图 10-55 和图 10-56 所示。

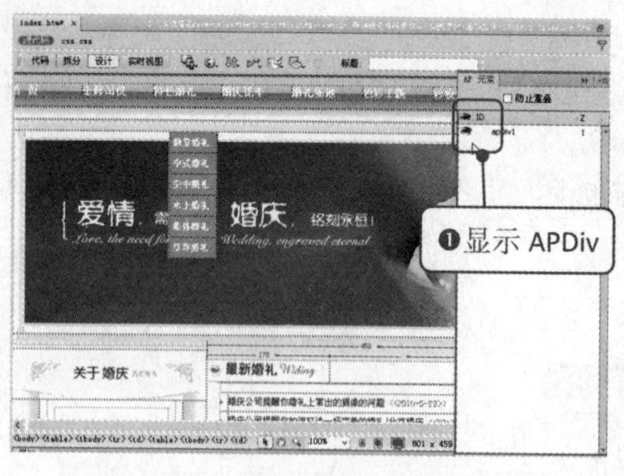

图 10-65　显示 AP Div

图 10-66　隐藏 AP Div

10.2.13　上机练习——检查表单

“检查表单”动作检查指定文本域的内容以确保用户输入正确的数据类型。使用 on Blur 事件将此动作分别附加到各文本域，在用户填写表单时对文本域进行检查；或使用 on Submit 事件将其附加到表单，在用户单击“提交”按钮时，同时对多个文本域进行检查。将此动作附加到表单，防止表单提交到服务器后任意指定的文本域包含无效的数据。

使用“检查表单”动作的效果如图 10-67、图 10-68 所示，具体操作步骤如下。

图 10-67　原始效果

图 10-68　检查表单效果

练习文件　实例素材/练习文件/CH10/10.2.13/index.html

完成文件　实例素材/完成文件/CH10/10.2.13/index1.html

（1）打开光盘中的素材文件 index.html，如图 10-69 所示。

（2）单击“行为”面板中的“添加行为”按钮+，从弹出的菜单中选择“检查表单”选项，打开“检查表单”对话框，如图 10-70 所示。

（3）在对话框中将“值”右边的“必需的”复选框选中。

（4）在“可接受”选区中有以下参数。

- 任何东西：如果并不指定任何特定数据类型（前提是“必需的”复选框没有被选中），则该单选按钮就没有意义，也就是说等于表单没有应用“检查表单”动作。
- 电子邮件地址：检查文本域是否含有带@符号的电子邮件地址。
- 数字：检查文本域是否仅包含数字。
- 数字从…到…：检查文本域是否仅包含特定数列的数字。

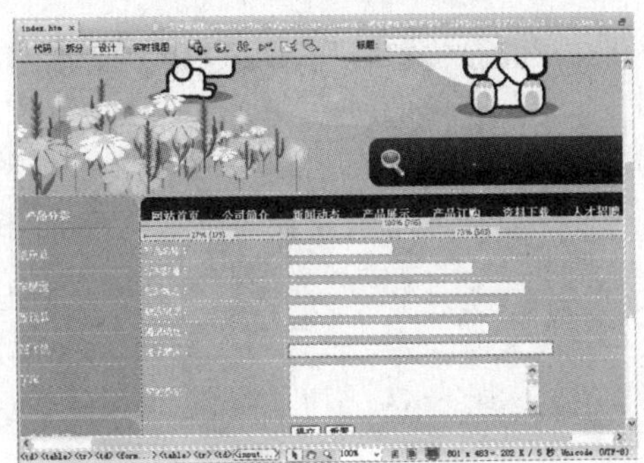

图 10-69　打开文件

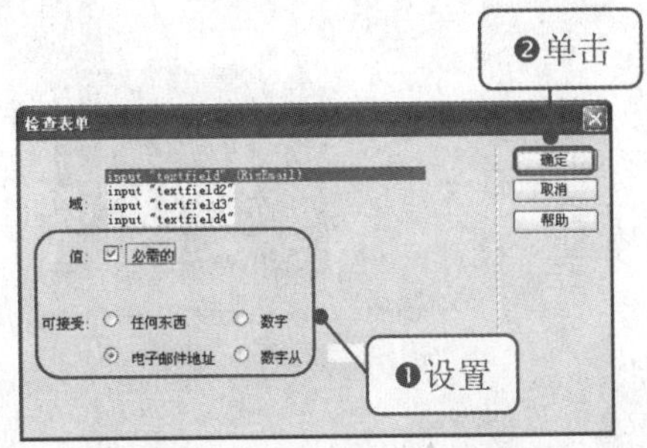

图 10-70　“检查表单”对话框

（5）单击“确定”按钮，将其添加到“行为”面板。保存文档，按 F12 键在浏览器预览效果，如图 10-68 所示。

10.2.14　上机练习——增大/收缩效果

Spry 效果具有视觉增强功能，可以将它们应用于使用 JavaScript 的 HTML 页面上的几乎所有的元素中。效果通常用于在一段时间内高亮显示信息，创建动画过渡或以可视方式修改页面元素。可以将效果直接应用于 HTML 元素，而无须其他自定义标签。使用“增大/收缩”效果可以使页面元素产生增大或收缩的效果，创建“增大/收缩”的效果如图 10-71、图 10-72 所示，具体操作步骤如下。

图 10-71　原始效果

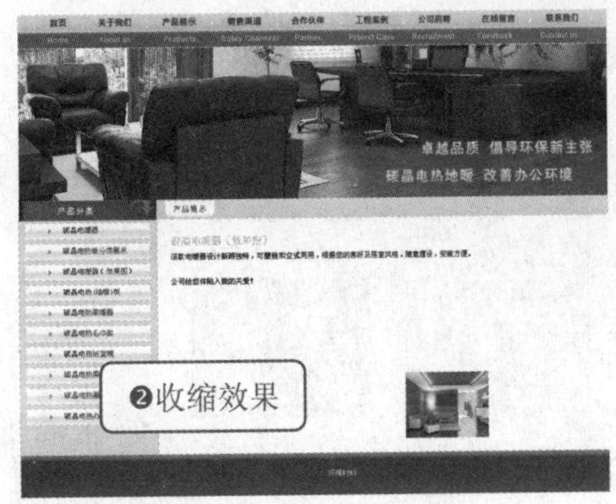

图 10-72　增大/收缩效果

练习文件　实例素材/练习文件/CH10/10.2.14/index.html

完成文件　实例素材/完成文件/CH10/10.2.14/index1.html

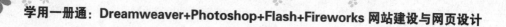

（1）打开光盘中的素材文件 index.html，如图 10-73 所示。

（2）选择图像，单击“行为”面板中的“添加行为”按钮+，在弹出的菜单中选择“效果”|“增大/收缩”选项。

（3）弹出“增大/收缩”对话框，在对话框中进行相应的设置，如图 10-74 所示。

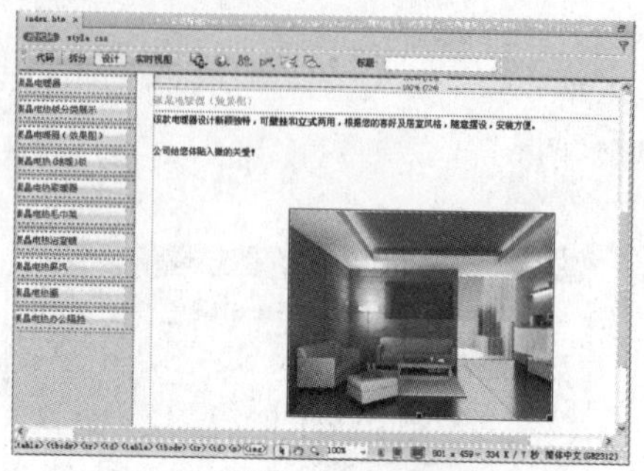

图 10-73　打开文件

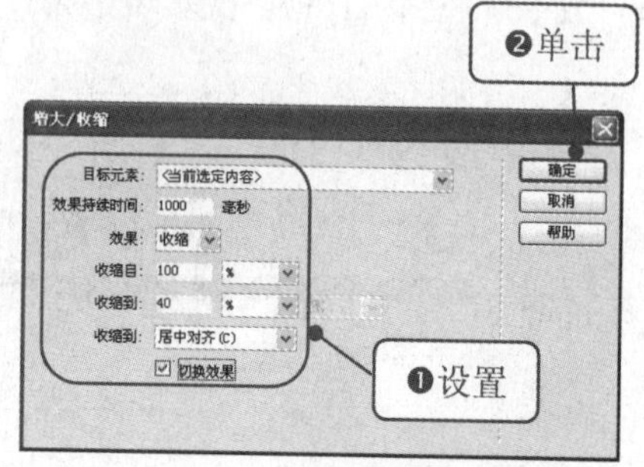

图 10-74　“增大/收缩”对话框

（4）单击“确定”按钮，将其添加到“行为”面板，保存文档，按“F12”键在浏览器中预览，效果如图 10-72 所示。

★ 高手支招 ★

如果要制作收缩效果，在“增大/收缩”对话框中的“效果”下拉列表中选择“收缩”选项，然后进行相应的设置，单击“确定”按钮即可。

10.2.15 上机练习——挤压效果

“挤压”的前后效果如图 10-75、图 10-76 所示，具体操作步骤如下。

图 10-75　原始效果

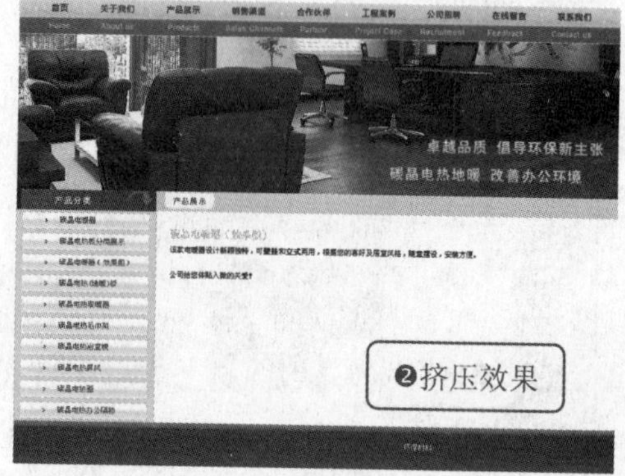

图 10-76　“挤压”效果

练习文件　实例素材/练习文件/CH10/10.2.15/index.html

完成文件　实例素材/完成文件/CH10/10.2.15/index1.html

（1）打开光盘中的素材文件 index.html，如图 10-77 所示。

（2）选择图像，单击“行为”面板中的“添加行为”按钮+，在弹出的菜单中选择“效果”|“挤压”选项，打开“挤压”对话框，如图 10-78 所示。保存文档，按“F12”键在浏览器中预览，效果如图 10-76 所示。

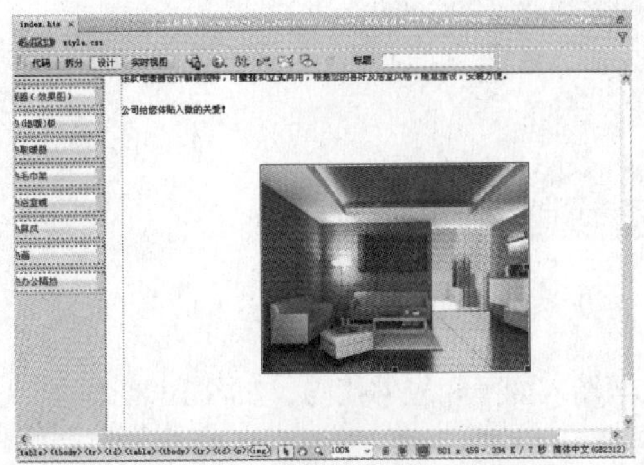

图 10-77　打开文件

图 10-78　“挤压”对话框

10.3　使用 JavaScript

在 HTML 中，最常见的网页脚本语言就是 JavaScript，它可以嵌入到 HTML 中，在客户端执行，是动态特效网页设计的最佳选择，同时也是浏览器普遍支持的网页脚本语言。JavaScript 的出现使得信息和用户之间不仅只是一种显示和浏览的关系，而且实现了一种实时的、动态的、可交式的表达能力。

10.3.1　上机练习——应用 JavaScript 函数实现打印功能

调用 JavaScript 打印当前页面，制作时先定义一个打印当前页函数 printPage()，然后在<body>中添加代码 OnLoad="printPage()"，打开网页时调用打印当前页函数 printPage()。

利用 JavaScript 函数实现打印功能的前后效果，如图 10-79、图 10-80 所示，具体操作步骤如下。

图 10-79　原始效果

图 10-80　应用 JavaScript 函数实现打印功能

练习文件　实例素材/练习文件/CH10/10.3.1/index.html

完成文件　实例素材/完成文件/CH10/10.3.1/index1.html

（1）打开光盘中的素材文件 index.html，如图 10-81 所示。

图 10-81　打开文件

（2）打开代码视图，在<body>和</body>之间输入如下相应的代码，如图 10-82 所示。

```
<SCRIPT LANGUAGE="JavaScript">
<!-- Begin
function printPage() {
if (window.print) {
agree = confirm('本页将被自动打印，\n\n 是否打印?');
if (agree) window.print();
   }
}
//  End -->
</script>
```

（3）打开拆分视图，在<body>中输入代码 OnLoad="printPage()"，如图 10-83 所示。

（4）保存网页，按“F12”键在浏览器中预览效果，如图 10-80 所示。

图 10-82　在代码视图中输入代码

图 10-83　在拆分视图中输入代码

 10.3.2　上机练习——应用 JavaScript 函数实现关闭窗口功能

应用 JavaScript 函数实现关闭窗口的功能，效果如图 10-84、图 10-85 所示，具体操作步骤如下。

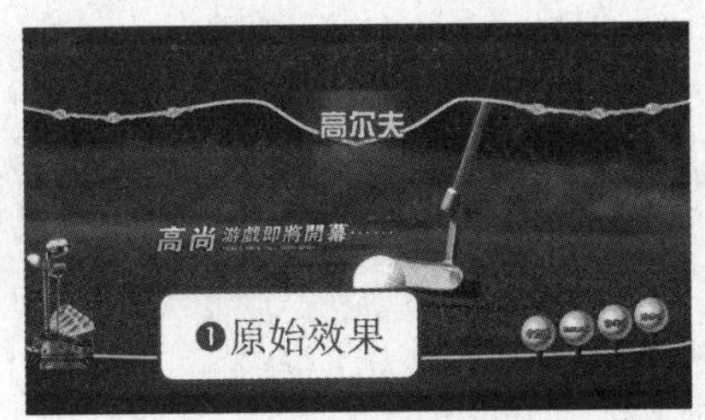

图 10-84　原始效果

图 10-85　应用 JavaScript 函数实现关闭窗口

练习文件　实例素材/练习文件/CH10/10.3.2/index.html

完成文件　实例素材/完成文件/CH10/10.3.2/index1.html

（1）打开光盘中的素材文件 index.html，如图 10-86 所示。

（2）打开代码视图，在<head>和</head>之间输入如下相应的代码，如图 10-87 所示。

```
<script language="javascript">
<!--
function clock(){i=i-1
document.title="本窗口将在"+i+"秒后自动关闭!";
if(i>0)setTimeout("clock();",1000);
else self.close();}
var i=20
clock();
//-->
</script>
```

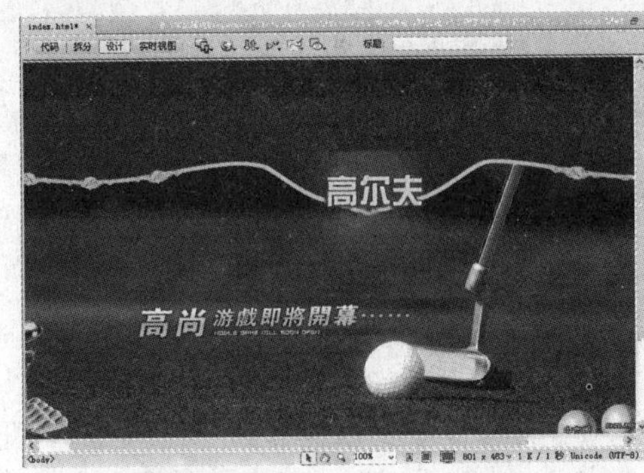

图 10-86　打开文件

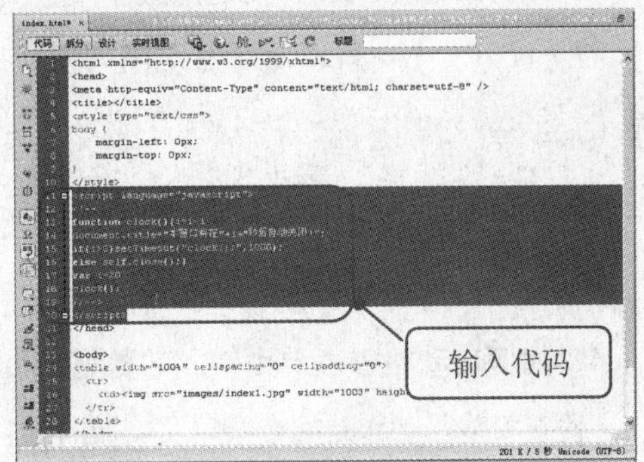

图 10-87　输入代码

（3）保存网页，按“F12”键在浏览器中预览效果，如图 10-85 所示。

10.4　专家秘籍

1. 怎样显示当前日期和时间

启动 Dreamweaver，在网页文档中打开代码视图，在<body>与</body>之间相应的位置输入以下代码。

```
<SCRIPT language=JavaScript1.2>
var isnMonth = new
Array("1 月","2 月","3 月","4 月","5 月","6 月","7 月","8 月","9 月","10 月","11
月","12 月");
var isnDay = new
Array("星期日","星期一","星期二","星期三","星期四","星期五","星期六","星期日");
today = new Date () ;
Year=today.getYear();
Date=today.getDate();
if (document.all)
document.write(Year+"年"+
isnMonth[today.getMonth()]+Date+
"日"+isnDay[today.getDay()])
</SCRIPT>
```

2. 怎样禁止用鼠标右键查看网页源代码

使用如下代码即可。

```
<SCRIPT language=javascript>
function click()
{if (event.button==2) {alert('你好，欢迎光临') }}
document.onmousedown=click
</SCRIPT>
```

3. 如何防止别人保存我的网页

在 <body> ... </body> 标签之间加入如下代码，可以使“另存为”命令不能顺利执行。

```
<noscript>
<iframe scr="*.htm"></iframe>
</noscript>
```

加入上述代码后，当执行“另存为”命令时，会弹出“保存网页时出错”的对话框。

4. 如何自动检查表单中输入的数据是否有效

“检查表单”动作是检查指定文本域的内容以确保用户输入的类型是正确的。当用户在表单中填写数据时，检查所填数据是否符合要求非常重要。例如在“姓名”文本框中必须填写内容，“年龄”中必须填写数字，而不能填写其他内容。如果这些内容填写不正确，系统将显示提示信息。

10.5 本章小结

在网页中添加动态特效时，设计者不得不使用 JavaScript 等脚本语言来实现，这对于没有编程经验的网页制作者来说，是非常困难的。在 Dreamweaver CS6 中，使用行为可以轻松地制作出动态网页效果，而不需要自己编写 JavaScript 代码。本章的重点是掌握 Dreamweaver CS6 提供的 20 多种动作的使用。

第 11 章 使用模板、库提高网页制作效率

学前必读

模板用于制作风格相同、内容并列的网页，具有统一的外观格式，将一个模板应用于多个页面后，可以通过编辑模板来达到修改所有页面的效果。库则用来将网站中许多重复的内容组织在一起。使用库来管理多个网页中相同的元素，可以避免一页一页地修改这些内容，从而使得网站更易于维护。使用模板可以提高网页的制作效率。

学习流程

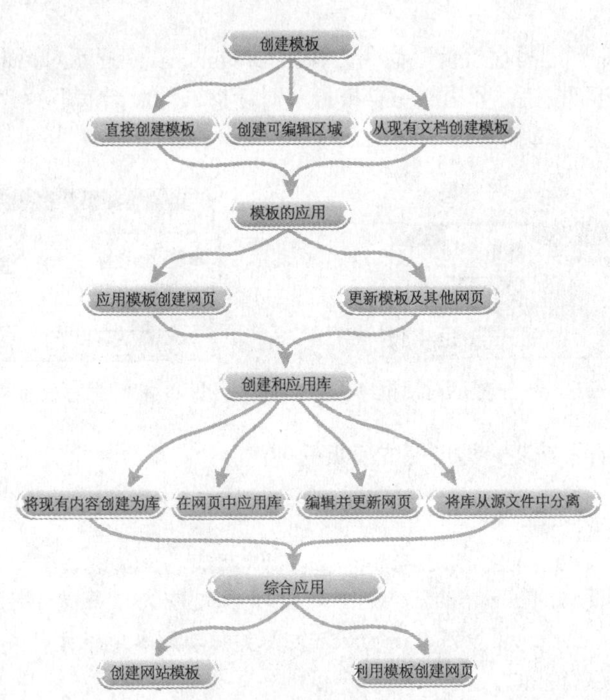

11.1　创建模板

模板一般保存在本地站点根文件夹中的一个特殊的 Templates 文件夹中。如果 Templates 文件夹在站点中不存在，则在创建新模板时将自动创建该文件夹。创建模板有两种方法：一种是从现有的文档创建模板，另一种是从空白文档直接创建模板。

11.1.1　上机练习——直接创建模板

从空白文档直接创建模板的具体操作步骤如下。

（1）执行“文件”|“新建”命令，弹出“新建文档”对话框，在对话框中选择“空模板”|“HTML 模板”|“无”选项，如图 11-1 所示。

（2）单击“创建”按钮，即可创建一个空白模板，如图 11-2 所示。

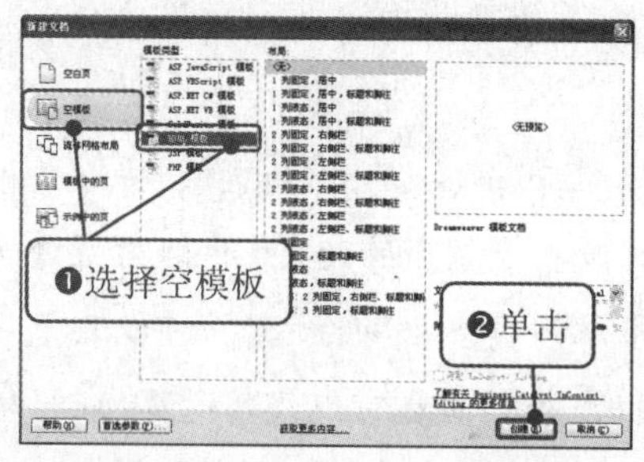

图 11-1　“新建文档”对话框

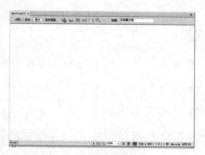

图 11-2　创建模板

（3）执行“文件”|“另存模板”命令，弹出 Dreamweaver 提示对话框，如图 11-3 所示。

（4）单击“确定”按钮，弹出“另存模板”对话框，在对话框中的“另存为”文本框中输入“Untitled-2”，如图 11-4 所示。

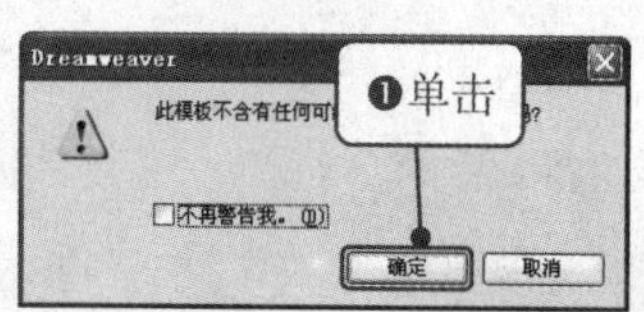

图 11-3　Dreamweaver 提示对话框

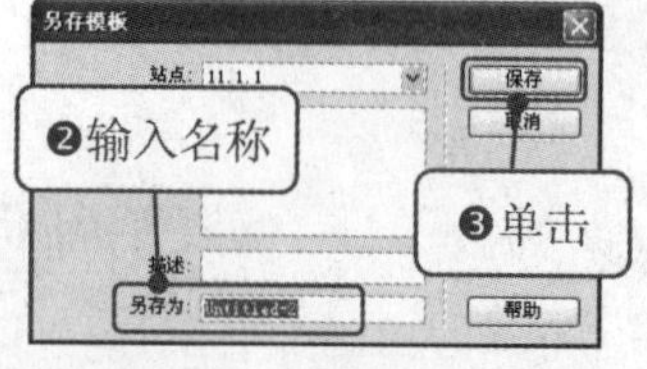

图 11-4　“另存模板”对话框

（5） 单击“保存”按钮，即可完成模板的创建。

★ 高手支招 ★

不要随意移动模板到 Templates 文件夹之外的文件夹，或者将任何非模板文件放在 Templates 文件夹中。此外，不要将 Templates 文件夹移动到本地根文件夹之外，以免引用模板时路径出错。

代码揭秘：模板代码

新建模板的代码如下所示。

```
<!-- TemplateBeginEditable name="doctitle" -->
<title>无标题文档</title>
<!-- TemplateEndEditable -->
<!-- TemplateBeginEditable name="head" -->
<!-- TemplateEndEditable -->
```

<!-- TemplateBeginEditable name="doctitle" --> 这个是可编辑区域语法，name=""为可编辑区域的名称，在可编辑区域中，可以将其他模块加入到该模板文件中显示。

<!-- TemplateEndEditable -->这个是结束语句。

11.1.2 上机练习——从现有文档创建模板

如果要创建的模板文档和现有的网页文档相同，那么就可以将现有文档保存成模板文件，创建模板的具体操作步骤如下。

练习文件 实例素材/练习文件/CH11/11.1.2/ index.html

完成文件 实例素材/完成文件/CH11/11.1.2/ Templates/ moban.dwt

（1）打开光盘中的素材文件 index.html，如图 11-5 所示。

（2）执行“文件”|“另存模板”命令，弹出“另存模板”对话框，如图 11-6 所示。

图 11-5　打开文件

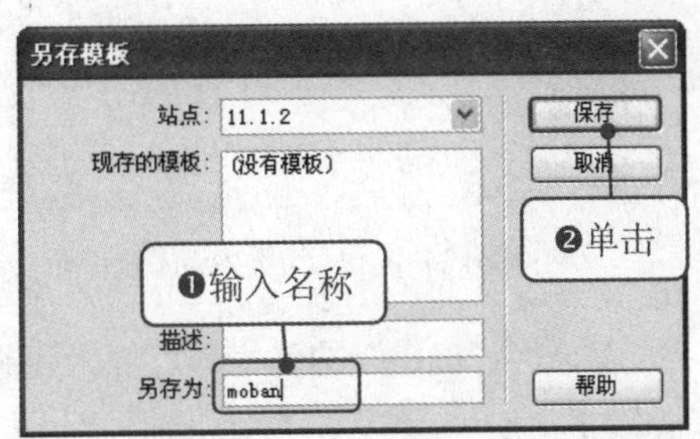

图 11-6　“另存模板”对话框

★ 高手支招 ★

创建模板时，可编辑区域和不可编辑区域都可以更改。但是，在利用模板创建的网页中，只能在可编辑区域中进行更改，无法修改不可编辑区域。

（3）单击“保存”按钮，弹出 Dreamweaver 提示对话框，如图 11-7 所示。

（4）单击“是”按钮，将文件另存为模板，如图 11-8 所示。

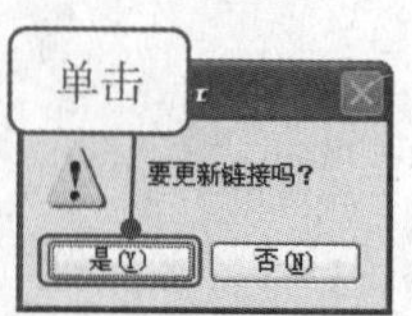

图 11-7　Dreamweaver 提示对话框

图 11-8　将文件另存为模板

11.1.3　上机练习——创建可编辑区域

创建模板后，还需要对模板进行编辑才可以使用。需要注意的是，在模板中输入的内容在由模板创建的文档中是不能被修改的。如果希望编辑由模板创建的文档中的内容，则必须要创建可编辑区域。在模板中创建可编辑区域很方便，具体操作步骤如下。

（1）打开创建好的模板网页文档，如图 11-9 所示。

（2）执行“插入”|“模板对象”|“可编辑区域”命令，弹出“新建可编辑区域”对话框，如图 11-10 所示。

图 11-9　打开模板文档

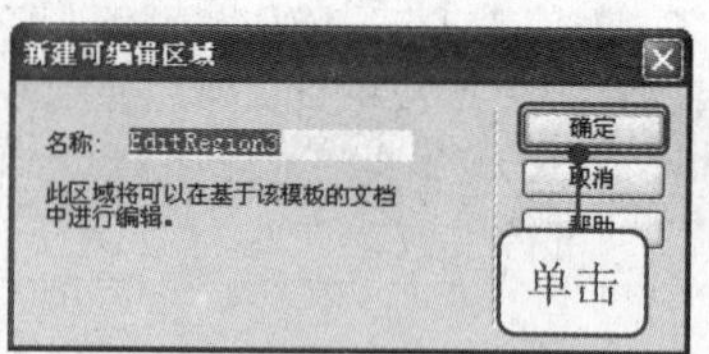

图 11-10　“新建可编辑区域”对话框

（3）单击“确定”按钮，即可插入可编辑区域，如图 11-11 所示。

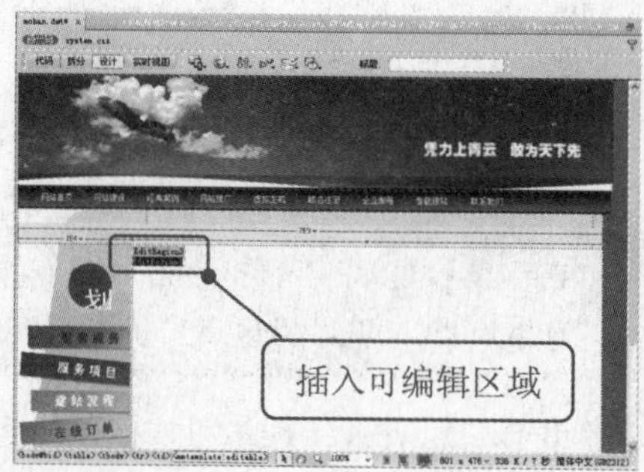

图 11-11　插入可编辑区域

11.2　模板的应用

模板创建好之后，就可以应用模板快速、高效地设计出风格一致的网页，可以使用模板创建新的文档，也可以将模板应用于已有的文档。如果对模板不满意，还可以修改原有的模板。

11.2.1　上机练习——应用模板创建网页

使用模板可以快速创建大量风格一致的网页，模板效果如图 11-12 所示，应用模板创建网页的效果如图 11-13 所示，具体操作步骤如下。

图 11-12　模板效果

图 11-13　应用模板创建网页的效果

练习文件　实例素材/练习文件/CH11/11.2.1/Templates/ moban.dwt

完成文件　实例素材/完成文件/CH11/11.2.1/ index1.html

（1）执行“文件”|“新建”命令，弹出“新建文档”对话框，在对话框中选择“模板中的页”|“11.2.1”|“moban”选项，如图 11-14 所示。

（2）单击“创建”按钮，创建一个模板网页，如图 11-15 所示。

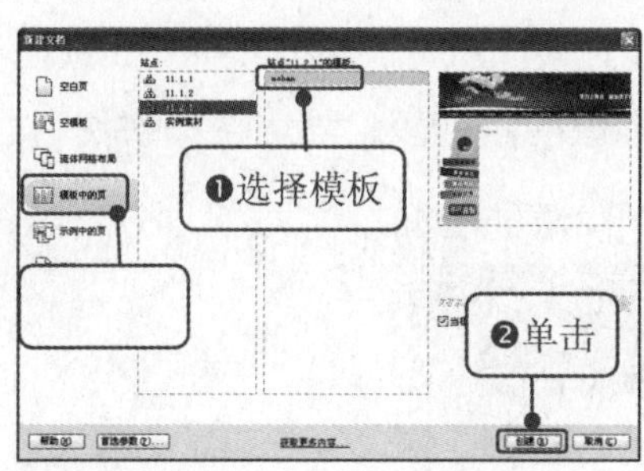

图 11-14　“新建文档”对话框

图 11-15　创建模板网页

★ 指点迷津 ★

将鼠标移至可编辑区域时，光标指针变为 I，表示可编辑，而移至不可编辑区域时则变为 ⊘，表示不可编辑。

（3）执行“插入”|“表格”命令，弹出“表格”对话框，在对话框中设置相应的参数，如图 11-16 所示。

（4）单击“确定”按钮，插入表格，在“属性”面板中将“对齐”设置为“居中对齐”，如图 11-17 所示。

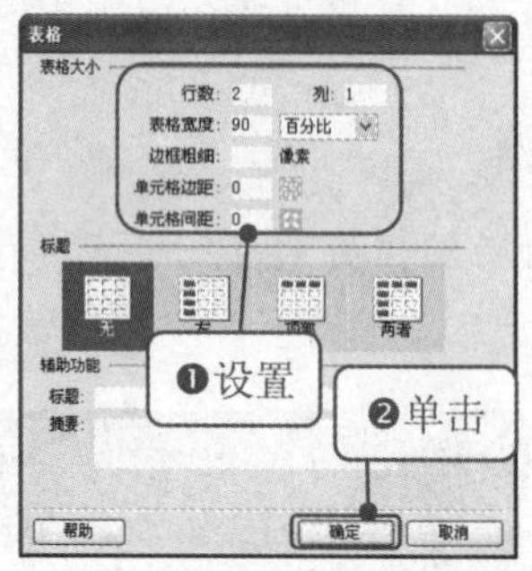

图 11-16　“表格”对话框

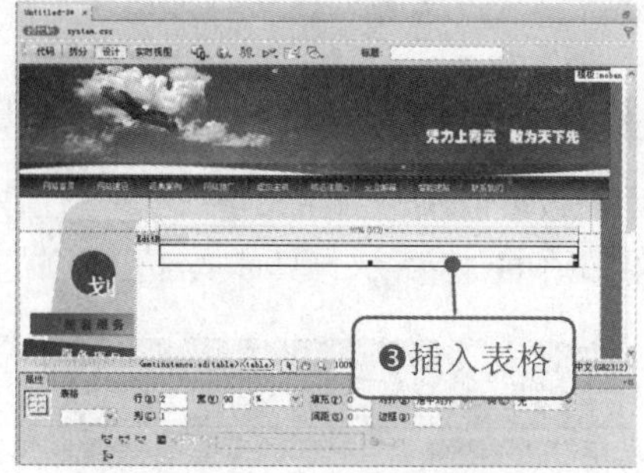

图 11-17　插入表格

（5）将光标置于表格的第 1 行单元格中，将“背景颜色”设置为“#cccccc”，如图 11-18 所示。

（6）在第 1 行中将“高”设置为“30”，输入文字“>>> 返回”，在“属性”面板中设置为“右对齐”，如图 11-19 所示。

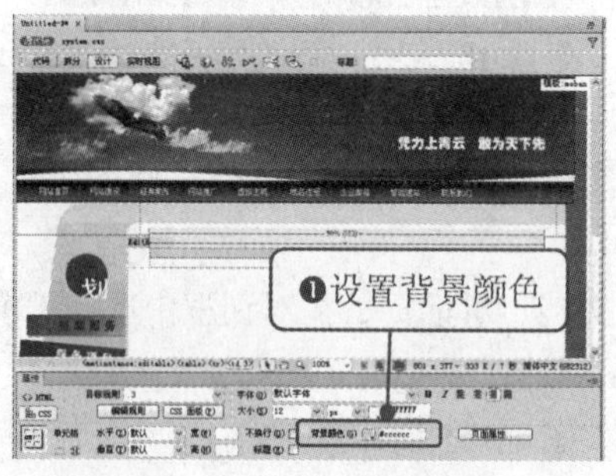

图 11-18　设置背景颜色

图 11-19　输入文字

（7）将光标置于表格的第 2 行单元格中，将“背景颜色”设置为“#e5e8e2”，如图 11-20 所示。

图 11-20　设置背景颜色

（8）将光标置于表格中，输入相应的文本，如图 11-21 所示。

（9）执行“文件”|“保存”命令，弹出“另存为”对话框，在对话框中输入文件名称，如图 11-22 所示。

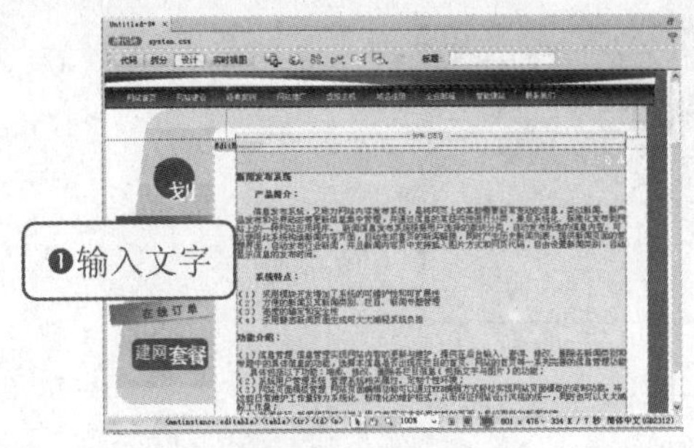

图 11-21　输入文本

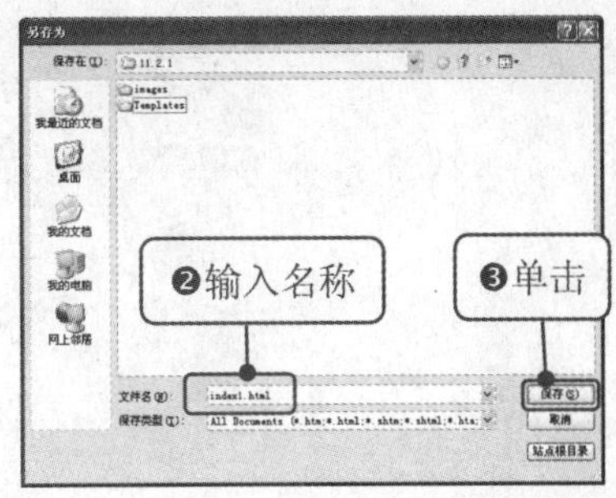

图 11-22　“另存为”对话框

（10）单击“保存”按钮，保存文档，按“F12”键在浏览器中预览效果，如图 11-13 所示。

11.2.2　上机练习——更新模板及其他网页

使用当前模板的样式及内容改变以后，在存储模板时会弹出“更新模板文件”对话框，单击“更新”按钮，则调用该模板的网页文档也会随之发生变化。更新模板网页的具体操作步骤如下。

（1）打开模板网页，如图 11-23 所示。

（2）选择图像，打开“属性”面板，在面板中选择“矩形热点”工具，在图像上绘制矩形热区，如图 11-24 所示。

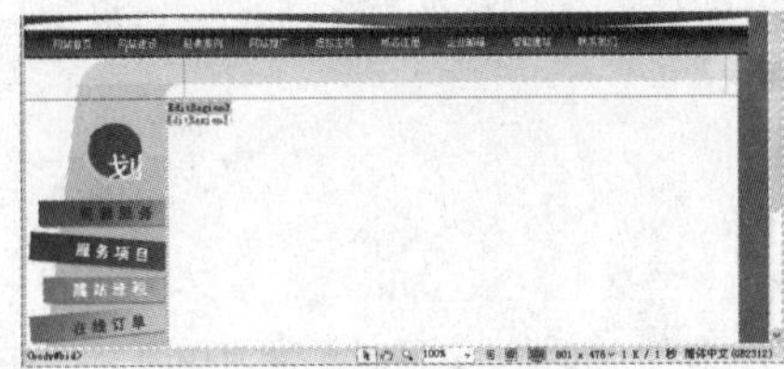

图 11-23　打开模板网页

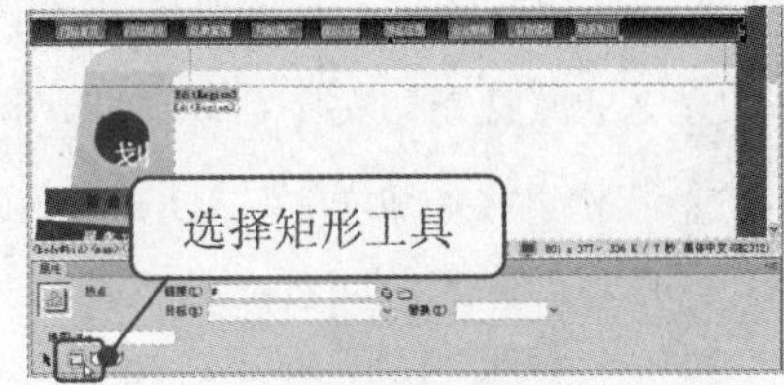

图 11-24　选择“矩形热点”工具

（3）执行“文件”|“保存”命令，弹出“更新模板文件”对话框，如图 11-25 所示。

（4）单击“更新”按钮，打开“更新页面”对话框，如图 11-26 所示。单击“关闭”按钮，更新页面。

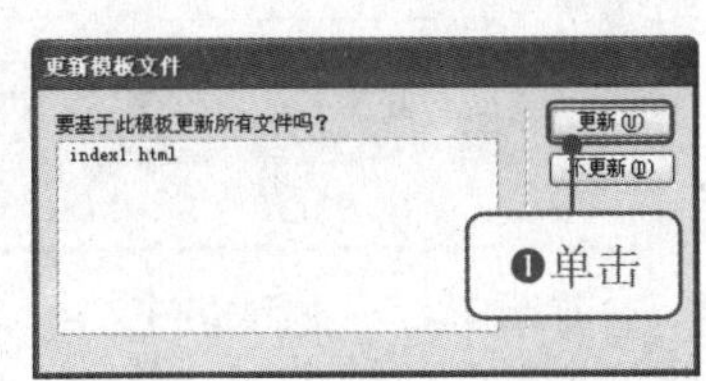

图 11-25　“更新模板文件”对话框

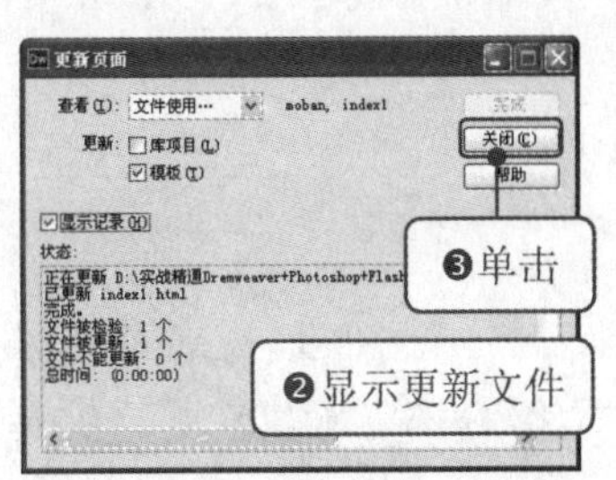

图 11-26　“更新页面”对话框

（5） 打开应用模板创建的网页文档，可以看到文档已被更新，如图 11-27 所示。

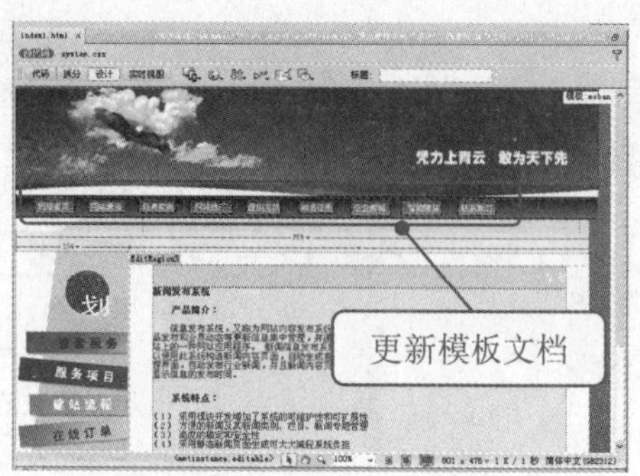

图 11-27 更新模板文档

11.3 创建和应用库

在 Dreamweaver CS6 中除了模板外，还有一种网页快速编辑工具，这就是库。Dreamweaver CS6 将库项目存储在每个站点的本地根文件夹内的 Library 文件夹中。

11.3.1 将现有内容创建为库

库项目是可以在多个页面中重复使用的存储页面元素，每当更改某个库项目的内容时，都可以更新所有使用该项目的页面。将现有内容创建为库的具体操作步骤如下。

练习文件 实例素材/练习文件/CH11/11.3.1/index.html

完成文件 实例素材/完成文件/CH11/11.3.1/ top.lbi

（1）打开要创建库的网页文档，如图 11-28 所示。

（2）执行"文件" | "另存为"命令，弹出"另存为"对话框，在对话框中的"文件名"文本框中输入"top.lbi"，在"保存类型"中设置为"Library Files（*.lbi）"，如图 11-29 所示。

图 11-28 "新建文档"对话框

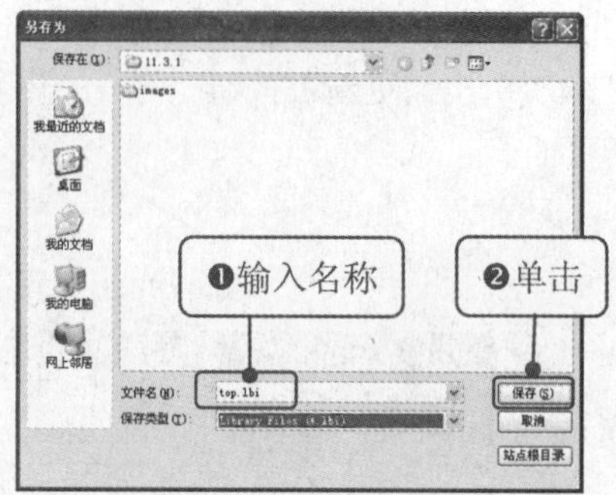

图 11-29 创建空白文档

（3）单击"保存"按钮，保存为库文件，如图 11-30 所示。

图 11-30　保存为库文件

11.3.2　在网页中应用库

当向页面添加库项目时，将把实际内容及对该库项目的引用一起插入到文档中。在网页中插入库的前后效果如图 11-31、图 11-32 所示，具体操作步骤如下。

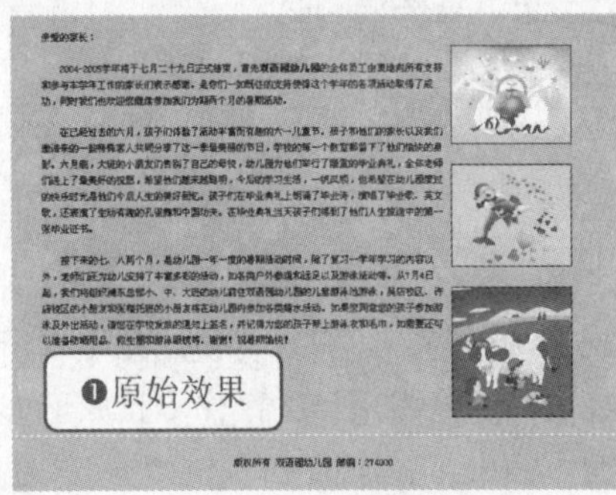

图 11-31　原始效果

图 11-32　插入库项目的效果

练习文件　实例素材/练习文件/CH11/11.3.2/index.html

完成文件　实例素材/完成文件/CH11/11.3.2/index1.html

（1）打开要插入库文件的网页文档，如图 11-33 所示。

（2）将光标置于要插入库项目的位置，执行“窗口”|“资源”命令，打开“资源”面板，在“资源”面板中单击“库”按钮，显示创建的库，如图 11-34 所示。

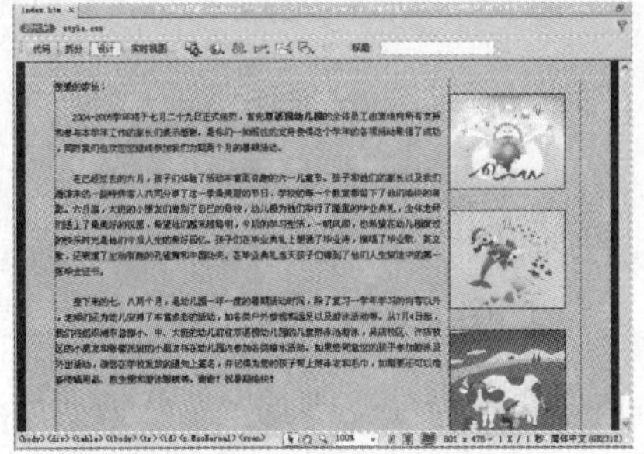

图 11-33　打开网页文档

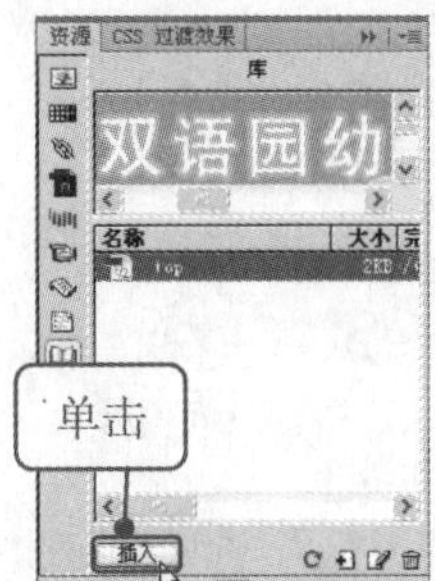

图 11-34　“资源”面板

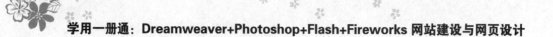

（3）选中库项目，单击左下角的“插入”按钮，插入库，如图 11-35 所示。

（4）保存文档，按“F12”键在浏览器中预览效果，如图 11-32 所示。

★ 高手支招 ★

如果在按住“Ctrl”键的同时拖曳库文件插入到文档中，则可以在文档中编辑库文件，但当更新使用该库项目的页面时，文档不会随之更新。

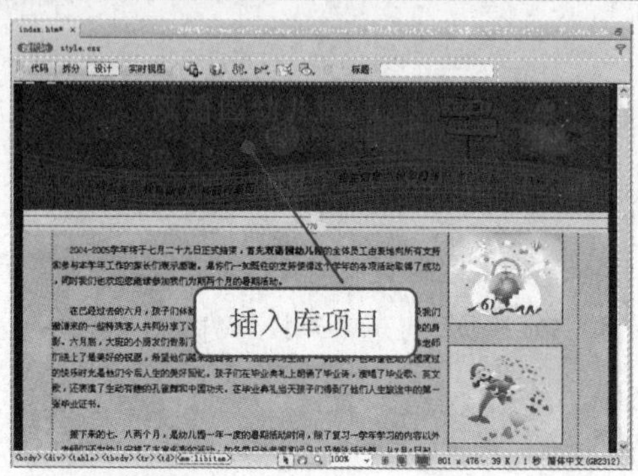

图 11-35　插入库项目

11.3.3 编辑并更新网页

在 Dreamweaver 中，可以编辑库项目，在编辑库项目时，可以选择更新站点中所有含有此库项目的页面，从而达到批量更改页面的目的。编辑与更新库项目的操作步骤如下。

（1）执行“窗口”|“资源”命令，打开“资源”面板，在面板中单击“库”按钮，显示库文件，如图 11-36 所示。

（2）选中库项目，单击“编辑”按钮，即可在 Dreamweaver 中打开库项目，如图 11-37 所示。

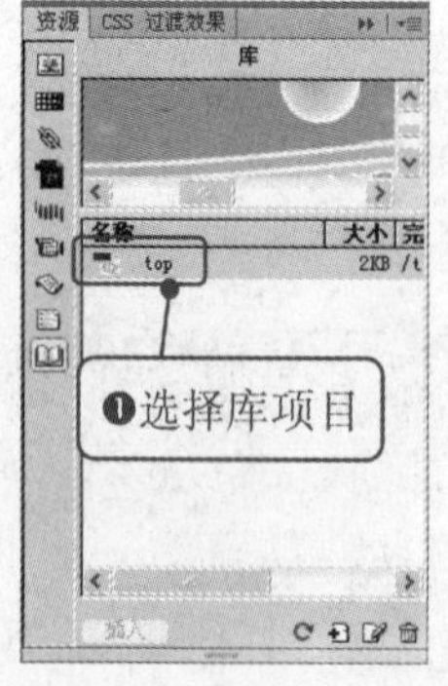

图 11-36　“资源”面板

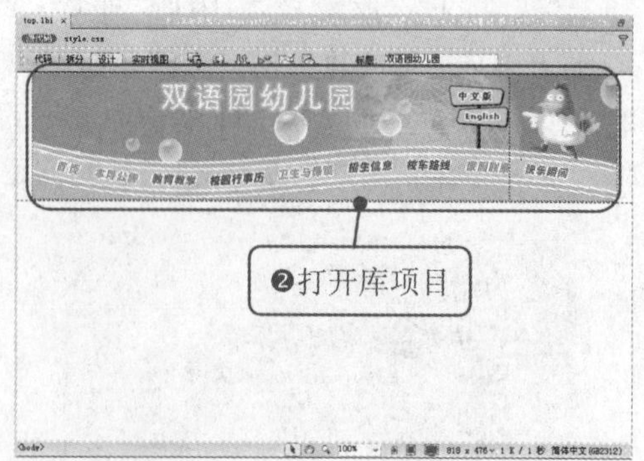

图 11-37　打开库项目

（3）选中图像，打开“属性”面板，在面板中选择“矩形热点”工具，在图像上绘制热区，并输入相应的链接，如图 11-38 所示。

（4）同样绘制其他的热点，并设置相应的图像热区链接，如图 11-39 所示。

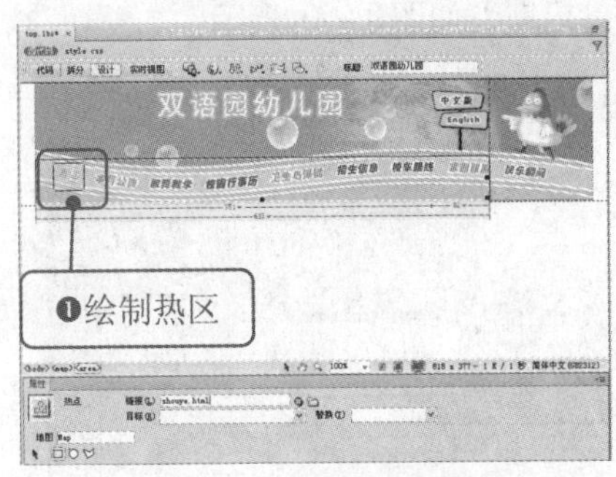

图 11-38　绘制热区

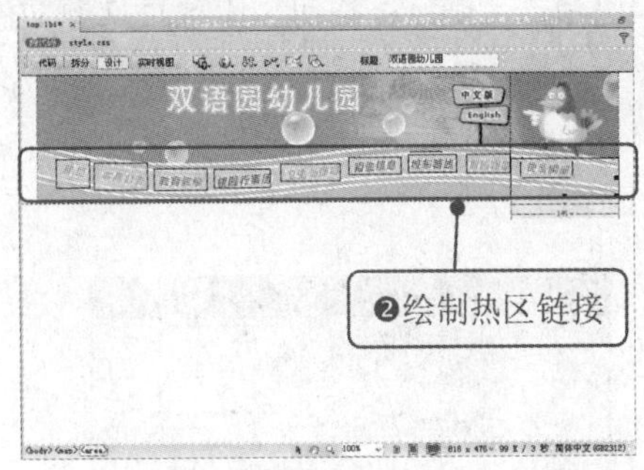

图 11-39　绘制热区链接

（5）执行“修改”|“库”|“更新页面”命令，弹出“更新页面”对话框，在对话框中选择库文件所在的站点，在“更新”中勾选“库项目”复选框，单击“完成”按钮，如图 11-40 所示。更新完毕后，单击“关闭”按钮即可。

（6）打开应用库制作的文档，可以看到应用的库被更新，如图 11-41 所示。

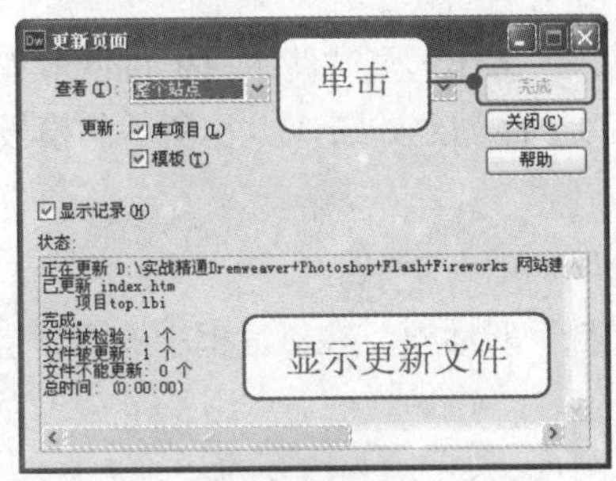

图 11-40　“更新页面”对话框

图 11-41　更新库文件

11.3.4　将库项目从源文件中分离

将库项目从源文件中分离出来的具体步骤如下。

（1）打开光盘中的素材文件 index.html，选择要插入的库项目，如图 11-42 所示。

（2）打开“属性”面板，在“属性”面板中单击“从源文件中分离”按钮，如图 11-43 所示。

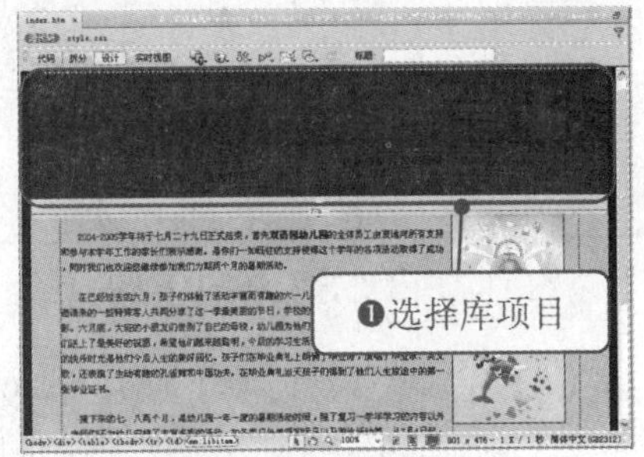

图 11-42　打开文件

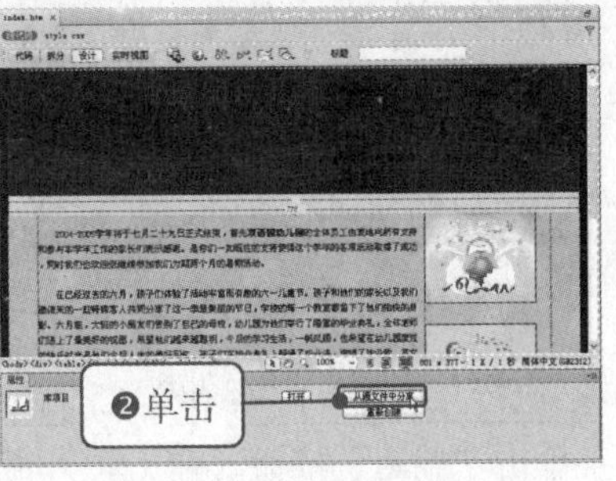

图 11-43　打开“属性”面板

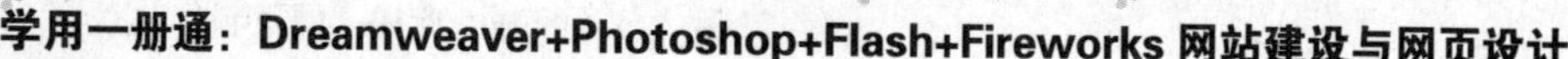

（3）弹出“Dreamweaver”提示对话框，如图 11-44 所示。

（4）单击“确定”按钮，库项目从源文件中分离出来，如图 11-45 所示。

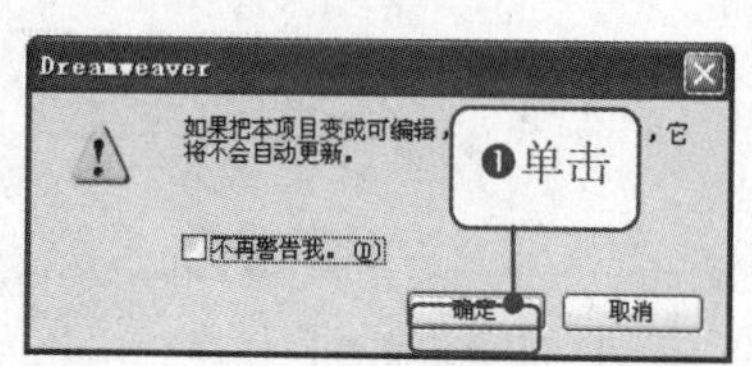

图 11-44　“Dreamweaver”提示对话框

图 11-45　库项目从源文件中分离出来

11.4　综合应用

11.4.1　综合应用——创建企业网站模板

在网页中使用模板可以统一整个站点的页面风格，在制作网页时使用模板可以节省大量的工作时间，并且为日后的更新和维护带来很大的方便。下面创建如图 11-46 所示的模板效果，具体操作步骤如下。

完成文件　实例素材/完成文件/CH11/11.4.1/ Templates/moban.dwt

（1）执行“文件”|“新建”命令，弹出“新建文档”对话框，在对话框中选择“空模板”|“HTML 模板”|“<无>”选项，如图 11-47 所示。

（2）单击“创建”按钮，即可创建一个空白模板网页，如图 11-48 所示。

图 11-46　创建模板效果

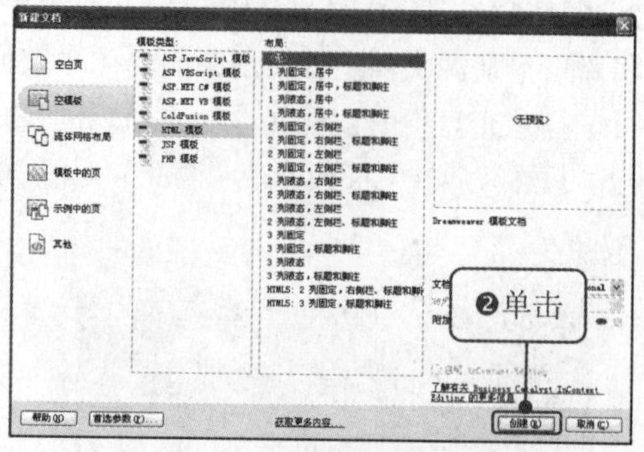

图 11-47　“新建文档”对话框

（3）执行“文件”|“保存”命令，弹出“Dreamweaver”提示对话框，如图 11-49 所示。

（4）单击“确定”按钮，弹出“另存模板”对话框，在对话框中的“站点”下拉列表中选择“11.4.1”，在“另存为”文本框中输入“moban”，如图 11-50 所示。

图 11-48 创建一个空白模板网页

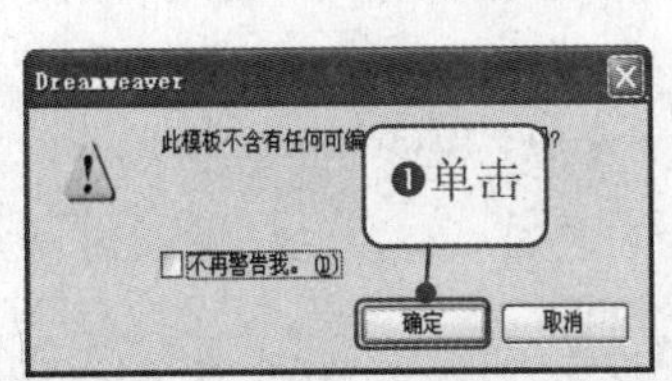

图 11-49 “Dreamweaver”提示对话框

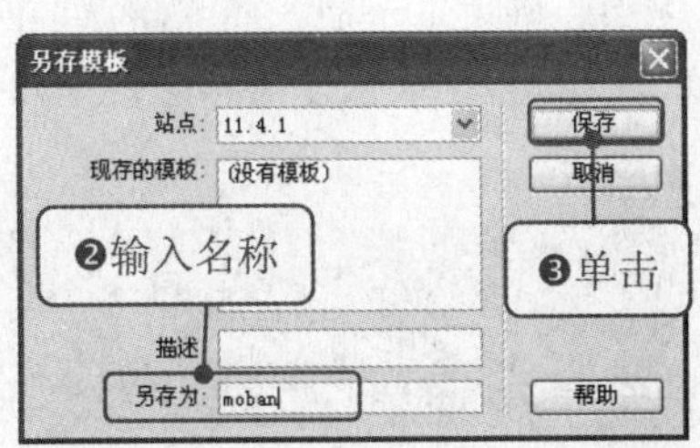

图 11-50 “另存模板”对话框

（5）单击“保存”按钮，保存模板网页，将光标置于页面中，执行“修改”|“页面属性”命令，弹出“页面属性”对话框，在对话框中将“上边距”和“下边距”分别设置为“0”，“左边距”和“右边距”分别设置为“0”，“背景颜色”设置为“#5a3412”，如图 11-51 所示。

（6）单击“确定”按钮，修改页面属性，将光标置于页面中，执行“插入”|“表格”命令，弹出“表格”对话框，在对话框中将“行数”设置为“4”，“列”设置为“1”，“表格宽度”设置为“770”像素，如图 11-52 所示。

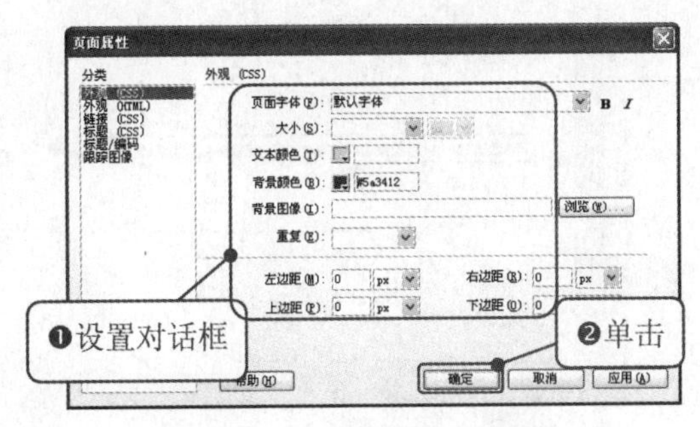

图 11-51 “页面属性”对话框

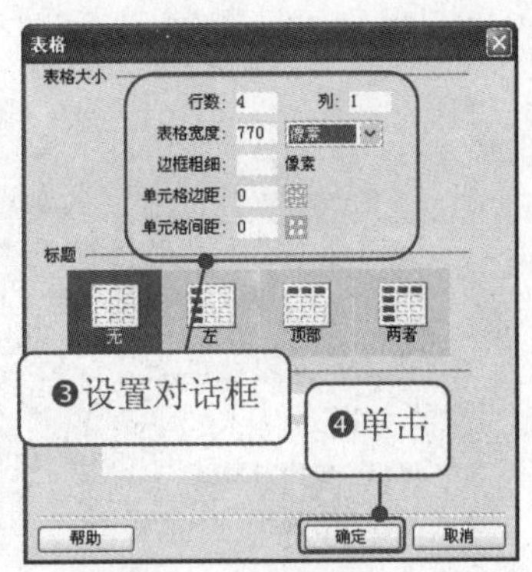

图 11-52 “表格”对话框

（7）单击“确定”按钮，插入表格，此表格记为表格 1，如图 11-53 所示。

（8）将光标置于表格 1 的第 1 行第 1 列单元格中，执行“插入”|“图像”命令，弹出“选择图像源文件”对话框，在对话框中选择图像文件.../images/top.jpg，如图 11-54 所示。

图 11-53　插入表格 1

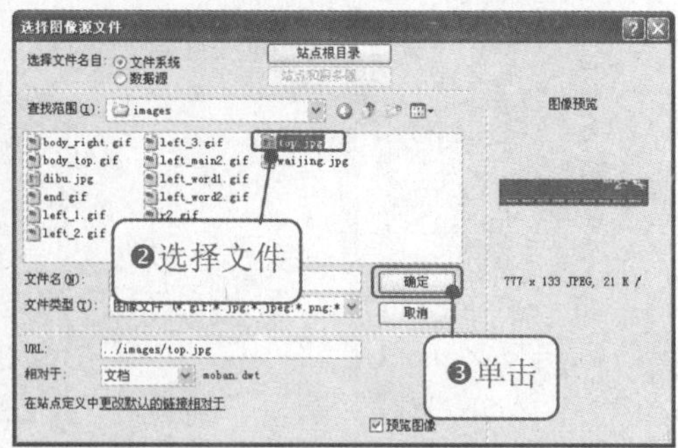

图 11-54　“选择图像源文件”对话框

（9）单击“确定”按钮，插入图像，如图 11-55 所示。

（10）将光标置于表格 1 的第 2 行单元格中，插入 1 行 2 列的表格 2，如图 11-56 所示。

图 11-55　插入图像

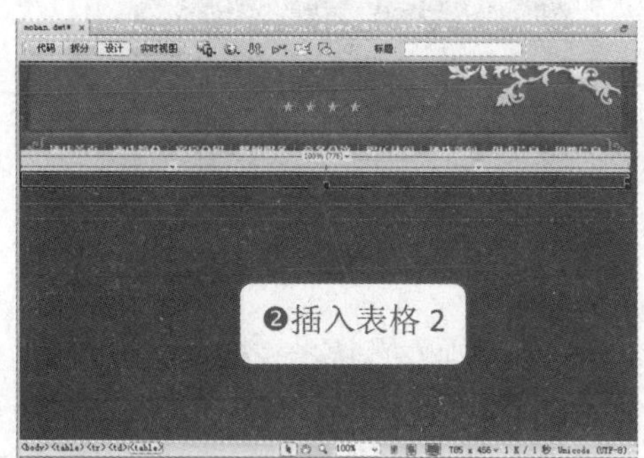

图 11-56　插入表格 2

（11）将光标置于表格 2 的第 1 列单元格中，插入 3 行 1 列的表格 3，如图 11-57 所示。

（12） 将光标置于表格 3 的第 1 行单元格中，打开代码视图，在代码中输入背景图像.../images/ left_1.gif，如图 11-58 所示。

图 11-57　插入表格 3

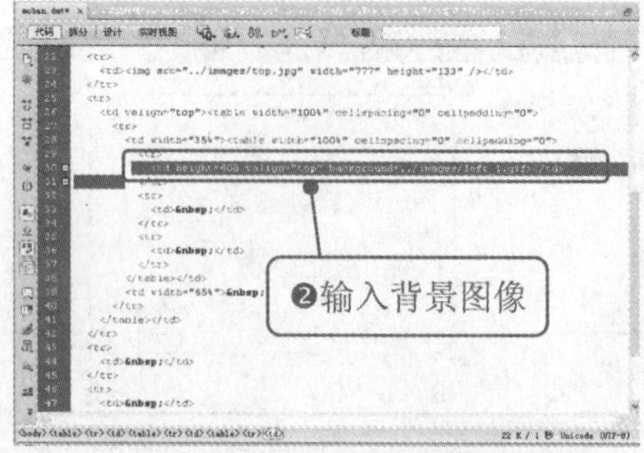

图 11-58　输入背景图像 left_1

（13）返回设计视图，将光标置于背景图像上，插入 5 行 1 列的表格 4，如图 11-59 所示。

（14）将光标置于表格 4 的第 1 行单元格中，打开“属性”面板，在面板中将单元格的“高”设置为“116”，如图 11-60 所示。

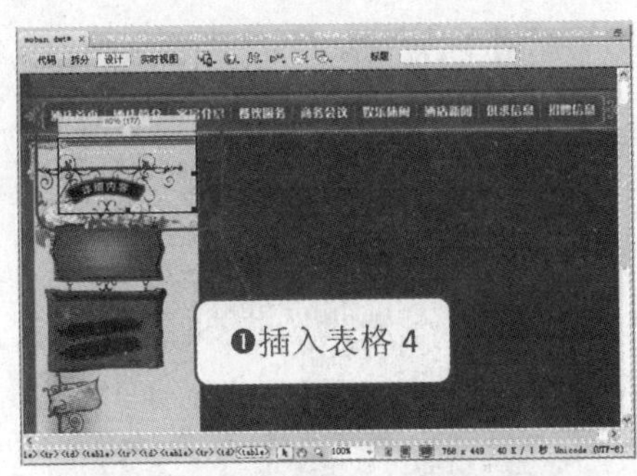

图 11-59　插入表格 4

图 11-60　设置单元格的属性

（15）将光标置于表格 4 的第 2 行单元格中，执行“插入”|“图像”命令，插入图像../images/left_main2.gif，如图 11-61 所示。

（16）将光标置于表格 4 的第 3 行单元格中，将单元格的“高”设为“53”，如图 11-62 所示。

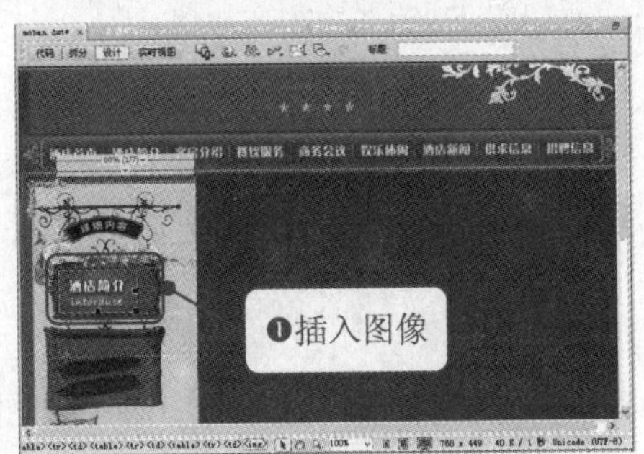

图 11-61　插入图像 left_main2

图 11-62　设置单元格的属性

（17）将光标置于表格 4 的第 4 行单元格中，执行“插入”|“图像”命令，插入图像../images/left_word1.gif，如图 11-63 所示。

（18）将光标置于表格 4 的第 4 行单元格中，执行“插入”|“图像”命令，插入图像../images/left_word2.gif，如图 11-64 所示。

图 11-63　插入图像 left_word1

图 11-64　插入图像 left_word2

（19）将光标置于表格 3 的第 2 行单元格中，打开代码视图，在代码中输入背景图像代码 background=../images/left_2.gif，如图 11-65 所示。

（20）返回设计视图，可以看到插入的背景图像，如图 11-66 所示。

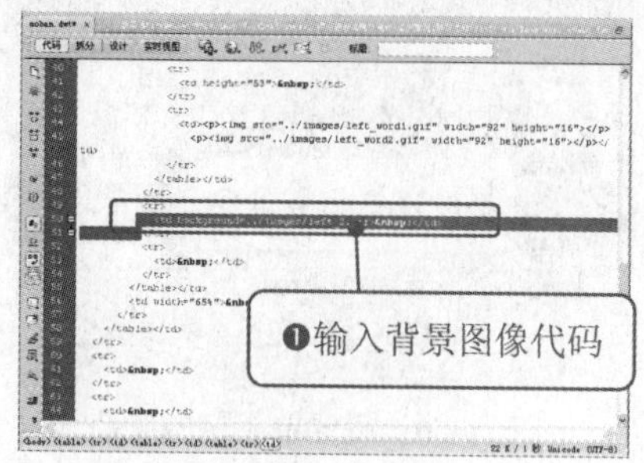

图 11-65　输入代码

图 11-66　插入的背景图像

（21）将光标置于表格 3 的第 3 行单元格中，打开代码视图，在代码中输入背景图像代码 background=.../images/left_3.gif，如图 11-67 所示。

（22）返回设计视图，可以看到插入的背景图像，如图 11-68 所示。

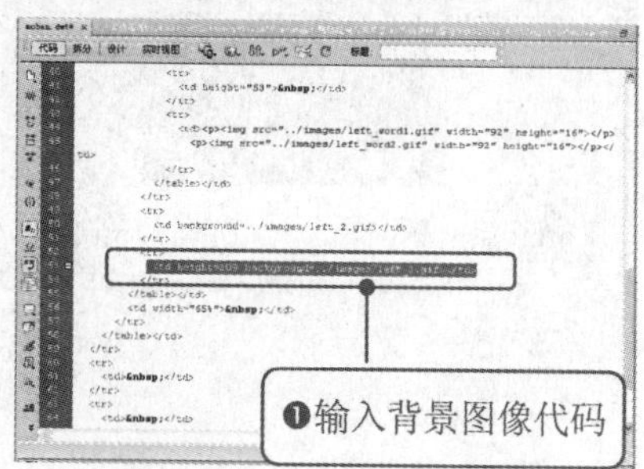

图 11-67　输入代码

图 11-68　插入的背景图像

（23）将光标置于表格 2 的第 2 列单元格中，打开代码视图，在代码中输入背景图像代码 background= .../images/right_22.gif，如图 11-69 所示。

（24）返回设计视图，看到插入的背景图像，如图 11-70 所示。

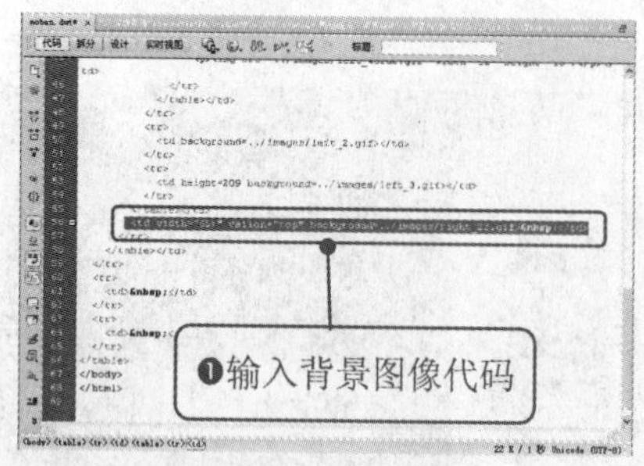

图 11-69　输入代码

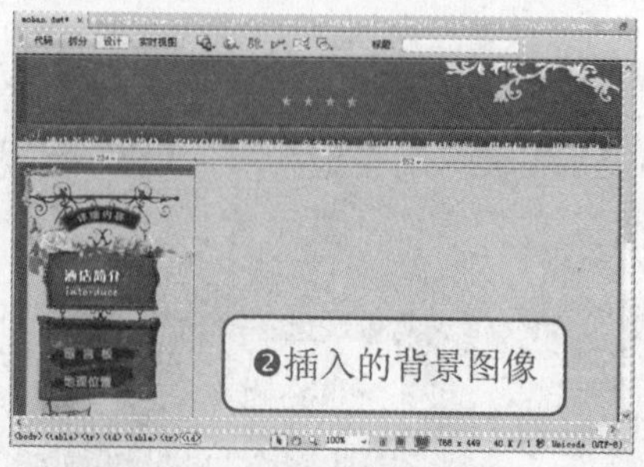

图 11-70　插入的背景图像

（25）将光标置于背景图像上，执行“插入”|“模板对象”|“可编辑区域”命令，弹出“新建可编辑区域”对话框，如图 11-71 所示。

（26）单击“确定”按钮，插入可编辑区域，如图 11-72 所示。

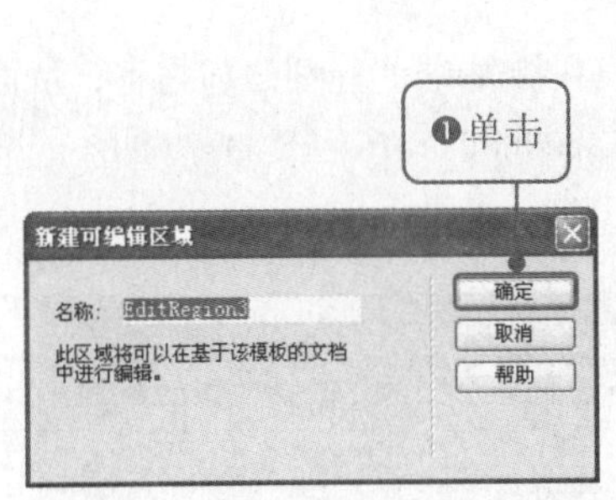

图 11-71 “新建可编辑区域”对话框

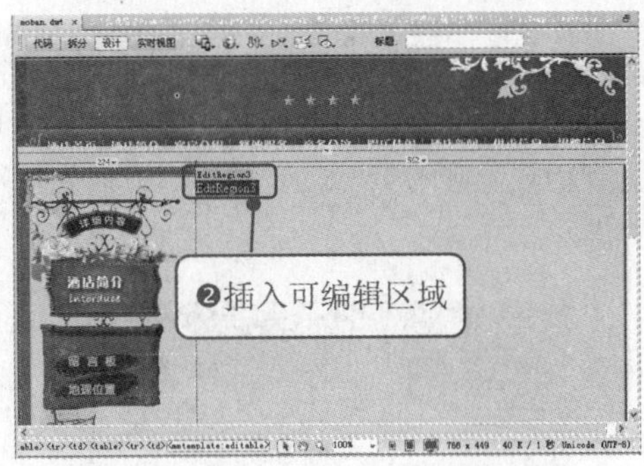

图 11-72 插入可编辑区域

（27）将光标置于表格 1 的第 3 行单元格中，打开代码视图，在代码中输入背景图像代码 background=.../images/end.gif，如图 11-73 所示。

（28）返回设计视图，可以看到插入的背景图像，如图 11-74 所示。

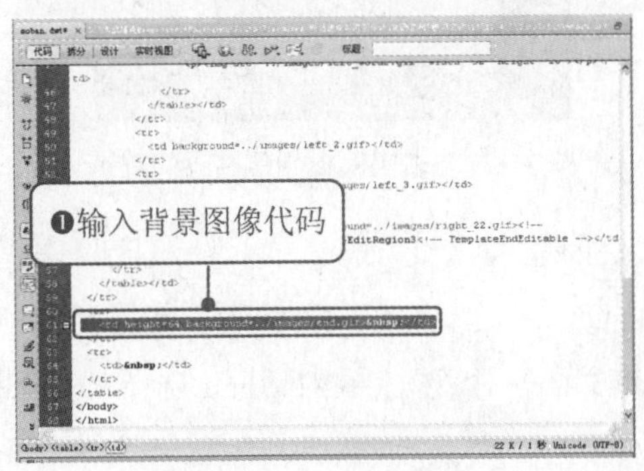

图 11-73 输入代码

图 11-74 插入的背景图像

（29）将光标置于表格 1 的第 4 行单元格中，执行“插入”|“图像”命令，插入图像.../images/dibu.jpg，如图 11-75 所示。

（30）保存模板文档，按 F12 键浏览效果，如图 11-46 所示。

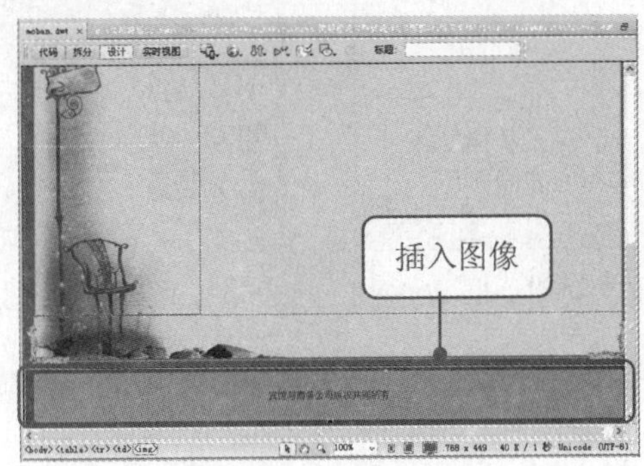

图 11-75 插入图像

11.4.2 综合应用——利用模板创建网页

创建模板是为以后使用模板打下良好的基础，可以在此基础上分别添加内容，从而创建一系列具有相同外观的页面，下面利用模板创建网页的效果如图 11-76、图 11-77 所示，具体操作步骤如下。

图 7-76　原始模板效果

图 11-77　利用模板创建网页的效果

练习文件　实例素材/练习文件/CH11/11.4.2/ Templates/moban.dwt

完成文件　实例素材/完成文件/CH11/11.4.2/index1.html

（1）执行“文件”|“新建”命令，弹出“新建文档”对话框，在对话框中选择“模板中的页”|“11.4.2”|“moban”命令，如图 11-78 所示。

（2）单击“创建”按钮，利用模板创建文档，如图 11-79 所示。

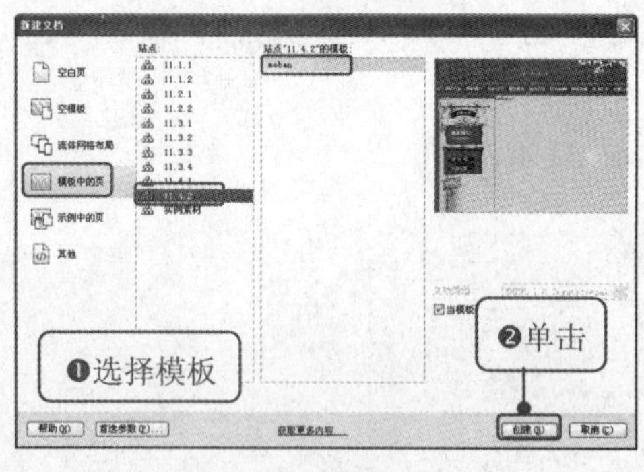

图 11-78　“新建文档”对话框

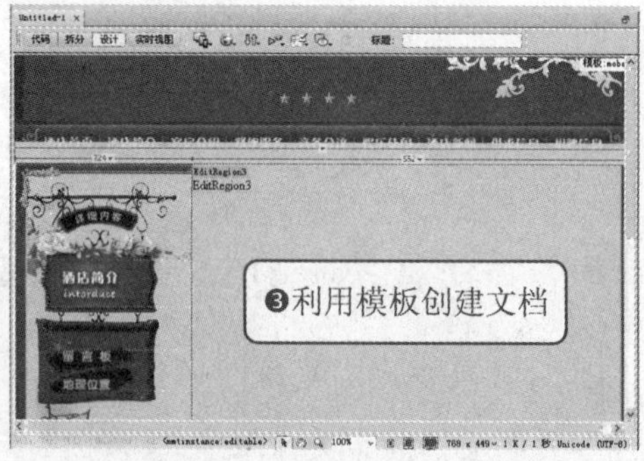

图 11-79　利用模板创建文档

（3）执行“文件”|“保存”命令，弹出“另存为”对话框，在对话框中的“文件名”文本框中输入名称，如图 11-80 所示。

（4）单击“保存”按钮，保存文档，将光标置于可编辑区域中，执行“插入”|“表格”命令，插入 2 行 2 列的表格，此表格记为表格 1，如图 11-81 所示。

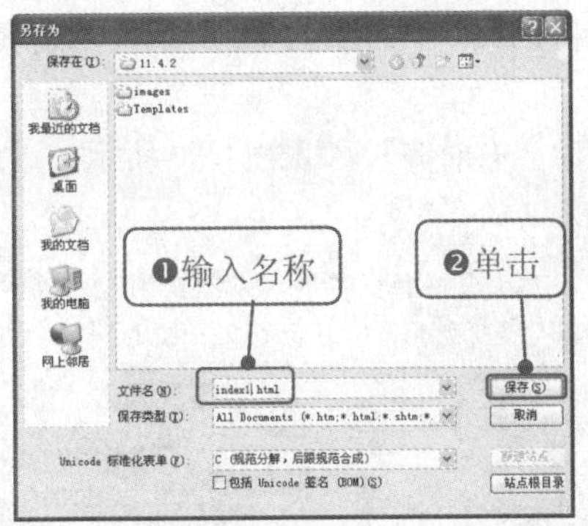

图 11-80 “另存为”对话框

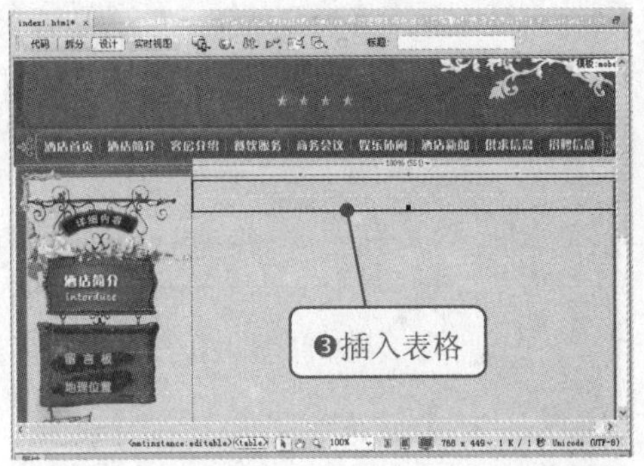

图 11-81 插入表格 1

（5）将光标置于表格 1 的第 1 行单元格中，合并单元格，打开代码视图，在代码中输入背景图像代码 background=images/body_top.gif，如图 11-82 所示。

（6）返回设计视图，看到插入的背景图像，如图 11-83 所示。

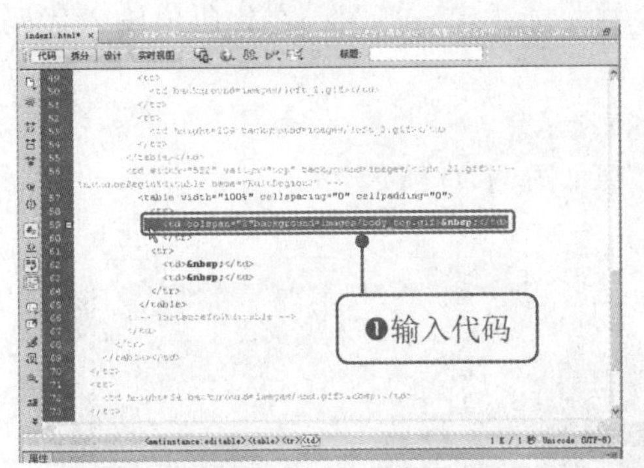

图 11-82 输入代码

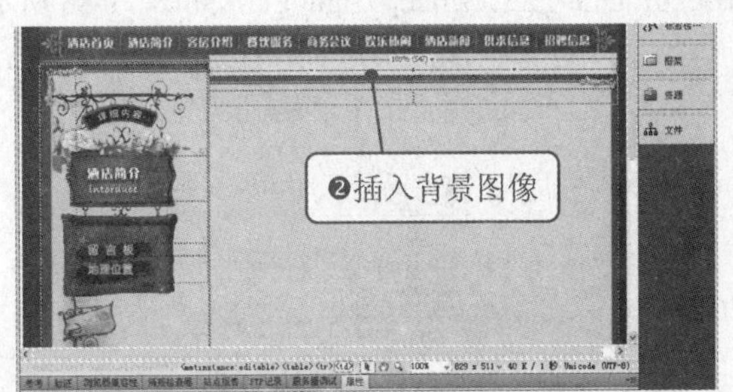

图 11-83 插入的背景图像

（7）将光标置于表格 1 的第 2 行的第 1 列单元格中，插入 2 行 1 列的表格，此表格记为表格 2，如图 11-84 所示。

（8）将光标置于表格 2 的第 1 行单元格中，插入图像 images/r2.gif，如图 11-85 所示。

图 11-84 插入表格 2

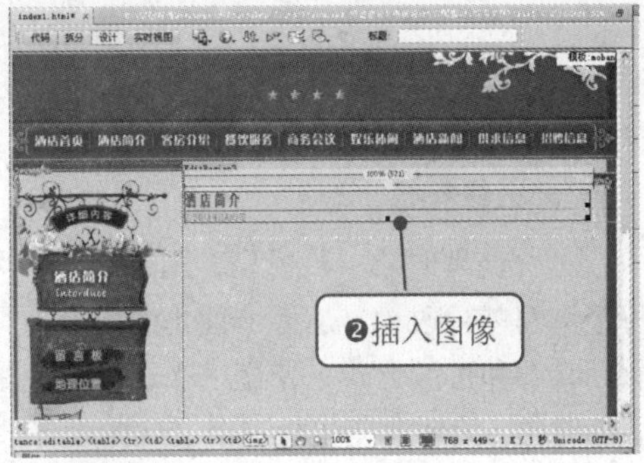

图 11-85 插入图像 r2

（9）将光标置于表格 2 的第 2 行单元格中，输入相应的文字，如图 11-86 所示，“字体颜色”设置为“#5a3412”，“大小”设置为“12 像素”。

（10）将光标置于文字中，插入图像，将对齐设置为“右对齐”，如图 11-87 所示。

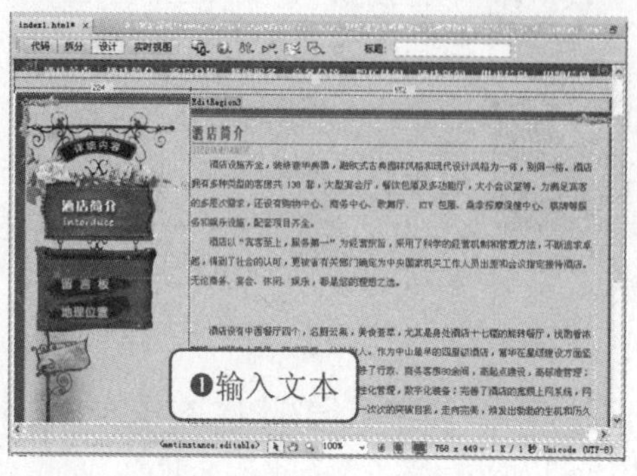

图 11-86　输入文本

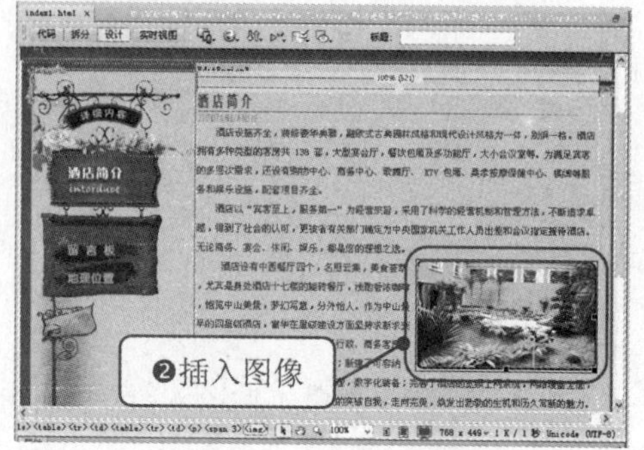

图 11-87　插入图像

（11）将光标置于表格 1 的第 2 列单元格中，打开代码视图，在代码中输入代码 background=images/body_right.gif，如图 11-88 所示。

（12）返回设计视图，插入背景图像，如图 11-89 所示。

（13）保存文档，按 F12 键在浏览器中预览，效果如图 11-77 所示。

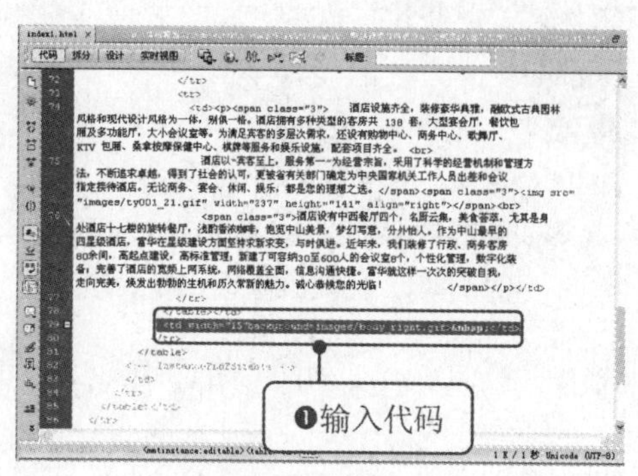

图 11-88　输入代码

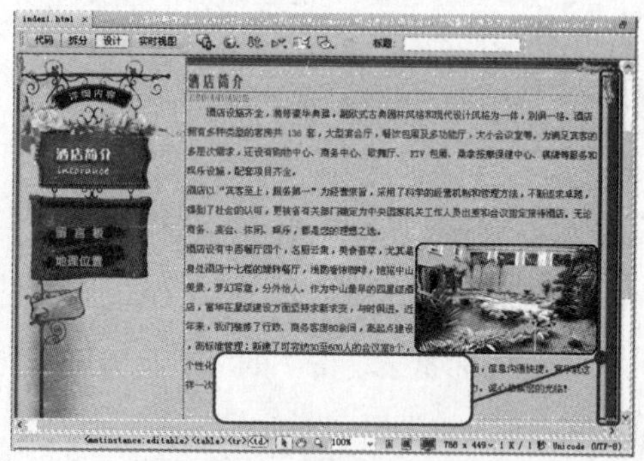

图 11-95　插入的背景图像

11.5　专家秘籍

1. 什么是模板

模板可被理解成一种模型，用这个模型可以方便地制作出很多页面，然后在此基础上可以对每个页面进行改动，加入个性化的内容。为了统一风格，一个网站的很多页面都要用到相同的页面元素和排版方式，使用模板可以避免重复地在每个页面输入或修改相同的部分，等网站改版的时候，只要改变模板这个文件的设计，就能自动更改所有基于这个模板的网页。可以说，模板最强大的用途之一就在于一次更新多个页面。从模板创建的文档与该模板保持连接状态（除非用户以后分离该文档），可以修改模板并立即更新基于该模板的所有文档中的设计。

2．什么是库

库文件的作用是将网页中常常用到的对象转换为库文件，然后作为一个对象插入到其他的网页之中。这样就能够通过简单的插入操作创建页面内容了。模板使用的是整个网页，库文件只是网页上的局部内容。

3．怎样指定一个页面中可以更改的部分

由模板生成的网页上，哪些地方可以编辑，是需要预先设定的。设定可编辑区域，需要在制作模板的时候完成。可以将网页上任意选中的区域设置为可编辑区域，但是最好是基于 HTML 代码的，这样在制作的时候会更加清楚。

4．从模板新建文件后，为什么不能连接 CSS

定义一个 CSS 文件后，网站中的所有文件都连接这个文件，这是经常使用的技巧。但奇怪的是，使用模板新建的文件，竟然不能使用 CSS。

同样从源代码入手。通常创建模板时都会定义一个表或一幅图片为可编辑区域。关键也是这里，Dreamweaver 除了定义为可编辑区域的以外，其他一律不能编辑。也就是说，如果定义了表格为可编辑区域，那么只有<table></table>之间是可以更改的。

这样问题的解决办法就和上一个差不多了，在模板里预先定义好 CSS，然后输出 CSS 文件，直接在模板里连接 CSS 文件即可。

11.6　本章小结

Dreamweaver CS6 提供了强大的模板，可以快速地创建大量风格一致的网页。库项目是可以在多个页面中重复使用的存储页面元素，每当更改某个库项目的内容时，都可以更新所有使用该项目的页面。对于制作大型网站静态页面，特别是需要整个站点风格统一的用户来讲，模板和库是最佳也是必需的选择。本章的重点和难点是模板的创建、可编辑区域的设置、利用模板创建网页、从模板中脱离、更新模板网页、创建和使用库。

第12章 Dreamweaver CS6 动态网页设计

学前必读

动态网页发布技术的出现使得网站从展示平台变成了网络交互平台。Dreamweaver CS6 在集成了动态网页的开发功能后，就由网页设计工具变成了网站开发工具。Dreamweaver CS6 对动态网页的设计提供了非常出色的支持，动态网页开发人员几乎不用编写任何程序代码，就可以使用 Dreamweaver 快速创建具有各种功能的应用程序。

学习流程

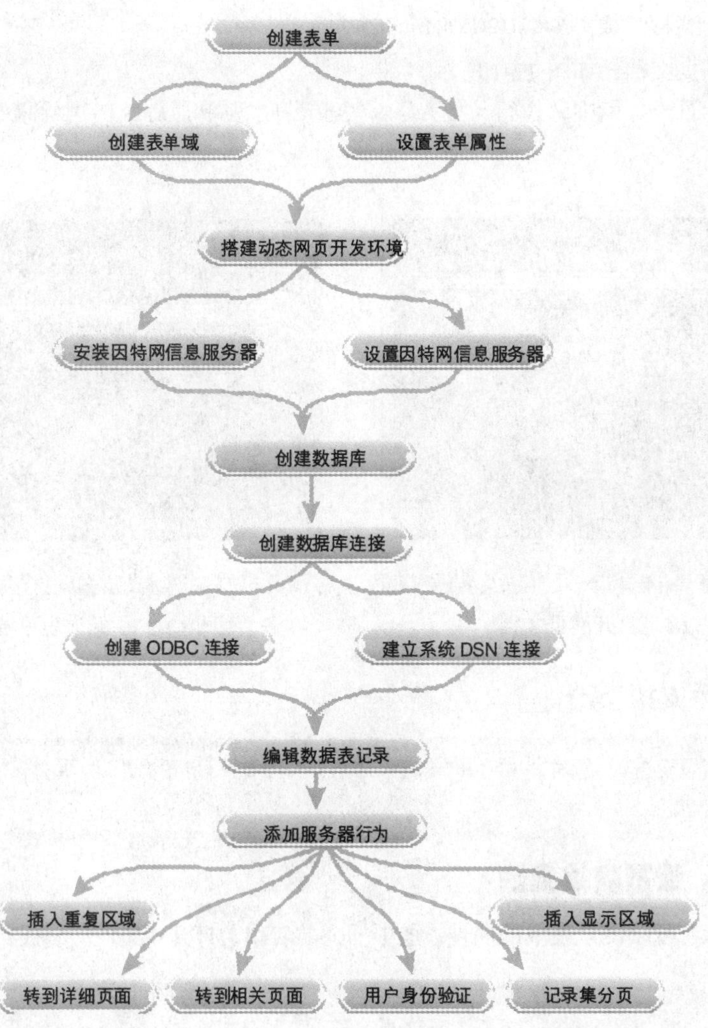

12.1 创建表单

表单是用于实现网页浏览者与服务器之间交互的一种页面元素，在因特网上被广泛用于各种信息的搜索和反馈，是网站管理者和浏览者之间沟通的桥梁。

12.1.1 创建表单域

表单是收集访问者反馈信息的有效方式，在网络中的应用非常广泛，可以通过表单填写并提交数据。在制作表单网页之前首先要创建表单，表单对象必须添加到表单中才能正常运行。下面通过实例讲述表单域的插入，具体操作步骤如下。

练习文件 实例素材/练习文件/CH12/12.1.1/index.html

完成文件 实例素材/完成文件/CH12/12.1.1/index1.html

（1）打开网页文档，如图 12-1 所示。

（2）将光标置于页面中，执行“插入”|“表单”|“表单”命令，执行命令后，插入表单，如图 12-2 所示。

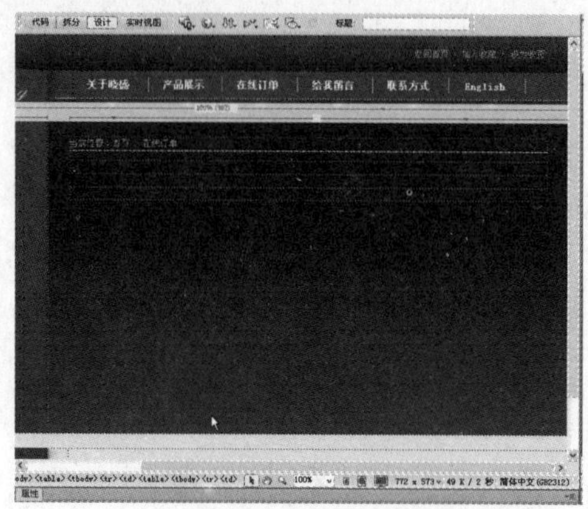
图 12-1　打开网页文档

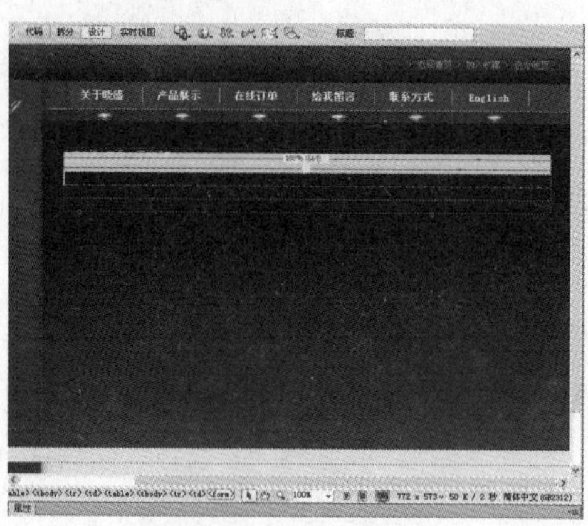
图 12-2　插入表单域

★ 高手支招 ★

如果在文档窗口中没有看见插入的表单，执行“查看”|“可视化助理”|“不可见元素”命令，可以显示表单。

12.1.2　设置表单属性

创建表单后，可以设置表单的属性。选中插入的表单，打开“属性”面板，如图 12-3 所示。

图 12-3　表单“属性”面板

在表单“属性”面板中主要有以下参数。

- 表单 ID：用来设置表单的名称。为了正确处理表单，一定要给表单设置一个名称。
- 动作：用来设置处理该表单的服务器脚本路径。
- 目标：用来设置表单被处理后页面的打开方式。在下拉列表中有 4 个可选值如下。
  - _bank：网页在新窗口中打开。
  - _parent：网页在副窗口中打开。
  - _self：网页在原窗口中打开。
  - _top：网页在顶层窗口中打开。

- 方法：用来设置将表单数据发送到服务器的方法。选择默认或 GET，将以 GET 方法发送表单数据，把表单数据附加到请求 URL 中发送；选择 POST，将以 POST 方法发送表单数据，把表单数据嵌入到 HTTP 请求中发送，通常选择 POST。
- 编码类型：用来设置发送数据的 MIME 编码类型，一般应选择 application/x-www-form-urlencode。
- 类：定义表单的 CSS 类样式。

12.2 插入表单对象

表单对象是允许用户输入数据的机制。在创建表单对象之前，首先必须在页面中插入表单。

有 3 种类型的表单域：文本域、文件域和隐藏域。在向表单中添加文本域时，可以指定域的长度、包含的行数、最多可输入的字符数，以及该域是否为密码域。

创建表单对象的具体操作步骤如下。

（1）将光标放置在表单内，执行“插入”|“表格”命令，插入 7 行 2 列的表格，在属性面板中将“填充”设置为 5，“对齐”设置为“居中对齐”，单击“确定”按钮插入表格，如图 12-4 所示。

（2）将光标置于第 1 行第 1 列，输入文字“选择产品:”，并将“属性”面板中的“水平”设置为“居中对齐”，如图 12-5 所示。

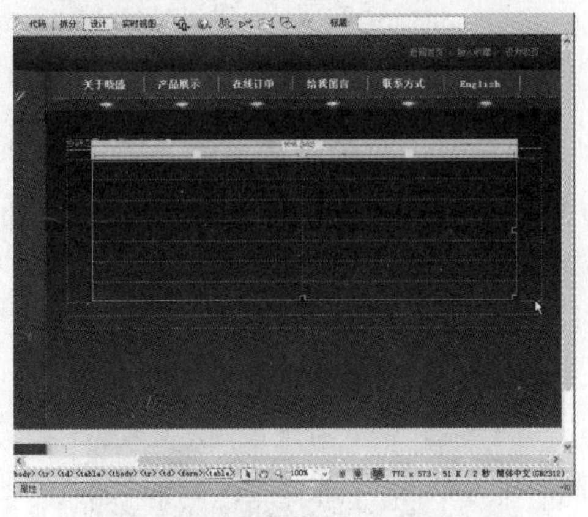

图 12-4　插入“提交”表格

图 12-5　输入“取消”文字

（3）将光标放置于第 1 行第 2 列单元格中，执行“插入”|“表单”|“列表/菜单”命令，插入列表/菜单，如图 12-6 所示。

（4）在“属性”面板中单击“列表值”按钮，弹出“列表值”对话框，在对话框中单击 + 按钮，添加“项目标签”和“值”，如图 12-7 所示。

图 12-6　插入列表/菜单

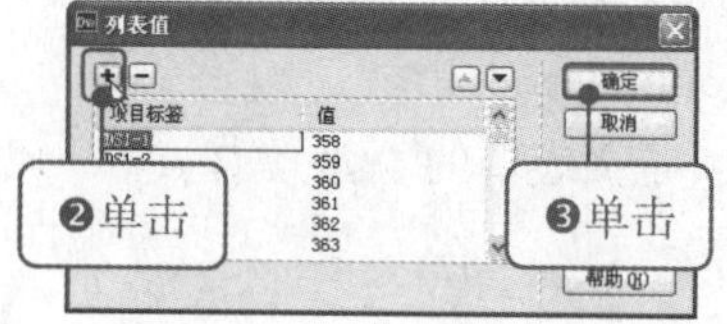

图 12-7　“列表值”对话框

（5）单击“确定”按钮，如图 12-8 所示。

（6）在第 2 行第 1 列中输入文字“公司名称:”。将光标置于第 2 行第 2 列中，执行“插入”|“表单”|“文本域”命令，插入文本域，在属性面板中设置相应的属性，如图 12-9 所示。

图 12-8　设置列表/菜单属性

图 12-9　插入文本域

（7）在其他单元格中输入文字和插入文本域，在“属性”面板中设置相应的属性，效果如图 12-10 所示。

（8）将光标置于第 7 行第 2 列单元格中，执行“插入”|“表单”|“文本区域”命令，插入文本区域，在“属性”面板中设置相应的属性，如图 12-11 所示。

图 12-10　输入文字和插入文本域

图 12-11　插入文本区域

（9）执行“插入”|“表单”|“按钮”命令，插入“提交”按钮，如图 12-12 所示。

（10）执行“插入”|“表单”|“按钮”命令，插入“取消”按钮，如图 12-13 所示。

图 12-12　插入“提交”按钮

图 12-13　插入“取消”按钮

12.3　搭建动态网页平台

网站要在服务器平台下运行，离开一定的平台，动态交互式的网站就不能正常运行。要将本地计算机设置为服务器，必须在计算机上安装能够提供 Web 服务的应用程序。

12.3.1　安装因特网信息服务器（IIS）

对于开发 ASP 页面来说，安装因特网信息服务器（Internet Information Server，IIS）是最好的选择。IIS 是专为网络上所需的计算机网络服务而设计的一套网络套件，它不但有 WWW、FTP、SMTP、NNTP 等服务，而且它本身也拥有 ASP、Transaction Server、Index Server 等功能强大的服务器端软件。可以在 Windows 2000、Windows XP 或 Windows 2003 系统上安装 IIS。下面将以 Windows XP + IIS 的环境为例，介绍安装 IIS 的方法，具体操作步骤如下。

（1）执行“开始”|“控制面板”|“添加/删除程序”命令，打开“添加或删除程序”对话框，如图 12-14 所示。

（2）在对话框中选择“添加/删除 Windows 组件”选项，打开“Windows 组件向导”对话框，如图 12-15 所示。

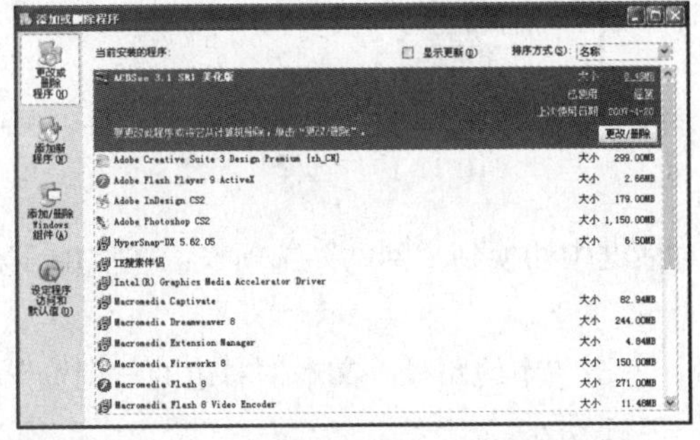

图 12-14　“添加或删除程序”对话框

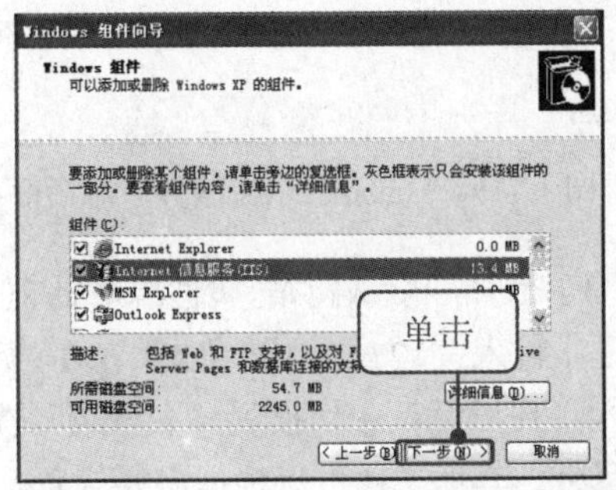

图 12-15　“Windows 组件向导”对话框

（3）在每个组件之前都有一个复选框，若该复选框显示为“☑”，则代表该组件内还有子组件可供选择。双击“Internet 信息服务（IIS）”选项，打开如图 12-16 所示的“Internet 信息服务（IIS）”对话框。

（4）当选择完所有希望使用的组件及子组件后，单击“确定”按钮，返回到“Windows 组件向导”对话框，单击“下一步”按钮，打开如图 12-17 所示的复制文件窗口。复制文件完成后，安装完成。

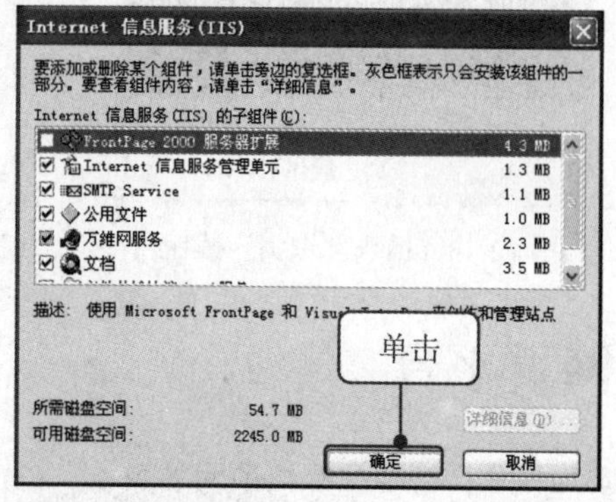

图 12-16 “Internet 信息服务（IIS）”对话框

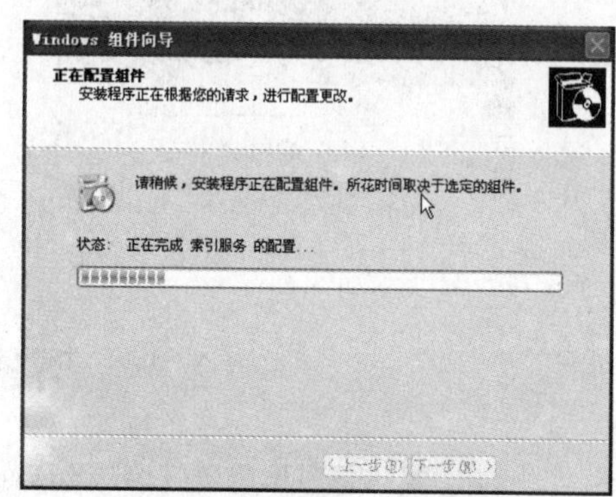

图 12-17 复制文件窗口

12.3.2 设置因特网信息服务器（IIS）

IIS 安装完成后，必须进行配置才能正常运行。配置 IIS 的具体操作步骤如下。

（1）执行“开始”|“控制面板”|“性能和维护”|“管理工具”|“Internet 信息服务”命令，打开“Internet 信息服务”对话框，如图 12-18 所示。

（2）在对话框中单击“默认网站”，在弹出的菜单中选择“属性”选项，如图 12-19 所示。

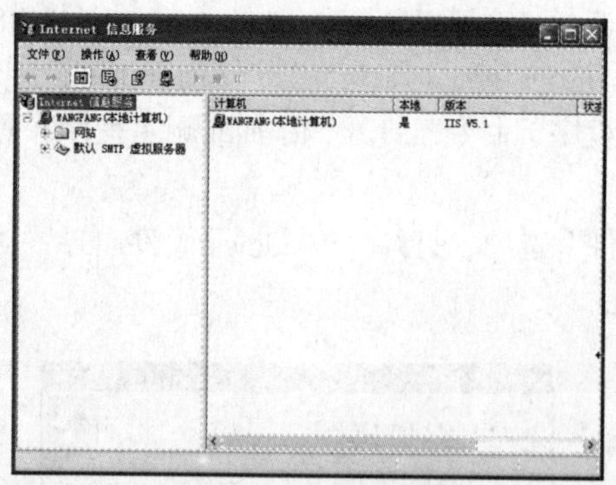

图 12-18 “Internet 信息服务”对话框

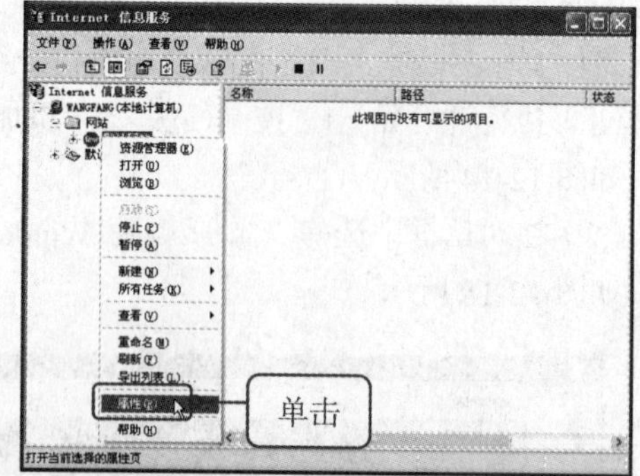

图 12-19 选择“属性”选项

（3）打开“默认网站 属性”对话框，在对话框中切换到“网站”选项卡，在“IP 地址”文本框中输入“127.0.0.1”，如图 12-20 所示。

（4）在对话框中切换到“主目录”选项卡，单击“本地路径”文本框右边的“浏览”按钮选择目录，其他选项可以根据需要设置，如图 12-21 所示。

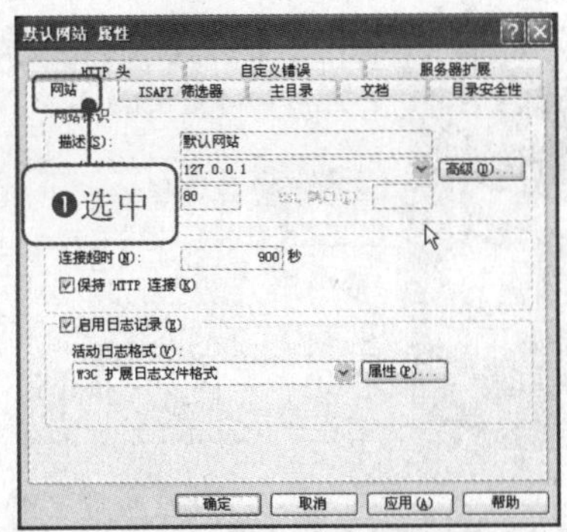

图 12-20 “网站”选项卡

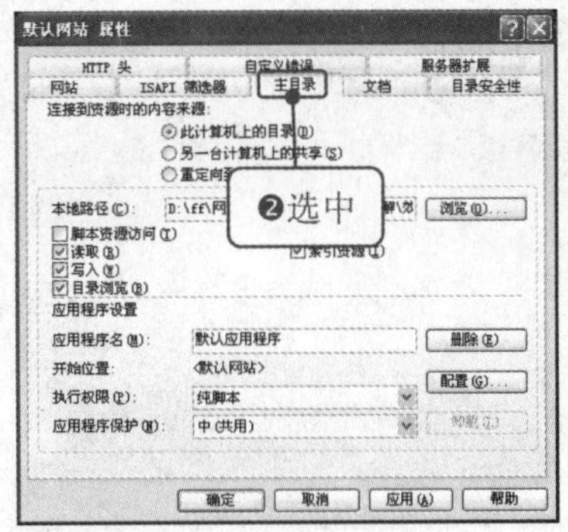

图 12-21 “主目录”选项卡

（5）在对话框中切换到“文档”选项卡，修改浏览器默认主页及调用顺序，如图 12-22 所示。单击“确定”按钮，即可完成 IIS 的设置。

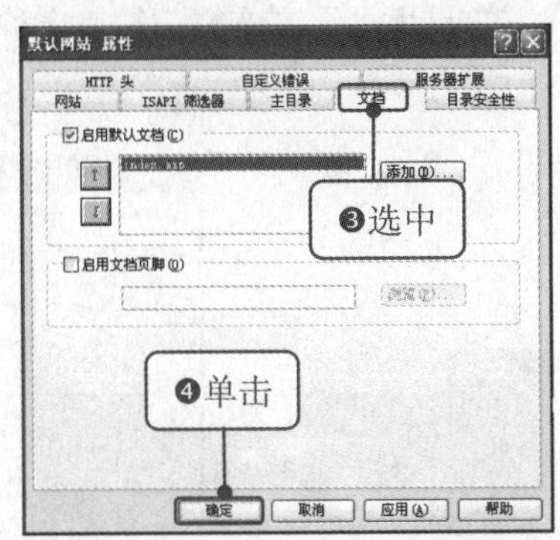

图 12-22 “文档”选项卡

12.4　创建数据库连接

如果说网络是信息传输的媒体，Web 应用程序是信息发布的一种方式，那么数据库就是信息的载体。建立交互式站点需要使用数据库来存储访问者的信息，创建动态网页同样需要使用数据库。

12.4.1　创建 ODBC 连接

要在 ASP 中使用 ADO 对象来操作数据库，首先要创建一个指向该数据库的 ODBC 连接。在 Windows 系统中，ODBC 连接主要通过 ODBC 数据源管理器来完成。下面就以 Windows XP 为例讲述 ODBC 数据源的创建过程。

（1）执行“控制面板”|“性能和维护”|“管理工具”|“数据源（ODBC）”命令，弹出“ODBC 数据源管理器”对话框，在对话框中选择“系统 DSN”模式，如图 12-23 所示。

（2）单击“添加”按钮，弹出“创建新数据源”对话框，在对话框中的“名称”列表框中选择“Driver do Microsoft Access（*.mdb）”选项，如图 12-24 所示。

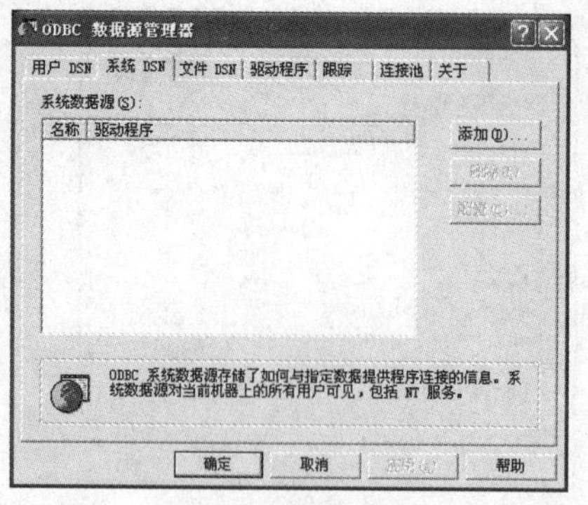

图 12-23 “ODBC 数据源管理器”对话框

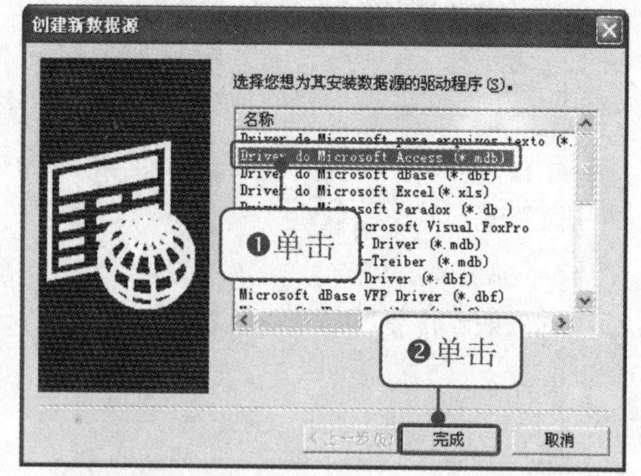

图 12-24 “创建新数据源”对话框

（3）单击“完成”按钮，弹出“ODBC Microsoft Access 安装”对话框，在对话框中单击“选择”按钮，弹出“选择数据库”对话框，在对话框中选择数据库的路径，如图 12-25 所示。

（4）单击“确定”按钮，在“数据库名”文本框中输入名称，单击“确定”按钮，就可以看到数据源 mdb 了，如图 12-26 所示。

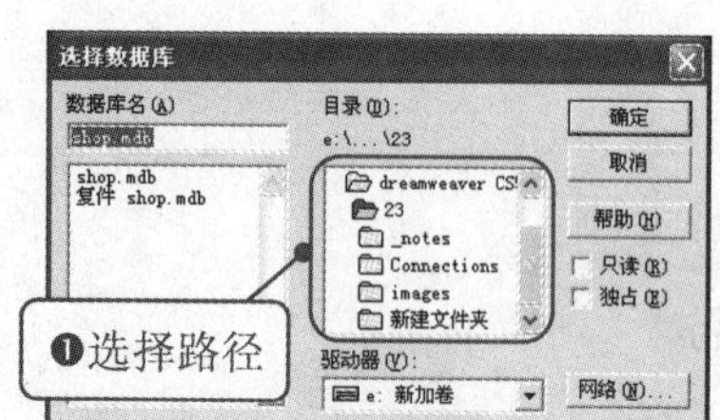

图 12-25 “选择数据库”对话框

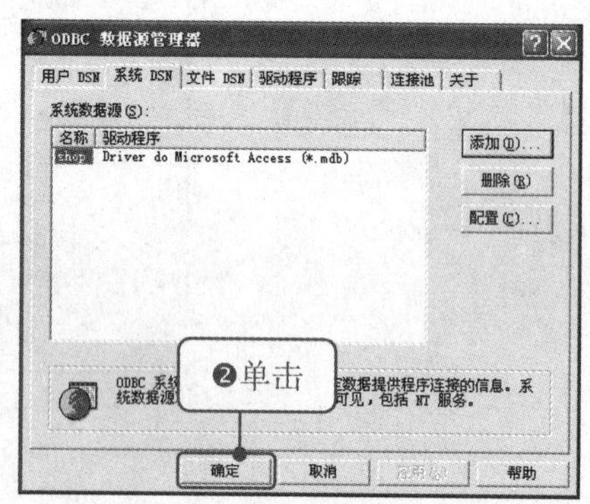

图 12-26 完成 ODBC 的创建

12.4.2 建立系统 DSN 连接

建立系统 DSN 连接的具体操作步骤如下。

（1）执行“窗口”|“数据库”命令，打开“数据库”面板，在面板中单击 + 按钮，在弹出的菜单中选择“数据源名称（DSN）”选项，如图 12-27 所示。

（2）单击“确定”按钮，返回到“数据源名称（DSN）”对话框，在“数据源名称（DSN）”文本框的后面就会出现已经定义好的数据库。在“连接名称”文本框中输入“news”，如图 12-28 所示。

（3）单击“测试”按钮，弹出“成功创建连接脚本”提示框。单击“确定”按钮，即可成功连接，此时“数据库”面板如图 12-29 所示。

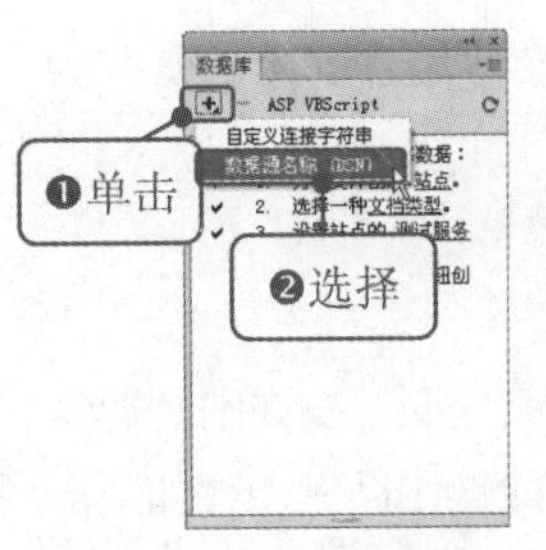

图 12-27　“数据库”面板

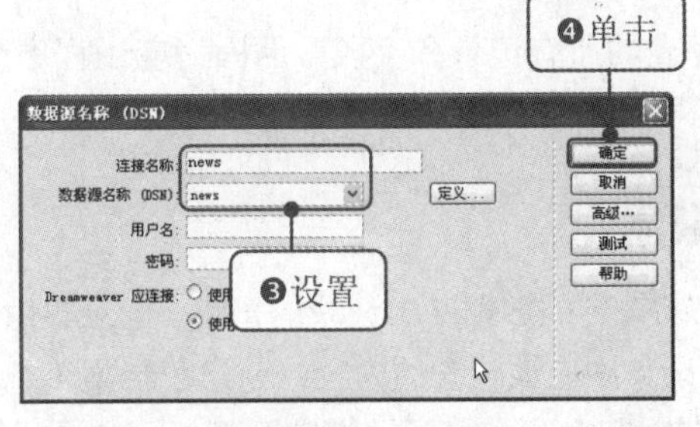

图 12-28　“数据源名称（DSN）”对话框

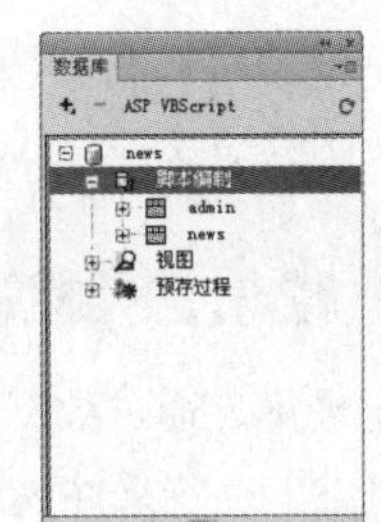

图 12-29　成功连接

代码揭秘：连接数据库代码

数据源名（Data Source Name，DSN）是唯一一个标识某数据源的字符串。一个 DSN 标识了一个包含了如何连接某一特定的数据源的信息的数据结构。这个信息包括要使用何种 ODBC 驱动程序及要连接哪个数据库。可以通过控制面板中的 32 位 ODBC 数据源来创建、修改及删除 DSN。

SQLConnect 的代码如下所示。

```
SQLConnect proto ConnectionHandle:DWORD
pDSN:DWORD
DSNLength:DWORD
pUserName:DWORD
NameLength:DWORD
pPassword:DWORD
PasswordLength:DWORD
```

上述代码中各参数含义如下所示。

- ConnectionHandle：要使用的连接句柄；
- pDSN：指向 DSN 的指针；
- DSNLength：指向 DSN 的长度；
- pUserName：指向用户名的指针；
- NameLength：指向用户名的长度；
- pPassword：指向该用户名所使用密码的指针；
- PasswordLength：密码的长度。

在最小情况下，SQLConnect 需要连接句柄，DSN 和 DSN 的长度。如果数据源不需要的话，用户名和密码就不是必需的，函数的返回值与 SQLAllocHandle 的返回值相同。

12.5　编辑数据表记录

记录集是根据查询关键字在数据库中查询得到的数据库中记录的子集。查询就是指定一些搜索条件，这些条件决定了在记录集中应该包括什么和不应该包括什么。查询结果可以包括某些字段、某些记录或者是两者的结合。

记录集可以包括数据库表的所有记录和字段，但因为应用程序很少会使用数据库中所有的数据，所以应该使记录集尽可能小。

12.5.1 创建记录集

记录集是通过数据库查询得到的数据库中记录的子集。记录集由查询来定义，查询则由搜索条件组成，这些条件决定记录集中应该包含的内容，创建记录集（查询）的具体操作步骤如下。

（1）执行“窗口”|“绑定”命令，打开“绑定”面板，如图 12-30 所示。

（2）在面板中单击 + 按钮，在弹出的菜单中选择“记录集（查询）”选项，如图 12-31 所示。

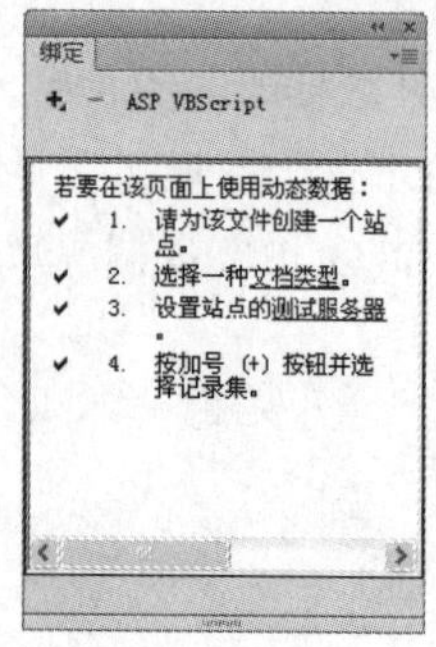

图 12-30 “绑定”面板

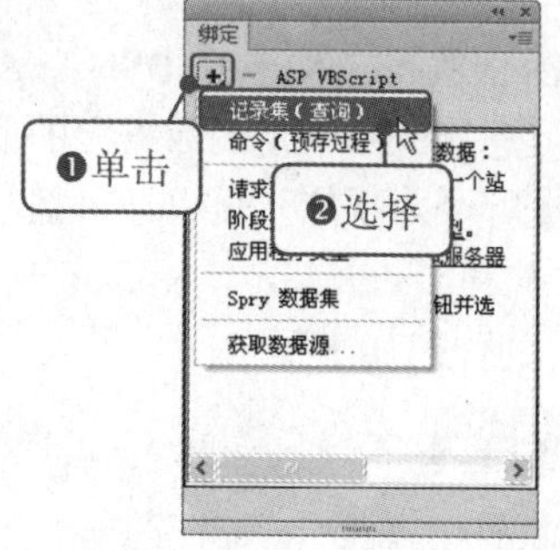

图 12-31 选择“记录集（查询）”选项

（3）弹出“记录集”对话框，在对话框中的“名称”文本框中输入“Recordset1”，在“连接”下拉列表中选择“news”选项，在“列”后的选项中选中“全部”单选按钮，如图 12-32 所示。

（4）单击“确定”按钮，插入记录集，如图 12-33 所示。

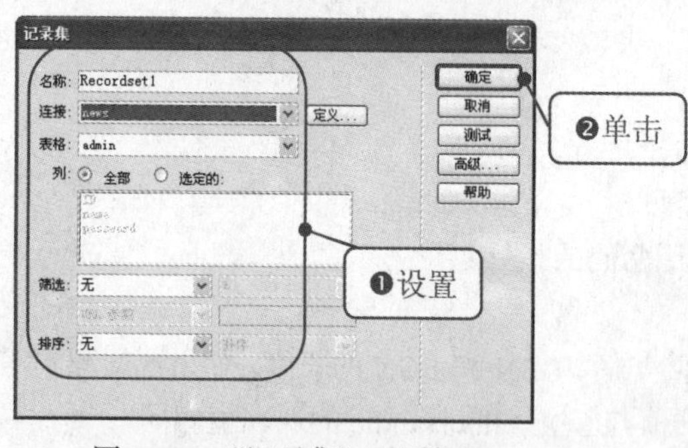

图 12-32 “记录集”对话框

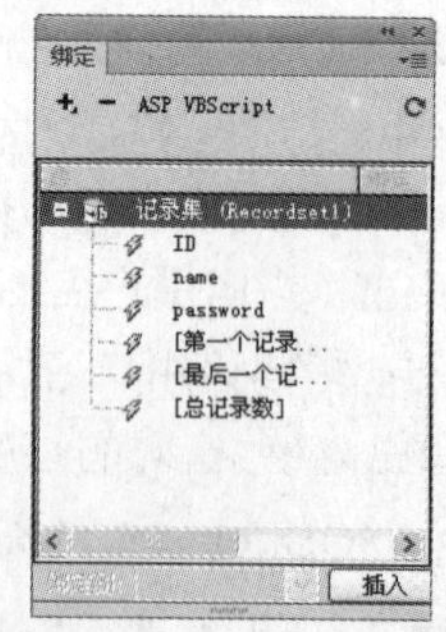

图 12-33 创建记录集

在“记录集”对话框中主要有以下参数。

- 名称：创建的记录集的名称。
- 连接：用来指定一个已经建立好的数据库连接，如果在“连接”下拉列表中没有可用的连接出现，则可单击其右边的“定义”按钮建立一个连接。
- 表格：选取已连接数据库中的所有表。

- 列：若要使用所有字段作为一条记录中的列项，则选中“全部”单选按钮，否则应选中“选定的”单选按钮。
- 筛选：设置记录集仅包括数据表中的符合筛选条件的记录。它包括 4 个下拉列表，这 4 个分别可以完成过滤记录条件字段、条件表达式、条件参数及条件参数的对应值的设置。
- 排序：设置记录集的显示顺序。它的下拉列表中：在第 1 个下拉列表中可以选择要排序的字段，在第 2 个下拉列表中可以设置升序或降序。

代码揭秘：创建记录集代码

创建的记录集代码如下所示。

```
<%
Dim Recordset1              /*定义记录集*/
Dim Recordset1_cmd
Dim Recordset1_numRows
Set Recordset1_cmd = Server.CreateObject ("ADODB.Command")
Recordset1_cmd.ActiveConnection = MM_guest_STRING
Recordset1_cmd.CommandText = "SELECT * FROM guest"  /* 从数据表 guest 中查询 */
Recordset1_cmd.Prepared = true
Set Recordset1 = Recordset1_cmd.Execute
Recordset1_numRows = 0
%>
```

12.5.2 插入记录

一般来说，要通过 ASP 页面向数据库中添加记录，需要提供输入数据的页面，这可以通过创建包含表单对象的页面来实现。利用 Dreamweaver CS6 的“插入记录”服务器行为，就可以向数据库中添加记录，插入记录的具体操作步骤如下。

在文档窗口中打开插入页面，该页面应该包含具有“提交”按钮的 HTML 表单。

（1）单击文档窗口左下角状态栏中的<form>标签选择表单，执行“窗口”|“属性”命令，打开“属性”面板，在“表单名称”文本框中输入名称。

（2）执行“窗口”|“服务器行为”命令，打开“服务器行为”面板，在面板中单击 + 按钮，在弹出的菜单中选择“插入记录”选项，如图 12-34 所示。

（3）选择“插入记录”选项后，弹出“插入记录”对话框，如图 12-35 所示。

在“插入记录”对话框中主要有以下参数。

- 连接：用来指定一个已经建立好的数据库连接，如果在“连接”下拉列表中没有可用的连接出现，则可单击其右边的“定义”按钮建立一个连接。
- 插入到表格：在下拉列表中选择要插入表格的名称。
- 插入后，转到：在文本框中输入一个 URL 或单击“浏览”按钮。如果不输入该 URL，则插入记录后刷新该页面。
- 获取值自：在下拉列表中指定存放记录内容的 HTML 表单。
- 表单元素：在列表中指定数据库中要更新的表单元素。

- 列：在“列”下拉列表中选择字段。
- 提交为：在“提交为”下拉列表中显示提交元素的类型。如果表单对象的名称和被设置字段的名称一致，则 Dreamweaver CS6 会自动建立对应关系。

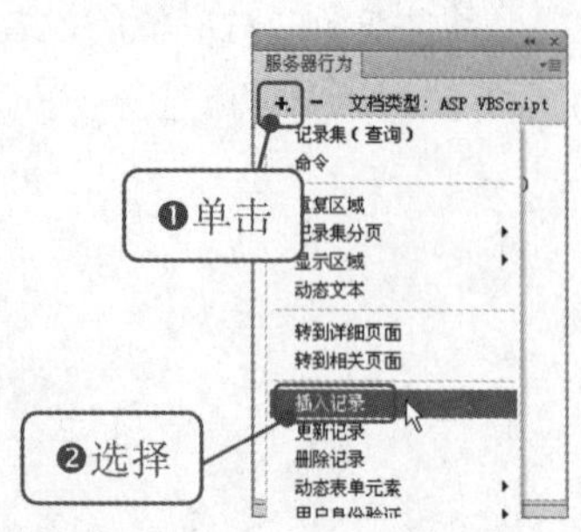

图 12-34　选择“插入记录”选项

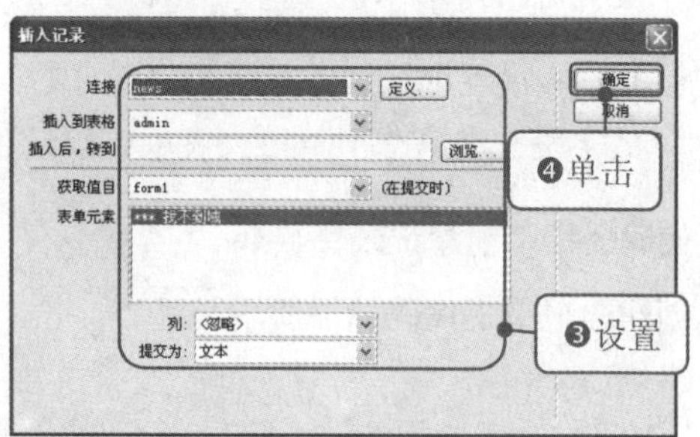

图 12-35　“插入记录”对话框

代码揭秘：插入记录代码

在创建了数据库及其表之后，可以使用 INSERT 命令填充它们。可以用 INSERT 方法指定要填充的列，此处为往表 guest 中插入字段，代码如下所示。

```
<%If (CStr(Request("MM_insert")) = "form1") Then
  If (Not MM_abortEdit) Then
    Dim MM_editCmd
    Set MM_editCmd = Server.CreateObject ("ADODB.Command")
    MM_editCmd.ActiveConnection = MM_guest_STRING
    MM_editCmd.CommandText = "INSERT INTO guest (name, [e-mail], qq, title, content) VALUES (?, ?, ?, ?, ?)"
    MM_editCmd.Prepared = true
    MM_editCmd.Execute
    MM_editCmd.ActiveConnection.Close %>
```

使用这种结构，可以添加多行记录，只填充一部分相关的列。其结果将是任何未赋值的列都将被视做 NULL（或者如果定义了默认值，就赋予默认值）。注意，如果列不能具有 NULL 值（它被设置为 NOT NULL），并且没有默认值，那么不指定值将会引发一个错误。

12.5.3 更新记录

利用 Dreamweaver 的“更新记录”服务器行为，可以在页面中实现更新记录操作，更新记录的具体操作步骤如下。

（1）执行“窗口”|“服务器行为”命令，打开“服务器行为”面板，在面板中单击 + 按钮，在弹出的菜单中选择“更新记录”选项，如图 12-36 所示。

（2）选择“更新记录”选项后，弹出“更新记录”对话框，如图 12-37 所示。

在“更新记录”对话框中主要有以下参数。

- 连接：用来指定一个已经建立好的数据库连接，如果在“连接”下拉列表中没有可用的连接出现，则可单击其右边的“定义”按钮建立一个连接。

- 要更新的表格：在下拉列表中选择要更新的表的名称。
- 选取记录自：在下拉列表中指定页面中绑定的“记录集”。
- 唯一键列：在下拉列表中选择关键列，以识别在数据库表单上的记录。如果值是数字，则应该勾选“数值”复选框。
- 在更新后，转到：在文本框中输入一个 URL，这样表单中的数据更新之后将转向这个 URL。
- 获取值自：在下拉列表中指定页面中表单的名称。
- 表单元素：在列表中指定 HTML 表单中的各个字段域名称。
- 列：在下拉列表中选择与表单域对应的字段列名称。
- 提交为：在下拉列表中选择字段的类型。

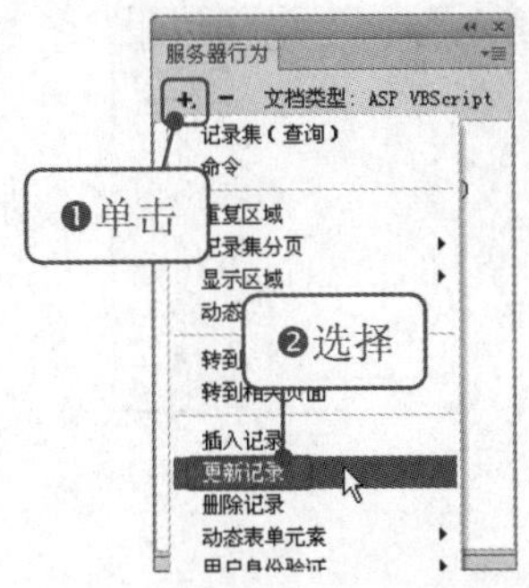

图 12-36　选择“更新记录”选项

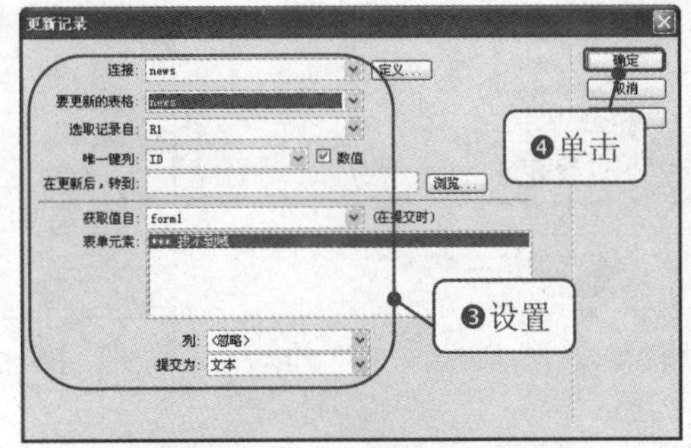

图 12-37　“更新记录”对话框

代码揭秘：更新记录代码

更新数据一般通过应用程序来完成，使用 Update 语句更新记录是数据库管理员维护数据的重要手段。Update 语句用于更新记录的列的值。可以使用 where 设定特定的条件运算式，符合条件运算式的记录才会被更新。下面的代码是修改地址（address），并添加城市名称（city）。

```
Update Person SET Address = "Zhongshan 23", City ="Nanjing"
where LastName = "Wilson"
```

 12.5.4　删除记录

利用 Dreamweaver 的“删除记录”服务器行为，可以在页面中实现删除记录的操作。删除记录的页面执行两种不同的操作：首先显示已存在的数据，可以选择将要被删除的数据；其次从数据库中删除此记录以反映记录删除的结果。删除记录的具体操作步骤如下。

（1）执行“窗口”|“服务器行为”命令，打开“服务器行为”面板，在面板中单击 + 按钮，在弹出的菜单中选择“删除记录”选项，如图 12-38 所示。

（2）选择“删除记录”选项后，弹出“删除记录”对话框，如图 12-39 所示。

在“删除记录”对话框中主要有以下参数。

- 连接：在下拉列表中选择要更新的数据库连接。如果没有数据库连接，可以单击“定义”按钮定义数据库连接。

- 从表格中删除：在下拉列表中选择从哪个表中删除记录。
- 选取记录自：在下拉列表中选择使用的记录集的名称。
- 唯一键列：在下拉列表中选择要删除记录所在表的关键字字段，如果关键字字段的内容是数字，则需要勾选其右侧的“数值”复选框。
- 提交此表单以删除：在下拉列表中选择提交删除操作的表单名称。
- 删除后，转到：在文本框中输入该页面的 URL。如果不输入该 URL，更新操作后则刷新当前页面。

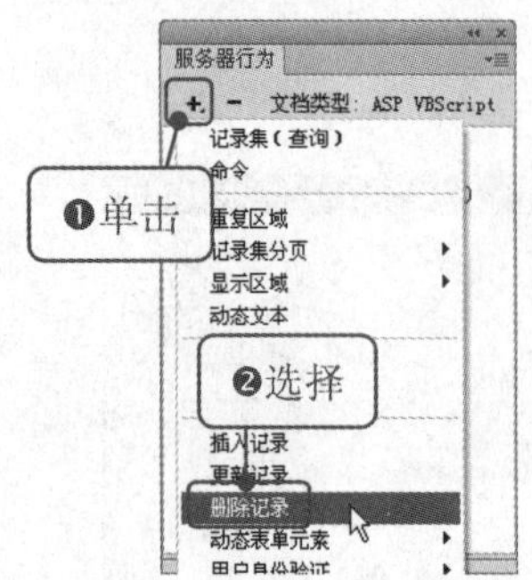

图 12-38 选择“删除记录”选项

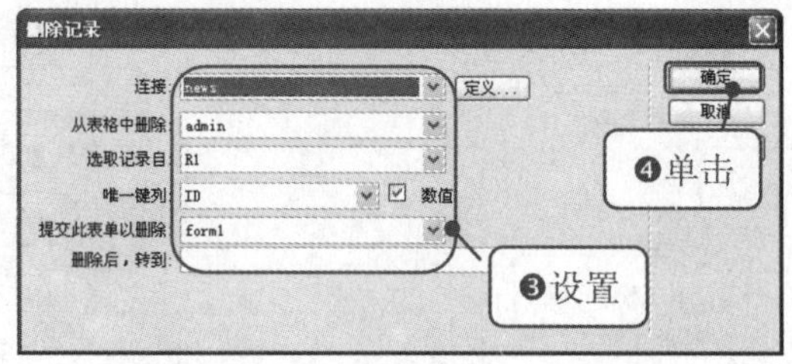

图 12-39 “删除记录”对话框

代码揭秘：删除记录代码

要从表中删除一个或多个记录，需要使用 DELETE 语句。你可以给 DELETE 语句提供 WHERE 子句。WHERE 子句用来选择要删除的记录。例如，下面的这个 DELETE 语句只删除字段 first_column 的值等于“Delete Me”的记录。

```
DELETE mytable WHERE first_column="Delete Me"
```

如果不给 DELETE 语句提供 WHERE 子句，则表中的所有记录都将被删除。

如果想删除该表中的所有记录，应使用 TRUNCATE TABLE 语句。为什么要用 TRUNCATE TABLE 语句代替 DELETE 语句呢？因为在使用 TRUNCATE TABLE 语句时，记录的删除是不作记录的。也就是说，TRUNCATE TABLE 要比 DELETE 快得多。

12.6 添加服务器行为

服务器行为是一些典型、常用、可定制的 Web 应用代码模块。若要向页面添加服务器行为，可以从“应用程序”插入栏或“服务器行为”面板中选择它们。如果使用插入栏，可以单击“应用程序”插入栏，然后单击相应的服务器按钮。若要使用“服务器行为”面板，执行“窗口”|“服务器行为”命令，打开“服务器行为”面板，在面板中单击 + 按钮，在弹出的菜单中选择相应的服务器行为即可。

12.6.1　插入重复区域

“重复区域”服务器行为可以显示一条记录，也可以显示多条记录。如果要在一个页面上显示多条记录，必须指定一个包含动态内容的选择区域作为重复区域。任何选择区域都能转变为重复区域，比如表格、表格的行、一系列的表格行甚至可以是一些字母或文字。插入重复区域的具体操作步骤如下。

（1）打开一个 ASP 文件，选择要添加动态内容的区域。执行“窗口”|“服务器行为”命令，打开“服务器行为”面板，在面板中单击 + 按钮，在弹出的菜单中选择“重复区域”选项，如图 12-40 所示。

（2）选择“重复区域”选项后，弹出“重复区域”对话框，在对话框中的“记录集”下拉列表中选择相应的记录集，在“显示”文本框中输入要预览的记录数，默认值为 10 个记录。如图 12-41 所示。

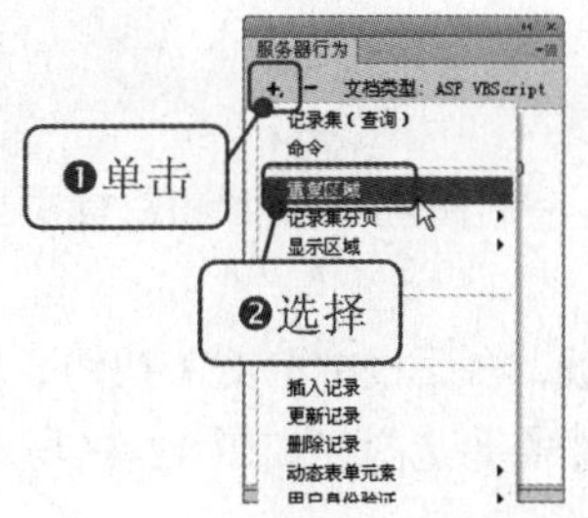

图 12-40　选择“重复区域”选项

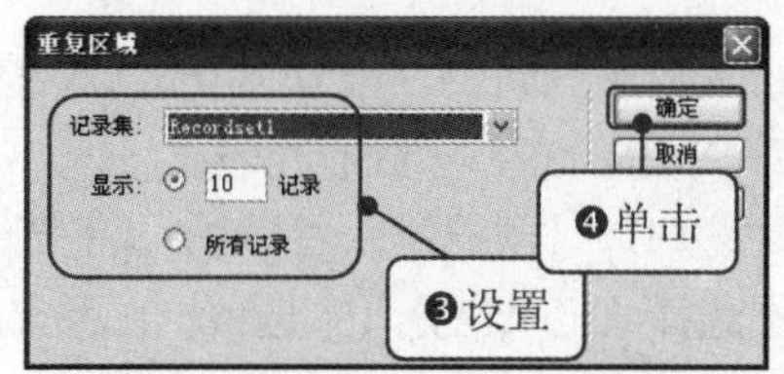

图 12-41　“重复区域”对话框

（3）单击“确定”按钮，即可创建重复区域服务器行为。

12.6.2　插入显示区域

当需要显示某个区域时，Dreamweaver 可以根据条件动态显示，如记录导航链接。当把“前一个”和“下一个”链接增加到结果页面之后，指定“前一个”链接应该在第一个页面被隐藏（记录集指针已经指向头部），“下一个”链接应该在最后一页被隐藏（记录集指针已经指向尾部）。插入显示区域的具体操作步骤如下。

执行“窗口”|“服务器行为”命令，打开“服务器行为”面板，在面板中单击 + 按钮，在弹出的菜单中选择“显示区域”选项，在弹出的子菜单中可以根据需要选择，如图 12-42 所示。

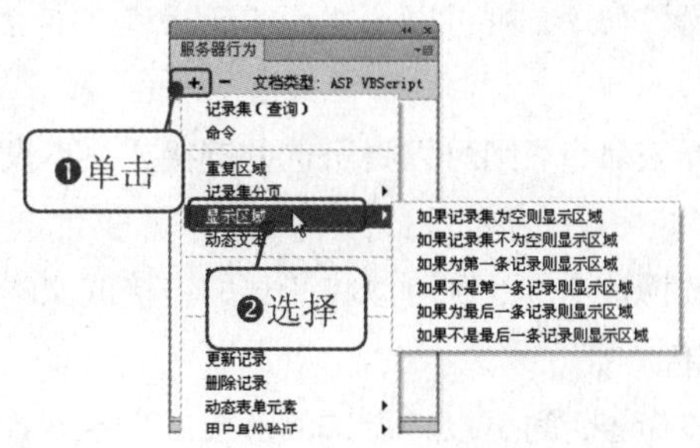

图 12-42　“显示区域”选项

在“显示区域”子菜单中主要有以下选项。

- 如果记录集为空则显示区域：若选择该命令，则只有当记录集为空时才显示所选区域。
- 如果记录集不为空则显示区域：若选择该命令，则只有当记录集不为空时才显示所选区域。
- 如果为第一条记录则显示区域：若选择该命令，则当当前页中包括记录集中第一条记录时显示所选区域。
- 如果不是第一条记录则显示区域：若选择该命令，则当当前页中不包括记录集中第一条记录时显示所选区域。
- 如果为最后一条记录则显示区域：若选择该命令，则当当前页中包括记录集最后一条记录时显示所选区域。
- 如果不是最后一条记录则显示区域：若选择该命令，则当当前页中不包括记录集中最后一条记录时显示所选区域。

12.6.3 记录集分页

Dreamweaver 提供的“记录集分页”服务器行为，实际上是一组将当前页面和目标页面的记录集信息整理成 URL 参数的程序段。

执行“窗口”|“服务器行为”命令，打开“服务器行为”面板，在面板中单击+按钮，在弹出的菜单中选择“记录集分页”选项，在弹出的子菜单中可以根据需要选择，如图 12-43 所示。

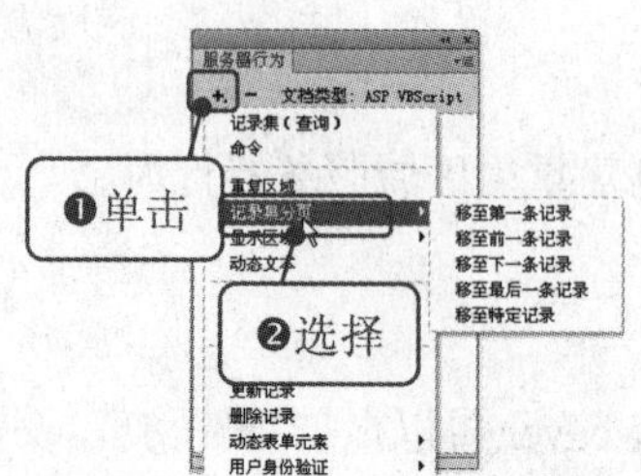

图 12-43 “记录集分页”选项

在“记录集分页”子菜单中主要有以下设置。

- 移至第一条记录：若选择该命令，则可以将所选的链接或文本设置为跳转到记录集显示子页的第一页的链接。
- 移至前一条记录：若选择该命令，则可以将所选的链接或文本设置为跳转到上一记录显示子页的链接。
- 移至下一条记录：若选择该命令，则可以将所选的链接或文本设置为跳转到下一记录子页的链接。
- 移至最后一条记录：若选择该命令，则可以将所选的链接或文本设置为跳转到记录集显示子页的最后一页的链接。
- 移至特定记录：若选择该命令，则可以将所选的链接或文本设置为从当前页跳转到指定记录显示子页的第一页的链接。

12.6.4　转到详细页面

“转到详细页面”服务器行为可以将信息或参数从一个页面传递到另一个页面。使用“转到详细页面”服务器行为的具体操作步骤如下。

（1）在列表页面中，选中要设置为指向详细信息页上的动态内容。执行“窗口”|“服务器行为”命令，打开“服务器行为”面板。

（2）在面板中单击 + 按钮，在弹出的菜单中选择“转到详细页面”选项，弹出“转到详细页面”对话框，如图 12-44 所示。

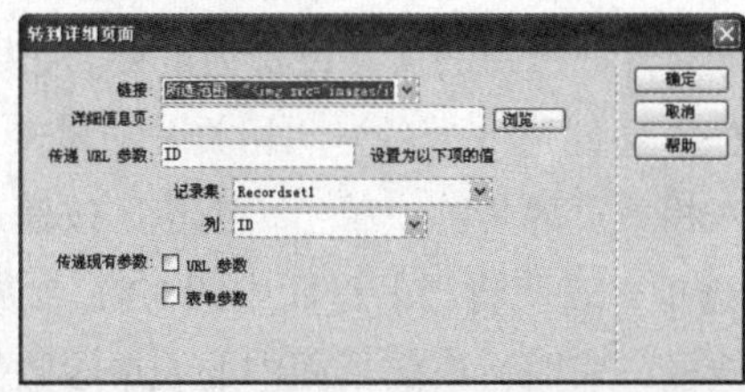

图 12-44　“转到详细页面”对话框

（3）单击“确定”按钮，这样原先的动态内容就会变成一个包含动态内容的超文本链接了。

在“转到详细页面”对话框中主要有以下参数。

- 链接：在下拉列表中可以选择要把行为应用到哪个链接上。如果在文档中选择了动态内容，则会自动选择该内容。
- 详细信息页：在文本框中输入细节页对应页面的 URL，或单击右边的“浏览”按钮选择。
- 传递 URL 参数：在文本框中输入要通过 URL 传递到细节页中的参数名称，然后设置以下选项的值。
  - 记录集：选择通过 URL 传递参数所属的记录集。
  - 列：选择通过 URL 传递参数所属记录集中的字段名称，即设置 URL 传递参数的值的来源。
- URL 参数：勾选此复选框，表明将结果页中的 URL 参数传递到细节页上。
- 表单参数：勾选此复选框，表明将结果页中的表单值以 URL 参数的方式传递到细节页上。

12.6.5　转到相关页面

转到相关页面可以建立一个链接打开另一个页面而不是它的子页面，并且传递信息到该页面。具体实现步骤如下。

（1）在要传递参数的页面中，选中要实现相关页面跳转的文字。执行“窗口”|“服务器行为”命令，打开“服务器行为”面板。

（2）在面板中单击 + 按钮，在弹出的菜单中选择“转到相关页面”选项，弹出“转到相关页面”对话框，如图 12-45 所示。

（3）单击“确定”按钮，即可创建转到相关页面服务器行为。

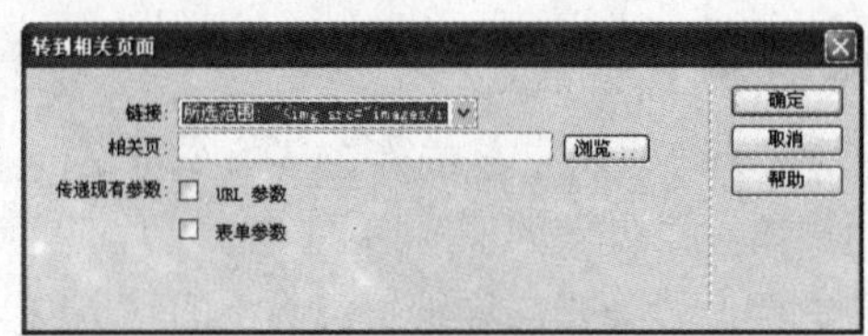

图 12-45 “转到相关页面”对话框

在“转到相关页面”对话框中主要有以下参数。

- 链接：下拉列表中选择某个现有的链接，该行为将被应用到该链接上。如果在该页面上选中了某些文字，该行为将把选中的文字设置为链接。如果没有选中文字，那么在默认状态下 Dreamweaver CS6 会创建一个名为“相关”的超文本链接。
- 相关页：文本框中输入相关页的名称或单击“浏览”按钮选择。
- URL 参数：勾选此复选框，表明将当前页面中的 URL 参数传递到相关页面上。
- 表单参数：勾选此复选框，表明将当前页面中的表单参数值以 URL 参数的方式传递到相关页面上。

12.6.6 用户身份验证

为了能更有效地管理共享资源的用户，需要规范化访问共享资源的行为。通常采用注册（新用户取得访问权）→登录（验证用户是否合法并分配资源）→访问授权的资源→退出（释放资源）这一行为模式来实施管理。具体操作步骤如下。

（1）在定义“检查新用户名”之前需要先定义一个“插入记录”服务器行为。其实“检查新用户名”是限制“插入记录”行为的行为，它用来验证插入记录的指定字段的值在记录集中是否唯一。

（2）单击“服务器行为”面板中的 + 按钮，在弹出的菜单中选择“用户身份验证”|“检查新用户名”选项，弹出“检查新用户名”对话框，如图 12-46 所示。

（3）在“用户名字段”下拉列表中选择需要验证的记录字段（验证该字段在记录集中是否唯一），如果字段的值已经存在，那么可以在“如果已存在，则转到”文本框中指定引导用户所去的页面。

（4）单击“服务器行为”面板中的 + 按钮，在弹出的菜单中选择“用户身份验证”|“登录用户”选项，弹出“登录用户”对话框，如图 12-47 所示。设置完毕后，单击“确定”按钮即可。

在“登录用户”对话框中主要有以下参数。

- 从表单获取输入：在下拉列表中选择接受哪一个表单的提交。
- 用户名字段：在下拉列表中选择用户名所对应的文本框。
- 密码字段：在下拉列表中选择用户密码所对应的文本框。
- 使用连接验证：在下拉列表中确定使用哪一个数据库连接。
- 表格：在下拉列表中确定使用数据库中的哪一个表格。
- 用户名列：在下拉列表中选择用户名对应的字段。

- 密码列：在下拉列表中选择用户密码对应的字段。
- 如果登录成功，转到：如果登录成功（验证通过）那么就将用户引导至“如果登录成功，转到”文本框所指定的页面。
- 转到前一个 URL（如果它存在）：如果存在一个需要通过当前定义的登录行为验证才能访问的页面，则应勾选“转到前一个 URL（如果它存在）”复选框。
- 如果登录失败，转到：如果登录不成功那么就将用户引导至“如果登录失败，转到”文本框所指定的页面。
- 基于以下项限制访问：在该选项提供的一组单选按钮中，可以选择是否包含级别验证。

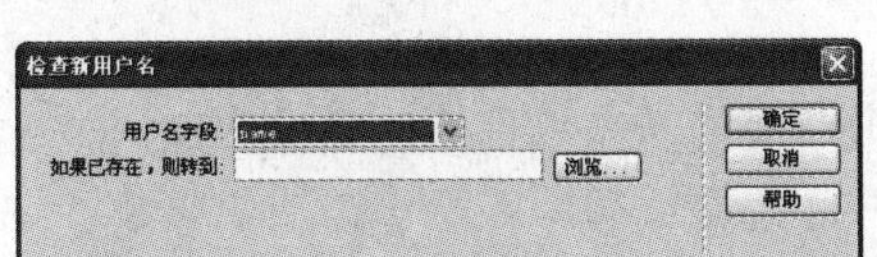

图 12-46　“检查新用户名”对话框

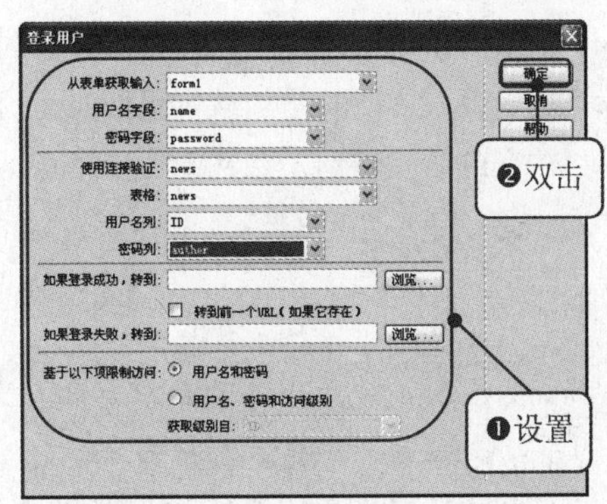

图 12-47　“登录用户”对话框

（5）单击“服务器行为”面板中的+按钮，在弹出的菜单中选择“用户身份验证”|“限制对页的访问”选项，弹出“限制对页的访问”对话框，如图 12-48 所示。设置完毕后，单击“确定”按钮。

在“限制对页的访问”对话框中主要有以下参数。

- 基于以下内容进行限制：在“基于以下内容进行限制”选项提供的一组单选按钮中，可以选择是否包含级别验证。
- 如果访问被拒绝，则转到：如果没有经过验证，那么就将用户引导至“如果访问被拒绝，则转到”文本框所指定的页面。
- 定义：如果需要进行经过验证，则可以单击“定义”按钮，弹出如图 12-49 所示的对话框，其中“+”按钮用来添加级别，“-”按钮用来删除级别，“名称”文本框用来指定级别的名称。

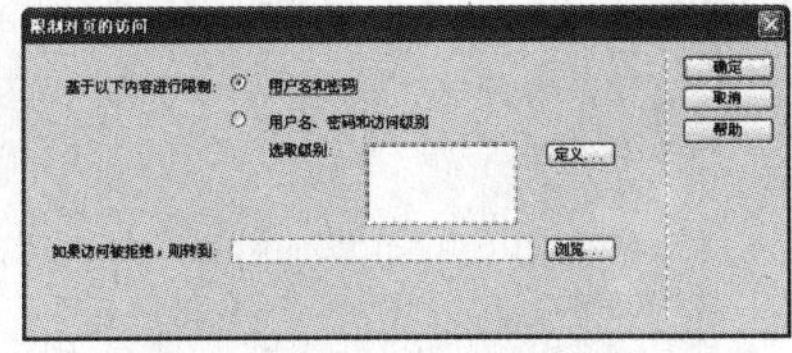

图 12-48　“限制对页的访问”对话框

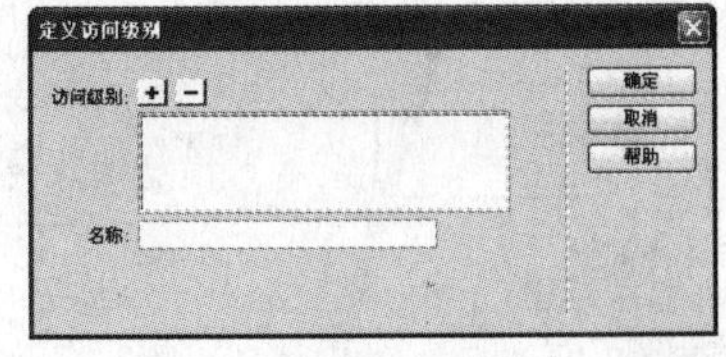

图 12-49　“定义访问级别”对话框

（6）单击“服务器行为”面板中的+按钮，在弹出的菜单中选择“用户身份验证”|“注销用户”选项，弹出“注销用户”对话框，如图 12-50 所示。设置完毕后，单击“确定”按钮即可。

图 12-50 “注销用户”对话框

在“注销用户”对话框中主要有以下参数。

- 单击链接：指的是当用户指定链接时运行。
- 页面载入：指的是加载本页面时运行。
- 在完成后，转到：在文本框中指定运行“注销用户”行为后引导用户所至的页面。

12.7 综合应用

如何建立良好的客户关系，是当前企业普遍关心的问题。企业通过网站可以展示产品、发布最新动态、与用户进行交流和沟通、与合作伙伴建立联系及开展电子商务等。其中留言系统是构成网站的一个重要组成部分，它为消费者与网站之间进行交流和联系提供了一个平台。

12.7.1 创建数据库

在制作具体网站功能页面前，首先做一个最重要的工作，就是创建数据库表，用来存放留言信息，然后创建数据库连接。

这里需要创建一个名为 guest.mdb 的数据库，其中包含名为 guest 的表，表中存放着留言的内容信息，具体创建步骤如下。

（1）启动 Microsoft Access，新建一个数据库，将其命名为“guest.mdb”，如图 12-51 所示。

（2）单击“创建”按钮，创建 guest.mdb 数据库，如图 12-52 所示。

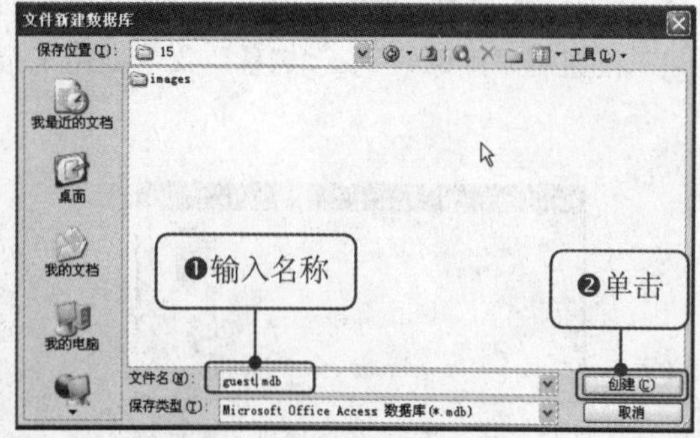

图 12-51 新建数据库

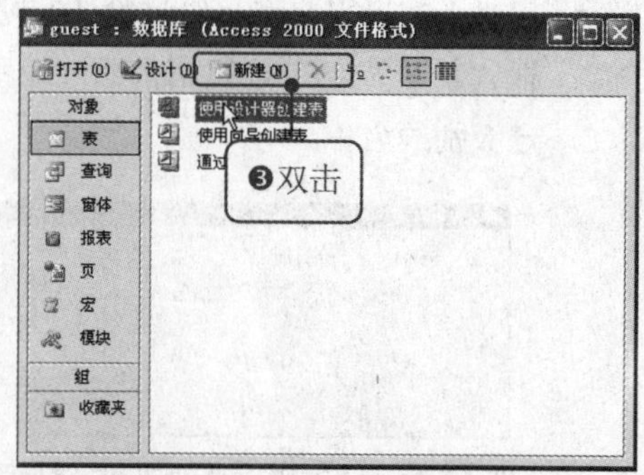

图 12-52 创建数据库 guest.mdb

（3）双击选择“使用设计器创建表”选项，打开“guest：表”对话框，如图 12-53 所示。

（4）在对话框中输入相应的字段，单击☒按钮关闭表，弹出“是否对表 1 的设计更改”对话框，单击“是”按钮打开“另存为”对话框，在“表名称”文本框中输入“guest”，如图 12-54 所示。

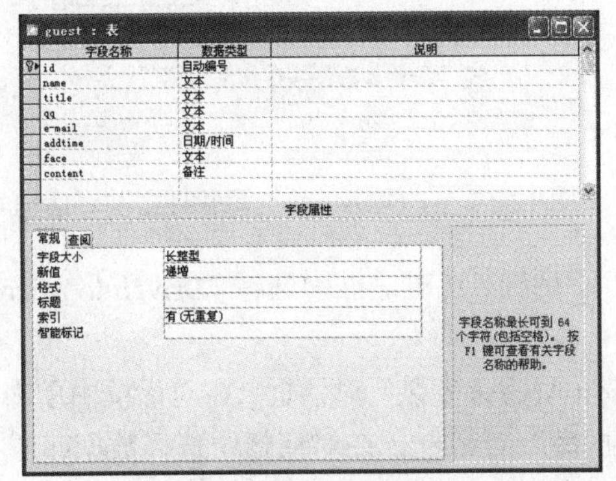

图 12-53　创建表

图 12-54　“另存为”对话框

（5）单击“确定”按钮，打开创建的表，如图 12-55 所示。

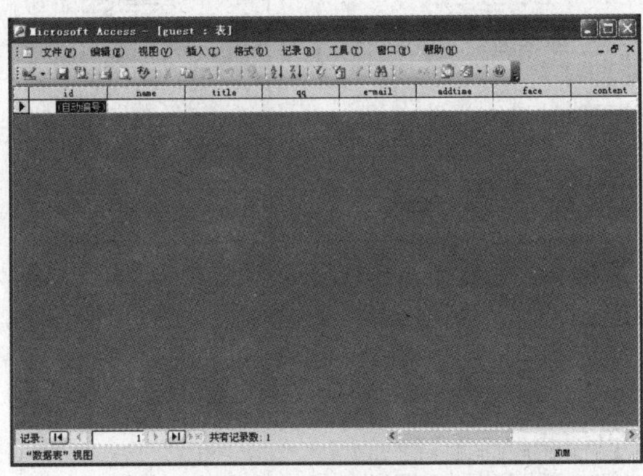

图 12-55　创建的表

12.7.2　定义数据库连接

创建好数据库后，就可以定义数据库连接了，具体操作步骤如下。

（1）启动 Dreamweaver CS6，打开要添加数据库连接的文档。执行“窗口”|“数据库”命令，打开“数据库”面板，如图 12-56 所示。在“数据库”面板中，列出了 4 个操作步骤，前 3 步是准备工作，都已经打上了“√”，说明这 3 步已经完成。如果没有完成，那必须在完成后才能连接数据库。在面板中单击⊞按钮，在弹出的下拉列表中选择“数据源名称（DSN）”选项。

（2）弹出“数据源名称（DSN）”对话框，在对话框中单击“定义”按钮，弹出“ODBC 数据源管理器”对话框，在对话框中切换到“系统 DSN”选项卡，如图 12-57 所示。

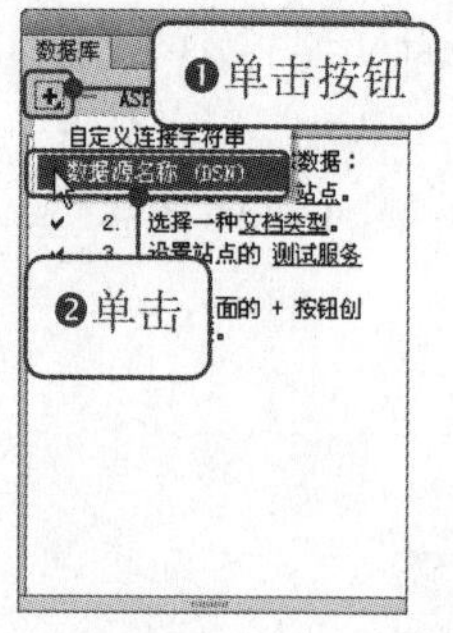

图 12-56　选择“数据源名称（DSN）”选项

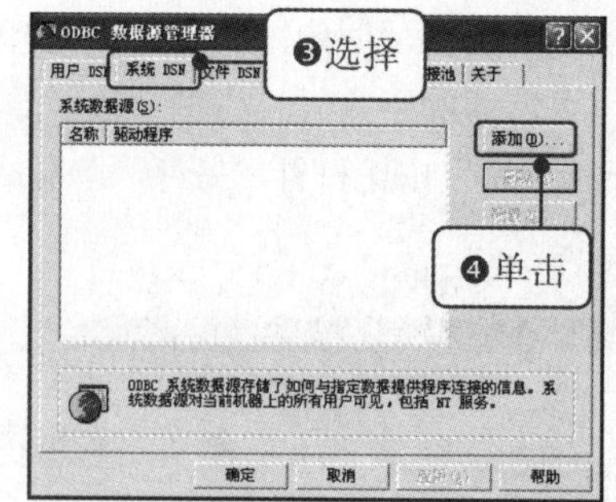

图 12-57　“ODBC 数据源管理器”对话框

（3）单击“添加”按钮，弹出“创建新数据源”对话框，在对话框中选择“Driver do Microsoft Access（*.mdb）”选项，如图 12-58 所示。

（4）单击“完成”按钮，弹出“ODBC Microsoft Access 安装”对话框，在对话框中单击“数据库”选项组中的“选择”按钮，弹出“选择数据库”对话框，在对话框中选择数据库所在的位置，单击“确定”按钮，在“数据源名”文本框中输入“guest”，如图 12-59 所示。

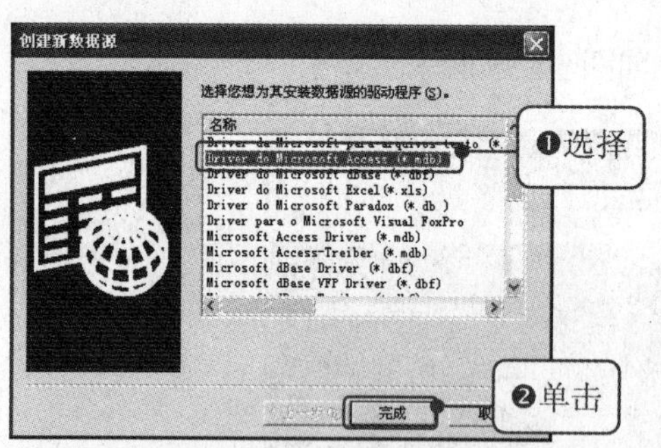

图 12-58　“创建新数据源”对话框

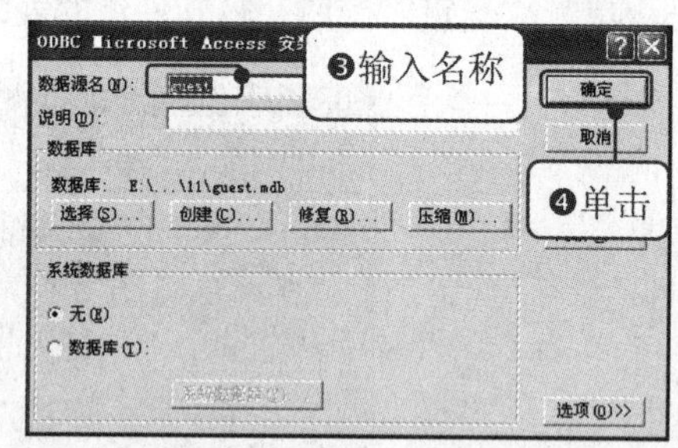

图 12-59　“ODBC Microsoft Access 安装”对话框

（5）单击“确定”按钮，返回到“ODBC 数据源管理器”对话框，且同样切换至“系统 DSN”选项卡，如图 12-60 所示。

（6）单击“确定”按钮，返回到“数据源名称（DSN）”对话框，在“数据源名称（DSN）”文本框中就会出现已经定义好的数据库了。在“连接名称”文本框中输入“guest”，如图 12-61 所示。

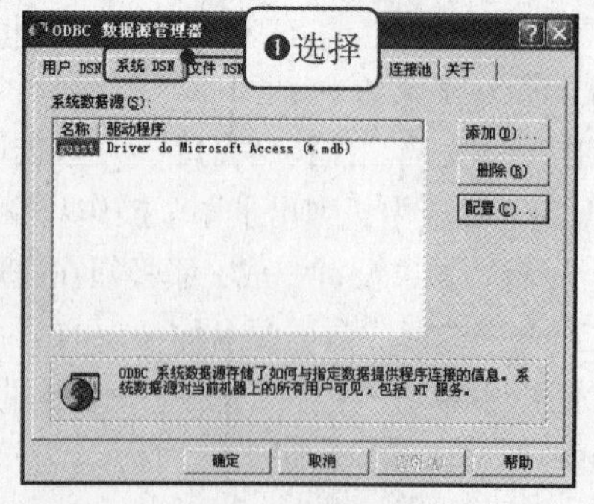

图 12-60　“ODBC 数据源管理器”对话框

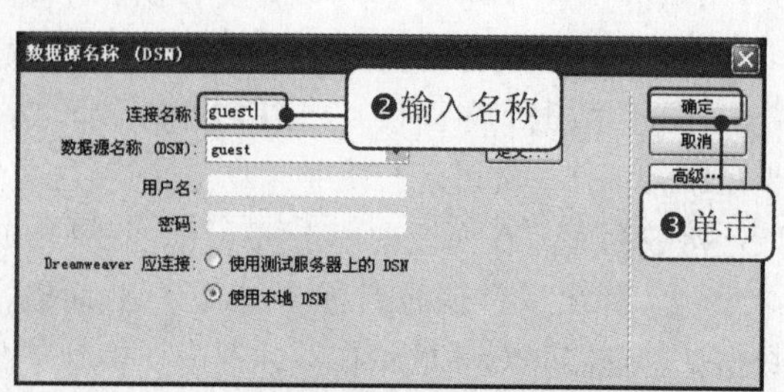

图 12-61　“数据源名称（DSN）”对话框

（7）单击“确定”按钮，创建数据库连接，如图 12-62 所示。

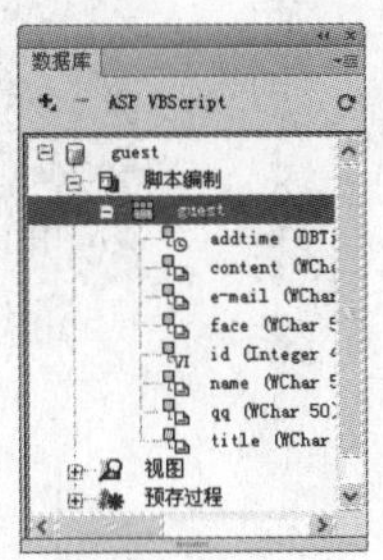

图 12-62　数据库连接

12.7.3　制作发布留言页面

发布留言页面是留言系统的关键页面，在制作时主要利用插入表单对象和“插入记录”服务器行为来实现，具体操作步骤如下。

练习文件　实例素材/练习文件/CH12/12.7.3/index.html

完成文件　实例素材/完成文件/CH12/12.7.3/liuyan.asp

（1）新建一个 ASP 文档，将其另存为“liuyan.asp”，如图 12-63 所示。

（2）将光标置于文档中，执行“插入”|“表单”|“表单”命令，插入表单，如图 12-64 所示。

图 12-63　新建文档

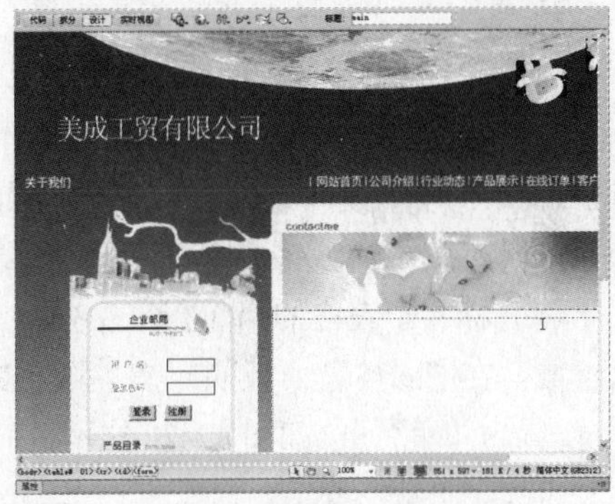

图 12-64　插入表单

（3）将光标置于表单中，执行“插入”|“表格”命令，插入一个 5 行 2 列的表格。在“属性”面板中将“对齐”设置为“居中对齐”，“填充”和“间距”分别设置为 3，如图 12-65 所示。

（4）将第 1 行单元格合并，分别在单元格中输入相应的文本，如图 12-66 所示。

（5）将光标置于表格的第 2 行第 2 列单元格中“姓名:”的右侧，插入文本域。在“属性”面板的“文本域”文本框中输入“name”，将“字符宽度”设置为 16，“类型”设置为“单行”，如图 12-67 所示。

（6）将光标置于表格的第 2 行第 2 列单元格中“电子信箱:”的右侧，执行“插入”|“表单”|“文本域”命令，插入文本域。在“属性”面板的“文本域”文本框中输入“E-mail”，将“类型”设置为“单行”，如图 12-68 所示。

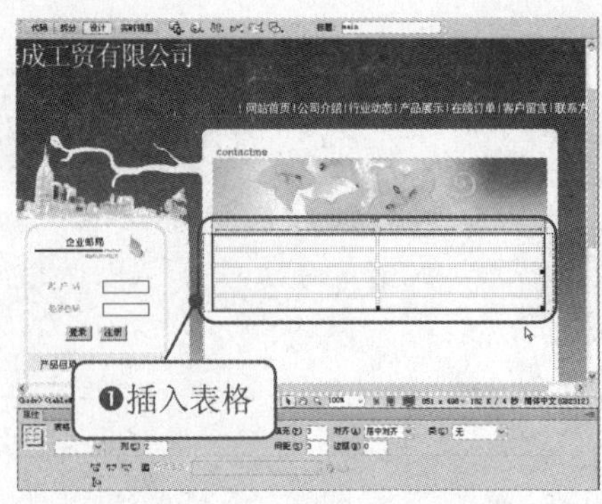

图 12-65　插入表格

图 12-66　输入文本

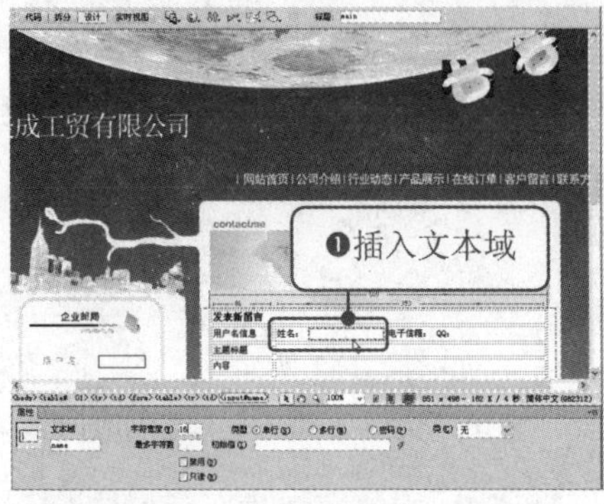

图 12-67　插入文本域

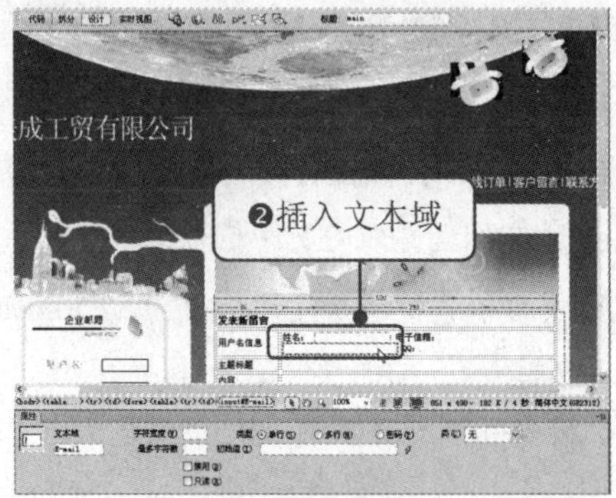

图 12-68　插入文本域

（7）将光标置于表格的第 2 行第 2 列单元格中“QQ:”的右侧，执行“插入”|“表单”|“文本域”命令，插入文本域。在“属性”面板的“文本域”文本框中输入“qq”，将“类型”设置为“单行”，如图 12-69 所示。

（8）将光标置于表格的第 3 行第 2 列单元格中，执行“插入”|“表单”|“文本域”命令，插入文本域。在“属性”面板的“文本域”文本框中输入“title”，将“字符宽度”设置为 40，“类型”设置为“单行”，如图 12-70 所示。

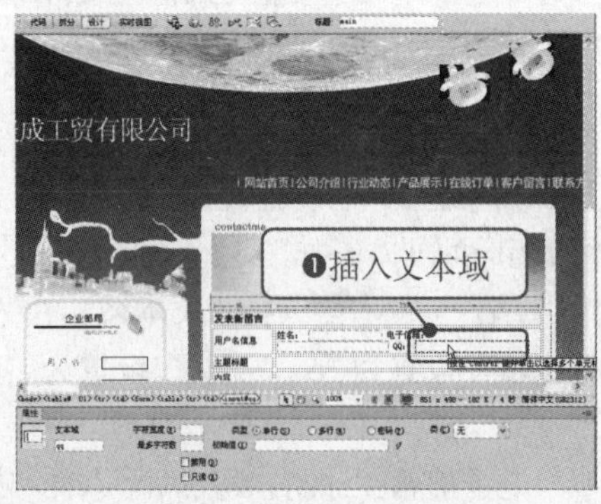

图 12-69　插入文本域

图 12-70　插入文本域

（9）将光标置于第 4 行第 2 列单元格中，执行“插入”|“表单”|“文本区域”命令，插入文本区域。在“属性”面板的“文本域”文本框中输入“content”，将“字符宽度”设置为“50”，“行数”设置为“5”，“类型”设置为“多行”，如图 12-71 所示。

（10）将光标置于第 5 行第 2 列单元格中，执行“插入”|“表单”|“按钮”命令，插入按钮，在“属性”面板的“值”文本框中输入“发表留言”，将“动作”设置为“提交表单”，如图 12-72 所示。

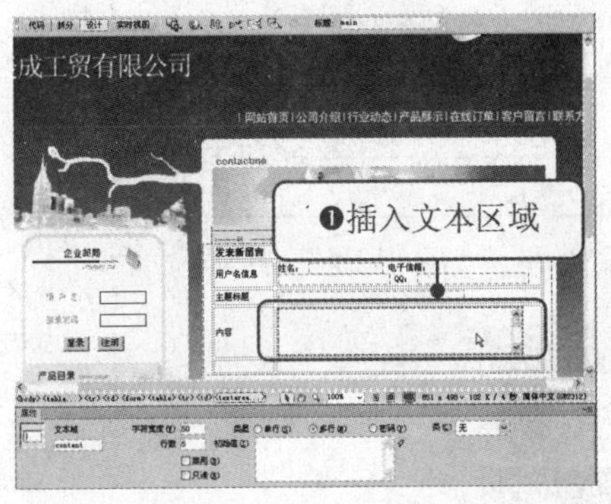

图 12-71　插入文本区域

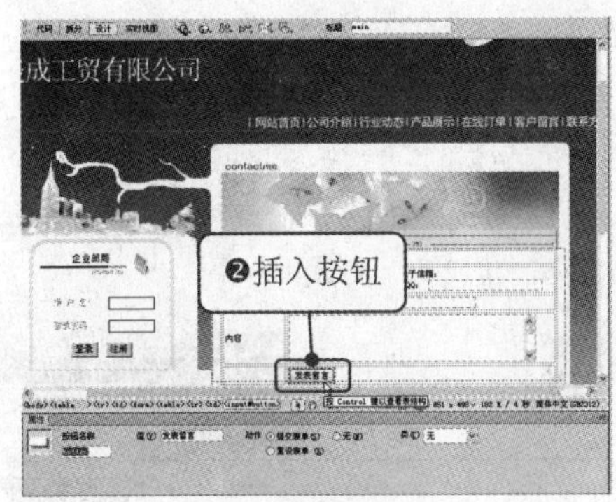

图 12-72　插入按钮

（11）将光标置于“发表留言”按钮的右侧，执行“插入”|“表单”|“按钮”命令，插入按钮，在“属性”面板的“值”文本框中输入“重置”，将“动作”设置为“重置表单”，如图 12-73 所示。

（12）执行“窗口”|“绑定”命令，打开“绑定”面板。在面板中单击+按钮，在弹出的下拉列表中选择“记录集（查询）”选项，弹出“记录集”对话框，在“名称”文本框中输入“Recordset1”，在“连接”下拉列表中选择“guest”选项，在“表格”下拉列表中选择“guest”选项，将“列”设置为“全部”，如图 12-74 所示。

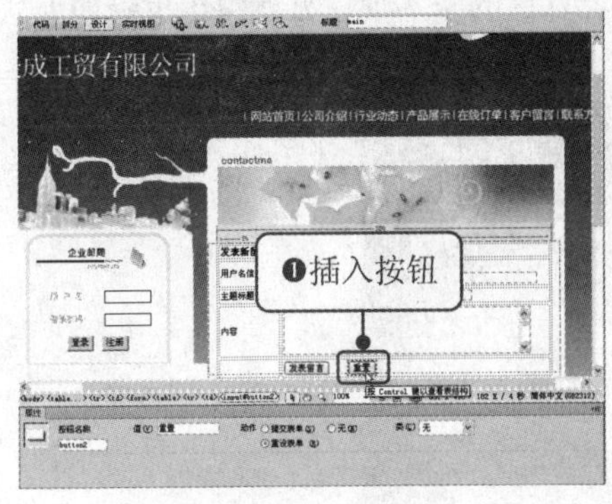

图 12-73　插入按钮

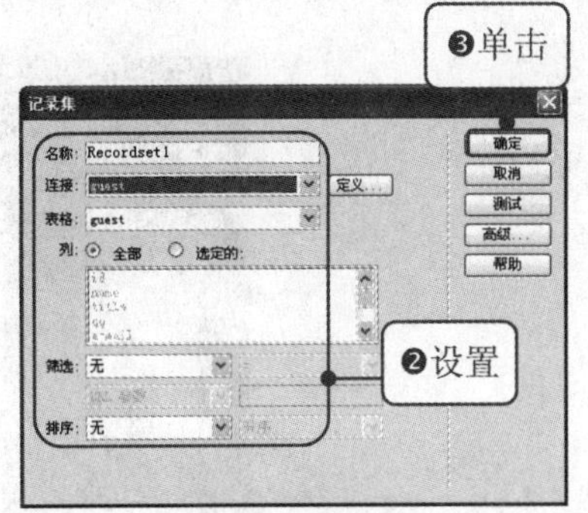

图 12-74　“记录集”对话框

（13）单击“确定”按钮，创建记录集，如图 12-75 所示。

（14）执行“窗口”|“服务器行为”命令，打开“服务器行为”面板，在面板中单击+按钮，在弹出的下拉列表中选择“插入记录”选项，弹出“插入记录”对话框，在“连接”下拉

列表中选择“guest”选项，在“插入到表格”下拉列表中选择“guest”选项，在“插入后，转到”文本框中输入“xianshi.asp”，如图 12-76 所示。

（15）单击“确定”按钮，插入记录，如图 12-77 所示。

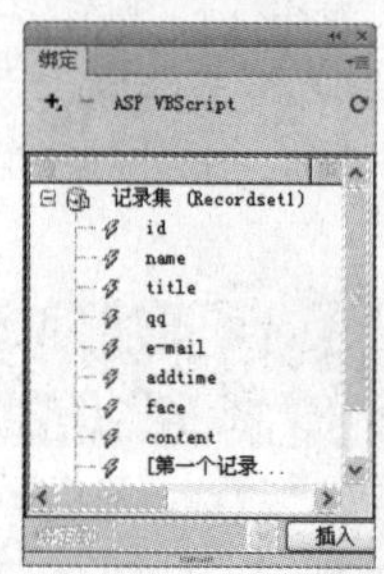

图 12-75　创建记录集

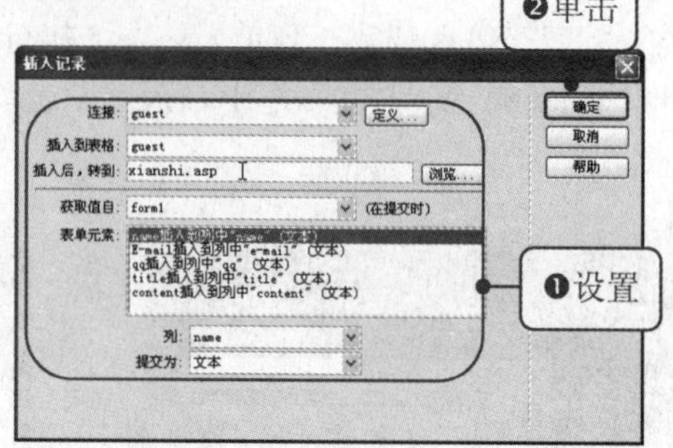

图 12-76　“插入记录”对话框

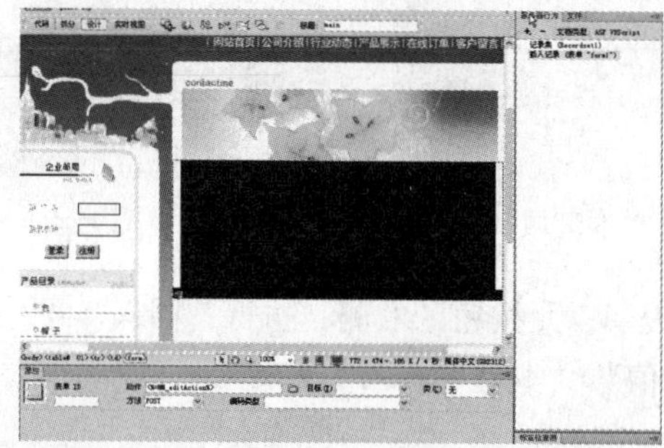

图 12-77　插入记录

12.7.4　创建留言列表页面

留言列表页面如图 12-78 所示，下面介绍留言列表页面的制作过程，主要通过创建记录集、定义重复区域、绑定动态数据和转到详细页等服务器端行为来实现，具体操作步骤如下。

图 12-78　留言列表页面

练习文件　实例素材/练习文件/CH12/12.7.4/index.html

完成文件　实例素材/完成文件/CH12/12.7.4/xianshi.asp

（1）打开制作好的静态网页，将其保存为 xianshi.asp，如图 12-79 所示。

（2）将光标置于文档中，执行“插入”|“表格”命令，插入一个 1 行 3 列的表格，并设置“填充”、“间距”、“边框”都为 0，如图 12-80 所示。

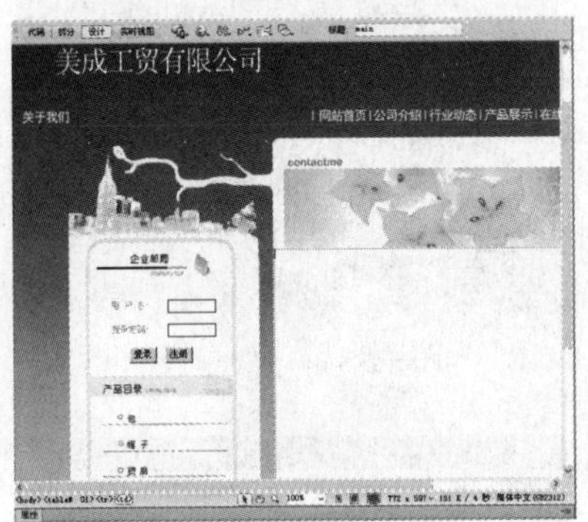

图 12-79　打开网页文档

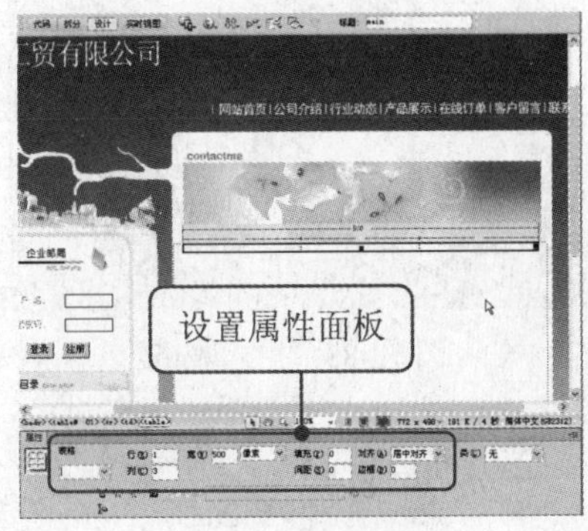

图 12-80　插入表格

（3）将光标置于第 1 列单元格中，执行“插入”|“图像”命令，插入图像 images/T.jpg，如图 12-81 所示。

（4）分别在其他单元格中输入相应的文本，在“属性”面板中将“大小”设置为 13 像素，如图 12-82 所示。

图 12-81　插入图像

图 12-82　输入文本

（5）将光标置于表格的右侧，执行“插入”|“表格”命令，插入一个 1 行 1 列的表格，如图 12-83 所示。

（6）将光标置于单元格中，输入文本“暂时没有留言”，并在“属性”面板中设置文本的属性，如图 12-84 所示。

（7）执行“窗口”|“绑定”命令，打开“绑定”面板，在面板中单击 + 按钮，在弹出的下拉列表中选择“记录集（查询）”选项，如图 12-85 所示。

（8）打开“记录集”对话框，在对话框的“名称”文本框中输入“Recordset1”，在“连接”

下拉列表中选择“guest”选项，将“列”设置为“选定的”，在列表框中分别选择“id”、“title”和“addtime”选项，在“排序”下拉列表中分别选择“id”和“降序”，如图 12-86 所示。

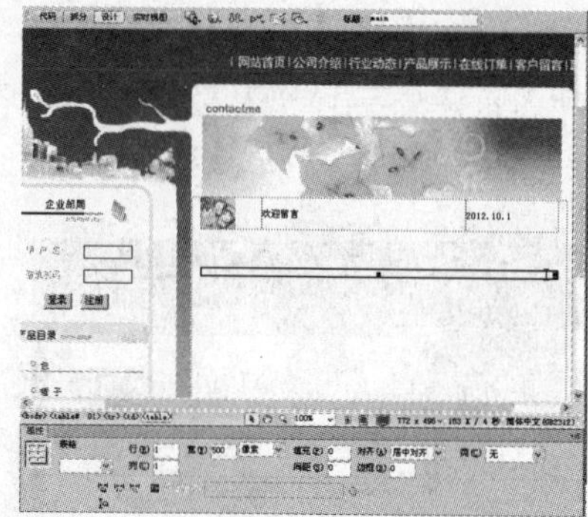

图 12-83　插入表格

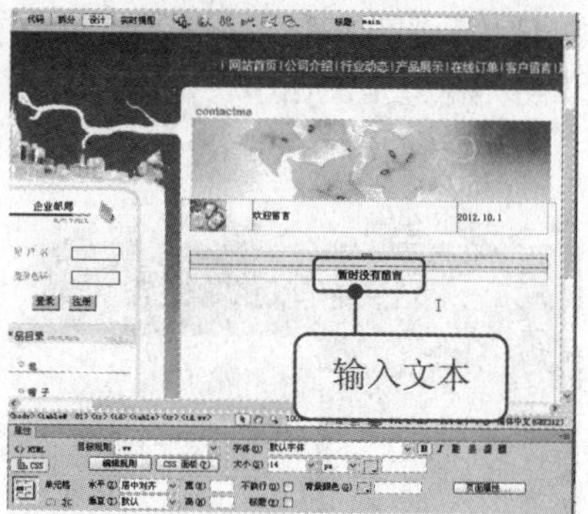

图 12-84　输入文本

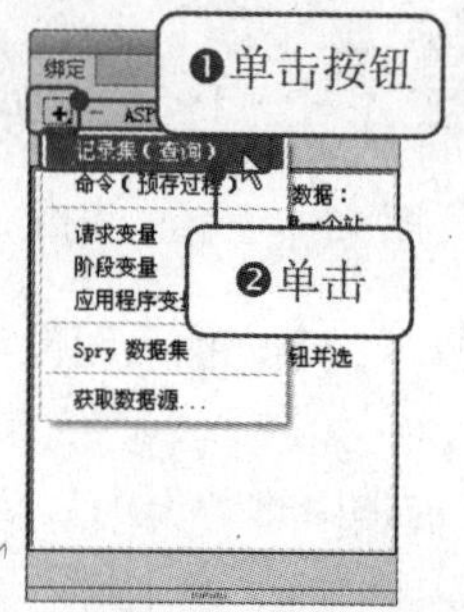

图 12-85　“新建文档”对话框

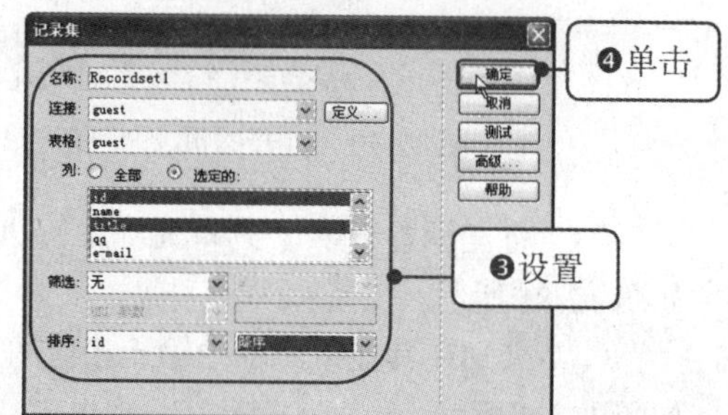

图 12-86　“记录集”对话框

（9）单击“确定”按钮，即可将数据库文件连接到 Dreamweaver CS6 中，在“绑定”面板中展开如图 12-87 所示。

（10）选中表格，执行“窗口”|“服务器行为”命令，打开“服务器行为”面板，在面板中单击 + 按钮，在弹出的下拉列表中选择“显示区域”|“如果记录集为空则显示区域”选项，如图 12-88 所示。

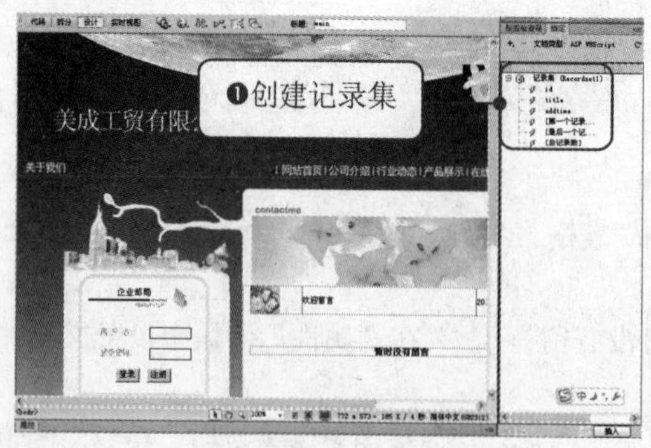

图 12-87　创建记录集

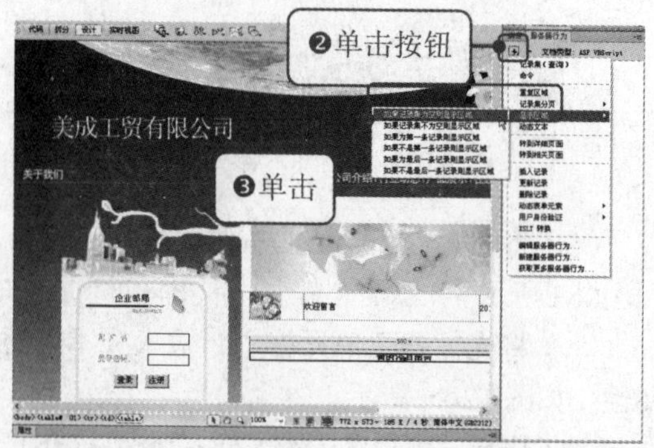

图 12-88　“如果记录集为空则显示区域”选项

（11）弹出“如果记录集为空则显示区域”对话框，在对话框的“记录集”下拉列表中选择“Recordset1”选项，如图 12-89 所示。

（12）单击“确定”按钮，创建“如果记录集为空则显示区域”服务器行为，如图 12-90 所示。

图 12-89 “如果记录集为空则显示区域”对话框

图 12-90 创建服务器行为

（13）执行“窗口”|“绑定”命令，打开“绑定”面板。在文档中选中“欢迎留言!”，在“绑定”面板中展开“记录集 Recordset1”，选择“title”字段，单击底部右下角的“插入”按钮，如图 12-91 所示。

（14）在文档中选中文本“2012.10.1”，在“绑定”面板中展开“记录集 Recordset1”，选择“addtime”字段，然后单击底部左下角的“插入”按钮，如图 12-92 所示。

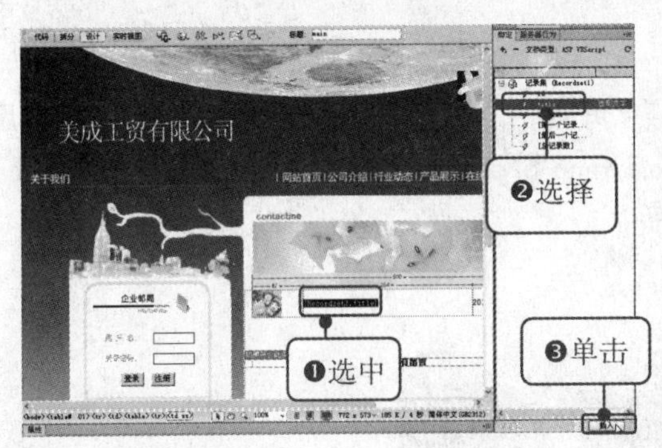

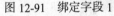

图 12-91 绑定字段 1

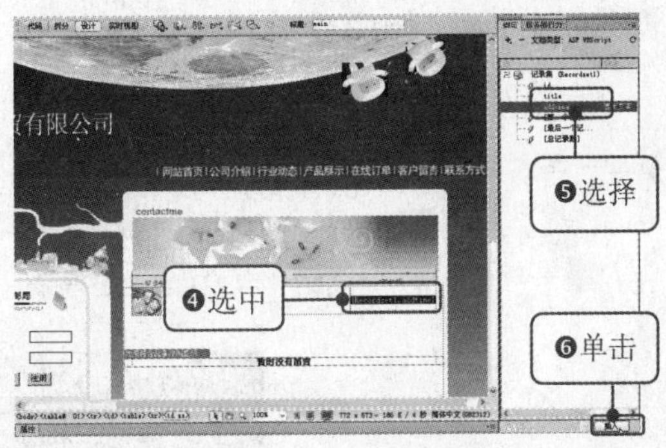

图 12-92 绑定字段 2

（15）选中表格，执行“窗口”|“服务器行为”命令，打开“服务器行为”面板，在面板中单击 + 按钮，在弹出的下拉列表中选择“重复区域”选项，弹出“重复区域”对话框，在“记录集”下拉列表中选择“Recordset1”，将“显示”设置为“10”，如图 12-93 所示。

（16）单击“确定”按钮，如图 12-94 所示。

（17）在文档中选中{Recordset1.title}占位符，在“服务器行为”面板中单击 + 按钮，在弹出的下拉列表中选择“转到详细页面”选项，弹出“转到详细页面”对话框，如图 12-95 所示。

（18）设置完相关信息后，单击“确定”按钮，如图 12-96 所示。

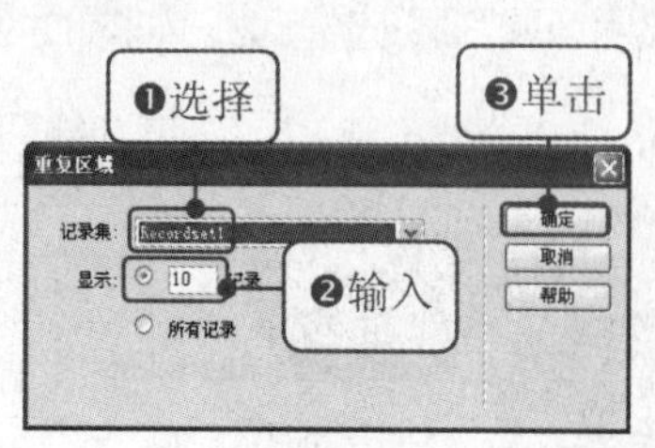

图 12-93 “重复区域”对话框

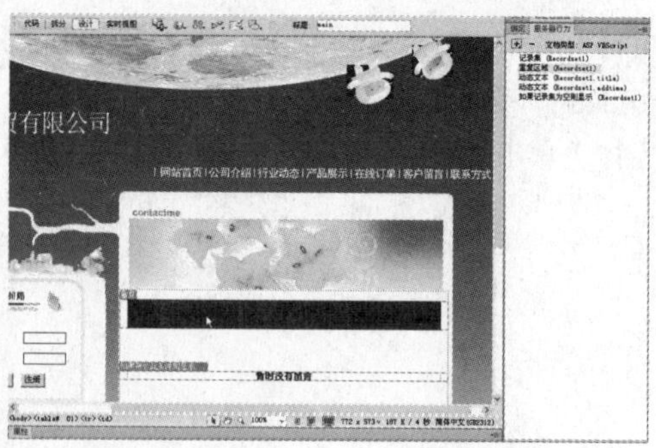

图 12-94 插入重复区域

图 12-95 “转到详细页面”对话框

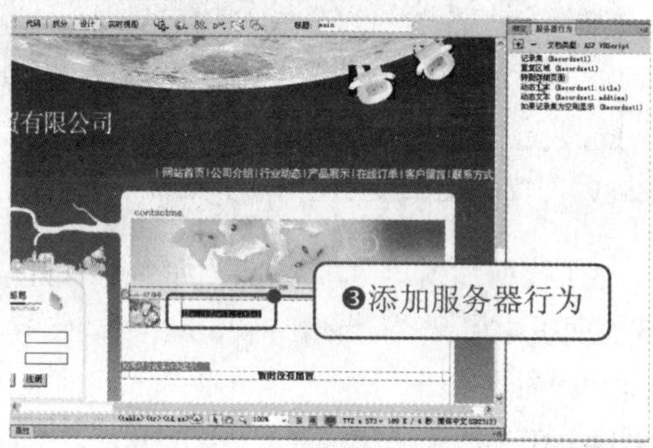

图 12-96 添加服务器行为

12.7.5 创建留言详细页面

留言详细信息页如图 12-97 所示。留言详细信息页面中的数据是从留言表中读取的，主要利用 Dreamweaver 创建记录集，然后绑定 title、name、addtime 和 content 字段即可，具体操作步骤如下。

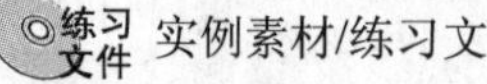

实例素材/练习文件/CH11/12.7.5/index.html

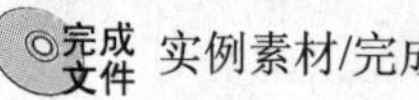

实例素材/完成文件/CH11/12.7.5/browser.asp

图 12-97 留言详细信息页

（1）新建一个 ASP 文档，将其另存为 browser.asp，如图 12-98 所示。

（2）将光标置于文档中，执行“插入”|“表格”命令，插入一个 3 行 1 列的表格，在“属性”面板中将“填充”和“间距”分别设置为 3，如图 12-99 所示。

（3）分别在这 3 行单元格中输入相应的文本，并设置相应的属性，如图 12-100 所示。

（4）执行“窗口”|“绑定”命令，打开“绑定”面板。在面板中单击 + 按钮，在弹出的下拉列表中选择“记录集(查询)”选项，弹出“记录集”对话框，在“名称”文本框中输入“Recordset1”，在“连接”下拉列表中选择“guest”选项，将“列”设置为“全部”，在“筛选”四个下拉列表中分别选择“id”、“=”、“URL 参数”和“id”选项，如图 12-101 所示。

图 12-98　新建文档

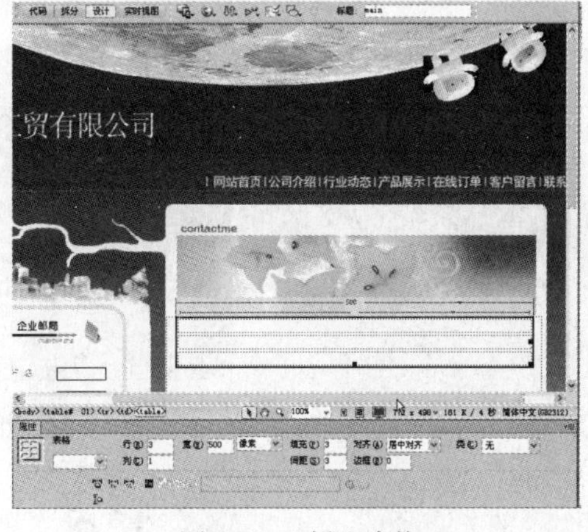

图 12-99　插入表格

图 12-100　输入文本

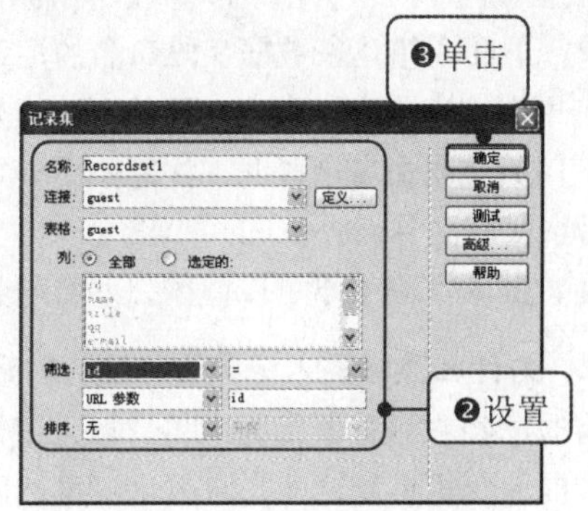

图 12-101　“记录集”对话框

（5）单击“确定”按钮，创建记录集，如图 12-102 所示。

（6）在文档中选择标题，在“绑定”面板中展开“记录集 Recordset1”，选择“title”字段，单击底部右下角的“插入”按钮，如图 12-103 所示。

（7）按照步骤（6）的方法绑定其他字段，如图 12-104 所示。

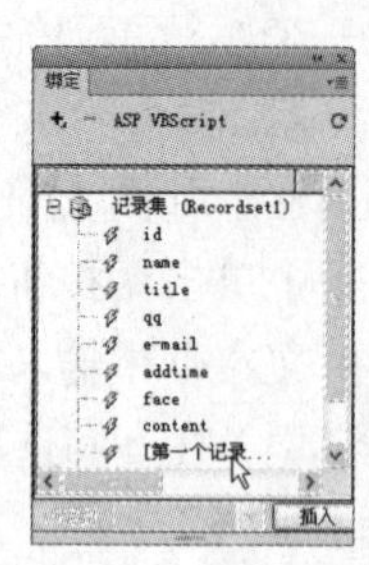

图 12-102　创建记录集

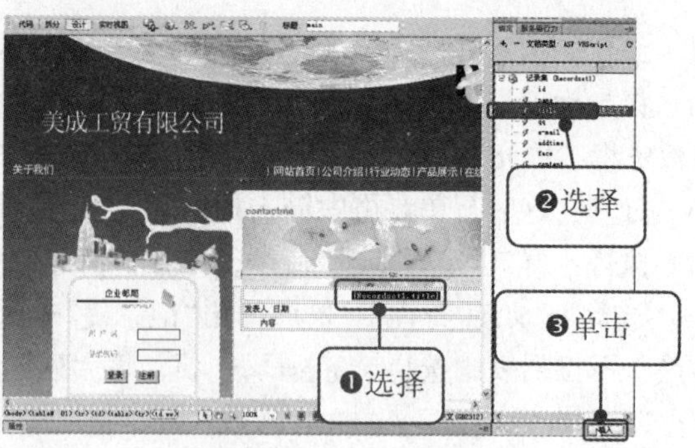

图 12-103　绑定 title 字段

图 12-104　绑定字段

12.8　专家秘籍

1．数据字段命名时要注意哪些原则

在编写程序时常会出现一些找不出原因的错误，最后查出来却是因为数据库字段命名影响的结果，下面介绍几条数据字段命名的注意事项和原则，请千万要注意遵守！

利用中文来为字段命名，往往会造成数据库连接时的错误，因此要使用英文为字段命名。

使用英文来命名字段时，注意不要使用代码的内置函数名称及保留字，例如 time、date 不能用做字段的名称。

在数据库字段中不可以使用一些特殊符号，如？！%或空格等。

2．为什么重做插入记录后，运行时还会提示变量重复定义

有时已经在服务器行为中将“插入记录”服务器行为删除了，重做“插入记录”后，运行时还会提示变量重复定义，原因是：虽然已经在服务器行为中将插入记录服务器行为删除了，但在 Dreamweaver 中的代码视图中，定义的原有变量并未删除。所以在重新插入记录后，变量会出现重复定义的情况。在将插入记录服务器行为删除后，切换到代码视图中，将代码中定义的变量删除。

3．当出现修改程序执行“@命令只能在 Active Server Page 中使用一次”的错误时，应如何解决

切换到代码视图，在页面的最上方，会看到有两行一模一样的代码，是以“<%@…%>”

形式存在的，即是产生错误的主因，修改的方式其实相当简单，将其中一行删除即可。

4．在 ASP 脚本中写了很多的注释，会不会影响服务器处理 ASP 文件的速度

在编写程序的过程中，作注释是良好的习惯。经国外技术人员测试，带有过多注释的 ASP 文件整体性能仅仅会下降 0.1%，也就是说在实际应用中基本上不会感觉到服务器的性能下降。

5．常见的保护数据库的方法

现在中小企业网站越来越多，而使用 IIS+ASP+ACCESS 则是其最适用的建站方案。对于网站来说，最重要的莫过于安全了，而安全之中又莫过于数据库被非法下载。因为数据库默认的扩展名为 mdb，如果能够猜出数据库的位置，那么即可轻松下载。下面就介绍常见的两种保护数据库的方法。

- 隐藏存储路径：按照常规来说，很多人习惯将数据库保存在网站的 data 目录下，并且命名为 data.mdb、admin.mdb 等非常容易被猜到的名字，这样做是非常危险的。对此，我们可以突破常规，重新创建一个没有任何含义的文件夹，并且将其隐藏在一个比较深的路径中，这样一般就不会被猜到了。
- 更改名称：默认的文件名极易被猜到，因此在更改存储路径的同时应同时更改其文件名。而更改文件名不仅要更改文件主名，扩展名同样要更改。例如可以将其更改为 asp 和 asa 等不影响数据库查询的名字。更改扩展名后是无法通过 IE 浏览器直接下载的，因为打开后看到的是一片乱码，对盗取者来说毫无意义。

6．将文件上传到服务器后，为什么会出现“操作必须使用可更新的查询”

出现这个问题的原因，是在服务器上并没有写入的权限。避免此问题出现的具体方法为，执行“工具”|“文件夹选项”命令，在弹出的对话框中切换到“查看”选项卡，取消勾选“使用简单文件共享（推荐）”复选框即可，如图 12-105 所示。

单击“确定”按钮，再执行“文件”|“属性”命令，在弹出的对话框中切换到“安全”选项卡，在该选项卡中会看到不同的组或用户对于文件的使用权限。如图 12-106 所示。

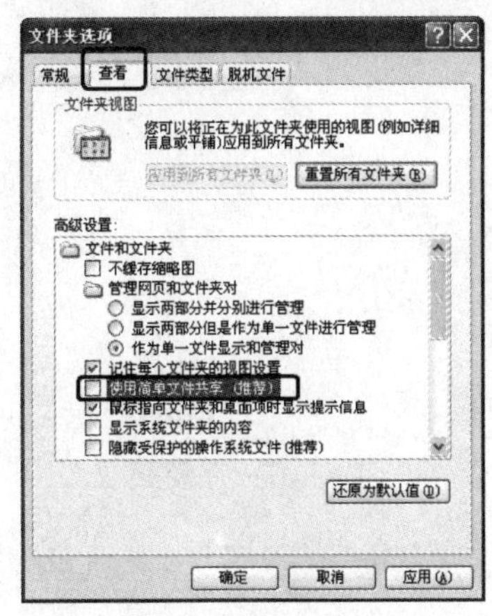

图 12-105　取消文件共享

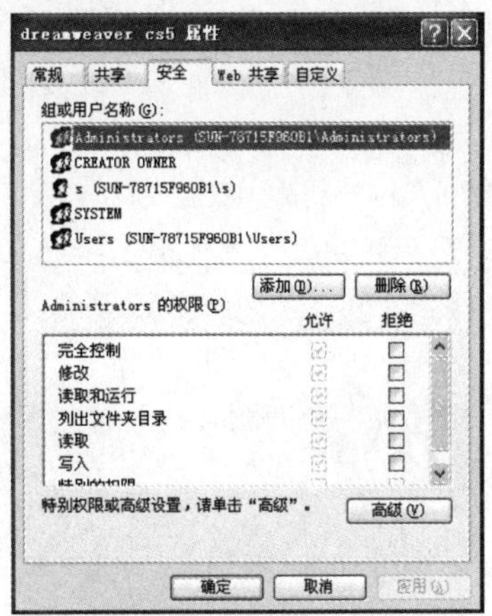

图 12-106　“安全”选项卡

12.9　本章小结

动态网页以数据库技术为基础，可以大大降低网站维护的工作量。动态网站的页面不是一成不变的，页面上的内容是动态生成的，它可以根据数据库中相应部分内容的调整而变化，使网站内容更灵活，维护更方便。使用 Dreamweaver CS6 的可视化工具可以开发动态网页，而不必编写复杂的代码。本章的重点与难点是 IIS 的安装和设置、创建数据库和数据库连接、记录集的创建，以及常见服务器行为的使用。

第 3 篇

用 Photoshop 制作与处理图像

第 13 章 使用 Photoshop CS6 绘制与修饰网页图像

学前必读

Adobe Photoshop 是当今世界上最为流行的图像处理软件，其强大的功能和友好的界面深受广大用户的喜爱。最新的 Photoshop CS6 与旧版本相比，最大优势在于增强了网络图像处理的功能。本章主要讲述 Photoshop CS6 工作界面、图像文档的基本操作、切割网页图像和图像的优化与输出。

学习流程

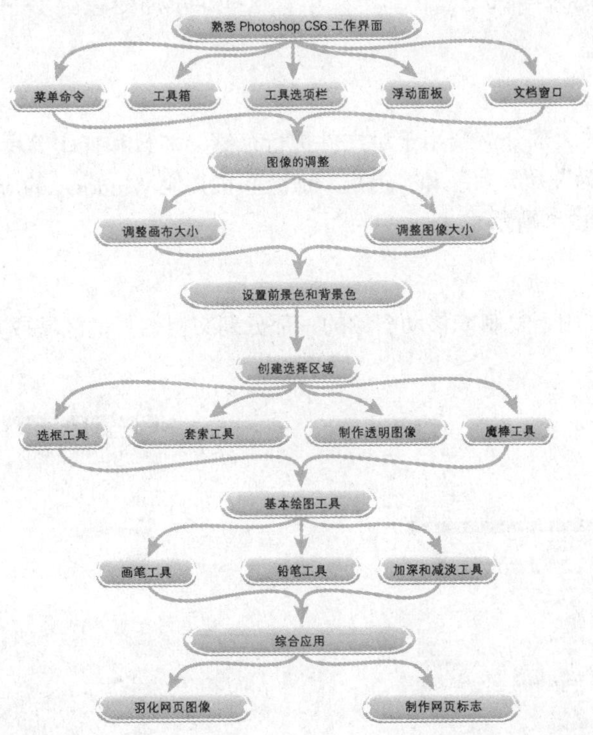

13.1　Photoshop CS6 工作界面

Photoshop CS6 的工作界面由菜单栏、工具箱、文档窗口、工具选项栏和浮动面板组等部分组成，如图 13-1 所示。熟悉 Photoshop 的工作界面是学习 Photoshop 十分重要的一步。

13-1　Photoshop CS6 的工作界面

13.1.1 菜单命令

Photoshop CS6 的菜单栏中包含如下菜单，这些菜单命令包含了 Photoshop CS6 的大部分操作。

1. 文件

“文件”菜单中的大部分命令用于对文件进行存储、加载和打印等操作，如“新建”、“打开”、“存储”、“存储为”、“导入”和“退出”命令。在其他 Windows 的应用程序中，该菜单都是极其普遍的，如图 13-2 所示。

2. 编辑

“编辑”菜单通常用于复制或移动图像的一部分到文档的其他区域或其他文件，如图 13-3 所示。

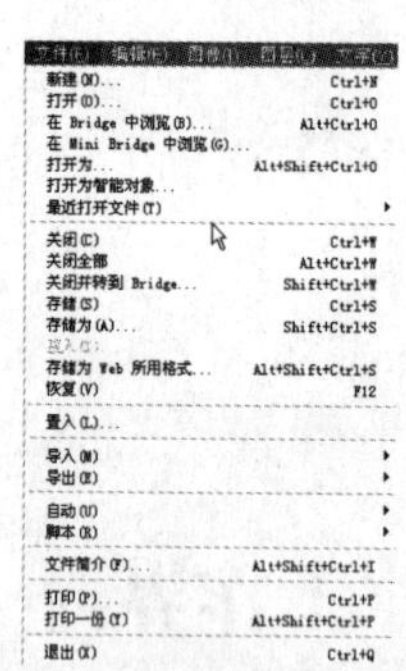

图 13-2 “文件”菜单

图 13-3 “编辑”菜单

3. 图像

“图像”菜单用来修改图像的各种属性，包括图像和画布的大小、图像颜色的调整等，如图 13-4 所示。

4. 图层

“图层”菜单的功能主要是创建和调整图层，如图 13-5 所示。

5. 选择

“选择”菜单可以对选区中的图像添加各种效果或进行各种变化而不改变选区外的图像，还提供了各种控制和变换选区的命令，如图 13-6 所示。

6. 滤镜

Photoshop CS6 的“滤镜”菜单提供了各种各样的滤镜，其作用类似于摄像时的滤镜所产生的特效。通过使用 Photoshop CS6 的“滤镜”子菜单中的滤镜命令，可以对图像或图像的一部分进行模糊、扭曲、风格化、增加光照效果和增加杂色设置，如图 13-7 所示。

图 13-4 “图像”菜单

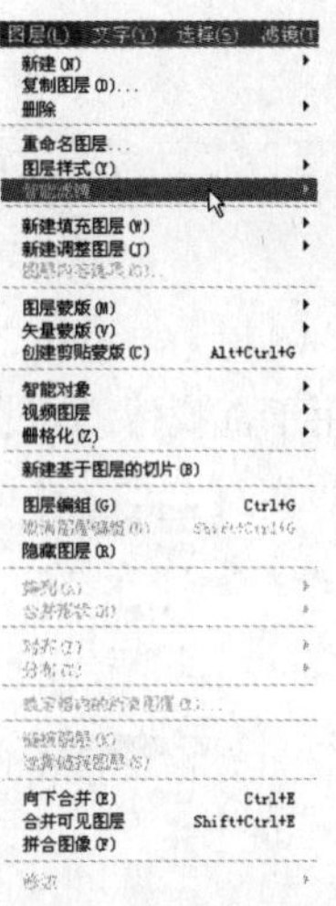

图 13-5 “图层”菜单

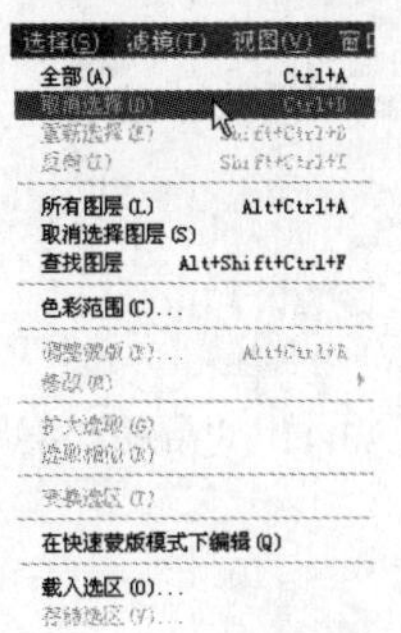

图 13-6 “选择”菜单

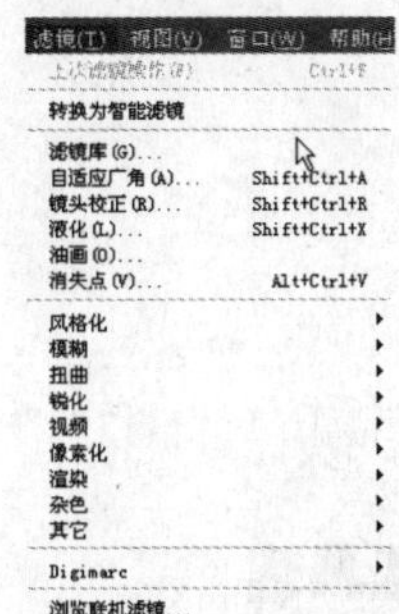

图 13-7 “滤镜”菜单

7．文字

“文字”菜单用于节省时间并帮助确保一致的文字样式，让用户只需单击一下就能将格式应用至选择的字母、线条或文本段落，如图 13-8 所示。

8．视图

“视图”菜单用于改变文档的视图，如放大、缩小、显示、标尺等，如图 13-9 所示。

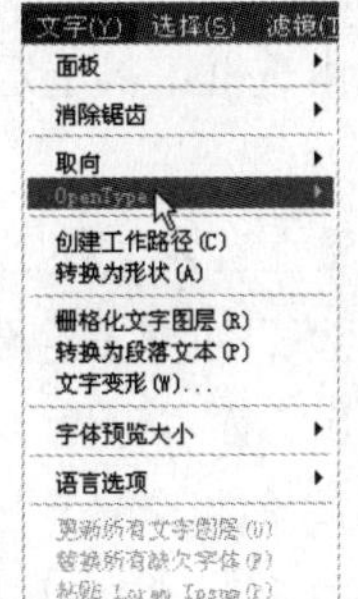

图 13-8 “文字”菜单

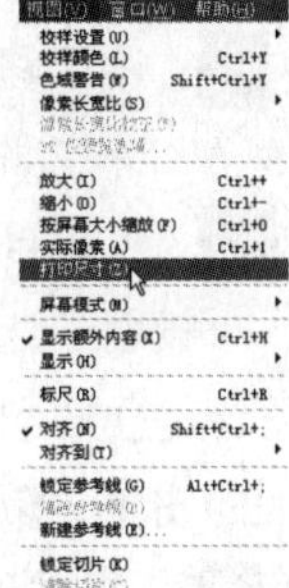

图 13-9 “视图”菜单

9．窗口

“窗口”菜单用于改变活动文档，以及打开和关闭Photoshop CS6的各个浮动面板，如图13-10所示。

10．帮助

“帮助”菜单用于查找帮助信息，如图 13-11 所示。

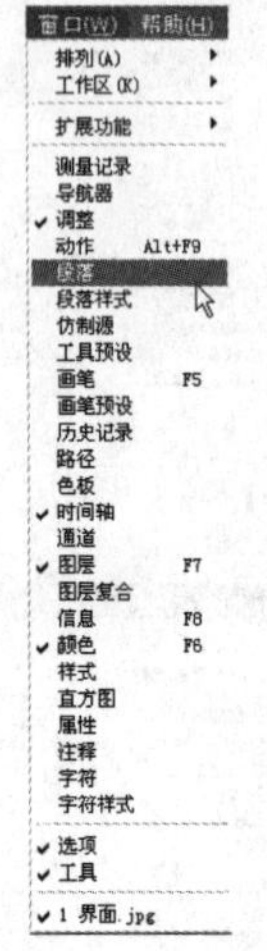

图 13-10 “窗口”菜单

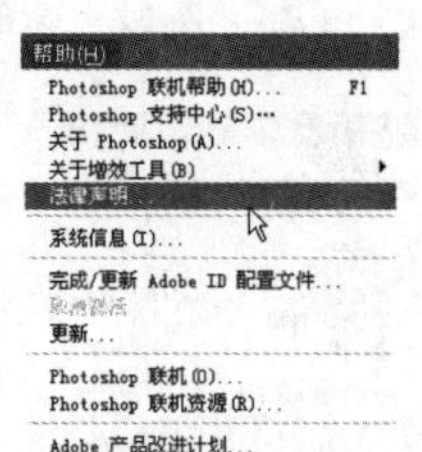

图 13-11 “帮助”菜单

 13.1.2 工具箱

启动 Photoshop CS6，工具箱出现在屏幕左侧。可通过拖移工具箱的标题栏来移动它。工具箱中包含许多绘图和编辑工具，每个工具用一个按钮来表示，如图 13-12 所示。理解每个工具的功能是学习 Photoshop CS6 的关键，如果工具的右下角有小三角形，按住鼠标左键来查看隐藏的工具，然后单击要选择的工具。

图 13-12 工具箱

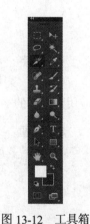

各种工具的基本功能如下。

- 选框工具（M）：用于创建矩形、椭圆、单行和单列选区，直接按住鼠标拖动即可创建选区。
- 移动工具（V）：用于移动图层中的整个画面或由选框工具选定的区域。
- 套索工具（L）：包括自由套索、多边形套索和磁性套索 3 种工具，这 3 种工具存在于同一按钮中，一般用于选择不规则选区。“自由套索”工具适合建立简单选区；“多边形套索”工具适合建立棱角比较分明但不规则的选区；而“磁性套索”工具用于选择图形颜色反差较大的图像，颜色反差越大选取的图形越准确。
- 魔棒工具（w）：以选取的颜色为起点选取跟它颜色相近或相同的颜色，图像颜色反差越大选取的范围越广，容差越大选取的范围越广。

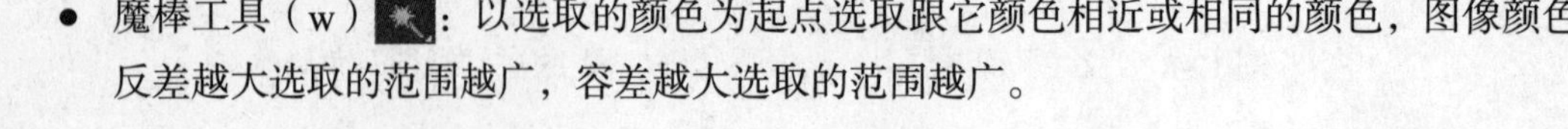

- 裁剪工具（C）：可以通过拖动选框，选取要保留的范围并进行裁切，选取后可以按 Enter 键完成操作，取消则按 Esc 键。
- 切片工具（K）：用来制作网页的热区，结合“文件”菜单中的“存储为 Web 所用的格式”来制作简单的网页。
- 画笔工具（B）：可用于柔边、描边的绘制。
- 仿制图章工具（S）：可以把其他区域的图像纹理轻易地复制到选定的区域。
- 历史记录画笔工具（Y）：用于恢复图像的操作，可以一步一步地恢复，也可以直接按 F12 键全部恢复。而“艺术历史画笔”可根据所选择的画笔和样式创造出意想不到的效果。
- 橡皮擦工具（E）：可以清除像素或恢复背景色。
- 渐变工具（G）：填充渐变颜色。
- 模糊工具（R）：模糊图像。
- 减淡工具（O）：使图像变亮。
- 路径选择工具（A）：选择整个路径。
- 钢笔工具（P）：绘制路径。
- 横排文字工具（T）：在图像上创建文字。
- 矩形工具（U）：绘制矩形。
- 抓手工具（H）：在图像窗口内移动图像。
- 缩放工具（Z）：可放大和缩小图像的视图。

13.1.3　工具选项栏

工具选项栏是为各种工具提供选项的面板。例如，“文字”工具选项栏可以用于设置字体类型、字号大小、平滑度等，如图 13-13 所示。

图 13-13　“文字”工具选项栏

13.1.4　浮动面板

Photoshop CS6 的浮动面板可以通过执行“窗口”菜单来控制，如图 13-14 所示为浮动的“图层”面板。

13.1.5　文档窗口

文档窗口是 Photoshop CS6 的常规工作区，用于显示图像文件、浏览和编辑图像等，如图 13-15 所示。文档窗口带有自己的标题栏，包括文件名、缩放比例和色彩模式等。

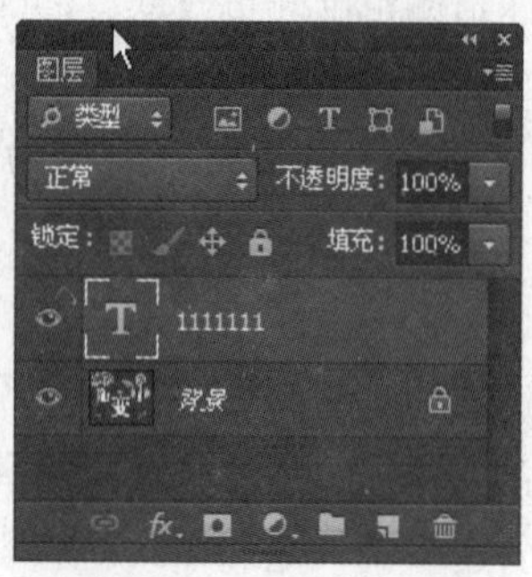

图 13-14　“图层”面板

图 13-15　文档窗口

13.2　图像的调整

在拍摄图片时，由于某种原因，拍出来的图片可能没有那么完美。这时就需要用专门的软件处理一下，然后再上传。美的图片使人产生愉悦的感觉，提高网页用户的体验。

13.2.1　上机练习——调整图像大小

调整图像大小的具体操作步骤如下。

（1）启动 Photoshop CS6，执行“文件”|“打开”命令，弹出“打开”对话框，在该对话中选择文件“图像大小.jpg”，如图 13-16 所示。

（2）单击“打开”按钮，打开图像文件，如图 13-17 所示。

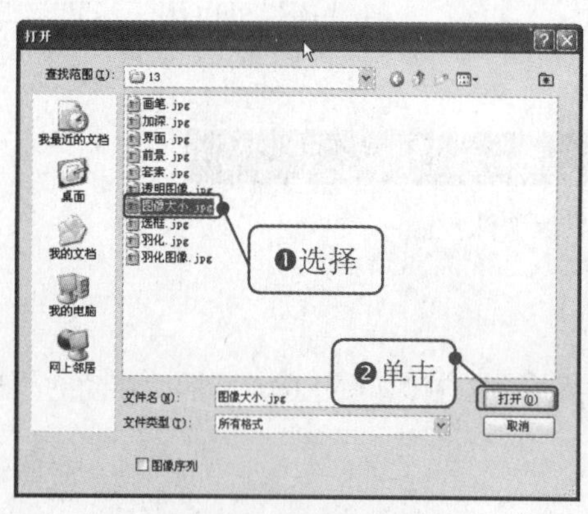

图 13-16　“打开”对话框

图 13-17　打开图像文件

（3）执行“图像”|“图像大小”命令，打开“图像大小”对话框，如图 13-18 所示。

（4）在对话框中将“宽度”设置为 500 像素，“高度”设置为 373 像素，单击“确定”按钮，修改图像大小，如图 13-19 所示。

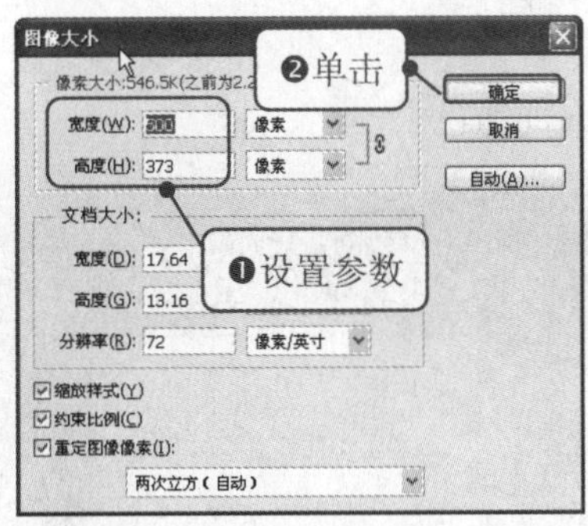

图 13-18　“图像大小”对话框

图 13-19　修改图像大小

在“图像大小”对话框中主要有以下参数。

- 像素大小：
  - ➢ 宽度/高度：在文本框中设置图像的宽度/高度。
- 文档大小：
  - ➢ 宽度/高度：在文本框中设置画布的宽度/高度。
  - ➢ 分辨率：设置画布的分辨率。

13.2.2　上机练习——调整画布大小

如果对画布的大小不满意，可以调整其大小，具体操作步骤如下。

（1）启动 Photoshop CS6，执行“文件”|“打开”命令，弹出“打开”对话框，在该对话中选择文件“图像大小.jpg”，打开图像文件，如图 13-20 所示。

（2）执行“图像”|“画布大小”命令，打开“画布大小”对话框，在对话框中将“宽度”设置为 500 像素，“高度”设置为 373 像素，如图 13-21 所示。

图 13-20　打开图像文件

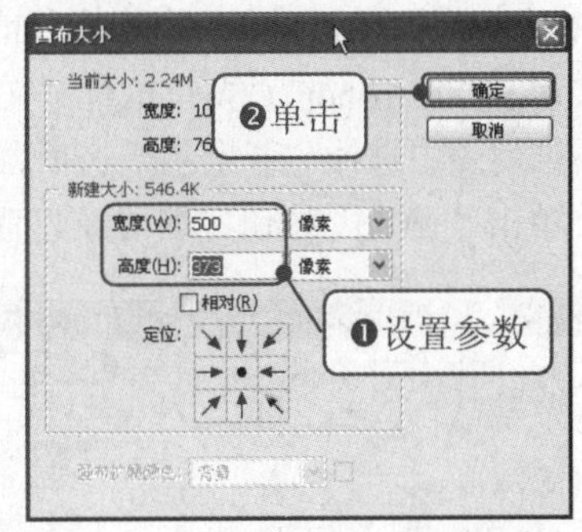

图 13-21　“画布大小”对话框

（3）单击“确定”按钮，弹出“Adobe Photoshop CS6”提示框，如图 13-22 所示。

（4）单击“继续”按钮，裁剪图像大小，如图 13-23 所示。

在“画布大小”对话框中主要有以下参数。

- 宽度/高度：在文本框中设置画布的宽度/高度。

- 定位：设置调整画布后图像所在的位置。
- 画布扩展颜色：在其下拉列表中设置扩大后画布的颜色。

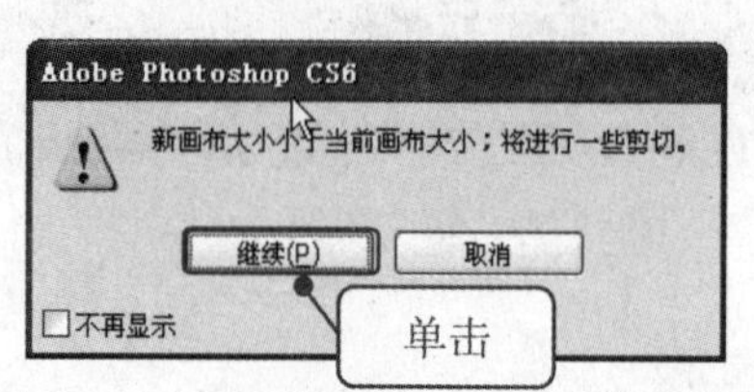

图 13-22　Adobe Photoshop CS6 提示框

图 13-23　裁剪图像大小

13.3　设置前景色和背景色

在 Photoshop CS6 中选取颜色主要是通过工具箱中的“前景色”和“背景色”按钮来完成的。

13.3.1　默认的前景色与背景色

- 前景色：用于显示和选取当前绘图工具所使用的颜色。单击“前景色”按钮，可以打开“拾色器”对话框并从中选取颜色。
- 背景色：用于显示和选取图像的底色。选取背景色后，并不会改变图像的背景色，只有在使用部分与背景色有关的工具时才会依照背景色的设置来执行命令。
- 默认前景色与背景色：用于恢复前景色和背景色为初始默认颜色，即 100%黑色与白色。

（1）启动 Photoshop CS6，执行“文件”|“新建”命令，弹出“新建”对话框，在“背景内容”下拉列表中选择“背景色”选项，如图 13-24 所示。

（2）单击“确定”按钮，即可新建背景为白色的文档，如图 13-25 所示。

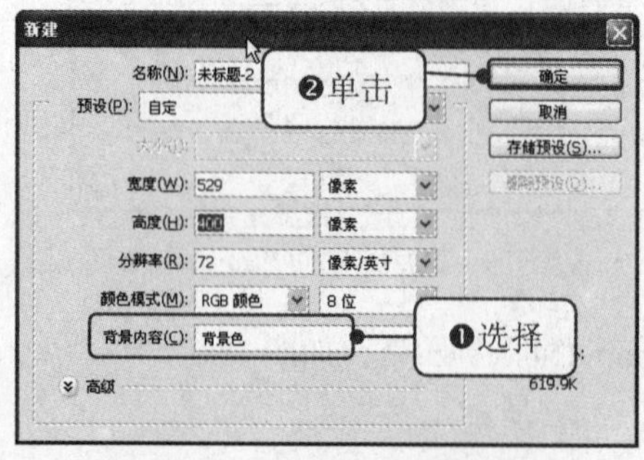

图 13-24　“新建”对话框

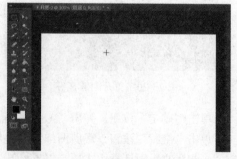

图 13-25　新建白色背景色

13.3.2　更改和恢复前景色与背景色

- 切换前景色与背景色：用于切换前景色和背景色。
- 默认的前景色是黑色，默认的背景色是白色：在 Alpha 通道中，默认前景色是白色，默认背景色是黑色。

（1）在工具箱中单击“设置背景色”图标，如图 13-26 所示。

（2）弹出“拾色器（背景色）”对话框，在该对话框中选择颜色 aa1c1c，如图 13-27 所示。

图 13-26　单击“设置背景色”图标

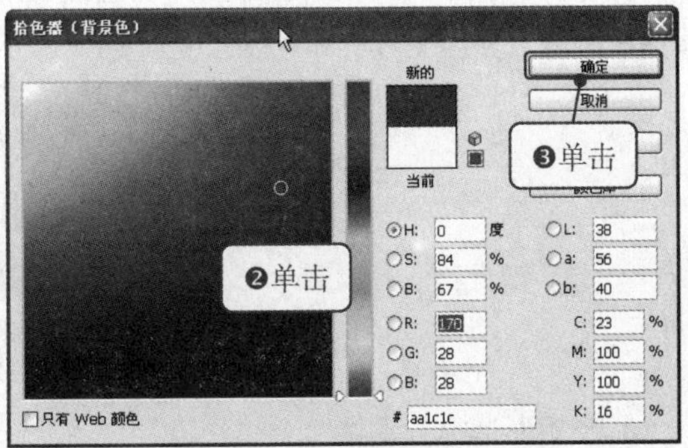

图 13-27　“拾色器”对话框

（3）单击“确定”按钮，即可更改背景色，在“库”面板中选择背景图层，按“Ctrl+Delete”组合键即可填充背景色，如图 13-28 所示。同步骤（1）~（2）也可以更改前景色。

图 13-28　填充背景色

★ 指点迷津 ★

同上也可以单击“设置前景色”图标，更改前景色。

在工具箱中单击图标可以恢复默认前景色和背景色，单击图标可以切换前景色和背景色。

13.4 创建选择区域

Photoshop CS6 中的选区大部分是靠工具箱中的选择工具来选取的。工具箱中的选择工具主要包括选框工具、套索工具和魔棒工具，下面分别介绍这 3 种选择工具的使用方法。

13.4.1 选框工具

选框工具位于工具箱的左上角，它包括“矩形选框”、“椭圆选框”、“单行选框”和“单列选框”工具，如图 13-29 所示。

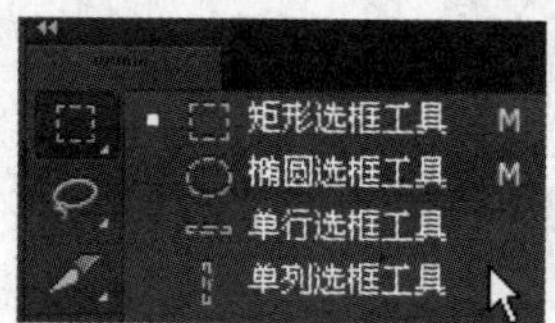

图 13-29　选框工具

1.“矩形选框”工具

“矩形选框”工具是最基本、最常用的选择工具，利用它可以创建矩形选区。在使用“矩形选框”工具之前通常先在工具选项栏中进行设置，如图 13-30 所示。

图 13-30　“矩形选框”工具

在“矩形选框”工具选项栏中可以设置以下参数。

- 新选区：去掉原来选择的区域重新选择区域。
- 添加到选区：在原来的选择区域的基础上增加新的选择区域，从而形成最终的选择区域，最终的选择区域为两次选择区域的并集。
- 从选区减去：在原来的选择区域减去新的选择区域。
- 与选区交叉：新的选择区域与原来的选择区域相交的部分形成最终的选择区域。
- 羽化：通过建立选区和选区周围像素之间的转换来模糊边缘，模糊边缘将丢失选区边缘的一些细节，因此羽化可以消除选择区域的正常硬边界，也就是使区域边界产生一个过渡。
- 消除锯齿：通过软化边缘像素和背景像素之间的颜色转换，使选区的锯齿边缘平滑。
- 样式：设置绘制矩形选框的形状。其下拉列表中包括“正常”、“固定比例”和“固定大小”3 个选项。
  - ➢ 正常：是默认的选项，也是最常用的选框样式，可以绘制任意大小的矩形选取框。
  - ➢ 固定比例：可以任意设定矩形的宽度和高度比，只需在其文本框中输入相应的数值即可。
  - ➢ 固定大小：可以通过输入宽度和高度的数值来确定矩形的大小。

将光标移动到图像上，按住鼠标左键进行拖动，绘制完毕后，释放鼠标左键即可绘制一个矩形选区，如图 13-31 所示。

2.“椭圆选框”工具

使用“椭圆选框”工具可以选取一个椭圆或圆形的范围，其工具选项栏与用法和“矩形选框”工具相似。如图 13-32 所示是使用“椭圆选框”工具绘制的椭圆选区。

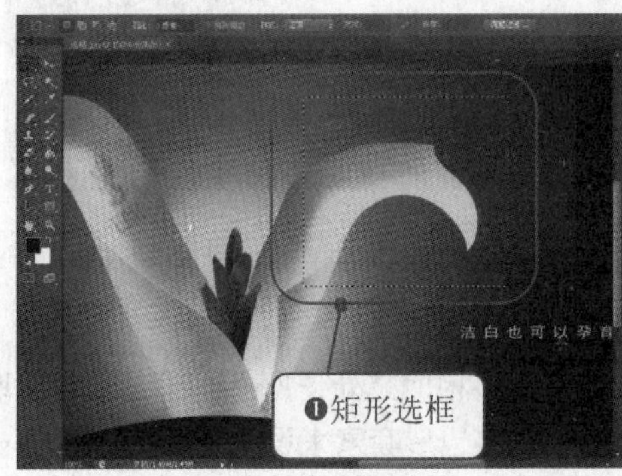

图 13-31　矩形选区

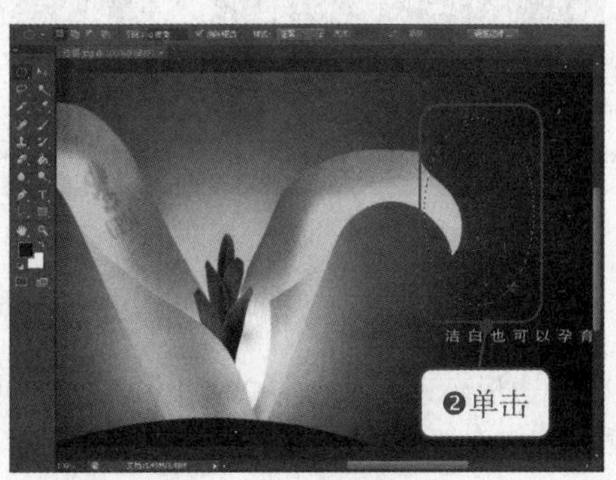

图 13-32　椭圆选区

3.“单行选框”工具和“单列选框”工具

使用“单行选框”工具和“单列选框”工具可以选择一行或一列像素，一般用于制作特殊的效果，如制作图像的描边和对齐，制作水平和竖直的线条等。在使用这两种工具时应该注意将“羽化”设置为 0。如图 13-33 所示是使用“单行选框”工具绘制选区，如图 13-34 所示是使用“单列选框”工具绘制选区。

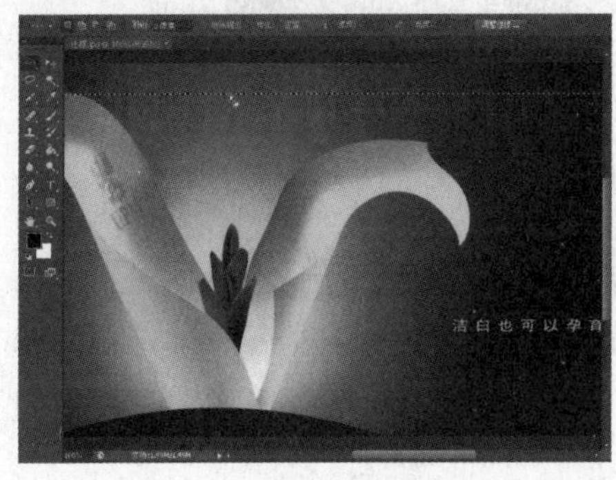

图 13-33　单行选框

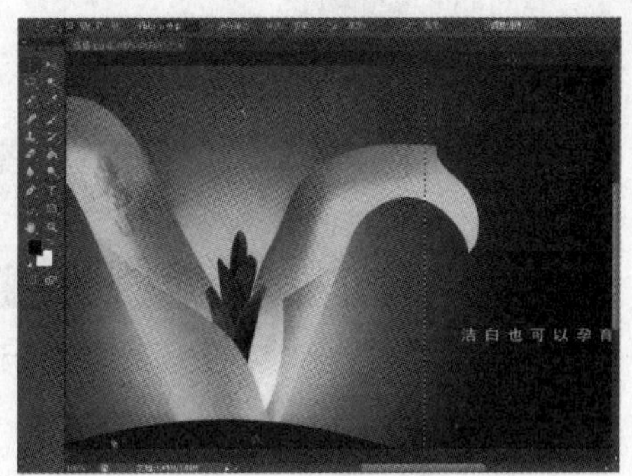

图 13-34　单列选框

13.4.2　套索工具

套索工具可以选择不规则形状的曲线区域。套索工具主要包括“套索”、“多边形套索”和“磁性套索”工具，如图 13-35 所示。

1.“套索”工具

选择“套索”工具，将鼠标指针移动到图像上后即可拖动鼠标选取所需的范围，如图 13-36 所示。

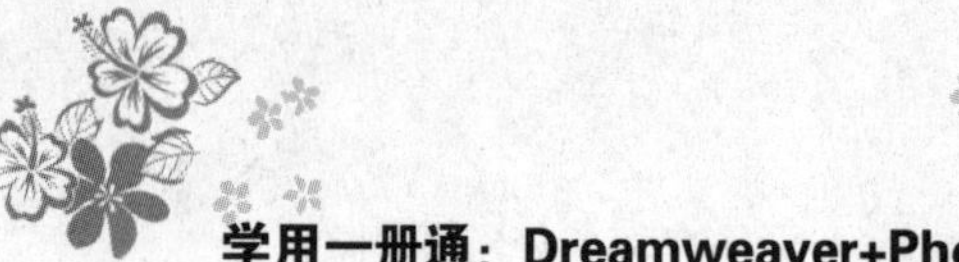

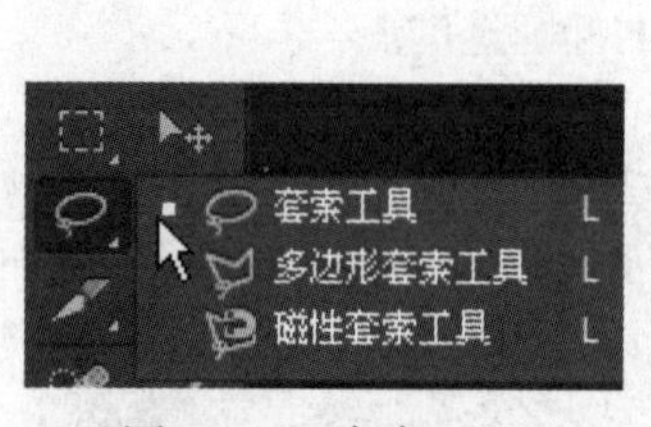

图 13-35 套索工具

图 13-36 选择区域

2.“多边形套索”工具

“多边形套索”工具与“套索”工具的使用方法有很多相似之处，所不同的是，它选取的区域是不规则的多边形。选择“多边形套索”工具，单击多边形套索来设置选取点，Photoshop CS6 会在点与点之间插入线段来构成选取框，可以根据需要设置任意多个点，点与点之间的距离可以很近也可以很远。如图 13-37 所示是使用“多边形套索”工具来选取图像。

图 13-37 选择区域

3.“磁性套索”工具

“磁性套索”工具是一种具有可识别边缘功能的套索工具，选择“磁性套索”工具，在要创建选区的位置单击，选框线会自动被吸附到对象的边框线上，如图 13-38 所示。

★ 指点迷津 ★

在使用“磁性套索”工具进行选取时，按 Delete 键可删除最近的一个节点，按 Esc 键可以取消选取操作。

图 13-38 选择区域

13.4.3 魔棒工具

魔棒工具也是常用的区域选择工具，它可以根据图像中像素的颜色来建立选区。当用魔棒工具单击某个点时，与该点颜色相似或相近的区域将被选中，如图 13-39 所示。

图 13-39 使用魔棒工具选取图像

★ 指点迷津 ★

在使用魔棒工具的同时，按“Shift”键可增加选取范围。

13.4.4 上机练习——制作透明图像

利用选择工具选取透明图像，原始效果如图 13-40 所示，最终效果如图 13-41 所示，具体操作步骤如下。

练习文件 实例素材/练习文件/13.4.4/透明图像.jpg

完成文件 实例素材/完成文件/13.4.4/透明图像.gif

（1）打开光盘中的图像文件“透明图像.jpg”，如图 13-42 所示。

（2）在工具箱中选择“魔棒”工具，在图像上单击选择区域，如图 13-43 所示。

图 13-40　原始效果

图 13-41　透明效果

图 13-42　打开文件

图 13-43　选择选区

（3）选择完毕后，按 Delete 键删除，选取透明图像效果如图 13-44 所示。

（4）执行“文件”|“存储为 Web 和设备所用格式”命令，打开“存储为 Web 所用格式”对话框，在文件格式下拉列表中选择“GIF”选项，如图 13-45 所示。

图 13-44　选取透明图像

图 13-45　“存储为 Web 所用格式”对话框

（5）单击“存储”按钮，弹出“将优化结果存储为”对话框，格式选择“仅限图像”，如图 13-46 所示。

（6）单击“保存”按钮，保存文档效果如图 13-41 所示。

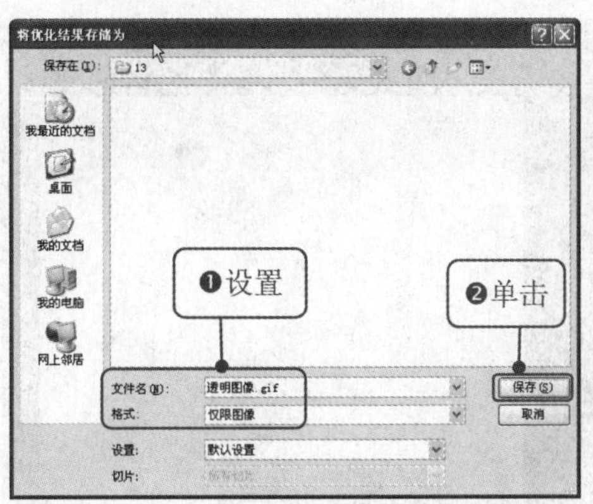

图 13-46　“将优化结果存储为”对话框

13.5　基本绘图工具

在处理网页图像过程中，绘图是最基本的操作。Photoshop CS6 提供了非常简捷的绘图功能。下面就来讲述 Photoshop 中画笔、铅笔、橡皮、油漆桶、渐变和多边形工具的使用方法。

13.5.1　画笔工具

使用“画笔”工具不仅可以创建比较柔和的艺术笔触效果，而且可以自行定义画笔。下面通过实例讲述“画笔”工具的使用方法，具体操作步骤如下。

（1）打开光盘中的图像文件“画笔.jpg”，在工具箱中选择“画笔”工具，如图 13-47 所示。

（2）在工具选项栏中单击“画笔”右侧的下拉按钮，在弹出的“画笔预设”选择器列表中选择“69”选项，如图 13-48 所示。

图 13-47　选择“画笔”工具

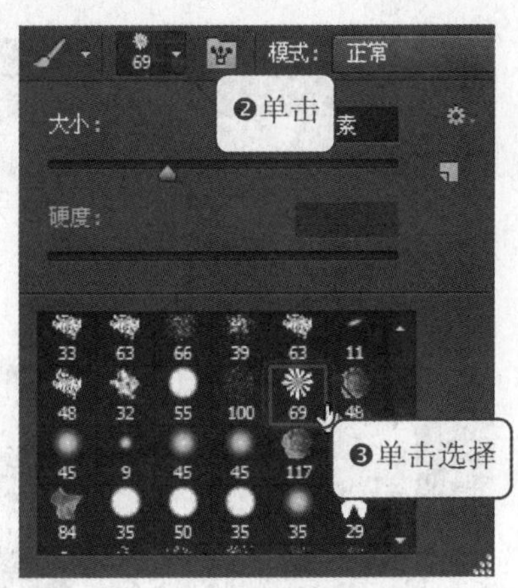

图 13-48　选择画笔

（3）在图像中进行绘制，最终效果如图 13-49 所示。

图 13-49　画笔工具绘制效果

★ 指点迷津 ★

画笔绘制的颜色可以通用工具箱中的前景色和背景色来设置。

13.5.2　铅笔工具

使用“铅笔”工具截取图 13-50 中的“铅笔”工具图标可在图像或选区内绘制所需的线条，铅笔线条的粗细可通过“画笔预设”选择器来选择。下面通过实例讲述“铅笔”工具的使用方法，具体操作步骤如下。

（1）打开如图 13-47 所示的图像文件“画笔.jpg”，在工具箱中选择“铅笔”工具，如图 13-50 所示。

（2）在工具选项栏中单击“画笔”右侧的下拉按钮，在弹出的“画笔预设”选择器列表中选择“29”选项，如图 13-51 所示。

图 13-50　打开文件

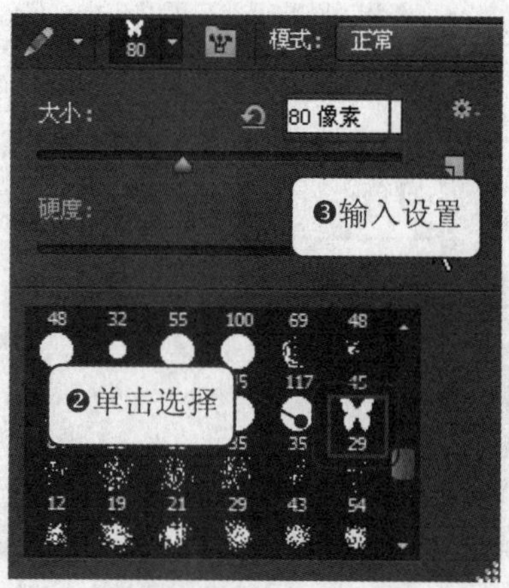

图 13-51　选择铅笔

（3）在图像中进行绘制，最终效果如图 13-52 所示。

图 13-52　铅笔工具绘制效果

13.5.3　加深和减淡工具的应用

"减淡"工具的主要作用是改变图像的曝光度，对图像中局部曝光不足的区域，使用"减淡"工具后，可对该局部区域的图像增加明亮度（稍微变白），使很多图像的细节可显现出来。

"加深"工具的主要作用也是改变图像的曝光度，对图像中局部曝光过度的区域使用"加深"工具后，可使该局部区域的图像变暗（稍微变黑）。

"加深"和"减淡"工具如图 13-53 所示。

"减淡"工具和"加深"工具的工具选项栏相同，如图 13-54 所示，包括"画笔"、"范围"和"曝光度"等。

图 13-53　"加深"、"减淡"和"海绵"工具

图 13-54　"减淡"和"加深"工具选项栏

（1）打开光盘中的图像文件"加深.jpg"，在工具箱中选择"加深"工具，如图 13-55 所示。

（2）在左上角的蝴蝶上面单击即可加深图像，效果如图 13-56 所示。

图 13-55　打开文件

图 13-56　加深图像

13.6 综合应用

 13.6.1 综合应用——羽化网页图像

使用羽化命令对选区进行羽化处理的效果与工具选项栏中的羽化效果相同，在选择区域边界和其周围的像素之间进行模糊处理达到柔和边界的效果。下面利用 Photoshop 创建羽化网页图像原始效果如图 13-57 所示，羽化网页效果如图 13-58 所示的，具体操作步骤如下。

练习文件 实例素材/练习文件/13.6.1/羽化图像. jpg、羽化.jpg

完成文件 实例素材/完成文件/13.6.1/羽化图像.psd

（1）打开光盘中的图像文件“羽化.jpg”，如图 13-59 所示。

（2）在工具箱中选择“快速选择”工具，在舞台中选择图像，图 13-60 所示。

图 13-57 原始图像效果

图 13-58 羽化网页效果

图 13-59 打开文件

图 13-60 选择图像

（3）执行“选择”|“修改”|“羽化”命令，弹出“羽化选区”对话框，在该对话框中将“羽化半径”设置为“20”像素，如图 13-61 所示。

（4）单击“确定”按钮羽化图像，执行“编辑”|“拷贝”命令，拷贝图像，如图 13-62 所示。

（5）打开光盘中的图像文件“羽化图像.jpg”，如图 13-63 所示。

（6）执行“编辑”|“粘贴”命令，将图像粘贴到舞台中，然后拖动到相应的位置，如图 13-64 所示。

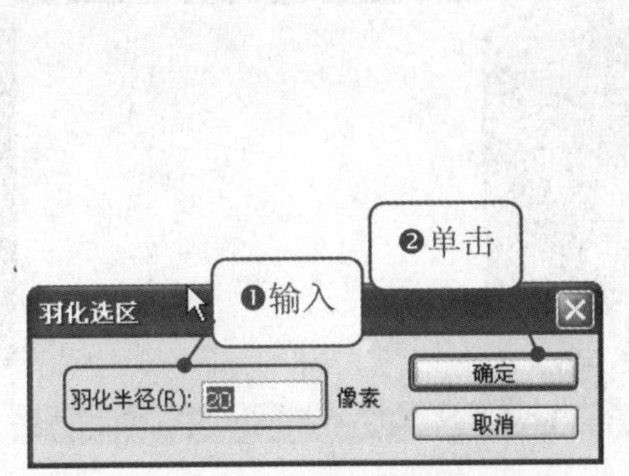

图 13-61　“羽化选区”对话框

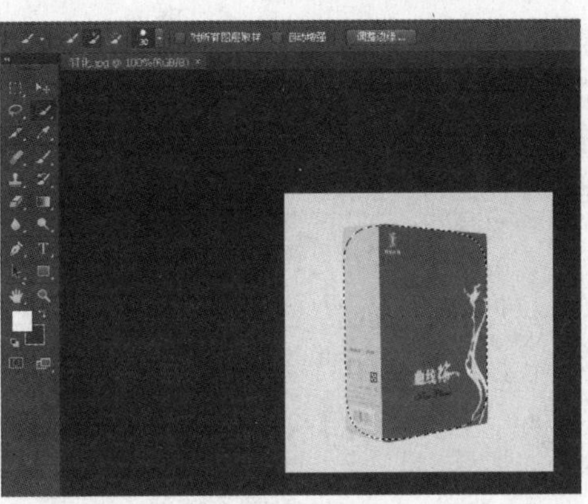

图 13-62　拷贝图像

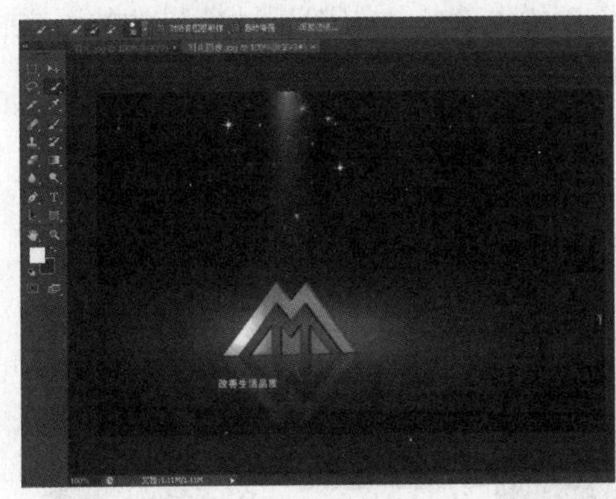

图 13-63　打开文件

图 13-64　粘贴图像

13.6.2　综合应用——绘制网页标志

本章主要讲述了 Photoshop CS6 的基本操作，下面利用 Photoshop CS6 创建如图 13-65 所示的网页标志，具体操作步骤如下。

图 13-65　网页标志

完成文件 实例素材/完成文件/13.6.2/logo.psd

（1）执行“文件”|“新建”命令，打开“新建”对话框，在对话框中将“宽度”设置为“600”像素，“高度”设置为“500”像素，如图 13-66 所示。

（2）单击“确定”按钮，新建一个空白文档，将文件保存为“logo.psd”，如图 13-67 所示。

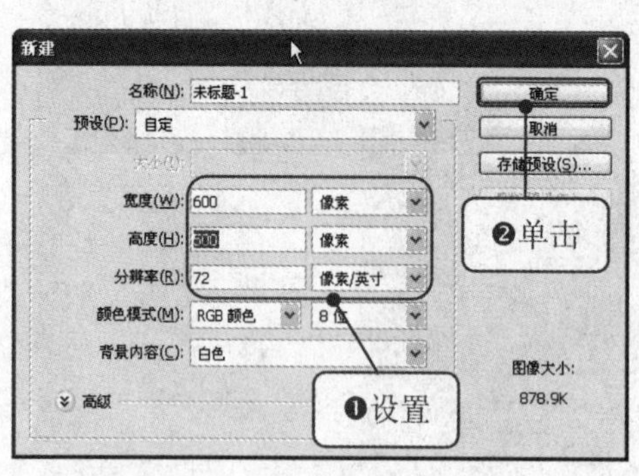

图 13-66 “新建”对话框

图 13-67 新建文档

（3）在工具箱中选择“自定义形状”工具，在选项栏中单击“自定义形状”右边的下拉按钮，在弹出的列表中选择相应形状，如图 13-68 所示。

（4）在舞台中按住鼠标左键绘制形状，如图 13-69 所示。

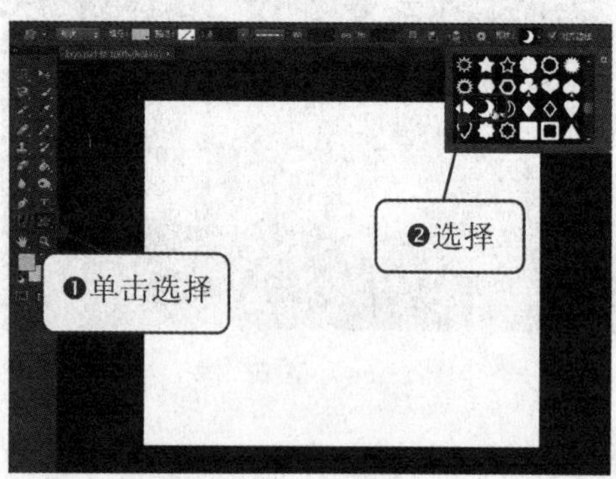

图 13-68 选择形状

图 13-69 绘制形状

（5）执行“图层”|“图层样式”|“混合选项”命令，打开“图层样式”对话框，在该对话框中单击选择最上面的“样式”选项，在右边选择相应的样式，如图 13-70 所示。

（6）单击“确定”按钮，设置图层样式，如图 13-71 所示。

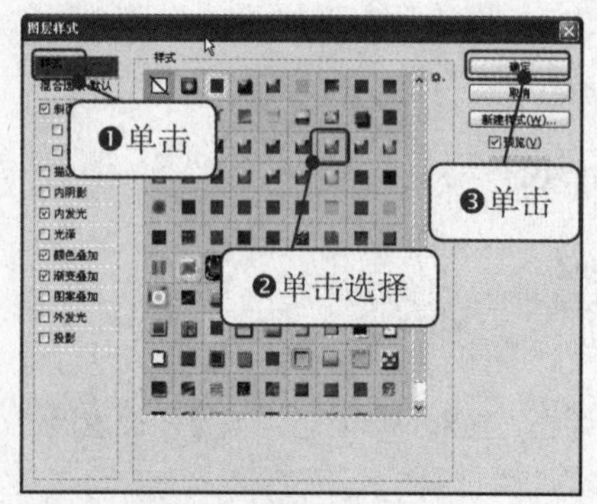

图 13-70 选择样式

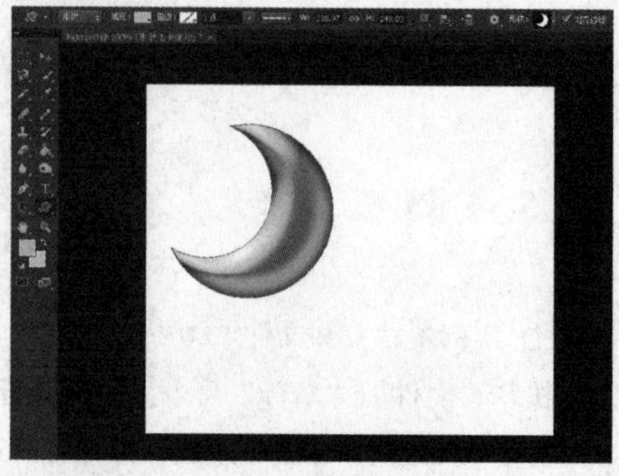

图 13-71 设置图层样式

（7）执行“编辑”|“变换路径”|“扭曲”命令，对绘制的图形进行扭曲，如图 13-72 所示。

（8）在工具箱中选择“自定义形状”工具，在选项栏中单击“自定义形状”右边的下拉按钮，在弹出的列表中选择相应的形状，在舞台中绘制形状，如图 13-73 所示。

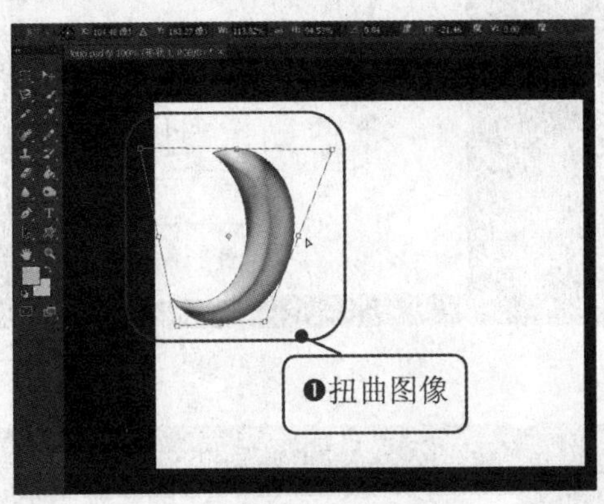

图 13-72　扭曲图像

图 13-73　绘制形状

（9）执行“图层”|“图层样式”|“混合选项”命令，打开“图层样式”对话框，在该对话框中单击选择最上面的“样式”选项，在右边选择相应的样式，如图 13-74 所示。

（10）单击“确定”按钮，设置图层样式，如图 13-75 所示。

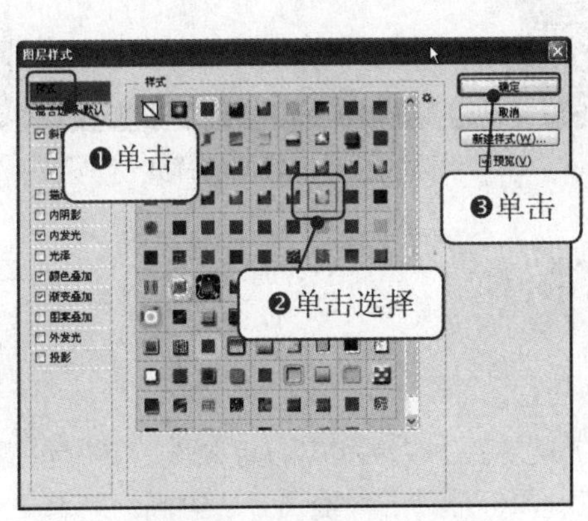

图 13-74　“图层样式”对话框

图 13-75　设置图层样式

（11）在工具箱中选择“自定义形状”工具，在选项栏中单击“自定义形状”右边的下拉按钮，在弹出的列表中选择相应的形状，按住鼠标左键在舞台中绘制形状，如图 13-76 所示。

（12）在工具箱中选择“横排文字”工具，在舞台中输入文本，如图 13-77 所示，在选项栏中将“字体”设置为“黑体”，“颜色”设置为“a10090”，“大小”设置为“60”。

（13）执行“图层”|“图层样式”|“描边”命令，打开“图层样式”对话框，将描边颜色设置为 f5c6e2，如图 13-78 所示。

（14）单击“确定”按钮，设置图层样式，如图 13-79 所示。

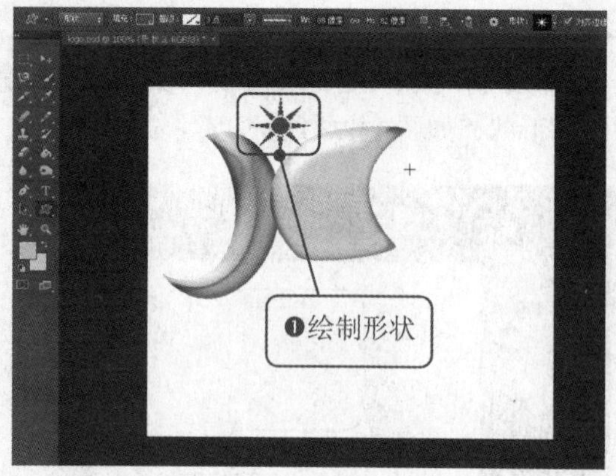

图 13-76　绘制形状

图 13-77　输入文本

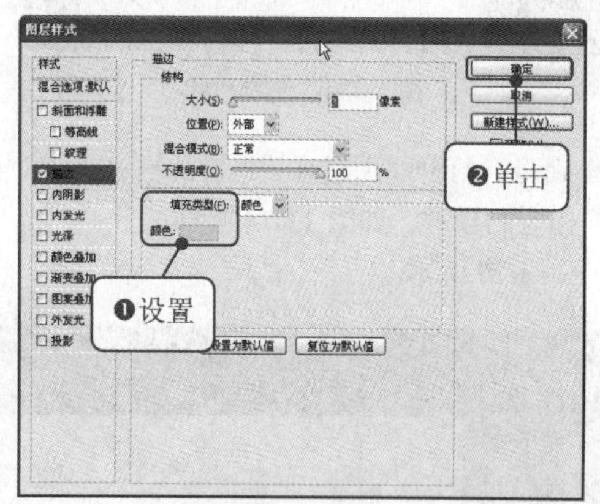

图 13-78　“图层样式”对话框

图 13-79　设置图层样式

13.7　专家秘籍

1．Photoshop 主要用在什么方面

Photoshop 的应用非常广泛，可应用于图形图像、文字、视频和出版等领域，其中包括平面设计、包装设计、网页制作、影像创意、视觉创意、图标设计、界面设计、绘画、艺术文字、建筑效果图后期修饰、绘制或处理三维贴图、数码照片处理和婚纱照片设计等方面。

2．为何打开的图像背景是锁定的？如何去除

在“图层”面板中单击选择背景图层，然后双击该背景图层，即可解除锁定。

3．为何找不到工具箱了

执行“窗口”|“工具”命令即可。

4．在制作网页时，什么时候用 GIF？什么时候用 JPG

通常讲，颜色层次比较丰富细腻的图片就用 jpg，如写实的照片。在存储 jpg 时会有压缩的

强度选择，当然压得越少文件越大，但失真也较少，反之颜色比较少，以平涂形式描绘的图形通常就用 gif，如一些文字及几何图形，gif 是以颜色的数量来决定文件的大小的。

5．位图和矢量图的区别是什么

位图图像又称点阵图像，是由多个独立的像素拼合而成，通常由 Photoshop 等软件生成的图像都是位图图像。位图根据颜色信息所需的数据位数，分为 2、8、16 和 32 等，位数越高色彩越丰富。当放大到一定的显示比例后，看到的不再是精彩细腻的画面，而是由一块块方格拼成的图形，这就是位图的缺点所在。而位图的优点则是矢量图所无法达到的，它能表现丰富的色彩、真实的画面。位图的分辨率越高，图像质量越好。

矢量图是由线条或通过路径绘制而成的图形。通常如 Flash、Illustrator 等生成的图形都是矢量图。矢量图不论被放大或缩小多少，都不会使画面失真或变得不清晰。与位图相比，矢量图绘制的物体不如照片表现得逼真，无法达到像照片一样丰富的画面效果，因此矢量图常用于制作标志、插图、图案等色块与线条特征比较明显的图形。

6. 如何输出透明 GIF 图像

执行“文件”|“存储为 web 和设备所用格式”命令，在弹出的对话框中选择 gif 格式，然后单击“存储”命令，即可输出 gif 图像。

13.8　本章小结

Photoshop CS6 是最新版本的图像处理软件，使用 Photoshop CS6 可以设计网页的整体效果图，绘制网页图像，设计网站 Logo 与广告，设计网页特效文字和按钮等。本章重点介绍 Photoshop CS6 的工作界面、图像文档的基本操作、选择图像和基本绘图工具的使用。本章最后通过简单设计网站 Logo 实例，对前面的知识进行了总结，帮助读者巩固对 Photoshop CS6 软件的学习。

第14章 设计网页特效文字与按钮

学前必读

虽然图像的表达效果要强于普通的文字，但是文字也能够起到注释与说明的作用。在图像朦胧写意与含蓄表达后，需要用文字这种语言符号加以强化。按钮一般设计精巧，立体感强，将其应用到网页中，既能吸引浏览者的注意，又增加了网页的美观效果。本章主要讲述特效文字和按钮的制作。

学习流程

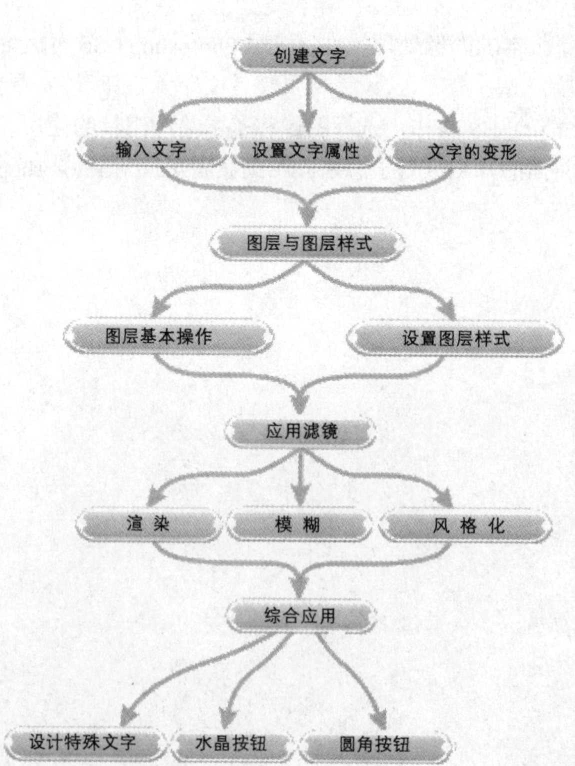

14.1　创建文字

文字在图像中往往起着画龙点睛的作用，在网页制作中使用特效文字也较多。Photoshop 提供了丰富的文字工具，允许在图像背景中制作多种复杂的文字效果。

14.1.1　上机练习——输入文字

在 Photoshop CS6 中，文字工具包括“横排文字”、“直排文字”、“横排文字蒙版”和“直排文字蒙版”工具，如图 14-1 所示。可以根据需要选择相应的文字工具输入文字。

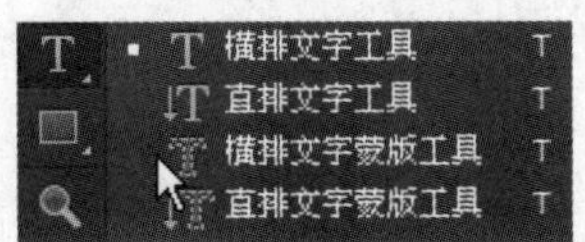

图 14-1　输入文字

下面通过使用“横排文字”工具来讲述文字的输入，具体操作步骤如下。

（1）打开光盘中的图像文件“输入文字.jpg”，如图 14-2 所示。

（2）在工具箱中选择“横排文字”工具，在图像上单击输入文字，如图 14-3 所示。

图 14-2　打开文件

图 14-3　输入文字

14.1.2　设置文字属性

如果对输入的文字不满意，可以在工具选项栏中设置文本的各种属性，工具选项栏如图 14-4 所示。

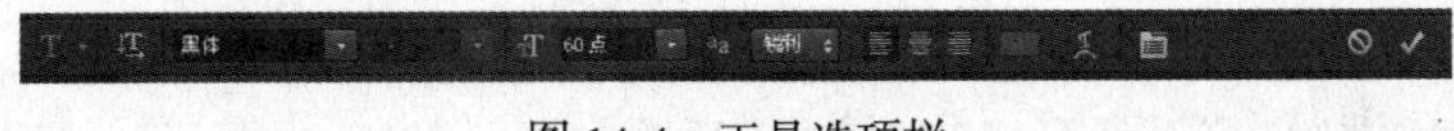

图 14-4　工具选项栏

1．设置文字字体

选中文字，在“字体”下拉列表中选择要设置的字体，如图 14-5 所示。选择字体后，单击即可应用该字体。

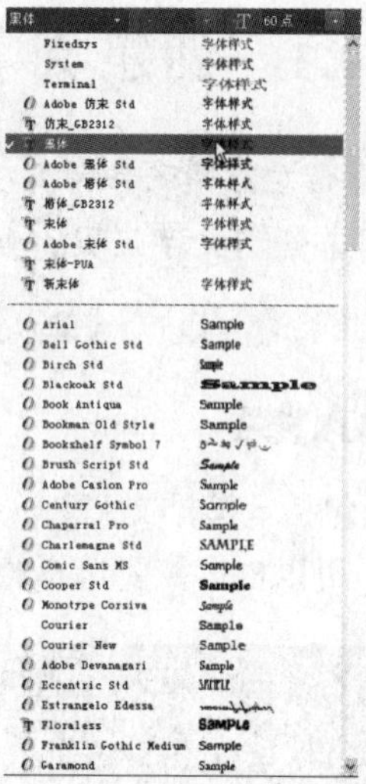

图 14-5 “字体”下拉列表

2．设置文字大小

选中文字，在“字体大小”下拉列表中选择要设置的字体大小，如图 14-6 所示。

3．设置文字消除锯齿的方法

消除锯齿是指在文字的边缘位置适当填充一些像素，使文字边缘可以平滑地过渡到背景中。选中文字，在“设置消除锯齿”下拉列表中选择要设置的类型，如图 14-7 所示。

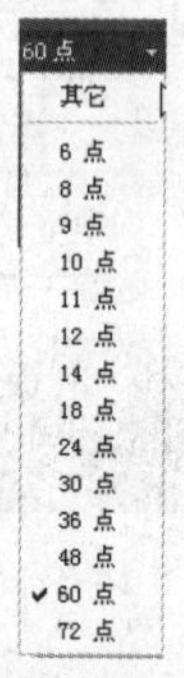

图 14-6 “字体大小”下拉列表

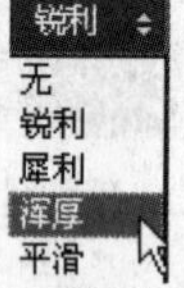

图 14-7 “设置消除锯齿”下拉列表

14.1.3 上机练习——文字的变形

下面设计文字变形，效果如图 14-8 所示，具体操作步骤如下。

实例素材/练习文件/CH14/14.1.3/文字的变形.jpg

完成文件 实例素材/完成文件/CH14/14.1.3/文字的变形.psd

（1）打开光盘中的素材文件“文字的变形.jpg”，如图 14-9 所示。

（2）在工具箱中选择“横排文字”工具，在图像上单击输入文字，如图 14-10 所示。

图 14-8　文字变形

图 14-9　打开文件

图 14-10　输入文字

（3）在工具选项栏中单击 按钮，打开“变形文字”对话框，在对话框中的“样式”下拉列表中选择“旗帜”选项，如图 14-11 所示。

（4）单击“确定”按钮，文字变形效果如图 14-12 所示。

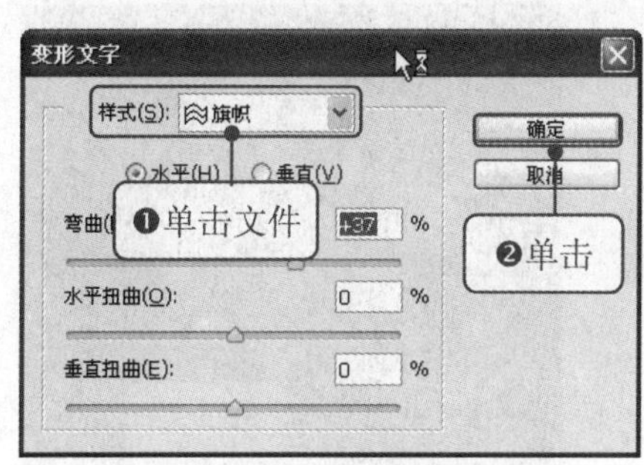

图 14-11　“变形文字”对话框

图 14-12　变形文字

14.2　图层与图层样式

图层功能是从 Photoshop 3.0 开始引进的，经过几次更新换代，图层功能在 Photoshop CS6 中得到了很大的发展和完善。Photoshop 的图层和图像编辑有着密切的关系，因此在学习使用 Photoshop CS6 的绘制和处理图像前，必须先掌握图层的基本操作。

14.2.1 图层基本操作

执行“窗口”|“图层”命令，打开“图层”面板，如图 14-13 所示。

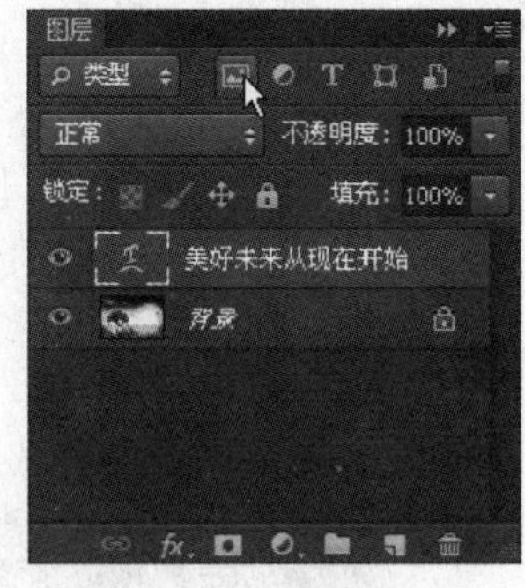

图 14-13 “图层”面板

“图层”面板中的主要按钮如下。

- 指示图层可视性：用于显示或隐藏图层。当处于不显示按钮时，表示这个图层中的图像处于隐藏状态，反之表示这个图层的图像处于显示状态。
- 创建新组：单击此按钮可以创建一个新的图层组。
- 创建新的填充或调整图层：单击此按钮在弹出的菜单中创建一个填充图层或调整图层。
- 创建新图层：单击此按钮，可以创建一个新的图层。
- 删除图层：单击此按钮，可以将当前所选图层删除。

1．复制图层

复制图层就是在同一个图像中复制包括背景层在内的所有图层或图层组，也可以将它们从一个图像复制到另一个图像。复制图层有以下 3 种方法。

（1）选中要复制的图层，执行“图层”|“复制图层”命令，打开“复制图层”对话框，如图 14-14 所示。在对话框中进行相应的设置，单击“确定”按钮，即可复制该图层。

（2）在“图层”面板中选择要复制的图层，按住鼠标左键不放将其拖动到“创建新图层”按钮上，也可以复制图层，如图 14-15 所示。

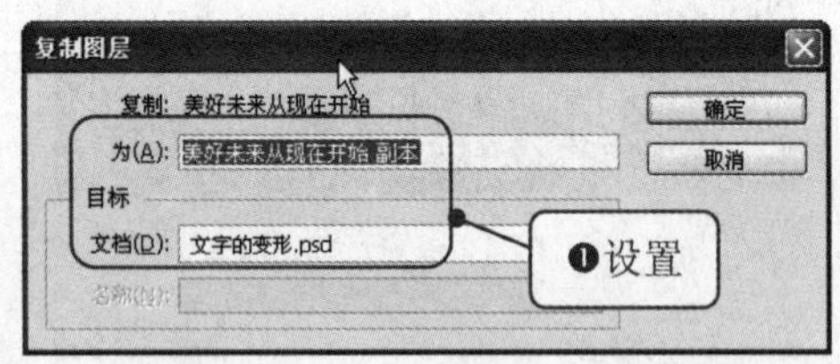

图 14-14 “复制图层”对话框

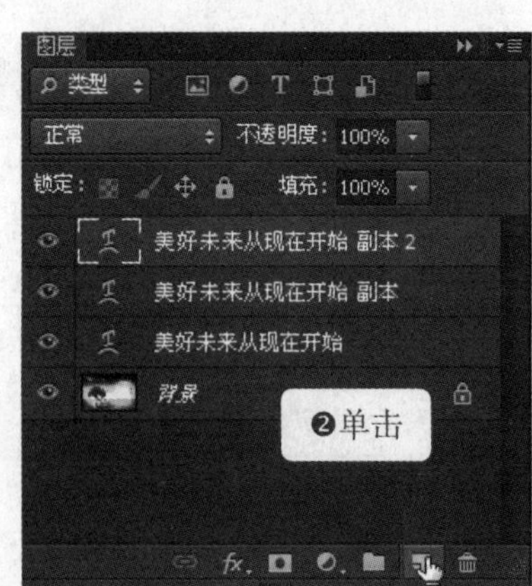

图 14-15 单击“创建新图层”按钮

（3）选中要复制的图层，在“图层”面板中单击按钮，在弹出的菜单中选择“复制图层”选项，如图 14-16 所示，打开“复制图层”对话框，在对话框中进行相应的设置，如图 14-17 所示，单击“确定”按钮，即可复制图层。

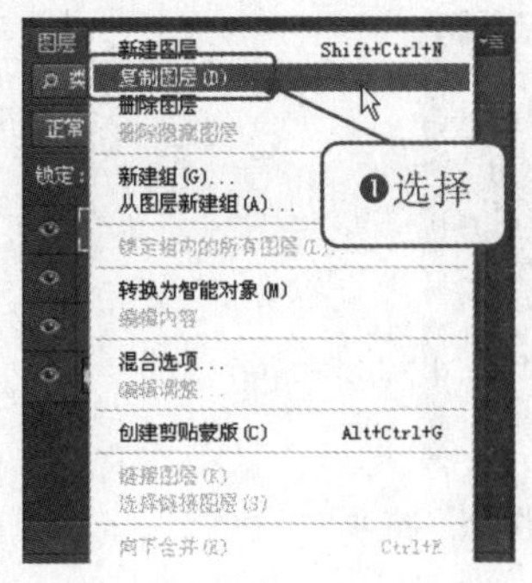

图 14-16 “复制图层”选项

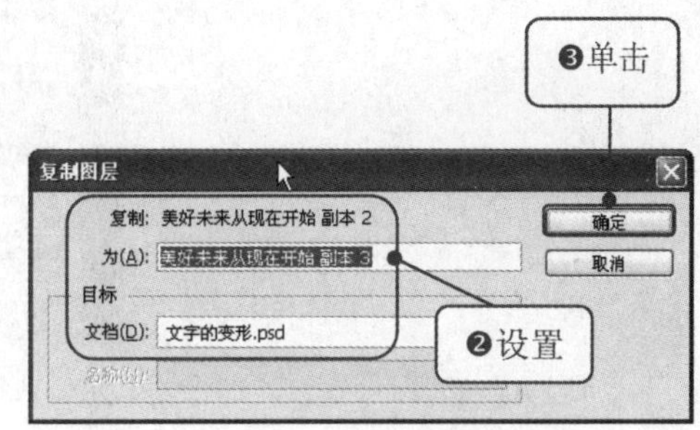

图 14-17 “复制图层”对话框

2．删除图层

删除图层有以下两种方法。

（1）选中要删除的图层，执行“图层”|“删除”|“图层”命令，即可删除该图层。

（2）选中要删除的图层，在“图层”面板中单击按钮，在弹出的快捷菜单中选择“删除图层”选项，即可删除图层。

提示 如果所选的图层是隐藏的图层，则可以执行“图层”|“删除”|“隐藏图层”命令将其删除。

3．新建图层

新建图层有以下 3 种方法。

（1）执行“图层”|“新建”|“图层”命令，打开“新建图层”对话框，如图 14-18 所示。在对话框中进行相应的设置，单击“确定”按钮，即可新建一个图层。

（2）在“图层”面板中单击“创建新图层”按钮，如图 14-19 所示，即可在原图层之上新建一个图层。

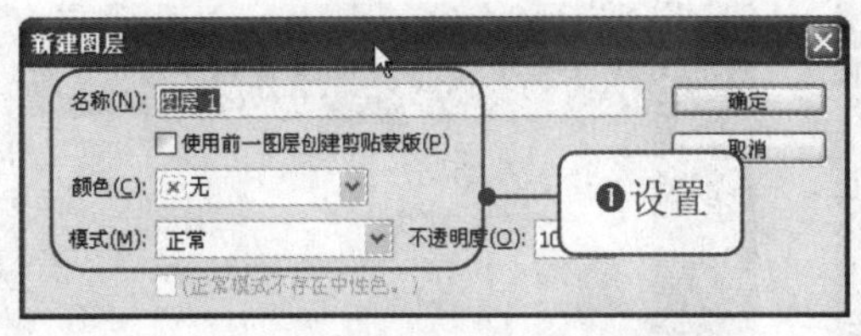

图 14-18 “新建图层”对话框

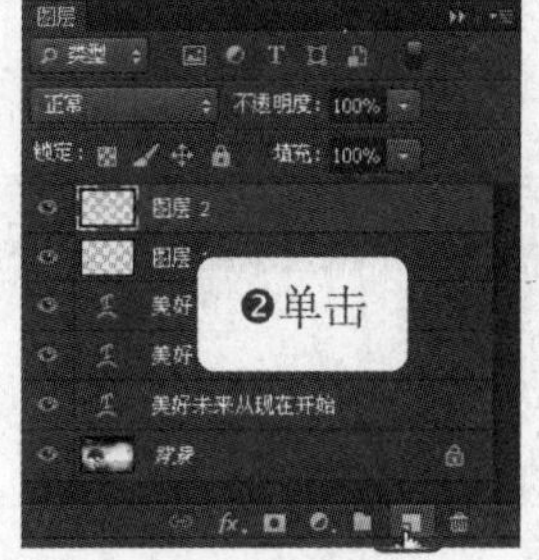

图 14-19 单击“创建新图层”按钮

（3）在“图层”面板中单击按钮，在弹出的快捷菜单中选择“新建图层”选项，如图 14-20 所示，打开“新建图层”对话框，在对话框中进行相应的设置，单击“确定”按钮，即可新建一个图层。

图 14-20　选择“新建图层”选项

14.2.2　上机练习——设置图层样式

图层样式是 Photoshop 最具魅力的功能之一，它能够产生许多惊人的图层特效，如投影、发光、斜面和浮雕、颜色叠加、图案叠加及描边等效果。下面通过实例来讲述投影效果的应用，如图 14-21 所示为设置图层样式的效果图。

图 14-21　图层样式

练习文件　实例素材/练习文件/CH14/14.2.2/图层样式.jpg

完成文件　实例素材/完成文件/CH14/14.2.2/图层样式.psd

（1）打开光盘中的素材文件“图层样式.jpg”，如图 14-22 所示。

（2）在工具箱中选择“横排文字”工具，输入文字，如图 14-23 所示。

图 14-22　打开文件

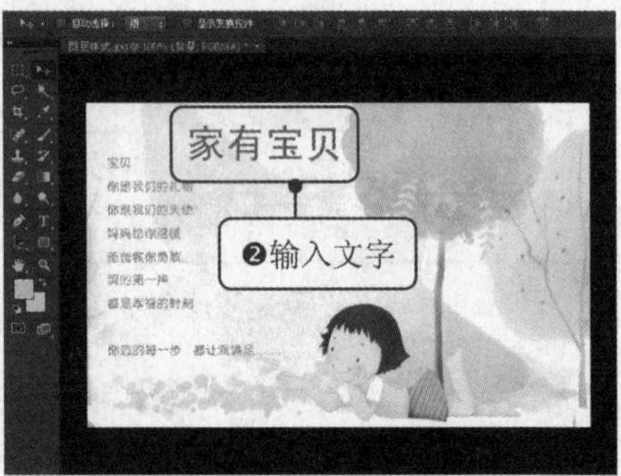

图 14-23　输入文字

（3）执行“图层”|“图层样式”|“描边”命令，打开“图层样式”对话框，在对话框中进行相应的设置，如图 14-24 所示。

（4）单击“确定”按钮，文字变形效果如图 14-25 所示。

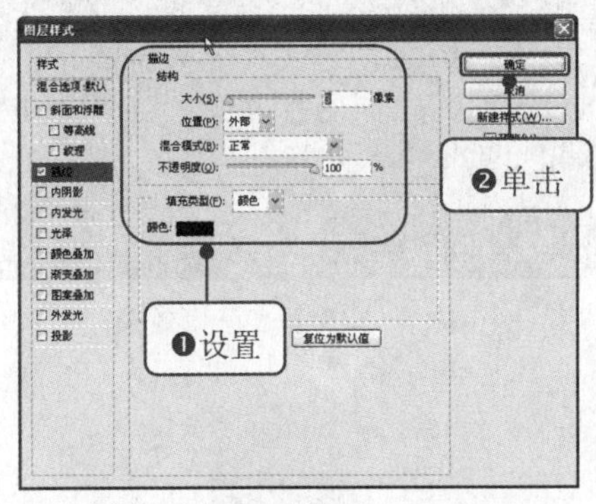

图 14-24　“图层样式”对话框

图 14-25　设置图层样式

14.3　应用滤镜

滤镜是 Photoshop 中功能最丰富、效果最奇特的工具之一，下面将详细介绍 Photoshop 滤镜中的渲染、风格化和模糊效果。

14.3.1　渲染

“渲染”滤镜能使图像产生照明、云彩以及特殊的纹理效果，其子菜单如图 14-26 所示。各选项功能具体介绍如下。

1. 云彩

根据设定的前景色和背景色之间的随机像素值使图像具有柔和的云彩效果，如图 14-27 所示。

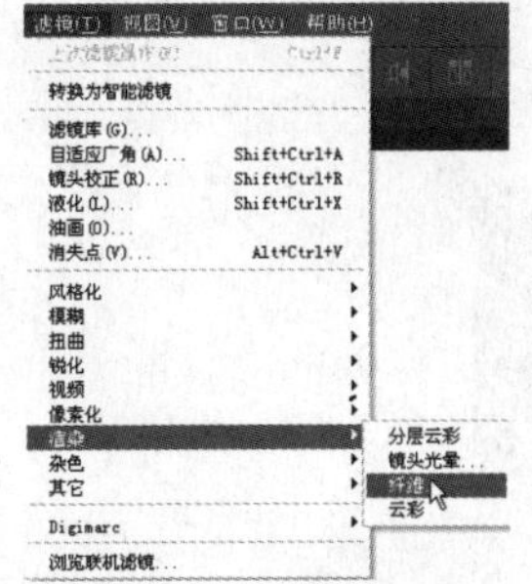

图 14-26　“渲染”子菜单

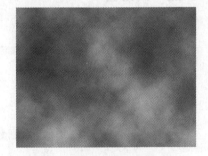

图 14-27　“云彩”效果图

2. 分层云彩

打开原始图像，如图 14-28 所示，执行“滤镜”|“渲染”|“分层云彩”命令，即可应用分成云彩效果，如图 14-29 所示。

图 14-28　原始图

图 14-29　应用分成云彩效果

3．纤维

使图像产生光纤的效果。这是个新增的功能，但在实际应用中很少用到。

4．镜头光晕

模拟亮光照在相机镜头所产生的光晕效果，如图 14-30 所示。

图 14-30　镜头光晕效果

14.3.2　风格化

“风格化”滤镜包括 8 种不同风格滤镜，其子菜单如图 14-31 所示。

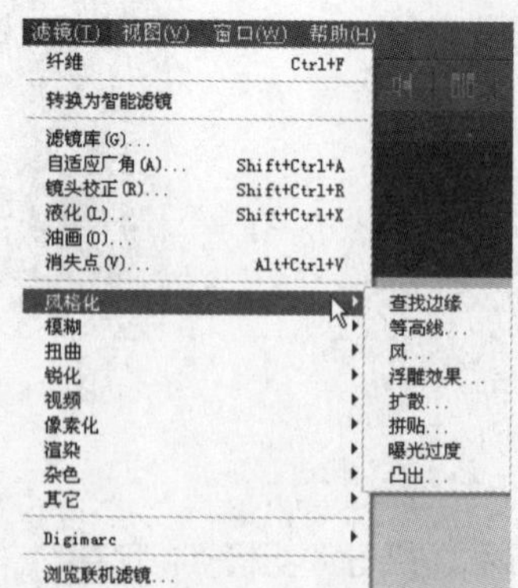

图 14-31　“风格化”子菜单

各选项功能介绍如下。

1．扩散

搅乱并扩散图像中的像素，使图像产生如透过磨砂玻璃的效果。如图 14-32 所示为原始图，如图 14-33 所示为应用“扩散”的效果图。

图 14-32　原始图

图 14-33　“扩散”效果图

2．浮雕效果

模拟凹凸不平的浮雕效果。如图 14-34 所示为对图 14-32 应用“浮雕效果”的效果图。

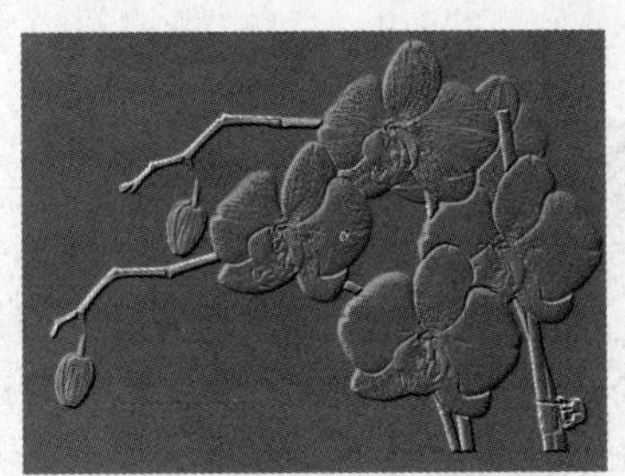

图 14-34　浮雕效果

3．凸出

执行“滤镜”|“风格化”|“凸出”命令，弹出如图 14-35 所示的“凸出”对话框。这个效果将图像转换成一系列凸出的三维立方体或锥体，产生立体背景效果。如图 14-36 所示为对图 14-32 应用“凸出”的效果图。

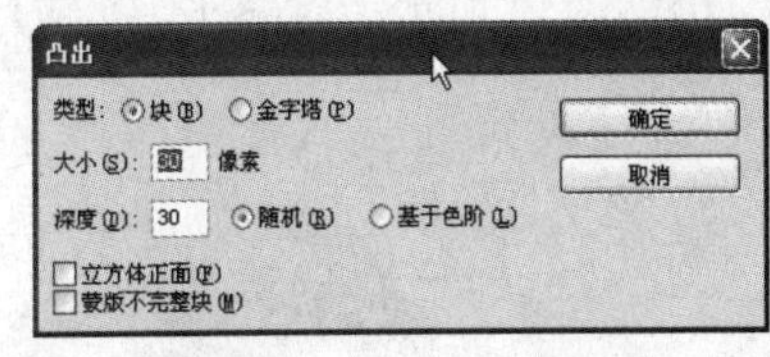

图 14-35　“凸出”对话框

图 14-36　“凸出”效果图

4．查找边缘

查找图像中有明显区别的颜色边缘。如图 14-37 所示为对图 14-32 应用“查找边缘”的效果图。

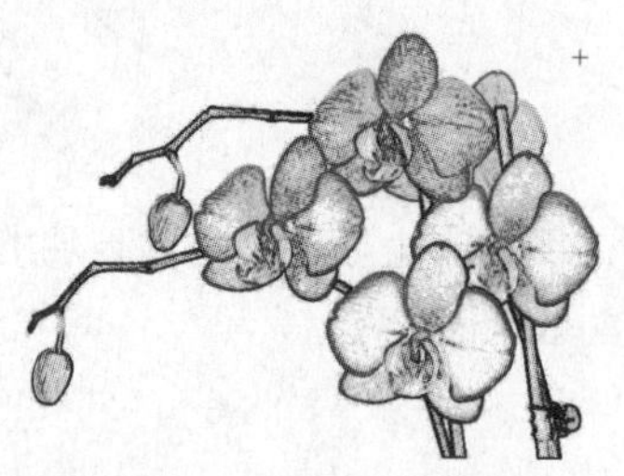

图 14-37 “查找边缘”效果图

5．曝光过渡

产生图像正片与负片相互混合的效果，在摄影技术中，通过在冲洗过程中增加光亮来达到类似的效果。如图 14-38 所示为对图 14-32 应用“曝光过度”的效果图。

6．拼贴

将图像分割成许多方形的小贴块，每一个小方块都有一点侧移。如图 14-39 所示为对图 14-32 应用“拼贴”的效果图。

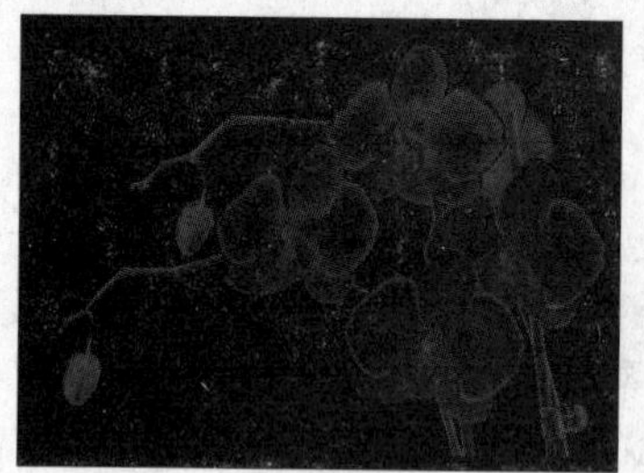

图 14-38 曝光过度效果

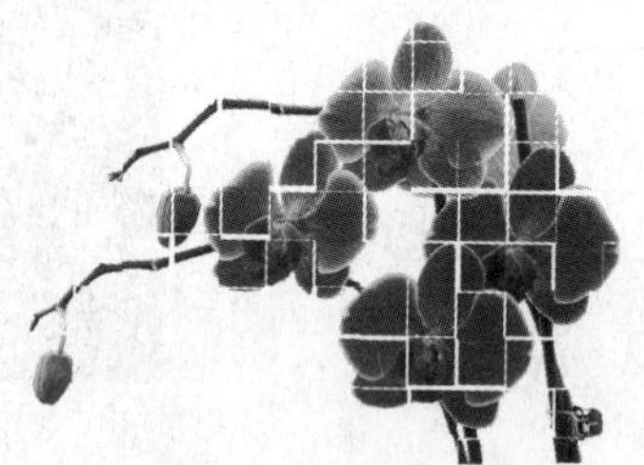

图 14-39 拼贴效果

7．等高线

寻找颜色过渡边缘，并围绕边缘勾画出较细、较浅的线条。如图 14-40 所示为对图 14-32 应用“等高线”的效果图。

8．风

在图像中增加一些水平的细线，模拟风的效果。如图 14-41 所示为对图 14-32 应用“风”的效果图。

图 14-40 “等高线”效果图

图 14-41 “风”效果图

14.3.3　模糊

使用简单的界面，借助图像上的控件快速创建照片模糊效果。创建倾斜偏移效果，模糊所有内容，然后锐化一个焦点或在多个焦点间改变模糊强度。在 Photoshop CS5 的基础上又增加了 3 个全新的景深模拟滤镜，其子菜单中共包含了 14 种“模糊”滤镜，如图 14-42 所示。

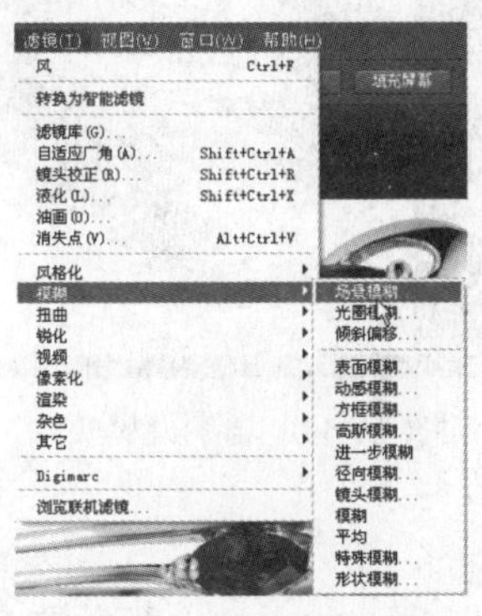

图 14-42　14 种“模糊”滤镜

下面介绍部分“模糊”滤镜的功能。

1．场景模糊

可以通过添加控制点的方式，精确控制景深形成范围、景深强弱程度，用于建立比较精确的画面背景模糊效果。步骤如下所示。

（1）打开光盘中的素材文件“模糊.jpg”，如图 14-43 所示。

（2）执行“滤镜”|“模糊”|“场景模糊”命令，打开预览模糊界面，可以在右边的模糊工具中设置相应参数，如图 14-44 所示。

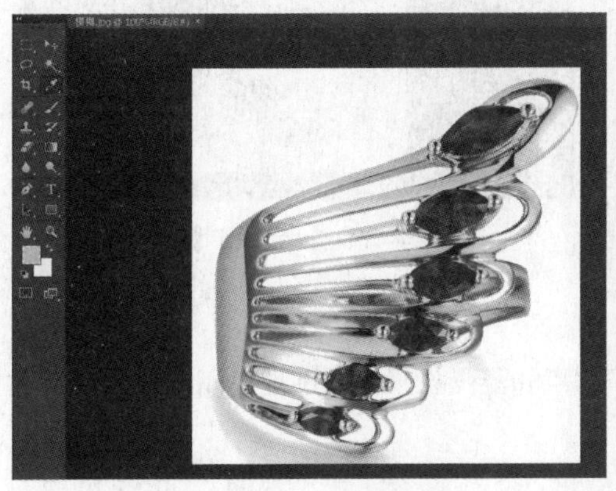

图 14-43　打开文件

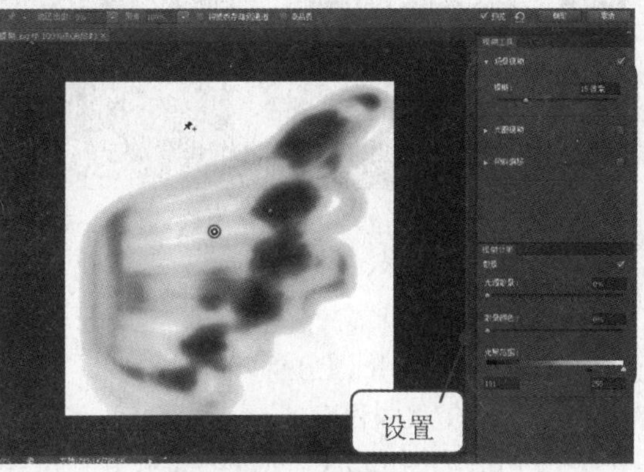

图 14-44　设置模糊参数

（3）单击“确定”按钮，即可设置模糊效果，如图 14-45 所示。

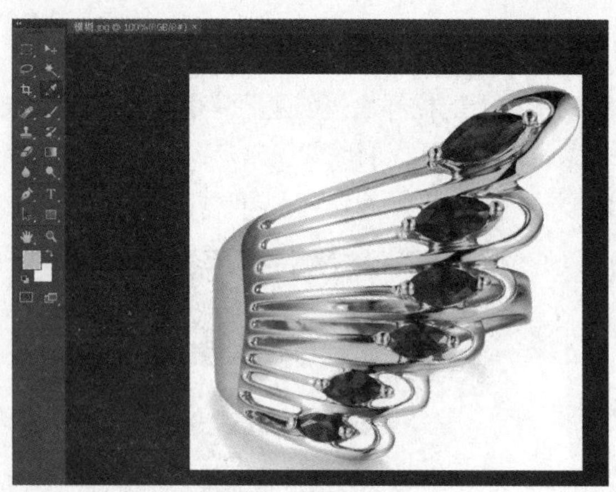

图 14-45　场景模糊效果

2．光圈模糊

光圈模糊则通过创建一个范围，通过简单的设置形成一个景深模糊的效果。

（1）打开如图 14-43 所示的图像文件，执行“滤镜”|“模糊”|“场景模糊”命令，打开预览模糊界面，可以在右边的模糊工具中设置相应参数，如图 14-46 所示。

（2）单击“确定”按钮，即可设置模糊效果，如图 14-47 所示。

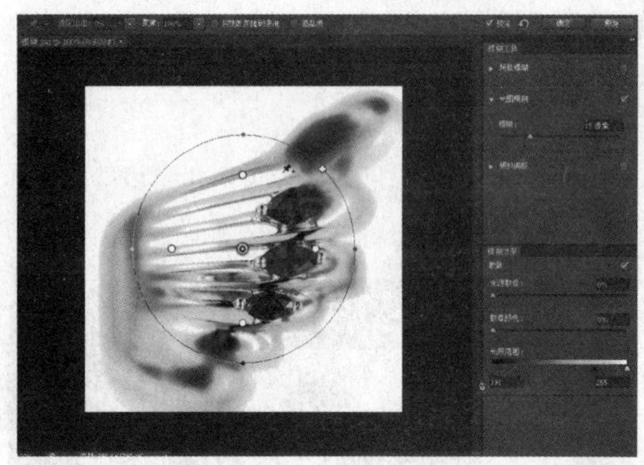

图 14-46　设置模糊参数

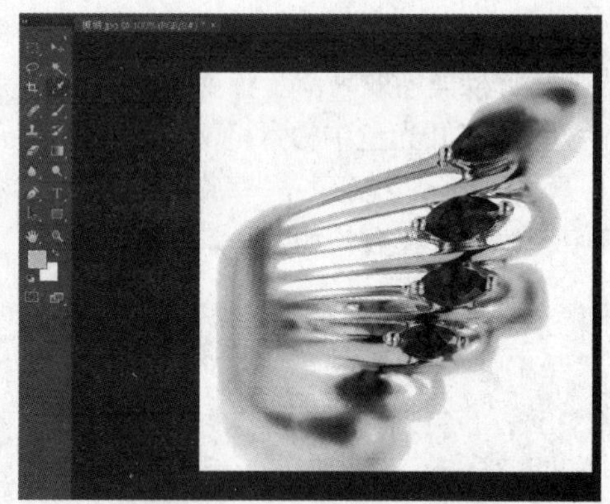

图 14-47　光圈模糊效果

3．倾斜偏移

倾斜偏移则是用于创建移轴景深效果，通过控制点和范围设置，精准地控制移轴效果产生范围和焦外虚幻强弱程度。

（1）打开如图 14-43 所示的图像文件，执行“滤镜”|“模糊”|“倾斜模糊”命令，打开预览模糊界面，可以在右边的模糊工具中设置相应参数，如图 14-48 所示。

（2）单击“确定”按钮，即可设置模糊效果，如图 14-49 所示。

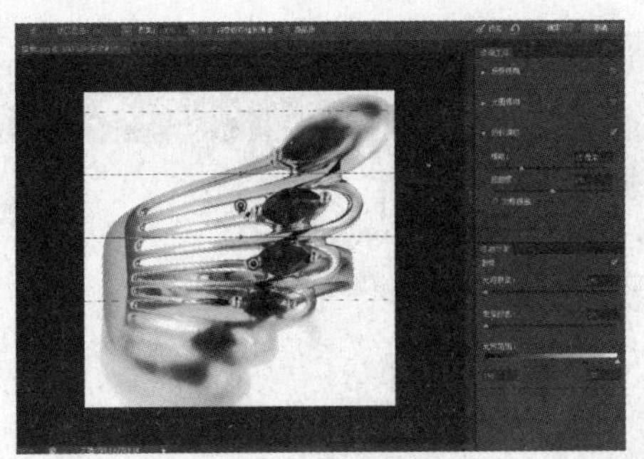

图 14-48　设置模糊参数

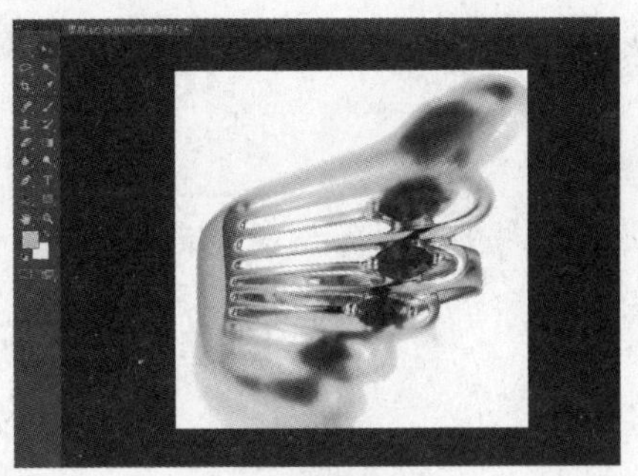

图 14-49　倾斜模糊效果

14.4　综合应用

网页中的文字设计是信息的主要载体方式，是网站构成的基础，很多人忽略了文字排版的重要性。在网页制作过程中，文字是最常用的对象，我们可以制作一些特效文字作为网页标题，来增加网页的美观性，吸引浏览者。利用 Photoshop 可以制作形态各异的网页特效文字，下面就来介绍几种常见的网页特效文字的制作方法。

14.4.1　综合应用——设计特殊文字

下面利用 Photoshop 的文字工具和滤镜设计特殊文字，效果如图 14-50 所示，具体操作步骤如下。

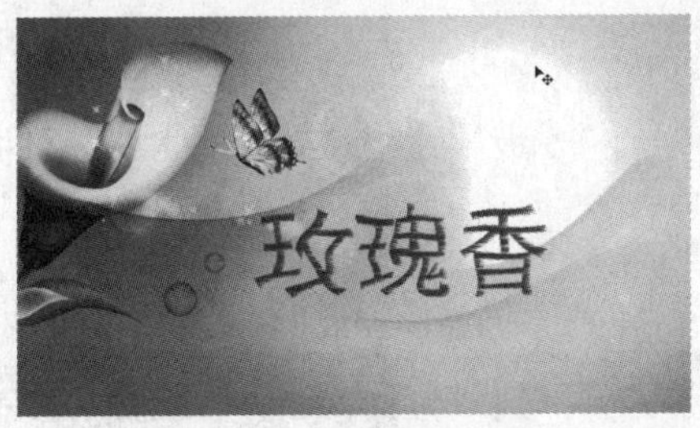

图 14-50　设计特殊文字

练习文件 实例素材/练习文件/CH14/14.4.1/设计特殊文字.jpg

完成文件 实例素材/完成文件/CH14/14.4.1/设计特殊文字.psd

（1）执行“文件”|“打开”命令，弹出“打开”对话框，在对话框中选择光盘中的“特殊文字.jpg”文件，如图 14-51 所示。

（2）单击“打开”按钮，打开图像文件，如图 14-52 所示。

（3）在工具箱中选择“横排文字”工具，输入文字“玫瑰香”，如图 14-53 所示。

（4）选择文本图层，单击鼠标右键在弹出的列表中选择“栅格化图层”选项，即可格式化图层，如图 14-54 所示。

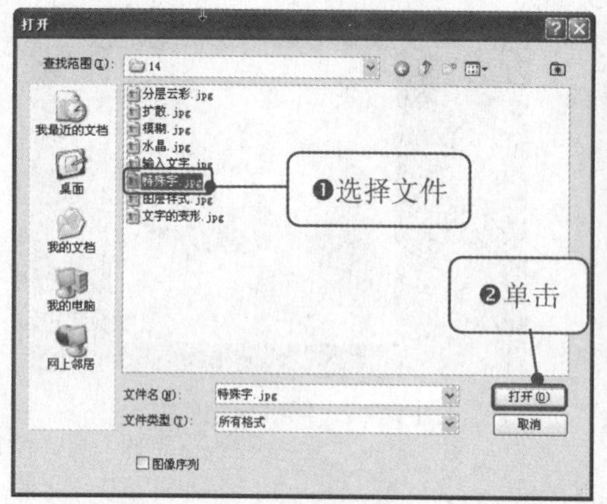

图 14-51 “打开”对话框

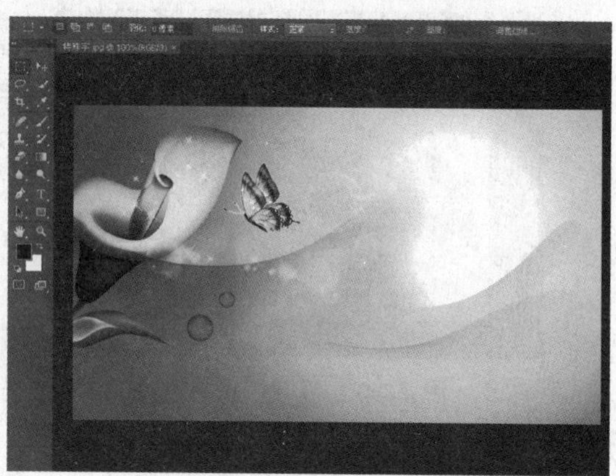

图 14-52 打开图像

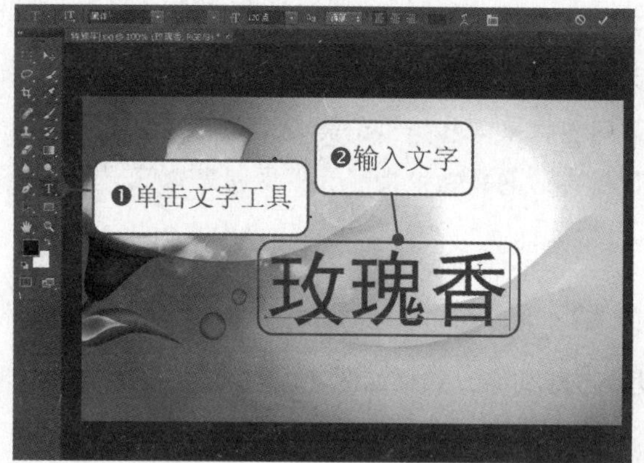

图 14-53 输入文字

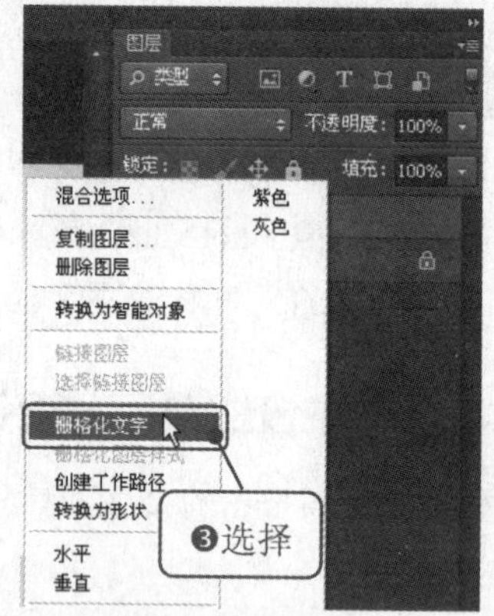

图 14-54 选择“栅格化文字”选项

（5）执行“滤镜”|“扭曲”|“水波”命令，打开“水波”对话框，在对话框中将“数量”设置为-5，如图 14-55 所示。

（6）单击“确定”按钮，如图 14-56 所示。

图 14-55 “水波”对话框

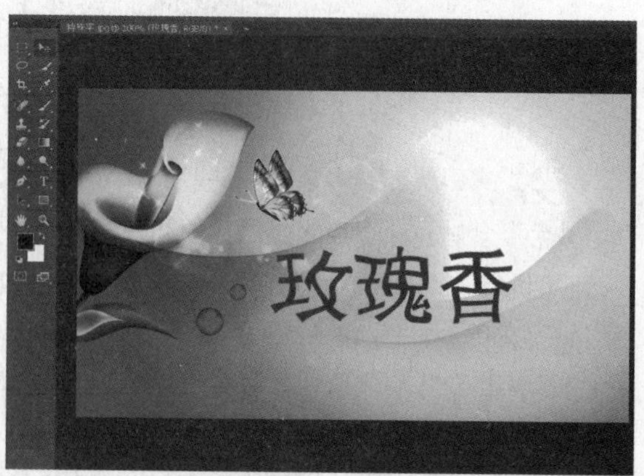

图 14-56 应用水波效果

（7）执行“滤镜”|“风格化”|“风”命令，打开“风”对话框，在对话框中将“方法”设置为“风”，“方向”设置为“从右”，如图 14-57 所示。

（8）单击“确定”按钮，效果如图 14-58 所示。

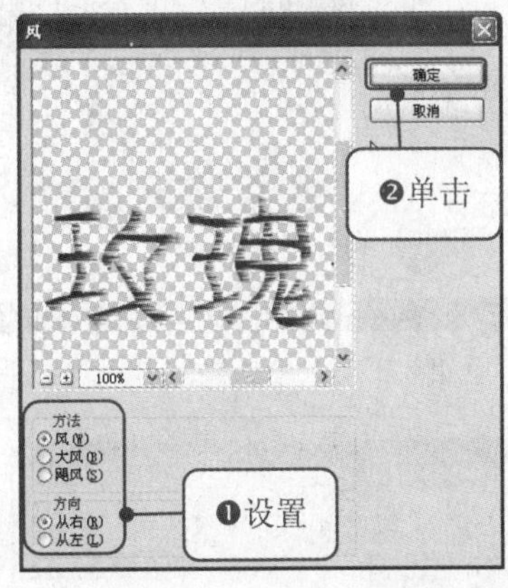

图 14-57　“风”对话框

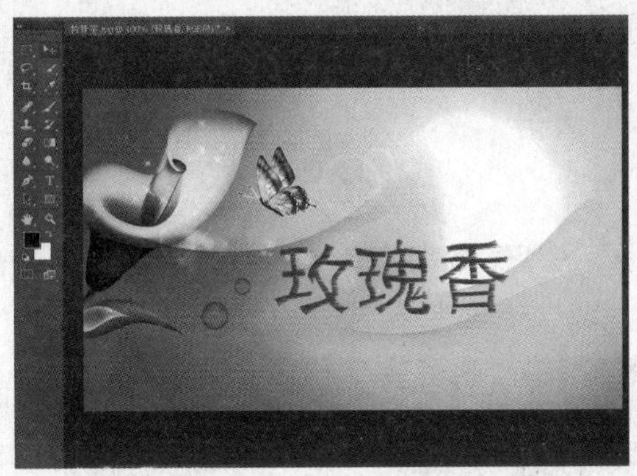

图 14-58　应用风效果

14.4.2　综合应用——制作水晶按钮

下面利用滤镜、“渐变”工具和“画笔”工具设计水晶字，效果如图 14-59 所示，具体操作步骤如下。

练习文件　实例素材/练习文件/CH14/14.4.2/水晶按钮.jpg

完成文件　实例素材/完成文件/CH14/14.4.2/水晶按钮.psd

图 14-59　水晶按钮

（1）打开光盘中的素材文件“水晶按钮.jpg”，如图 14-60 所示。

（2）在工具箱中单击“椭圆工具”按钮，绘制椭圆，如图 14-61 所示。

（3）执行“窗口”|“样式”命令，打开“样式”面板，在面板中单击要应用的样式，如图 14-62 所示。

（4）执行“图层”|“图层样式”|“斜面和浮雕”命令，打开“图层样式”对话框，在对话框中进行相应的设置，如图 14-63 所示。

图 14-60　打开文件

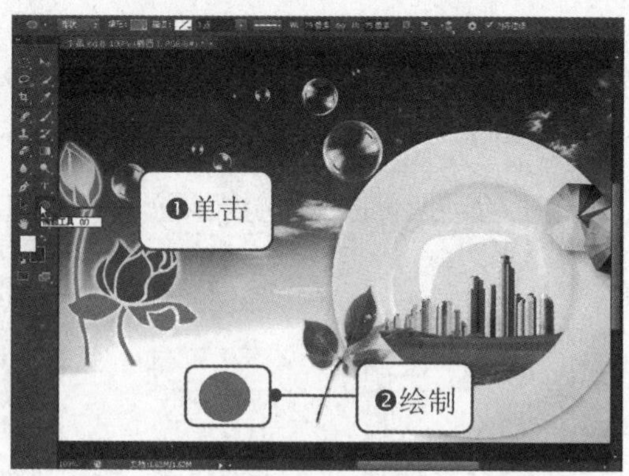

图 14-61　绘制椭圆

图 14-62　应用样式

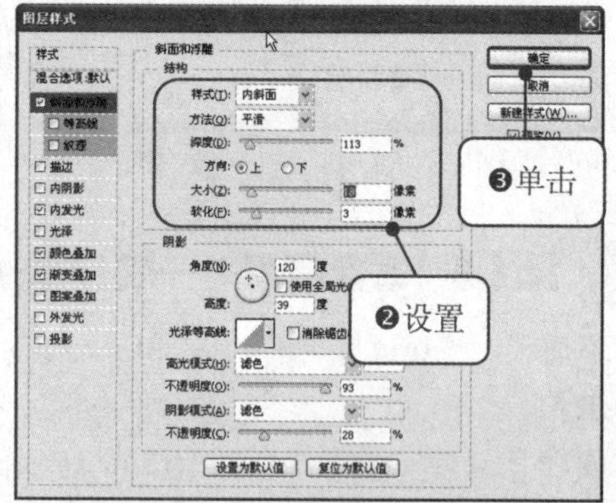

图 14-63　“图层样式”对话框

（5）单击“确定”按钮，应用图层样式，如图 14-64 所示。

（6）选中工具箱中的“横排文字”工具，在按钮上面输入文字“点击”，如图 14-65 所示。

图 14-64　应用图层样式

图 14-65　输入文字

14.4.3　综合应用——制作圆角按钮

下面利用滤镜、“渐变”和“文本”工具设计圆角按钮，效果如图 14-66 所示，具体操作步骤如下。

图 14-66　圆角按钮

练习文件　实例素材/练习文件/CH14/14.4.3/**圆角按钮**.jpg

完成文件　实例素材/完成文件/CH14/14.4.3/**圆角按钮**.psd

（1）打开光盘中的素材文件“圆角按钮.jpg”，如图 14-67 所示。

（2）在工具箱中选中“圆角矩形”工具，绘制圆角矩形，如图 14-68 所示。

图 14-67　打开文件

图 14-68　绘制圆角矩形

（3）执行“图层”|“图层样式”|“内阴影”命令，打开“图层样式”对话框，在对话框中的“内阴影”选项组中将“距离”和“大小”分别设置为 5，如图 14-69 所示。

（4）在对话框中的“样式”列表中选择“斜面和浮雕”选项，在“斜面和浮雕”选项组中将“大小”设置为 10，如图 14-70 所示。

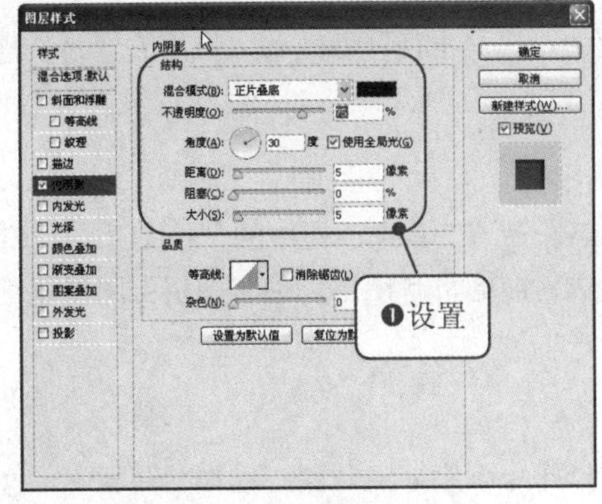

图 14-69　“内阴影”选项组

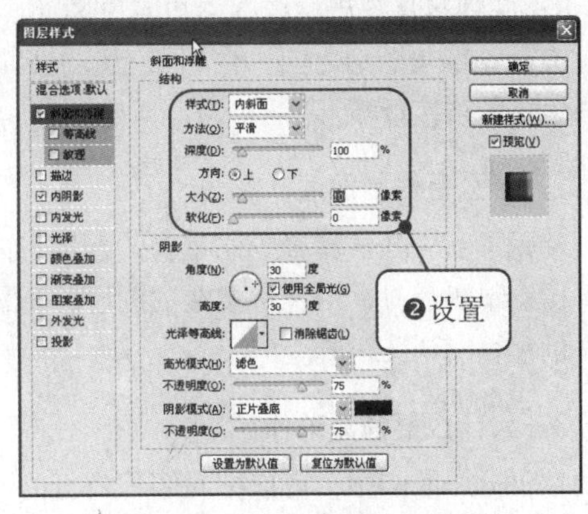

图 14-70　“斜面和浮雕”选项组

（5）在对话框中的样式列表中选择“渐变叠加”选项，在该对话框中设置渐变颜色，如图 14-71 所示。

（6）单击“确定”按钮，设置样式后的效果如图 14-72 所示。

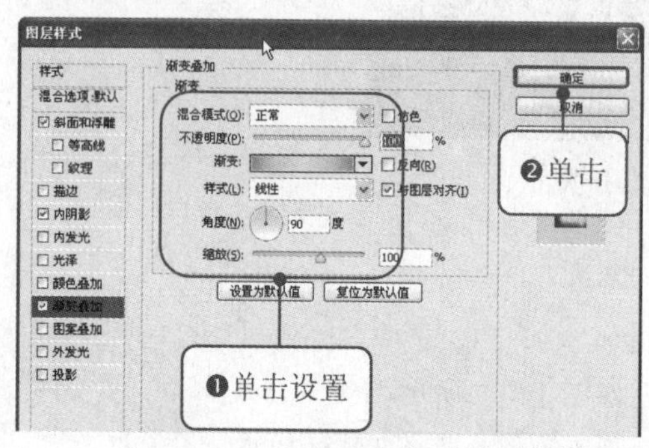

图 14-71 “渐变叠加”选项组

图 14-72 设置图层样式

（7）选择工具箱中的“横排文字”工具，在图像中输入文字“进入首页”，如图 14-73 所示。

图 14-73 输入文字

14.5 专家秘籍

1. 怎样设置圆角矩形的边角圆滑度

在绘制圆角矩形之前，在圆角矩形工具选项栏中更改“半径”参数即可。该值越大，绘制的圆角矩形越接近圆形。

2. 什么是形状图层

使用形状工具或路径绘制工具绘制图形时，如果选择了工具选项栏中的“形状图层”按钮，然后在绘制图形时，系统将会在“图层”调板中生成对应的形状图层。形状图层由图层缩览图和矢量蒙版缩览图组成。

3. 为什么要创建动作

在 Photoshop 中，可以把对图像进行的一系列操作有顺序地录制到“动作”调板中，这样

就可以在以后的操作中，通过播放存储的“动作”，对不同的图像自动执行这一系列的操作，从而大大提高了处理图像的速度。例如，要调整多个图像的色彩模式，可以先打开其中一张图片，然后在“动作”调板中创建一个新的动作，将转换色彩模式的操作过程录制并保存下来，最后在其他图片上通过播放此动作，就可以快速自动地完成色彩模式的转换操作。

4．图层分为哪几种类型

Photoshop 中的图层分为背景图层、普通图层、文字图层、形状图层、填充图层、调整图层、视频图层、3D 图层、添加图层样式后出现的效果图层、智能对象图层、为智能对象应用滤镜后出现的智能滤镜图层，以及为图层创建剪贴蒙版后得到的剪贴图层与基底图层。图层是 Photoshop 图像处理中最重要的功能之一，所以读者必须认真掌握不同图层的功能应用方法。

5．怎样才能移动背景图层呢

系统默认背景图层为锁定状态，因此无法将其移动。要移动背景图层，需要将其转换为普通图层，其操作方法是在背景图层上双击，在弹出的“新建图层”对话框中单击“确定”按钮即可。

6．怎样将一个图层中的图层样式效果复制到其他的图层或另一个文档中

在应用有图层样式效果的图层上单击鼠标右键，选择“拷贝图层样式”命令，然后选择另一个图层或其他文档中的一个图层，并在该图层上单击鼠标右键，从弹出的快捷菜单中选择“粘贴图层样式”命令即可。

14.6　本章小结

在网站设计中网页特效文字和按钮的设计也是非常重要的，漂亮美观的特效文字和按钮可以大大增加网页的美观程度。本章重点介绍图层和图层样式的应用、文字工具的使用，以及常见的网页特效文字和按钮的制作。

第15章 设计网页Logo与网络广告

学前必读

Logo是网站与其他网站相互链接的标志和门户。Logo是网站形象的重要体现，它可以反映网站及制作者的某些信息，从中了解网站的类型及内容。另外，网站广告也是网站中常见的元素之一，一般用Flash动画或Gif动画制作。本章主要介绍Logo和网络广告的设计制作。

学习流程

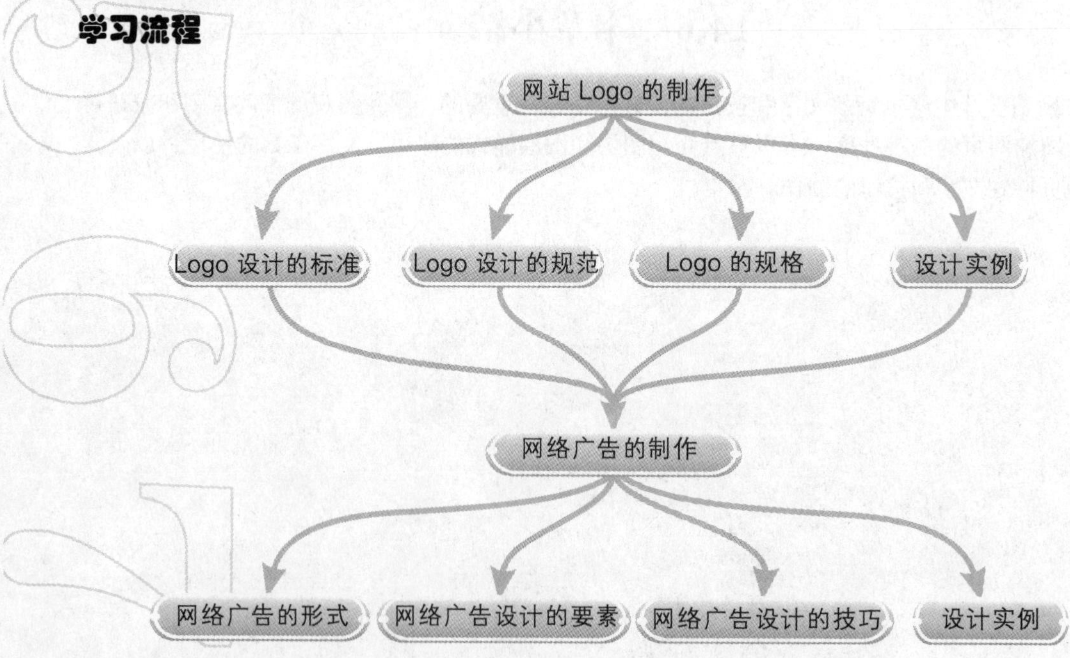

15.1　网站 Logo 的制作

网站 Logo，即网站标志，一般出现在站点的每一个页面上，是网站给人的第一印象。Logo 的作用很多，最重要的就是表达网站的理念，便于人们识别，所以，Logo 广泛用于站点的链接和宣传。

15.1.1　网站 Logo 设计的标准

Logo 的设计要能够充分体现该公司的核心理念，并且设计要求动感、简约、大气、有活力、高品位，色彩搭配要合理、美观，这样才能给人留下深刻的印象。

网站 Logo 设计有以下标准。

- 要与企业的 CI 设计一致。
- 要有良好的造型，Logo 的题材和形式可以丰富多彩，如中外文字体、图案、抽象符号、几何图形等。如图 15-1 所示是一个有良好造型的 Logo。
- 设计要符合传播对象的直观接受能力、习惯、社会心理、习俗与禁忌。
- 构图要美观、适当、简练，讲究艺术效果，构思须巧妙、新颖，力求避免雷同或近似。
- 充分考虑企业标志理念的表现力、可行性。

注明标志的象征意义，并提供应用于各种不同视觉传媒的形式说明、缩放比例及视觉效果说明。

- 遵循标志设计的美学规律，创造性地探索理想的表现形式。
- 色彩最好单纯、强烈、醒目，力求色彩的感性印象与企业的形象风格相符。如图 15-2 所示，该 Logo 色彩单纯、醒目。

图 15-1　有良好造型的 Logo

图 15-2　Logo 色彩单纯、醒目

- 标志设计一定要注意其识别性，识别性是网站 Logo 的基本功能。通过整体规划和设计的视觉符号，必须具有独特的个性和强烈的冲击力。

15.1.2　网站 Logo 的规范

设计 Logo 时，了解相应的规范，对指导网站的整体建设具有极现实的意义。要注意以下规范。

- 规范 Logo 的标准色、恰当的背景配色体系、反白，在清晰表现 Logo 的前提下，制订 Logo 最小的显示尺寸，为 Logo 制订一些特定条件下的配色、辅助色带等。

- 文字与图案边缘应清晰，文字与图案不宜相交叠。如图 15-3 所示，Logo 中的文字与图案边缘清晰。

图 15-3　Logo 中的文字与图案边缘清晰

- 一个网站的 Logo 不应只考虑在设计师高分辨率屏幕上的显示效果，还应考虑到网站整体发展到一个高度时相应推广活动所要求的效果，使其在应用于各种媒体时，也能充分发挥视觉效果，同时应使用能够给予多数观众好感而受欢迎的造型。所以应考虑到 Logo 在传真、报纸、杂志等纸介质上的单色效果、反白效果等。
- 完整的 Logo 设计，尤其是具有中国特色的 Logo 设计，在国际化的要求下，一般应至少使用中英文双语的形式，并考虑中英文字的比例、搭配，有的 Logo 还要考虑繁体、其他特定语言版本等。

15.1.3　网站 Logo 的规格

为了便于互联网上信息的传播，需要一个统一的国际标准。关于网站的 Logo，目前有以下 3 种规格。

- 88×31：这是互联网上最普遍的友情链接 Logo 规格，几乎所有网站的友情链接 Logo 都使用这个规格。友情链接 Logo 主要放在别的网站上显示，让别的网站的用户单击这个 Logo 进入另一个网站。88×31 的友情链接 Logo 如图 15-4 所示。

图 15-4　88×31 的友情链接 Logo

- 120×60：这种规格用于一般大小的 Logo，一般用在首页的 Logo 广告中。
- 120×90：这种规格用于大型的网站 Logo。

15.1.4　上机练习——Logo 设计实例

下面利用文字工具、自由变换命令、“图层”面板和图层样式，设计如图 15-5 所示的 Logo，具体操作步骤如下。

完成文件　实例素材/完成文件/CH15/15.1.4/logo.psd

（1）执行“文件”|“新建”命令，打开“新建”对话框，在对话框中将“宽度”设置为“400”像素，“高度”设置为“300”像素，如图 15-6 所示。

（2）单击“确定”按钮，新建一个空白文档，如图 15-7 所示。

图 15-5　logo

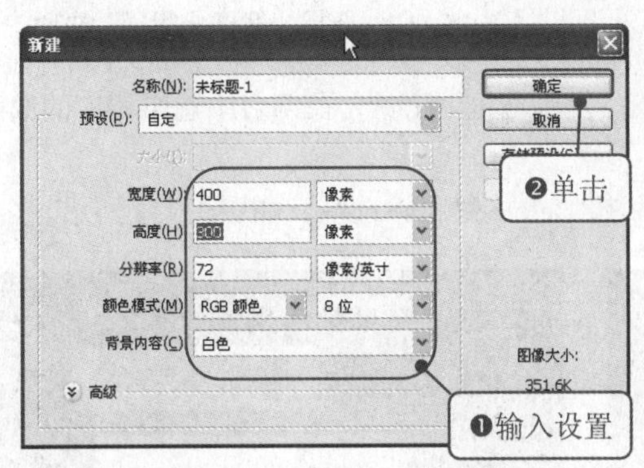

图 15-6　“新建”对话框

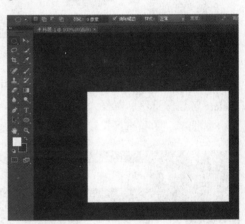

图 15-7　新建文档

（3）在工具箱中单击“椭圆工具”按钮，按住鼠标左键在舞台中绘制椭圆，如图 15-8 所示。

（4）执行“图层”|“图层样式”|“混合选项”命令，打开“图层样式”对话框，在该对话框中选择右边的“样式”选项，在样式列表中单击“蓝色玻璃”按钮，如图 15-9 所示。

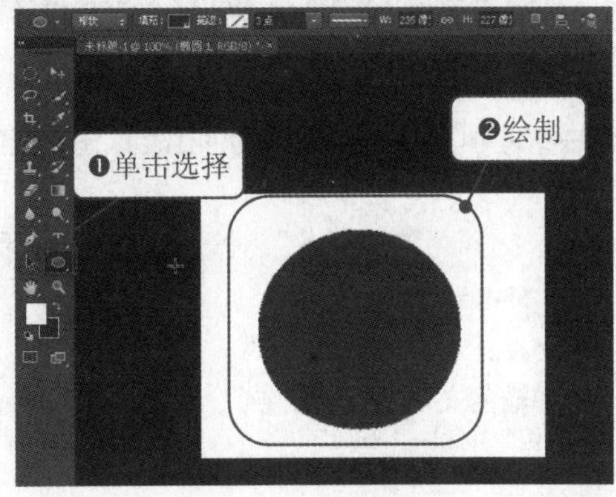

图 15-8　绘制椭圆

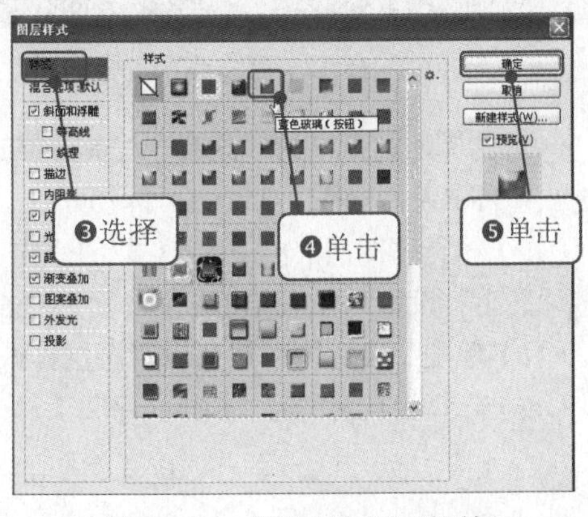

图 15-9　“图层样式”对话框

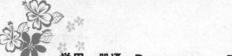

（5）单击“确定”按钮，应用图层样式，如图 15-10 所示。

（6）执行“窗口”|“图层”命令，打开“图层”面板，选中绘制的椭圆图层，单击鼠标右键，在弹出的快捷菜单中选择“栅格化图层”选项，如图 15-11 所示。

图 15-10　应用图层样式

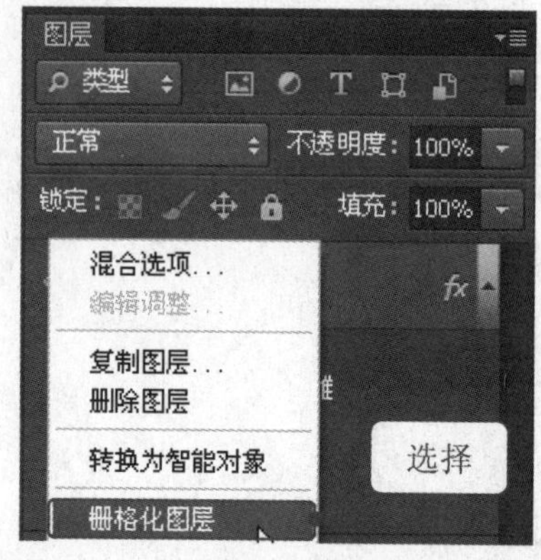

图 15-11　选择“栅格化图层”选项

（7）选择以后格栅化图层，选择工具箱中的“椭圆选框”工具，在舞台中选中相应的选区，按 Delete 键删除选区，如图 15-12 所示。

（8）选择“单行选区”工具，选择选区然后按 Delete 键删除选区，如图 15-13 所示。

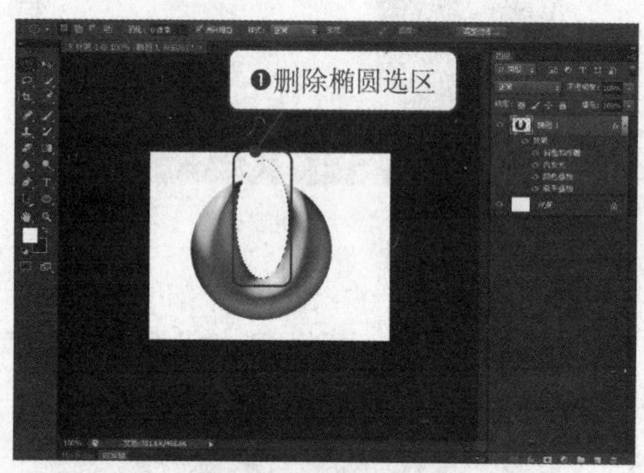

图 15-12　删除选区

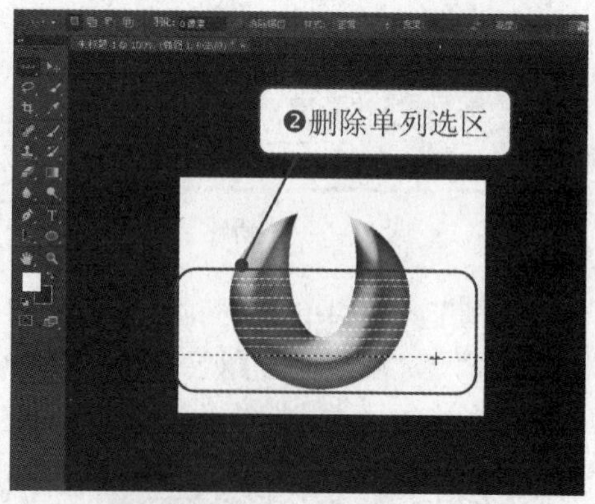

图 15-13　删除选区

（9）选择工具箱中的“椭圆”工具，在选项栏中将“填充颜色”设置为 ed1c24，按住鼠标左键在舞台中绘制椭圆，如图 15-14 所示。

（10）执行“图层”|“图层样式”|“描边”命令，打开“图层样式”对话框，在该对话框中将“大小”设置为 4，描边颜色设置为 fff668，如图 15-15 所示。

（11）单击“确定”按钮，设置图层样式，如图 15-16 所示。

（12）选择工具箱中的“横排文字”工具，在舞台中输入文字“飞羽科技”，如图 15-17 所示。

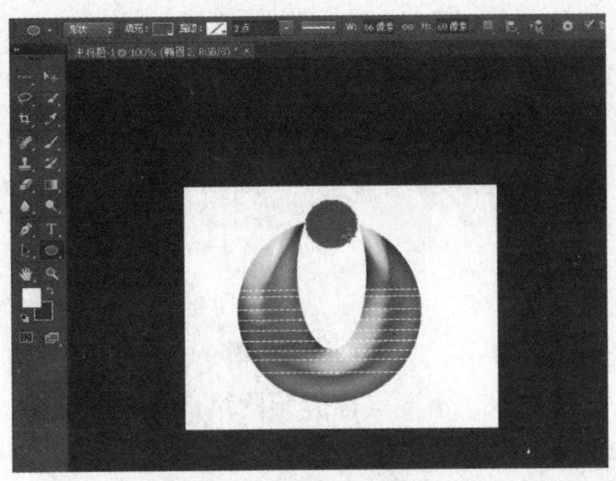

图 15-14　绘制椭圆

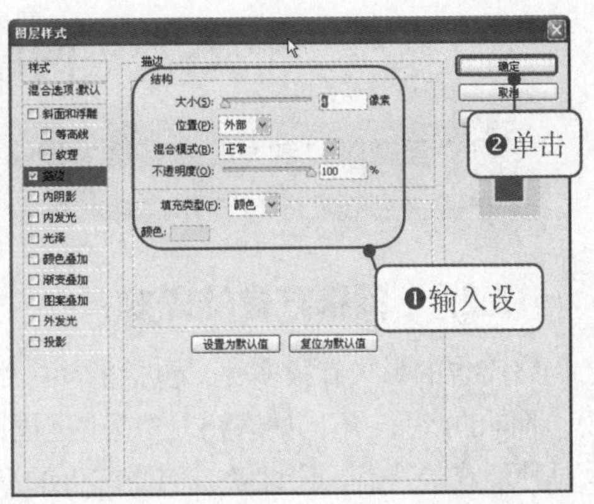

图 15-15　“图层样式”对话框

图 15-16　设置图层样式

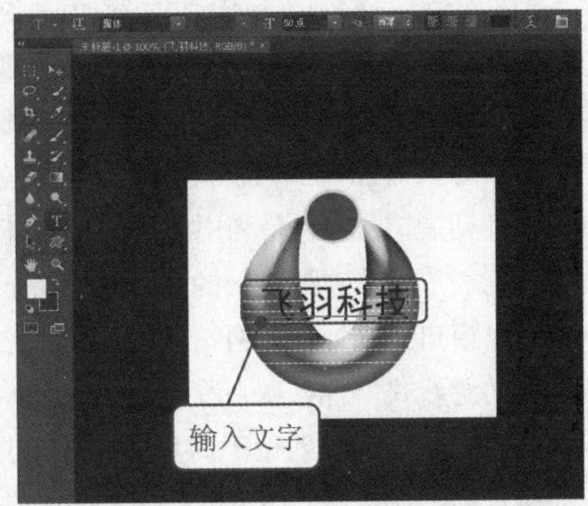

图 15-17　输入文字

（13）执行“图层”|“图层样式”|“混合选项”命令，打开“图层样式”对话框，在该对话框中选择右边的“样式”选项，在样式列表中单击“蓝色玻璃”按钮，如图 15-18 所示。

（14）单击“确定”按钮，设置图层样式，如图 15-19 所示。

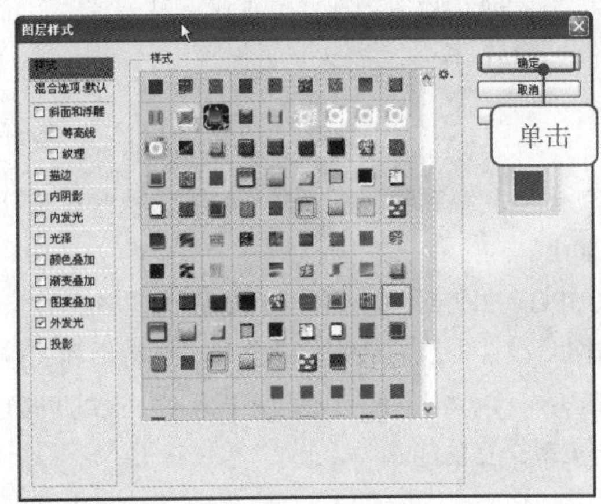

图 15-18　“图层样式”对话框

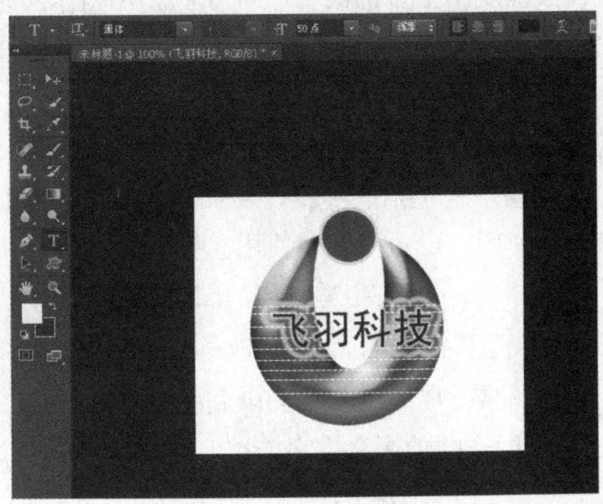

图 15-19　应用图层样式

15.2 网络广告的制作

互联网的高速发展带动了网络广告的广泛应用，网络已经成为继广播电视、报纸杂志和户外广告以外的第四大广告媒体。

15.2.1 网络广告的形式

网络广告的形式有很多种，包括图片广告、多媒体广告、超文本广告等，可以针对不同的企业、不同的产品、不同的客户对象采用不同的广告形式。下面具体介绍网络广告的常见形式，以及每种形式的特点，使读者对网络广告的形式能有一个更深入的了解。

- 横幅式广告：一般尺寸较大，位于页面中最显眼的位置。横幅广告又称为旗帜广告、页眉广告等。横幅广告的尺寸一般为 468×60、728×90、760×90（单位：像素）等。
- 按钮式广告：在网页中尺寸偏小，表现手法较简单，一般以企业 Logo 的形式出现，可直接链接到企业网站或企业信息的详细介绍上。最常用的按钮广告尺寸有 4 种，分别是 125×125、120×90、120×60、88×31（单位：像素）。
- 邮件列表广告：它是利用电子邮件功能，向网络用户发送广告的一种网络广告形式。邮件列表广告是一种新兴的互联网广告业务，现正在被越来越多的商家所重视。
- 弹出窗口式广告：在网站或栏目出现之前插入一个新窗口显示广告。
- 互动游戏式广告：在一段页面游戏开始、中间、结束的时候，随时出现广告。
- 对联式广告：一般位于网页两侧，也是网络广告中有效的宣传方式。它通常使用 GIF 格式的图像文件，还可以使用其他的多媒体。这种广告集动画、声音、影像于一体，富有表现力、交互性和娱乐性。
- 浮动广告：在页面左右两侧随滚动条而上下滚动，或在页面上自由滚动，一般尺寸为 100×100 或 150×150（单位：像素）。

以上几种网络广告方式各有特点，这只是其中最常见的几种网络广告方式，随着网络的发展，会涌现出更多的网络广告方式。在制作网络广告之前，必须认真分析企业的营销策略、企业文化及企业的广告需求，这样才能设计出有用的网络广告。

15.2.2 网页广告设计要素

网络广告包括多种设计要素，如图像、电脑动画、文字和数字影（音）像等，这些要素可以单独使用，也可以配合使用。各要素具体介绍如下。

- 图像：网页中最常用的图像格式是 GIF 和 JPG，另外还有不常用的 PNG 图像格式。
- 电脑动画：电脑动画是一种表现力极强的网络设计手段。电脑动画分为二维动画和三维动画。典型的二维动画制作软件如 Flash，它是一个专门的网页动画编辑软件，通过 Flash 制作的动画文件字节小，调用速度快且能实现交互功能。

- 文字：在网络广告设计中，标题字和内文的设计、编排都要用到文字。
- 数字影（音）像：数字影（音）像也被广泛地应用在网络广告中。但是由于带宽的限制，数字影（音）像一般都经过高倍的压缩。虽然压缩会使音频、视频文件的精度在一定程度上有所损失，但是采取这种方法可以大大提高它们在网上的传输速度。

15.2.3　网络广告设计技巧

网络广告的设计技巧包含以下几个方面。

- 设计统一的风格：如果网站是一个企业站点，而且不同的网络广告所链接的都是企业的广告内容，那么一定要保持这些链接内容在风格上的一致性。因为统一的网页形式能体现统一的企业风格，这样更能加强广告传播的统一性和广告效应。
- 企业与品牌形象的传达：将企业标志或商标置于网页最显眼的位置，因为广告传播的目的就是最终树立企业或品牌在浏览者心目中的形象，从而获得浏览者的价值认同。
- 网络广告设计要生动形象：如果网络广告设计得不引人注目，就很难提高点击率。所以网络广告的设计一定要生动形象，如在设计链接按钮时多使用生动形象的图形按钮。
- 图片的使用和处理：在网络广告设计中，引用图片的时候尽量要控制图片的数量和大小，以免影响浏览速度。
- 慎用动画：动画广告有生动、形象、吸引力强等优点，但由于带宽的限制，应尽量少使用动画，因为过多地使用动画会占用大量带宽，大大降低浏览速度。另外，过多地使用动画对人的视觉也会产生不良影响，容易对浏览者造成视觉上的干扰。因此，使用动画要适度。

15.2.4　上机练习——设计网络广告实例

下面利用 Photoshop 设计如图 15-20 所示的网络广告，具体操作步骤如下。

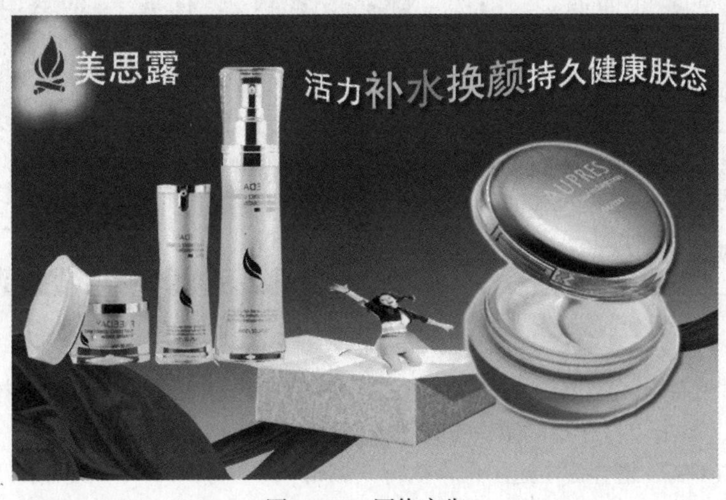

图 15-20　网络广告

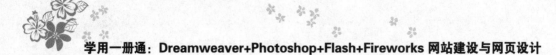

练习文件 实例素材/练习文件/CH15/15.2.4/g1.png、g2. png、g3. png

完成文件 实例素材/完成文件/CH15/15.2.4/网络广告.psd

（1）执行“文件”|“新建”命令，弹出“新建”对话框，在该对话框中将“宽度”设置为“700”，“高度”设置为“450”，如图 15-21 所示。

（2）单击“确定”按钮，新建空白文档，如图 15-22 所示，执行“文件”|“存储”命令，将文件存储为“网络广告.psd”。

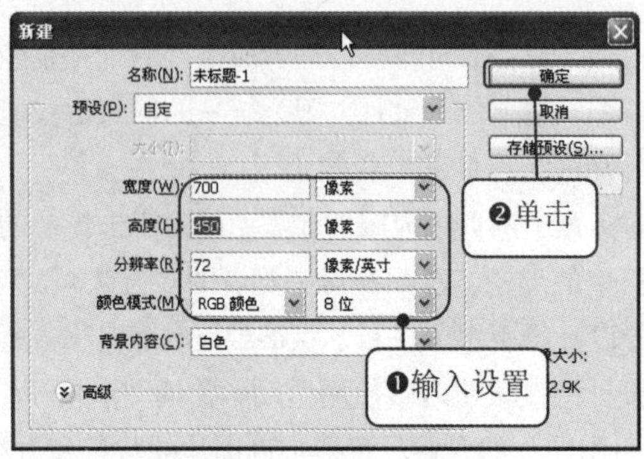

图 15-21　打开文件

图 15-22　存储文件

（3）在工具箱中选择“渐变”工具，在工具选项栏中单击“点击可编辑渐变”按钮，打开“渐变编辑器”对话框，将第一个色标颜色设置为 ff95cb，第二个色标颜色设置为 ac096d，如图 15-23 所示。

（4）单击“确定”按钮，设置渐变。按住鼠标左键拖动填充背景，如图 15-24 所示。

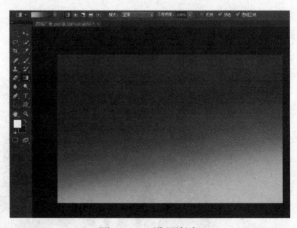

图 15-23　设置色标颜色

图 15-24　设置渐变

（5）执行“文件”|“打开”命令，弹出“打开”对话框，在该对话框中选择光盘中的图像文件“g1. png”，单击“打开”按钮，打开图像文件，如图 15-25 所示。

（6）按“Ctrl+A”组合键全选图像，执行“编辑”|“拷贝”命令，复制图像，如图 15-26 所示。

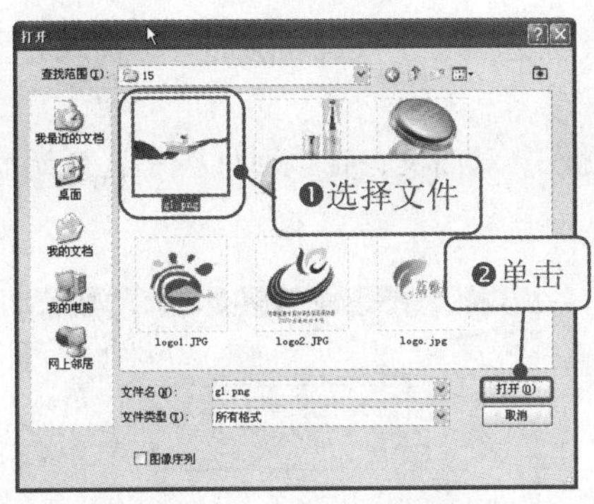

图 15-25　“打开”对话框

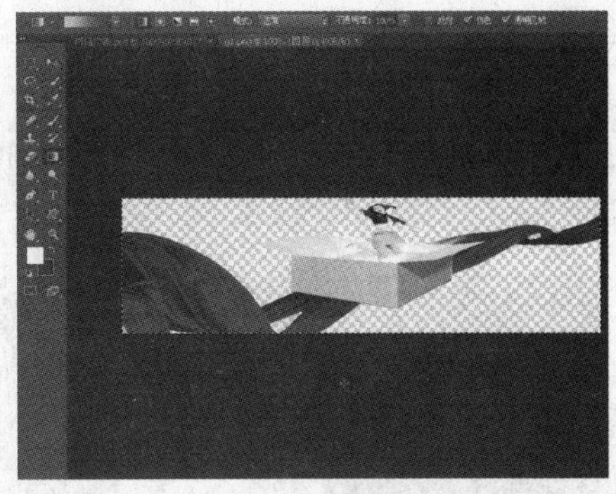

图 15-26　复制图像

（7）返回到“网络广告.psd”文件，执行“编辑”|“粘贴”命令，将图像粘贴到舞台中，然后拖动到相应的位置，如图 15-27 所示。

（8）在工具箱中选择“自定义形状”工具，在选项栏中单击“形状”右边的下拉按钮，在弹出的列表中选择相应的形状，在舞台中按住鼠标左键绘制形状，如图 15-28 所示。

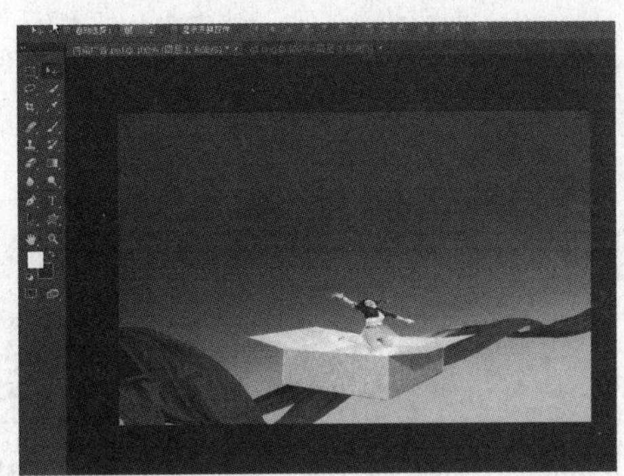

图 15-27　粘贴图像

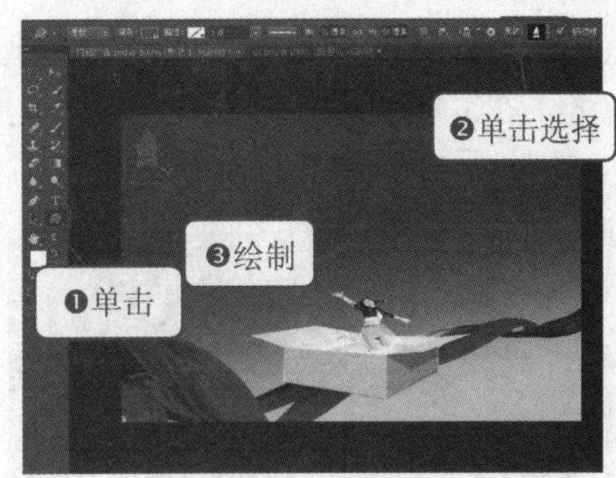

图 15-28　绘制形状

（9）执行“图层”|“图层样式”|“混合选项”命令，打开“图层样式”对话框，在该对话框中选择“样式”选项，在弹出的列表框中选择相应的样式，如图 15-29 所示。

（10）单击“确定”按钮，设置样式后的效果如图 15-30 所示。

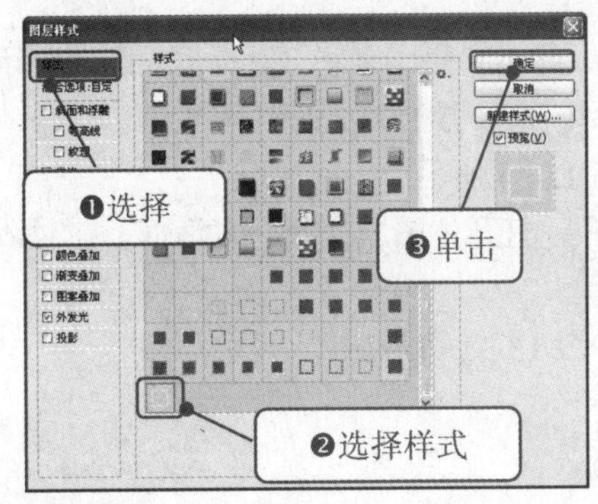

图 15-29　“图层样式”对话框

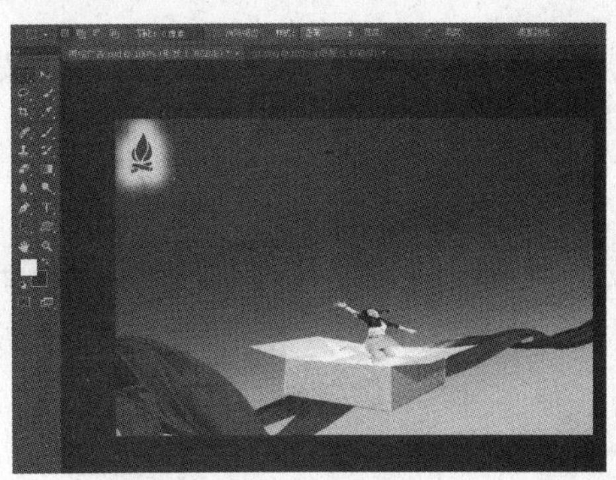

图 15-30　设置图层样式

（11）在工具箱中选择“横排文字”工具，在工具选项栏中设置相应的字体样式和大小，然后在舞台中输入文字“美思露”，如图 15-31 所示。

（12）执行“文件”|“置入”命令，弹出“置入”对话框，在该对话框中选择光盘中的图像文件“g2.png”，如图 15-32 所示。

图 15-31　输入文字

图 15-32　“置入”对话框

（13）单击“置入”按钮，将图像置入到舞台中，然后将其拖动到相应的位置，如图 15-33 所示。

（14）在工具箱中选择“横排文字”工具，输入文字，在选项栏中设置不同的字体颜色和大小，如图 15-34 所示。

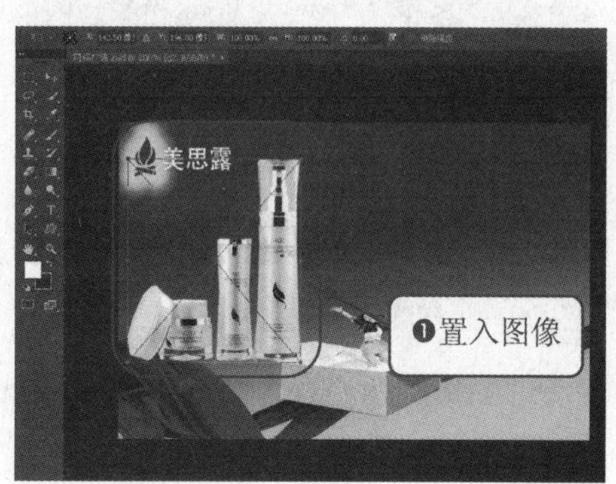

图 15-33　置入图像

图 15-34　输入文字

（15）在选项栏中单击“创建变形文字”按钮，弹出“变形文字”对话框，在该对话框的“样式”中选择“旗帜”选项，“弯曲”设置为“+50%”，如图 15-35 所示。

（16）单击“确定”按钮，设置文字变形，如图 15-36 所示。

（17）执行“图层”|“图层样式”|“投影”命令，打开“图层样式”对话框，在对话框中将“距离”和“大小”设置为 5，如图 15-37 所示。

（18）单击“确定”按钮，设置样式后的效果如图 15-38 所示。

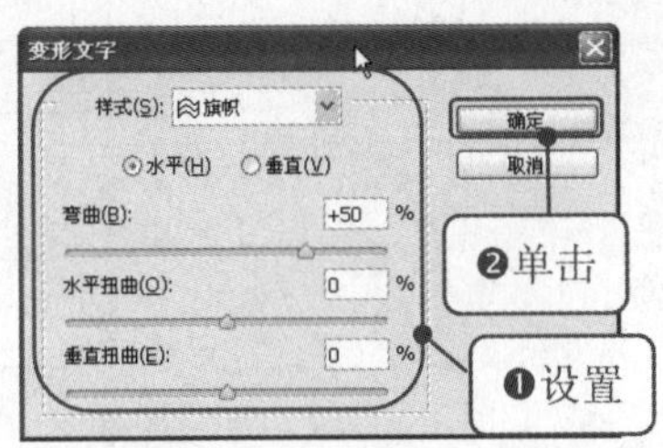

图 15-35　“变形文字”对话框

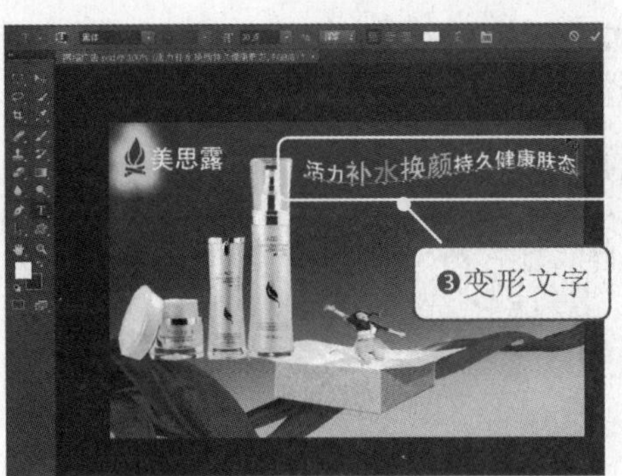

图 15-36　设置文字变形

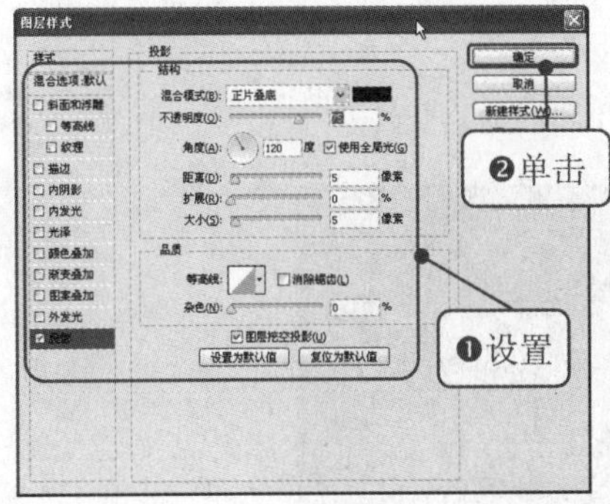

图 15-37　“图层样式”对话框

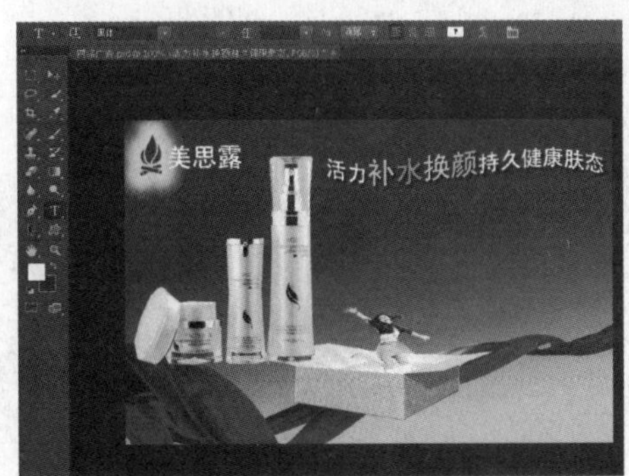

图 15-38　设置图层样式

（19）执行“文件”|“置入”命令，弹出“置入”对话框，在该对话框中选择光盘中的图像文件“g3.png”，单击“置入”按钮，将图像置入到舞台中，然后将其拖动到相应的位置，如图 15-39 所示。

（20）执行“图层”|“图层样式”|“投影”命令，打开“图层样式”对话框，在对话框中保持原始设置，如图 15-40 所示。

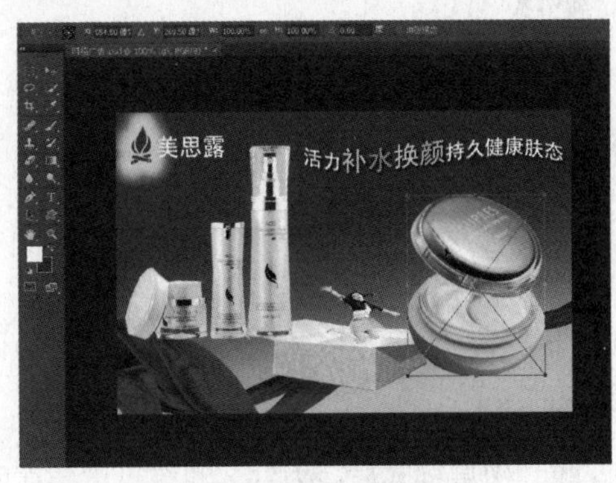

图 15-39　置入图像

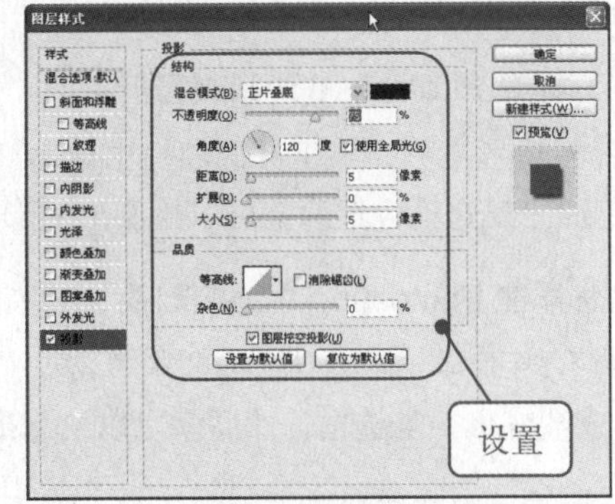

图 15-40　设置投影样式

（21）勾选“外发光”复选框，在弹出的选项区域中设置相应的参数，如图 15-41 所示。

（22）勾选“内发光”复选框，在弹出的选项区域中设置相应的参数，如图 15-42 所示。

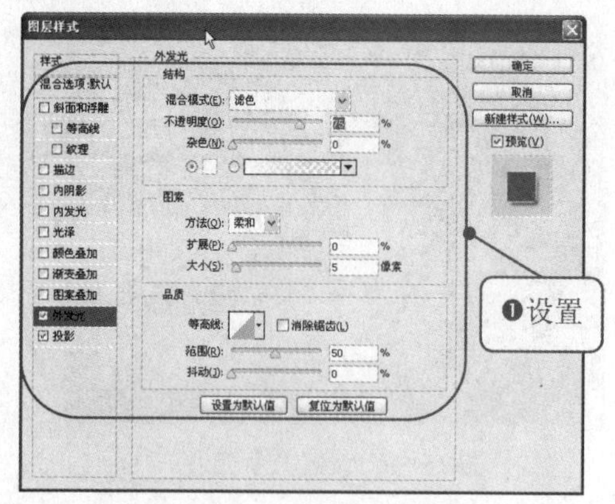

图 15-41 “外发光”选项

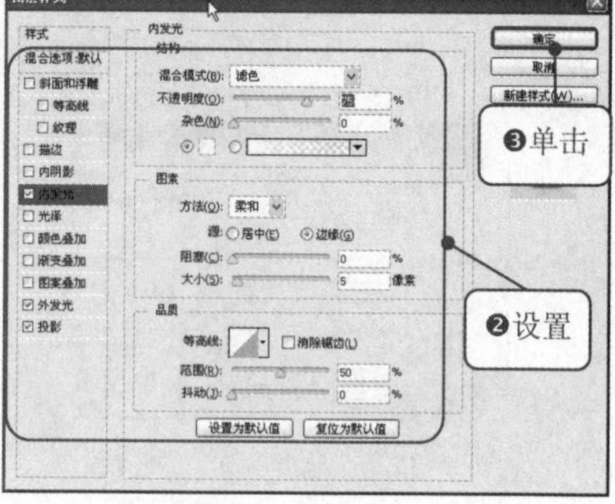

图 15-42 “内发光”选项

（23）单击“确定”按钮，设置样式后的效果如图 15-43 所示。

图 15-43 设置样式后的效果

15.3 专家秘籍

1．怎样在 Photoshop 中绘制星形

选择多边形工具，在工具选项栏中单击“几何形状”按钮 ，在展开的“多边形选项”中勾选“星形”复选框，然后就可以绘制出星形。

2．怎样在 Photoshop 中绘制箭头

选择直线工具，在工具选项栏中单击“几何形状”按钮 ，在展开的“箭头”选项中勾选“起点”或“终点”复选框，然后就可以绘制出箭头。

3．为图层同时添加有“投影”和“斜面和浮雕”图层样式后，为什么修改投影角度时，斜面和浮雕中阴影角度也会发生变化

在为图层添加含有 “角度”选项的图层样式时，如果勾选“使用全局光”复选项，那么应用到该图层中的所有角度值都会相同。如果要单独设置不同的角度值，可以取消勾选“使用

全局光”复选框。

4．输入文本时，为什么在“图层”调板中会出现一些空白的文字图层

在 Photoshop 中输入文字时，会自动创建以文字内容命名的文字图层。因此，只要使用“横排文字”工具或“直排文字”工具在图像窗口中单击，当出现文字光标后，即使没有输入任何文字，Photoshop 也会自动创建一个不包含任何内容的文字图层。

5．怎样选择一个文字图层中的部分文字

使用文本工具在文字上单击，插入文字光标，然后在需要选择的第一个字符前按住鼠标左键向后拖动，直到选取完最后一个字符后释放鼠标，即可选择这部分文字。

6．将文字图层转换为普通图层后，怎样修改部分文本的颜色

文本图层被转换为普通图层后，文本将被作为图像来处理。要修改部分文字的颜色，可以先锁定该图层的透明像素，然后框选需要修改颜色的文本，再为其填充所需的颜色即可。

7．怎样为文字填充渐变色

要为文本填充渐变色，可以通过两种方法来完成。一是将文字图层转换为普通图层，然后锁定该图层的透明像素，再按照填充图像或选区的方法为文本填充所需的渐变色即可。另一种方法是保留文字图层，为文字图层添加“渐变叠加”图层样式即可。

15.4　本章小结

在网站设计中，Logo 和广告的设计是不可缺少的重要环节。本章重点介绍了网站 Logo 设计的标准、Logo 设计的规范、网站 Logo 的规格、Logo 设计实例、网络广告的形式、网络广告设计的要素、网络广告设计的技巧、网络广告设计实例等。

第16章　设计制作网页中的图像

学前必读

随着互联网的发展，网页图像的应用越来越多，也正是网页图像的应用，使万维网进入了新的时代。在网页中，图像是除了文本之外最重要的元素，图像的应用能够使网页更加美观、生动，而且图像是传达信息的一种重要手段，它具有很多文字无法比拟的优点。本章就来讲述使用 Photoshop 设计网页图像的方法。

学习流程

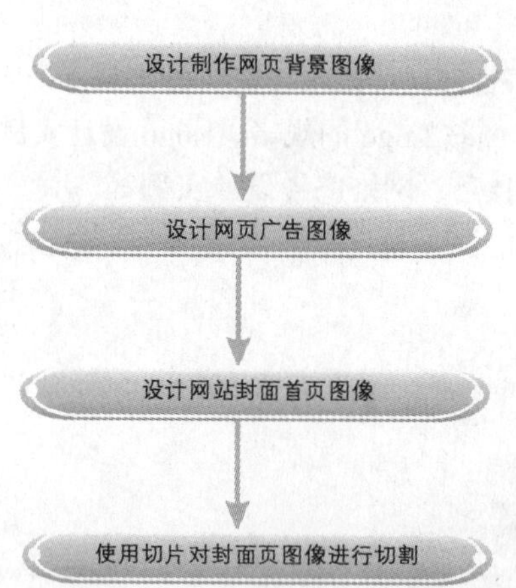

16.1　设计制作网页背景图像

有一种 Web 设计趋势已经流行一段时间了，但势头依然不减，这便是使用大背景图像。这是一种增加设计吸引力简单有效的方法，用一张背景图就可奠定网站的整体色调。下面讲述背景图像的制作，效果如图 16-1 所示，具体操作步骤如下。

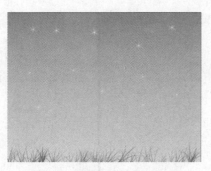

图 16-1　网页背景图像的效果

完成文件　实例素材/完成文件/CH16/16.1/背景.psd

（1）执行“文件”|“新建”命令，打开“新建”对话框，在对话框中将“宽度”设置为“800”像素，“高度”设置为“600”像素，如图 16-2 所示。

（2）单击“确定”按钮，新建一个空白文档。执行“文件”|“存储为”命令，打开“存储为”对话框，选择文件保存的路径，将“文件名”保存为“背景.psd”，单击“保存”按钮，即可保存文档，如图 16-3 所示。

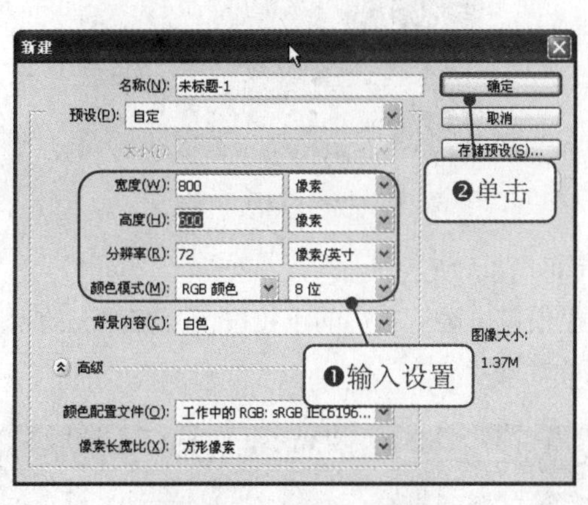

图 16-2　“新建”对话框

图 16-3　“存储为”对话框

（3）在工具箱中选择“渐变”工具，如图 16-4 所示。

（4）在选项栏中单击按钮，弹出“渐变编辑器”对话框，在该对话框中设置渐变颜色，如图 16-5 所示。

（5）在舞台中拖动鼠标即可填充背景，如图 16-6 所示。

（6）在工具箱中选择“画笔”工具，在选项栏中单击画笔右边的下拉按钮，如图 16-7 所示，在弹出的列表中选择相应的画笔。

图 16-4　选择“渐变”工具

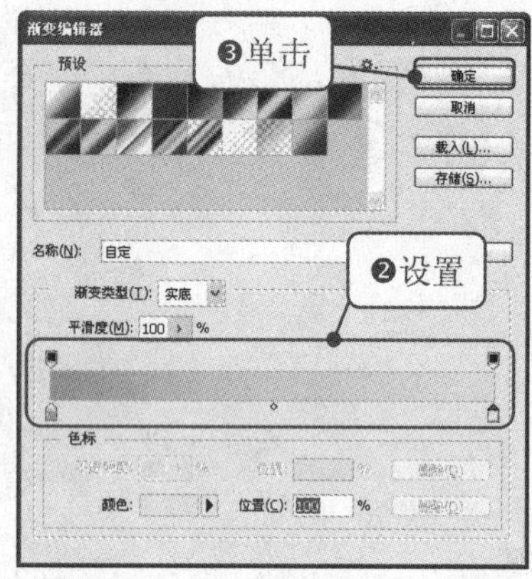

图 16-5　“渐变编辑器”对话框

图 16-6　填充背景

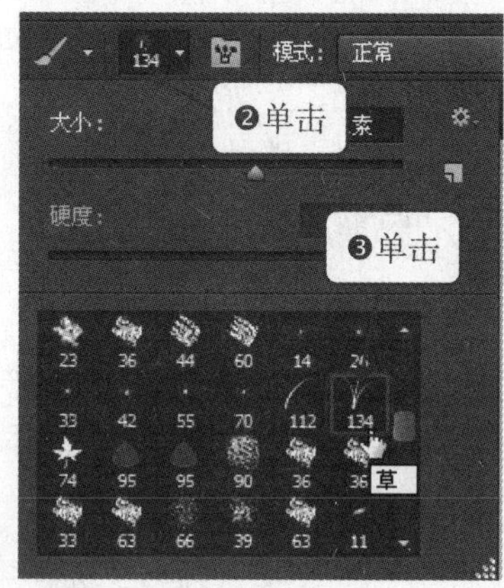

图 16-7　选择画笔

（7）在舞台中单击，即可绘制相应的形状，如图 16-8 所示。

（8）在工具箱中选择“画笔”工具，在选项栏中单击画笔右边的下拉按钮，在弹出的列表框中选择“星形”画笔，在舞台中绘制小星形，如图 16-9 所示。

图 16-8　绘制小草

图 16-9　绘制小星形

16.2　设计网页广告图像

下面利用 Photoshop 设计如图 16-10 所示的网络广告，具体操作步骤如下。

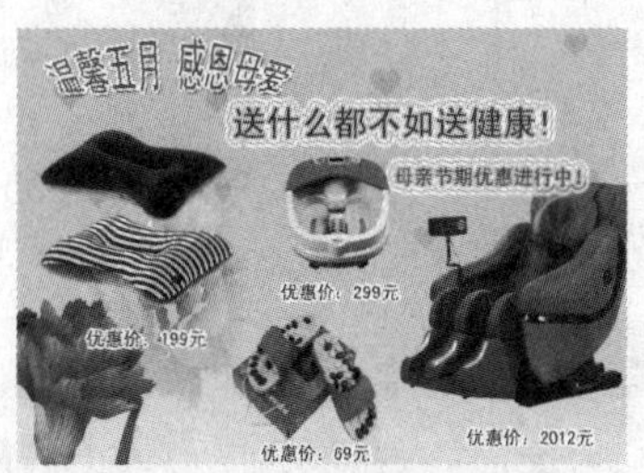

图 16-10　网络广告

练习文件 实例素材/练习文件/CH16/16.2/fl.gif、xie.gif、yi.gif、zhen.gif、zu.gif

完成文件 实例素材/完成文件/CH16/16.2/**网页广告**.psd

（1）执行“文件”|“新建”命令，弹出“新建”对话框，在该对话框中将“宽度”设置为“800”，“高度”设置为“560”，如图 16-11 所示。

（2）单击“确定”按钮，新建空白文档，执行“文件”|“存储”命令，将文件存储为“网页广告.psd”，如图 16-12 所示。

（3）在工具箱中选择“渐变”工具，在工具选项栏中单击 按钮，弹出“渐变编辑器”对话框，在对话框中进行相应的设置，如图 16-13 所示。

（4）单击“确定”按钮，设置渐变，按住鼠标左键拖动填充背景，如图 16-14 所示。

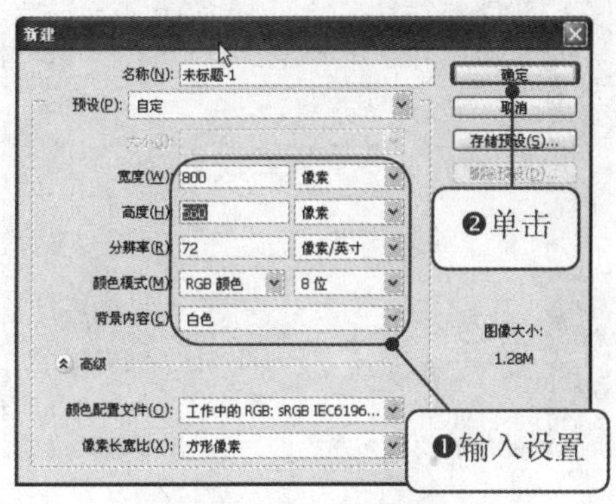

图 16-11　“新建”对话框

图 16-12　保存文件

（5）在工具箱中选择“自定义形状”工具，在选项栏中单击“形状”右边的下拉按钮，在弹出的列表中选择形状“红心形卡”，然后在舞台中绘制形状，如图 16-15 所示。

（6）执行“窗口”|“图层”命令，打开“图层”面板，将“不透明度”设置为 30%，效果如图 16-16 所示。

图 16-13 “渐变编辑器”对话框

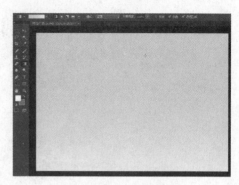

图 16-14 填充背景

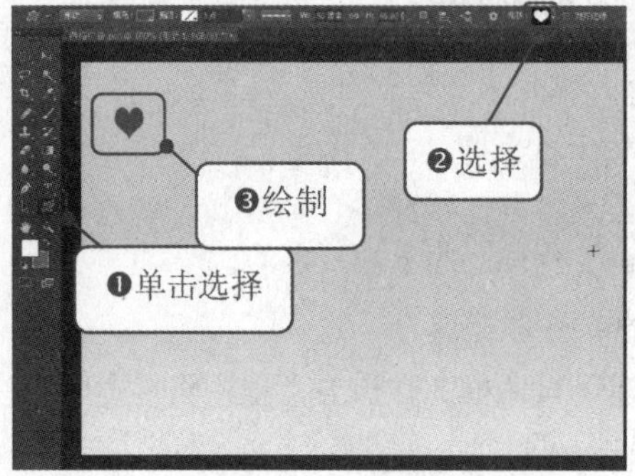

图 16-15 绘制形状

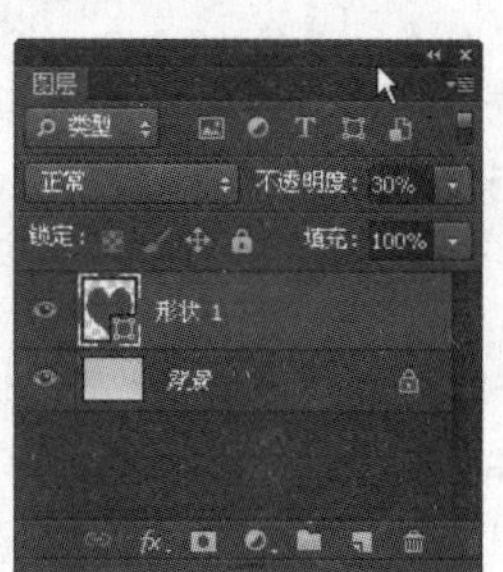

图 16-16 设置不透明度

（7）用同样的方法绘制更多的形状，并设置不透明度，如图 16-17 所示。

（8）在工具箱中选择“横排文字”工具，在选项栏中设置字体大小为“36”，字体设置为“黑体”，字体颜色设置为“eb0cce”，在舞台中输入文字“温馨五月 感恩母爱”，如图 16-18 所示。

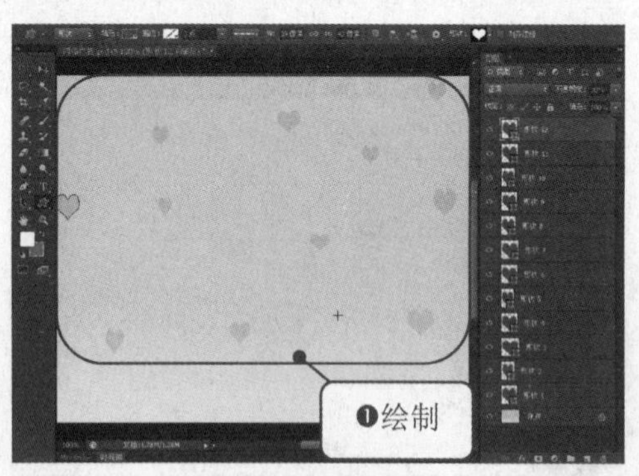

图 16-17 绘制形状

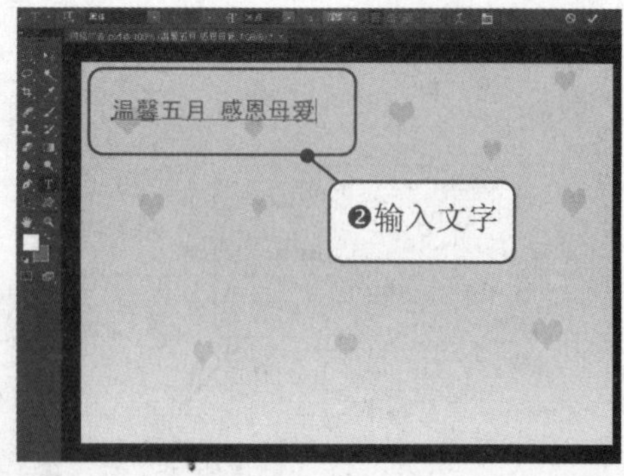

图 16-18 输入文字

（9）执行“图层”|“图层样式”|“投影”命令，打开“图层样式”对话框，勾选“投影”复选框，在右侧的“投影”选项区域中设置相应的参数，如图 16-19 所示。

（10）在该对话框中勾选“描边”复选框，在右侧的“描边”选项区域中设置相应的样式，如图 16-20 所示。

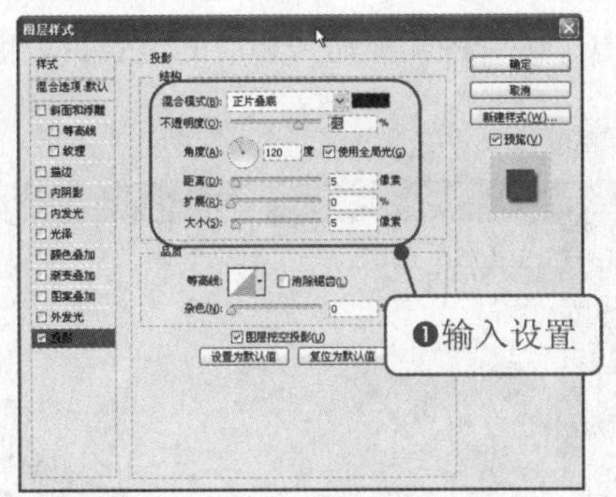

图 16-19　“图层样式”对话框

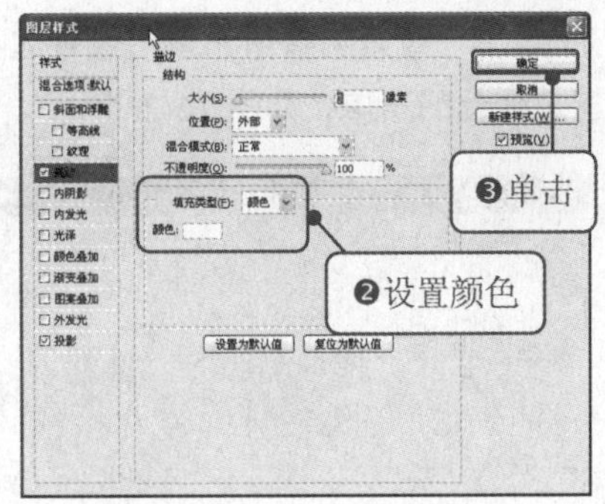

图 16-20　“描边”选项区域

（11）单击“确定”按钮，设置样式后的效果如图 16-21 所示。

（12）选择文本在选项栏中单击“创建变形文件”按钮，打开“变形文字”对话框，在该对话框中的“样式”列表中选择“上弧”选项，“弯曲”设置为+30%，“水平扭曲”和“垂直扭曲”分别设置为-9%，如图 16-22 所示。

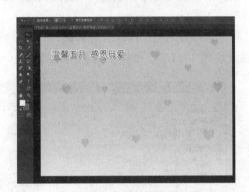

图 16-21　设置图层样式后

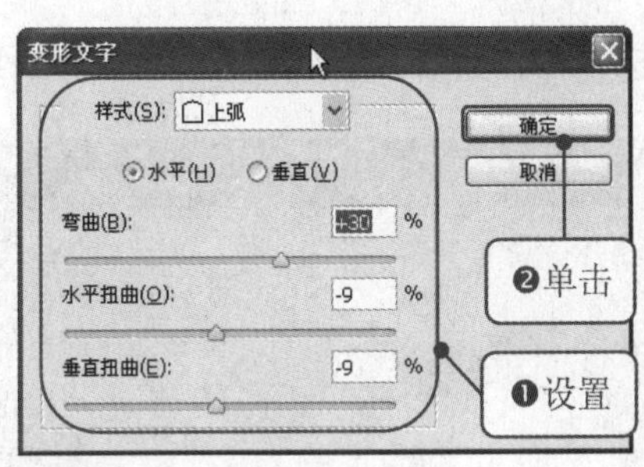

图 16-22　“变形文字”对话框

（13）单击“确定”按钮，应用变形，如图 16-23 所示。

（14）执行“文件”|“置入”命令，弹出“置入”对话框，在该对话框中选择图像文件“fl.gif”，如图 16-24 所示。

图 16-23　应用变形

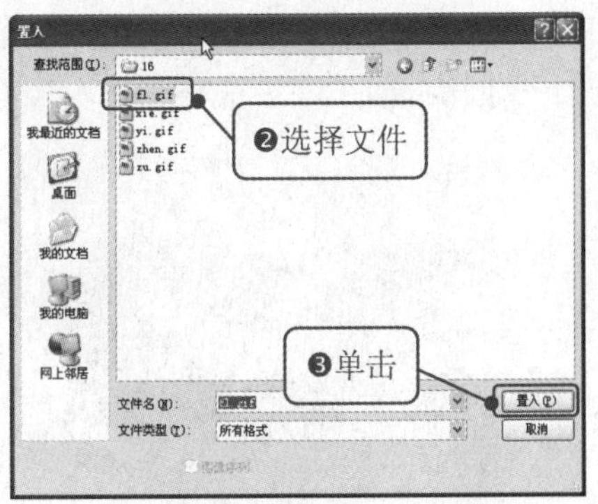

图 16-24　“置入”对话框

（15）单击“置入”按钮，将图像置入到舞台中，然后将其拖动到相应的位置，如图 16-25 所示。置入其余的图像，如图 16-26 所示。

图 16-25　置入图像

图 16-26　置入其余图像

（16）在工具箱中选择“横排文字”工具，在选项栏中设置字体颜色为 ef0027，字体大小为 24，然后在舞台中输入文字“优惠价：299 元”，如图 16-27 所示。

（17）执行“图层”|“图层样式”|“描边”命令，打开“图层样式”对话框，勾选“描边”复选框，在右侧的“描边”选项组中将描边颜色设置为“ffffff”，如图 16-28 所示。

图 16-27　输入文字

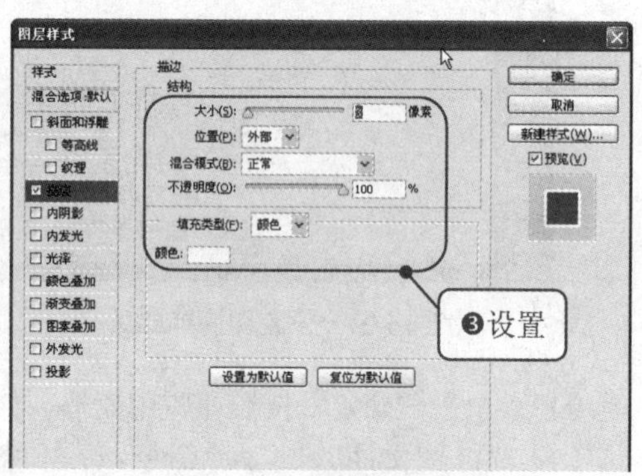

图 16-28　“图层样式”对话框

（18）单击“确定”按钮，应用图层样式，如图 16-29 所示。

（19）同步骤（16）~（18）输入其余的文本，并设置图层样式，如图 16-30 所示。

图 16-29　应用图层样式

图 16-30　输入文本

（20）在工具箱中选择“横排文字”工具，在舞台中输入相应的文本，如图 16-31 所示，在选项栏中设置字体和字体大小。

（21）执行“图层” | “图层样式” | “投影”命令，打开“图层样式”对话框，在对话框中进行相应的设置，如图 16-32 所示。

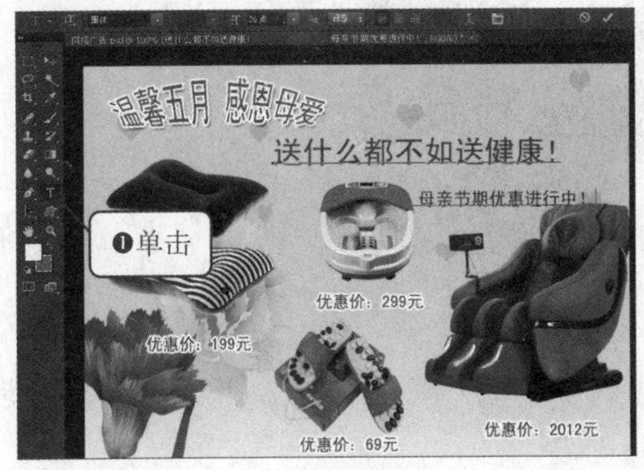

图 16-31　应用图层样式

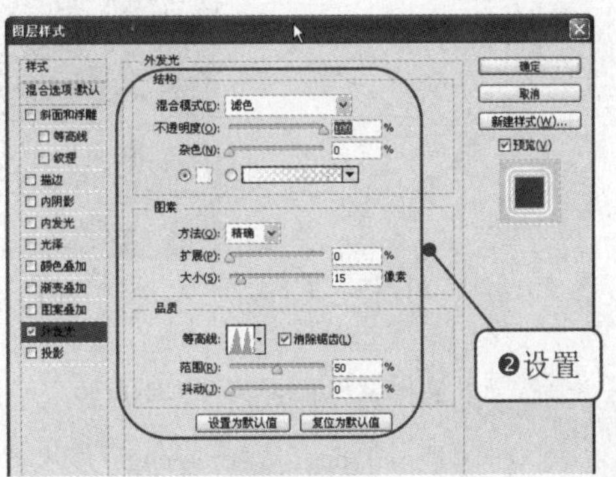

图 16-32　“图层样式”对话框

（22）单击“确定”按钮，应用图层样式，如图 16-33 所示。

图 16-33　应用图层样式

16.3　设计网站封面首页图像

封面页，亦称主页、首页，是用户打开浏览器时自动打开的一个或多个网页。设计封面页的第一步是设计版面布局。就像编辑报纸杂志一样，将网页看做一张报纸、一本杂志来进行排版布局。它们的基本原理是共通的，可以领会要点，举一反三。

下面利用 Photoshop 设计如图 16-34 所示的网站封面，具体操作步骤如下。

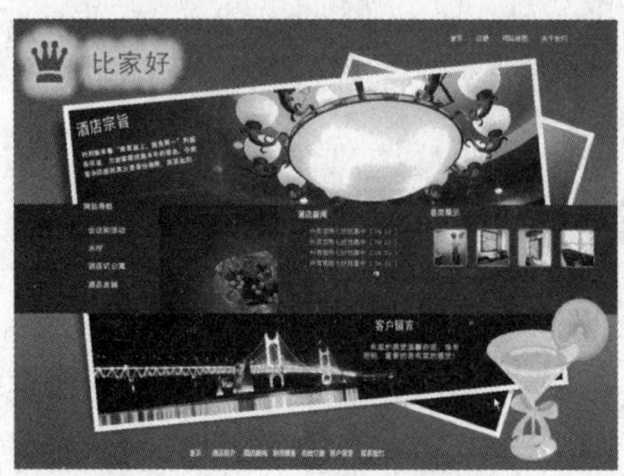

图 16-34　网站封面

练习文件 实例素材/练习文件/CH16/16.3/茶.png、背景. png、灯. Png、夜景. Png、花. Png、展示 1. png、展示 2. png、展示 3. png、展示 4. png

完成文件 实例素材/完成文件/CH16/16.3/网站封面.psd

（1）执行“文件”|“新建”命令，弹出“新建”对话框，在该对话框中将“宽度”设置为“1150”，“高度”设置为“838”，如图 16-35 所示。

（2）单击“确定”按钮，新建空白文档，执行“文件”|“存储”命令，将文件存储为“网站封面.psd”，如图 16-36 所示。

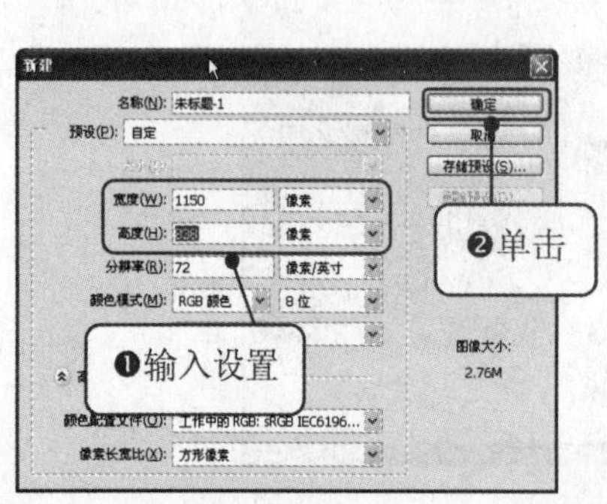

图 16-35　“新建”对话框

图 16-36　保存文件

（3）在工具箱中选择“渐变”工具，在工具选项栏中单击 按钮，打开“渐变编辑器”对话框，在对话框中进行相应的设置，如图 16-37 所示。

（4）单击“确定”按钮，设置渐变。按住鼠标左键拖动填充背景，如图 16-38 所示。

（5）在工具箱中选择“自定义形状”工具，在选项栏中单击“形状”右边的下拉按钮，在弹出的列表中选择形状“皇冠 4”，然后在舞台中绘制形状，如图 16-39 所示。

（6）执行“图层”|“图层样式”|“混合选项”命令，弹出“图层样式”对话框，在该对话框中选择样式中的“喷溅蜡纸”，如图 16-40 所示。

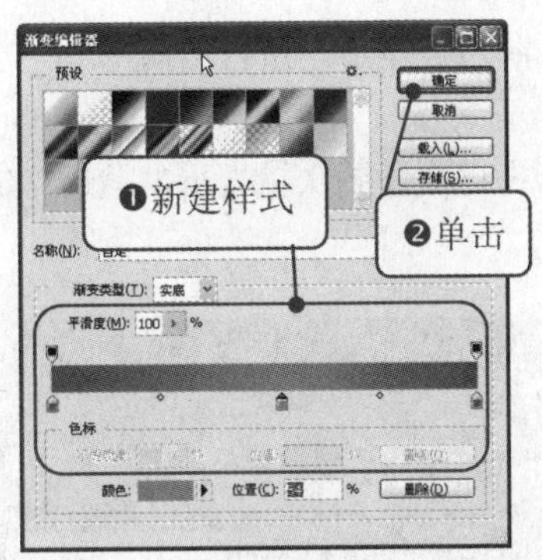

图 16-37　“渐变编辑器”对话框

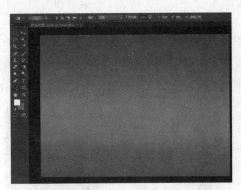

图 16-38　填充背景

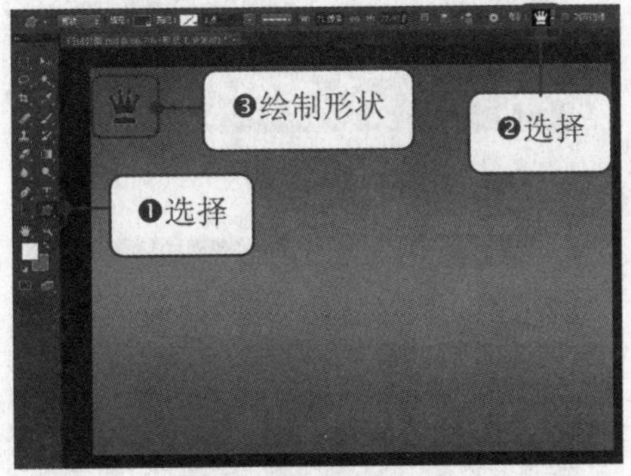

图 16-39　绘制形状

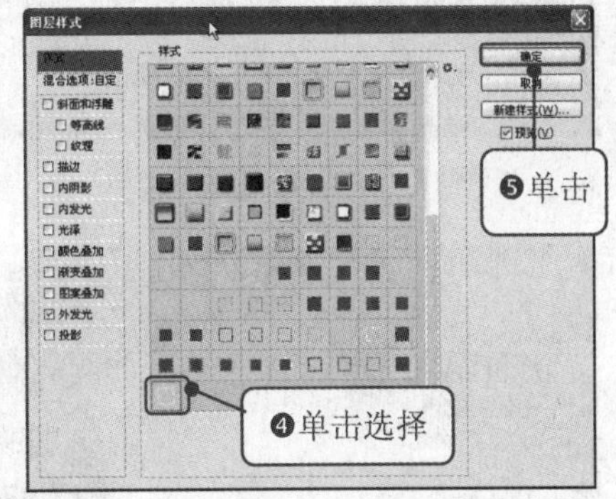

图 16-40　“图层样式”对话框

（7）单击“确定”按钮，设置图层样式，如图 16-41 所示。

（8）在工具箱中选择“横排文字”工具，在选项栏中设置字体大小为“50”，字体设置为“黑体”，在舞台中输入文字“比家好”，如图 16-42 所示。

图 16-41　设置图层样式

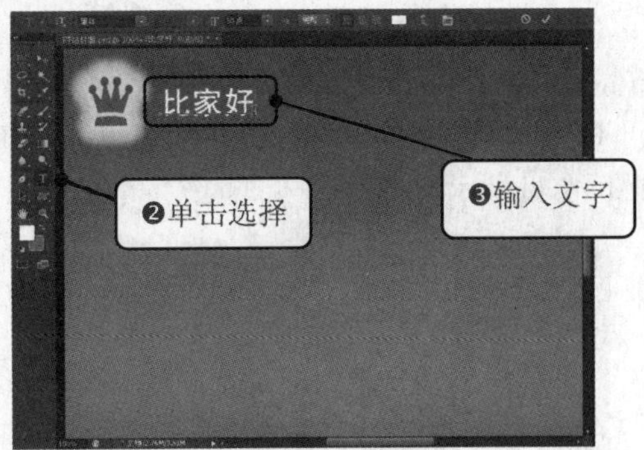

图 16-42　输入文字

（9）执行“图层”|“图层样式”|“混合选项”命令，弹出“图层样式”对话框，在该对话中选择样式中的“喷溅蜡纸”，单击“确定”按钮，设置图层样式如图 16-43 所示。

（10）在工具箱中选择“横排文字”工具，在选项栏中将字体大小设置为 12，然后在舞台中输入相应的文字，如图 16-44 所示。

（11）在工具箱中选择“矩形”工具，在舞台中绘制白色矩形。执行“编辑”|“变换”|“旋转”命令，旋转矩形对象，如图 16-45 所示。

（12）在工具箱中选择“矩形”工具，在白色矩形中再次绘制灰色矩形。执行“编辑”|“变换”|“旋转”命令，旋转矩形对象，如图 16-46 所示。

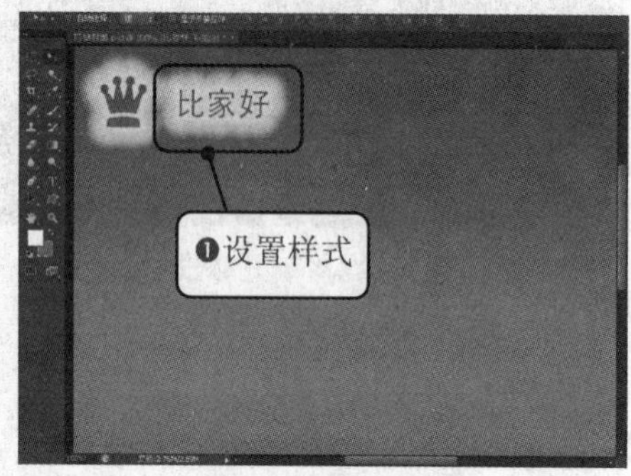

图 16-43　设置图层样式

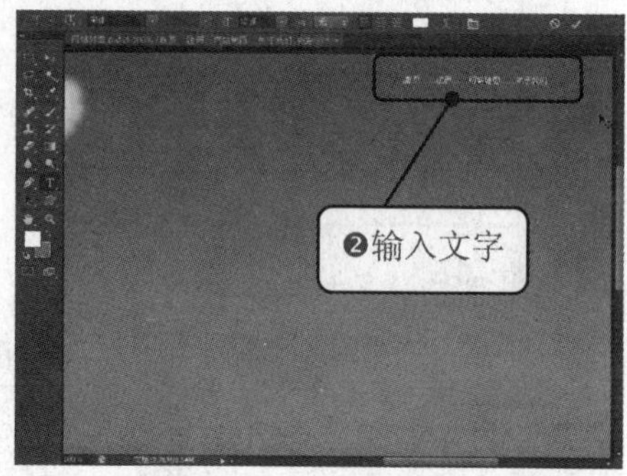

图 16-44　输入文字

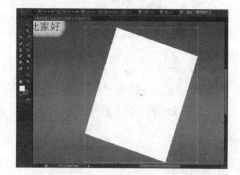

图 16-45　绘制白色矩形

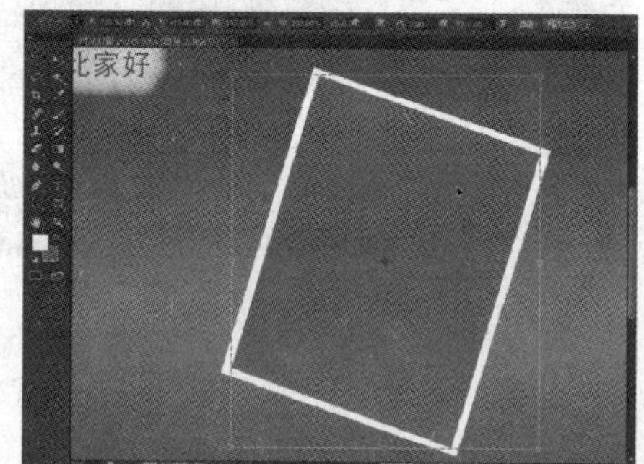

图 16-46　绘制灰色矩形

（13）执行“文件”|“置入”命令，弹出“置入”对话框，在该对话框中选择光盘中的图像文件“灯.png”，单击“置入”按钮，将其置入到舞台中，并拖动到相应的位置，如图 16-47 所示。

（14）同步骤（11）~（13）绘制两个矩形并调整矩形的形状，然后置入另外两幅图像，如图 16-48 所示。

图 16-47　置入图像

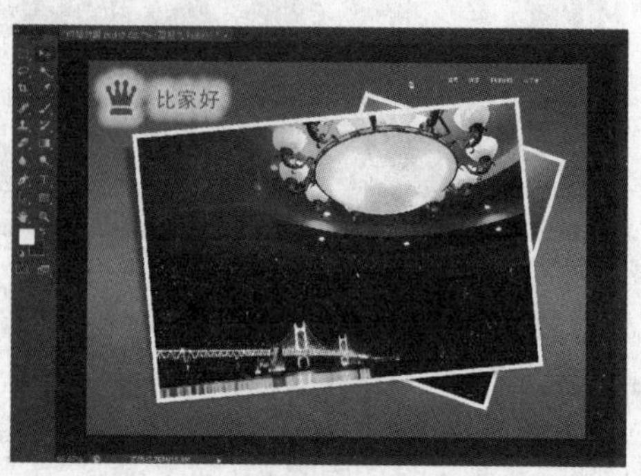

图 16-48　置入另外两幅图像

（15）选择“矩形”工具，在舞台中绘制黑色矩形，置入图像文件“花.png”，如图 16-49 所示。

（16）在工具箱中选择“横排文字”工具，在选项栏中设置字体和字体大小，然后在舞台中输入相应的文字，如图 16-50 所示。

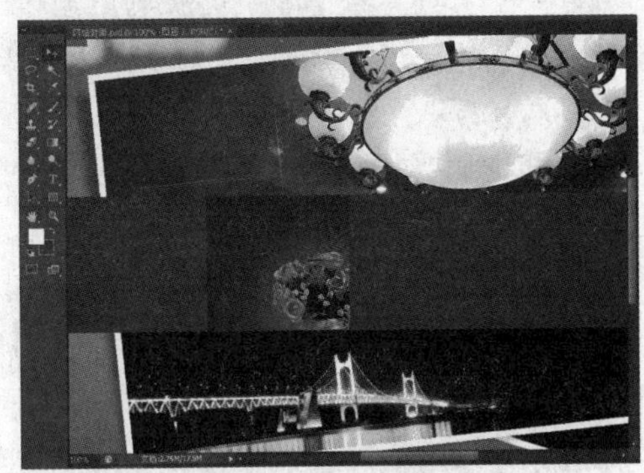

图 16-49　置入图像

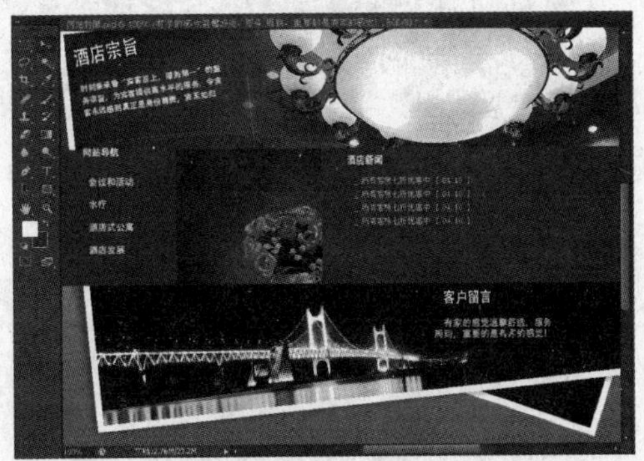

图 16-50　输入文字

（17）在工具箱中选择“横排文字”工具，在舞台中输入相应的文字，如图 16-51 所示，然后置入光盘中的图像文件“展示 1.jpg”。

（18）执行“图层”|“图层样式”|“外发光”命令，打开“图层样式”对话框，在对话框中将投影颜色设置为 ffffff，如图 16-52 所示。

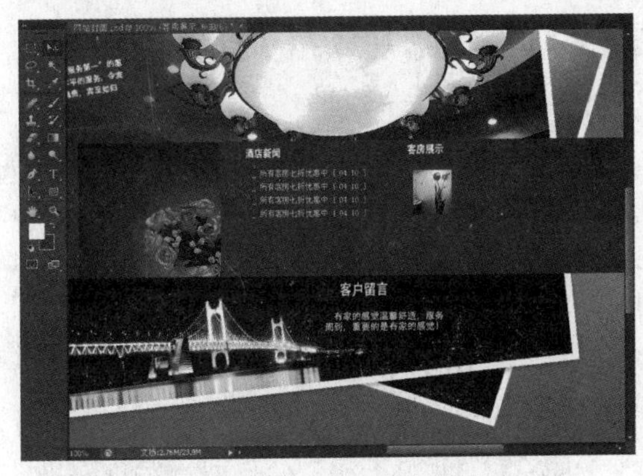

图 16-51　输入文字

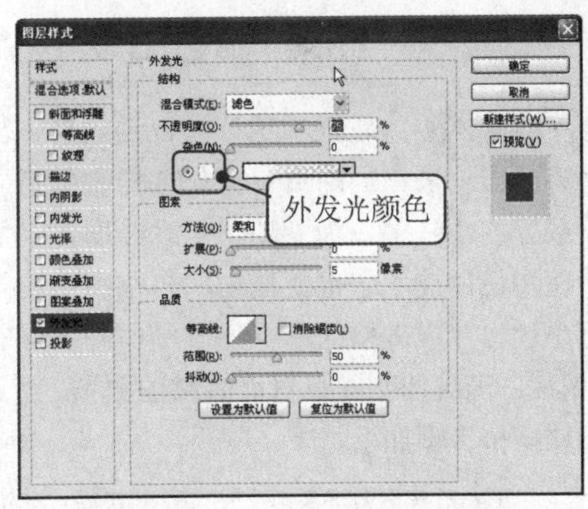

图 16-52　“图层样式”对话框

（19）单击“确定”按钮，应用图层样式，如图 16-53 所示。

（20）执行“文件”|“置入”命令，弹出“置入”对话框，置入其余图像，如图 16-54 所示，并设置图像样式。

（21）执行“文件”|“置入”命令，弹出“置入”对话框，置入光盘中的图像文件“茶.png”，如图 16-55 所示。

（22）在工具箱中选择“横排文字”工具，在舞台中输入相应的文字，如图 16-56 所示。

图 16-53　应用图层样式

图 16-54　置入图像

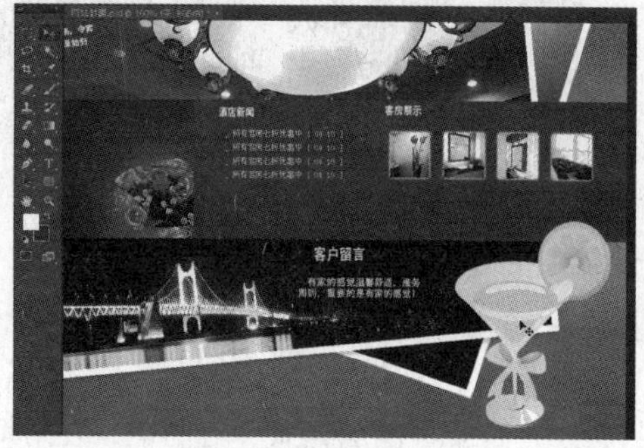

图 16-55　置入图像

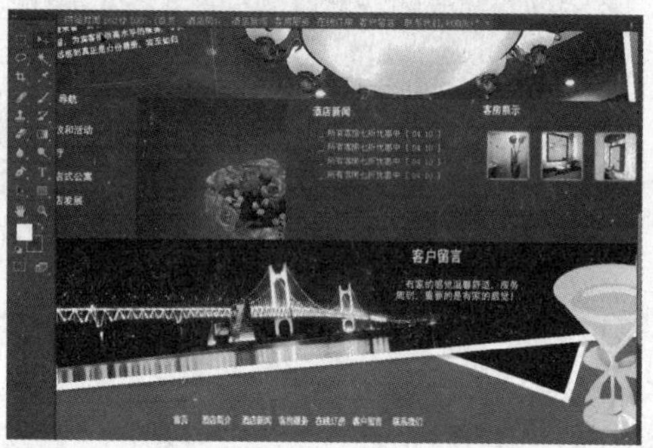

图 16-56　输入文字

16.4　使用切片对封面页图像进行切割

许多网页为了追求更好的视觉效果，往往采用整幅图片来布局网页，但是这样做的结果会使下载速度慢许多。为了加快下载速度，就要对图片使用切片技术，也就是把一整幅图片切割成若干小块，并以表格的形式加以定位和保存。使用“切片”工具切割网页封面效果如图 16-57 所示。具体操作步骤如下。

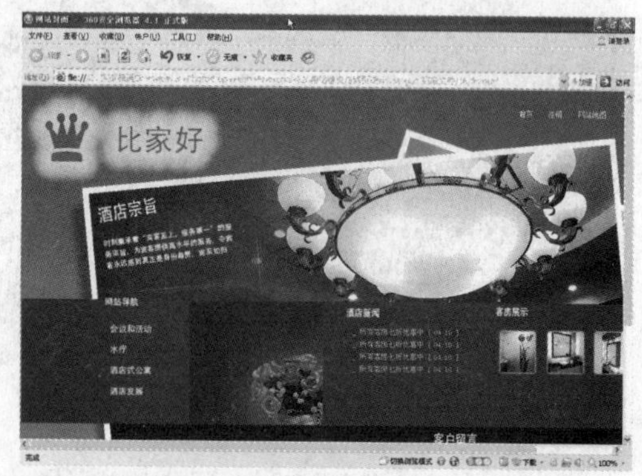

图 16-57　切割首页

练习文件　实例素材/练习文件/CH16/16.4/网站封面.jpg

完成文件　实例素材/完成文件/CH16/16.4/fm.html

（1）打开光盘中的图像文件“网站封面.jpg”，如图 16-58 所示。

（2）在工具箱中选择“切片”工具，将鼠标指针移动到要创建切片的位置，单击鼠标并拖曳，即可创建切片，如图 16-59 所示。

（3）用同样的方法可以创建其余切片，如图 16-60 所示。

（4）执行“文件”|“存储为 Web 和设备所用格式”命令，打开“存储为 Web 所用格式”对话框，在对话框中进行相应的设置，如图 16-61 所示。

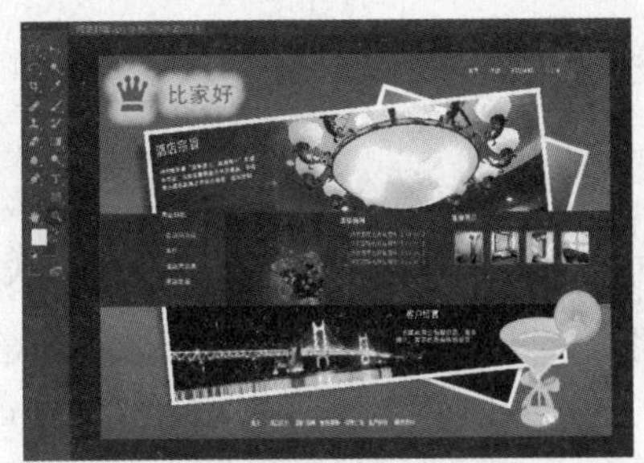

图 16-58　打开文件

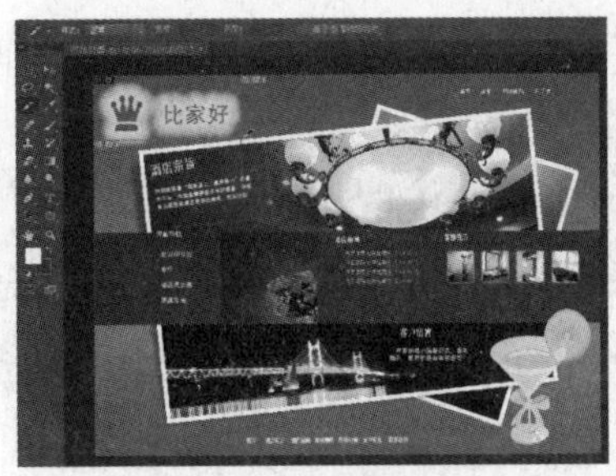

图 16-59　创建切片

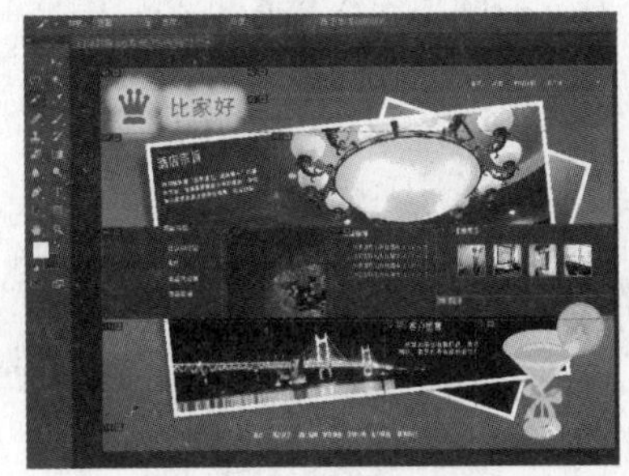

图 16-60　创建其余切片

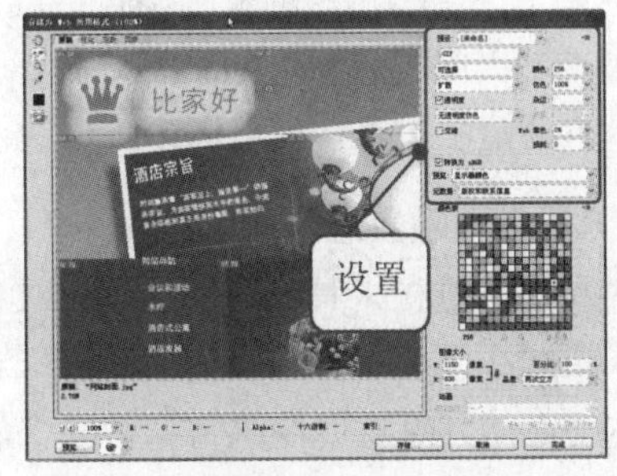

图 16-61　“存储为 Web 所用格式”对话框

（5）单击“存储”按钮，打开“将优化结果存储为”对话框，在“文件名”文本框中输入“fm.html”，“格式”选择“HTML 和图像”，如图 16-62 所示。

（6）单击“保存”按钮，即可将图像文件存储为 HTML 文件。

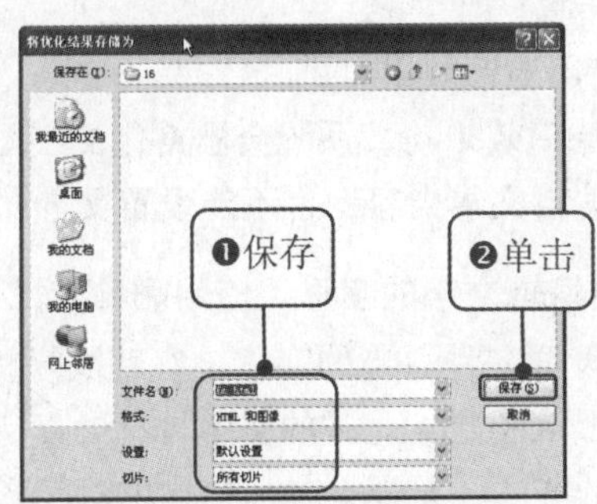

图 16-62　“将优化结果存储为”对话框

16.5　专家秘籍

1．如何释放内存暂存数据来提高 Photoshop 的运行速度

在 Photoshop 中编辑比较大的图像文件时，容易出现内存不足的问题，这时候就可以通过调整或增加暂存盘的数量来解决。Photoshop 会将所选暂存盘的硬盘空间作为一部分内存使用，为程序提供更大的临时存储空间。安装了两个以上（C：，D：，E：…）的硬盘驱动用户，最好选择剩余空间比较大的非系统盘。在 Photoshop 中执行“编辑→首选项→性能”命令，打开

“首选项”对话框，在该对话框中即可对分配给 Photoshop 的内存、暂存盘和高速缓存进行设置，以便加快 Photoshop CS6 的运行速度。

2．在 Photoshop 中怎样选择图像

如果 Photoshop 中的当前文档是由许多图层组成，要选择图像，首先要选择该图像所在的图层。如果只需要选择图层中的部分图像，就需要将这部分图像创建为选区，这样所进行的操作就只作用于选区内的图像。

3．使用什么方法可以很快画出虚线和曲线

选择画笔工具，在“画笔”调板中设置笔刷属性时，将圆形笔刷压扁，然后增加笔刷的间距，即可绘制出虚线。要绘制曲线，需要先按照曲线形状绘制一个路径，然后调整画笔的不透明度值，再通过描边路径就可以产生曲线。

4．怎样精确设置选区的大小

在使用矩形选框工具或椭圆选框工具创建选区时，在工具选项栏中的“样式”下拉列表中选择“固定大小”选项，然后在激活的“宽度”和“高度”数值框中输入数值，即可精确设置选区的大小，这样就可以按照指定的大小创建选区。

5．怎样为图像或文字添加渐变或图案的描边效果

要为图像或文字添加渐变或图案的描边效果，最简单的方法是为图像或文字所在的图层添加“描边”图层样式。在添加“描边”图层样式时，系统会弹出“图层样式”对话框，在“描边”选项设置中的“填充类型”下拉列表中选择“渐变”或“图案”选项，然后设置用于填充的渐变色或图案，再单击“确定”按钮即可。

6．是否可以对文字图层应用滤镜效果

不能。在对文字图层应用滤镜效果前，系统会栅格化文字图层，使其转换为普通图层，这样在应用滤镜效果后，就不能编辑文本内容，也不能设置文本属性了。

7．有时为了设计需要，要编辑文字的字形，使用哪种方式更利于编辑呢

首先输入文字，并为文字设置一种适当的字体，然后执行“图层”|“文字”|“转换为形状”命令，将文字图层转换为形状图层，此时的文字具有矢量特性，因此用户就可以在该文字的基础上，按照编辑路径形状的方法，并根据自己的构思对字形进行有效的编辑了。

8．如何使切分后的图像在 Dreamweaver 中用表格排列时没有空隙

切分后的图像在使用 Dreamweaver 排版的时候，有时会出现空隙，这是由于切割的图像过小，而删除这些图片后导致页面中的单元格出现空格符号，从而产生空隙。解决的办法很简单，只要去掉这些空格符号即可。

16.6　本章小结

本章综合前面学习的知识，制作网页中经常用到的网页背景图像、网页广告图像、网站封面首页图像和使用切片对封面页图像进行切割。通过本章的学习，读者能够对前面的知识进行总结及综合应用，以帮助读者巩固对 Adobe Photoshop CS6 的学习。

第 4 篇

Fireworks 设计网页图像篇

第 17 章 Fireworks CS6 快速入门

学前必读

Adobe Fireworks CS6 是专业的网页图片设计、制作与编辑软件。它不仅可以轻松制作出各种动感的Gif、动态按钮、动态翻转等网络图片，更重要的是 Fireworks 可以轻松地实现大图切割，让网页加载图片时，显示速度更快！让你在瞬间便能制作出精美的矢量和点阵图、模型、3D 图形和交互式内容，无须编码，直接应用于网页和移动应用程序！

学习流程

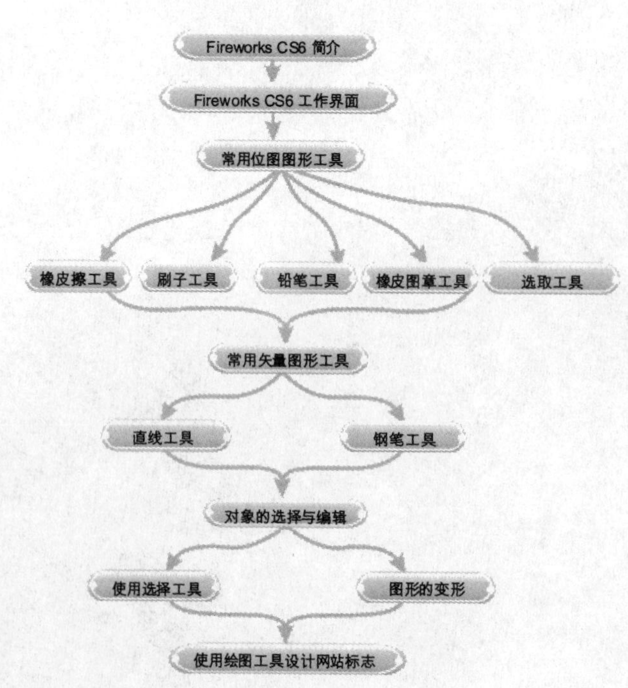

17.1　Fireworks CS6 简介

Fireworks 可提供专业化的创建和编辑 Web 图像的工作环境，在此环境下可以方便地绘制和编辑位图对象、矢量对象、制作动画、导航条、弹出菜单和有图像翻转功能的热点和切片。Fireworks 与多种产品集成在一起，提供了一个真正集成的 Web 解决方案。比如与 Dreamweaver、Flash 等的集成，与其他图形应用程序及 HTML 编辑器的集成。利用 Fireworks 的 HTML 编辑器自制的 HTML 和 JavaScript 代码，可以轻松设计出 Web 图形。

- 从设计和网页提取简洁的 CSS 代码：通过使用全新的属性面板，完全提取 CSS 元素和值（颜色、字体、渐变和圆角半径等），以节省时间并保持设计的完整性。提取代码后，直接将其复制并粘贴至 Adobe Dreamweaver CS6 软件或其他 HTML 编辑器。
- 改进的 CSS 支持：利用属性面板提取 CSS 代码并从设计组件中创建 CSS Sprite 图像。只需一步，即可模拟完整的网页并将版面与外部样式表一起导出。
- 全新的 jQuery Mobile 主题外观支持：为移动网站和应用程序创建、修改或更新 jQuery 主题，包括 CSS Sprite 图像。
- 访问颜色：快速在纯色、渐变和图案色彩效果之间进行切换。分别对填色和描边对话框应用不透明度控制，以更精准地进行控制，利用改进的色板快速更改颜色。
- API 访问：访问 API 以生成扩展功能，从社区导向的扩展功能中受益。

17.2　Fireworks CS6 工作界面

启动 Fireworks CS6 后，将进入工作界面，如图 17-1 所示。其工作界面主要由标题栏、菜单栏、工具箱、文档窗口、状态栏、“属性”面板和浮动面板组成，下面分别介绍各个组成部分的主要功能。

图 17-1　Fireworks　CS6 工作界面

17.2.1 菜单栏

菜单栏位于标题栏的下面，包括“文件”、“编辑”、“视图”、“选择”、“修改”、“文本”、“命令”、“滤镜”、“窗口”和“帮助”10 个菜单命令，如图 17-2 所示。

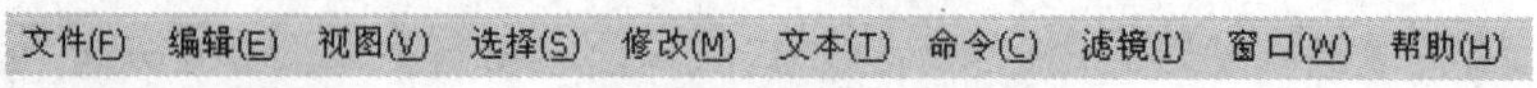

文件(F) 编辑(E) 视图(V) 选择(S) 修改(M) 文本(T) 命令(C) 滤镜(I) 窗口(W) 帮助(H)

图 17-2 菜单栏

17.2.2 工具箱

工具箱位于软件界面的左侧，由一系列的操作工具组合而成，包括“选择”、“位图”、“矢量”、“Web”、“颜色”和“视图”，如图 17-3 所示。

- 选择：在对任何对象执行任何操作之前，都必须首先选择对象。它适用于矢量对象、路径、文本、切片、热点、实例和位图对象，主要包括“指针”工具、“部分选定”工具、“缩放”工具、“裁剪”工具。
- 位图：主要包括选择、绘制和编辑位图的工具。
- 矢量：可以使用这些工具绘制基本形状，如直线、圆、椭圆、正方形、矩形、星形，还可以输入文本，使用“钢笔”工具绘制路径等。
- Web：主要包括“切片”工具和“热点”工具。
- 颜色：主要包括“笔触颜色”和“填充颜色”。
- 视图：可以显示视图模式。

图 17-3 工具箱

17.2.3 文档窗口

文档窗口位于工作界面的中央，所有的图形操作将在此区域中进行。文档窗口中有“原始”、“预览”、“2 幅”和“4 幅”4 种工作状态，如图 17-4 所示。

图 17-4 文档窗口

- 原始：单击此按钮，编辑操作原始图像。
- 预览：单击此按钮，以网页形式预览当前图形。

- 2 幅：单击此按钮，在编辑窗口中显示 2 个窗口。
- 4 幅：单击此按钮，在编辑窗口中显示 4 个窗口。

17.2.4 “属性”面板

默认状态下，“属性”面板位于工作界面的最下面，可以显示行为事件的部分属性，也可以显示全部属性，如图 17-5 所示。

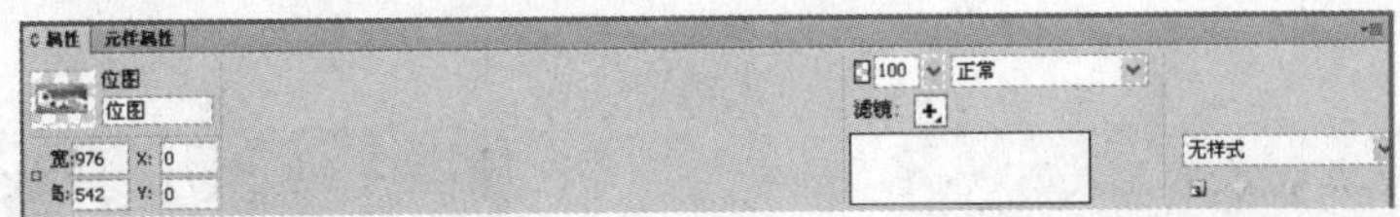

图 17-5　“属性”面板

17.2.5 “浮动”面板

“浮动”面板也称为面板组，一般位于工作界面的右侧，可以通过“窗口”菜单显示或隐藏。它们帮助用户编辑所选的对象或文档的元素，处理帧、层、颜色样本等。每个面板既可相互独立进行排列，又可与其他面板组合成一个新面板，但各面板的功能依然互相独立。单击面板上的名称即可展开或折叠该面板，如图 17-6 所示。

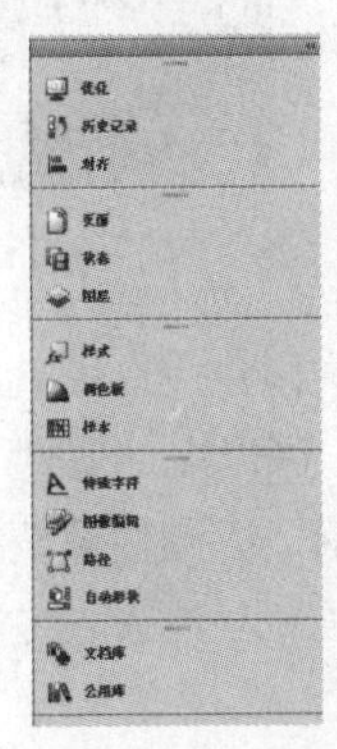

图 17-6　“浮动”面板

17.3　常用位图图形工具

选取位图区域的工具主要有“选取框”工具、“椭圆选取框”工具、“套索”工具、“多边形套索”工具和“魔术棒”工具 5 种，如图 17-7 所示。这些工具用于选取位图的编辑范围，所有的位图编辑，如剪切、复制、填充等只在该范围内有效。

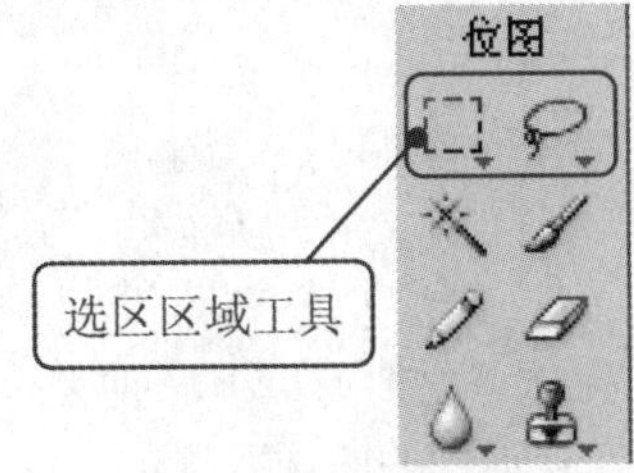

图 17-7　选取位图区域工具

17.3.1 选取工具

1．选取框

“选取框”工具主要用来创建矩形选取区域，“椭圆选取框”工具主要用来创建椭圆形选取区域。使用“选取框”工具选取区域的具体操作步骤如下。

（1）打开光盘中的图像文件“选取.jpg”，如图 17-8 所示。

（2）选择工具箱中的“选取框”工具，当鼠标变成“＋”形状时，按住鼠标左键不放，拖动创建矩形选取区域，如图 17-9 所示。

图 17-8　打开图像文件

图 17-9　创建矩形选取区域

（3）创建完矩形选取区域后，在“属性”面板中显示目前该选取框的大小及坐标位置等相关信息，可以在“属性”面板中修改选取区域，如图 17-10 所示。

使用“椭圆选取框”工具的方法与使用“选取框”工具相同，如图 17-11 所示是使用“椭圆选取框”工具选取的椭圆形区域。

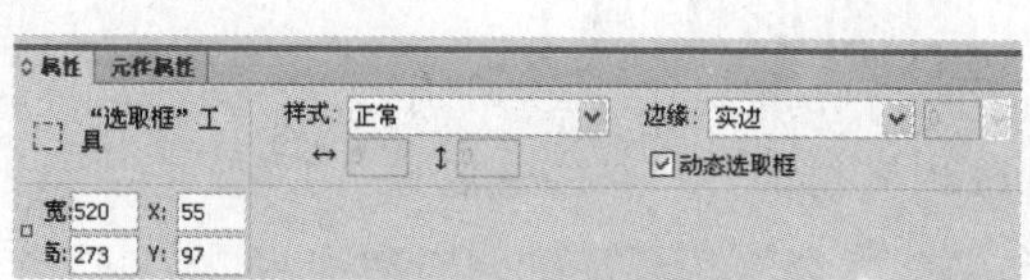

图 17-10　“属性”面板

图 17-11　创建椭圆形选取区域

“选取框”工具在“属性”面板中主要有以下参数。

- 宽：设置选取区域的宽度。
- 高：设置选取区域的高度。
- X：选取区域的水平起始位置。
- Y：选取区域的垂直起始位置。
- 样式：用于定义选取区域的形状和比例。主要有以下三种。
  - 正常：可以创建一个高度和宽度互不相关的选取框。
  - 固定比例：将高度和宽度约束为定义的比例。

➢ 固定大小：将高度和宽度设置为定义的尺寸，一般用于选择多个相同大小的区域。

- 边缘：用于设置选择区域边缘的效果。主要有以下三种。
  ➢ 实边：创建具有已定义边缘的选取框。
  ➢ 消除锯齿：防止选取框中出现锯齿边缘，使选取框变得比较平滑。
  ➢ 羽化：使选取区域边缘产生向外逐渐透明的效果，有利于选取区域与周围像素的混合。

提示　在创建矩形或椭圆形选取区域时，若同时按住 Shift 键，可创建正方形或正圆形选取区域。

2. 不规则区域选择工具

“套索”和“多边形套索”工具主要用来产生自由形状的选区，其属性与“选取框”工具类似，只是缺少了“样式”选项。

“套索”工具描绘的选区是由线段组成的，使用时只要沿目标选区边缘拖动鼠标，当鼠标移动到起点附近时，指针右下角会出现实心方块，松开鼠标即可完成操作，如图 17-12 所示。

“多边形套索”工具描绘的选区也是由线段组成的，但它是沿选区边缘拖动鼠标，到达需要转换方向的位置时单击，在起点附近松开鼠标或在工作区中双击完成选区的绘制，如图 17-13 所示。这样建立的选区虽然控制方便，但边缘比较僵硬。

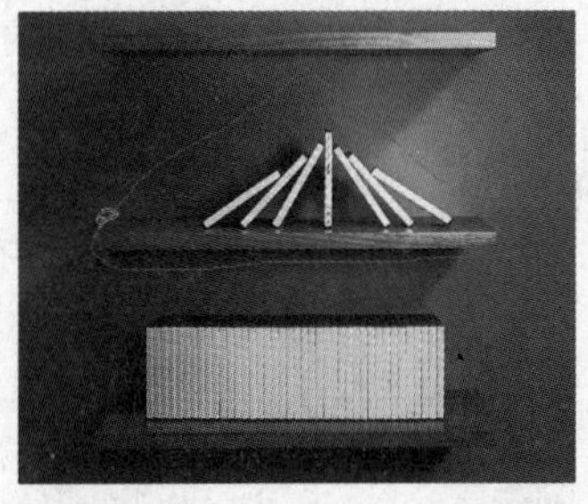

图 17-12 “套索”工具的使用

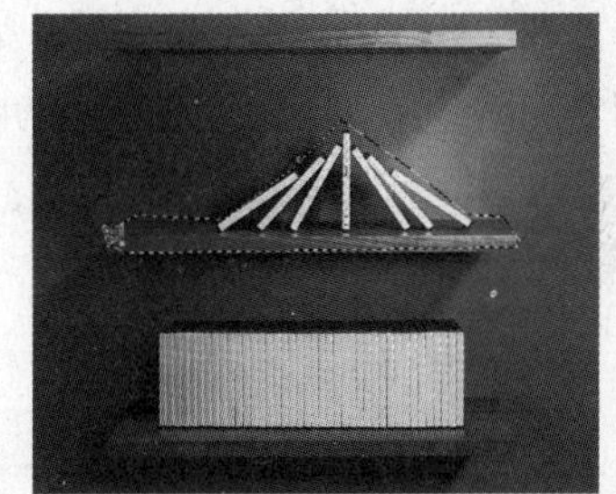

图 17-13 “多边形套索”工具的使用

3. “魔术棒”工具

“魔术棒”工具可以选择位图图像中颜色相同或相近的像素区域，具体操作步骤如下。

（1）打开光盘中的图像文件“魔棒.jpg”，如图 17-14 所示。

（2）选择工具箱中的“魔术棒”工具，在“属性”面板中的“容差”文本框中输入“32”，如图 17-15 所示。

提示　容差值决定选取区域的精度，值越大，选择的色彩区域越大，值范围在 0 ~ 255 之间。

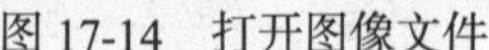

图 17-14　打开图像文件

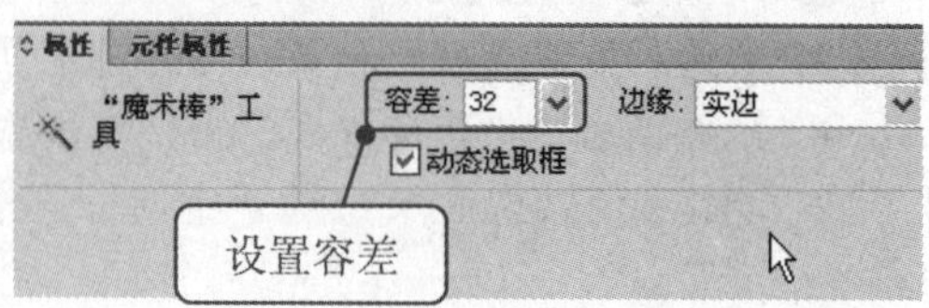

图 17-15　设置容差

（3）在图像上单击，选择相似的色彩区域，如图 17-16 所示。

（4）按住 Shift 键，继续在图像上单击进行选择，如图 17-17 所示。

图 17-16　选择相似的色彩区域

图 17-17　选择区域

17.3.2 "铅笔"工具

使用"铅笔"工具绘制单像素自由直线或受约束的直线，所用方法与使用真正的铅笔绘制硬边直线非常相似。也可以将位图放大并使用"铅笔"工具来编辑个别的元素。

（1）在工具箱中选择"铅笔"工具，如图 17-18 所示。

（2）在"属性"面板中设置"铅笔"工具的属性，如图 17-19 所示。

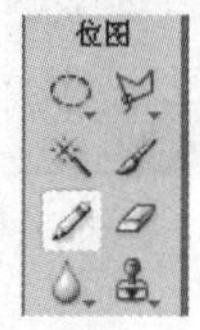

图 17-18　选择"铅笔"工具

图 17-19　"铅笔"工具"属性"面板

在"铅笔"工具"属性"面板中主要有以下参数。

- 消除锯齿：对绘制的直线的边缘进行平滑处理。
- 自动擦除：当"铅笔"工具滑过时，使用现在的笔触颜色替换原有颜色。
- 保持透明度：限制铅笔工具只绘制到现有的像素中，而不绘制到图形的透明区域中。

（3）将光标移动到文档中，单击进行拖动即可绘制形状。

按 Shift 键可以将所绘线条限制为水平、垂直或倾斜 45°角的直线。

17.3.3 “刷子”工具

“刷子”工具是一个非常易用，但又非常不容易控制的工具，该工具是一个自由的绘图工具，只要使用鼠标拖曳即可实现图形绘制。

其具体使用步骤如下。

（1）在工具箱中选择“刷子”工具，如图 17-20 所示。

（2）执行“窗口”|“属性”命令，打开“属性”面板，在面板中可以设置其属性，如图 17-21 所示。按住鼠标左键在文档中拖动即可绘制图形。

图 17-20　选择“刷子”工具

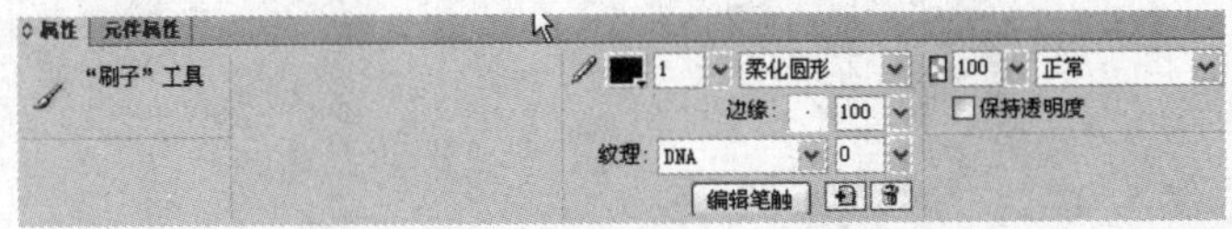

图 17-21　“刷子”工具“属性”面板

在“刷子”工具“属性”面板中主要有以下参数。

- 笔触颜色：单击颜色框，在打开的调色板中设置刷子的颜色。在其右边的文本框中设置刷子的“大小”。单击其右边的下拉列表，在弹出的菜单中设置刷子的描边种类，如图 17-22 所示。
- 纹理：此选项修改的是笔触的亮度而不是色相，因而使笔触看起来既减少了呆板的感觉，又显得更为自然，就像在有纹理的表面涂上颜料一样。

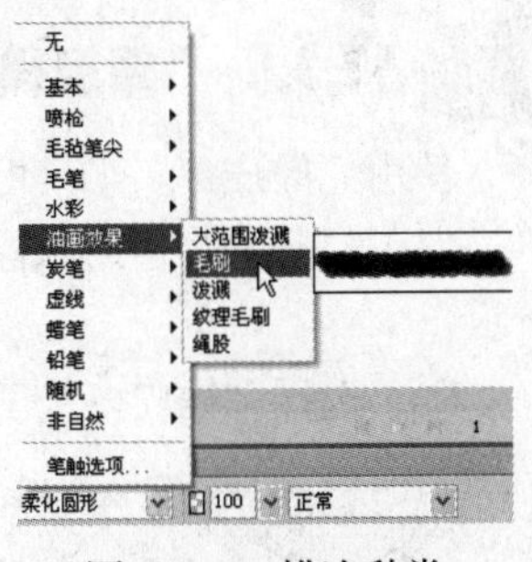

图 17-22　描边种类

17.3.4 “橡皮图章”工具

“橡皮图章”工具用于克隆位图图像的部分区域，以便可以将其压印到图像中的其他区域。当要修复有划痕的照片或取出图像上的灰尘时，克隆像素很有用。可以复制照片的某一像素区域，然后用克隆的区域替代有划痕或灰尘的点。克隆像素的具体操作步骤如下。

（1）打开光盘中的图像文件“橡皮图章工具.jpg”，在工具箱中选择“橡皮图章”工具。

（2）在“属性”面板中可以设置“橡皮图章”工具的属性，如图 17-23 所示。

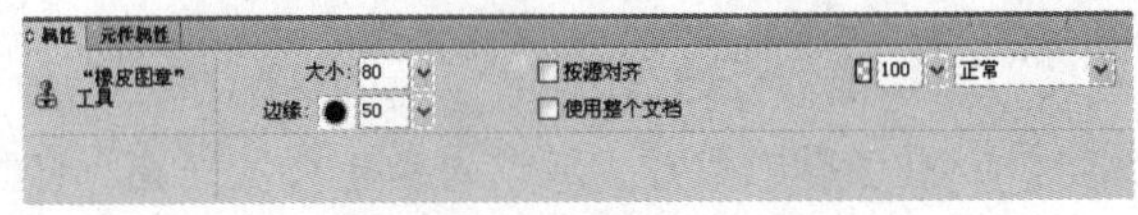

图 17-23　“橡皮图章”工具“属性”面板

（3）按 Alt 键，在文档中的某一区域单击，选取源，如图 17-24 所示。

在“橡皮图章”工具“属性”面板中主要有以下参数。

- 大小和边缘：指定刷子的大小和边缘的柔度。
- 按源对齐：该选项影响取样操作，勾选此复选框，取样指针垂直和水平移动以与圆形指针对齐。否则，无论圆形指针移动到何处并单击，取样区域都是固定的。

- 使用整个文档：勾选此复选框，可从所有对象中取样，否则只能从活动对象中取样。
- 不透明度：决定透明笔触可以看到背景的程度。
- 混合模式：设置克隆对象对背景的影响。

（4）在空白处单击，即可克隆选取的源，如图 17-25 所示。

图 17-24　选取源

图 17-25　克隆对象

17.3.5 “橡皮擦”工具

使用“橡皮擦”工具可以擦除位图中的像素，达到位图图像的目的。

（1）打开光盘中的图像文件“橡皮擦.jpg”，选择工具箱中的“橡皮擦”工具，如图 17-26 所示。

（2）选择“橡皮擦”工具后，在“属性”面板中进行相应的设置，如图 17-27 所示。

图 17-26　选择“橡皮擦”工具

图 17-27　“属性”面板

“橡皮擦”工具“属性”面板中的各种参数如下。

- 大小：在文本框中可以直接输入尺寸，或通过单击滑块按钮，在弹出的滑块列表中设置橡皮擦的尺寸。
- 边缘：在文本框中输入数值，或通过单击滑块按钮，在弹出的列表中设置边缘的尺寸。
- 形状：可以单击 ● 或 ■ 按钮，将橡皮擦的形状调整为相应的效果。
- 透明度：用来定义擦除图像的不透明度。

（3）将橡皮擦工具移动到图像上，将图像擦除，效果如图 17-28 所示。

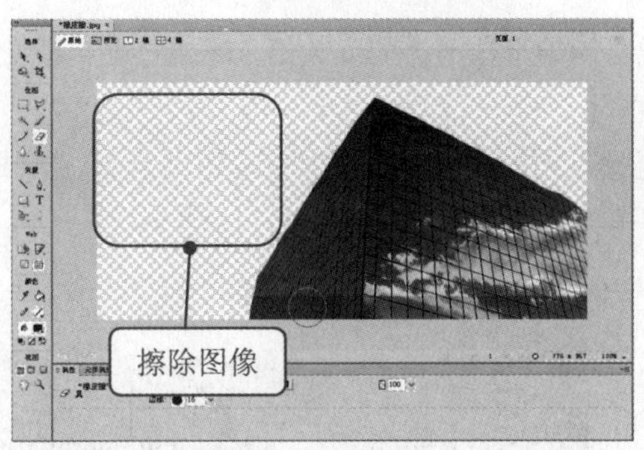

图 17-28　擦除图像

17.4　常用矢量图形工具

矢量图形是使用矢量线条和填充区域来描述的图形，它的组成元素是点、线、矩形、多边形、圆和弧线等。

17.4.1　“直线”工具

“直线”工具用来绘制不同角度的直线路径。可以使用工具箱中的“直线”工具来绘制直线。

（1）打开光盘中的图像文件“直线.jpg”，在工具箱中选择“直线”工具，如图 17-29 所示。

（2）在“属性”面板中可以设置“直线”工具的属性，如图 17-30 所示。

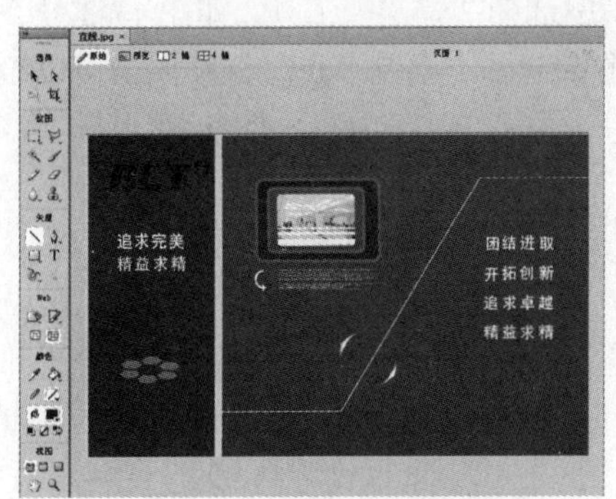

图 17-29　打开文档

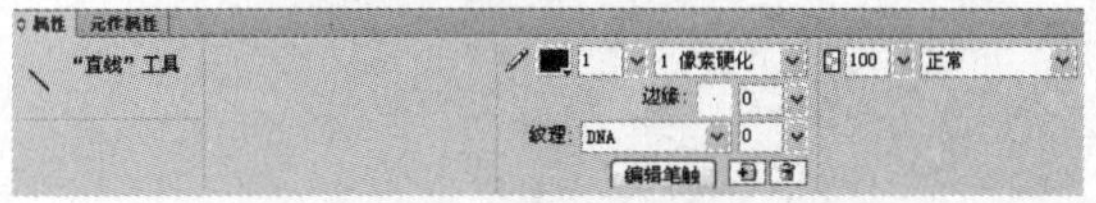

图 17-30　“直线”工具“属性”面板

在“直线”工具“属性”面板中主要有以下参数。

- 直线颜色：单击颜色框，在弹出的颜色列表中设置直线的颜色。
- 直线尺寸：在文本框中输入要绘制直线的尺寸，或者通过单击右边的滑块按钮，在弹出的滑块列表中设置直线的尺寸。
- 描边种类：在右边的下拉列表中设置描边选项。
- 边缘：使用“直线”工具绘制出来的直线边缘可以是直边，也可以是不同程度的虚边，在文本框中可以设置边缘的虚实。当设置的数值越大时，边缘越虚，反之越实。

- 透明度：用于设置绘制的直线不透明度数值，或通过单击滑块，在弹出的滑块列表中设置对象的不透明度。
- 混合模式：用来选择不同的混合模式选项，应用到绘制的直线上。

（3）按住鼠标左键在舞台中绘制直线，如图 17-31 所示。

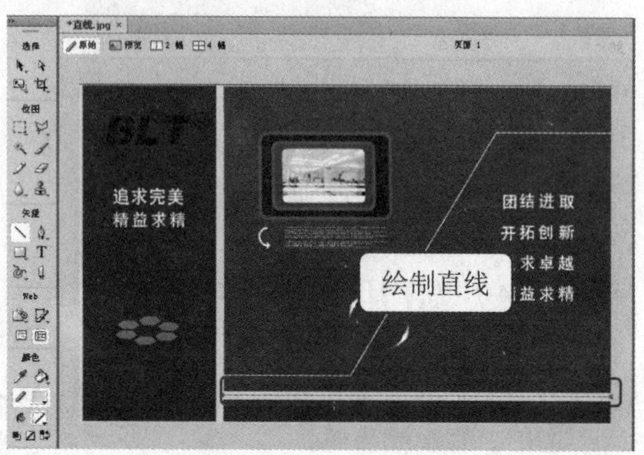

图 17-31　绘制直线

17.4.2 “钢笔”工具

“钢笔”工具通常用于绘制比较复杂、精确的曲线。如果要绘制一些比较容易控制、自由的图形对象，可以使用工具箱中的“钢笔”工具进行绘制。

（1）打开光盘中的图像文件“钢笔.jpg”，在工具箱中选择“钢笔”工具，如图 17-32 所示。

（2）在“属性”面板中设置相应的参数，然后在图像上单击绘制节点，继续单击可以绘制另外的节点，将最后一个节点和开始的节点定义在同一个位置上，如图 17-33 所示。

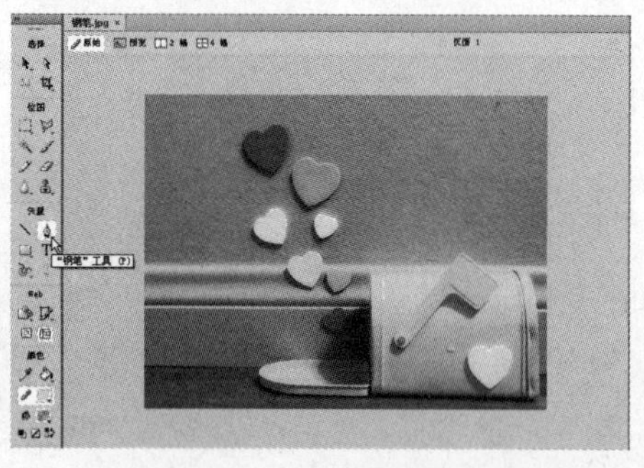

图 17-32　选择“钢笔”工具

图 17-33　绘制节点

17.5　对象的选择与编辑

Fireworks 提供了 3 种选择工具，分别是“指针”工具、“选择后方对象”工具和“部分指定”工具。

17.5.1　使用选择工具

单击对象或者在全部或部分对象周围拖动对象时，“指针”工具会选择这些对象，将指针工具移到对象的路径或对象的边界上，单击即可选择该对象。

使用“指针”工具的具体操作步骤如下。

（1）打开光盘中的图像文件“选择.fw.png”，在工具箱中选择“指针”工具，如图 17-34 所示。

（2）在要选择的对象上单击，即可选择该对象，如图 17-35 所示。

图 17-34　打开图像文件

图 17-35　选择对象

17.5.2　图形的变形

在矢量图形对象的路径中还包含节点和控制柄，通过使用“部分选定”工具可以选中路径对象和控制柄。使用“部分选定”工具的具体操作步骤如下。

（1）打开光盘中的图像文件“选择.fw.png”，在工具箱中选择“部分选定”工具。

（2）在路径中要选择的节点或控制柄上单击，将相应的节点或控制柄选中，即可调整选中的对象，如图 17-36 所示。

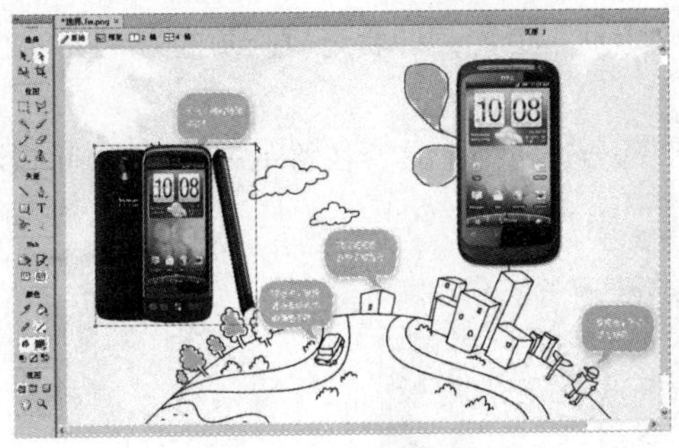

图 17-36　调整对象

17.6　综合应用

利用本章所学的绘图和修饰工具设计标志。网站标志效果如图 17-37 所示，具体操作步骤如下。

完成文件 实例素材/完成文件/CH17/17.6/标志. png

图 17-37　网站标志

（1）启动 Fireworks CS6，执行“文件” | “新建”命令，打开“新建文档”对话框，在该对话框中将“宽度”设置为 500，“高度”设置为 400，“画布颜色”选择“透明”选项，如图 17-38 所示。

（2）单击“确定”按钮，新建空白透明文档，如图 17-39 所示。

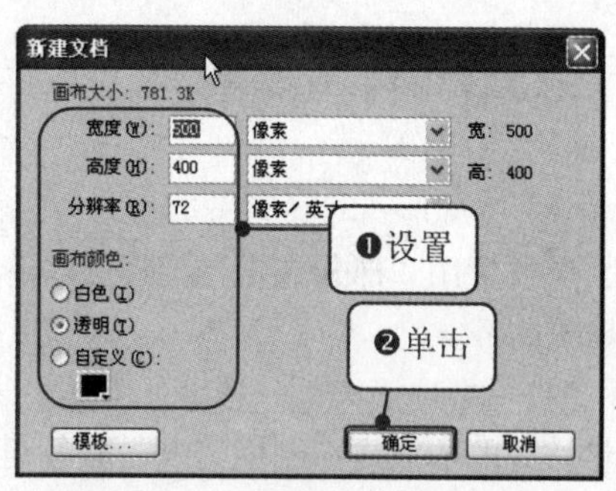

图 14-38　“新建文档”对话框

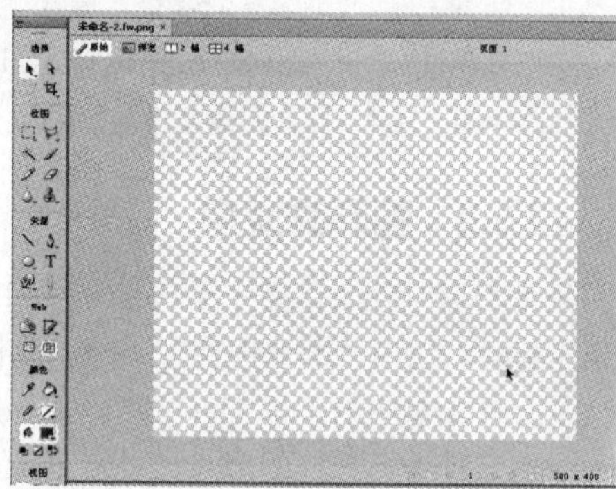

图 17-39　新建文档

（3）选择工具箱中的“矩形”工具，将填充颜色设置为#D96D00，在舞台中绘制矩形，如图 17-40 所示。

（4）选择工具箱中的“部分选定”工具，在舞台中单击绘制的形状，弹出 Fireworks 提示框，如图 17-41 所示。

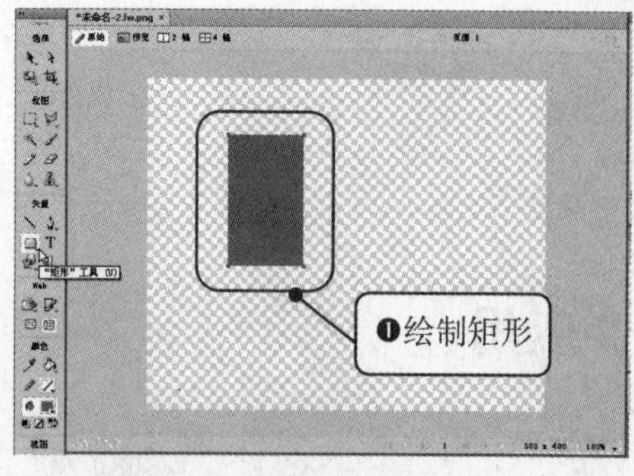

图 14-40　“新建文档”对话框

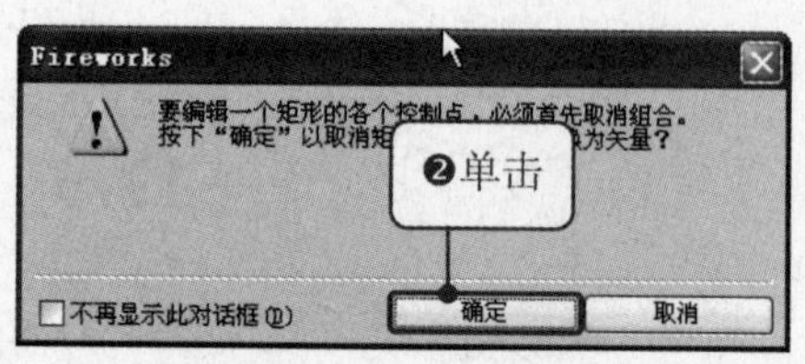

图 17-41　Fireworks 提示框

（5）单击“确定”按钮，将其转换为矢量图，然后当鼠标出现▷时，调整矩形的形状，如图 17-42 所示。

（6）选择工具箱中的“矩形”工具，将填充颜色设置为#A3D900，在舞台中绘制矩形，如图 17-43 所示。

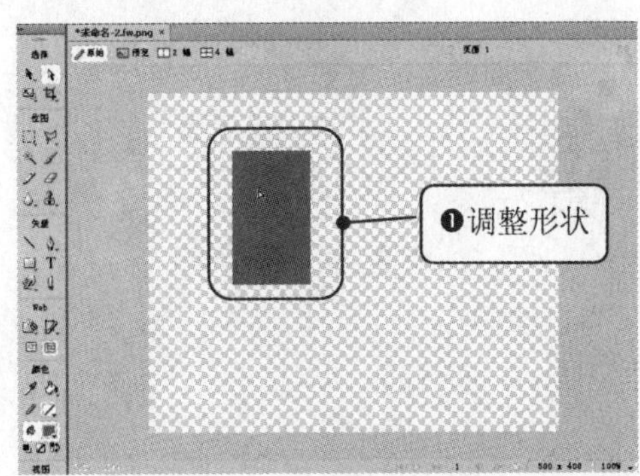

图 17-42　调整矩形形状

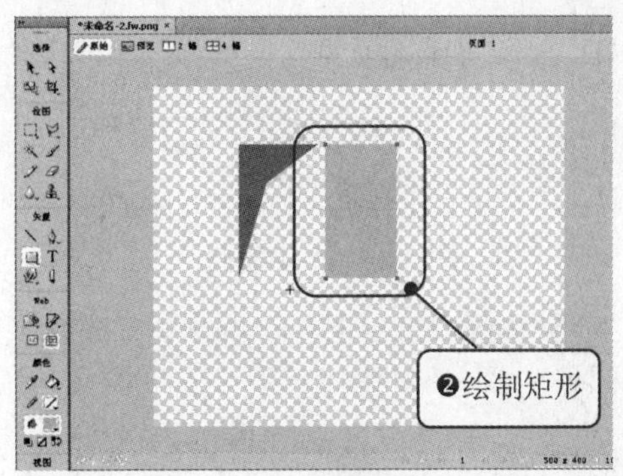

图 17-43　绘制矩形

（7）选择工具箱中的“部分选定”工具，在舞台中单击绘制的形状，弹出 Fireworks 提示框，单击“确定”按钮，将其转换为矢量图，调整矩形的形状，如图 17-44 所示。

（8）选择工具箱中的“指针”工具，将其向左移动一段距离，如图 17-45 所示。

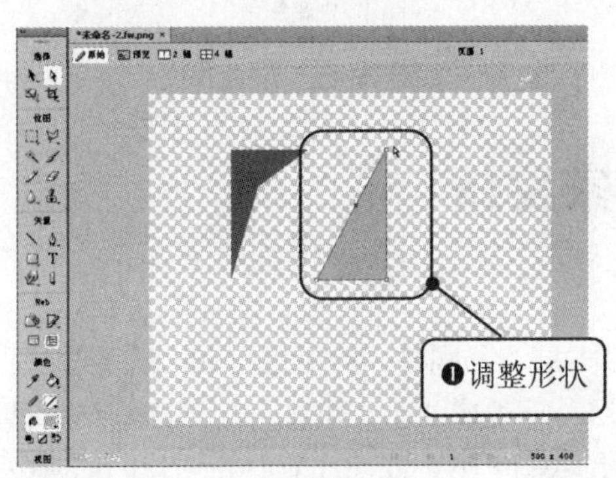

图 17-44　调整矩形形状

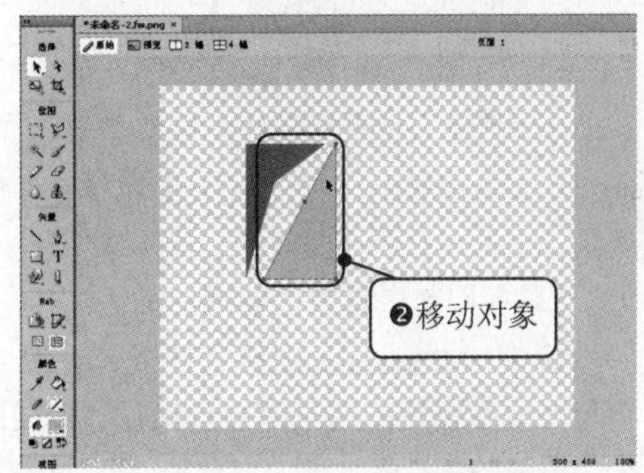

图 17-45　移动对象

（9）选择工具箱中的“椭圆”工具，将填充颜色设置为#0059B2，在舞台中绘制椭圆，如图 17-46 所示。

（10）选择工具箱中的“部分选定”工具，将其转换为矢量图，然后调整其形状，如图 17-47 所示。

（11）选择工具箱中的“文本”工具，在舞台中输入文字“迅雅科技”，如图 17-48 所示。

（12）在“属性”面板中单击“滤镜”右边的+，在弹出的列表中选择“阴影和光晕”|“投影”选项，在弹出的列表框中设置相应的参数，如图 17-49 所示。

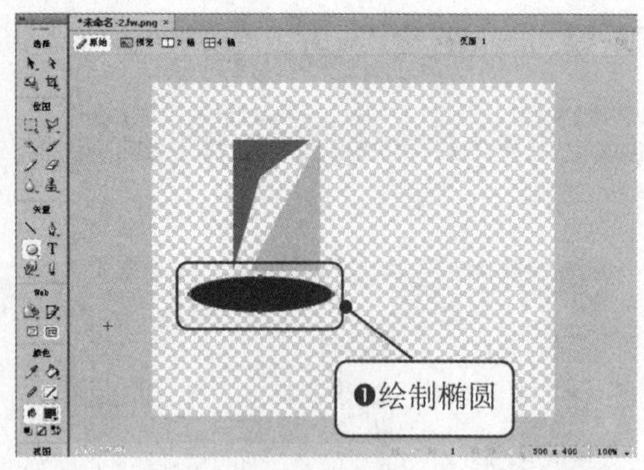

图 17-46 绘制椭圆

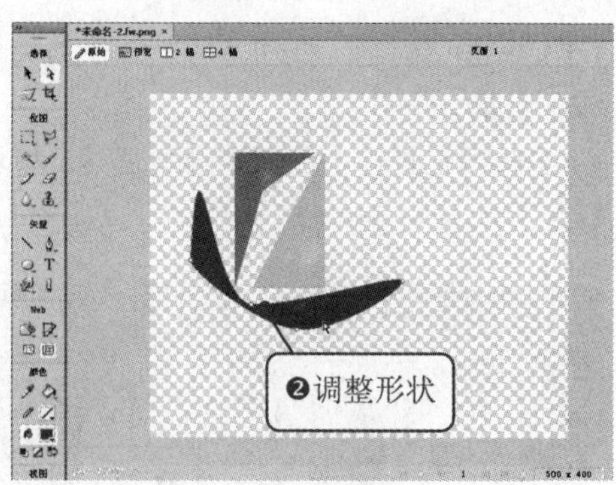

图 17-47 调整形状

图 17-48 输入文字

图 17-49 设置投影

17.7 专家秘籍

1. 对象与对象层有什么区别

一个标准的 Fireworks 图形文件至少有 2 个基本层，分别是“网页层”和“普通图层”。每一个图形对象在创建的同时都会自动在“普通图层”下生成一个“单独的层”来容纳自己，因此这个“单独的层”就被称为“对象层”。同样的，每一个热点或切片对象在创建的同时也会在“网页层”下自动生成一个“对象层”来容纳自己。

2. Fireworks 和 Photoshop 该用哪个

Fireworks 是一款针对网页图形制作而开发的软件，可以在位图与矢量模式中绘制各种图形。而 Photoshop 则是针对图形出版印刷而开发的位图软件。因此严格来讲，两款软件对于各自所要解决的问题有所不同。所以不能强行将两者进行对比。虽然 Fireworks 操作方便，易于上手，但这也和个人对软件使用的熟练程度有关。因此，选择哪个软件关键是看你要解决什么问题。

3. 怎样把两个位图对象合并为一个对象

在同一个画布中，调理两个位图的对象层，使其中一个位图紧挨在另一位图对象层的上面。然后选中上层的位图对象，单击菜单栏上的“修改”|“向下合并”即可。

4．克隆与粘帖有什么区别

当制作对象被剪切或复制后会被保留在 Windows 剪贴板中，使用粘贴功能就可将该对象复印到其它的文档或图层中去。而克隆则只能将制作对象在当前的文档图层中复印一份。

17.8　本章小结

除了 Photoshop CS6 可以处理、设计网页图像外，Fireworks 也是专门的网页图像处理软件。Fireworks 可以在单个应用程序中创建、编辑位图和矢量两种图形，并且所有元素都可以随时被编辑。目前的最新版本 Fireworks CS6 中文版，更是以它的方便快捷的操作模式，以及在位图编辑、矢量图像处理与 GIF 动画制作功能上的多方面优秀整合，赢得诸多好评。

第 18 章 文本和样式的使用

学前必读

在 Fireworks 的图像中可以使用文本工具插入文本，除此之外，通过灵活应用笔触、填充和动态滤镜可以制作出多姿多彩的文本效果，也可以应用附加文本到路径，还可以将文本中的文字和路径对象的形状相搭配，实现许多文字特效。

学习流程

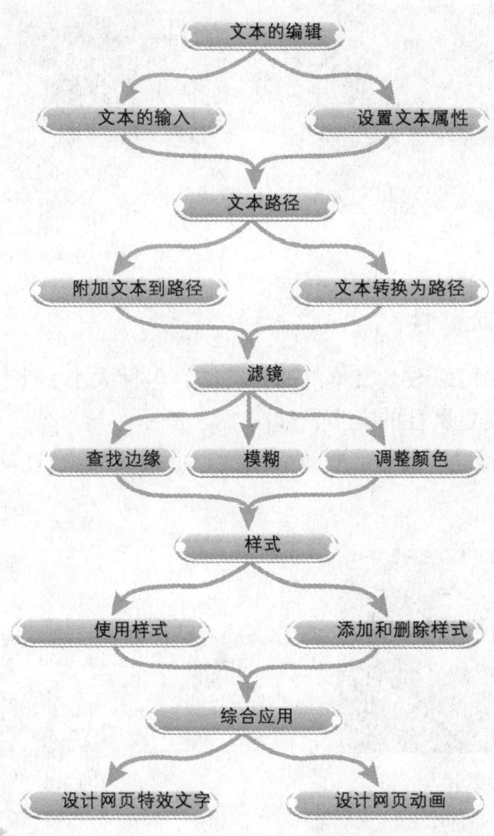

18.1　文本的编辑

Fireworks CS6 可以轻松地在图像窗口中输入文本，并随时编辑。也可以将其他格式的文本导入 Fireworks 中，同时保留原有文本丰富的格式。

18.1.1　上机练习——文本的输入

要在文档窗口中输入文本，选择工具箱中的“文本”工具进行输入即可。输入文本的具体操作步骤如下。

（1）在工具箱中选择“文本”工具，如图 18-1 所示。

（2）将光标置于文档中，在需要输入文本的位置处单击，输入文本，如图 18-2 所示。

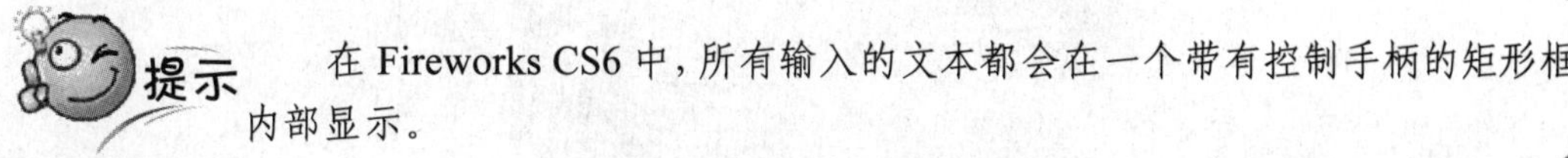

提示　在 Fireworks CS6 中，所有输入的文本都会在一个带有控制手柄的矩形框内部显示。

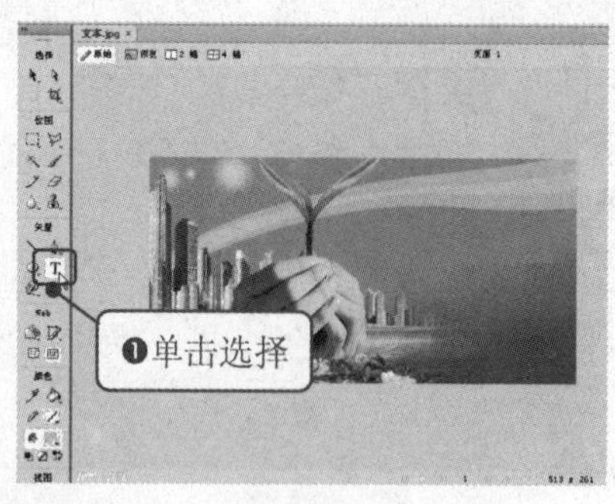

图 18-1 选择“文本”工具

图 18-2 输入文本

18.1.2 设置文本属性

在文本“属性”面板中可以改变文本的所有特性，包括大小、字体、间距及基线等。

（1）在文档中选择要设置属性的文本，如图 18-3 所示。

（2）执行“窗口”|“属性”命令，打开“属性”面板，如图 18-4 所示，在“属性”面板中可以设置文本的属性。

图 18-3 选中文本

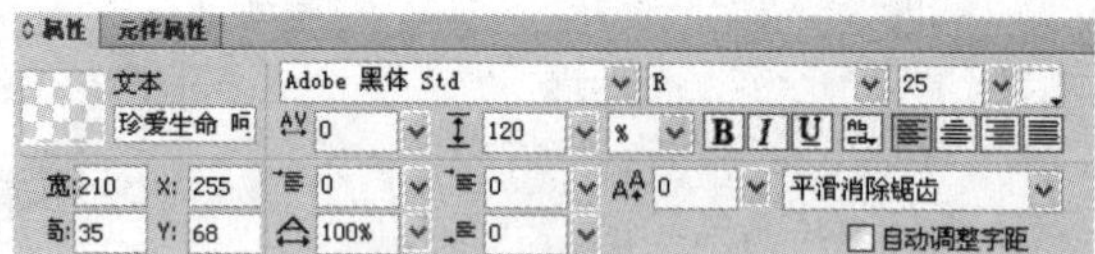

图 18-4 “属性”面板

18.2 文本路径

先将文本转换为路径，然后像对待矢量对象那样，可以编辑字母的形状。将文本转换为路径后，即可使用所有的矢量编辑工具。

18.2.1 上机练习——附加文本到路径

附加到路径的文本不受矩形文本框的限制，附加之后文本会沿着路径的方向排列，仍具可编辑性。附加文本到路径效果如图 18-5 所示，具体操作步骤如下。

图 18-5 附加文本到路径

练习文件　实例素材/练习文件/CH18/18.2.1/附加文本.jpg

完成文件　实例素材/完成文件/CH18/18.2.1/附加文本.png

（1）打开光盘中的图像文件“附加文本.jpg”，如图 18-6 所示。

（2）在工具箱中选择“椭圆”工具，将填充颜色设置为“无”，笔触颜色设置为#000000，在图像上绘制一个椭圆，如图 18-7 所示。

图 18-6　打开文件

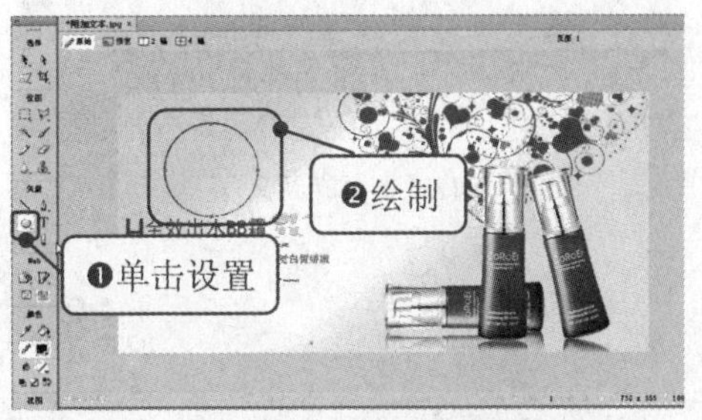

图 18-7　绘制椭圆

（3）在工具箱中选择“文本”工具，在图像上输入文字，如图 18-8 所示。

（4）按住 Shift 键的同时选中文字和椭圆，执行 “文本”|“附加到路径”命令，文本自动沿着椭圆排列，如图 18-9 所示。

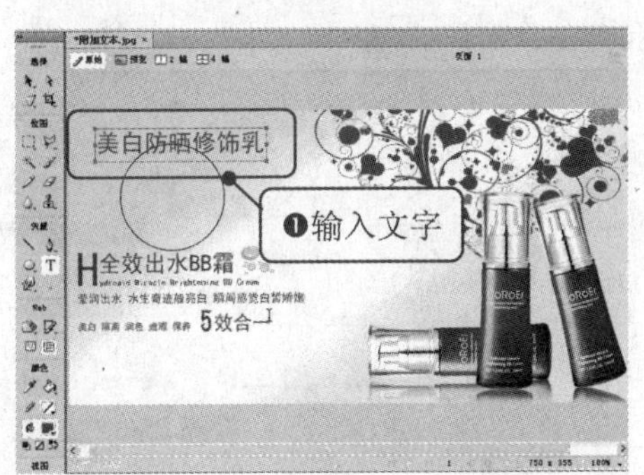

图 18-8 输入文字

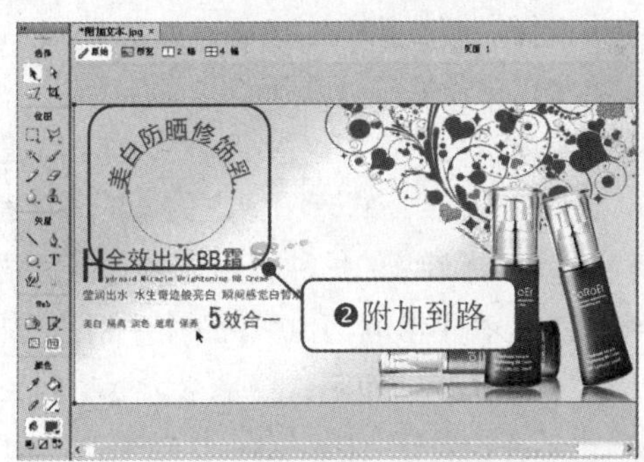

图 18-9　附加文本到路径

提示　附加文本到路径后，该路径会暂时失去描边、填充及效果属性。之后应用的任何描边、填充和效果属性都将应用到文本，而不是路径。执行“文本”|“从路径分离”命令，即可将文本从路径分离出来。如果将文本从路径中分离出来，该路径又会重新获得描边、填充及效果属性。

18.2.2　上机练习——文本转换为路径

文本转换为路径的具体操作步骤如下。

（1）打开光盘中的图像文件“路径文本.jpg”，在工具箱中选择“文本”工具，在图像上输

入文字，如图 18-10 所示。

（2）选中文字，执行“文本”|“转换为路径”命令，将文本转换为路径，如图 18-11 所示。

图 18-10　输入文字

图 18-11　文本转换为路径

18.3　滤镜

Fireworks CS6 软件中提供了一组滤镜命令，在“属性”面板中的“滤镜”菜单中，选择相应的选项可对位图进行处理。

18.3.1　调整颜色

在“属性”面板中单击“滤镜”右边的 + 按钮，在弹出的菜单中选择“调整颜色”选项，如图 18-12 所示，在弹出的子菜单中根据需要进行选择。

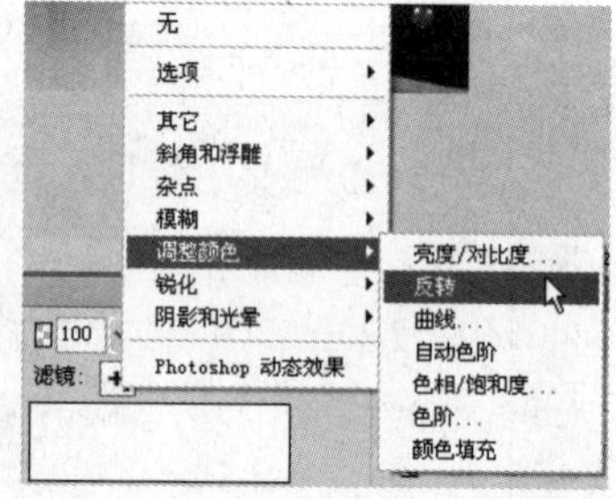

图 18-12　“调整颜色”选项

“调整颜色”下拉菜单中有以下选项。

- 亮度/对比度：修改图像中像素的亮度和对比度。
- 反转：将图像的每种颜色改为它在色轮中的反相色。
- 曲线：在不影响其他颜色的情况下，在色调范围内调整任何颜色，而不仅仅是 3 个变量。
- 自动色阶：让 Fireworks 自动调整色调范围，将文档中颜色的灰度平均化，即过亮或过暗的部分都会减弱。
- 色相/饱和度：改变图像中颜色的冷暖色调，可以通过调整饱和度来改变颜色的深度，还可以调整颜色的亮度。
- 色阶：图像中各种颜色灰度值的分辨情况。
- 颜色填充：快速更改对象的颜色。

18.3.2　查找边缘

查找边缘滤镜可以识别图像中有重大变化的区域，并强化边界，将图像中的颜色过渡转变成线条，创建草图或素描的效果。

（1）打开光盘中的图像文件“查找边缘.jpg”，单击“属性”面板中的“滤镜”右边的 + 按钮，在弹出的菜单中执行“其他”|“查找边缘”命令，如图 18-13 所示。

（2）选择该选项后，效果如图 18-14 所示。

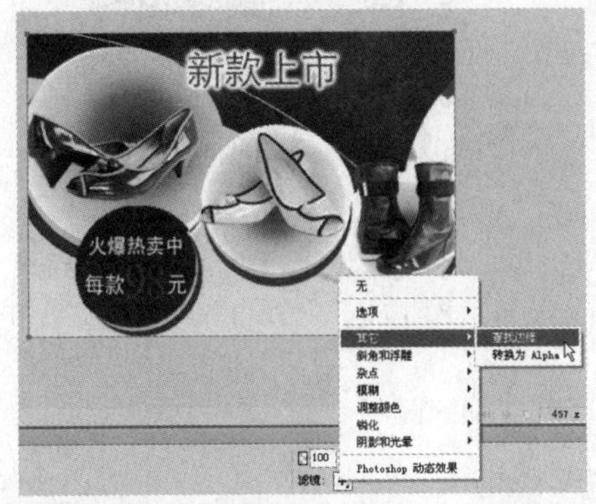

图 18-13　选择“查找边缘”选项

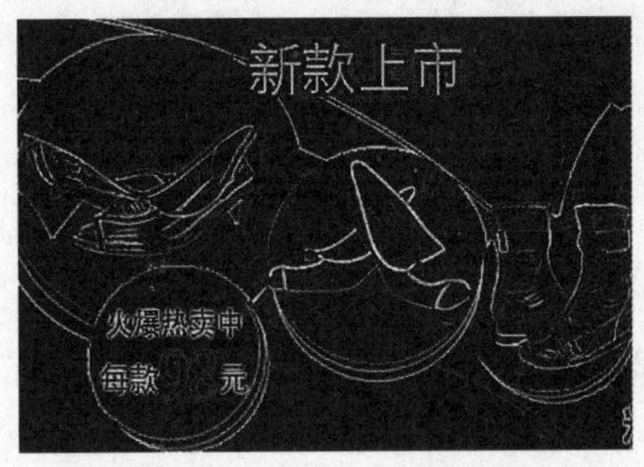

图 18-14　查找边缘滤镜效果

18.3.3　模糊

模糊滤镜在图像处理中应用相当广泛。它主要用来制作图像的模糊效果。单击“属性”面板中的“滤镜”右边的+按钮，在弹出的菜单中选择“模糊”选项，在弹出的子菜单中根据需要选择，如图 18-15 所示。

图 18-15　选择“模糊”选项

1. 放射状模糊

放射状模糊产生图像正在旋转的视觉效果。

（1）单击“属性”面板中的“滤镜”右边的+按钮，在弹出的菜单中执行“模糊” | “放射状模糊”命令，打开“放射状模糊”对话框，如图 18-16 所示。

（2）在对话框中将“数量”设置为“10”，“品质”设置为“5”。

（3）单击“确定”按钮，效果如图 18-17 所示。

“放射状模糊”对话框中主要有以下参数。

- 数量：模糊的程度，取值范围为 1 ~ 100，数值越大，模糊程度越高。
- 品质：模糊后的品质，取值范围为 1 ~ 100，数值越大，品质越好，速度越慢。

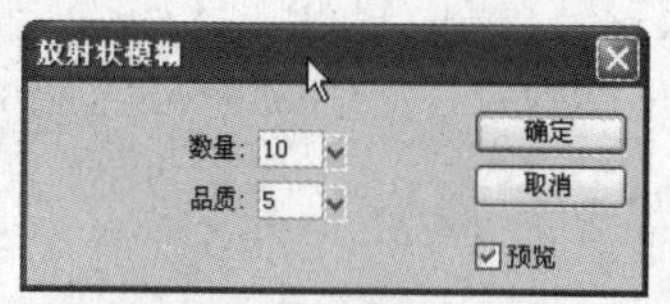

图 18-16 “放射状模糊”对话框

图 18-17 放射状模糊效果

2．模糊

模糊主要用于消除图像中颜色明显变化处的杂色，减小图像对比度过于强烈的区域，使所选对象变得柔和。如图 18-18 所示是应用 3 次模糊后的效果。

图 18-18 模糊效果

3．缩放模糊

缩放模糊产生图像正在朝向或远离观察者移动的视觉效果。

制作缩放模糊效果的具体操作步骤如下。

（1）单击“属性”面板中的“滤镜”右边的+按钮，在弹出的菜单中执行“模糊”|“缩放模糊”命令，打开“缩放模糊”对话框，如图 18-19 所示。

（2）在对话框中将“数量”设置为“8”，“品质”设置为“8”。

（3）单击“确定”按钮，效果如图 18-20 所示。

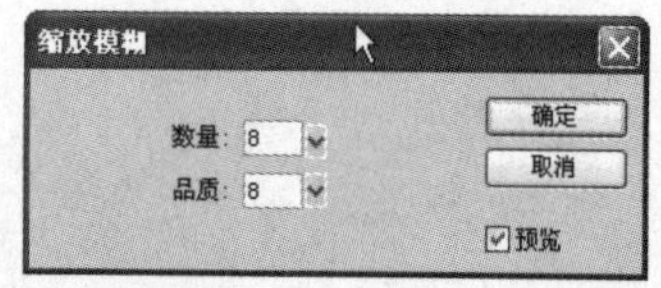

图 18-19 “缩放模糊”对话框

图 18-20 缩放模糊效果

4．运动模糊

运动模糊产生图像正在运动的视觉效果。

（1）单击“属性”面板中的“滤镜”右边的+按钮，在弹出的菜单中执行“模糊”|“运动模糊”命令，打开“运动模糊”对话框，如图 18-21 所示。

（2）在对话框中将“角度”设置为“8”，“距离”设置为“8”。

（3）单击“确定”按钮，效果如图 18-22 所示。

“运动模糊”对话框中主要有以下参数。

- 角度：控制对象的运动方向，即模糊效果的方向。
- 距离：控制对象的模糊程度。

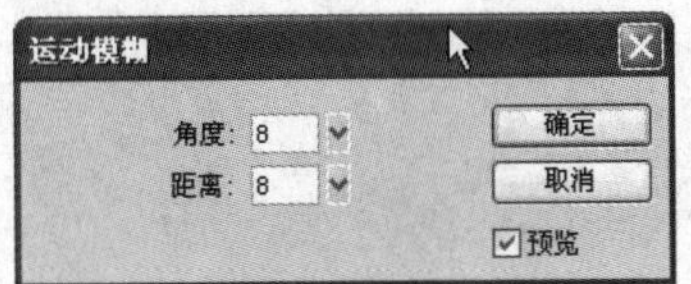

图 18-21　“运动模糊”对话框

图 18-22　运动模糊效果

模糊的“角度”在 0°～360°之间，“距离”数值在 0～100 之间，数值越大，模糊效果越明显。

5．进一步模糊

进一步模糊与模糊功能一样，只是处理强度大约是模糊的 3 倍。

6．高斯模糊

高斯模糊是一种经常使用的滤镜，它可以对图像进行大范围的调整，对每个像素应用加权平均模糊处理以产生朦胧效果。

（1）单击“属性”面板中的“滤镜”右边的 + 按钮，在弹出的菜单中执行“模糊”|“高斯模糊”命令，打开“高斯模糊”对话框，如图 18-23 所示。

（2）在对话框中将“模糊范围”设置为“2.0”，单击“确定”按钮，效果如图 18-24 所示。

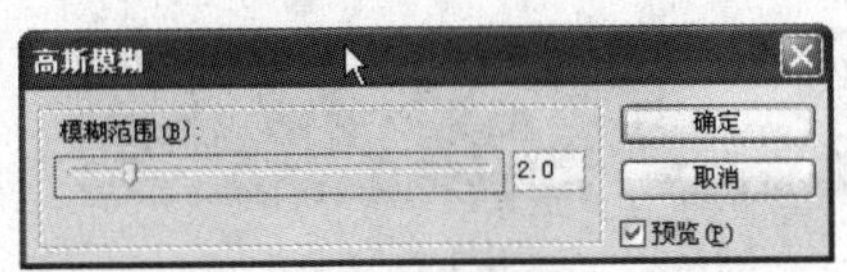

图 18-23　“高斯模糊”对话框

图 18-24　高斯模糊效果

18.4　样式

样式是对象的一系列属性的集合。如果创建了笔触、填充、效果和文本等属性的组合，并想重复使用它们，就可以将这些属性保存为样式。

18.4.1 上机练习——使用样式

通过创建样式，可以保存并重复应用一组预定义的填充、笔触、滤镜和文本属性。将样式应用于对象后，该对象即具备了该样式的特性。使用样式的具体操作步骤如下。

（1）打开光盘中的图像文件“文本样式.jpg”，在工具箱中选择“文本”工具，在“属性”面板中设置相应的参数，如图 18-25 所示。

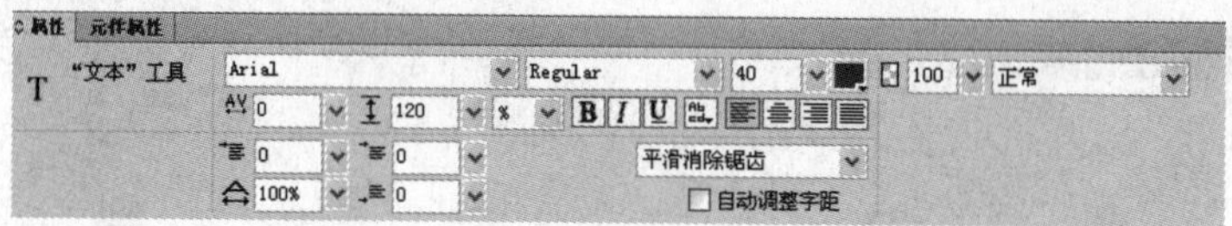

图 18-25 “属性”面板

（2）在图像上单击，输入文字“美好未来”，如图 18-26 所示。

图 18-26 输入文字

（3）选中文本，执行“窗口”|“样式”命令，打开“样式”面板，在面板中单击要使用的样式，如图 18-27 所示。应用样式后，效果如图 18-28 所示。

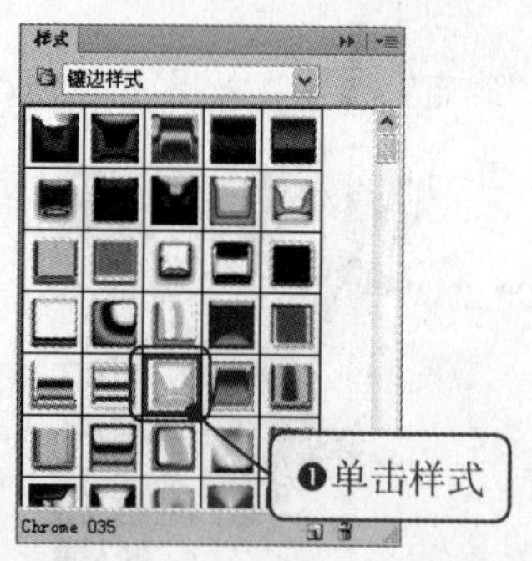

图 18-27 “样式”面板

图 18-28 应用样式效果

提示 如果要对样式进行编辑，则单击“样式”面板右上角的按钮，在弹出的菜单中选择“编辑样式”选项，在打开的对话框中进行编辑即可。

18.4.2　上机练习——添加和删除样式

可基于所选对象的属性来创建样式。样式可保存并显示在“样式”面板中，也可从“样式”面板中删除样式。创建与删除样式的具体操作步骤如下。

（1）选择文本，再选择一个新样式所需要的笔触和填充效果，单击“样式”面板右下角的“新建样式”按钮，如图 18-29 所示。

（2）弹出“新建样式”对话框，在对话框中的“名称”文本框中输入新建样式的名称，在“属性”区域中根据需要进行选择，如图 18-30 所示。

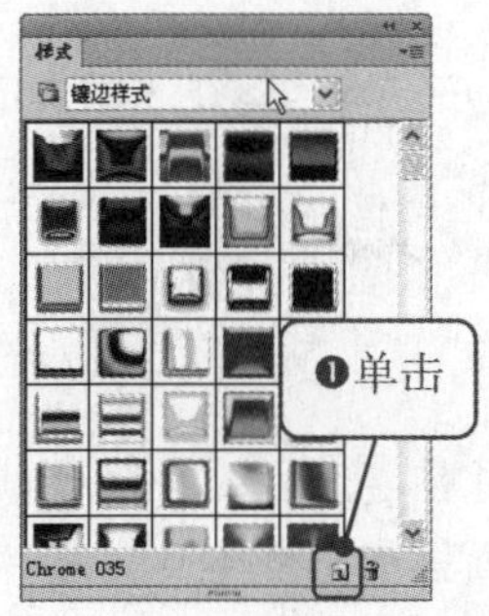

图 18-29　单击“新建样式”按钮

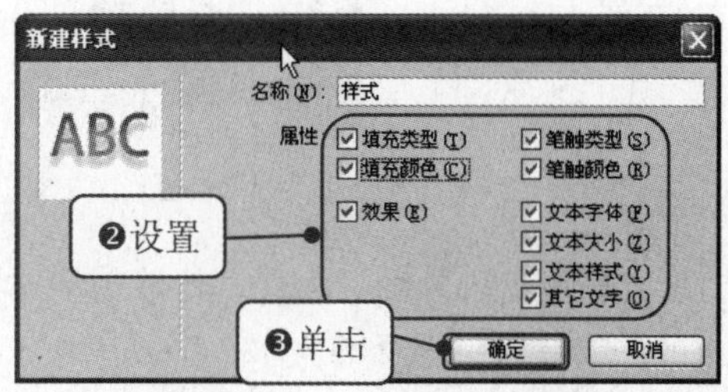

图 18-30　“新建样式”对话框

（3）单击“确定”按钮后，新建立的样式会被添加到“样式”面板中，如图 18-31 所示。

（4）选中要删除的样式，单击“样式”面板中的“删除样式”按钮，即可删除样式，如图 18-32 所示。

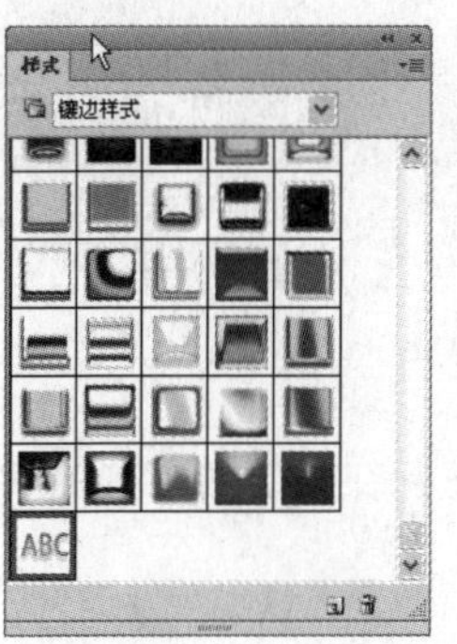

图 18-31　新建样式

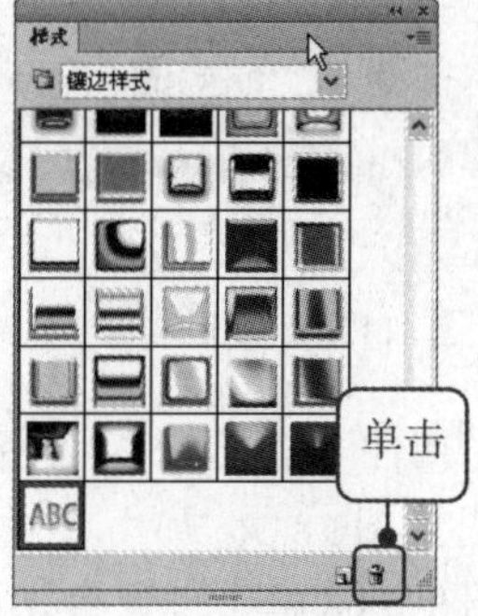

图 18-32　删除样式

18.5　综合应用

网页中的信息大部分都是靠文字和动画来传递的。只要不是新手的网站，网页中的文字都是大小适中、排版整齐的。下面通过两个实例讲述网页特效文字和动画的制作。

18.5.1 综合应用——设计网页特效文字

使用 Fireworks 能够非常轻易地制作出各种特效文字，如图 18-33 所示。具体操作步骤如下。

练习文件 实例素材/练习文件/CH18/18.5.1/特效文字.jpg

完成文件 实例素材/完成文件/CH18/18.5.1/特效文字.png

图 18-33 特效文字

（1）打开光盘中的图像文件“特效文字.jpg”，如图 18-34 所示。

（2）在工具箱中选择“文本”工具，在“属性”面板中把字体设置为“黑体”，字体大小设置为“50”，在舞台中输入文字“健康生活”，如图 18-35 所示。

图 18-34 打开文件

图 18-35 输入文字

（3）单击“属性”面板中的“滤镜”右边的 [+] 按钮，在弹出的菜单中执行“阴影和光晕”|“光晕”命令，如图 18-36 所示。

（4）在打开的列表框中设置参数，如图 18-37 所示。

图 18-36 选择“光晕”选项

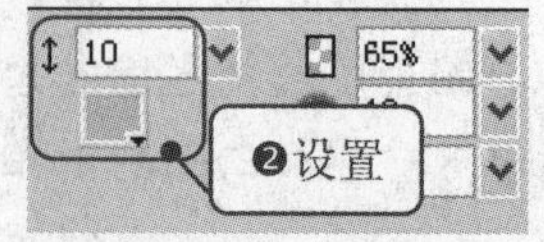

图 18-37 设置光晕参数

（5）单击“属性”面板中的“滤镜”右边的[+]按钮，在弹出的菜单中执行“杂点”|“新增杂点”命令，打开“新增杂点”对话框，在该对话框中将“数量”设置为“20”，如图 18-38 所示。

（6）单击“确定”按钮，设置滤镜样式，如图 18-39 所示。

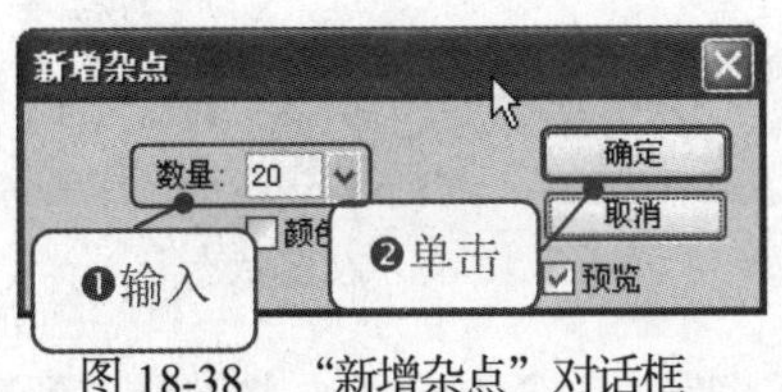

图 18-38　“新增杂点”对话框

图 18-39　设置滤镜样式

18.5.2　综合应用——设计网页动画

下面讲述怎样设计网页动画，如图 18-40 所示，具体操作步骤如下。

图 18-40　网页动画

练习文件　实例素材/练习文件/CH18/18.5.2/d1.jpg、d2.jpg、d3.jpg

完成文件　实例素材/完成文件/CH18/18.5.2/网页动画.png

（1）启动 Fireworks CS6，执行“文件”|“打开”命令，弹出“打开”对话框，在该对话框中选择图像 d1.jpg，如图 18-41 所示。

（2）单击“打开”按钮，打开图像文件，图 18-42 所示。

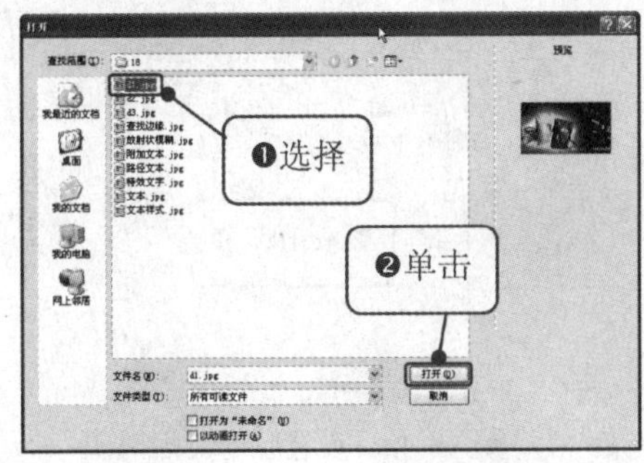

图 18-41　“打开”对话框

图 18-42　打开文件

（3）执行“窗口”|“状态”命令，打开“状态”面板，如图 18-43 所示。

（4）在“状态”面板中单击“新建/重置状态”按钮，新建状态 2，如图 18-44 所示。

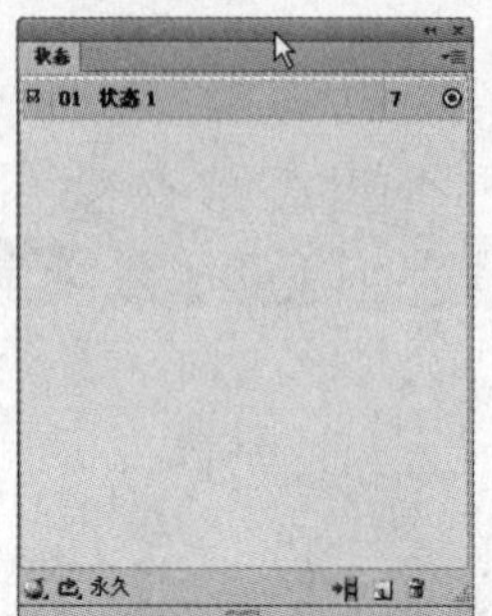

图 18-43 “状态”面板

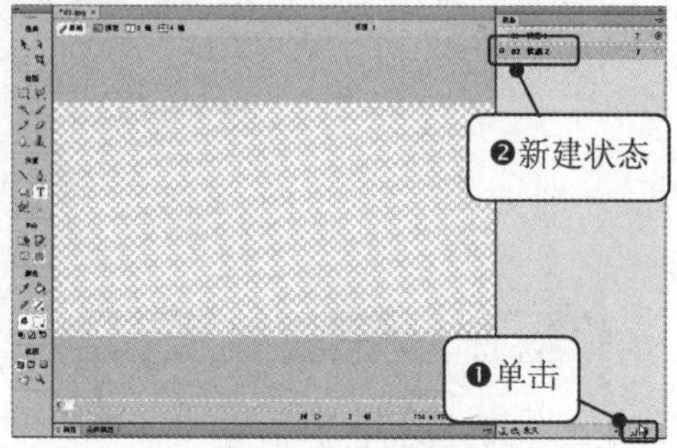

图 18-44 新建状态

（5）执行“文件”|“导入”命令，弹出“导入”对话框，选择图像 d2 将其导入到舞台中，然后将其拖动到相应的位置，如图 18-45 所示。

（6）在“状态”面板中单击“新建/重置状态”按钮，新建状态 3，执行“文件”|“导入”命令，弹出“导入”对话框，导入图像 d3，如图 18-46 所示。

图 18-45 导入图像 d2

图 18-46 导入图像 d3

（7）双击状态 1 右边的白色按钮，在弹出的列表框中将“状态延迟”设置为 100，如图 18-47 所示。

（8）同步骤（7）设置状态 2 和状态 3 的状态延迟时间为 100，如图 18-48 所示。

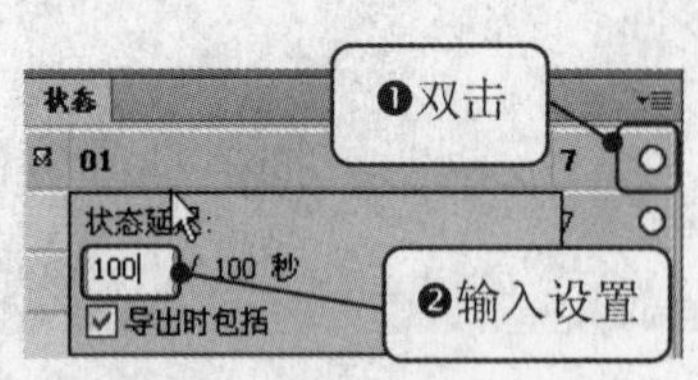

图 18-47 设置状态延迟时间

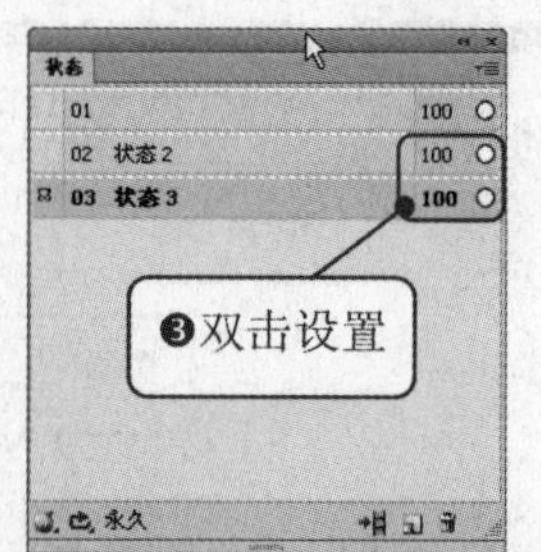

图 18-48 设置状态延迟时间

（9）执行“文件”|“另存为”命令，打开“另存为”对话框，在该对话框中将“文件名”保存为“网页动画”，“另存为类型”选择“动画　　GIF”，如图 18-49 所示。

（10）单击“保存”按钮，保存文件，预览动画效果如图 18-40 所示。

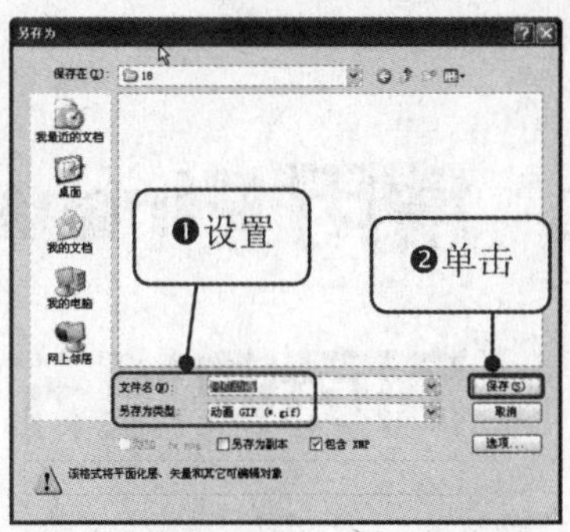

图 18-49　“另存为”对话框

18.6　专家秘籍

1．如何使用 Photoshop 的滤镜

在 Fireworks 中执行“编辑”|“首选参数”命令，弹出“首选参数”对话框，在该对话框的“文件夹”选项卡中勾选“Photoshop 增效工具”复选框，然后单击“浏览”按钮并找到 Photoshop 安装目录下的 phig—in 目录，从中选择所要添加的滤镜。

2．怎样把路径转成选区

在要建立选区的位图上画好路径后随意填充任何颜色，然后选中位图，在按住 Ctrl 键不放的情况下，单击层面板内路径的对象层即可。

3．如何为文字进行描边

选中文字对象后，使用文本属性框里的描边工具即可为文字选择各种描边色。

4．使用文字工具并往文本输入框中复制文本时，为什么不能将文字复制进去

从外部复制文本以后，可在 Fireworks 中直接单击“粘贴”按钮就可以把文本复制进来了。

5．怎样才能从外部导入样式

启动“样式”面板后单击该面板右上角的下拉列表，从中选择“导入样式”，然后在弹出的路径选择窗口中选取所要导入的样式文件。

18.7　本章小结

在 Fireworks 的图像中可以使用文本工具插入文本，除此之外通过灵活应用笔触、填充和动态滤镜可以制作出多姿多彩的文本效果，也可以应用附加文本到路径，还可以将文本中的文字和路径对象的形状相搭配，实现许多文字特效。另外，使用滤镜和样式也可以为文本添加各种特效。

第19章 使用Fireworks设计网页典型元素

学前必读

Fireworks用得最广泛的领域就是图形和图像的处理，这里所说的图形是指自己绘制出来的东西；而图像的处理指的是在一幅已经有的照片上进行处理。本章中的每个实例都使用了不同的功能，希望读者在学习时能够不断总结，以便更快地进步和提高。

学习流程

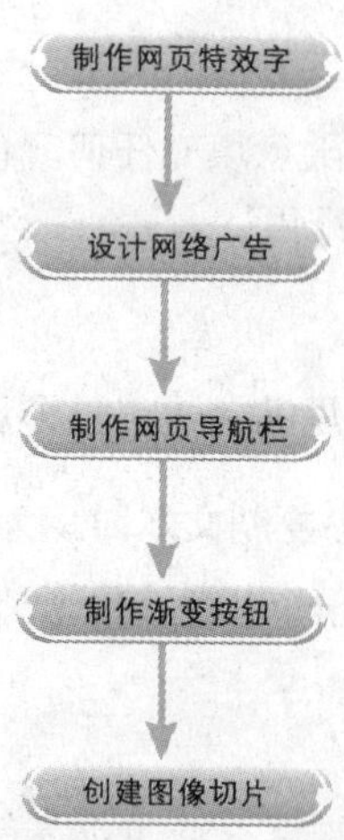

19.1 制作网页特效字

Fireworks CS6可以轻松地在图像窗口中输入文本，并随时编辑，也可以将其他格式的文本导入Fireworks中，同时保留原有文本丰富的格式。

下面使用 Fireworks 设计网页特效字，最终结果如图 19-1 所示，具体操作步骤如下。

图 19-1　网页特效字

练习文件　实例素材/练习文件/CH19/19.1/特效字.jpg

完成文件　实例素材/完成文件/CH19/19.1/特效字.png

（1）启动 Fireworks CS6，打开光盘中的图像文件"特效字.jpg"，在工具箱中选择"文本"工具，如图 19-2 所示。

（2）执行"窗口"|"属性"命令，打开"属性"面板，在属性面板中设置相应的参数，然后输入文字"红石榴系列"，如图 19-3 所示。

图 19-2　打开文件

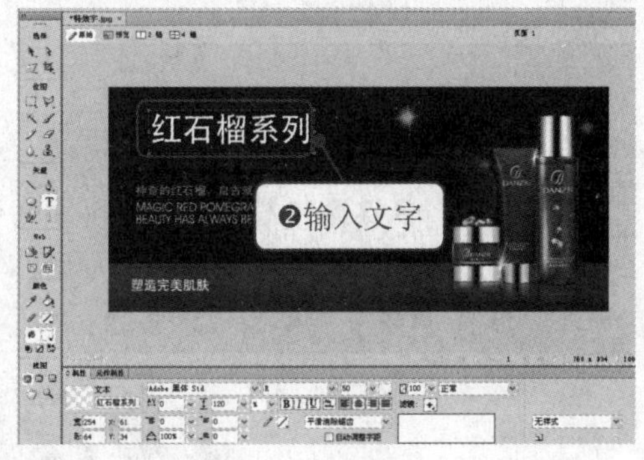

图 19-3　输入文本

（3）选中输入的文本，单击"属性"面板中"滤镜"右边的+按钮，在弹出的列表中执行"阴影和光晕"|"纯色阴影"命令，如图 19-4 所示。

（4）打开"纯色阴影"对话框，在该对话框中将"角度"设置为"5"，"距离"设置为"5"，"颜色"设置为#D96D00，如图 19-5 所示。

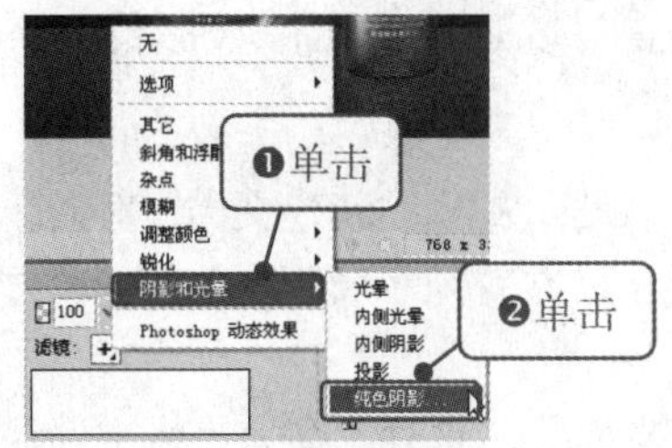

图 19-4　"纯色阴影"命令

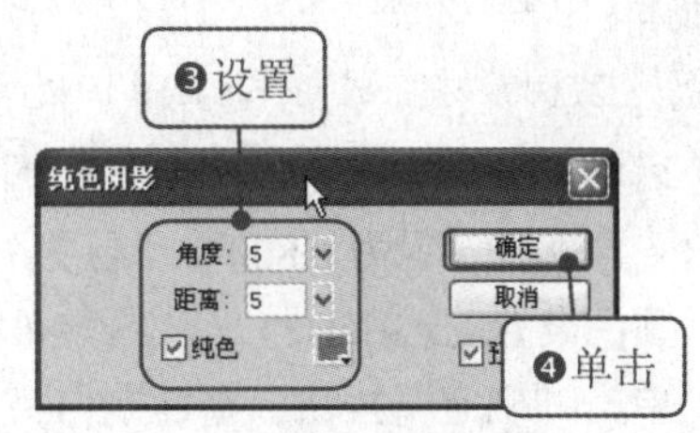

图 19-5　"纯色阴影"对话框

（5）单击“属性”面板中滤镜右边的 + 按钮，在弹出的列表中执行“斜面和浮雕”|“凸起浮雕”命令，如图 19-6 所示。

（6）打开“纯色阴影”对话框，在该对话框中将“角度”设置为 5，“距离”设置为 5，“颜色”设置为#D96D00，如图 19-7 所示。

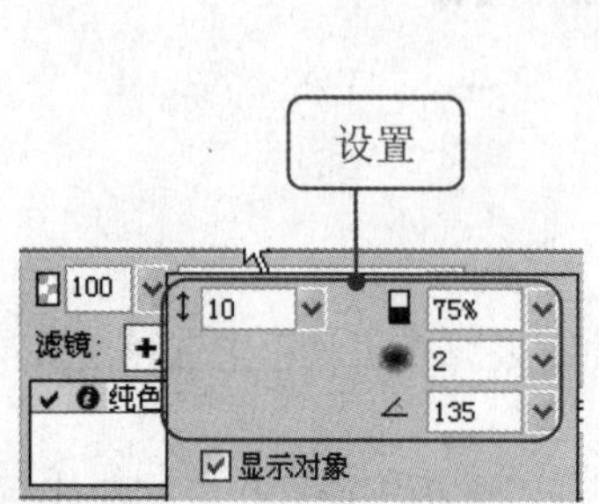

图 19-6　设置斜面和浮雕

图 19-7　设置后的效果

19.2　设计网络广告

网络广告，即在网络上做的广告。它是利用网站上的广告横幅、文本链接、多媒体的方法，在互联网刊登或发布广告，通过网络传递到互联网用户的一种高科技广告运作方式。下面使用 Fireworks 设计网络广告，如图 19-8 所示，具体操作步骤如下。

图 19-8　网络广告

练习文件　实例素材/练习文件/CH19/19.2/bao.png、ren.png、yifu.png、xie.png、weiyi.png

完成文件　实例素材/完成文件/CH19/19.2/网络广告.png

（1）启动 Fireworks CS6，执行“文件”|“新建”命令，弹出“新建文档”对话框，将该对话框中的“宽度”设置为“800”，“高度”设置为“450”，在“画布颜色”中勾选“自定义”单选按钮，颜色设置为#5E6B23，如图 19-9 所示。

（2）单击“确定”按钮，新建空白文档。执行“文件”|“保存”命令，将文件保存为“网络广告.png”，如图 19-10 所示。

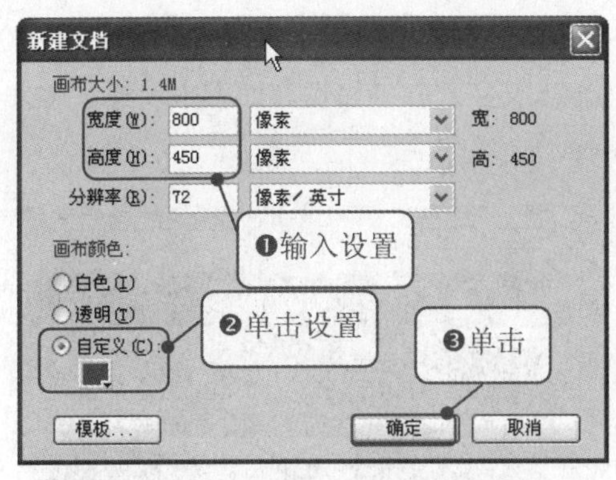

图 19-9　“新建文档”对话框

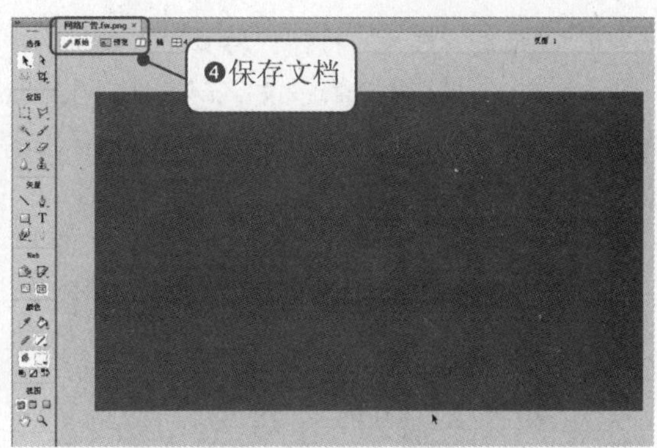

图 19-10　保存文档

（3）在工具箱中选择“椭圆”工具，在属性面板中将填充颜色设置为#D2D5A0，按住鼠标左键拖动在舞台中绘制椭圆，如图 19-11 所示。

（4）在工具箱中选择“文字”工具，在舞台中输入文字，在“属性”面板中设置字体大小和颜色，如图 19-12 所示。

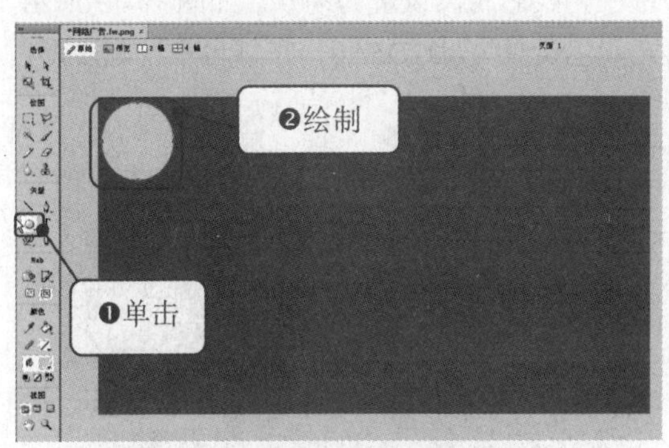

图 19-11　绘制椭圆

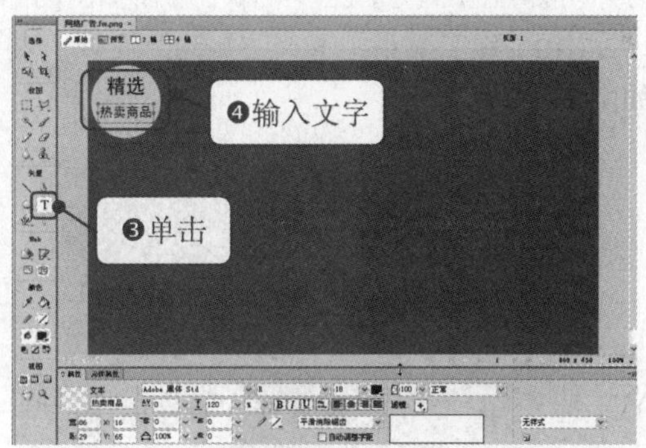

图 19-12　输入文字

（5）执行“文件”|“导入”命令，弹出“导入”对话框，在该对话框中选择光盘中的图像文件“ren.png”，如图 19-13 所示。

（6）单击“打开”按钮，弹出“导入页面”对话框，如图 19-14 所示。

图 19-13　“导入”对话框

图 19-14　“导入页面”对话框

（7）单击“导入”按钮，将其导入到舞台中，然后拖动到相应的位置，如图 19-15 所示。

（8）在工具箱中选择“文字”工具，在舞台中输入文字，在“属性”面板中设置字体大小和颜色，如图 19-16 所示。

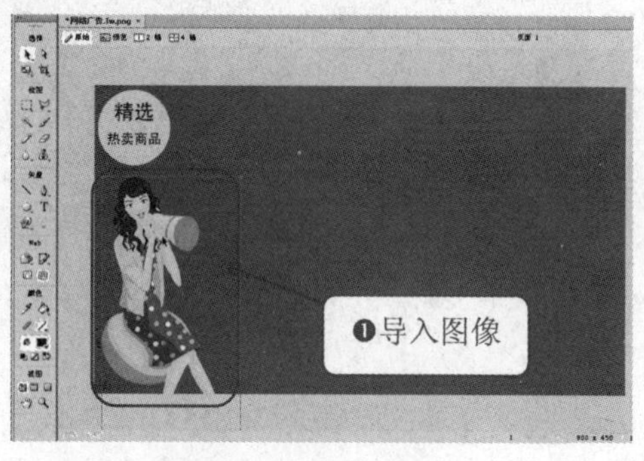

图 19-15 导入图像

图 19-16 输入文本

（9）选中文字“热卖名品低价抢购”，在“属性”面板中单击[+]按钮，在弹出的列表中执行“阴影和光晕”|“投影”命令，在弹出的列表框中将投影距离设置为“7”，如图 19-17 所示。

（10）在工具箱中选择“矩形”工具，将填充颜色设置为#D2D5A0，在舞台中绘制矩形，如图 19-18 所示。

图 19-17 设置投影

图 19-18 绘制矩形

（11）执行“修改”|“变形”|“扭曲”命令，调整矩形的形状，然后将其拖动到右上方，如图 19-19 所示。

（12）在工具箱中选择“文本”工具，在舞台中输入文本“不容错过”，执行“修改”|“变形”|“扭曲”命令，调整文本的形状，如图 19-20 所示。

（13）同步骤（5）~（7）导入图像 weiyi.png，将其拖动到相应的位置，如图 19-21 所示。

（14）单击“属性”面板中“滤镜”右边的[+]按钮，在弹出的列表中执行“阴影和光晕”|“光晕”命令，在弹出的列表框中将投影距离设置为 7，光晕颜色设置为#FFFFFF，如图 19-22 所示。

图 19-19　调整矩形

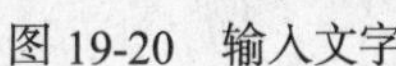

图 19-20　输入文字

图 19-21　导入图像

图 19-22　设置光晕

（15）选择工具箱中的“文本”工具，在舞台中输入相应的文本，如图 19-23 所示。

（16）同步骤（13）~（15）导入其余的图像并输入相应的文本，如图 19-24 所示。

图 19-23　输入文本

图 19-24　导入图像和输入文本

19.3　制作网页导航栏

导航栏的设计一直是网页设计者比较关心的问题，因为导航栏对整个网站内容有提纲挈领的作用，同时，一些广告和网站的更新通知经常也放置在导航栏，所以，导航栏往往需要随时改变。下面使用 Fireworks 制作网页导航栏，如图 19-25 所示，具体操作步骤如下。

图 19-25　网页导航栏

练习文件　实例素材/练习文件/CH19/19.3/网页导航栏.jpg

完成文件　实例素材/完成文件/CH19/19.3/网页导航栏.png

（1）打开光盘中的图像文件“网页导航栏.jpg”，如图 19-26 所示。

（2）在工具箱中选择“斜切矩形”工具，在“属性”面板中将填充颜色设置为#006600，按住鼠标左键拖动，在舞台中绘制斜切矩形，如图 19-27 所示。

图 19-26　打开文件

图 19-27　绘制斜切矩形

（3）单击“属性”面板中“滤镜”右边的[+]按钮，在弹出的菜单中执行“阴影和光晕”|“投影”命令，在打开的列表框中设置相应的参数，如图 19-28 所示。

（4）单击“属性”面板中“滤镜”右边的[+]按钮，在弹出的菜单中执行“斜角和浮雕”|“外斜角”命令，在打开的列表框中设置相应参数，如图 19-29 所示。

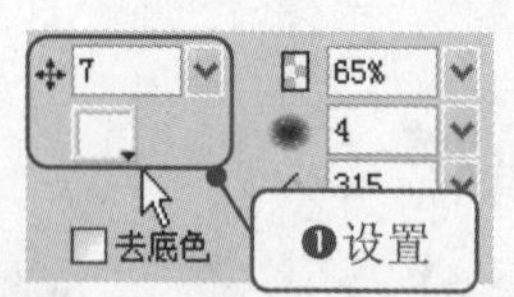

图 19-28　设置“投影”参数

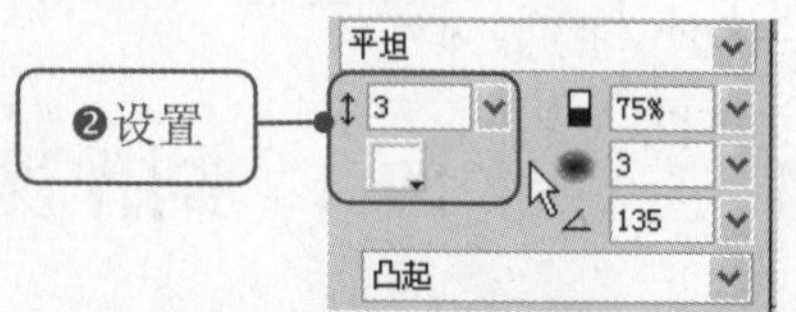

图 19-29　设置“外斜角”参数

（5）设置完成后的效果，如图 19-30 所示。

（6）在工具箱中选择“文字”工具，在舞台中输入文字“网站首页”，如图 19-33 所示。

图 19-30　设置完成后的效果

图 19-31　输入文字

（7）同步骤（5）~（6）制作其余的导航栏，如图 19-32 所示。

（8）保存文档，设置完成后的效果如图 19-25 所示。

图 19-32　制作其余导航栏

19.4　制作渐变按钮

下面使用 Fireworks 制作渐变按钮，最终效果如图 19-33 所示，具体操作步骤如下。

图 19-33　渐变按钮

练习文件 实例素材/练习文件/CH19/19.4/渐变按钮.jpg

完成文件 实例素材/完成文件/CH19/19.4/渐变按钮.png

（1）打开光盘中的图像文件“渐变按钮.jpg”，如图 19-34 所示。

（2）在工具箱中选择“矩形”工具，按住鼠标左键拖动在舞台中绘制圆角矩形，如图 19-35 所示。

图 19-34 打开文件

图 19-35 绘制矩形

（3）将“属性”面板中的“渐变”设置为“线性”选项，然后单击“颜色”按钮，在弹出的列表中设置渐变颜色，如图 19-36 所示。

（4）选择工具箱中的“油漆桶”工具，在绘制的矩形上单击，即可对按钮进行填充，如图 19-37 所示。

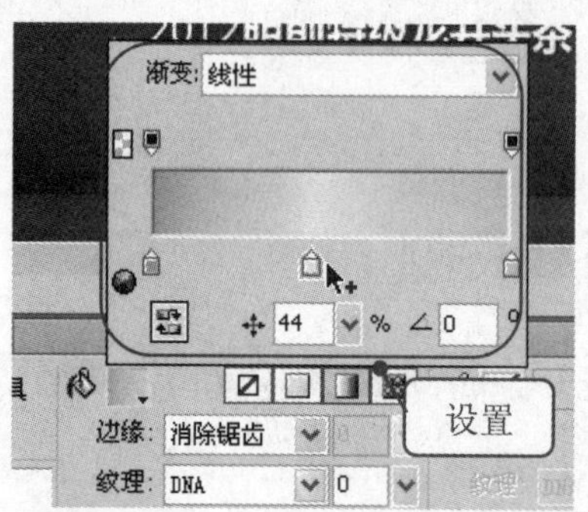

图 19-36 “渐变”工具选项

图 19-37 填充按钮

（5）单击“属性”面板中“滤镜”右边的 + 按钮，在弹出的菜单中执行“斜面和浮雕”|“内斜角”命令，在打开的对话框中设置参数，如图 19-38 所示。

（6）设置完成后的效果，如图 19-39 所示。

（7）在工具箱中选择“文字”工具，在舞台中输入文字“抢先品鉴”，在“属性”面板中设置相应的参数，如图 19-40 所示。

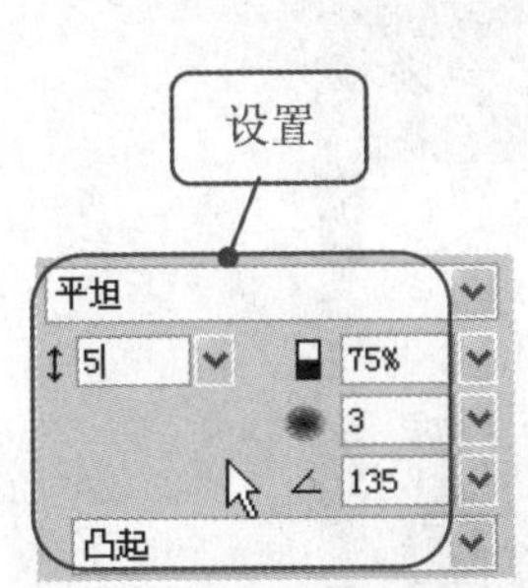

图 19-38　设置“内斜角”参数

图 19-39　设置完成后的效果

图 19-40　输入文字

19.5　创建图像切片和热区

切图是网页设计中非常重要的一环，它可以很方便地为我们标明哪些是图片区域，哪些是文本区域。另外，合理的切图还有利于加快网页的下载速度、设计复杂造型的网页，以及对不同特点的图片进行分格式压缩等优点。下面使用 Fireworks 切片工具切割网页，最终效果如图 19-41 所示，具体操作步骤如下。

练习文件　实例素材/练习文件/CH19/19.5/图像切片和热区.jpg

完成文件　实例素材/完成文件/CH19/19.5/图像切片和热区.png

（1）打开光盘中的图像文件“图像切片和热区.jpg”，如图 19-42 所示。

（2）选择对象，在工具箱中选择“切片”工具，按住鼠标左键拖动绘制切片，如图 19-43 所示。

图 19-41　切割图像

图 19-42　打开文件

图 19-43　绘制切片

（3）继续单击，可以绘制更多的切片，如图 19-44 所示。

（4）选择要设置连接的切片对象，在“属性”面板的“链接”文本框中输入链接地址，如图 19-45 所示。

图 19-44　绘制更多切片

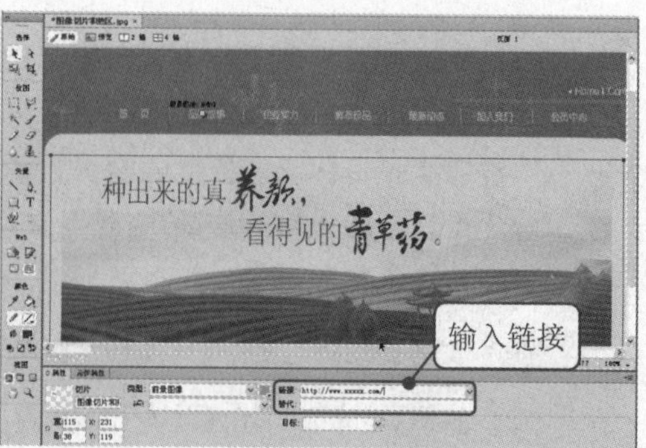

图 19-45　输入链接

（5）执行“文件”|“导出”命令，打开“导出”对话框，Fireworks 在导出时自动对每个切片文件命名，将“文件名”保存为“qiepian.png”，“导出”选择“HTML 和图像”，如图 19-46 所示。

（6）然后单击“保存”按钮，在浏览器中预览文档，最终效果如图 19-41 所示。

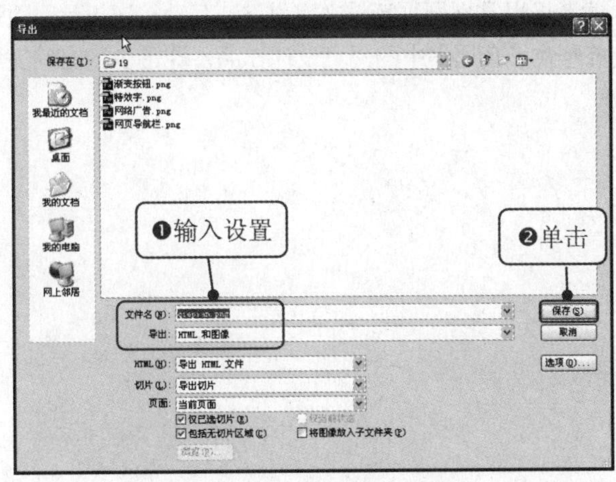

图 19-46　“导出”对话框

19.6　专家秘籍

1．如何输出透明图像

在 Fireworks 中所绘制的图像即使背景为透明，但在导出为 GIF 格式后，它的背景却并非是透明的。因此在导出前就要事先选择“索引色透明”，以确保图像在导出后背景色为透明。

2．热点与切片有什么区别

热点与切片都可以用来为图像或按钮建立链接、交换效果及弹出菜单。但切片分为两种，一种是图形切片，它还可将所划分的区域在导出成 HTML 文件时，将图形文件分割成多个较小的独立文件，以便在浏览器中重新装配图形；另一种是 HTML 切片，它将该区域在导出成 HTML 文件时，以 HTML 语言代码输出。

3．怎么设置帧延迟

帧延迟决定当前帧播放的时间长度。帧延迟是把一秒当做 100 来设置的。例如，如果设定帧延迟为 50，就是表示半秒钟，如果将帧延迟设定为 300，就是表示 3 秒钟。

4．在 Fireworks 中绘制切图应遵循什么原则

切图时基本原则就是尽可能地少用图，网页里面多用文本和单色背景。这样做不仅是为了显示速度快，也是为了后期做 SEO 优化。

19.7 本章小结

本章作者以自己多年实践经验为基础，系统地阐述了 Fireworks 的图像设计，并结合实例较好地诠释了网页图像设计过程中的方法与技巧。

通过本章的学习，读者可以掌握网页特效文字设计、互动按钮设计、网页导航设计的过程、技巧与创意，甚至可以直接修改、套用书中的网页设计作品，花最少的时间完成自己的网页图像。

第 5 篇

设计酷炫 Flash 动画篇

- 第 20 章　Flash CS6 绘图基础
- 第 21 章　使用元件与库管理好动画素材
- 第 22 章　创建基本 Flash 动画
- 第 23 章　制作高级交互式动画

第 20 章 Flash CS6 绘图基础

学前必读

Flash CS6 是最新版本的网页动画设计软件，并且是众多网页动画设计软件中的佼佼者，以其强大的矢量动画制作功能和灵活的矢量交互性而深受网络动画设计者的喜爱。Flash CS6 是一种基于矢量图形的网络动画设计软件，它具有强大的绘制、编辑矢量图形的功能，同时也具有使用其他软件制作矢量图和位图的功能。

学习流程

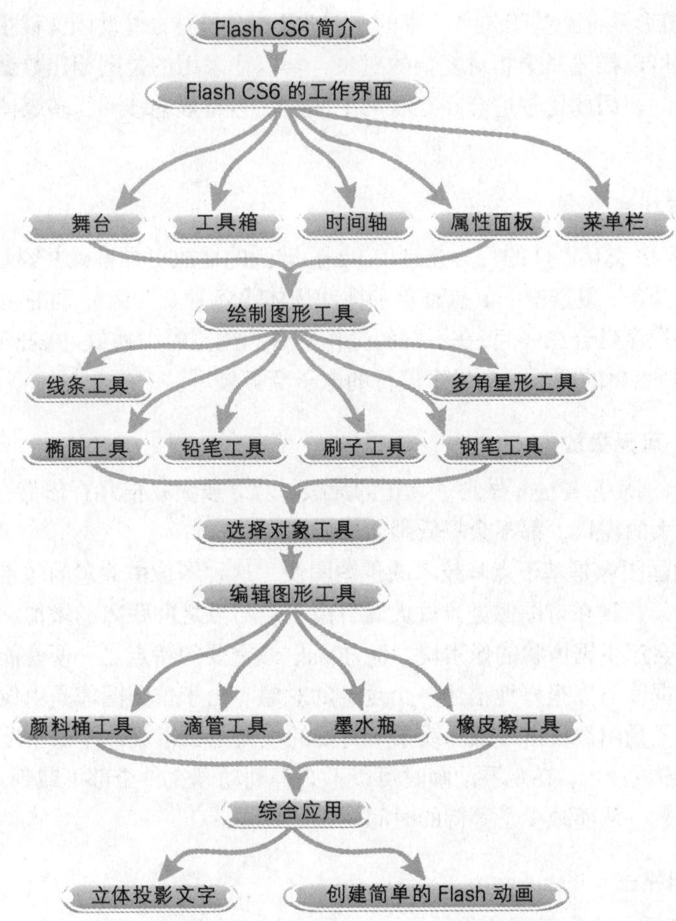

20.1 Flash CS6 简介

在浏览网页的时候，浏览者的视线总会不由自主地被那些美丽的动画所吸引，同时，会忍不住好奇地想知道这些动画是用什么软件制作出来的，这就是专门的动画制作软件——Flash，使用它制作出来的动画被称为 Flash 动画。Flash 软件是目前应用最广泛的动画制作软件之一，主要用于制作网页、宣传广告、多媒体课件、小游戏、MTV 和小动画等。

Flash 以其强大的功能，易于上手的特性，得到了广大用户的认可，甚至是疯狂的热爱，很多人已投入到 Flash 动画的制作中。作为一款动画制作软件，Flash 与其他动画制作软件有很多相似的地方，但也有很多特点，正是这些特点成就了 Flash 在网络动画领域的王者地位。

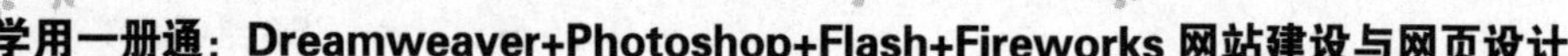

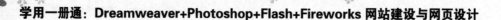

1. 文件占用空间小，传输速度快

Flash 动画的图形系统是基于矢量技术的，因此下载一个 Flash 动画文件很快。矢量技术只需存储少量数据就可以描述一个相对复杂的对象，与以往采用的位图相比数据量大大下降，只有原先的几千分之一。因此比较适合在互联网中使用，它有效地缓解了多媒体与大数据量之间的矛盾。

2. 强大的交互功能

在 Flash 中，高级交互事件的行为控制使 Flash 动画的播放更加精确并容易控制。设计者可以在动画中加入滚动条、复选框、下拉菜单和拖动物体等各种交互组件。Flash 动画甚至可以与 Java 或其他类型的程序融合在一起，在不同的操作平台和浏览器中播放。Flash 还支持表单交互，使得包含 Flash 动画表单的网页可应用于流行的电子商务领域。

3. 矢量绘图，可无极放大

由于矢量图形的特点，Flash 做到了真正的无极放大，放大几倍几百倍都一样清晰，无论用户的浏览器使用多大的窗口，都不会降低画面质量。

一般的网页动画图像是基于点阵技术的位图图像，这种图像由大量的像素点构成，比较逼真，但灵活性较差，并且在对图像进行放大时，由于点与点之间距离的增加，图像的品质会有较大幅度的降低，会产生锯齿状的像素块。而 Flash 最重要的特点之一便是能用矢量绘图，只需要少量的矢量数据就可以很好地描述一个复杂的对象。由于位图图像是由像素组成的，所以其体积非常大；而矢量图像仅由线条和线条所封闭的填充区域组成，体积非常小。此外，Flash 动画采用“流式”播放技术，在观看动画时可以不必等到动画文件全部下载到本地后才能观看，而可以边观看边下载，从而减少了等待的时间。

4. 动画的输出格式

Flash 是一个优秀的图形动画文件的格式转换工具，它可以将动画以 GIF、QuickTime 和 AVI 的文件格式输出，也能以帧的形式将动画插入到 Director 中去。

Flash 能够以下面所列的文件格式输出动画。

- SWF：Flash 动画文件或 Flash 模板文件。
- SPL：Future Splash 动画文件。
- GIF：动画 GIF 文件。
- AI：Adobe Illustrator 矢量文件格式。
- BMP：Windows 位图文件格式。
- JPG：JPG 位图文件格式。
- PNG：可移植的网络图像文件格式。
- AVI：Windows 视频文件。
- MOV：QuickTime 视频文件。
- MAV：视频文件。

- EMF：EMF 文件格式。
- WMF：Windows Metafile 文件格式。
- EPS：EPS 文件格式。
- DXF：AutoCAD DXF 文件格式。

5. 界面友好，易于上手

Flash 功能强大且合理的布局，使得初学者可以在很短的时间内熟悉它的工作界面。同时软件附带了详细的帮助文件和教程，并有示例文件供用户研究学习，非常实用。

Flash 将矢量图形与位图、声音以及脚本控制巧妙结合，能创作出效果绚丽多彩的动画作品。

6. 可扩展性

通过第三方开发的 Flash 插件程序，可以方便地实现一些以往需要非常烦琐的操作才能实现的动态效果，大大提高了 Flash 动画制作的工作效率。

20.2　Flash CS6 的工作界面

Flash CS6 工作界面具有强大而又易于使用的特点，如图 20-1 所示。在工作界面中包括菜单栏、工具箱、时间轴、图层、舞台、“属性”面板和“浮动”面板。

图 20-1　Flash CS6 的工作界面

20.2.1　菜单栏

Flash CS6 的菜单栏中包含“文件”、“编辑”、“视图”、“插入”、“修改”、“文本”、“命令”、“控制”、“调试”、“窗口”和“帮助”11 个菜单命令，如图 20-2 所示。在使用菜单命令时，应注意以下几点。

文件(F)　编辑(E)　视图(V)　插入(I)　修改(M)　文本(T)　命令(C)　控制(O)　调试(D)　窗口(W)　帮助(H)

图 20-2　标题栏

- 菜单命令呈灰色：该菜单在当前状态下不可用。
- 菜单命令右边标有黑色小三角按钮符号：该菜单命令还有级联菜单。
- 菜单命令标有快捷键：该菜单命令也可以通过所标识的快捷键来执行。
- 菜单命令后标有省略号：执行该菜单命令时，将打开一个对话框。

20.2.2 舞台

舞台是放置动画内容的区域，可以在整个场景中绘制或编辑图形，但是最终动画仅显示场景白色区域中的内容，而这个区域就是舞台。舞台之外的灰色区域称为工作区，在播放动画时不显示此区域，如图 20-3 所示。

舞台中可以放置的内容包括矢量插图、文本框、按钮和导入的位图图形或视频剪辑等。工作时，可以根据需要改变舞台的属性和形式。

20.2.3 工具箱

工具箱位于工作界面的左侧，其中包括一些在编辑过程中最常用的命令，如图形的绘制、编辑修改、移动、缩放等操作，都可以在工具箱中找到相应的工具来完成，如图 20-4 所示。

图 20-3　舞台

图 20-4　工具箱

- “选择”工具：用于进行选定对象、拖动对象等操作。
- “部分选取”工具：用于选取对象的部分区域。
- “任意变形”工具：对选取的对象进行变形。
- “套索”工具：选择一个不规则的图形区域，并且还可以处理位图图形。
- “3D 旋转”工具：借助 3D 平移和旋转工具，通过 3D 空间为 2D 对象创作动画，可以沿 x、y、z 轴创作动画，将本地或全局转换应用于任何对象。
- “钢笔”工具：可以使用此工具绘制曲线。
- “文本”工具T：在舞台上添加文本，编辑现有的文本。
- “线条”工具：使用此工具可以绘制各种形式的线条。
- “矩形”工具：用于绘制矩形，也可以绘制正方形。
- “铅笔”工具：用于绘制折线、直线等。

- “刷子”工具：用于绘制填充图形。
- “Deco”工具：Deco 工具是 Flash 中一种类似“喷涂刷”的填充工具，使用 Deco 工具可以快速完成大量相同元素的绘制，也可以应用它制作出很多复杂的动画效果。将其与图形元件和影片剪辑元件配合，可以制作出效果更加丰富的动画效果。
- “骨骼”工具：使用一系列链接对象创建类似于链的动画效果，或使用全新的骨骼工具扭曲单个对象。
- “墨水瓶”工具：用于编辑线条的属性。
- “颜料桶”工具：用于编辑填充区域的颜色。
- “滴管”工具：用于将图形的填充颜色或线条属性复制到别的图形线条上，还可以采集位图作为填充内容。
- “橡皮擦”工具：用于擦除舞台上的内容。
- “手形”工具：当舞台上的内容较多时，可以用该工具平移舞台以及各个部分的内容。
- “缩放”工具：用于缩放舞台中的图形。
- “笔触颜色”工具：用于设置线条的颜色。
- “填充颜色”工具：用于设置图形的填充区域。

20.2.4　时间轴

“时间轴”面板是 Flash 界面中最重要、最核心的部分，用于管理动画中的图层和帧，如图 20-5 所示。从图中可以看出，影片中的图层位于 “时间轴”的左侧，每个图层包含的帧位于该图层名右侧的行中。

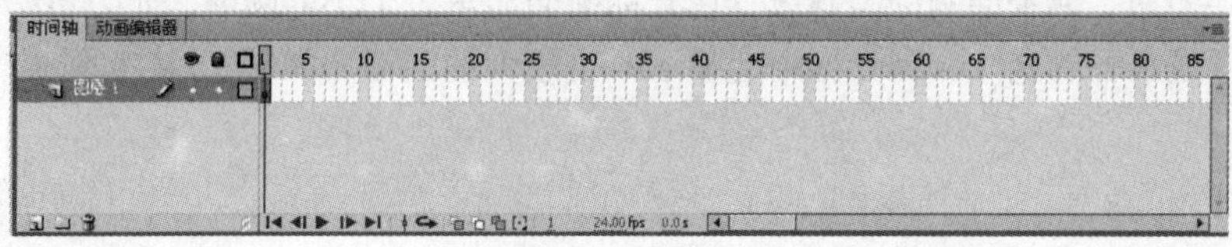

图 20-5　时间轴

在“时间轴”面板中，其上方和下方的几个按钮用于调整图层的状态和创建图层。在帧区域中，其顶部的标题指示了帧编号，动画播放头指示了舞台中当前显示的帧。

时间轴状态显示在“时间轴”面板的底部，它包括若干用于改变帧显示的按钮，指示当前帧编号、帧频和到当前帧为止的播放时间等。其中，帧频直接影响动画的播放效果，其单位是“帧/秒（fps）”，默认值是 24 帧/秒。

20.2.5　属性面板

“属性”面板的内容取决于当前选定的内容，可以显示当前文档、文本、元件、形状、位图、视频、帧或工具的信息和设置。如当选择工具箱中的“文本”工具时，在“属性”面板中将显示有关文本的一些属性设置，如图 20-6 所示。

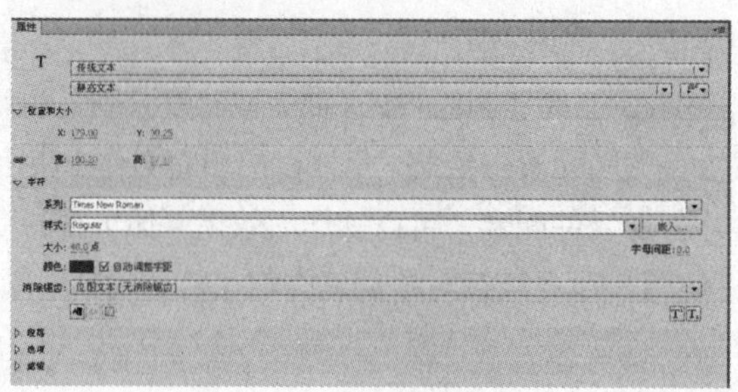

图 20-6 “属性”面板

20.3 绘制图形工具

复杂的动画对象都是由基本绘图工具组合而成的，绘制基本图形是制作 Flash 动画的基础。下面将介绍工具箱中的基本图形绘制工具的使用方法。

 20.3.1 “线条”工具

在 Flash CS6 中，“线条”工具常用于绘制不同角度的直线。在工具箱中单击“线条”工具，然后移动到舞台中，按下鼠标左键并从起点拖到终点。此时就会随鼠标的移动出现一条直线，该直线的颜色和线型使用系统的默认值，释放鼠标完成设置。使用“线条”工具的具体操作步骤如下。

（1）在工具箱中选择“线条”工具 。

（2）将光标移动到舞台上，这时会发现光标变成十字形状，按住鼠标左键不放，向任意方向拖动，至合适的位置松开鼠标，即可绘制一条直线。

在进行绘制时，如果绘制的是斜线，在光标中会显示一个小的圆形，如图 20-7 所示；如果绘制的是垂直或水平的直线，则光标中会显示一个较大的圆形，如图 20-8 所示。

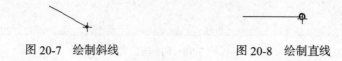

图 20-7 绘制斜线　　图 20-8 绘制直线

（3）选择“线条”工具后，在“属性”面板中将显示如图 20-9 所示的参数选项，在其中可以设置线条的笔触颜色、笔触高度和笔触样式。

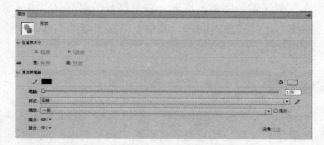

图 20-9 “线条”工具“属性”面板

“线条”工具“属性”面板中主要有以下参数。

- 笔触颜色：单击该按钮，在弹出的调色板中设置笔触的颜色。
- 笔触样式样式: 实线：在其下拉列表中选择笔触样式，如图 20-10 所示。设置后的效果如图 20-11 所示。

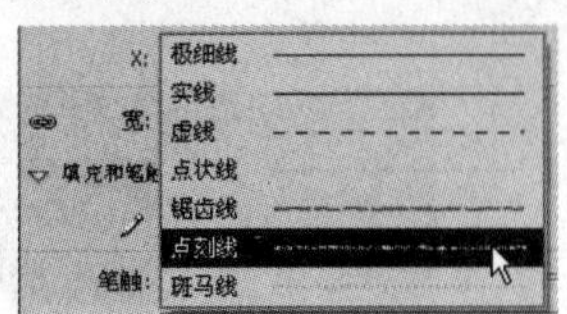

图 20-10　笔触样式

图 20-11　应用笔触样式后的效果

- 端点端点:：只有在“笔触样式”下拉列表中选择“极细线”或“实线”选项，“端点”才会显示。单击该按钮，在弹出的菜单中包括“无”、“圆角”和“方型”3 种端点样式，如图 20-12 所示。选择后，绘制的直线会根据设置显示端点样式。选择“方形”、“圆角”选项绘制的线条如图 20-13（a）和图 20-13（b）所示。

图 20-12　端点样式

（a）“方形”线条　（b）“圆角”线条

图 20-13

- 编辑笔触样式：单击此按钮打开“笔触样式”对话框，如图 20-14 所示。在对话框中可以修改线型的一些选项以达到不同的效果。

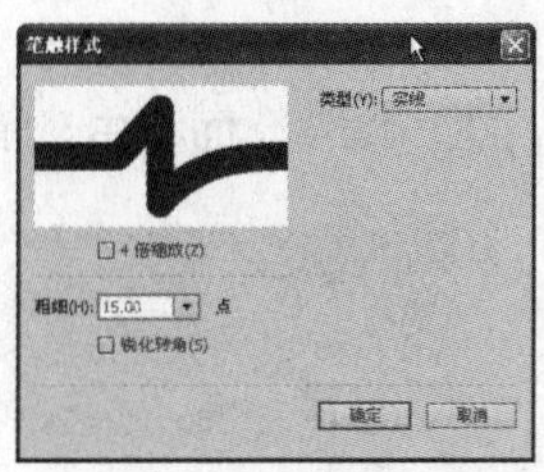

图 20-14　“笔触样式”对话框

如果想绘制笔直的横线和竖线，则按“Shift”键拖动鼠标左键即可。

20.3.2 “椭圆”工具与“矩形”工具

“椭圆”工具和“矩形”工具的使用同“线条”工具的使用方法类似，用于绘制椭圆、圆形、矩形和正方形。选择工具箱中的工具后，在工作区中按下鼠标左键并拖动鼠标，就可以绘

制出需要的图形。“矩形”工具的“属性”面板如图 20-15 所示。

在“属性”面板中的“矩形边角半径”文本框中输入数值，单击“确定”按钮，返回舞台后，任意拖动鼠标，即可绘制圆角矩形，如图 20-16 所示。

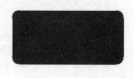

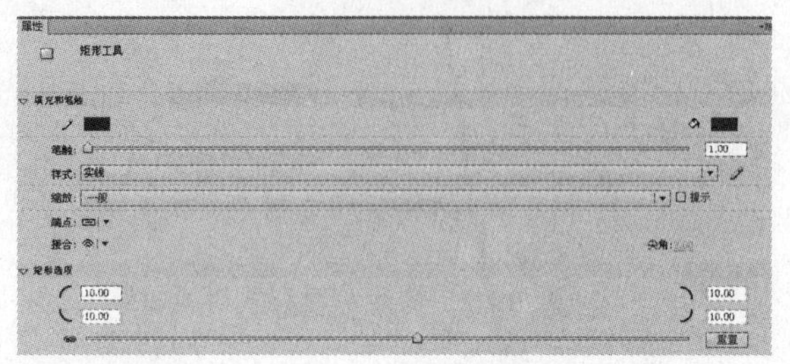

图 20-15　“矩形”工具“属性”面板

图 20-16　绘制圆角矩形

> **提示** 按“Shift”键，使用“椭圆”工具可以绘制出正圆，使用“矩形”工具可以绘制出正方形。按“Alt”键时，将以起始点开始向四周发散绘制；也可以按“Alt + Shift”组合键由起始点开始向四周绘制正圆或正方形。

20.3.3 “多角星形”工具

使用“多角星形”工具可以绘制出三角形到具有 360 条边的多边形、星形的任意正多边形或星形。

1. 绘制多边形

（1）单击工具箱中“矩形”工具右下方的小三角形按钮，在弹出的菜单中选择“多角星形”工具，如图 20-17 所示。

（2）选择“多角星形”工具后，在“属性”面板中显示如图 20-18 所示的参数选项。

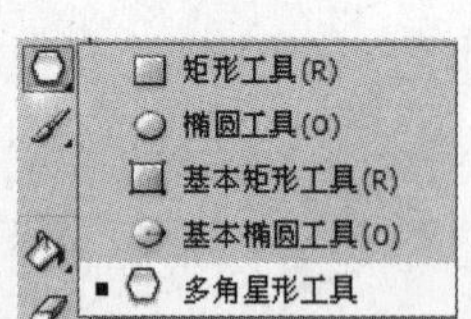

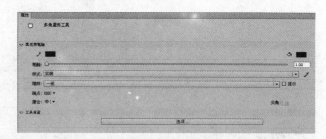

图 20-17　“多角星形”工具

图 20-18　“多角星形”工具“属性”面板

其中的一些参数和矩形的参数相似，这里就不再详细讲述了。单击“属性”面板中的“选项”按钮，打开“工具设置”对话框，如图 20-19 所示。

（3）在对话框中的“样式”下拉列表中选择“多边形”，“边数”设置为“5”，单击“确定”按钮。将光标移动到舞台中，按住鼠标左键拖动，绘制一个多边形，如图 20-20 所示。

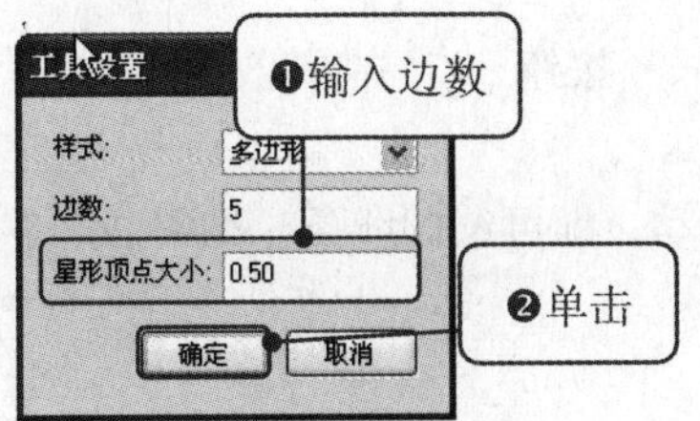

图 20-19　“工具设置”对话框

图 20-20　绘制多边形

“工具设置”对话框中主要有以下参数。

- 样式：在下拉列表中选择是绘制多边形还是星形。
- 边数：在文本框中输入设置边数的数量。
- 星形顶点大小：用于设置顶角锐化程度，数值越大越圆滑。

若要将多边形方向限制为按 45°的增量变化，则可在绘制时按“Shift”键。

2．绘制星形

（1）单击工具箱中“矩形”工具右下方的小三角形按钮，在弹出的菜单中选择“多角星形”工具。

（2）在“属性”面板中单击“选项”按钮，打开“工具设置”对话框。

（3）在对话框中的“样式”下拉列表中选择“星形”，“边数”设置为“5”，单击“确定”按钮。将光标移动到舞台中，按住鼠标左键拖动，松开鼠标即可绘制一个星形，如图 20-21 所示。

图 20-21　“多角星形”工具

 20.3.4　“铅笔”工具

在 Flash CS6 中，使用“铅笔”工具可以绘制任意线条。使用“铅笔”工具的具体操作步骤如下。

（1）在工具箱中选择“铅笔”工具 。

（2）选择“铅笔”工具后，在“属性”面板中显示如图 20-22 所示的参数选项，在其中可以设置线条的笔触颜色、笔触高度和笔触样式。

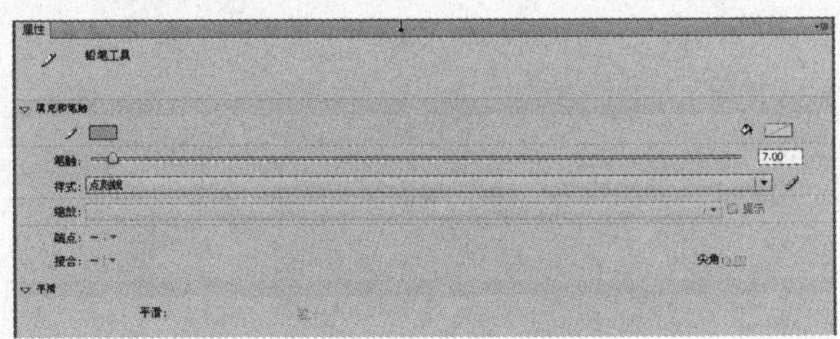

图 20-22　“铅笔”工具“属性”面板

（3）选择“铅笔”工具以后，单击“铅笔模式”按钮，在弹出的菜单中有 3 种绘图模式选项，如图 20-23 所示。

（4）将光标移动到舞台上，按住鼠标左键拖动，即可绘制线条。如图 20-24 所示是用“铅笔”工具绘制的图像。

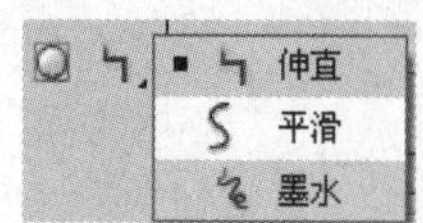

图 20-23 “铅笔模式”选项

图 20-24 绘制线条

“铅笔模式”菜单中主要有以下参数。

- 伸直：选择这种模式可以绘制直线，并且可以将三角形、椭圆、圆、矩形、正方形强制变形为相应的常规几何形状。
- 平滑：选择这种模式可以绘制出平滑的曲线。
- 墨水：选择这种模式绘制出的自由型线条将基本保持原样。

如图 20-25 所示是使用这 3 种绘图模式绘制的图形。

图 20-25 使用 3 种绘图模式绘制的图形

20.3.5 “刷子”工具

“刷子”工具通常用于绘制形态各异的矢量色块，或创建特殊的绘制效果。在 Flash CS6 中，使用“刷子”工具创建的图形实际上是一个填充图形。使用“刷子”工具的具体操作步骤如下。

（1）在工具箱中选择“刷子”工具。

（2）选择“刷子”工具以后，在“属性”面板中显示如图 20-26 所示的参数选项。

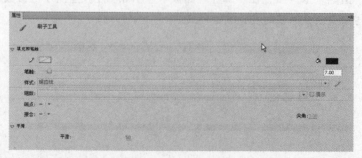

图 20-26 “刷子”工具“属性”面板

“刷子”工具“属性”面板中主要有以下参数。

- 刷子的填充颜色：单击此按钮，在弹出的调色板中设置刷子的颜色。
- 笔触平滑度：设置“刷子”工具在舞台中绘制的线条的平滑度。可以在列表框中输入数值。

（3）选择“刷子”工具以后，可以设置“刷子”工具的附属选项，如图 20-27 所示。单击“刷子模式”按钮，在弹出的菜单中选择刷子的模式，如图 20-28 所示。

图 25-27　附属选项

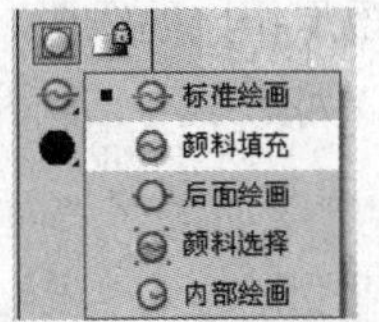

图 20-28　刷子模式

刷子模式中主要有以下参数。

- 标准绘画：选择这种模式绘制的图形会覆盖下面的图形。
- 颜料填充：选择这种模式，可以对图形的填充区域或空白区域进行涂色，但是不会影响线条。
- 后面绘画：选择这种模式，可以在图形的后面绘制图形，不会影响到前面的图形。
- 颜料选择：选择这种模式，可以对已选择的区域进行涂绘，而未被选择的区域则不受影响。在该模式下，不论选择区域中是否包含线条，都不会对线条产生影响。
- 内部绘画：选择这种模式，则在笔刷的开始位置绘图，并且不会影响到线条。本选项具有良好的着色本领，它绝不允许在线条之外绘图。如果在空白区域开始运笔，则填充色绝不会影响到任何现存的已经填充的区域。该模式分为两种情况：如果在空白处起笔，则相当于后面绘画模式；如果在填充区域内起笔，则只有在填充区域内的笔触才会被最终保留。

（4）设置完毕后，将光标移动到舞台上，即可利用“刷子”工具绘制图形。如图 20-29 所示，就是使用“刷子”工具绘制的图形。

图 20-29　“刷子”工具

20.3.6 “钢笔”工具

“钢笔”工具 常用于绘制比较复杂的、精确的曲线。使用“钢笔”工具的具体操作步骤如下。

（1）在工具箱中选择“钢笔”工具。

（2）选择“钢笔”工具以后，在“属性”面板中显示如图 20-30 所示的参数选项。

（3）在舞台上单击，确定一个锚记点，单击第 2 点（如在第 1 点右侧单击第 2 点）画一条直线，继续单击添加相连的线段，直线路径上或曲线路径结合处的锚记点被称为转角点，转角点以小方形显示，如图 20-31 所示。

图 20-30 “属性”面板

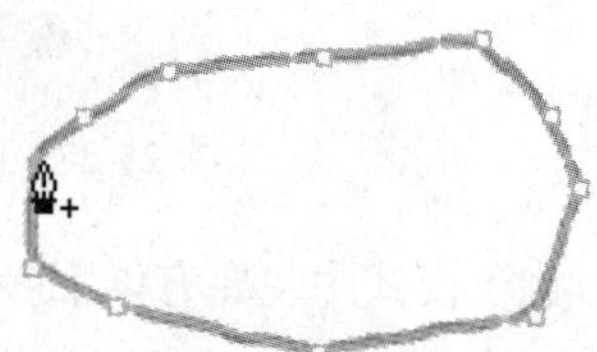

图 20-31 绘制路径

提示 “钢笔”工具只能为使用“钢笔”工具绘制的曲线添加或删除节点，不能直接为使用“铅笔”工具绘制的曲线添加或删除节点。

20.4 选择对象工具

要编辑对象，首先在文档中选择对象。在 Flash CS6 中，可以通过多种方法选择对象，如使用“选择”工具和“部分选取”工具等。

20.4.1 “选择”工具

在编辑对象以前，首先要选择编辑的对象。使用“选择”工具 进行选择对象的具体操作步骤如下。

（1）在工具箱中选择“选择”工具。

（2）将光标移动到舞台中要选择的对象上，单击即可选择该对象。

在选择对象时，可以执行如下操作。

- 如果要选择笔触、填充、组、实例或文本块，使用“选择”工具单击该对象即可。
- 如果要选择整个笔触轮廓，使用“选择”工具双击其中任意笔触线段即可。
- 如果要选择填充和笔触轮廓，使用“选择”工具双击填充区域即可。
- 如果要采用框选方式，可使用“选择”工具在想选择的多个对象的周围拖曳出一个矩形选取框，即可框选出框内的全部对象。

20.4.2 “部分选取”工具

“部分选取”工具可以用来进行选择、移动和改变图形路径的操作。使用“部分选取”工具选中路径以后，可以对其中的节点进行拉伸或修改。当选择“部分选取”工具单击曲线时，被选中的节点将会显示为空心的小点。

使用“部分选取”工具编辑修改图像时，可以执行如下操作。

（1）使用“部分选取”工具在舞台上单击图形对象的边缘时，其上会显示出图形的路径及所有的角点，如图 20-32 所示。

（2）选中其中一个角点，则该点就会变成实心的小方点，按“Delete”键可以删除这个角点，如图 20-33 所示。

图 20-32　显示路径及角点

图 20-33　删除角点

（3）按住鼠标左键选中一个角点，进行拖动，可以将该角点移动到新的位置，如图 20-34 所示。

（4）选中一个角点，使用鼠标拖动调节柄，可以调整其控制的线段的曲率，如图 20-35 所示。

图 20-34　移动角点

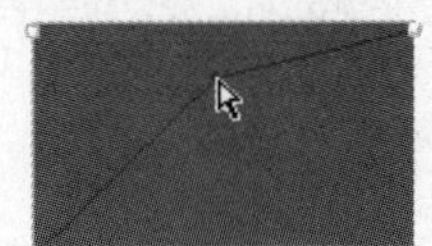

图 20-35　调整线段的曲率

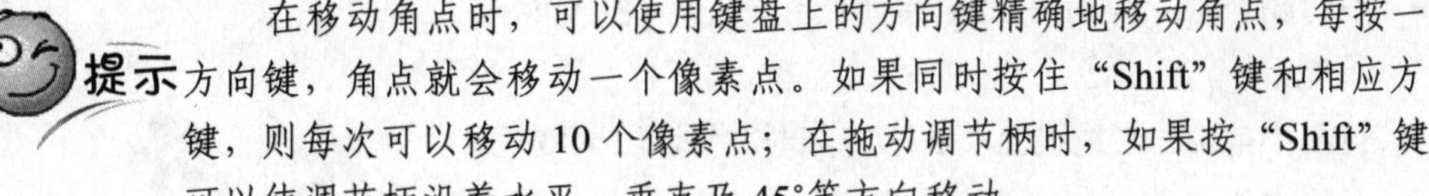

提示　在移动角点时，可以使用键盘上的方向键精确地移动角点，每按一下方向键，角点就会移动一个像素点。如果同时按住“Shift”键和相应方向键，则每次可以移动 10 个像素点；在拖动调节柄时，如果按“Shift”键，可以使调节柄沿着水平、垂直及 45°等方向移动。

20.5　编辑图形工具

如果对绘制的图形不满意，可以通过多种方法编辑对象，如使用“颜料桶”工具和“墨水瓶”工具等。

20.5.1 “颜料桶”工具

“颜料桶”工具 是用来填充封闭区域的，它不仅能够填充一个空白区域，而且能够改变已经着色区域的颜色。它可以使用纯色、渐变、位图填充，也可以使用“颜料桶”工具，对一个未完全封闭的区域进行填充。当使用“颜料桶”工具时，还可以指定 Flash 在形状轮廓上封闭接口。使用“颜料桶”工具填充区域的具体操作步骤如下。

（1）在工具箱中选择“颜料桶”工具 。

（2）选择“颜料桶”工具以后，在“属性”面板中显示如图 20-36 所示的参数选项。

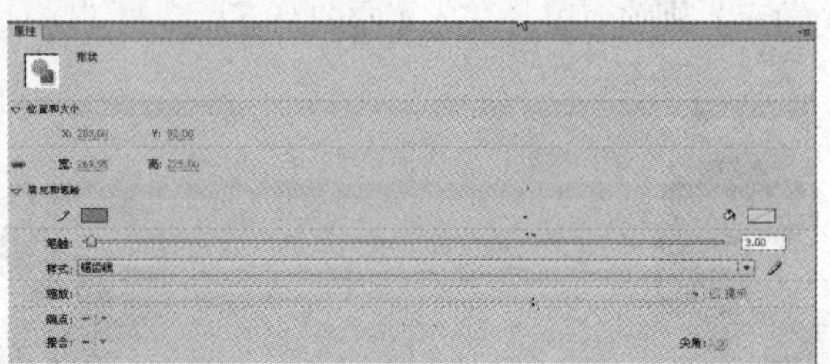

图 20-36 “颜料桶”工具“属性”面板

> **提示** 还可以使用“颜料桶”工具来调节渐变填充，以及位图填充的大小、方向和中心点。

（3）选择“颜料桶”工具以后，可以设置“颜料桶”工具的附属选项，如图 20-37 所示。单击“空隙大小”按钮，在弹出的菜单中选择“颜料桶”的绘画模式，如图 20-38 所示。

图 20-37 附属选项

图 20-38 绘画模式

根据空隙的大小，选择不同的填充模式。

- 不封闭空隙：只有在完全封闭的区域，颜色才能被填充。
- 封闭小空隙：当边线上存在小空隙时，允许填充颜色。
- 封闭中等空隙：当边线上存在中等空隙时，允许填充颜色。
- 封闭大空隙：当边线上存在大空隙时，允许填充颜色。

（4）将光标移动到舞台上，即可用“颜料桶”工具填充图形。如图 20-39 所示，就是使用“颜料桶”工具填充的图形。

图 20-39 使用“颜料桶”工具填充的图形

20.5.2 “墨水瓶”工具

使用“墨水瓶”工具可以更改线条或形状轮廓的笔触颜色，使用“墨水瓶”工具的具体操作步骤如下。

（1）在工具箱中选择“墨水瓶”工具，在“属性”面板中设置墨水瓶使用的笔触颜色、笔触高度和笔触样式。

（2）选择“墨水瓶”工具后，在“属性”面板中，显示如图 20-40 所示的参数选项。将光标移动到舞台上，单击即可。

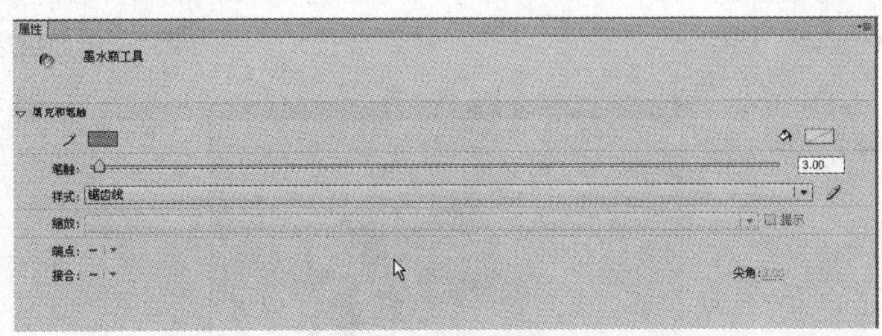

图 20-40　“墨水瓶”工具“属性”面板

下面通过一个实例来讲述“墨水瓶”工具的使用方法。

（1）新建一个空白文档，导入光盘中的图像文件“墨水.jpg”，如图 20-41 所示。

（2）单击“新建图层”按钮，在图层 1 的上面新建一图层 2，选择工具箱中的“文本”工具，在舞台上输入文字“我爱我家”，如图 20-42 所示。

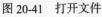

图 20-41　打开文件

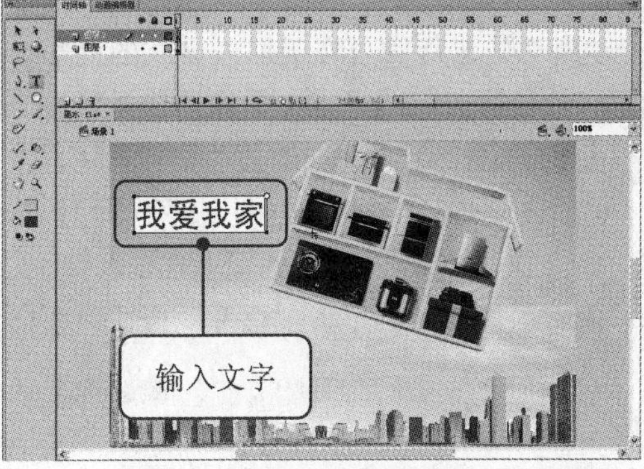

图 20-42　输入文字

（3）执行两次“修改”|“分离”命令，分离文本，如图 20-43 所示。

（4）在工具箱中选择“墨水瓶”工具，将光标移动到舞台上，在文字的边线上进行单击，即可为文字添加描边效果，如图 20-44 所示。

（5）执行“控制”|“测试影片”|“测试”命令，测试动画效果，如图 20-45 所示。

图 20-43　分离文本

图 20-44　添加描边

图 20-45　测试动画效果

20.5.3　"滴管"工具

"滴管"工具可以吸取矢量线的色彩、线宽度、线类型等属性，并且将其应用到目标矢量线，使目标矢量线具有矢量线的线条属性。

下面通过一个实例来讲述"滴管"工具的使用方法。

（1）新建一个 Flash 文档，在工具箱中选择"椭圆"工具，绘制椭圆，如图 20-46 所示。

（2）执行"文件"|"导入"|"导入舞台"命令，打开"导入"对话框，在对话框中选择图像"滴管工具.jpg"，单击"打开"按钮，将图像导入到舞台上，如图 20-47 所示。

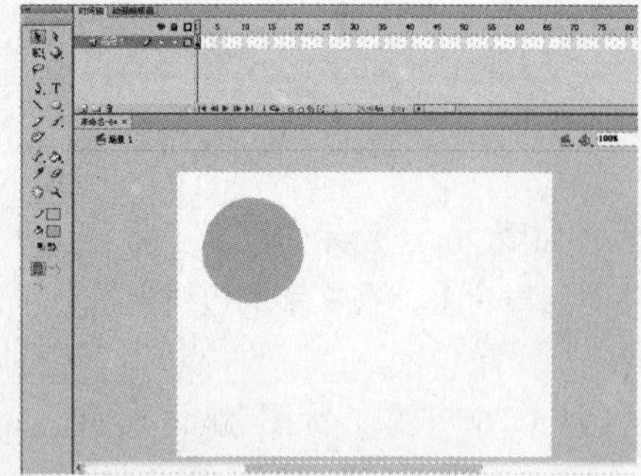

图 20-46　新建文件

图 20-47　导入图像

（3）选中导入的图像，执行“修改”|“分离”命令，将图像分离，如图 20-48 所示。

（4）在工具箱中选择“滴管”工具，光标变成吸取状态，如图 20-49 所示。

图 20-48　分离图像

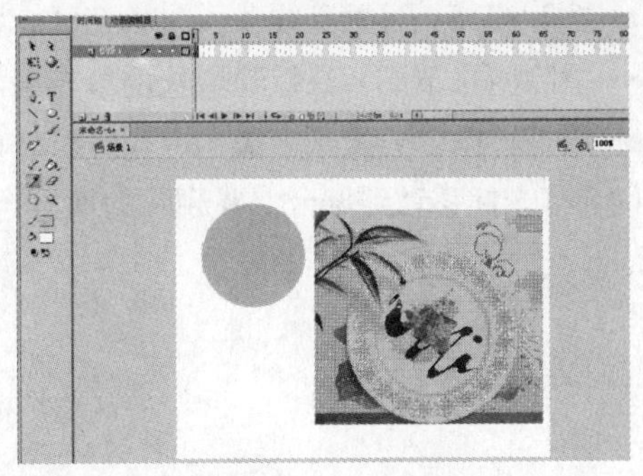

图 20-49　吸取位图

（5）在位图上单击，吸取图案样本，光标变成“颜料桶”形状。

（6）将光标移动到椭圆填充区域内单击，此时整个图案被填充到该区域内，如图 20-50 所示。

图 20-50　填充位图

20.5.4　橡皮擦工具

使用“橡皮擦”工具的具体操作步骤如下。

（1）在工具箱中选择“橡皮擦”工具。

（2）选择“橡皮擦”工具以后，可以设置“橡皮擦”工具的附属选项，如图 20-51 所示。单击“橡皮擦模式”按钮，在弹出的菜单中选择橡皮擦的“擦除填色”选项，如图 20-52 所示。

图 20-51　附属选项

图 20-52　橡皮擦的“擦除填色”

- 标准擦除：按标准模式擦除图像。
- 擦除填色：只擦除填充区域，不影响线条。
- 擦除线条：只擦除线条，对填充区域没有影响。
- 擦除所选填充：只擦除所选的填充区域，对选中的线条没有影响。
- 内部擦除：只擦除内部的内容，对外面的区域没有影响。

（3）将光标移动到舞台上要删除的地方，按住鼠标左键进行擦除，擦除后的效果如图 20-53 所示。

图 20-53　擦除后的效果

在“橡皮擦”工具的附属选项中，使用“水龙头”工具可以快速地擦除边框或填充区域。具体操作方式为：选择工具箱中的“橡皮擦”工具，单击“选项”中的“水龙头”按钮，再单击要删除的边框或填充区域即可。

20.6　文本工具的基本使用

在 Flash 中，经常要处理文字，因而添加文字的功能是必不可少的。可以在动画中添加文字，设定文字的大小、字样、类型间距、颜色和排列等；也可以像处理图像那样对文字进行变形操作，如旋转、缩放、倾斜和旋转等。

在 Flash CS6 中，可以使用工具箱中的“文本”工具 T，创建静态文本、动态文本和输入文本 3 种类型的文本对象。

- 静态文本：默认状态下所创建的文本对象均为静态文本，它在动画的播放过程中是不会进行动态改变的。
- 动态文本：在动画的播放过程中，可进行动态更新。
- 输入文本：在动画的播放过程中，可以输入信息，用于用户与动画之间进行交互。

使用“文本”工具的具体操作步骤如下。

（1）在工具箱中选择“文本”工具 T。

（2）选择“文本”工具后，此时“属性”面板如图 20-54 所示。

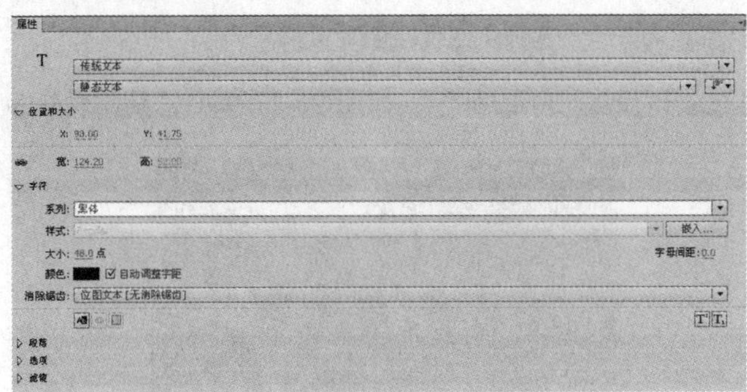

图 20-54　“文本”工具“属性”面板

“文本”工具“属性”面板中主要有以下参数。

- 文本类型 静态文本 ：在其下拉列表中包括“静态文本”、“动态文本”和“输入文本”3 种类型的文本对象。
- 文字的字体 系列: 黑体 ：在其下拉列表中设置当前选中文字的字体。
- 字体大小 大小: 48.0 点 ：设置当前选中文字的大小。
- 字体颜色 颜色: ：设置当前选中文字的颜色。
- 改变文本方向 ：当文本框类型为静态文本时有效，单击此按钮后，在弹出的菜单中设置文本的方向，如图 20-55 所示。

（3）设置完毕，将光标移动到舞台上，单击并输入文字，如图 20-56 所示。

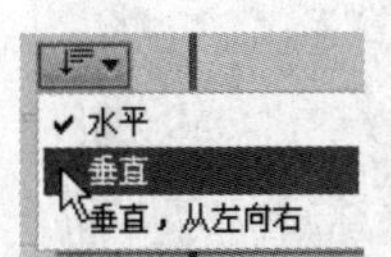

图 20-55　设置文本方向

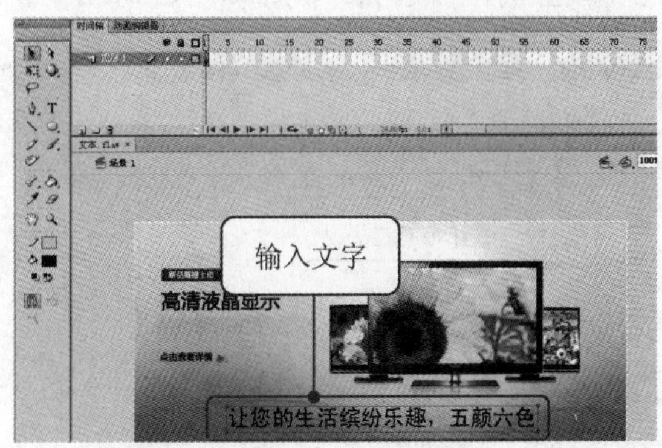

图 20-56　输入文字

20.7　综合应用

Flash 的矢量绘图工具有线条工具、钢笔工具、椭圆工具、矩形工具、铅笔工具、刷子工具等，它们都具有强大的绘制和编辑功能。本节将通过实例来讲述它们的具体使用方法。

20.7.1 综合应用——制作立体投影文字

下面通过实例讲述立体投影文字的制作，如图 20-57 所示，具体操作步骤如下。

图 20-57 立体投影文字

练习文件 实例素材/练习文件/CH20/20.7.1/立体文字.jpg

完成文件 实例素材/完成文件/CH20/20.7.1/立体文字.psd

（1）新建一个空白文档，执行“文件”|“导入”|“导入到舞台”命令，弹出“导入”对话框，在该对话框中选择图像“立体文字.jpg”，如图 20-58 所示。

（2）单击“打开”按钮，将图像导入到舞台中，并修改文档大小，如图 20-59 所示。

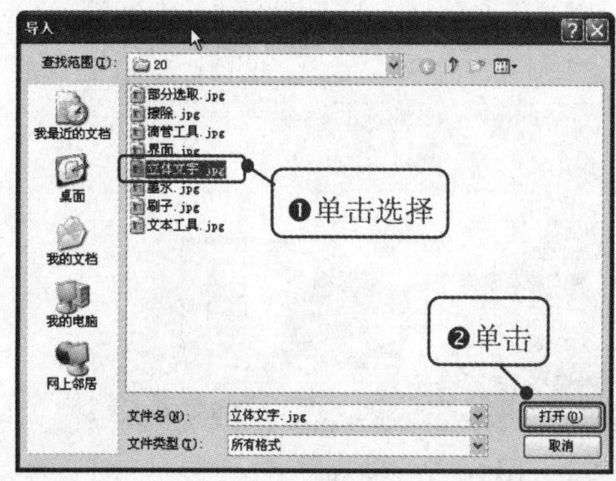

图 20-58 新建文档

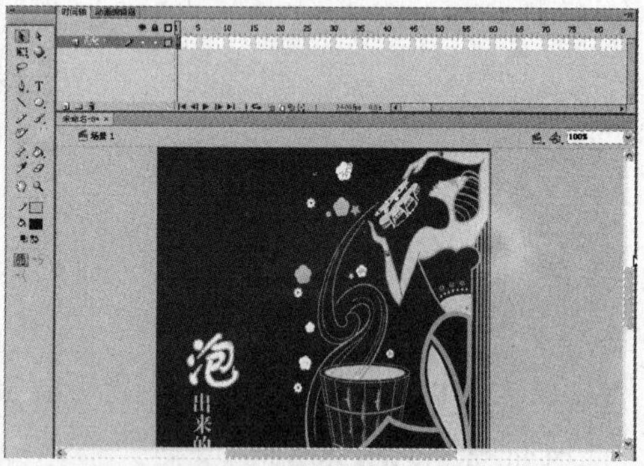

图 20-59 修改文档大小

（3）单击“新建图层”按钮，在图层 1 的上面新建一图层 2，如图 20-60 所示。

（4）在工具箱中选择“文本”工具，在图像上输入文字“美丽健康”，如图 20-61 所示。

（5）执行“窗口”|“属性”命令，打开“属性”面板，在该面板中单击“添加滤镜”按钮，在弹出的列表中选择“投影”选项，如图 20-62 所示。

（6）选择以后制作立体投影文字，在“属性”面板中单击“颜色”右边的按钮，设置投影颜色，如图 20-63 所示。

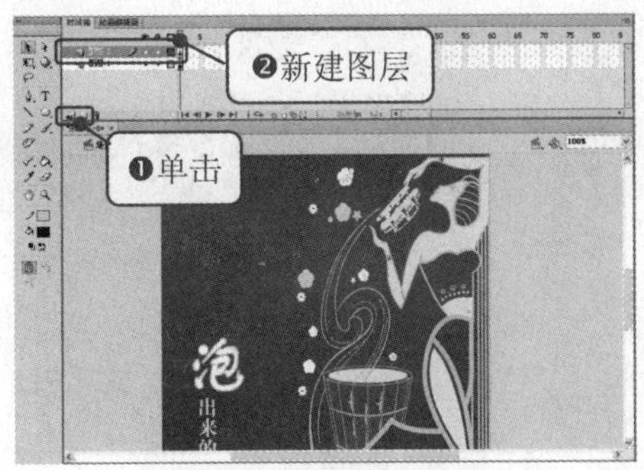

图 20-60　新建图层

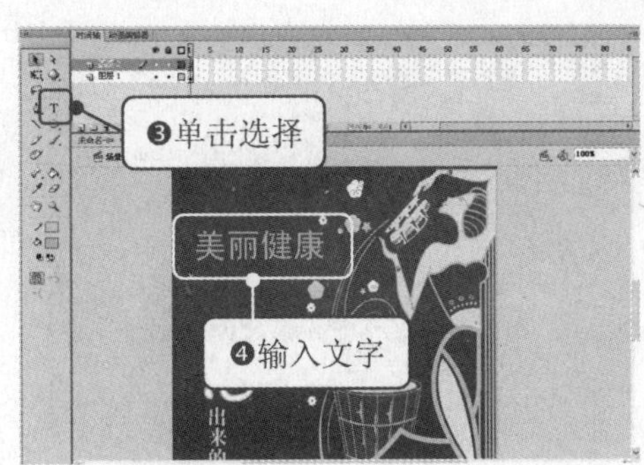

图 20-61　输入文字

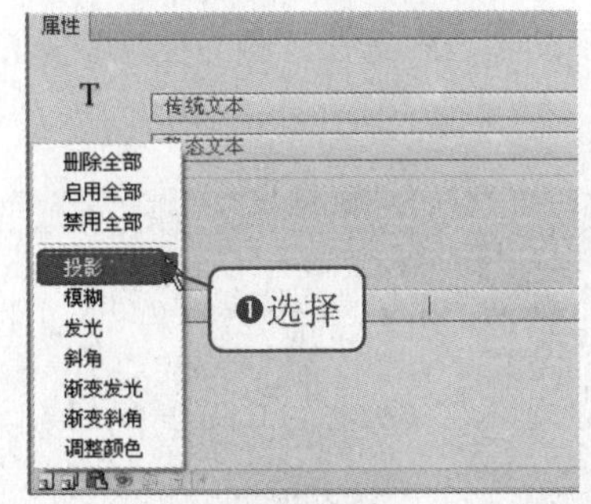

图 20-62　选择“投影”选项

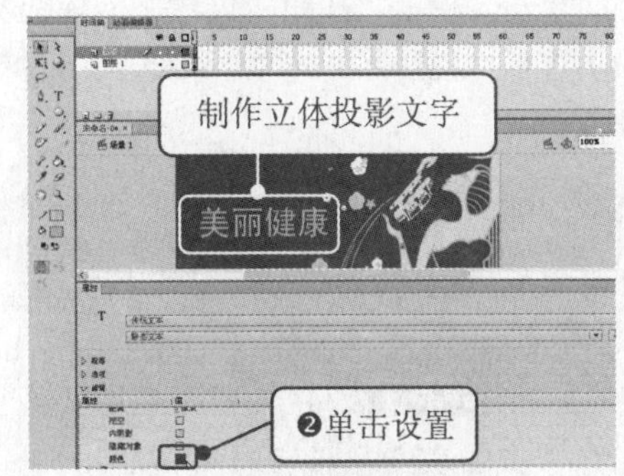

图 20-63　设置投影颜色

20.7.2　综合应用——创建简单的 Flash 动画

利用 Flash CS6 自带的模板可以快速创建动画，如图 20-64 所示。下面就介绍如何利用 Flash 自带的照片幻灯片模板制作动画。

图 20-64　制作动画的最终效果

练习文件　实例素材/练习文件/CH20/20.7.2/flash 动画.jpg

完成文件　实例素材/完成文件/CH20/20.7.2/flash 动画.fla

（1）执行“文件”|“新建”命令，打开“新建文档”对话框，如图 20-65 所示。

（2）在对话框中选择“模板”选项卡，在“类别”列表框中选择“动画”子选项，在“模板”列表框中选择“补间动画的动画遮罩层”子选项，如图 20-66 所示。

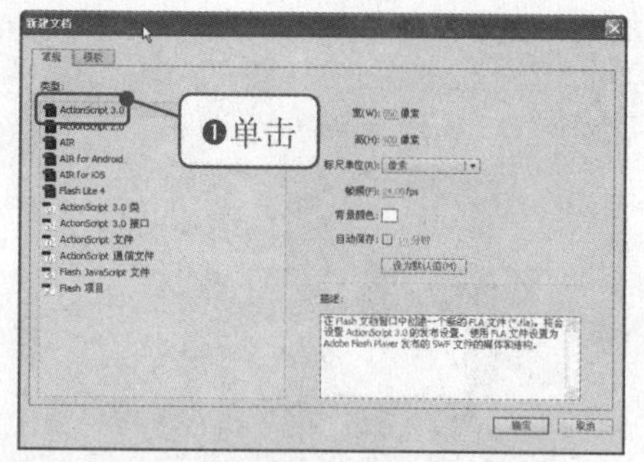

图 20-65　“新建文档”对话框

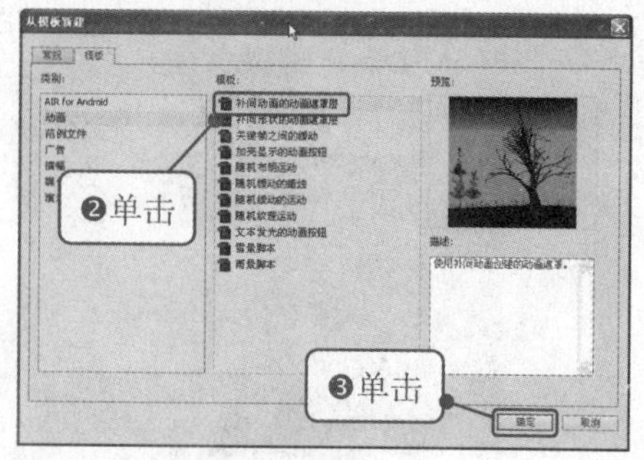

图 20-66　选择模板

（3）单击“确定”按钮，创建一个模板文档，如图 20-67 所示。

（4）选择“说明层”选项，单击鼠标右键，在弹出的列表中选择“删除图层”选项，如图 20-68 所示。

图 20-67　创建模板文档

图 20-68　选择“删除图层”选项

（5）选择以后删除图层，执行“窗口”|“库”命令，打开“库”面板，在该面板的 tree.png 图像上单击鼠标右键，在弹出的快捷菜单中选择“属性”选项，如图 20-69 所示。

（6）在弹出的“位图属性”对话框中单击“导入”按钮，如图 20-70 所示。

图 20-69　选择“属性”选项

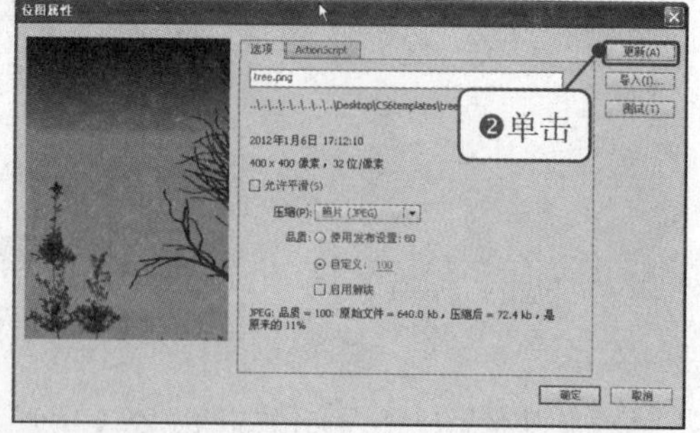

图 20-70　“位图属性”对话框

（7）打开“导入位图”对话框，在该对话框中选择“flash 动画.jpg”，如图 20-71 所示。

（8）单击“打开”按钮，导入图像，然后单击“确定”按钮，即可导入位图，如图 20-72 所示。按“Ctrl+Enter”组合键测试动画效果如图 20-64 所示。

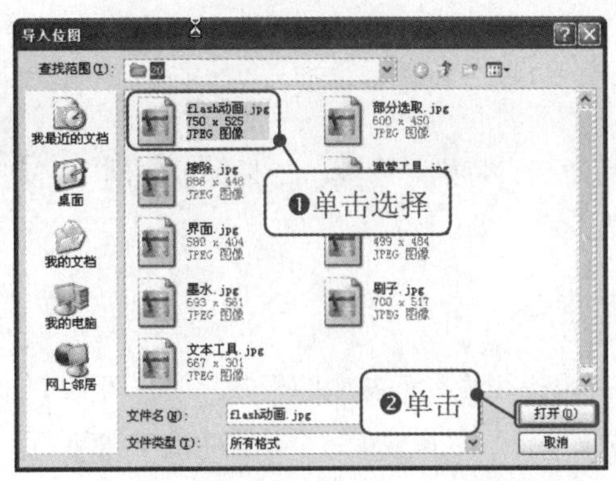

图 20-71　“导入位图”对话框

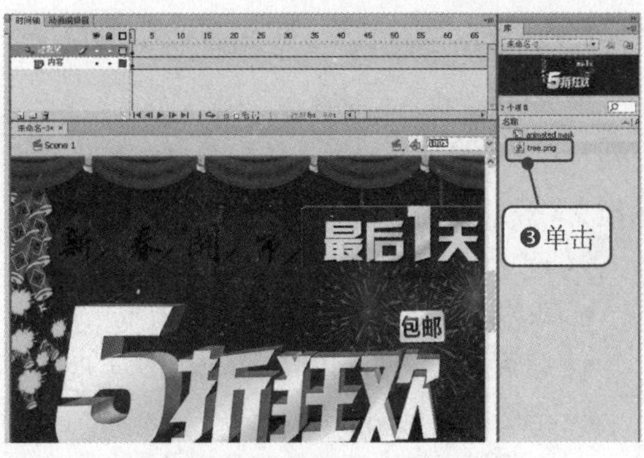

图 20-72　导入位图

20.8　专家秘籍

1. 导出透明图片的方法有哪些

在 Flash 中只支持透明 GIF 图像的发布。勾选发布设置中的 GIF 选项，其中有透明项目，默认格式是不透明，在其下拉列表中第二项即为透明项目，勾选它，进行发布即可得到透明的 GIF 格式图像了。

2. 如何为自己的作品加上密码保护

执行“文件”|“发布设置”命令，弹出“发布设置”对话框，在发布下面勾选“Flash.swf”复选框，勾选高级下面的“防止密码导入”复选框，在密码文本框中输入相应的密码即可。

3. 如何保持导入后的位图仍然透明

尽管 Flash 动画是基于矢量图的动画，但如果有必要，仍然可以在其中使用位图，而且 Flash CS4 支持透明位图。为了引入透明的位图，必须保证含有透明部分的 GIF 图片使用的是 Web 216 色安全调色板，而不是其他调色板。

4. 导出透明图片的方法有哪些

在 Flash 中只支持透明 GIF 图像的发布。勾选发布设置中的 GIF 选项，其中有透明项目，默认格式是不透明，在其下拉列表中第二项即为透明项目，勾选它，进行发布即可得到透明的 GIF 格式图像了。

5. 常说的 MC、FS、AS 代表什么意思

MC，英文全称为 Movie Clip（动画片段）；FS，英文全称为 Fscommand，是 Flash 的一个非常重要的命令集合；AS，英文全称为 Action Script，是 Flash 的编程语言。

6. MC 在场景中是如何播放的

把 MC 拖到场景中，动画播放时它就会自动播放，如果没有在最后一帧加上 Stop，MC 会默认为循环。要观看播放的效果须按“Ctrl+Enter”组合键。一个很长的 MC 放入场景中也只占

据一帧的位置，如果它是一个很多帧的动画片段，执行时每隔一帧 MC 都会重放。

7．如何优化自己的作品

优化自己的方法有两个：一是尽量少用大面积的渐变，特别是形变，二是保证在同一时刻的渐变对象尽量的少，最好把各个对象的变化安排在不同时刻。

减少动画的文件大小的方法：

- 少采用位图或者结点多的矢量图。
- 线条或者构件的边框尽量采用基本形状，少采用虚线或其他花哨的形状。
- 尽量采用 Windows 自带的字体，少用古怪的中文字体，尽量减少一个动画中的字体种类。
- 少采用逐帧动画，重复的运动变化，应采用影片剪辑。
- 动画输出时，采用适宜的位图及声音压缩比。

20.9　本章小结

Flash 动画以其特有的简单易学、操作方便及适应于网络等优点，得到了广大用户的认可和接受，被广泛应用于互联网、多媒体演示、游戏及动画制作等众多领域。本章主要讲述 Flash 绘图工具的使用，包括线条工具、椭圆工具、矩形工具、铅笔工具、部分选取工具、颜料桶工具、橡皮擦工具和文本的使用。

第 21 章 使用元件与库管理好动画素材

学前必读

元件是 Flash 中最基本的概念，它相当于一个模板，位于当前动画的库资源中，能够在动画中重复使用。使用元件可以使编辑动画变得更简单，使创建交互动画变得更加容易。将元件从库中取出并且拖放到舞台上，就生成了该元件的一个实例。真正在舞台上表演的是它的实例，而元件本身仍在库中。

学习流程

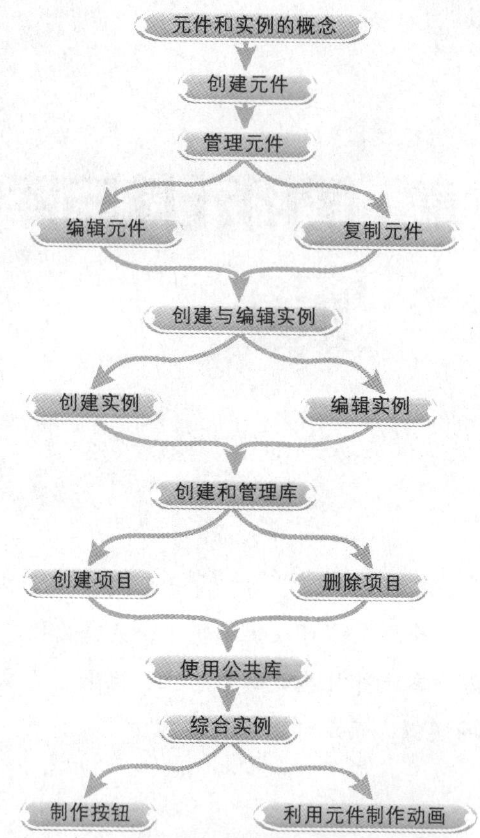

21.1 元件和实例的概念

> 元件在 Flash 影片中是一种比较特殊的对象，它在 Flash 中只需创建一次，然后可以在整部电影中反复使用而不会增加文件的大小。元件可以是任意静态的图形，也可以是连续的动画，甚至还能将动作脚本添加到元件中，以便对元件进行更复杂的控制。

实例是指位于舞台上或嵌套在另一个元件内的原件副本，实例与它的元件的颜色、大小和功用上差异很大，编辑原件会更新它的一切实例，但应用元件的一个实例，则只更新该实例。

它们的关系是重复使用实例会增加文件的大小，元件是使文档文件保持较小的战略中很好的一部分。元件还简化了文档的编辑，当编辑元件时，该元件的一切实例都相应地更新，以此反映编辑。元件的另一个好处是使用它们能够创建完善的交互性。元件能够像按钮或图形那样简单，也能够像影片剪辑那样繁杂，创建元件后，必须将其存储到“库”面板中。实例其实只是对原始元件的引用，它通知 Flash 在该位置绘制指定元件的一个副本。通过使用元件和实例，能够使资源更易于组织，使 Flash 文件更小。

元件是 Flash 中一个比较重要，而且使用非常频繁的概念。在 Flash 中，元件分为 3 种类型，分别为：图形元件、按钮元件和影片剪辑元件。一旦元件创建完成后，就可以创建它的实例，从而在该文档和其他文档中，可以重复使用同一个元件来创建多个实例。

- 图形元件：通常由电影中使用多次的静态图形，或者不需要对其进行控制的连续动画片段组成。
- 按钮元件：随着鼠标的动作，使按钮颜色或者形状发生改变的元件。因为在 Flash 动画中经常使用，所以作为一种独立的类型，按钮编辑模式由弹起、指针经过、按钮和点击 4 帧构成。
- 影片剪辑：影片剪辑元件就像是一个独立的小影片，里面可以包含图形、按钮、声音或是其他影片剪辑。

21.2　创建元件

通过舞台上选定的对象可以创建一个元件，也可以首先创建一个空的元件，然后打开该元件，在其编辑窗口中制作或导入相关的内容。在图形元件中可以包含任意图形，如矢量图形、位图图像及用户自己制作的各种图形等。

1. 将当前的图形转换为元件

将当前的图形转换为元件的具体操作步骤如下。

（1）选取舞台中的图形对象。

（2）执行“修改”|“转换为元件”命令，打开“转换为元件”对话框，如图 21-1 所示。

（3）在对话框中的“名称”文本框中输入元件的名称，将“类型”设置为“图形”。单击“确定”按钮，即可将该图形转换为图形元件，放置在“库”面板中，如图 21-2 所示。

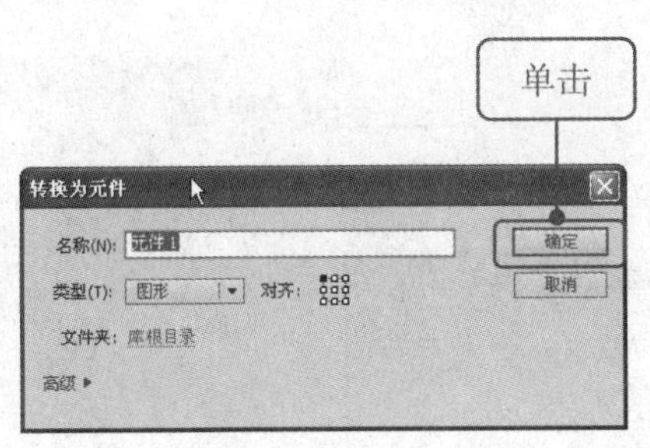

图 21-1　“转换为元件”对话框

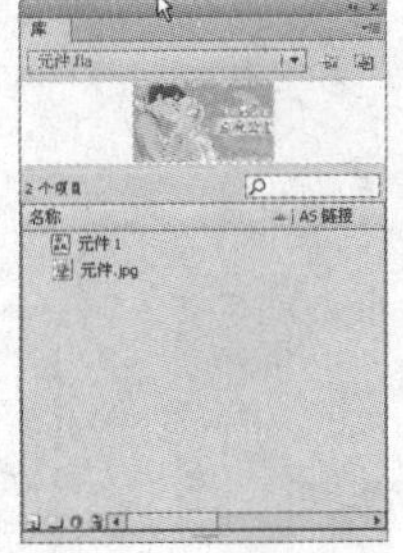

图 21-2　“库”面板

提示　选中对象，单击鼠标右键，在弹出的快捷菜单中选择“转换为元件”选项，也可以打开“转换为元件”对话框。

2. 创建一个空的图形元件

（1）执行“插入”|“新建元件”命令，打开“创建新元件”对话框，如图 21-3 所示。

（2）在对话框中的“名称”文本框中输入元件的名称，将“类型”设置为“图形”。

（3）单击“确定”按钮，创建一个空的图形元件。

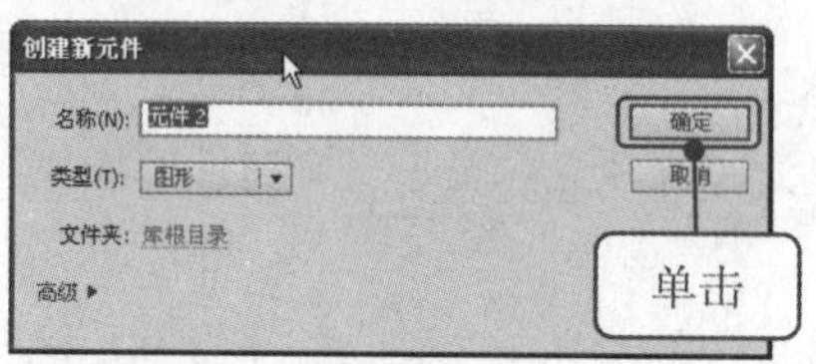

图 21-3 “创建新元件”对话框

21.3 编辑元件

通过复制元件可以以一个现有的元件为基础创建新的元件，也可以使用实例创建各种版本的、具有不同外观的元件。前者是使用“库”面板来复制元件，后者则是通过选择实例来复制元件。

21.3.1 复制元件

复制元件的具体操作步骤如下。

（1）执行“窗口”|“库”命令，在“库”面板中选择一个元件，并单击鼠标右键，在弹出的快捷菜单中选择“直接复制”选项，如图 21-4 所示。

（2）弹出“直接复制元件”对话框，如图 21-5 所示。

（3）指定复制元件的名称和类型，单击“确定”按钮，所选元件被复制，在“库”面板中即可看到复制出来的元件，如图 21-6 所示。

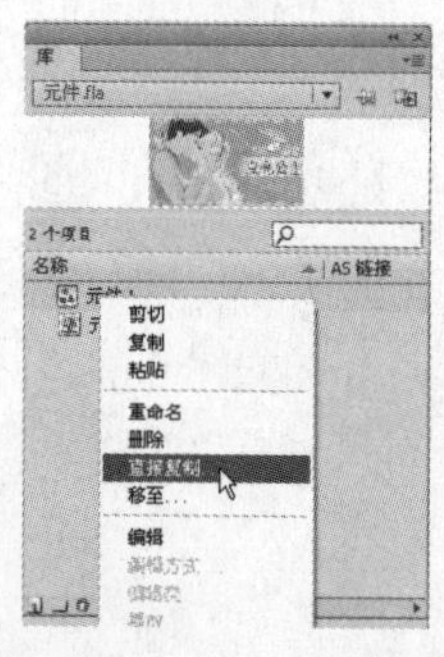

图 21-4 选择“直接复制”选项

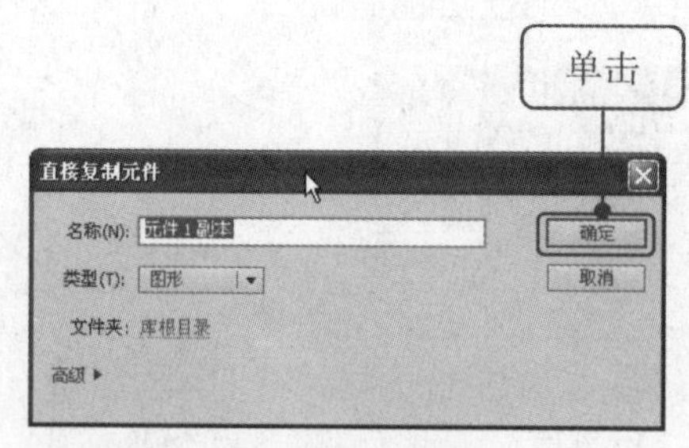

图 21-5 “直接复制元件”对话框

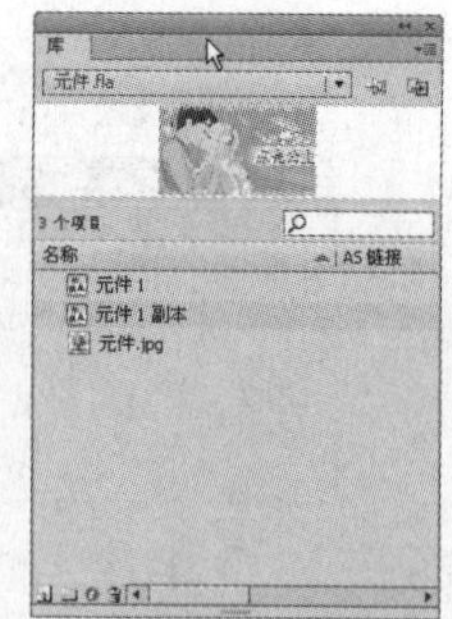

图 21-6 复制出来的元件

21.3.2 编辑元件的方法

Flash 提供了 3 种方式编辑元件：在当前位置编辑元件、在新窗口中编辑元件和在元件编辑模式下编辑元件。编辑元件时，Flash 将更新文档中该元件的所有实例，以反映编辑结果。同时，

Flash 可以使用任意绘图工具导入介质或创建其他元件的实例。

1．在当前位置编辑元件

使用“在当前位置编辑元件”命令，可以将该元件和其他对象在一个舞台上编辑。其他对象以灰色方式出现，从而将它们和正在编辑的元件区分开来。

（1）在舞台上双击或选择该元件的一个实例，如图 21-7 所示。

（2）执行“编辑”|“在当前位置编辑”命令，打开“属性”面板，进入元件编辑模式，如图 21-8 所示。

图 21-7　选择元件实例

图 21-8　元件编辑模式

（3）根据需要编辑元件，可以改变元件的位置大小、色彩效果和循环，如图 21-9 所示。

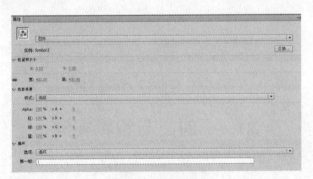

图 21-9　编辑元件

2．在新窗口中编辑元件

使用在新窗口中编辑元件命令，可以在一个单独的窗口中编辑元件。在单独的窗口中编辑元件时，可以同时看到该元件和主时间轴，正在编辑的元件名称会显示在舞台上方的编辑栏中。

（1）在舞台上单击该元件的一个实例，并单击鼠标右键，从弹出的快捷菜单中选择“在新窗口中编辑”选项，如图 21-10 所示。

（2）打开一个新窗口来编辑元件，根据需要编辑元件，编辑完毕后，单击右上角的“关闭”按钮，关闭新窗口并返回到主场景中，如图 21-11 所示。

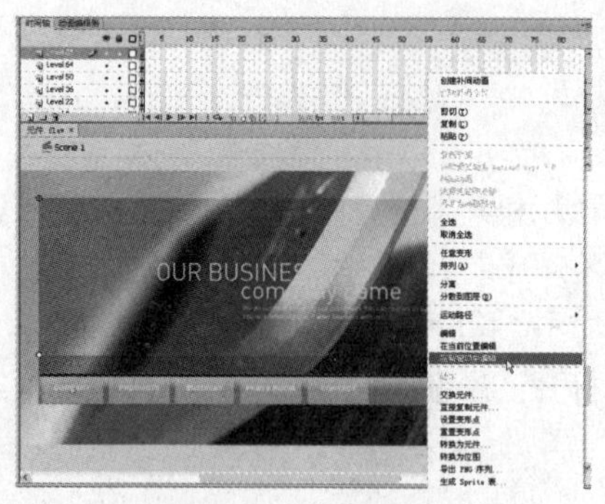

图 21-10　选择“在新窗口中编辑”选项

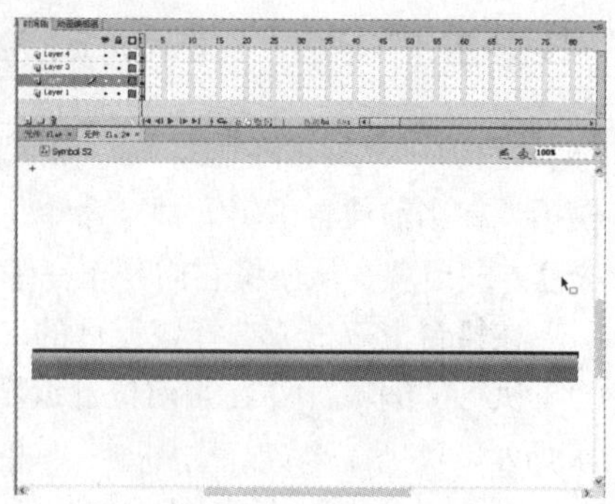

图 21-11　元件编辑模式

3．在元件编辑模式下编辑元件

使用元件编辑模式，可以将窗口从舞台视图更改为只显示该元件的单独视图。正在编辑的元件的名称会显示在舞台上方的编辑栏中，位于当前场景名称的右侧。

在舞台上双击选择该元件的一个实例，或者在舞台中选择该元件的一个实例，执行“编辑”|“编辑元件”命令，进入元件编辑模式，根据需要在舞台上编辑该元件，如图 21-12 所示。

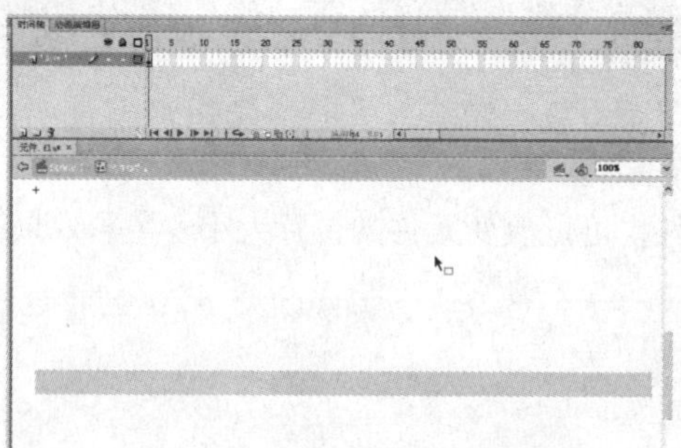

图 21-12　编辑选择的元件实例

21.4　创建与编辑实例

虽然实例来源于元件，但是每一个实例都有其自身的、独立于元件的属性。可以改变实例的色调、透明度和亮度，重新定义实例的类型，设置图形实例内动画的播放模式，调整实例大小或使之旋转和倾斜等。对实例的所有修改都不会影响元件。

21.4.1　创建实例

一般来说，当将一个元件应用到场景中时，在场景时间轴上只需一个关键帧，就可以将元件的所有内容都包括进来，如按钮元件实例、动画片段实例及静态图片。但要想完全引入动态图片元件的内容，就必须将元件中的帧全部添加到场景时间轴上，当然也可以选取一部分内容添加到场景的时间轴上。

（1）打开一个文档，在“库”面板中选择制作好的图形元件，如图 21-13 所示。

（2）按住鼠标左键，将其拖动到舞台中，即可完成创建实例，如图 21-14 所示。

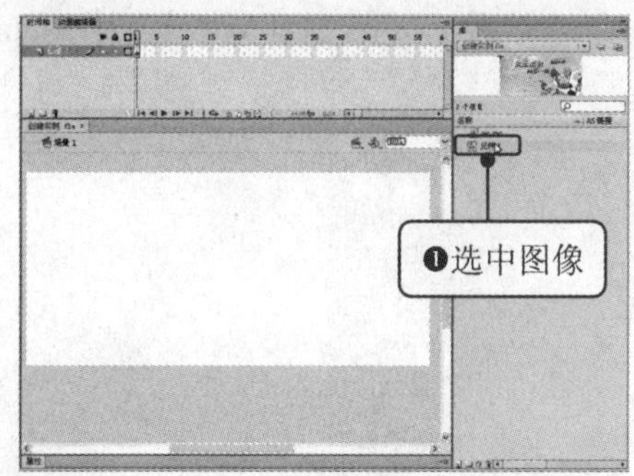

图 21-13　打开文件

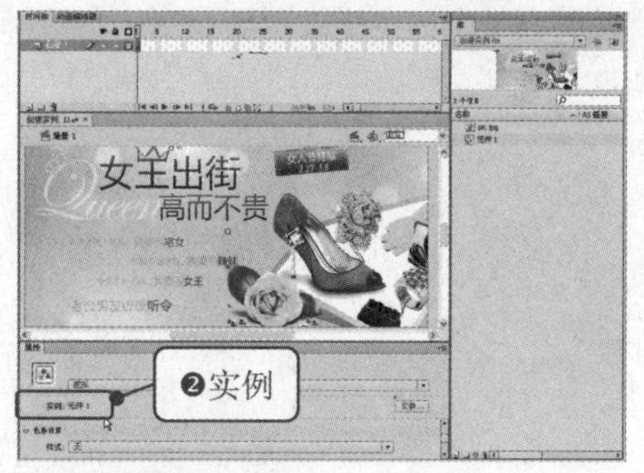

图 21-14　完成创建实例

21.4.2　编辑实例

要编辑实例属性，可以在“属性”面板中的“颜色”下拉列表中根据需要选择，如图 21-15 所示。

图 21-15　“属性”面板

1．调整色调

同一个元件的实例具有不同的颜色效果，如图 21-16 所示。使用色调滑块可以设置色调百分比，0 意味着透明，100%意味着色调完全饱和。要选择颜色，可在各自的文本框中输入红色、绿色和蓝色的值，或单击颜色按钮，在弹出的调色板中选择一种颜色。

图 21-16　实例效果

2．调整透明度

Alpha：用于设置实例的透明度，可以直接输入数值，也可以拖动右侧的滑块来设置数值。在“属性”面板中的“样式”下拉列表中选择“Alpha”选项，如图 21-17 所示，是 Alpha 设置为 20%时的效果。

图 21-17 选择“Alpha”选项

3．调整亮度

亮度：用于调整实例的明暗对比度，可以直接输入数值，也可以拖动右侧的滑块来设置数值，如图 21-18 所示，是亮度设置为-30%时的效果。

图 21-18 选择“亮度”选项

4．高级

在“属性”面板中的“样式”下拉列表中选择“高级”选项，如图 21-19 所示。

- “高级”选项分别调整实例中的红、绿、蓝和透明度值。如果要在如位图之类的对象上，创建动画的微妙颜色效果，则该选项最为有用。左边的控件允许按钮按指定的百分比减小颜色值或透明度值，右边的控件则允许按钮按照对比值减小或增大颜色值和透明度值。
- 将当前的某种颜色或 Alpha 值按照一定的百分比综合起来，然后加上右侧一列中的固定值，将产生新的色彩值。

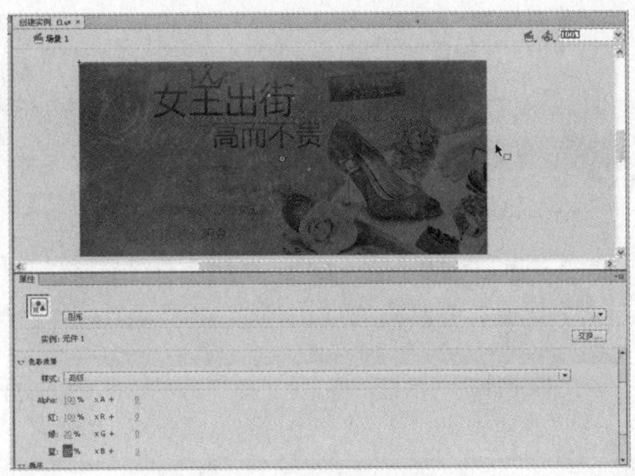

图 21-19　高级效果属性

21.5　创建和管理库

> 库元件可以反复出现在影片的不同画面中，它对整个影片的尺寸影响不大，被拖曳到舞台的元件就成为实例。

21.5.1　创建项目

在“库”窗口的元素列表中，看见的文件类型是图形、按钮、影片剪辑、媒体声音、视频、字体和位图。前面三种是在 Flash 中产生的元件，后面两种是导入素材后产生的。

创建库元件可以选择以下任意一种操作。

- 执行“插入”|“新建元件”命令。
- 单击“库”面板中的按钮，在弹出的列表中选择“新建元件”选项。
- 单击“库”面板下边的“添加新元件”按钮。
- 先在舞台上选中图像或动画，然后执行“修改”|“转换为元件”命令。

以上操作的结果都会弹出“创建新元件”对话框，如图 21-20 所示，可从中选择元件的类型并为它命名。

另外，还可以通过执行“文件”|“导入”|“导入到库”命令，将外部的视频、位图、声音等素材导入到“库”面板中。

21.5.2　删除项目

删除库项目，具体操作步骤如下。

（1）打开一个文档，执行“窗口”|“库”命令，打开“库”面板，在“库”面板中选择要删除的元件，如图 21-21 所示。

（2）单击底部的按钮或者按 Detele 键，即可删除元件。

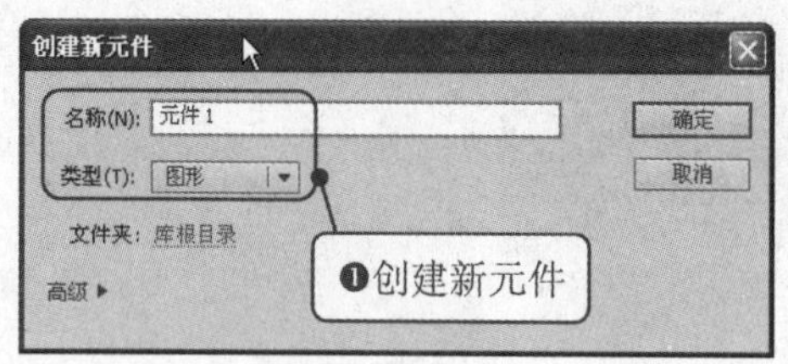

图 21-20 “创建新元件”对话框

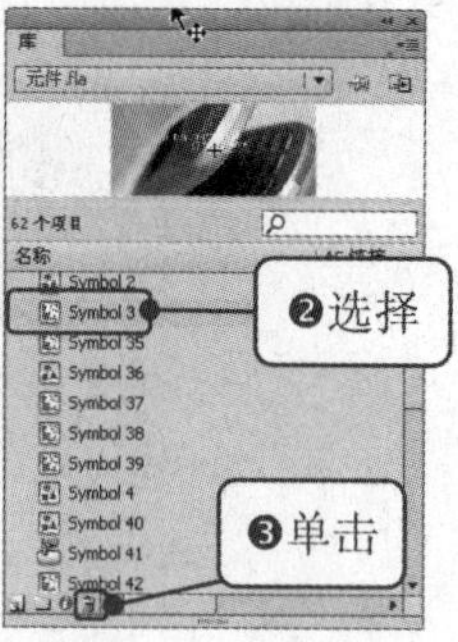

图 21-21 删除元件

21.6 使用公共库

公用库是 Flash 自带的一个素材库，执行“窗口”|“公用库”命令，在弹出的子菜单中有 3 个选项，分别是“Buttons”、“Classes”和“Sounds”，如图 21-22 所示。“公用库”面板下的某些元件是不能直接修改的。

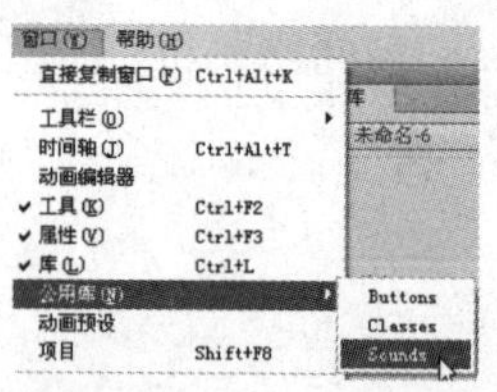

图 21-22 公用库

21.7 综合应用

元件和实例是动画最基本的元素之一，所有的动画都是由一个又一个的实例组织起来的。而元件这个概念的出现，使设计者能够重复使用该元件的实例，而几乎不增加动画文件的大小，正因为这个特性，使得 Flash 动画在网络中普及起来。

21.7.1 综合应用——制作按钮

下面利用 Flash 制作按钮，最终效果如图 21-23 所示，具体操作步骤如下。

练习文件 实例素材/练习文件/CH21/21.7.1/按钮.jpg

完成文件 实例素材/完成文件/CH21/21.7.1/按钮.fla

（1）新建一个空白文档，导入光盘中的图像文件“按钮.jpg”，如图 21-24 所示。

（2）执行“插入”|“新建元件”命令，弹出“创建新元件”对话框，在该对话框中“类型”下拉列表中选择“按钮”选项，如图 21-25 所示。

图 21-23　原始效果

图 21-24　新建元件

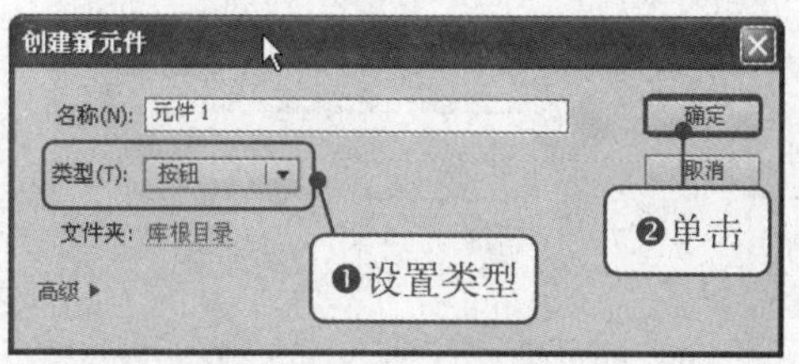

图 21-25　“创建新元件”对话框

（3）单击“确定”按钮，进入元件编辑模式，如图 21-26 所示。

（4）在工具箱中选择“矩形”工具，在“属性”面板中将笔触颜色设置为#FFFF00，填充颜色设置为#CC9900，“样式”选择“斑马线”，笔触大小设置为 5，“矩形选项”设置为“10”，如图 21-27 所示。

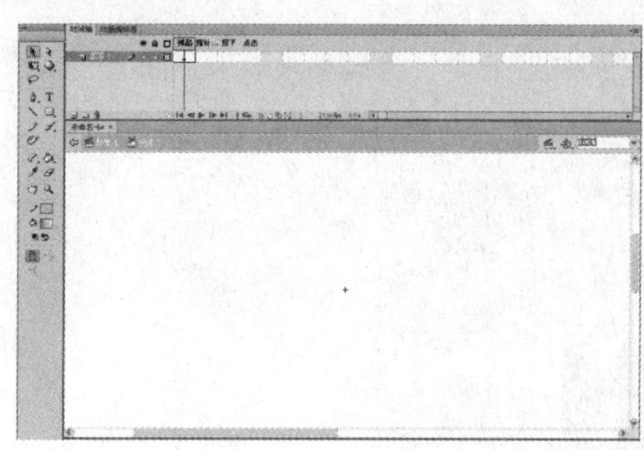

图 21-26　元件编辑模式

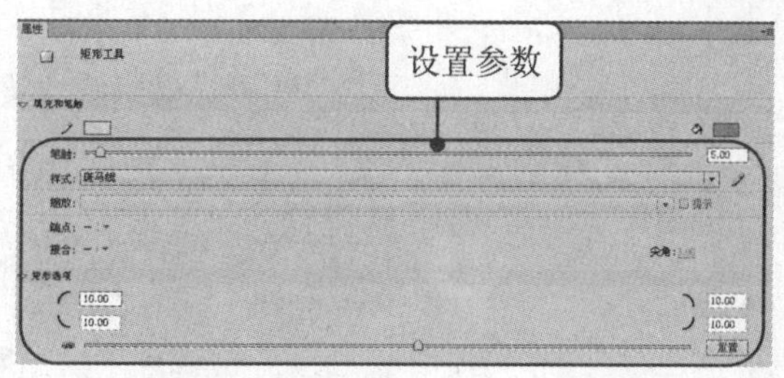

图 21-27　设置“属性”面板

（5）按住鼠标左键，在舞台中绘制矩形，如图 21-28 所示。

（6）在工具箱中选择“文本”工具，在舞台中输入文字“点击进入”，如图 21-29 所示。

（7）选择“指针”帧，按“F6”键插入关键帧，将填充颜色设为#FF9900，如图 21-30 所示。

（8）选择“按下”帧，按“F6”键插入关键帧，将填充颜色设为#FF0066，如图 21-31 所示。

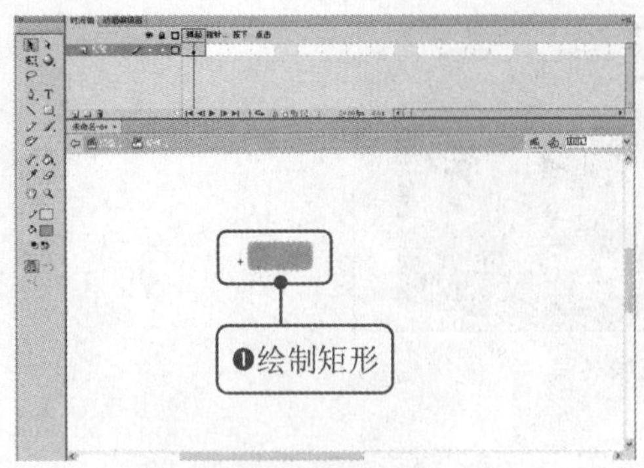

图 21-28　绘制矩形

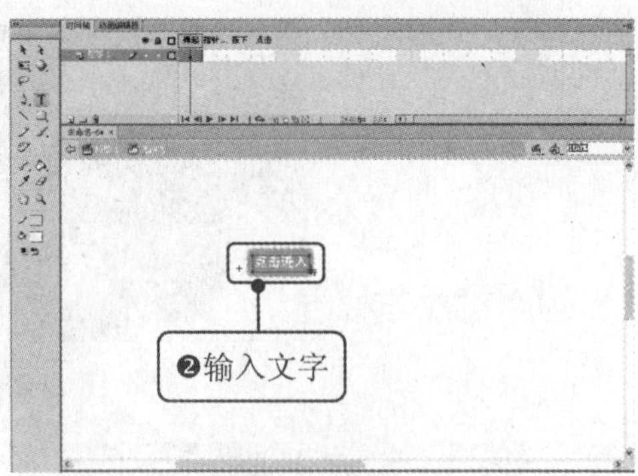

图 21-29　输入文本

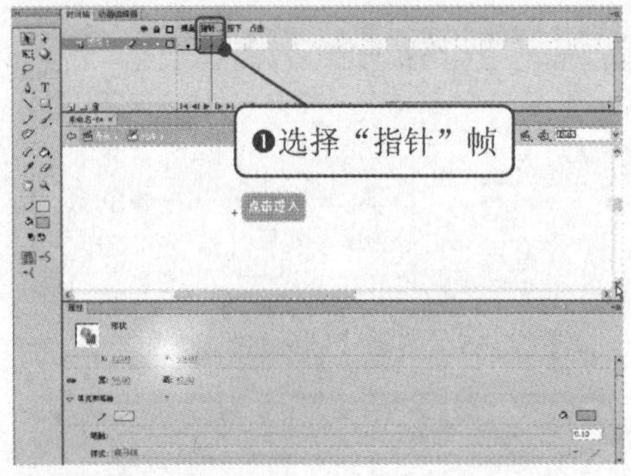

图 21-30　设置“指针”帧填充色

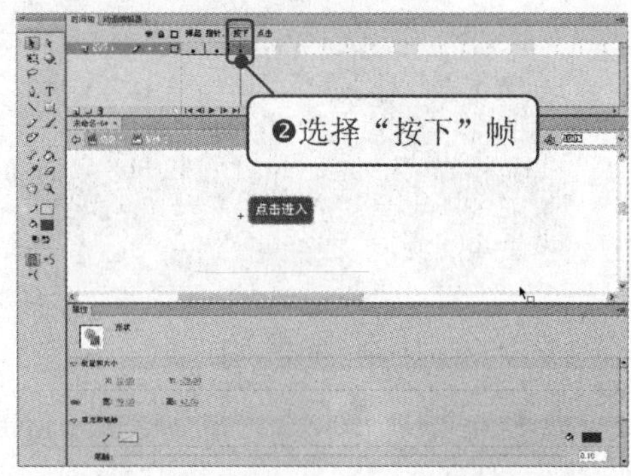

图 21-31　设置“按下”帧填充色

（9）单击场景 1 按钮，返回到主场景，将“库”面板中制作好的按钮元件拖入舞台中，如图 21-32 所示。

（10）保存文档，执行“控制”|“测试影片”|“测试”命令，测试动画效果，如图 21-23 所示。

图 21-32　将元件拖入舞台中

21.7.2　综合应用——利用元件制作动画

下面利用元件制作动画，最终效果如图 21-33 所示，具体操作步骤如下。

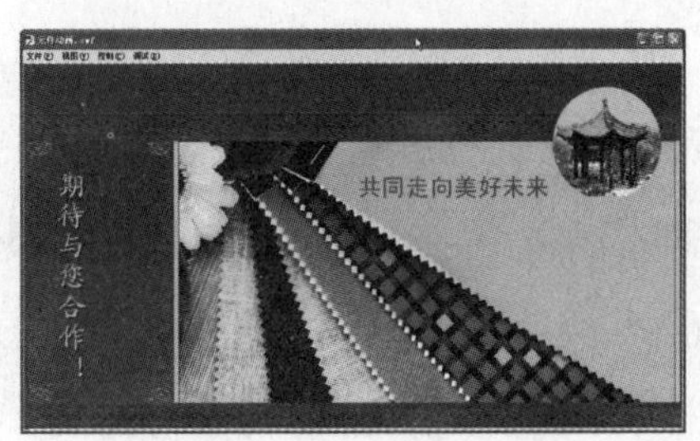

图 21-33　利用元件制作动画

练习文件 实例素材/练习文件/CH20/21.7.2/动画.jpg、f1.jpg

完成文件 实例素材/完成文件/CH20/21.7.2/元件动画.fla

（1）新建一个空白文档，导入光盘中的图像文件“动画.jpg”，如图 21-34 所示。

（2）执行“文件”|“另存为”命令，打开“另存为”对话框，在该对话框中输入“文件名”为“元件动画.fla”，如图 21-35 所示。

图 21-34　打开文件

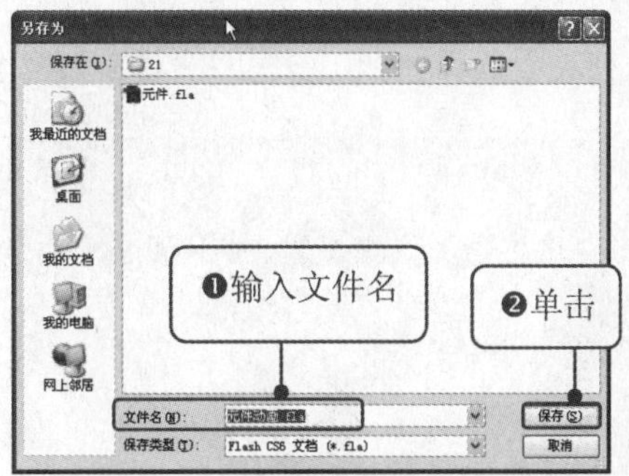

图 21-35　“另存为”对话框

（3）单击“保存”按钮，保存文档，如图 21-36 所示。

（4）执行“插入”|“新建元件”命令，弹出“创建新元件”对话框，在该对话框的“类型”下拉列表中选择“图形”选项，如图 21-37 所示。

图 21-36　保存文档

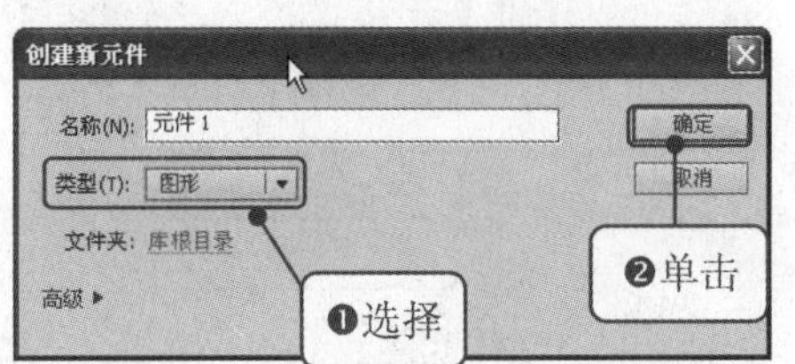

图 21-37　“创建新元件”对话框

（5）单击“确定”按钮，进入元件编辑模式，如图 21-38 所示。

（6）执行“文件”|“导入”|“导入到舞台”命令，弹出“导入”对话框，在该对话框中选择图像“f1.png”，如图 21-39 所示。

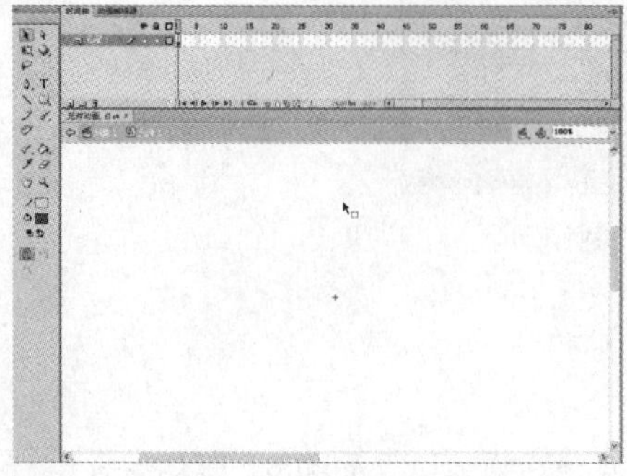

图 21-38　元件编辑模式

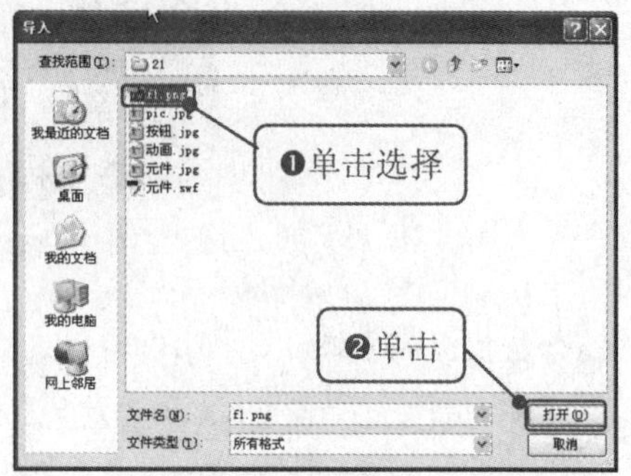

图 21-39　“导入”对话框

（7）单击“打开”按钮，将图像置入到舞台中，如图 21-40 所示。

（8）执行“插入”|“新建元件”命令，弹出“创建新元件”对话框，在该对话框的“类型”下拉列表中选择“影片剪辑”选项，如图 21-41 所示。

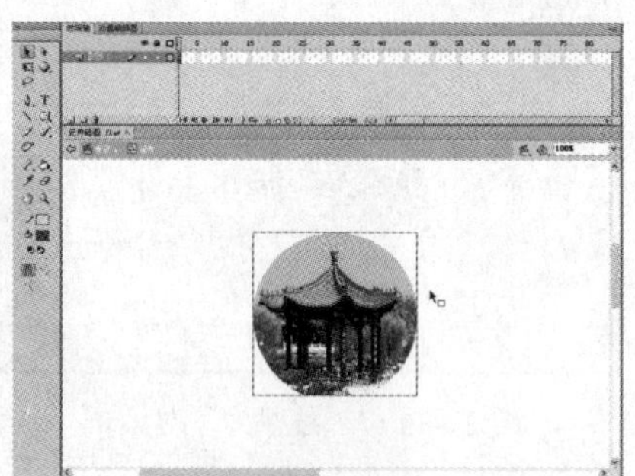

图 21-40　导入图像

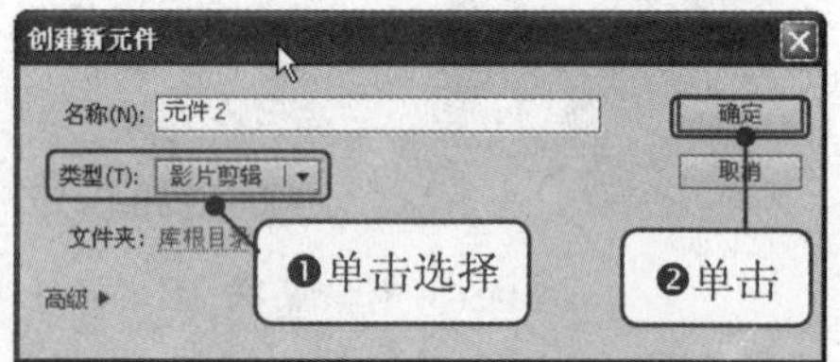

图 21-41　“创建新元件”对话框

（9）单击“确定”按钮，进入元件编辑模式，在工具箱中选择“文本”工具，在舞台中输入文本，如图 21-42 所示。

（10）选择第 30 帧，按“F6”键插入关键帧，然后将文本向右下角移动一段距离，如图 21-43 所示。

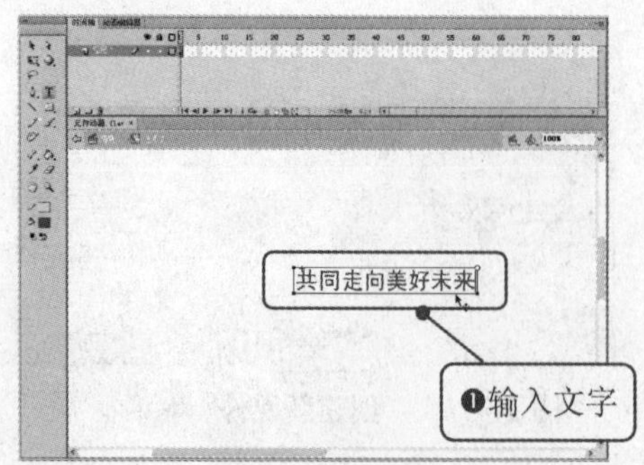

图 21-42　输入文本

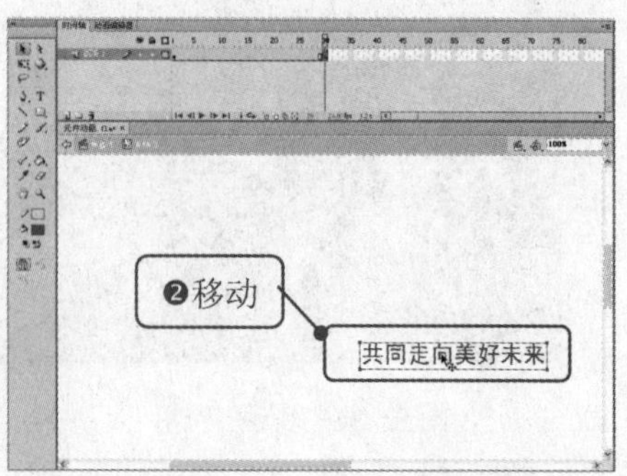

图 21-43　移动文本

（11）选择第 1 ~ 30 帧之间的任意一帧，单击鼠标右键，在弹出的列表中选择“创建传统补间”选项，创建传统补间动画，如图 21-44 所示。

（12）单击场景 1 按钮，返回到主场景，单击时间轴面板底部的“新建图层”按钮，新建图层 2，如图 21-45 所示。

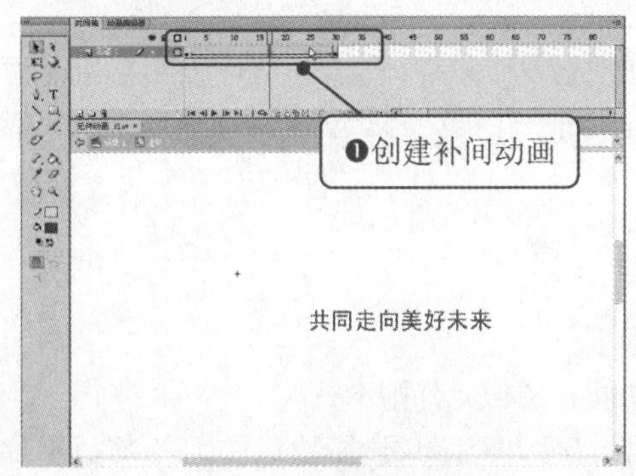

图 21-44　创建补间动画

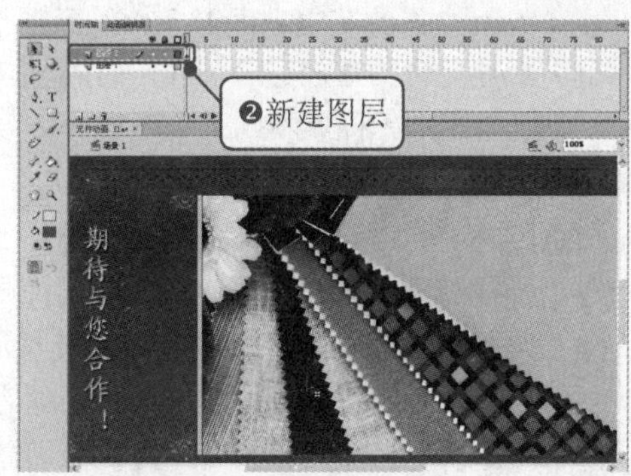

图 21-45　新建图层 2

（13）选择图层 2 的第 1 帧，将“库”面板中制作好的元件 1 拖入舞台，如图 21-46 所示。

（14）单击“新建图层”按钮，新建图层 3，选择图层 3 的第 1 帧，将“库”面板中制作好的元件 2 拖入舞台中，如图 21-47 所示。执行“控制”|“测试影片”|“测试”命令，测试动画效果，如图 21-33 所示。

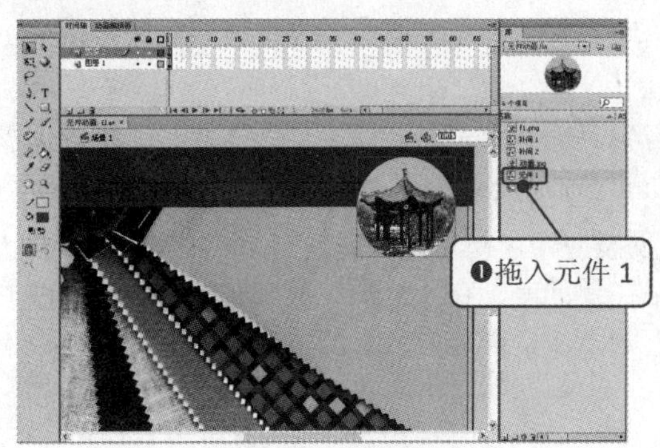

图 21-46　拖入图形元件

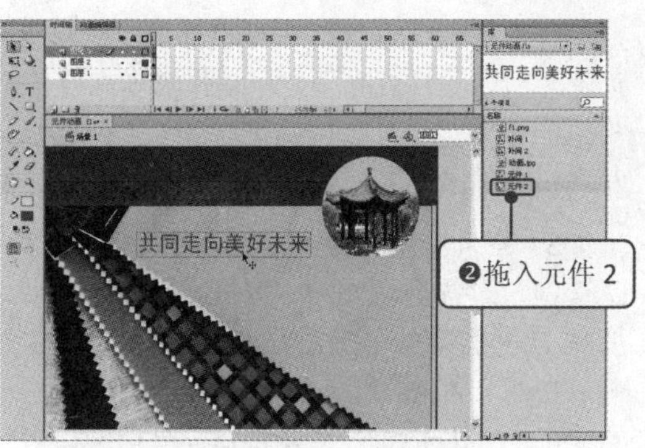

图 21-47　拖入影片剪辑元件

21.8　专家秘籍

1．为什么直接在元件库中做运动时，图片在中间运动过程中会变小

在 Flash 的元件库中，新建一个影片编辑，导入一张 JPG 格式图片，直接在元件库中做运动时，图片在中间运动过程中会变小，原因是在建第 2 个关键帧前，没有将图片转换为 Flash 的元件，建立运动动作的时候，Flash 建立了其中一个元件，另外一帧却没有，软件计算不正确，自动做了缩小的动作。要使软件计算正确，需要两帧的元件是同一个元件。

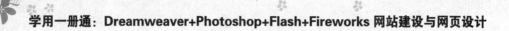

2．如何在 Flash 中调用另一个 Flash 文件库中的元件

将两个 Flash 文件都导入到库(将另一 Flash 文件导入到第一个 Flash 文档的同一个库中)，也可新建一个 Flash 文档将另一 Flash 文件导入此第二 Flash 文档的不同库中，在文档右侧则有未命名 1 和未命名 2 这两个库可互相调用。

3．Flash 中影片剪辑和图形元件的区别

（1）影片剪辑的播放完全独立于时间轴。即使主场景中只有一个帧，也不会影响影片剪辑的播放。但是图形元件就不同了——如果主场景中只有一个帧，那么其中的图形元件也只能永远显示一个帧。

（2）影片剪辑可以设置实例名称，图形元件则不行。

（3）影片剪辑可以设置滤镜，图形元件则不行。

（4）影片剪辑可以设置混合模式，图形元件则不行。

（5）影片剪辑可以使用“运行时位图缓存”功能，图形元件则不行。

（6）在影片剪辑中可以包含声音，只要将声音绑定到影片剪辑时间轴中，那么播放影片剪辑时也会播放声音，但是在图形元件中即使包含了声音，也不会发声。

（7）影片剪辑可以转换为组件，实现视觉元素和代码的安全封装。

4．图形元件有哪些特点

（1）影片剪辑由于肩负着重大的控制任务，使得数据结构变得复杂，也增大了播放器的负担。使用图形元件可以减轻播放器的负担。所以在可以使用图形元件来实现的地方，就不要使用影片剪辑了。

（2）图形元件与所在时间轴是严格同步的，时间轴暂停了，图形元件也会跟着暂停播放，而影片剪辑元件就必须使用动作脚本来暂停。

（3）图形元件可以设置播放方式，而影片剪辑只能从第一张开始，循环播放。如果要让影片剪辑实现图形元件一样的播放方式，只能借助动作脚本来实现。

5．影片剪辑元件、按钮元件、图形元件区别及应用中需注意的问题

（1）影片剪辑元件、按钮元件和图形元件最主要的差别在于，影片剪辑元件和按钮元件的实例上都可以加入动作语句，图形元件的实例上则不能。影片剪辑里的关键帧可以加入动作语句，按钮元件和图形元件则不能。

（2）影片剪辑元件和按钮元件中都可以加入声音，图形元件则不能。

（3）影片剪辑元件的播放不受场景时间线长度的制约，它有元件自身独立的时间线；按钮元件独特的 4 帧时间线并不自动播放，而只是响应鼠标事件；图形元件的播放完全受制于场景时间线。

（4）影片剪辑元件在场景中按 Enter 键测试时看不到实际播放效果，只能在各自的编辑环境中观看效果，而图形元件在场景中可适时观看，可以实现所见即所得的效果。

（5）三种元件在舞台上的实例都可以在属性面板中相互改变其行为，也可以相互交换实例。

（6）影片剪辑中可以嵌套另一个影片剪辑，图形元件中也可以嵌套另一个图形元件，但是按钮元件中不能嵌套另一个按钮元件。

21.9　本章小结

使用 Flash 制作动画影片的一般流程是，先制作动画中所需的各种元件，然后在场景中引用元件实例，并对实例化的元件进行适当的组织和编排，最终完成影片的制作。本章的重点是元件的创建以及实例的创建和使用。

第22章 创建基本Flash动画

学前必读

Flash 作为一款著名的二维网页动画制作软件，其动画制作功能是非常强大的。在 Flash CS6 中，可以轻松创建丰富多彩的动画效果。而且 Flash 动画具有体积小巧、颜色丰富、变化多样和效果出众的特点，得到了很多网页动画爱好者的青睐。本章主要讲述逐帧动画、补间动画、引导层和遮罩层动画的制作。

学习流程

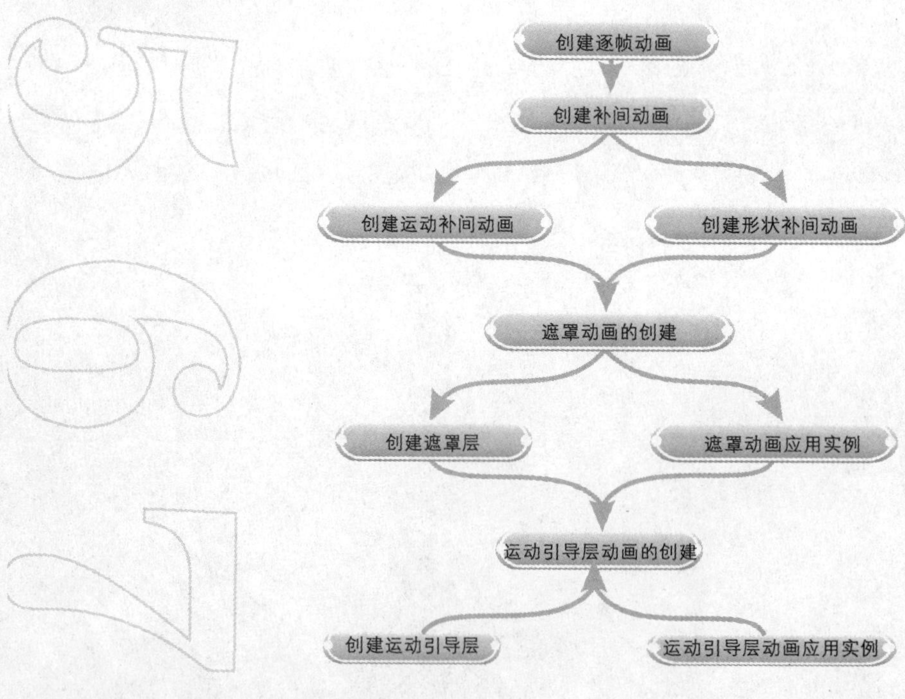

22.1　创建逐帧动画

逐帧动画是一种常见的动画形式，它的原理是在连续的关键帧中分解动画动作，也就是每一帧中的内容不同，连续播放而形成动画，如图 22-1 所示，创建逐帧动画的具体操作步骤如下。

图 22-1　逐帧动画

练习文件　实例素材/练习文件/CH22/22.1/逐帧.jpg

完成文件　实例素材/完成文件/CH22/22.1/逐帧.fla

（1）新建一个空白文档，导入光盘中的图像文件“逐帧.jpg”，将文档保存为“逐帧.fla”，如图 22-2 所示。

（2）单击“新建图层”按钮，在图层 1 的上面新建一个图层 2，在图层 1 的第 10 帧，按“F5”键插入帧，如图 22-3 所示。

图 22-2　新建文档

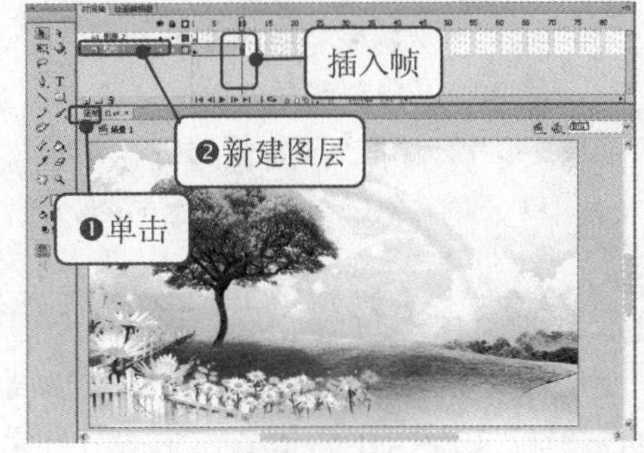

图 22-3　插入帧

（3）选中图层 2 的第 1 帧，在工具箱中选择“文本”工具，在舞台中输入文本“寻”，并在“属性”面板中设置相应的参数，如图 22-4 所示。

（4）选中图层 2 的第 2 帧，按“F6”键插入关键帧，在工具箱中选择“文本”工具，在舞台中输入文本“访”，并在“属性”面板中设置相应的参数，如图 22-5 所示。

（5）按照步骤（4）的方法，在图层 2 的其他帧按“F6”键插入关键帧，并输入相应的文本，如图 22-6 所示。执行“控制”|“测试影片”|“测试”命令，测试动画效果。

图 22-4 输入文本“寻”

图 22-5 输入文本“访”

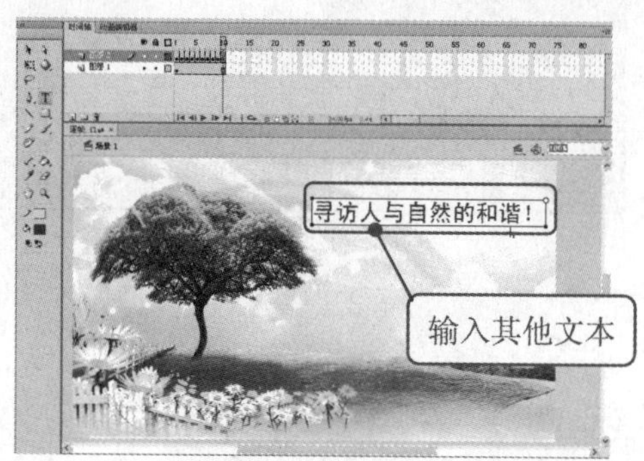

图 22-6 输入文本

22.2 创建补间动画

补间动画包含运动补间动画和形状补间动画两类动画效果。在补间动画中，只需创建起始帧和结束帧的内容，而让 Flash 自动创建中间帧的内容。Flash 甚至可以通过更改起始帧和结束帧之间的对象大小、旋转方式、颜色和其他属性来创建运动的效果。

22.2.1 上机练习——创建运动补间动画

运动补间动画用于对同一个对象产生移动、缩放、倾斜、旋转，是 Flash 动画中比较常见的动画类型。在制作补间动画时要注意：如果要对多个对象创建不同的补间动画，则要把这些对象放在不同的层上。制作运动补间动画，效果如图 22-7 所示，具体操作步骤如下。

练习文件 实例素材/练习文件/CH22/22.2/补间.jpg、太阳.png

完成文件 实例素材/完成文件/CH22/22.2/补间.fla

（1）新建一个空白文档，导入光盘中的图像文件“补间.jpg”，如图 22-8 所示。

（2）单击时间轴底部的“新建图层”按钮，新建一个图层 2，如图 22-9 所示。

图 22-7　运动补间动画

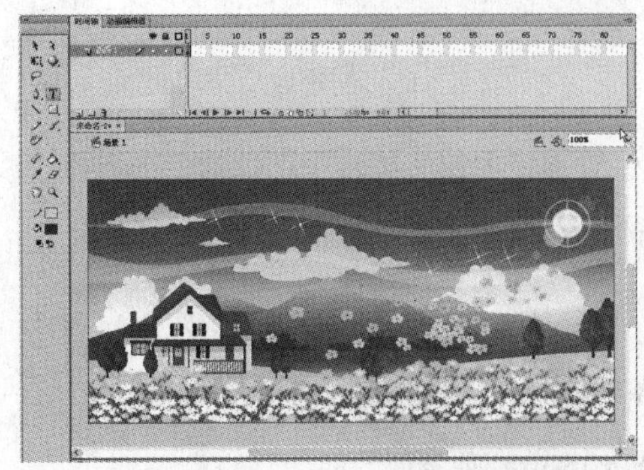

图 22-8　新建文档

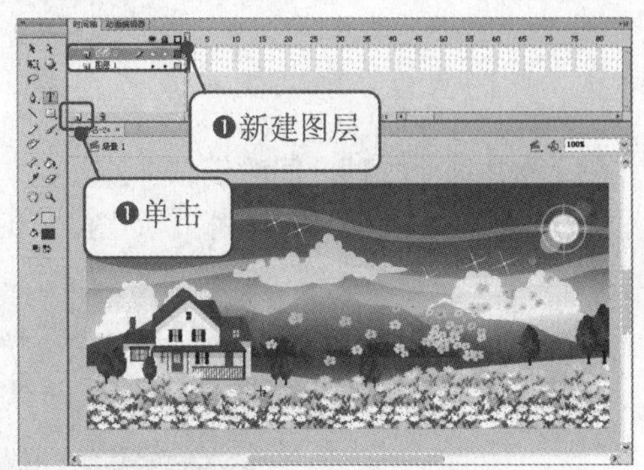

图 22-9　新建图层

（3）执行“文件”|“导入”|“导入到舞台”命令，导入图像“太阳.png”，如图 22-10 所示。

（4）在图层 2 的第 30 帧按“F6”键插入关键帧，在图层 1 的第 30 帧按“F5”键插入帧，如图 22-11 所示。

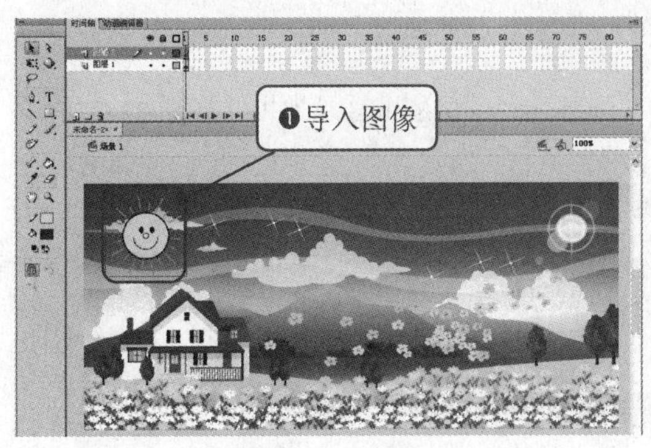

图 22-10　导入图像

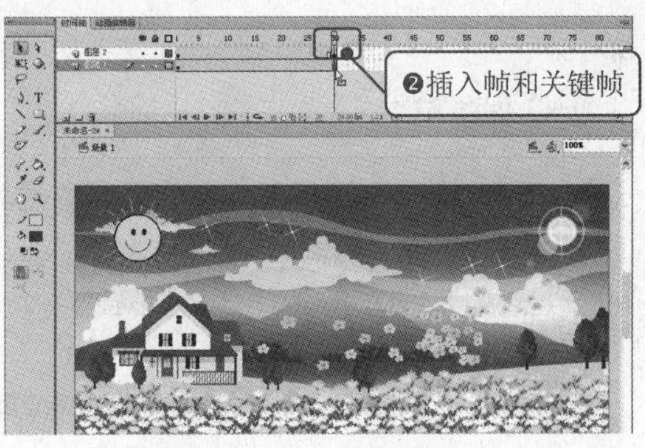

图 22-11　插入帧和关键帧

（5）在图层 2 的第 15 帧按“F6”键插入关键帧，使用“任意变形”工具调整图像大小，如图 22-12 所示。

（6）分别在 1 ~ 15 帧、16 ~ 30 帧之间单击鼠标右键，在弹出的快捷菜单中选择“创建传统补间动画”选项，即可创建运动补间动画，如图 22-13 所示。

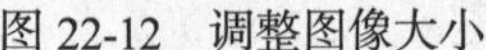
图 22-12　调整图像大小

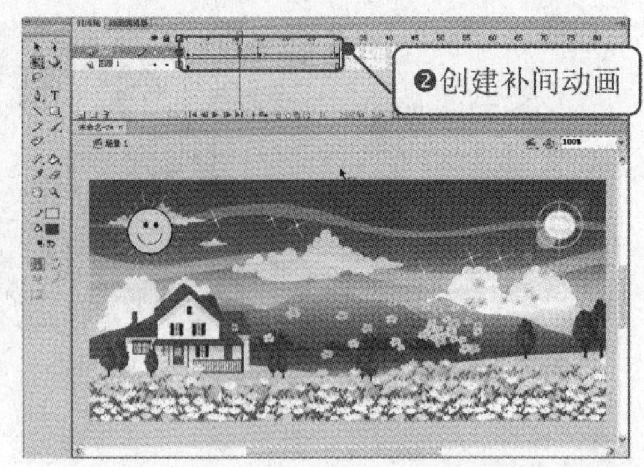

图 22-13　创建运动补间动画

（7）选中 1～15 帧之间的任意一帧，在“属性”面板中的“旋转”下拉列表中选择“顺时针”，在上边的文本框中输入“1”，如图 22-14 所示。

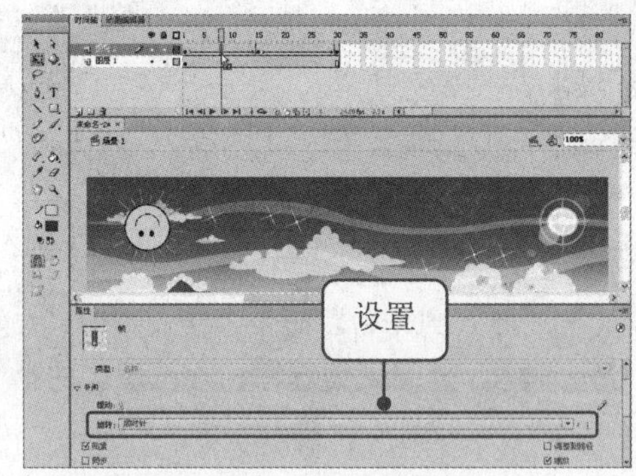

图 22-14　选择“顺时针”

（8）保存文档，执行“控制”|“测试影片”|“测试”命令，测试动画效果，如图 22-7 所示。

22.2.2　上机练习——创建形状补间动画

使用形状补间可以创建和变形相似的效果。它们都是先以某个形状出现，随着时间的推移，最开始的形状逐渐变成了另一个形状。Flash 还可以对形状的位置、大小和颜色产生渐变效果。制作形状补间动画的效果如图 22-15 所示，具体操作步骤如下。

图 22-15　形状补间动画

练习文件　实例素材/练习文件/CH22/22.2.2/形状补间.gif、bj.png

完成文件　实例素材/完成文件/CH22/22.2.2/形状补间动画.fla

（1）新建一个空白文档，导入光盘中的图像文件“形状补间.gif”，如图 22-16 所示。

（2）单击时间轴面板底部的“新建图层”按钮，新建一个图层 2，执行“文件”|“导入”|“导入到舞台”命令，打开“导入”对话框，如图 22-17 所示。

图 22-16　打开文件

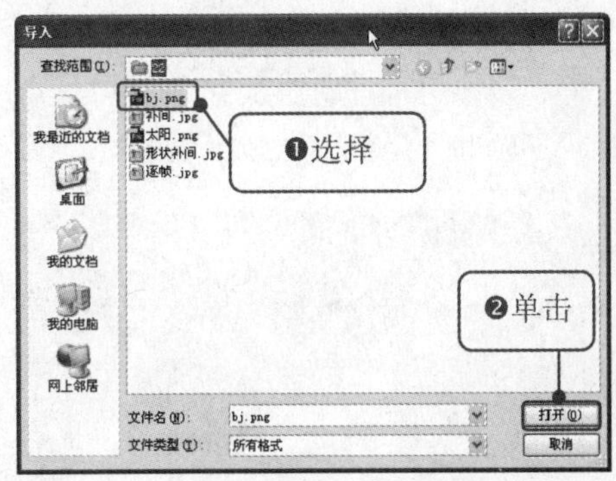

图 22-17　“导入”对话框

（3）在该对话框中单击选择“bj.png”，单击“打开”按钮，导入光盘中的图像文件“bj.png”，如图 22-18 所示。

（4）选中导入的图像，执行“修改”|“分离”命令，将图像打散为形状，如图 22-19 所示。

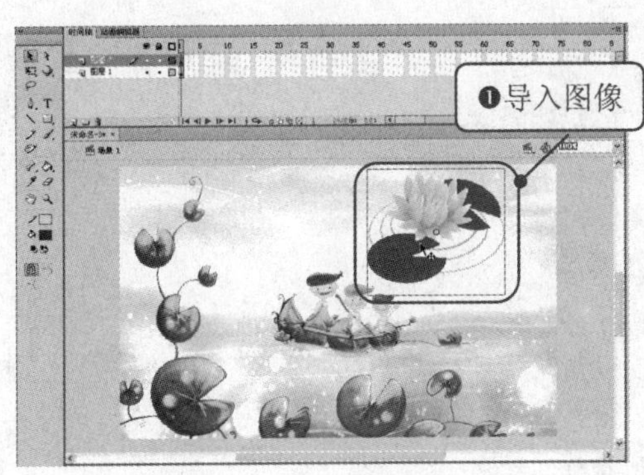

图 22-18　导入图像

图 22-19　分离图像

（5）分别在图层 1 的第 30 帧按“F5”键插入帧，图层 2 的第 30 帧按“F6”键插入关键帧，如图 22-20 所示。

（6）选中图层 2 的第 30 帧，将分离后的形状删除，在工具箱中选择“文本”工具，输入文字“滑向未来”，如图 22-21 所示。

（7）选中文字，执行两次“修改”|“分离”命令，将文字分离为形状，如图 22-22 所示。

（8）将光标置于第 1～30 帧中间，单击鼠标右键，在弹出的列表中选择“创建补间形状”选项，如图 22-23 所示。

图 22-20　插入帧和关键帧

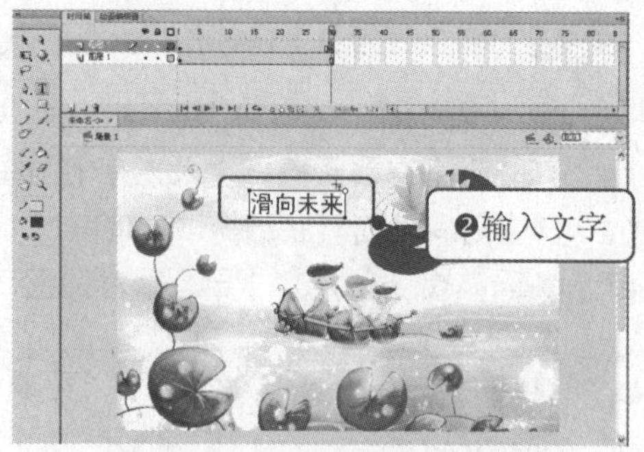

图 22-21　输入文本

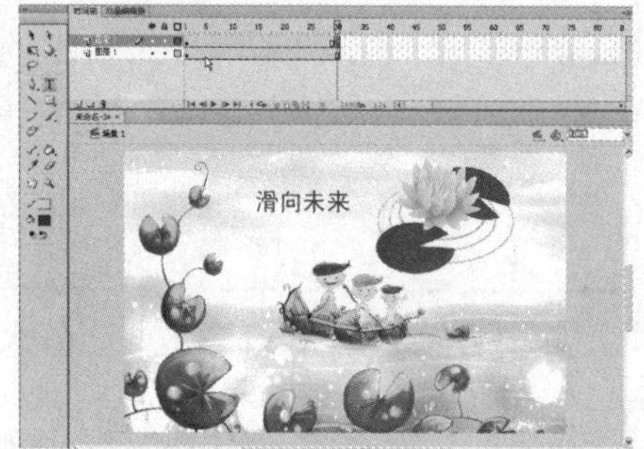

图 22-22　分离文本

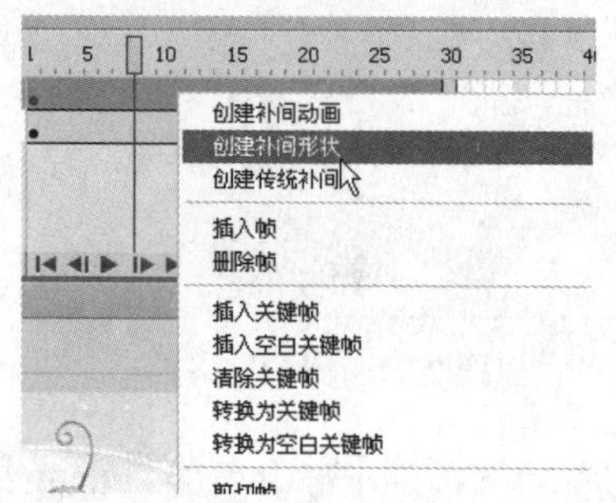

图 22-23　选择"创建补间形状"选项

（9）选择选项后，创建形状补间动画，如图 22-24 所示。

图 22-24　创建形状补间动画

（10）保存文档，执行"控制"|"测试影片"|"测试"命令，测试动画效果，如图 22-15 所示。

22.3　遮罩动画的创建

使用 Flash 的遮罩层功能，可以制作如灯光移动等复杂的动画效果。在遮罩层中，没有内容的部分会作为透明区域，透过该区域可以看到遮罩层下面的内容；而遮罩层上有内容的部分则不会看到。遮罩层中的对象可以是填充的形状、文字对象、图形元件的实例或影片剪辑等。

22.3.1　创建遮罩层

制作遮罩效果前，“时间轴”面板中至少要有 2 个图层，如图层 1、图层 2，分别设置为遮罩层和被遮罩层，具体操作步骤如下。

用鼠标右键单击图层 2 的名称，在弹出的快捷菜单中选择“遮罩层”选项，如图 22-25 所示。图层 2 变成遮罩层，其下方的图层 1 自动变成被遮罩层，两个层自动锁定，如图 22-26 所示。

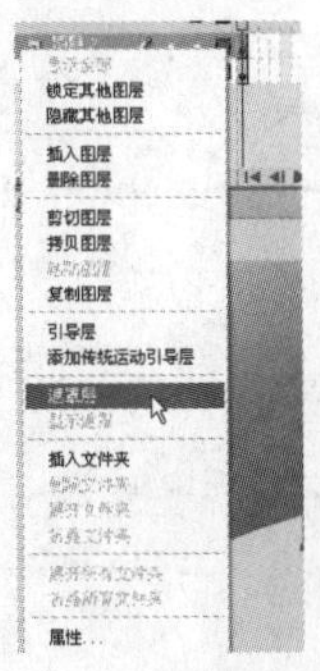

图 22-25　选择“遮罩层”选项

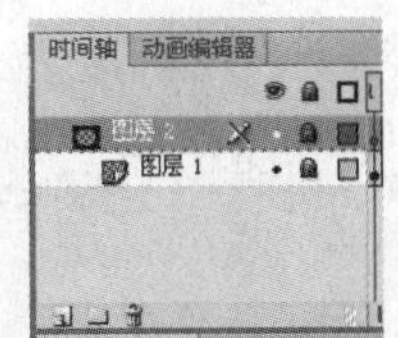

图 22-26　创建遮罩层

22.3.2　上机练习——遮罩动画应用实例

利用遮罩制作滚动图像，效果如图 22-27 所示，具体操作步骤如下。

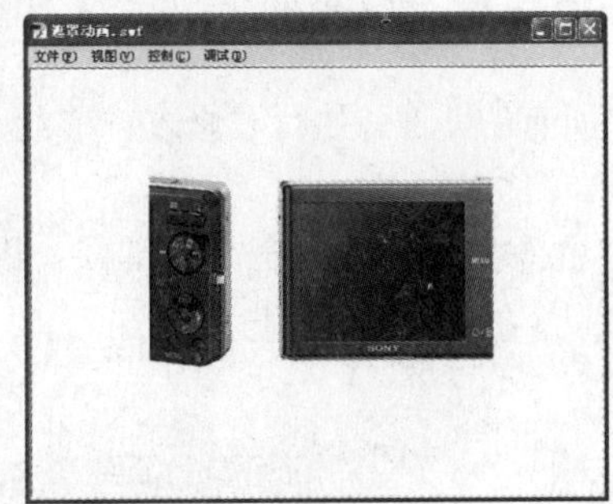

图 22-27　遮罩动画

练习文件　实例素材/练习文件/CH22/22.3.2/x1.jpg、x2.jpg、x3.jpg、x4.jpg、x5.jpg

完成文件　实例素材/完成文件/CH22/22.3.2/遮罩动画.fla

（1）新建一个空白文档，执行“文件”|“另存为”命令，将文件存储为“遮罩动画.fla”，如图 22-28 所示。

（2）执行“文件”|“导入”|“导入到舞台”命令，打开“导入”对话框，在该对话框中单击选择“x1.jpg”，然后按 Ctrl 键单击选择另外 4 个图像文件，如图 22-29 所示。

（3）单击“打开”按钮，导入图像文件，如图 22-30 所示。

（4）将场景大小显示窗口设置为 50%，然后将这些导入的图像文件依次排列到舞台中，如图 22-31 所示。

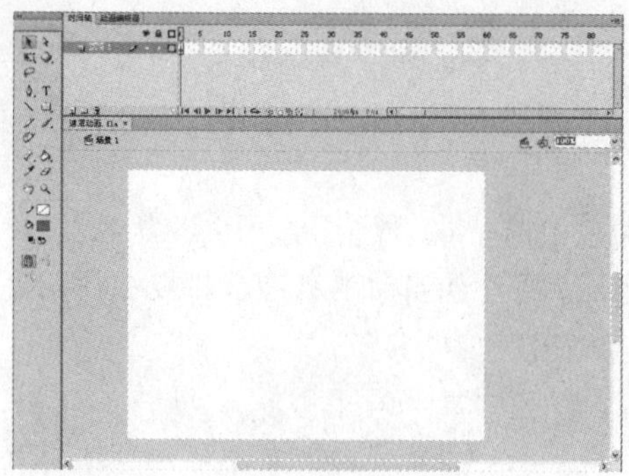

图 22-28　新建文档

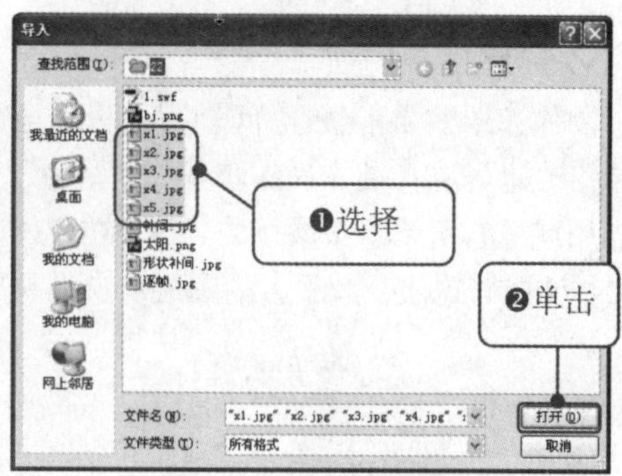

图 22-29　输入文本

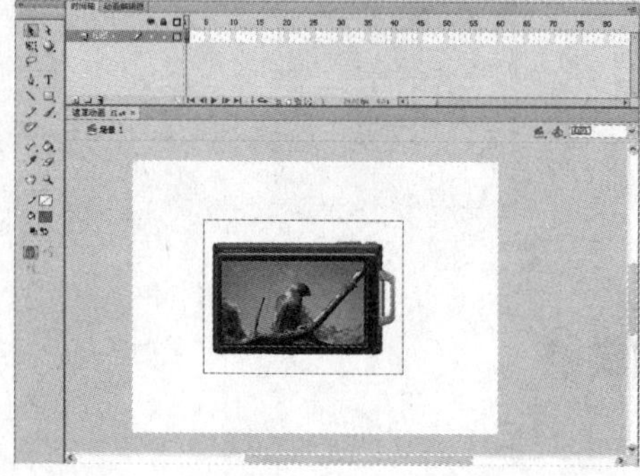

图 22-30　导入图像

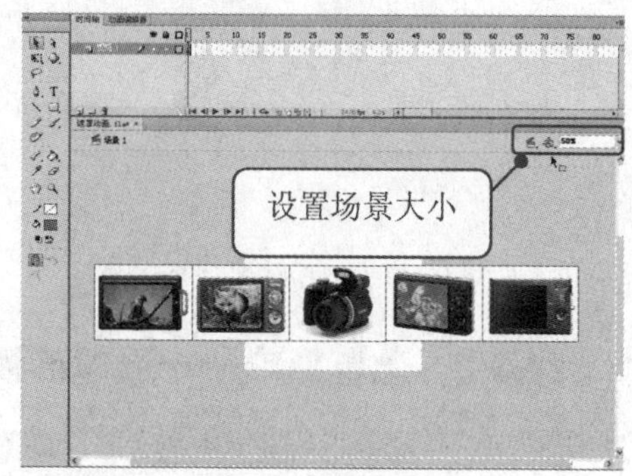

图 22-31　排列图像

（5）选中所有的图像，执行“修改”|“组合”命令，将图像组合，将组合后的图像移动到舞台的右边，如图 22-32 所示。

（6）在第 30 帧按“F6”键插入关键帧，将图像移动到舞台的左边，如图 22-33 所示。

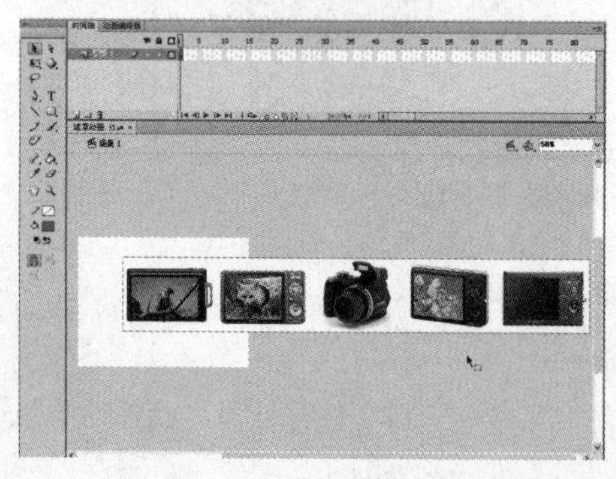

图 22-32　组合图像

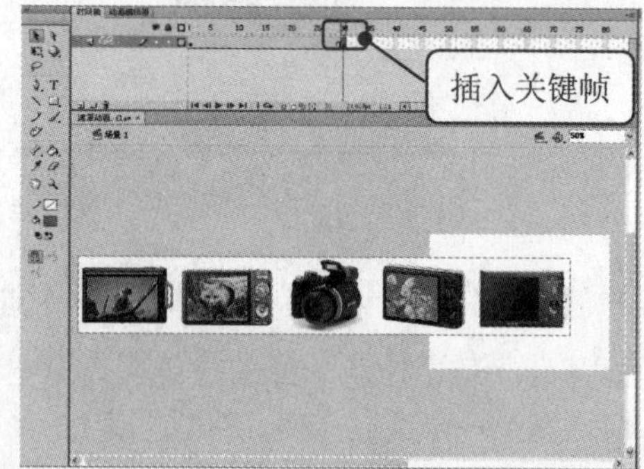

图 22-33　新建图层

（7）单击选中 1 ~ 30 帧之间的任意一帧，单击鼠标右键，在弹出的快捷菜单中选择“创建传统补间动画”选项，创建补间动画，如图 22-34 所示。

（8）单击时间轴面板底部的“新建图层”按钮，在图层 1 的上面新建图层 2，如图 22-35 所示。

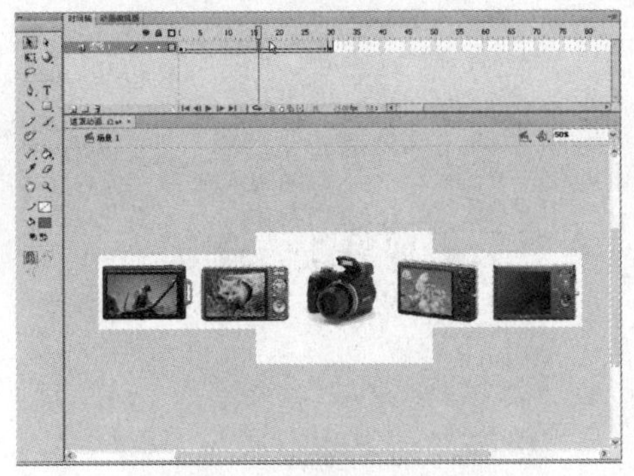

图 22-34 创建补间动画

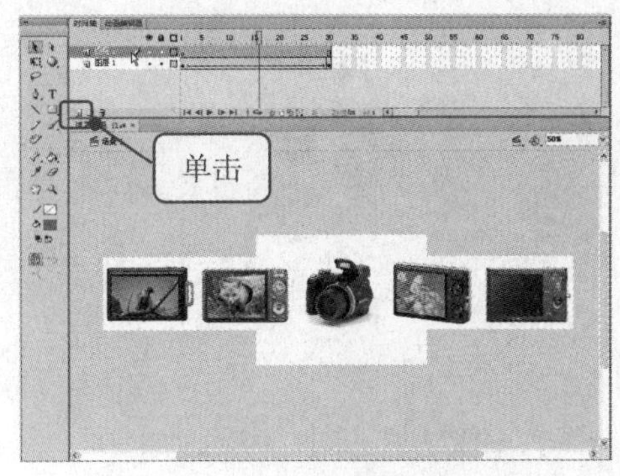

图 22-35 新建图层

（9）选择图层 2 的第 1 帧，选择工具箱中的“矩形”工具，在舞台中绘制矩形，如图 22-36 所示。

（10）选择图层 2，单击鼠标右键，在弹出的快捷菜单中选择“遮罩层”选项，即可创建遮罩动画，如图 22-37 所示。执行“控制”|“测试影片”|“测试”命令，测试动画效果。

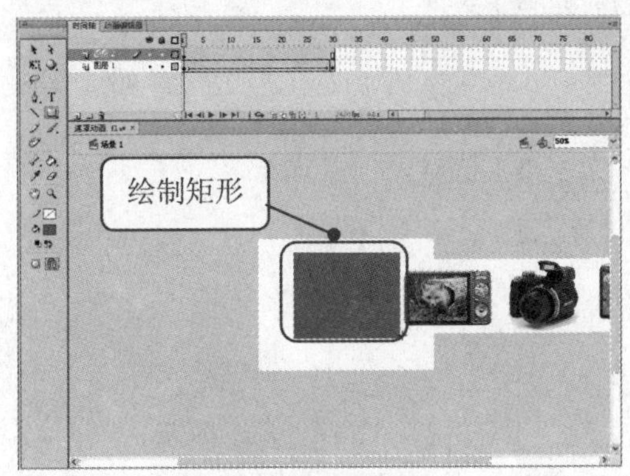

图 22-36 绘制矩形

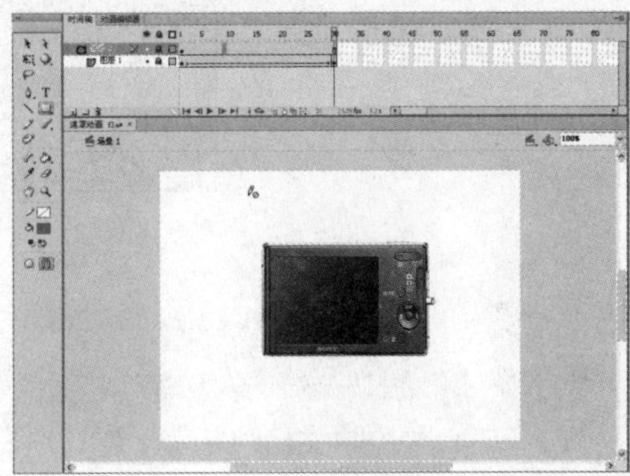

图 22-37 创建遮罩动画

22.4 运动引导层动画的创建

在 Flash 中，普通引导层和运动引导层是比较特殊的图层，又统称为引导层，它们也是动画制作过程中非常重要的图层。

 22.4.1 创建运动引导层

引导层在动画中起着辅助作用，引导动画由引导层和被引导层组成，引导层应位于被引导层的上方，在引导层中可绘制引导线，它只对对象运动起引导作用，在最终效果中不会显示出来。要绘制引导动画，必须创建引导层。

用鼠标右键单击图层 1 的名称，在弹出的快捷菜单中选择“添加传统运动引导层”选项，如图 22-38 所示。选择以后即可添加引导层，如图 22-39 所示。

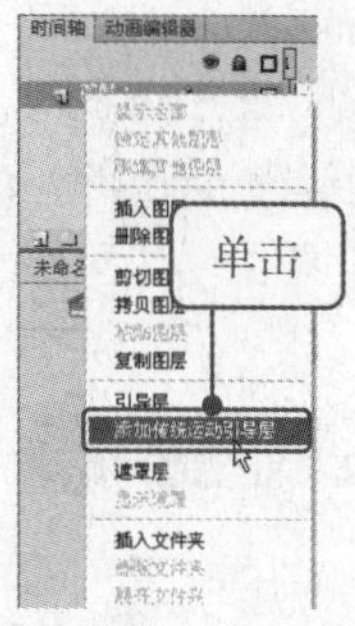

图 22-38　添加传统运动引导层

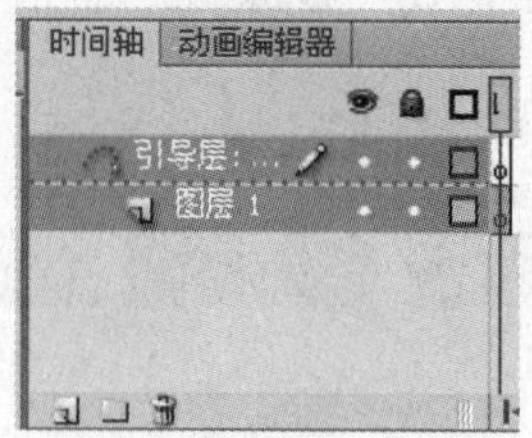

图 22-39　添加引导层

22.4.2 上机练习——运动引导层动画应用实例

制作创建引导层动画，效果如图 22-40 所示，具体操作步骤如下。

图 22-40　引导层动画

练习文件 实例素材/练习文件/CH22/22.4.2/引导.jpg

完成文件 实例素材/完成文件/CH22/22.4.2/引导.fla

（1）新建一个空白文档，导入光盘中的图像文件“引导.jpg”，如图 22-41 所示。

（2）单击时间轴面板中的“新建图层”按钮，新建一个图层 2，如图 22-42 所示。

图 22-41　新建文档

图 22-42　新建图层

（3）执行“文件”|“导入”|“导入到舞台”命令，导入“蝴蝶.png”，如图 22-43 所示。

（4）选择导入的蝴蝶，按“F8”键，弹出“转换为元件”对话框，将该对话框的“类型”设置为“图形”，如图 22-44 所示。

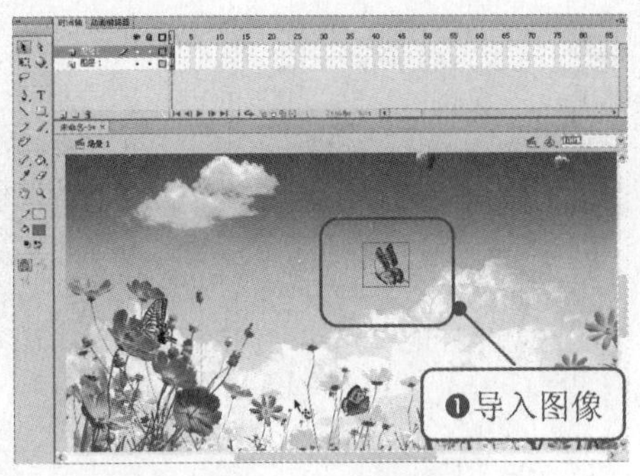

图 22-43　导入图像

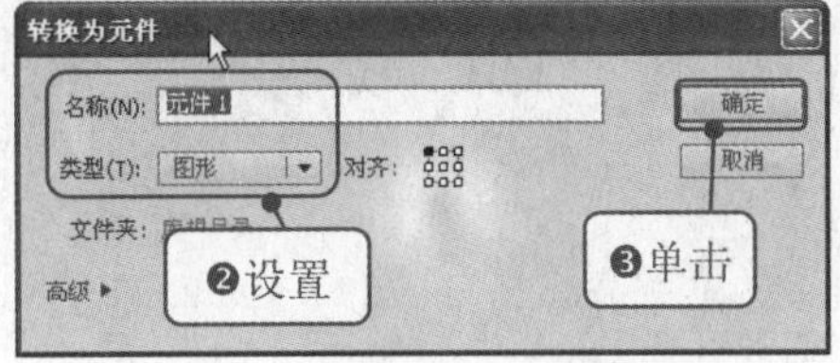

图 22-44　“转换为元件”对话框

（5）单击“确定”按钮，将其转换为图形元件，如图 22-45 所示。

（6）分别在图层 1 的第 40 帧按“F5”键插入帧，图层 2 的第 40 帧按“F6”键插入关键帧，如图 22-46 所示。

图 22-45　转换为图形元件

图 22-46　插入帧和关键帧

（7）选择图层 2，单击鼠标右键，在弹出的列表中选择“添加传统运动引导层”选项，新建一个引导层，如图 22-47 所示。

（8）在工具箱中选择“铅笔”工具，在舞台中绘制引导线，如图 22-48 所示。

图 22-47　新建引导层

图 22-48　绘制引导线

（9）选中图层 2 的第 1 帧，将图像对齐引导线的右端，如图 22-49 所示。

（10）选中图层 2 的第 40 帧，将图像对齐引导线的左端，如图 22-50 所示。

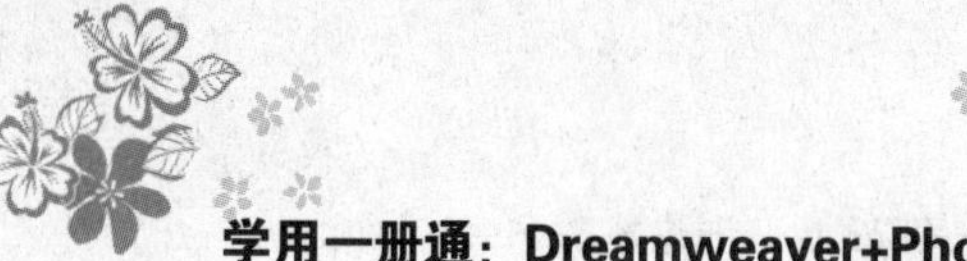

图 22-49　将图像对齐引导线的右端

图 22-50　将图像对齐引导线的左端

（11）在图层 2 的第 1～40 帧之间单击鼠标右键，在弹出的快捷菜单中选择“创建传统补间”选项，创建传统补间动画，如图 22-51 所示。

图 22-51　创建补间动画

（12）保存文档，执行“控制”|“测试影片”|“测试”命令，测试动画效果，如图 22-40 所示。

22.5　专家秘籍

1. 几种类型的帧有什么特点

- 帧：是进行 flash 动画制作的最基本的单位，每一个精彩的 flash 动画都是由很多个精心雕琢的帧构成的，在时间轴上的每一帧都可以包含需要显示的所有内容，包括图形、声音、各种素材和其他多种对象。
- 关键帧：顾名思义，即有关键内容的帧。用来定义动画变化、更改状态的帧，即编辑舞台上存在实例对象并可对其进行编辑的帧。
- 空白关键帧：空白关键帧是没有包含舞台上的实例内容的关键帧。

- 普通帧：在时间轴上能显示实例对象，但不能对实例对象进行编辑操作的帧。

2. 几种类型的帧有哪些区别

（1）关键帧在时间轴上显示为实心的圆点，空白关键帧在时间轴上显示为空心的圆点，普通帧在时间轴上显示为灰色填充的圆点。

（2）同一层中，在前一个关键帧的后面任一帧处插入关键帧，是复制前一个关键帧上的对象，并可对其进行编辑操作；如果插入普通帧，是延续前一个关键帧上的内容，不可对其进行编辑操作；插入空白关键帧，可清除该帧后面的延续内容，可以在空白关键帧上添加新的实例对象。

（3）关键帧和空白关键帧上都可以添加帧动作脚本，普通帧上则不能。

（4）应尽可能地节约关键帧的使用，以减小动画文件的体积。

3. 帧帧动画、形变动画、运动动画都有什么特点

- 帧帧动画：是 Flash 动画最基本的形式，是通过更改每一个连续帧在编辑舞台上的内容来建立的。
- 形状补间动画：是在两个关键帧端点之间，通过改变基本图形的形状或色彩变化，并由程序自动创建中间过程的形状变化而实现的动画。
- 运动补间动画：是在两个关键帧端点之间，通过改变舞台上实例的位置、大小、旋转角度、色彩变化等属性，并由程序自动创建中间过程的运动变化而实现的动画。

4. 帧帧动画、形变动画、运动动画的区别是什么

（1）帧帧动画的每一帧使用单独的画面，适合于每一帧中的图像都在更改而不是仅仅简单地在舞台中移动的复杂动画。对需要进行细微改变的复杂动画是很理想的方式。

形状补间在起始端点绘制一个图形，再在终止端点绘制另一个图形，可以实现一幅图形变为另一幅图形的效果。

运动补间在起始端点定义一个实例的位置、大小、色彩等属性，在终止端点改变这些属性，可以实现翻转、渐隐渐显等效果。

（2）帧帧动画保存每一帧上的完整数据，补间动画只保存帧之间不同的数据，因此运用补间动画相对于帧帧动画，可以减小文件体积。

（3）形状补间必须是运用在被打散的形状图形之间，动画补间必须应用在组合、实例上，帧帧动画不受此限制。

（4）帧帧动画的每一帧都是关键帧，形状补间动画帧之间是绿色背景色，两端由实线箭头相连，运动补间动画帧之间是蓝色背景色，两端也由实线箭头相连。

5. 引导线动画和遮罩动画有哪些特点

引导线动画可以自定义对象运动路径，可以通过在对象上方添加一个运动路径的层，在该层中绘制运动路线，而让对象沿路线运动，而且可以将多个层链接到一个引导层，使多个对象沿同一个路线运动。

遮罩动画是 Flash 中很实用且最具潜力的功能，利用不透明的区域和这个区域以外的部分来显示和隐藏元素，从而增加了运动的复杂性，一个遮罩层可以链接多个被遮罩层。

6. 引导线动画和遮罩动画应用中需注意的问题

（1）引导层不能用做被遮罩层，遮罩层也不能用做被引导层。

（2）引导项目之间不能相互嵌套，遮罩项目之间也不能相互嵌套；引导项目和遮罩项目同样不能相互嵌套。

（3）线条不能用做遮罩。

（4）遮罩层显示形状，被遮罩层显示内容。

7. 为何不能创建形状补间动画

需要把图形或者文字转换为元件，然后才可以创建补间形状动画。

8. 做“沿轨迹运动”动画的时候，物件为何总是沿直线运动

首帧或尾帧物件的中心位置没有放在轨迹上，有一个简单的检查办法：把屏幕大小设定为400%或更大，查看图形中间出现的圆圈是否对准了运动轨迹。

22.6　本章小结

动画通过连续播放一系列的静止画面，给人的视觉以连续变化的效果。Flash 最主要的功能就是可以轻松地创建丰富多彩的动画，让用户绘制的精彩图形及导入的素材动起来。本章的重点是掌握逐帧动画、补间动画、引导层动画和遮罩动画等各类型动画的具体制作过程及方法、技巧。

第 23 章 制作高级交互式动画

学前必读

除了前几章所介绍的 Flash 出众的动画制作功能外，Flash CS6 还提供了一个最为主要的功能，即交互功能，利用 ActionScript 可以实现这种交互功能。本章介绍 ActionScript 脚本编程的基本变量、函数、语句，以及 ActionScript 的编程环境，最后通过实例讲述交互式动画的制作。

学习流程

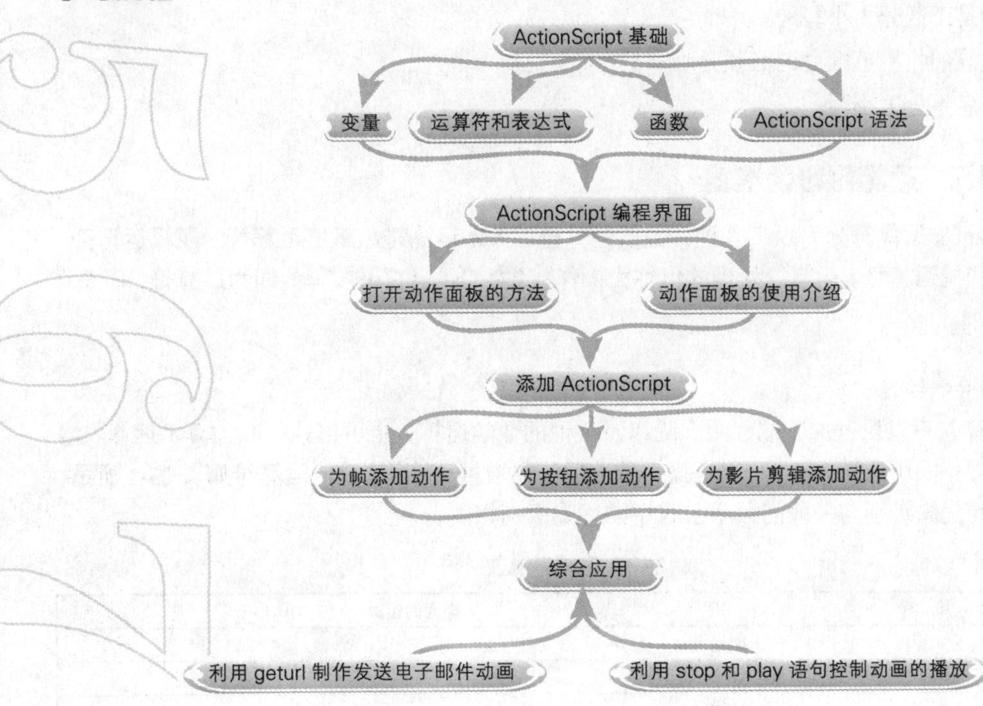

23.1 ActionScript 基础

ActionScript 语言自形成以来已发展了多年。随着 Flash 的升级，更多的关键字、对象、方法和其他的语言元件已经被增加到语言中。利用 ActionScript 编程的目的就是更好地与用户进行交互，通常用 Flash 制作页面可以很轻易地制作出特效，如残影、遮罩、淡入淡出及动态按钮等。使用简单的 Flash 编程可以实现场景的跳转、与 HTML 网页的链接、动态装载 swf 文件等。而高级的 Flash 编程可以实现复杂的交互游戏，根据用户的操作响应不同的电影，与后台数据库及各种程序进行交流，如 ASP、PHP 等。

23.1.1 变量

变量是动作脚本中可以变化的量。通过在影片播放过程中更改变量的值，可以记录和保存操作信息，记录影片播放时更改的值或评估某个条件是否成立等。

变量中可以存储数值、字符串、布尔值、对象或影片剪辑等任何类型的数据，也可以存储信息类型，如 URL、用户姓名、数学运算的结果、事件发生的次数、是否单击了某个按钮。

在 Flash CS6 中，为变量命名时，必须遵守以下的一些规则。一个合法的变量名必须满足下列的要求才可以被使用。

- 变量必须是标识符。
- 变量是不区分大小写的。
- 在变量的作用范围之内必须是唯一的。
- 变量名不分大小写。

23.1.2 运算符和表达式

ActionScript 运算符分为以下几种：数值运算符、关系运算符、赋值运算符、逻辑运算符、等于运算符和位运算符。运算符处理的值称为操作数。如“x = 1;”中“ = ”即为运算符，而“x”即为操作数。

1. 数值运算符

数值运算符可以执行加、减、乘、除以及其他的数学运算，也可以执行其他算术运算。增量运算符最常见的用法是 i++，可以在操作数前后使用增量运算符。数值运算符如表 23-1 所示，数值运算符的优先级别与一般的数学公式中的优先级别相同。

表 23-1 数值运算符

运 算 符	执行的运算
+	加法
*	乘法
/	除法
%	求模（除后的余数）

续 表

运 算 符	执行的运算
–	减法
++	递增
--	递减

2. 比较运算符

比较运算符用于比较表达式的值，然后返回一个布尔值（true 或 false），这些运算符最常用于判断循环是否结束或用于条件语句中。动作脚本中的比较运算符如表 23-2 所示。

表 23-2　比较运算符

运 算 符	执行的运算
<	小于
>	大于
<=	小于或等于
>=	大于或等于

3. 逻辑运算符

逻辑运算符对布尔值（true 或 false）进行比较，然后返回第三个布尔值。如果两个操作数都为 true，则使用逻辑“与”运算符（&&）返回 true，除此以外的情况都返回 false。如（5>3）&&（8>7）两边的操作数均为 true，那么返回的值也为 true。又如将该表达式改为（5<3）&&（8>7），第一个操作数为 false，那么即使第二个操作数为 true，最终返回的值仍然为 false。如果其中一个或两个操作数都为 true，则逻辑“或”运算符（‖）将返回 true。

逻辑运算符如表 23-3 所示，该表按优先级递减的顺序列出了逻辑运算符。

表 23-3　逻辑运算符

运 算 符	执行的运算
&&	逻辑“与”
‖	逻辑“或”
!	逻辑“非”

4. 位运算符

位运算符是对一个浮点数的每一位进行计算并产生一个新值。位运算符又可以分为按移位运算符以及按位逻辑运算符。按位移位运算符有两个操作数，将第一个操作数的各位按第二个操作数指定的长度移位。按位逻辑运算符有两个操作数，执行位级别的逻辑运算。位运算符如表 23-4 所示。

表 23-4　位运算符

运 算 符	执行的运算
&	按位“与”
|	按位“或”
^	按位“异或”
~	按位“非”
<<	左移位
>>	右移位
>>>	右移位填零

5. 赋值运算符

赋值运算符主要用来将数值或表达式的计算结果赋给变量。在 Flash 中大量应用赋值运算符，这样即可使设计的动作脚本更为简洁。如表 23-5 所示为常用动作脚本的赋值运算符。

表 23-5　赋值运算符

运算符	执行的运算
=	赋值
+=	相加并赋值
-=	相减并赋值
*=	相乘并赋值
%=	求模并赋值
/=	相除并赋值
<<=	按位左移位并赋值
>>=	按位右移位并赋值
>>>=	右移位填零并赋值
^=	按位“异或”并赋值
|=	按位“或”并赋值
&=	按位“与”并赋值

6. 等于运算符

可以使用等于运算符确定两个操作数的值或标识是否相等。这种比较的结果是返回一个布尔值（true 或 false）。如果操作数是字符串、数字或布尔值，它们将通过值来比较；如果操作数是对象或数组，它们将通过引用来比较。全等“==”运算符与等于“=”运算符相似，但是有一个很重要的差异，即全等运算符不执行类型转换。如果两个操作数属于不同的类型，全等运算符会返回 false，不全等“!==”运算符会返回全等运算符的相反值。用赋值运算符检查等式是常见的错误。

等于运算符如表 23-6 所示，此表中的所有运算符都具有相同的优先级。

表 23-6　等于运算符

运　算　符	执行的运算
=	等于
= =	全等
!=	不等于
!= =	不全等

7. 运算符的优先级

当两个或两个以上的运算符在同一个表达式中被使用时，一些运算符与其他运算符相比有更高的优先级。ActionScript 就是严格遵循这个优先等级来决定哪个运算符首先执行，哪个运算符最后执行的。

现将一些动作脚本运算符及其结合律，按优先级从高到低排列，如表 23-7 所示。

表 23-7　运算符的优先级

运 算 符	说 明	结 合 律
( )	函数调用	从左到右
[]	数组元素	从左到右
.	结构成员	从左到右
++	前递增	从右到左
--	前递减	从右到左
new	分配对象	从右到左
delete	取消分配对象	从右到左
typeof	对象类型	从右到左
void	返回未定义值	从右到左
*	相乘	从左到右
/	相除	从左到右
%	求模	从左到右

23.1.3　函数

函数是用来对常量、变量等进行某种运算的方法，如产生随机数、进行数值运算、获取对象属性等。如果将参数传递给函数，则函数会对这些值执行运算。函数也可以返回值。

Flash 具有一些内置函数，可用于访问特定的信息，执行特定的任务。每个函数都有其各自的特性，而某些函数需要传递特定的值。如果传递的参数多于函数的需要，则多余的值将被忽略。如果没有传递必需的参数，则将为空的参数指定 undefined 数据类型，这可能会在导出脚本时出现错误。若要调用函数，该函数必须位于播放头到达的帧中。

也可以自定义函数，对传递的值执行一系列语句，自定义函数也可以返回值。一旦定义了函数，就可以从任意的时间轴中调用它，包括加载的 SWF 文件时间轴。

23.1.4　ActionScript 语法

ActionScript 语法是 ActionScript 编程中十分重要的组成部分，只有对其语法有了充分的认识，才能编写出精彩的程序。下面将详细介绍 ActionScript 的基本语法。

1．点语法

点语法的由来是因为其在编程语句中使用了一个“.”。它是一种基于“面向对象”概念的语法形式。所谓面向对象，就是利用目标物体自身去管理自己，而物体本身就是其自身的特性和方法，即只要告诉物体该做什么，它就会自动完成任务。

例如，使用点语法实例代码如下：

```
Seey.gotoAndstop(12);
```

这样一来，就大大简化了语句的编写步骤。

在 ActionScript 中，“.”不但用于指出与一个对象或影片剪辑相关的属性或方法，还用于标识指向一个影片剪辑或变量的目标路径。点语法的表达式是由一个带有点的对象或影片剪辑的名字作为起始，以对象的属性、方法或想要指定的变量作为表达式的结束。如前边 Seey.gotoAndstop(12);

中，Seey 就是影片剪辑的名字，而“.”的作用就是要告诉影片剪辑执行后面的动作。

2．小括号

小括号用于定义函数中的相关参数。实例代码如下：

```
function Line(x1,x2,y1,y2) {}
```

此外，还可以通过使用小括号来调整 ActionScript 操作符的优先顺序，对一个表达式求值或提高程序的可读性。

3．大括号

当一段 ActionScript 程序语句被大括号括起来时，就会形成一个语句块。

4．分号

在 ActionScript 中，任何一条语句的结束都需要使用分号来结尾。新版的 Flash CS5 中可以忽略使用分号作为脚本语句的结束标志。

5．注释

在脚本的编写过程中，为了能够使某一部分的代码便于理解，需要使用 comment 注释语句对程序添加注释信息。在动作编辑区中，注释一般用区别于程序语句的灰色显示。实例代码如下。

```
function sqq(x1,x2,y1,y2) {}
// 定义 sqq 函数
```

6．字母的大小写

在 ActionScript 的语法中，只有关键字是需要区分大小写的，其他的 ActionScript 代码则不区分。例如，下面的程序在编译时是完全等价的。

```
Name=gugu
NAME=gugu
name=gugu
```

不过，为了方便区分变量名、函数名或函数，在实际的程序编写中，还是应该固定使用大写或小写字母。

7．分号和常量

在 ActionScript 中，“;”表示一个语句的结束。如果在代码中忘记加上分号其实也没有关系，编译程序会自动加上。但是良好的习惯很重要，要求大家一定要在语句结束时加上“;”，这样以后自己查错或阅读都能减少很多不必要的麻烦，使程序条理更清楚，也更加严谨。

23.2　ActionScript 编程界面

“动作”面板是 ActionScript 编程的专用环境，在学习 ActionScript 脚本之前，首先来熟悉一下“动作”面板的界面。

23.2.1　打开“动作”面板的方法

如果想要使用 ActionScript 语言编辑程序，则必须先打开“动作”面板，它是 Flash CS6 提供专门用来编写动作语句的面板，执行“窗口”|“动作”命令，或按 F9 键，即可打开“动作”面板，如图 23-1 所示。

23.2.2　“动作”面板的使用介绍

“动作”面板是 Flash CS6 提供的进行 ActionScript 编程的专用环境。在开始向 Flash 动画中添加 ActionScript 脚本语言之前，先熟悉“动作”面板的工作界面。

- 动作工具箱：在动作工具箱中包含了所有的 ActionScript 动作命令和相关语法。在列表中，按钮表示命令夹，只要单击此按钮，就可以打开这个文件夹；按钮表示一个可以单独使用的命令、语法或其他相关的工具，双击它或使用鼠标将其拖动至动作编辑区域中即可进行引用。在动作工具箱中包含的命令很多，可以在使用过程中不断地积累和总结经验。动作工具箱如图 23-2 所示。

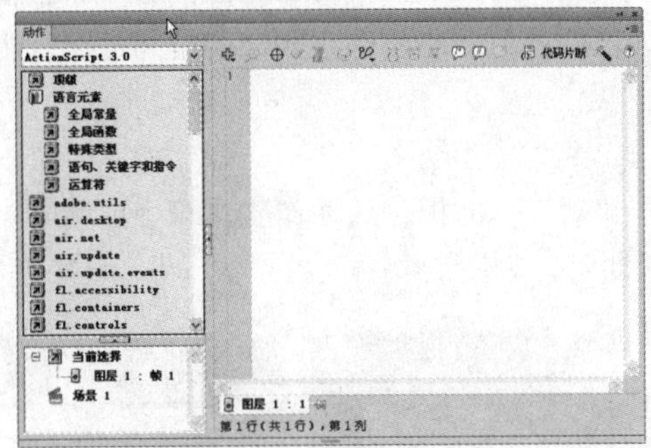

图 23-1　“动作”面板

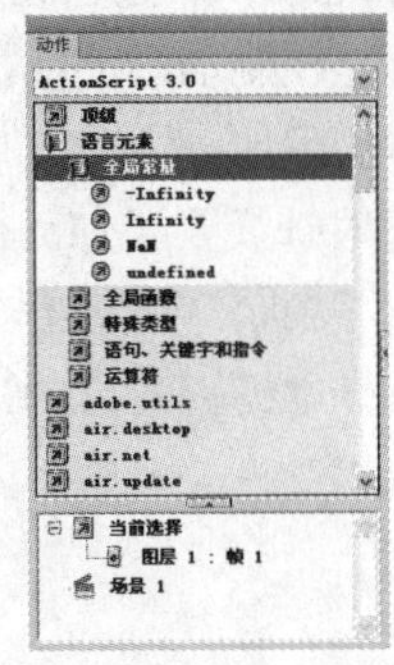

图 23-2　动作工具箱

- 将新项目添加到脚本中按钮：单击该按钮，在弹出的菜单中选择动作语句，可以将其添加到脚本编辑窗口中。该按钮中包含的动作语句与动作工具箱中的命令完全一致。
- 查找按钮：单击此按钮，打开“查找和替换”对话框，如图 23-3 所示。
- 插入目标路径按钮：单击此按钮，打开“插入目标路径”对话框，如图 23-4 所示。在对话框中可以插入按钮或影片剪辑元件实例的目标路径。

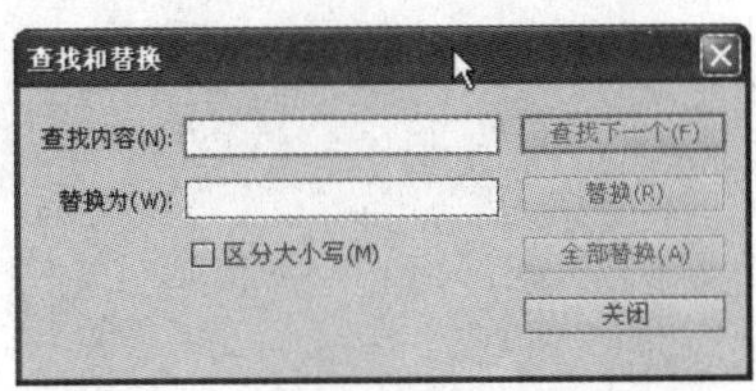

图 23-3　“查找和替换”对话框

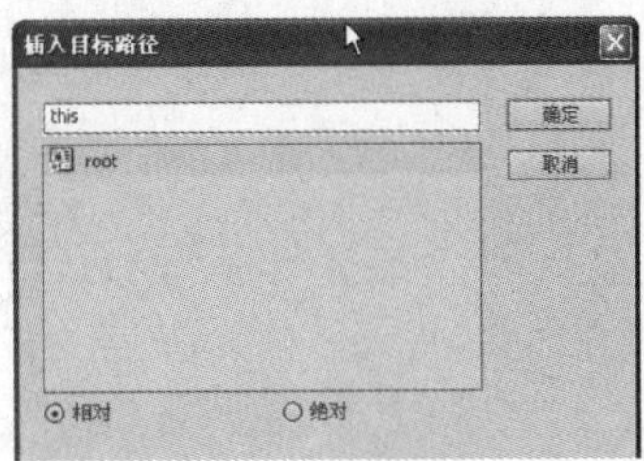

图 23-4　“插入目标路径”对话框

- 语法检查按钮：单击此按钮，可以对输入的动作脚本进行语法检查。
- 自动套用格式按钮：单击此按钮，可以对输入的动作脚本自动进行格式排列。
- 显示代码提示按钮：单击此按钮，可以在输入动作脚本时显示代码提示。
- 调试选项按钮：单击此按钮，在弹出的菜单中选择“设置断点”选项，可以检查动作脚本的语法错误。

23.3 添加 ActionScript

根据添加 ActionScript 脚本的不同目的，在具体的动画设计中，可以在帧、按钮和影片剪辑中添加 ActionScript 程序。

23.3.1 上机练习——为帧添加动作

将 ActionScript 添加到指定的帧上，也就是将该帧作为激活 ActionScript 程序的事件。添加后，当动画播放到添加 ActionScript 脚本的那一帧时，相应的 ActionScript 程序就会被执行。它的典型应用就是控制动画的播放和结束时间，根据需要使动作在相应的时间进行。为帧添加动作的具体操作步骤如下。

（1）单击时选择要添加动作的关键帧，如图 23-5 所示。

（2）执行“窗口”|“动作”命令，打开“动作”面板，从动作工具箱中拖动脚本到编辑窗口中，然后在脚本编辑窗口中进行参数设置即可，如图 23-6 所示。

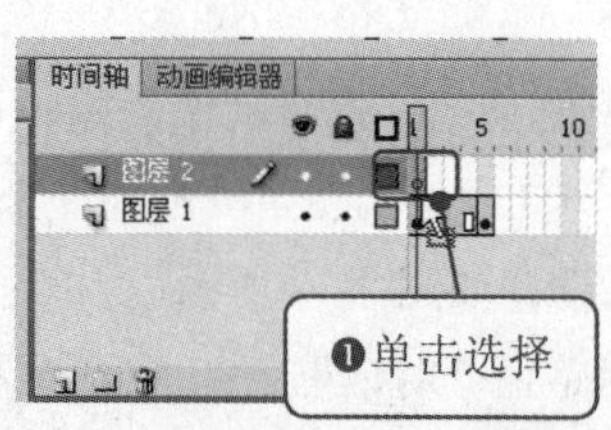

图 23-5　单击选择关键帧

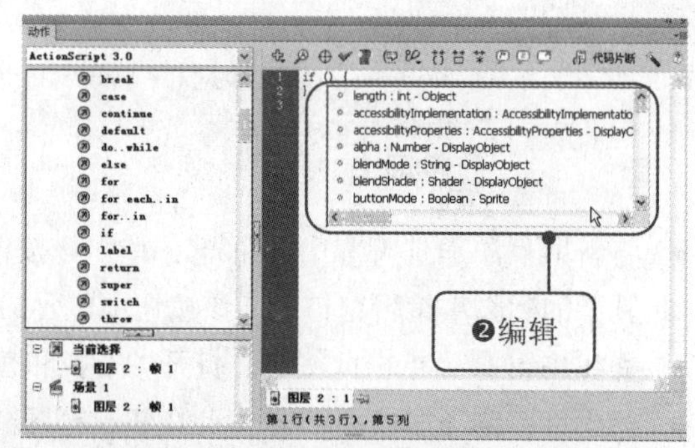

图 23-6　设置参数

（3）添加完动作，在时间轴中的帧可以看到出现，如图 23-7 所示。

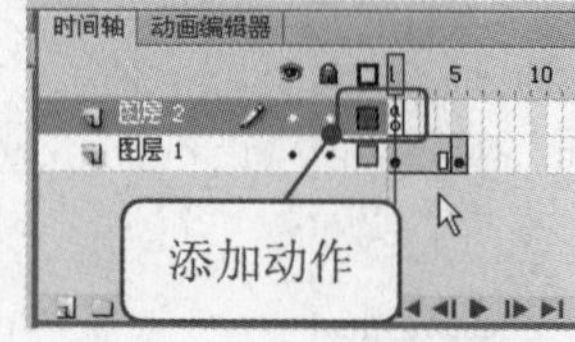

图 23-7　添加动作

23.3.2　上机练习——为按钮添加动作

新建文档的时候选择 AS 2.0，就可以直接在元件上添加动作。为按钮添加动作的具体操作步骤如下。

（1）在舞台中选择要添加动作的按钮。

（2）执行“窗口”|“动作”命令，打开“动作”面板，从“动作”面板的左侧列表框中拖动脚本到编辑窗口，然后在脚本编辑窗口中进行参数设置即可。如图 23-8 所示。

图 23-8　“动作”面板

按钮的各类鼠标事件如下。

- press：鼠标左键按下。
- release：鼠标左键按下后放开。
- releaseOutside：鼠标左键按下后，在按钮外部放开。
- rollOver：鼠标滑过。
- rollOut：鼠标滑出。

23.3.3　上机练习——为影片剪辑添加动作

为影片剪辑添加动作是在电影片段被载入或为了在某些过程中获取相关信息才执行的。另外，任何一个图片体现在舞台上的所有实例都可以有自己不同的 ActionScript 程序和不同的动作，执行中并不相互影响。

（1）在舞台中选中要添加动作的影片剪辑。

（2）执行“窗口”|“动作”命令，打开“动作”面板，从“动作”面板的左侧列表框中拖动脚本到编辑窗口，然后在脚本编辑窗口中进行参数设置即可。如图 23-9 所示。

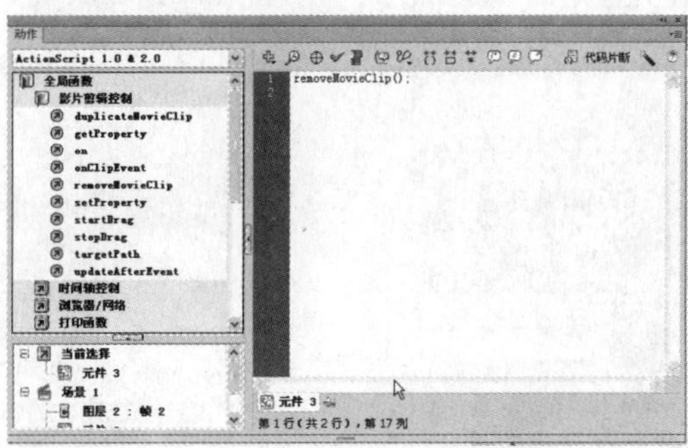

图 23-9　“动作”面板

23.4　综合应用

本节将通过实例来说明 Flash 中内置基本语句的使用，以及手动编写 ActionScript 脚本的方法。通过本节的学习可以制作出交互的动画效果。

23.4.1 综合应用——利用 geturl 制作发送电子邮件动画

利用 geturl 制作发送电子邮件动画的效果如图 23-10 所示，具体操作步骤如下。

图 23-10 发送电子邮件动画

练习文件 实例素材/练习文件/CH23/23.4.1/电子邮件. jpg

完成文件 实例素材/完成文件/CH23/23.4.1/电子邮件. jpg

（1）新建一个空白文档，导入光盘中的图像文件“电子邮件.jpg”，如图 23-11 所示。

（2）单击时间轴面板左下角的“新建图层”按钮，新建一个图层 2，如图 23-12 所示。

图 23-11 新建文档

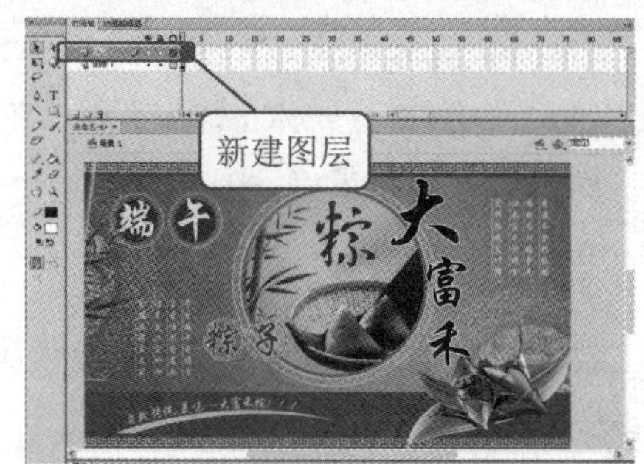

图 23-12 新建图层 2

（3）选择工具箱中的“文本”工具，在舞台中输入文本“电子邮件”，如图 23-13 所示。

（4）选中“电子邮件”文字，在“属性”面板中的“链接”文本框中设置要跳转的邮件地址为 mailto:sdssh@163.com，效果如图 23-14 所示。

（5）保存文档，执行“控制”|“测试影片”|“测试”命令，效果如图 23-10 所示。

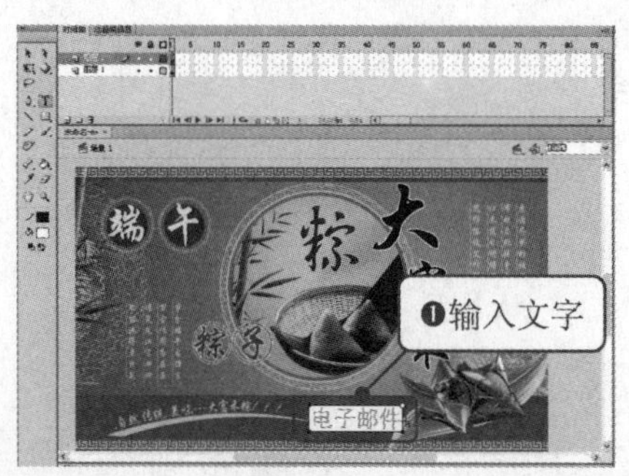

图 23-13 输入文本

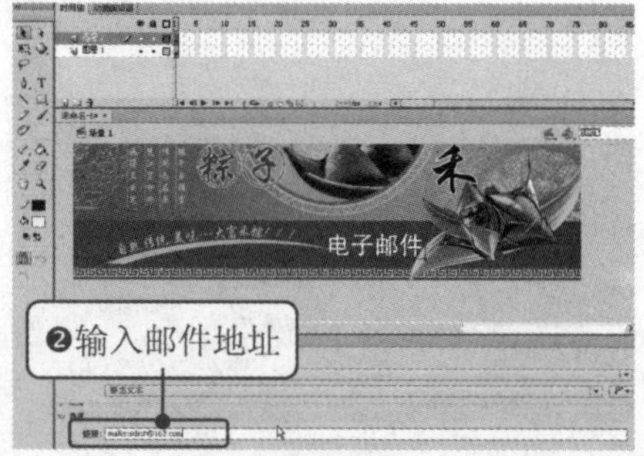

图 23-14 输入电子邮件地址

23.4.2 综合应用——利用 stop 和 play 语句控制动画的播放

利用脚本可以控制动画的播放，利用 stop 和 play 语句控制动画播放的效果如图 23-15 所示，具体操作步骤如下。

练习文件 实例素材/练习文件/CH23/23.4.2/动画播放.jpg、动画. jpg

完成文件 实例素材/完成文件/CH23/23.4.2/动画播放.fla

（1）新建一个空白文档，导入光盘中的图像文件“动画播放.jpg”，如图 23-16 所示。

（2）单击时间轴面板底部的“新建图层”按钮，在图层 1 的上面新建图层 2，执行“文件”|“导入”|“导入到舞台”命令，打开“导入”对话框，在该对话框中选择图像“动画.jpg”，如图 23-17 所示。

图 23-15　控制动画的播放

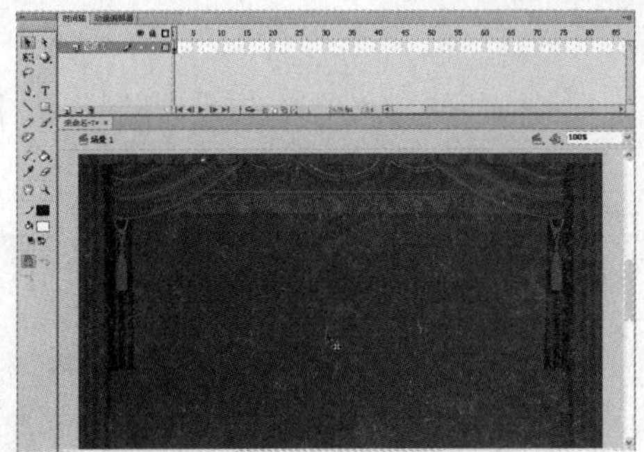

图 23-16　新建文档

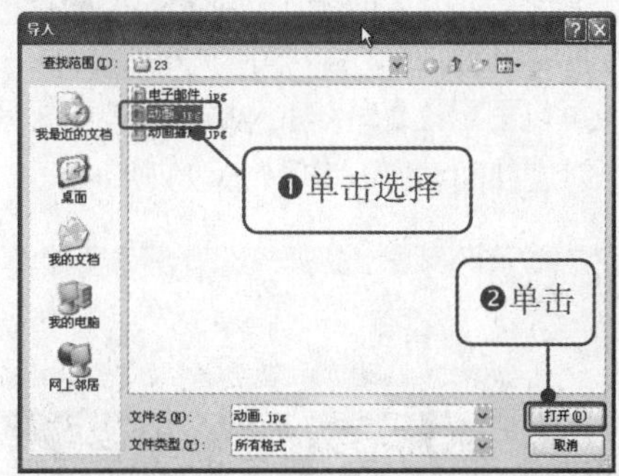

图 23-17　“导入”对话框

（3）单击“打开”按钮，导入图像文件，如图 23-18 所示。

（4）选中导入的图像文件，按 F8 键，打开“转换为元件”对话框，在该对话框的“类型”中选择“图形”选项，如图 23-19 所示。

图 23-18　导入图像

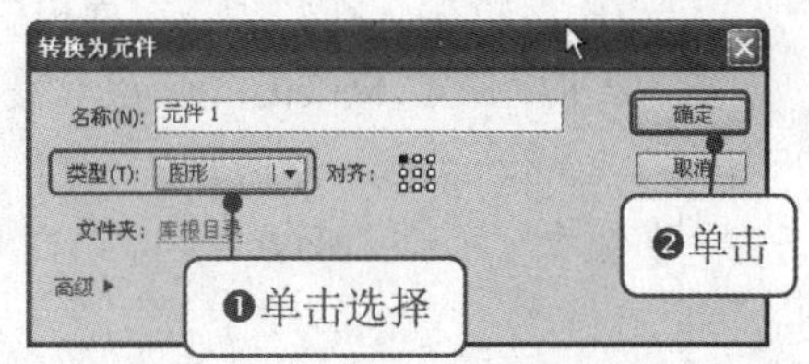

图 23-19　“转换为元件”对话框

（5）单击“确定”按钮，将其转换为元件，如图 23-20 所示。

（6）在图层 2 的第 40 帧按“F6”键插入关键帧。在图层 1 的第 40 帧按“F5”键插入帧，如图 23-21 所示。

图 23-20 转换为元件

图 23-21 插入帧和关键帧

（7）选择图层 2 的第 1 帧，打开“属性”面板，在“色彩效果”中的“样式”中选择“Alpha”，将不透明度设置为 30%，如图 23-22 所示。

（8）在图层 2 的 1 ~ 40 帧之间单击鼠标右键，在弹出的快捷菜单中选择“创建传统补间”选项，创建补间动画，如图 23-23 所示。

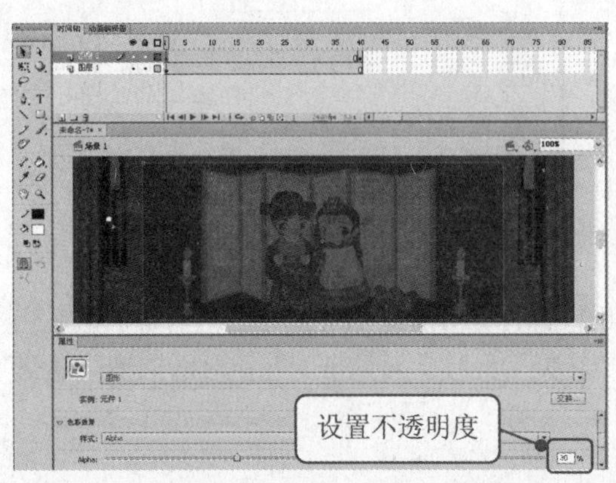

图 23-22 设置不透明度

图 23-23 创建补间动画

（9）在图层 2 的第 20 帧按“F6”键插入关键帧，如图 23-24 所示。

（10）选中第 20 帧，在“动作”面板中输入代码“stop();”，如图 23-25 所示。

（11）单击时间轴面板中的“新建图层”按钮，在图层 2 的上面新建图层 3，执行“窗口”|“公用库”|“Buttons”命令，打开“外部库”面板，如图 23-26 所示。

（12）在面板中选择“playback flat”|“flat blue play”选项，将其拖曳到舞台中，如图 23-27 所示。

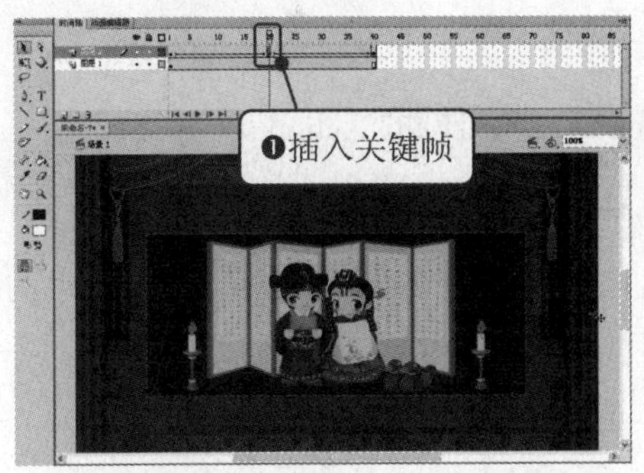

图 23-24　插入关键帧

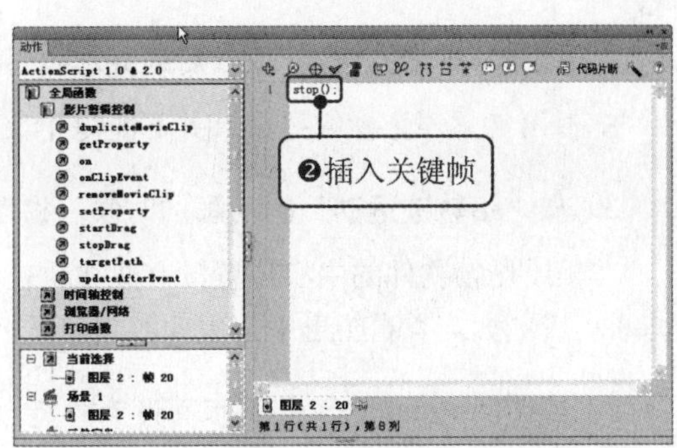

图 23-25　输入代码

图 23-26　“外部库”面板

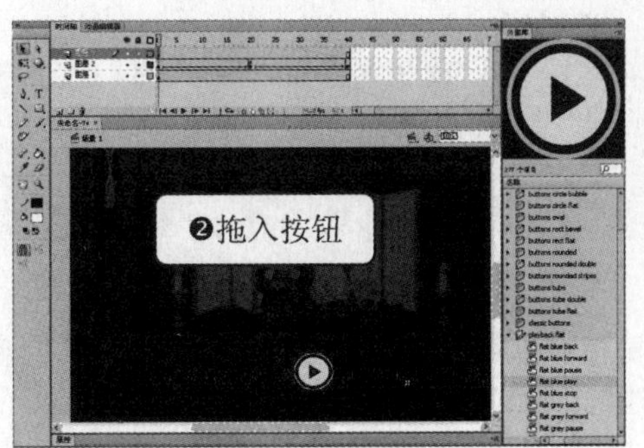

图 23-27　拖入按钮

（13）选中按钮，在“动作”面板中输入代码“on(release){play();}”，如图 23-28 所示。

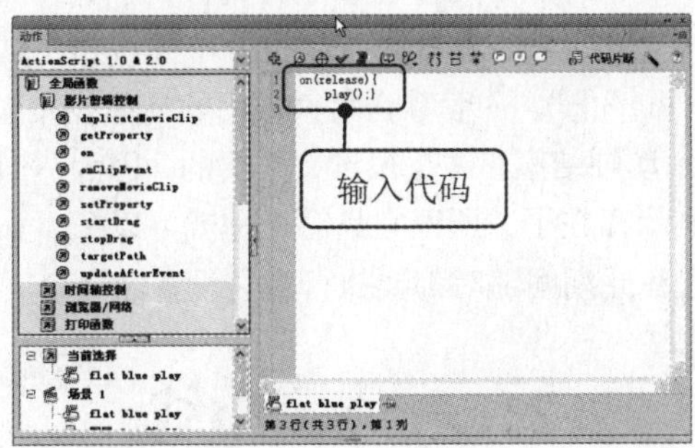

图 23-28　输入代码

（14）保存文档，执行“控制”|“测试影片”命令，测试动画效果，当动画在播放到第 20 帧后，单击按钮，即可继续播放，如图 23-15 所示。

23.5　专家秘籍

1．做好的 Flash 放在网页上以后，怎么能够让它不进行循环

最后一个帧的 Action 设置成 Stop（停止）。

2．关键帧中的脚本里 Stop 后的脚本会不会起作用

Stop 语句只停止帧的播放，并不能停止该 Stop 所在关键帧的 Action 语句的执行。

3．做“沿轨迹运动”的动画的时候，物件为什么总是沿直线运动

首帧或尾帧物件的中心位置没有放在轨迹上。有一个简单的检查办法：你把屏幕大小设定为 400%或更大，查看图形中间出现的圆圈是否对准了运动轨迹。

4．如何用 ActionScript 将页面设为首页

设为首页：

```
    on (release) {
    getURL("javascript:void(document.links[0].style.behavior='url(#default#homepage)');void document.links[0].setHomePage('http://www.www.com/');", "_self", "POST");
    }
```

5．如何将 swf 文件直接生成 exe 文件

带有标题栏的 swf 文件可以通过菜单直接生成 exe，是在 Flash Player 中打开 swf 文件，然后执行“文件”|“创建播放器”命令。

6．Flash 按钮控制动画制作技巧

按钮是 Flash 动画里的基本元件之一，是帮助我们让动画按照自己的意愿呈现出来的重要元件之一。它的表现形式多样，可以是元件、影片剪辑、文字等，通过对它的设置可以实现场景的播放、停止、快进、快退、暂停、跟随。按钮可分单控按钮（即只有一个作用或播放或停止）和双控按钮（即可播放可停止）。一般看到大家常用的是单控按钮，并且看到很多朋友将单控的 Play 按钮帧一直延续到动画结束，这是很没有必要的，因为一般单控按钮在单击完成后就没有作用了，也没必要再显示存在了，所以它只需一帧就可以了。如果是双控按钮，它就需要伴随动画直到结束，因为它在此期间随时都要执行对它设置的命令。

23.6　本章小结

Flash 动画的精彩之处，不仅在于它可以实现色彩绚丽的画面，更重要的是它能够利用 ActionScript 动作脚本对动画进行编程，从而使动画产生交互式效果，这是其他动画无法比拟的优点。在 Flash 制作脚本动画时，在开始编写脚本之前，首先要明确动画要达到的目的，然后根据动画设计的目的，决定使用哪些动作，怎样有效地构造脚本，脚本应该放在何处，所有这些都要仔细规划，特别是在动画复杂的情况下更应如此。不过在设计动作脚本时始终要把握好动作脚本的时机和动作脚本的位置，如果这两个问题没有弄清楚，在制作脚本动画时非常容易出错，而且出现用户无法控制动作脚本程序的现象。

本章的重点是掌握 ActionScript 变量、运算符和表达式、函数、语法、“动作”面板、添加 ActionScrip 的方法，以及交互式动画的具体制作。

第 6 篇

网站开发实战篇

第 24 章 设计制作企业网站

学前必读

网站是企业向用户和网民提供信息的一种方式，是企业开展电子商务的基础和信息平台，离开网站去谈电子商务是不可能的。企业的网址被称为“网络商标”，它是企业无形资产的组成部分，而网站是 Internet 上宣传和反映企业形象和文化的重要窗口。本章主要讲述商务网站的制作。

学习流程

24.1　网站设计规划

对于企业网站，要想把网页设计得丰富多彩，吸引大量用户前来访问，首先要了解一下企业网站设计的主要原则和目的。

24.1.1　网页设计原则

企业网站设计显得极为重要，下面是一些网站设计中应注意的原则。

1．明确建立网站的目标和用户需求

必须明确设计站点的目的和用户需求，从而做出切实可行的设计计划。要根据消费者的需求、市场状况、企业自身的情况等进行综合分析，牢记以“消费者”为中心，而不是以“美术”为中心进行设计规划。

2．总体设计方案主题鲜明

在目标明确的基础上，完成网站的构思创意，即总体设计方案。对网站的整体风格和特色做出定位，规划网站的组织结构。

3．网站的版式设计

网页设计要讲究编排和布局，虽然网页设计不等同于平面设计，但它们有许多相近之处，应充分加以利用和借鉴。版式设计通过文字图形的空间组合，表达出和谐与美。为了达到最佳的视觉表现效果，应讲究整体布局的合理性，使浏览者有一个流畅的视觉体验。

4．色彩在网页设计中的作用

在网页设计中，根据和谐、均衡和重点突出的原则，将不同的色彩进行组合、搭配来构成美丽的页面。根据色彩对人们心理的影响，合理地加以运用。按照色彩的记忆性原则，一般暖色较冷色的记忆性强；色彩还具有联想与象征的意义，如红色象征血、太阳；蓝色象征大海、天空和水面等。

5．网页形式与内容统一

要将丰富的意义和多样的形式组织成统一的页面结构。运用对比与调和、对称与平衡、节奏与韵律，以及留白等手段，通过空间、文字、图形之间的相互关系建立整体的均衡状态，产生和谐的美感。

6．多媒体功能的利用

网络资源的优势之一是多媒体功能。为了吸引浏览者的注意，页面的内容可以用三维动画、Flash 等来表现。但要注意，由于网络带宽的限制，在使用多媒体的形式表现网页的内容时应考虑客户端的传输速度。

7．内容更新与沟通

企业网站建立后，要不断更新内容。站点信息的不断更新，可以让浏览者了解企业的发展

动态和最新产品等，同时也会帮助企业建立良好的形象。

8．合理运用新技术

新的网页制作技术几乎每天都会出现，如果不是介绍网络技术的专业站点，一定要合理运用网页制作的新技术，切忌将网站变为一个制作网页的技术展台。

24.1.2 主要功能页面

本实例制作的是酒店网站，主要包括 logo 的设计，Banner 动画的制作和网站主页的制作。网站的主页 index.htm 如图 24-1 所示，主要包括“首页”、“关于我们”、“新闻中心”、“产品展示”、“企业荣誉”、“人才招聘”、“营销网络”、“在线留言”、“联系我们”等几个栏目。主页采用一些精美的展示图片，并结合一些文字介绍和导航链接。

蓝色给人以沉稳的感觉，且具有深远、永恒、沉静、博大、理智、诚实、寒冷的意象，同时蓝色还能够表现出和平、淡雅、洁净、可靠等。在商业设计中强调科技、商务的企业形象，大多选用蓝色当标准色。

深蓝色是沉稳的且较常用的色调，能给人稳重、冷静、严谨、成熟的心理感受。它主要用于营造安稳、可靠、略带有神秘色彩的氛围。一般用于企业宣传类网站的设计中。

图 24-1　网站的主页

一个 Logo 的成功，在于是否与所对应的网站匹配，背景的取材、字体的清晰易懂都是不可忽略的。相比之下，字体的清晰又比其他更为重要。本例设计的网站 Logo 如图 24-2 所示。一般的广告总是采用整张图片加上文字配合，首先要寻找一张具有象征意义的照片，构图要简单，颜色要醒目，角度要明显，对比要强烈。本例设计的 Banner 如图 24-3 所示。

图 24-2　网站 Logo

图 24-3　Banner

24.2　使用 Fireworks CS6 制作网页标志

Logo 是网站与其他网站相互链接的标志和门户，它是网站形象的重要体现。一个好的 Logo 往往会反映出网站的基本信息，特别是对一个企业网站来说，可以从中基本了解到这个网站的类型或主题内容。

用 Fireworks CS6 设计网页 Logo 的最终效果如图 24-4 所示，具体操作步骤如下。

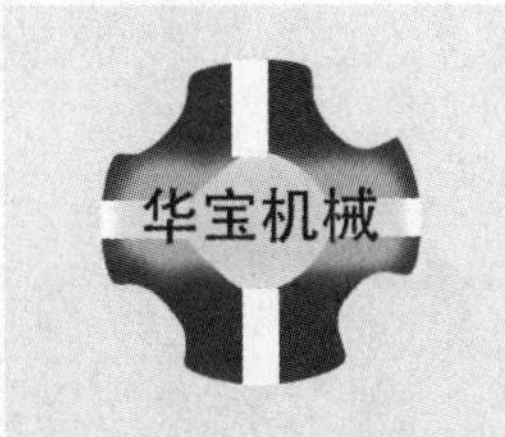

图 24-4　Logo

完成文件　实例素材/完成文件/CH24/24.2/logo.png

（1）启动 Fireworks CS6，执行“文件”|“新建”命令，弹出“新建文档”对话框，在该对话框中将“宽度”设置为 500，“高度”设置为 400，在“画布颜色”中选中“透明”单选按钮，如图 24-5 所示。

（2）单击“确定”按钮，新建一透明文档，如图 24-6 所示。

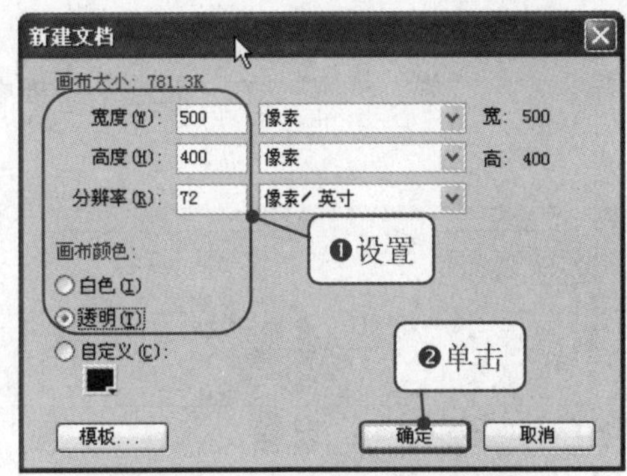

图 24-5　“新建文档”对话框

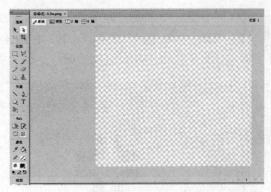

图 24-6　新建文档

（3）在工具箱中单击“矩形”工具右边的下拉按钮，在弹出的列表中选择“面圈形”工具选项，如图 24-7 所示。

（4）将填充颜色设置为#0F4E9E，按住鼠标左键在舞台中绘制面圈形，如图 24-8 所示。

（5）在工具箱中选择“更改区域形状”工具，调整绘制的面圈形，如图 24-9 所示。

（6）在工具箱中选择“矩形”工具，将“笔触颜色”设置为“无”，“填充颜色”设置为#FFFFFF，在舞台中绘制矩形，如图 24-10 所示。

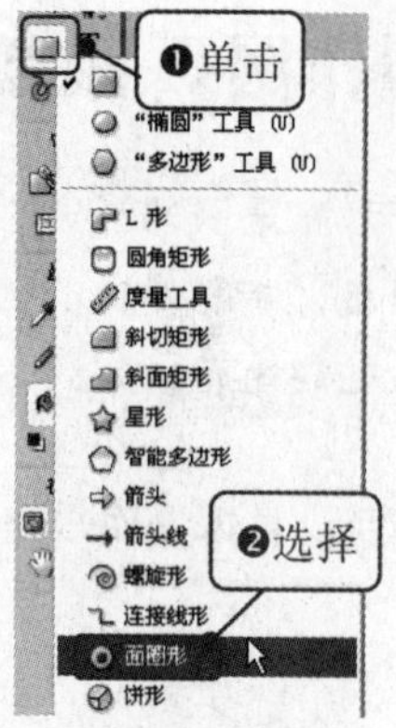

图 24-7　选择"面圈形"工具选项

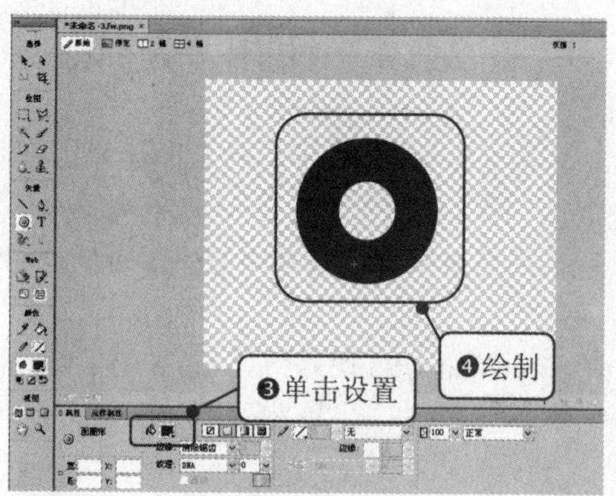

图 24-8 绘制面圈形

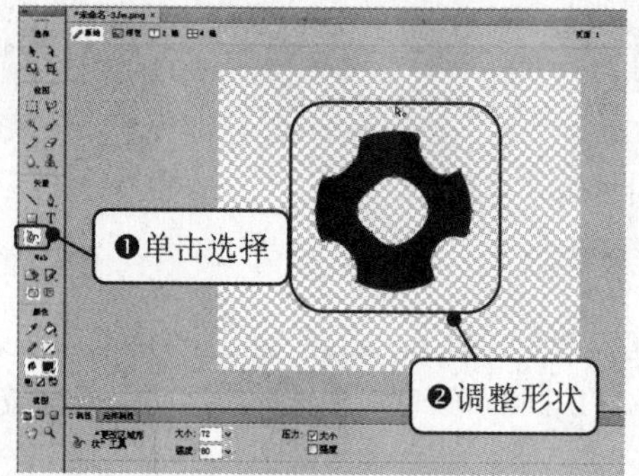

图 24-9　调整形状

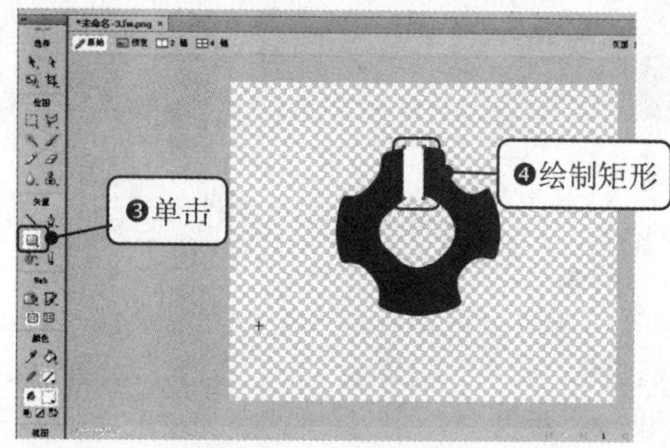

图 24-10　绘制矩形

（7）同步骤（6）绘制另外 3 个白色矩形，如图 24-11 所示。

（8）选择工具箱中的"文本"工具，在舞台中输入文字"华宝机械"，在"属性"面板中将字体大小设置为 40，如图 24-12 所示。

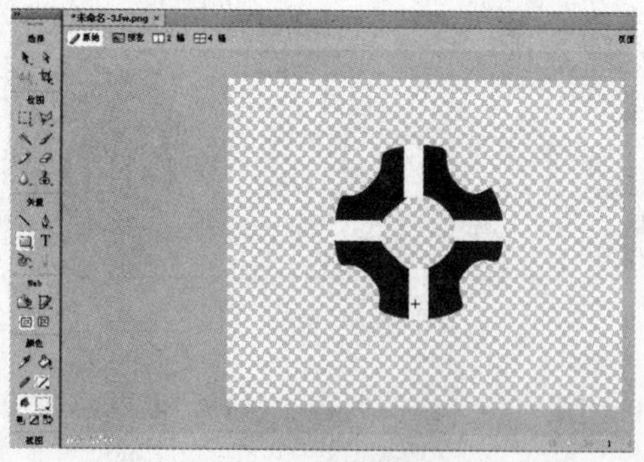

图 24-11　绘制矩形

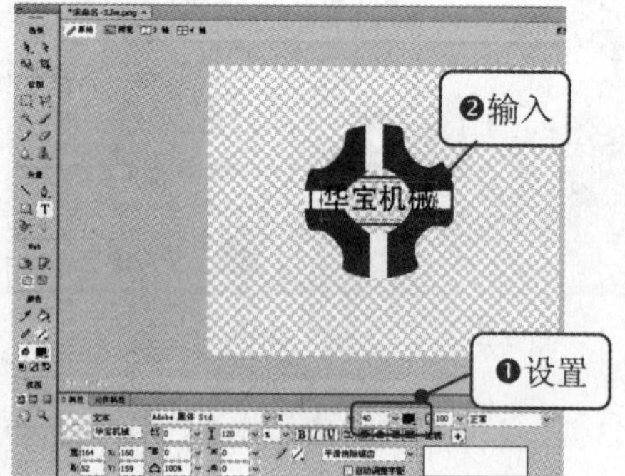

图 24-12　输入文字

（9）在"属性"面板中单击"滤镜"右边的⊞按钮，在弹出的列表中执行"阴影和光晕"|"光晕"命令，如图 24-13 所示。选择以后，在弹出的文本框中将光晕颜色设置为#BFEFFF，"宽度"设置为 20，如图 24-14 所示。

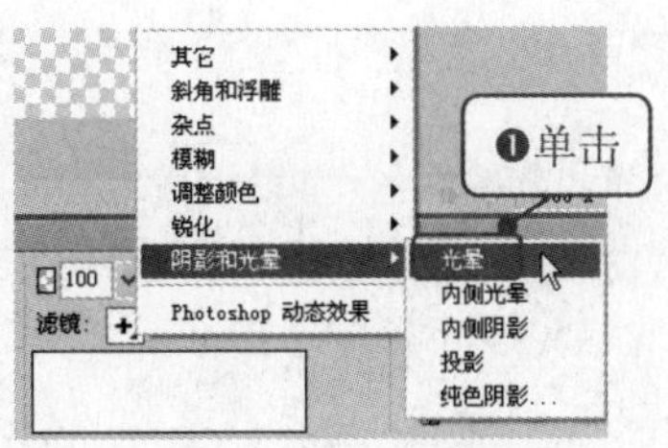

图 24-13　选择光晕

图 24-14　设置光晕参数

24.3　使用 Flash CS6 制作动画

网页上的广告条又称为 Banner，它的主要特点是突出、醒目，要能够吸引人们的注意力。利用 Flash 可以设计动感的网页 Banner 动画，如图 24-15 所示，具体操作步骤如下。

图 24-15　Banner 动画

练习文件　实例素材/练习文件/CH24/24.3/banner.jpg

完成文件　实例素材/完成文件/CH24/24.3/banner.fla

（1）启动 Flash CS6，执行“文件”|“新建”命令，弹出“新建文档”对话框，在该对话框中将“宽”设置为 942，“高”设置为 248，“帧频”设置为 12，如图 24-16 所示。

（2）单击“确定”按钮，新建空白文档，如图 24-17 所示。

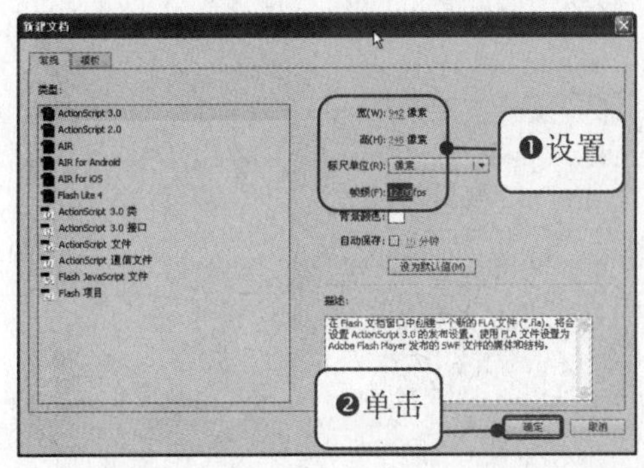

图 24-16　“新建文档”对话框

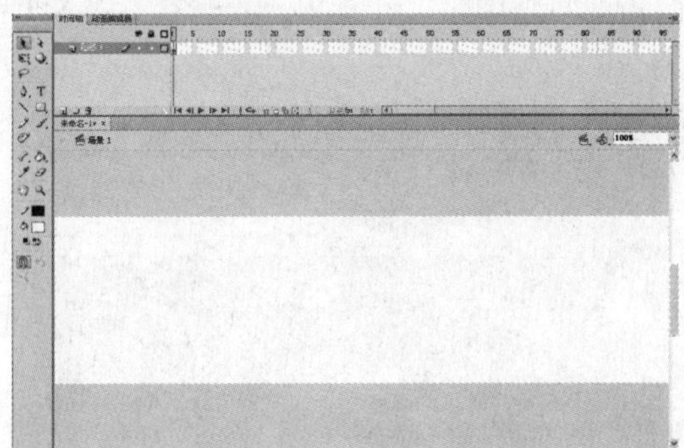

图 24-17　新建文档

（3）执行“文件”|“导入”|“导入到舞台”命令，打开“导入”对话框，在该对话框中选择光盘中的图像文件“banner.jpg”，如图 24-18 所示。

（4）单击“打开”按钮，将图像导入到舞台中，如图 24-19 所示。

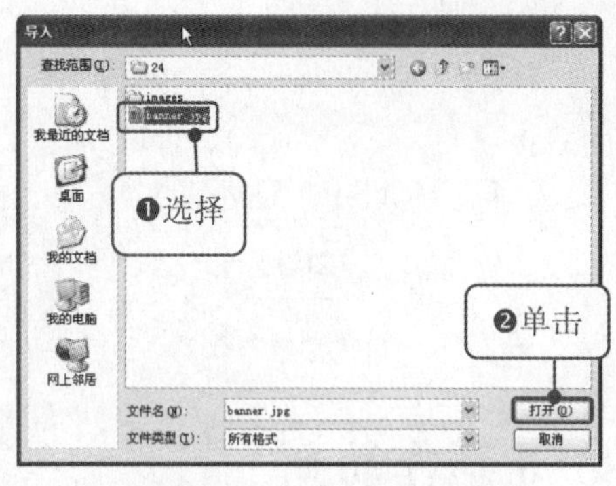

图 24-18 “导入”对话框

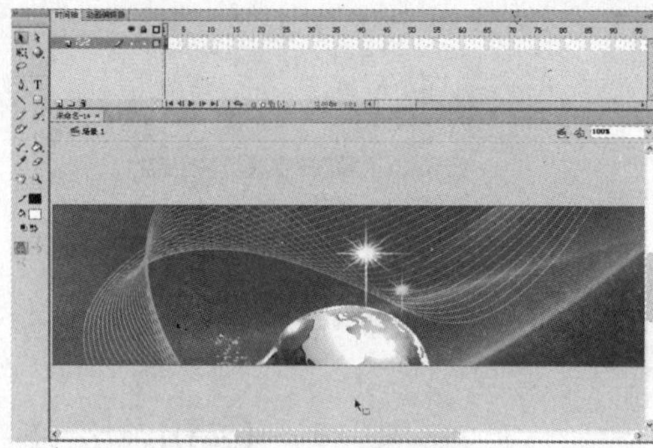

图 24-19 导入图像

（5）单击“新建图层”按钮，在图层 1 的上面新建图层 2，如图 24-20 所示。

（6）在工具箱中选择“文本”工具，在舞台中相应的位置输入文本，如图 24-21 所示。

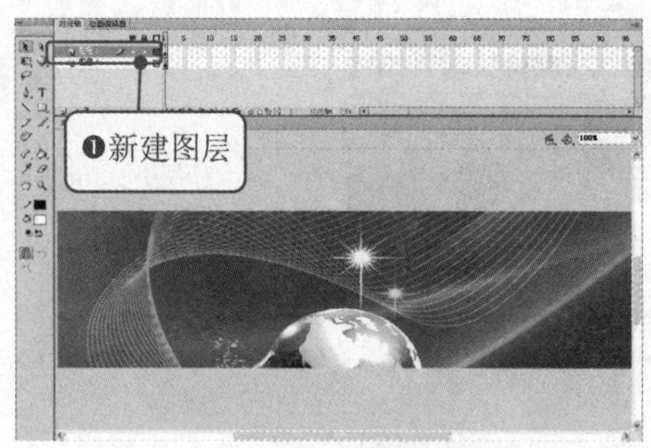

图 24-20 新建图层

图 24-21 输入文本

（7）在图层 1 的第 50 帧按“F5”键插入帧，在图层 2 的第 50 帧，按 F6 键插入关键帧，如图 24-22 所示。

（8）选择图层 2 的第 50 帧，将输入的文本向下移动一段距离，如图 24-23 所示。

图 24-22 新建帧和关键帧

图 24-23 移动文本

（9）在图层 2 的 1 ~ 50 帧之间单击鼠标右键，在弹出的列表中选择“创建传统补间”选项，创建补间动画，如图 24-24 所示。

（10）单击时间轴面板中的“新建图层”按钮，在图层 2 的上面新建图层 3。选择工具箱中的“文本”工具，在舞台中相应的位置输入文本，如图 24-25 所示。

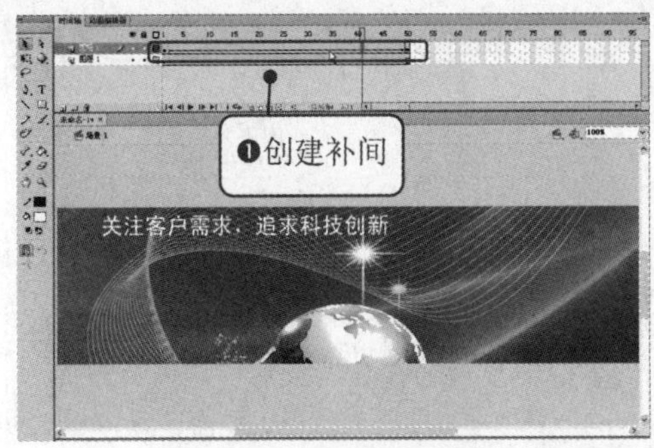

图 24-24　创建补间动画

图 24-25　输入文本

（11）选择图层 3 第 50 帧中的文本，将其向右移动一段距离，如图 24-26 所示。

（12）在图层 3 的 1～50 帧之间单击鼠标右键，在弹出的列表中选择“创建传统补间”选项，创建补间动画，如图 24-27 所示。保存文档，执行“控制”|“测试影片”|“测试”命令，效果如图 24-15 所示。

图 24-26　移动文本

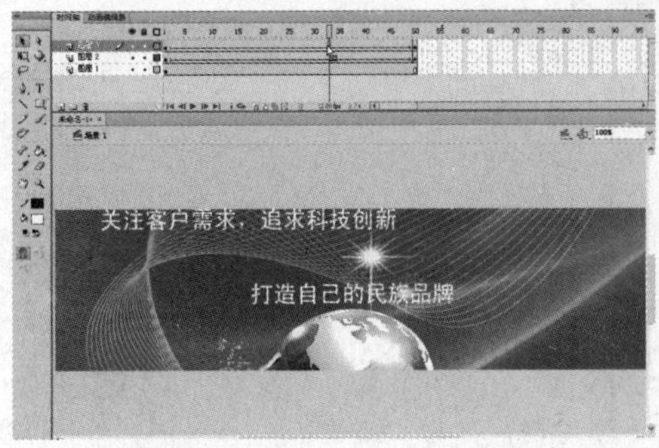

图 24-27　创建补间动画

24.4　创建本地站点

在制作网页前，应该首先在本地创建一个网站，用以实现整个站点。这是为了更好地利用站点对文件进行管理，也可以尽可能地减少错误，如路径出错、链接出错等。新手做网页，条理性、结构性需要加强，往往一个文件放这里，另一个文件放那里，或者所有文件都放在同一文件夹内，这样显得很乱。

使用“站点定义向导”创建本地站点，具体操作步骤如下。

（1）启动 Dreamweaver，执行“站点”|“管理站点”命令，弹出“管理站点”对话框，如图 24-28 所示。

（2）在对话框中单击“新建站点”按钮，弹出“站点设置对象未命名站点”对话框，如图24-29 所示。

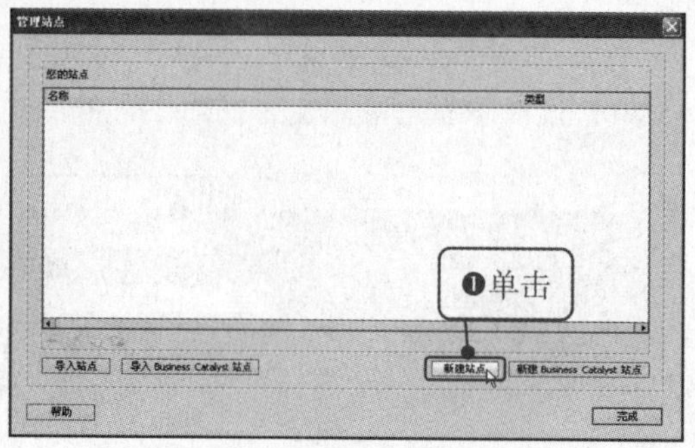

图 24-28　“管理站点”对话框

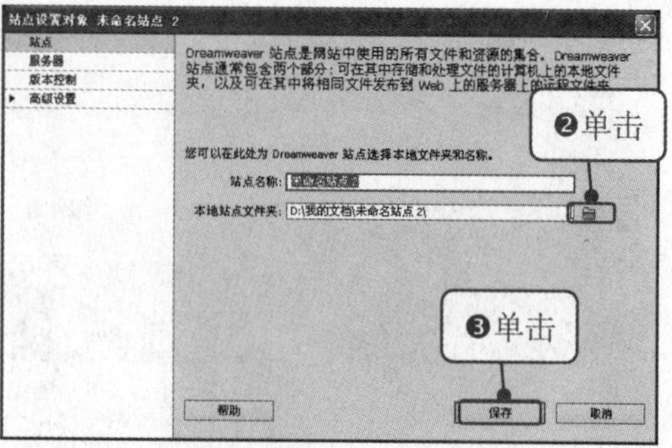

图 24-29　“站点设置对象未命名站点”对话框

（3）在“站点名称”文本框中输入名称，单击“本地站点文件夹”文本框右边的“浏览文件夹”按钮，弹出“选择根文件夹”对话框，　如图 24-30 所示。

（4）在对话框中选择相应的文件夹，单击“选择”按钮，本地根文件夹文本框中即可显示所选择的文件夹路径，如图 24-31 所示。

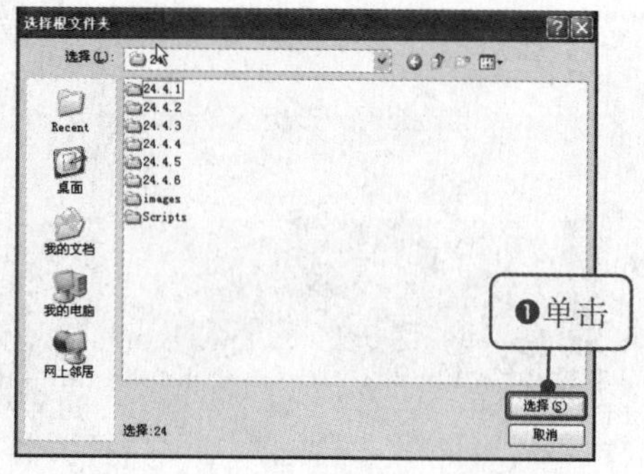

图 24-30　“选择根文件夹”对话框

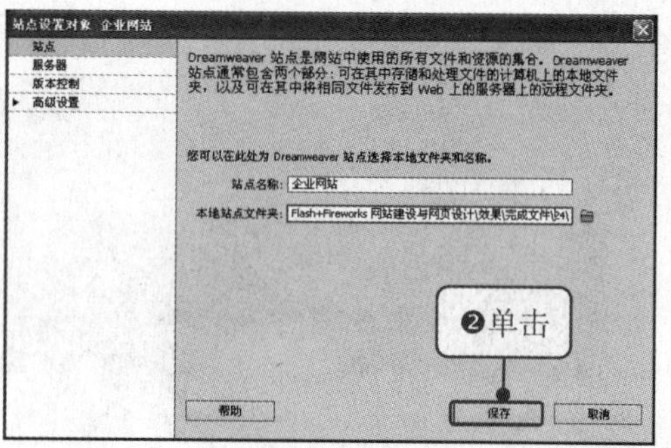

图 24-31　“站点设置对象企业网站”对话框

（5）单击“保存”按钮，返回到“管理站点”对话框中，如图 24-32 所示。

（6）单击“完成”按钮，“文件”面板中即可显示刚创建的站点，如图 24-33 所示。

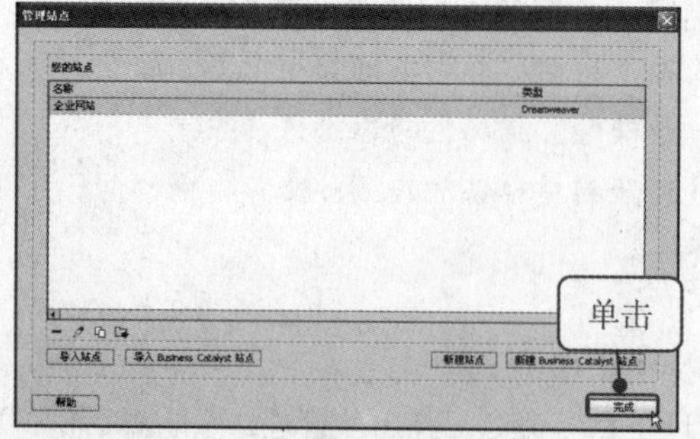

图 24-32　“管理站点”对话框

图 24-33　“文件”面板

24.5　使用 Dreamweaver CS6 制作页面

Dreamweaver CS6 是 Adobe 公司推出的最新版本的网页制作软件，由于该软件的界面友好、容易上手，并且可以快速生成跨平台和跨浏览器的网页，所以深受网页设计者的欢迎。

24.5.1　制作网站顶部导航

下面制作网站顶部导航效果，如图 24-34 所示，具体操作步骤如下。

图 24-34　网站顶部导航

（1）执行“文件”|“新建”命令，弹出“新建文档”对话框，如图 24-35 所示。

（2）在对话框中执行“空白页”|“HTML”|“无”命令，单击“创建”按钮，创建一空白网页，如图 24-36 所示。

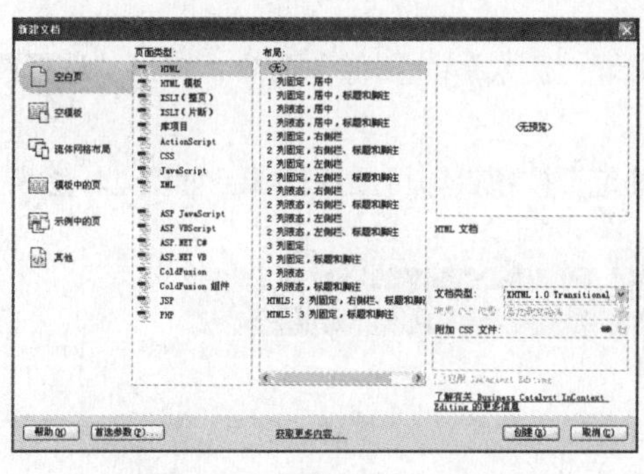

图 24-35　“新建文档”对话框

图 24-36　创建一空白网页

（3）执行“文件”|“保存”命令，弹出“另存为”对话框，在对话框中输入文件名，如图 24-37 所示。

（4）执行“修改”|“页面属性”命令，弹出“页面属性”对话框，如图 24-38 所示。

（5）在对话框中将“左边距”、“右边距”、“上边距”和“下边距”分别设置为 0，单击“确定”按钮，即可设置页面属性。将光标置于文档中，执行“插入”|“表格”命令，弹出“表格”对话框，在对话框中将“行数”设置为“1”，“列”设置为“2”，“表格宽度”设置为 1003 像素，如图 24-39 所示。

（6）单击“确定”按钮，即可插入表格，此表格记为表格 1，如图 24-40 所示。

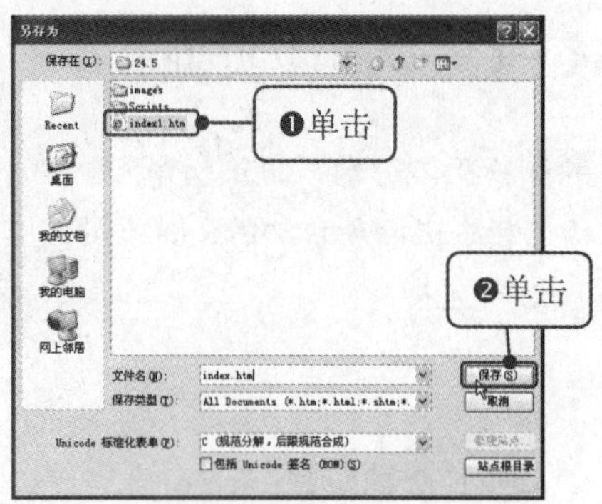

图 24-37 “另存为”对话框

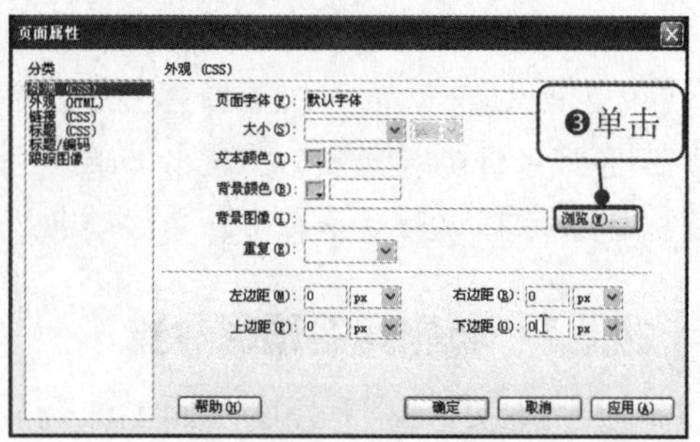

图 24-38 “页面属性”对话框

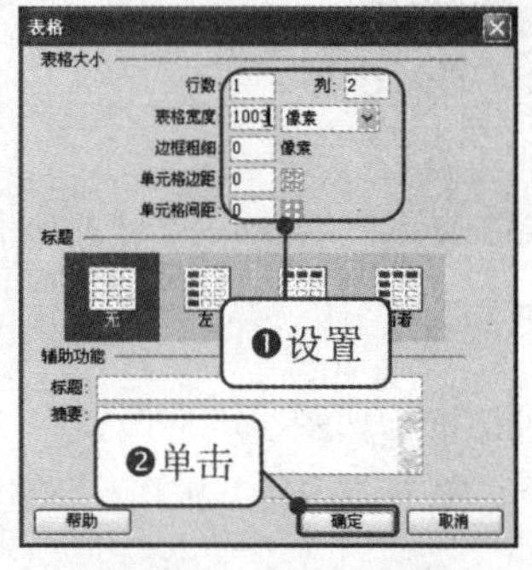

图 24-39 “表格”对话框

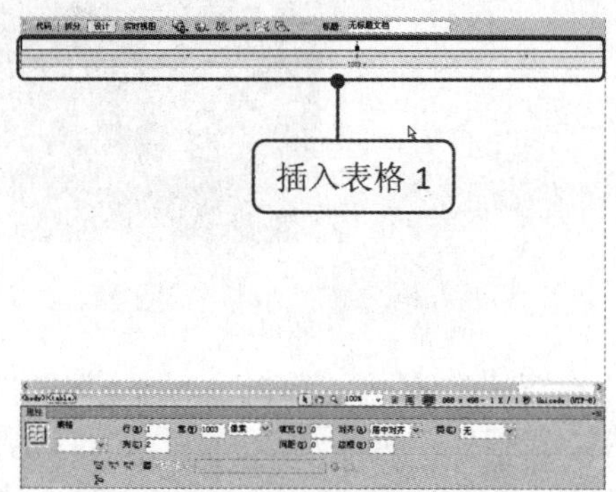

图 24-40 插入表格 1

（7）将光标置于表格 1 的第 1 列单元格中，执行“插入”|“图像”命令，弹出“选择图像源文件”对话框，如图 24-41 所示。

（8）在对话框中选择 images/logo.gif，单击“确定”按钮，即可插入图像，如图 24-42 所示。

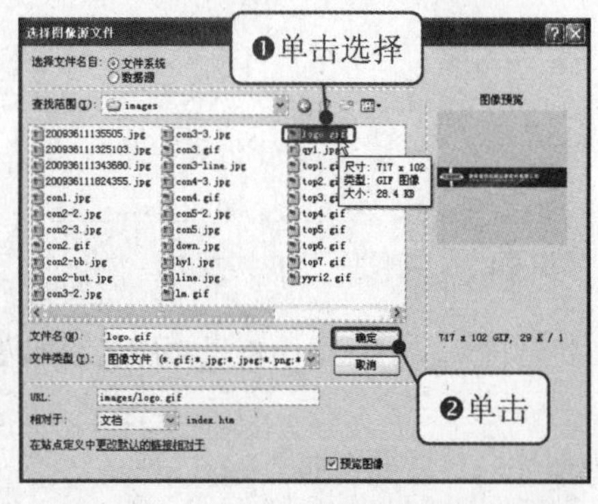

图 24-41 “选择图像源文件”对话框

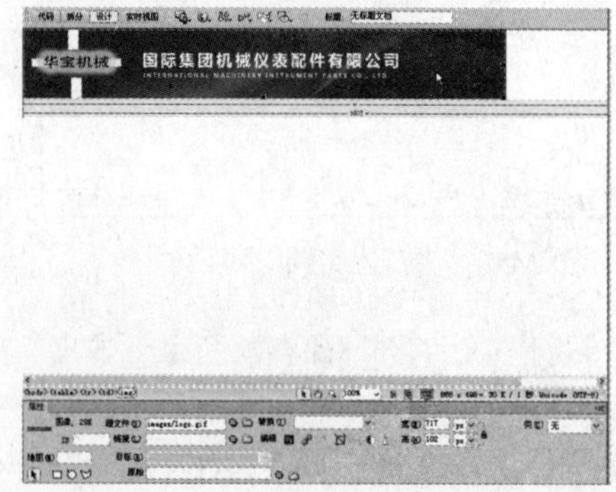

图 24-42 插入图像

（9）将光标置于表格 1 的第 2 列单元格中，单击页面左上角的“拆分”按钮，切换至“拆分视图”，在代码中输入 background=images/top1.gif，插入背景图像，如图 24-43 所示。

（10）在背景图像上插入 1 行 5 列的表格，此表格记为表格 2，如图 24-44 所示。

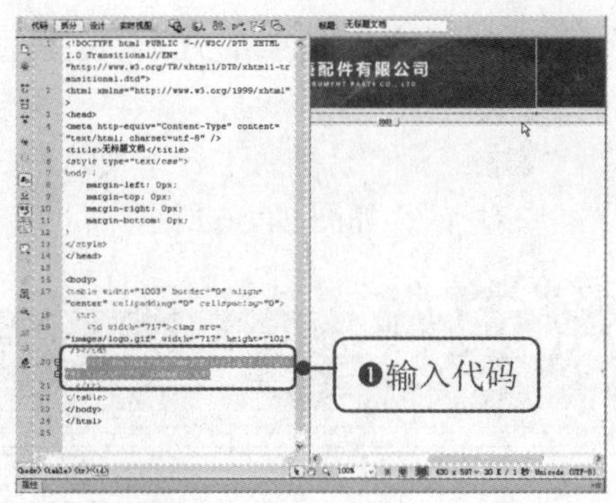

图 24-43　输入代码

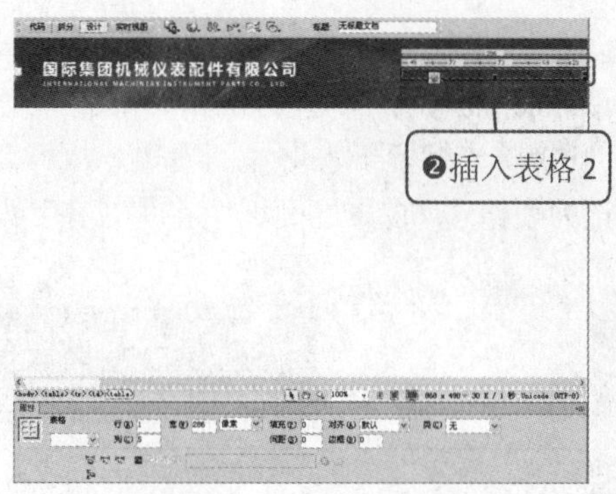

图 24-44　插入表格 2

（11）在表格 2 的单元格中插入相应的图像，效果如图 24-45 所示。

（12）将光标置于表格 1 的右边，执行“插入”|“表格”命令，插入 1 行 1 列的表格，此表格记为表格 3，在属性面板中将“对齐”设置为“居中对齐”，如图 24-46 所示。

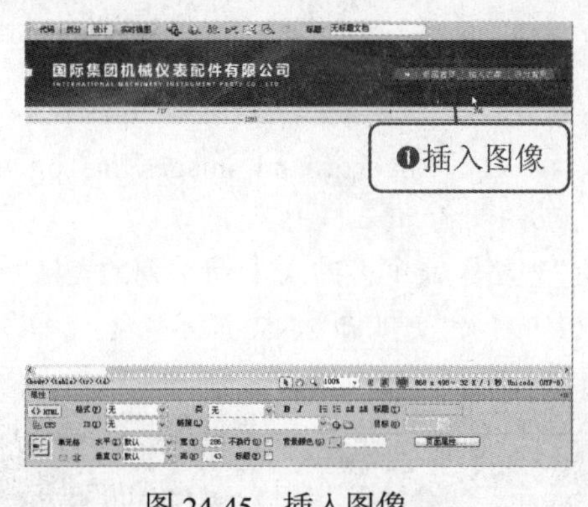

图 24-45　插入图像

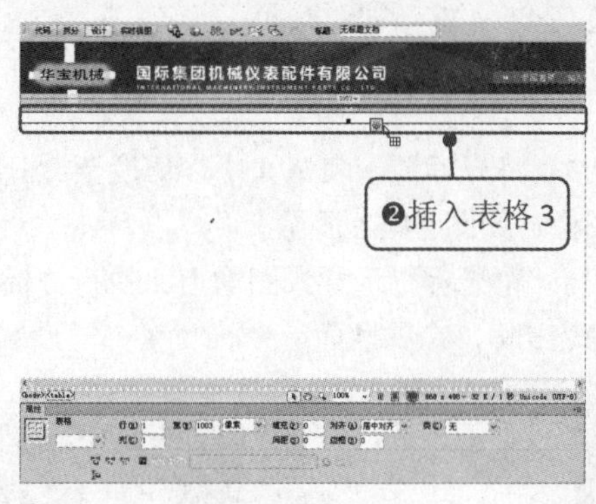

图 24-46　插入表格 3

（13）在表格 3 中插入图像 images/lm.gif，如图 24-47 所示。

（14）将光标置于表格 3 的右边，执行“插入”|“表格”命令，插入 1 行 1 列的表格，此表格记为表格 4，在属性面板中将“对齐”设置为“居中对齐”，如图 24-48 所示。

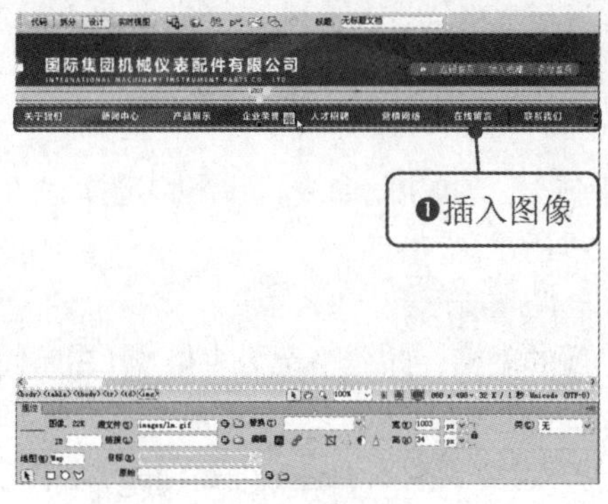

图 24-47　插入图像

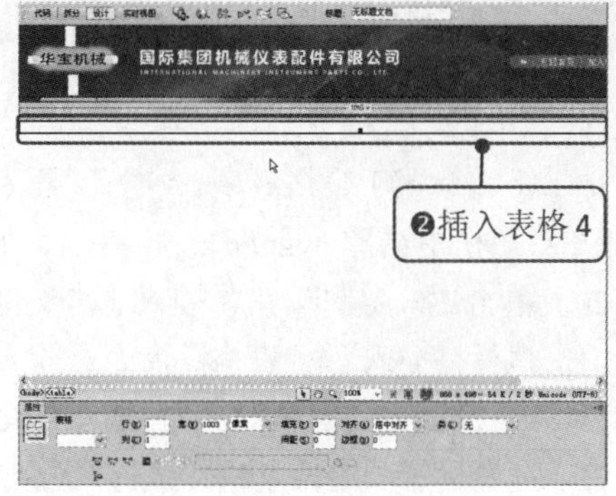

图 24-48　插入表格 4

（15）单击左上角的“拆分”按钮，在代码视图中输入相应的代码 background="images/line.jpg"，插入背景图像，如图 24-49 所示。

（16）将光标置于表格 4 的右边，执行“插入”|“表格”命令，插入 1 行 1 列的表格，此表格记为表格 5，在属性面板中将“对齐”设置为“居中对齐”，如图 24-50 所示。

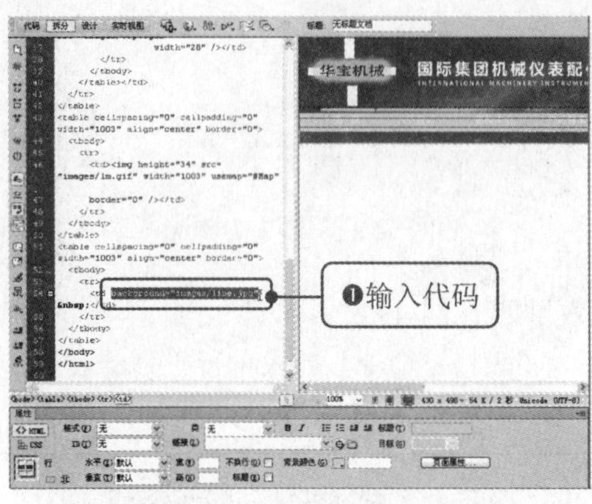

图 24-49　输入代码

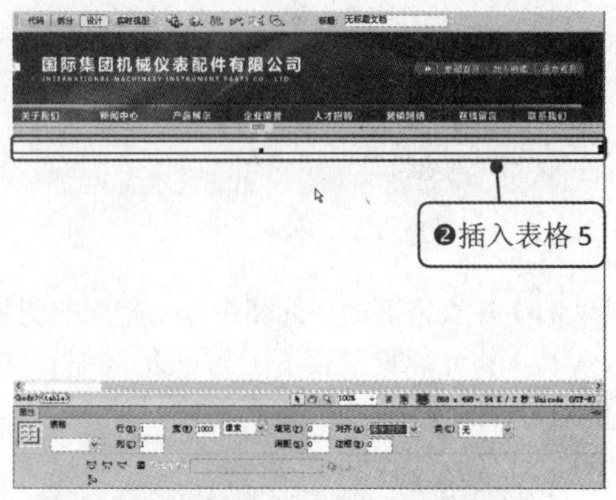

图 24-50　插入表格 5

（17）将光标置于表格 4 中，切换至拆分视图，输入代码 background=images/line.jpg，插入背景图像，如图 24-51 所示。

（18）将光标置于背景图像上，执行“插入”|“表格”命令，插入 1 行 1 列的表格，此表格记为表格 6，在属性面板中将“对齐”设置为“居中对齐”，如图 24-52 所示。

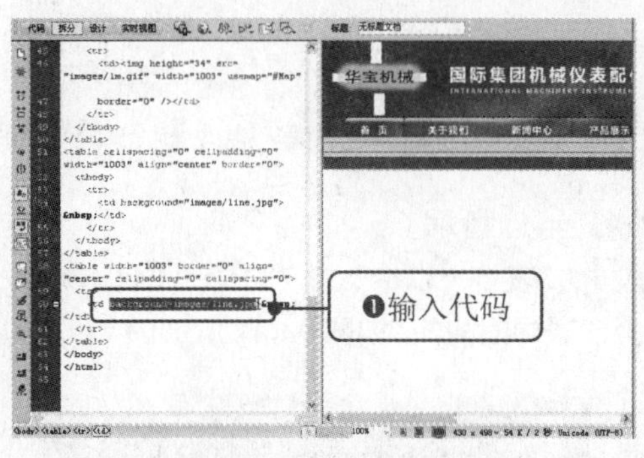

图 24-51　输入代码

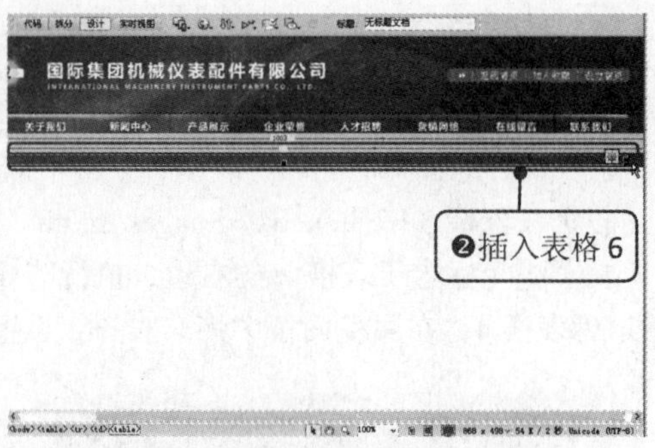

图 24-52　插入表格 6

（19）将光标置于表格 6 中，执行“插入”|“媒体”|“SWF”命令，弹出“选择 SWF”对话框，在对话框中选择 images/banner.swf，如图 24-53 所示。

（20）单击“确定”按钮，插入 swf 文件，如图 24-54 所示。

（21）执行“插入”|“表格”命令，插入 1 行 1 列的表格，此表格记为表格 7，在属性面板中将“对齐”设置为“居中对齐”，如图 24-55 所示。

（22）将光标置于表格 7 中，执行“插入”|“图像”命令，插入 images/con1.jpg，如图 24-56 所示。

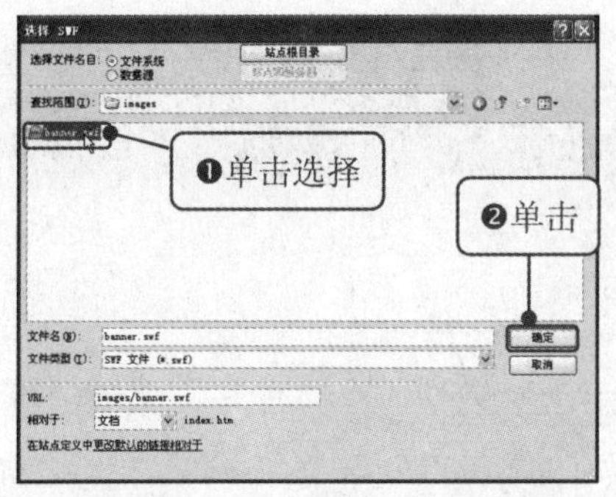

图 24-53　“选择 SWF”对话框

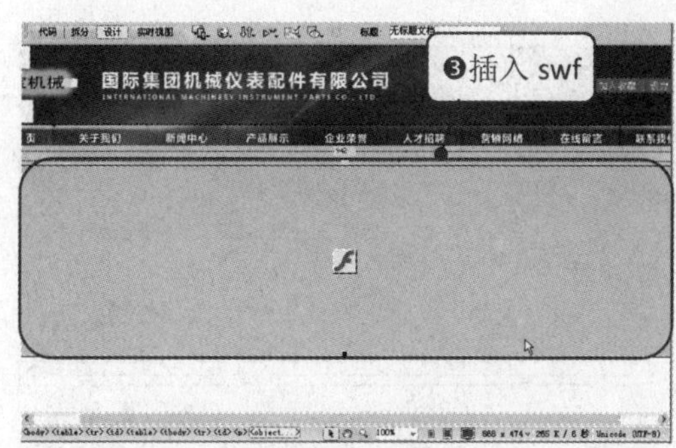

图 24-54　插入 SWF 文件

图 24-55　插入表格 7

图 24-56　插入图像

（23）至此，网站顶部导航文件制作完毕，效果如图 24-31 所示。

24.5.2　制作网站滚动公告栏

接上一节讲述制作网站滚动公告栏，效果如图 24-57 所示。具体操作步骤如下。

图 24-57　网站滚动公告栏

（1）将光标置于文档中相应的位置，执行“插入”|“表格”命令，插入 1 行 2 列的表格，此表格记为表格 1，在属性面板中将“对齐”设置为“居中对齐”，如图 24-58 所示。

（2）将光标置于表格 1 的第 1 列单元格中，执行“插入”|“表格”命令，插入 1 行 1 列的表格，此表格记为表格 2，如图 24-59 所示。

（3）将光标置于表格 2 中，执行“插入”|“图像”命令，插入 images/con2.gif，如图 24-60 所示。

（4）将光标置于表格 2 的右边，执行“插入”|“表格”命令，插入 1 行 1 列的表格，此表格记为表格 3，如图 24-61 所示。

图 24-58　插入表格 1

❷插入表格 2

图 24-59　插入表格 2

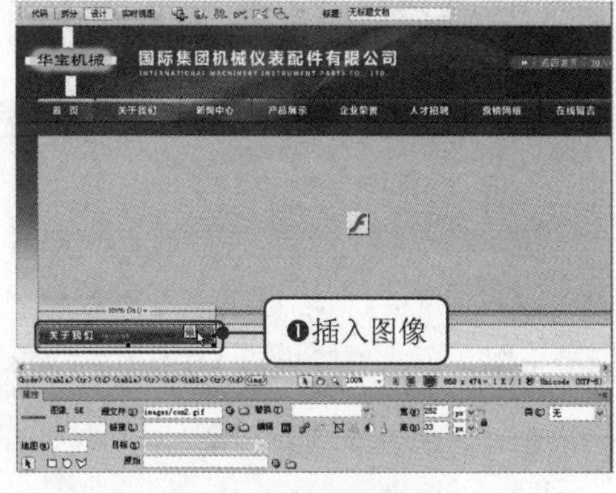

图 24-60　插入图像

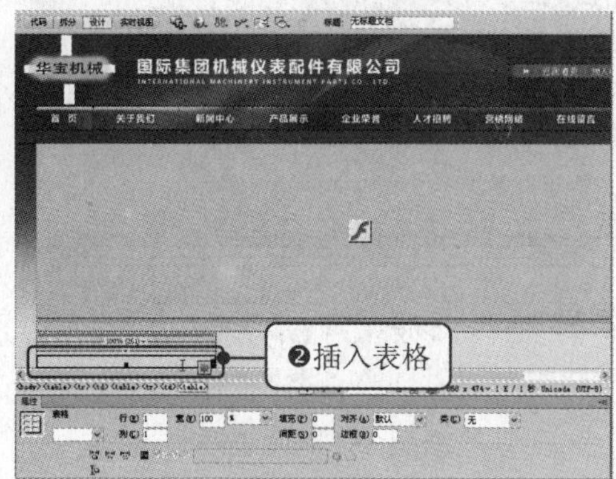

图 24-61　插入表格 3

（5）将光标置于表格 3 中，切换至“拆分”视图，输入代码 background=images/con2-bb.jpg，插入背景图像，如图 24-62 所示。

（6）将光标置于背景图像上，插入 1 行 1 列的表格，此表格记为表格 4，在表格 4 中输入相应的文字，如图 24-63 所示。

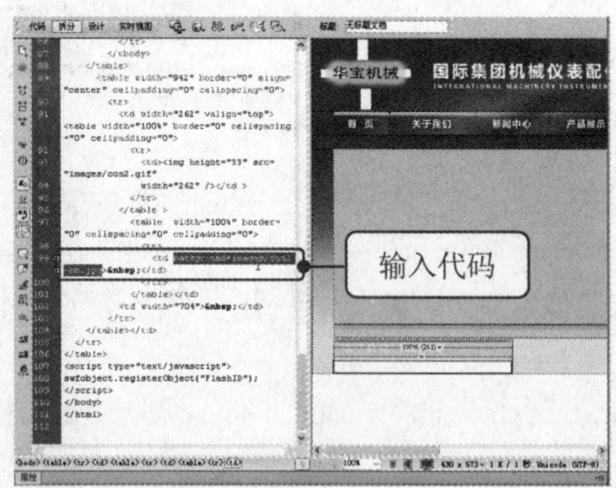

图 24-62　输入代码

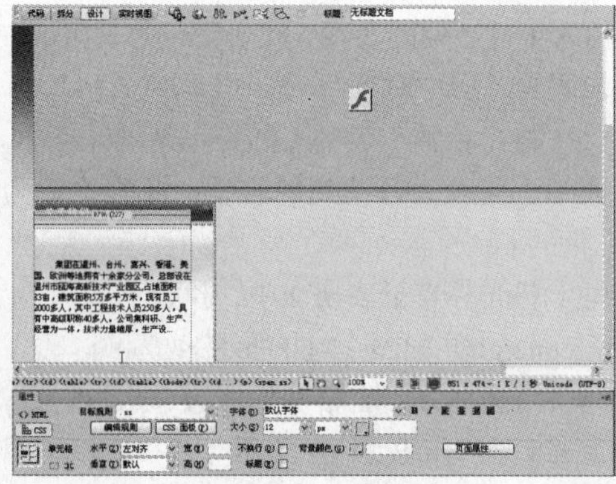

图 24-63　输入文字

（7）将光标置于文字的前面，切换至“拆分”视图，输入以下代码，如图 24-64 所示。

```
< marquee onmouseover=this.stop()
style="width: 140px; height: 160px" onmouseout=this.start() scrollAmount=1
scrollDelay=1 direction=up width=213  height=230>
```

（8）在文字的后边加上代码“</marquee>”，如图 24-65 所示。

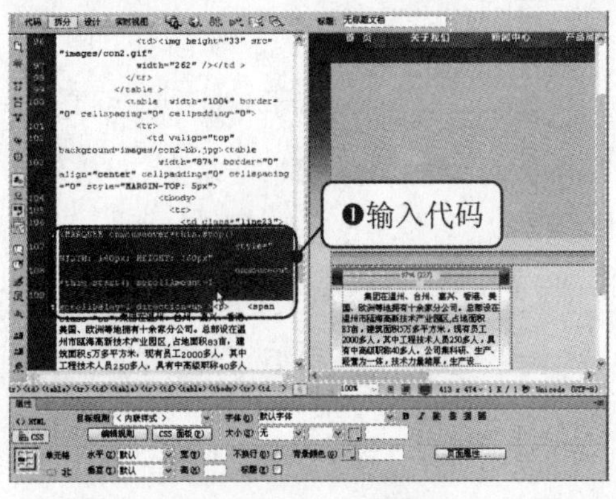

图 24-64　输入代码

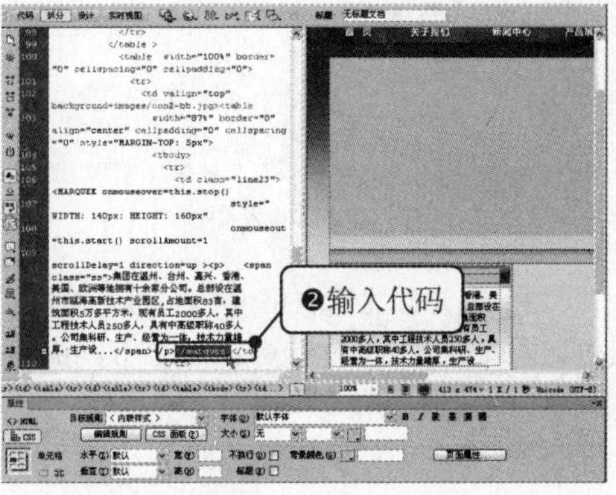

图 24-65　输入代码

（9）将光标置于表格 4 的右边，执行“插入”|“表格”命令，插入 1 行 1 列的表格，此表格记为表格 5，在表格 5 中插入图像 images/con2-but.jpg，如图 24-66 所示。

（10）将光标置于表格 5 的右边，执行“插入”|“表格”命令，插入 1 行 1 列的表格，此表格记为表格 6，在表格 6 中插入图像 images/con2-2.jpg，如图 24-67 所示。

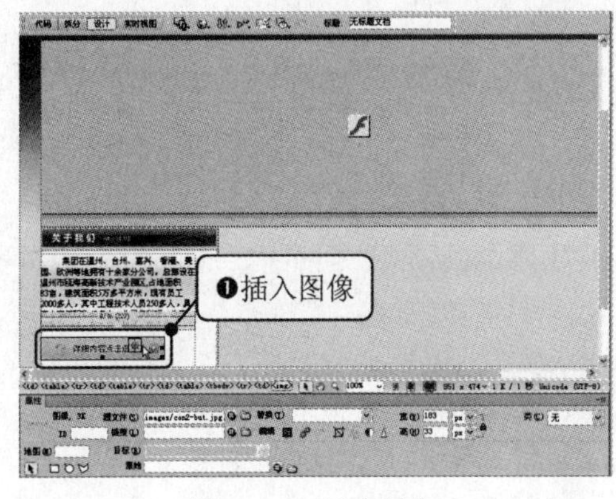

图 24-66　插入图像

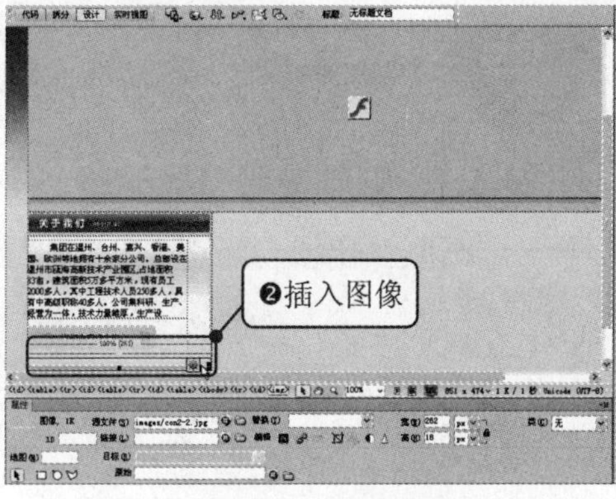

图 24-67　插入图像

（11）将光标置于表格 6 的右边，执行“插入”|“表格”命令，插入 1 行 1 列的表格，此表格记为表格 7，在表格 7 中插入图像 images/con2-3.jpg，如图 24-68 所示。

（12）将光标置于表格 7 的右边，执行“插入”|“表格”命令，插入 1 行 1 列的表格，此表格记为表格 8，在表格 8 中输入文字，如图 24-69 所示。

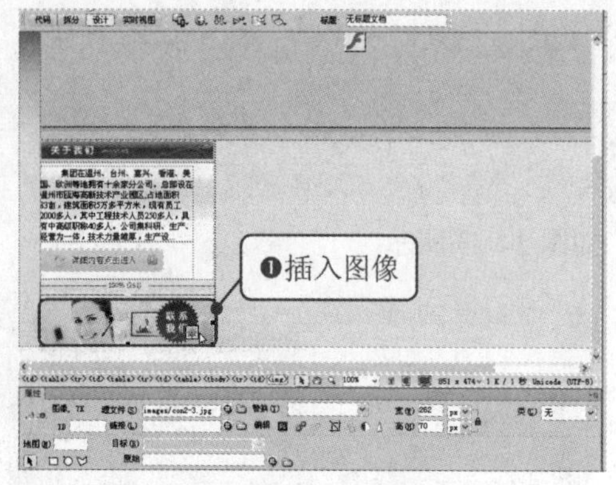
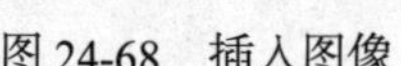

图 24-68　插入图像

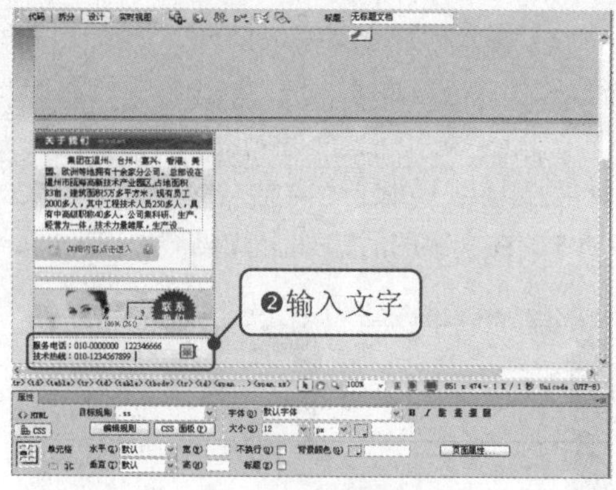

图 24-69　输入文字

（13）将光标置于表格 8 的右边，执行“插入”|“表格”命令，插入 1 行 1 列的表格，此表格记为表格 9，在表格 9 中插入图像 images/con2-2.jpg，如图 24-70 所示。

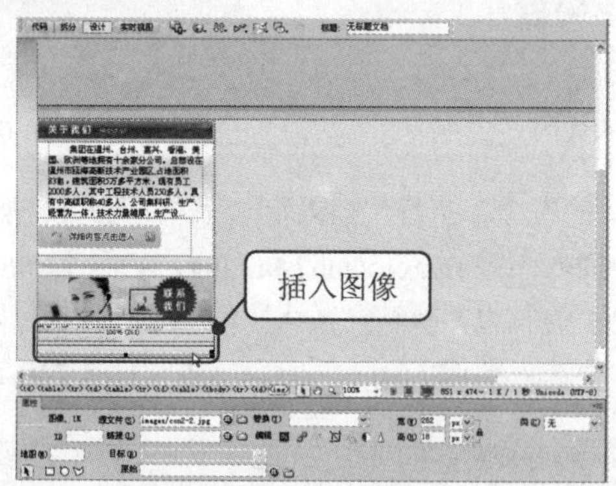

图 24-70　插入图像

24.5.3　制作公司新闻动态

接上一节讲述制作公司新闻动态，效果如图 24-71 所示。

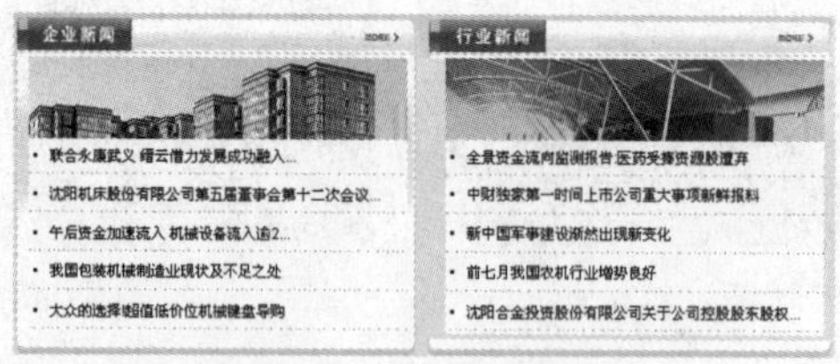

图 24-71　新闻动态

（1）将光标置于文档中相应的位置，执行“插入”|“表格”命令，插入 1 行 2 列的表格，此表格记为表格 1，如图 24-72 所示。

（2）将光标置于表格 1 的第 1 列单元格中，执行“插入”|“表格”命令，插入 1 行 1 列的表格，此表格记为表格 2，在表格 2 中插入图像 images/con3.gif，如图 24-73 所示。

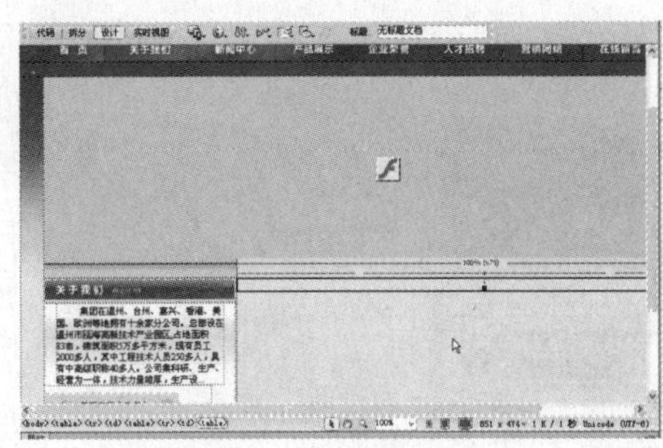

图 24-72　插入表格

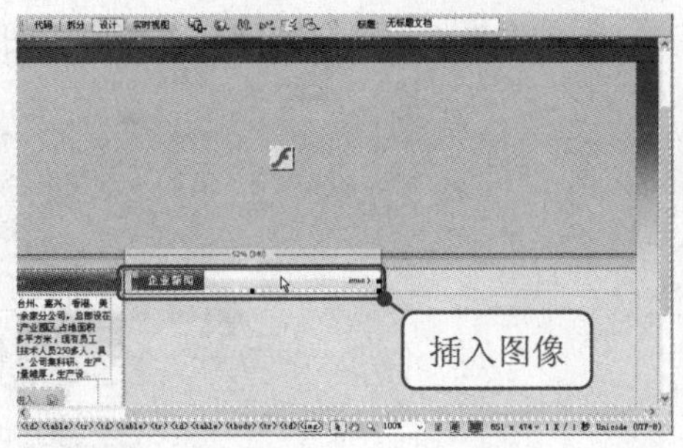

图 24-73　插入图像

（3）将光标置于表格 2 的右边，执行“插入”|“表格”命令，插入 1 行 1 列的表格，此表格记为表格 3，切换至“拆分”视图，输入相应的代码 background=images/con3-2.jpg，如图 24-74 所示。

（4）在背景图像上插入 6 行 1 列的表格，此表格记为表格 4，在表格 4 的第 1 行中插入图像 images/qy1.jpg，如图 24-75 所示。

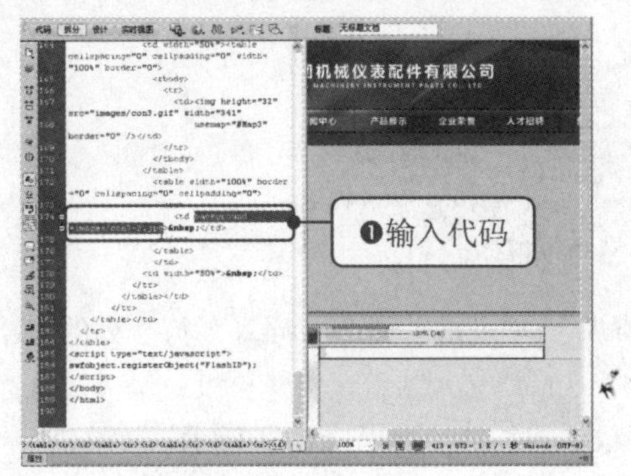

图 24-74　输入代码

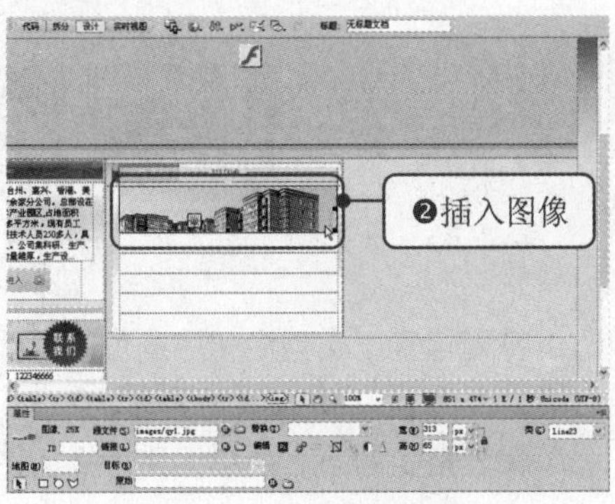

图 24-75　插入图像

（5）在表格 4 的其他单元格中输入相应的文字，效果如图 24-76 所示。

（6）将光标置于表格 3 的右边，插入 1 行 1 列的表格，此表格记为表格 5，在表格 5 中插入图像 images/con3-3.jpg，如图 24-77 所示。

图 24-76　输入文字

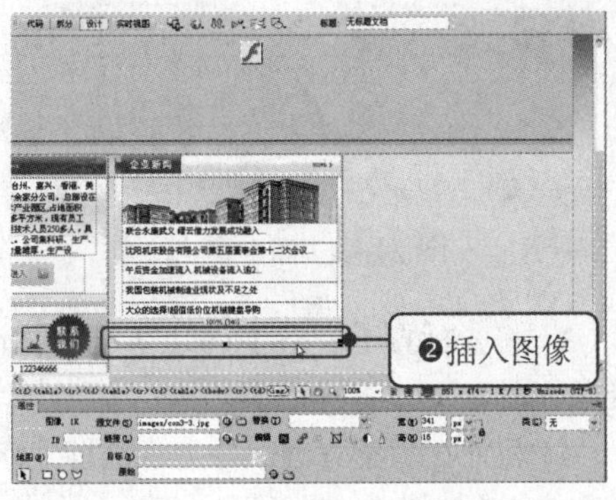

图 24-77　插入图像

（7）在表格 1 的第 2 列中插入相应的图像并输入相应的文字，效果如图 24-78 所示。

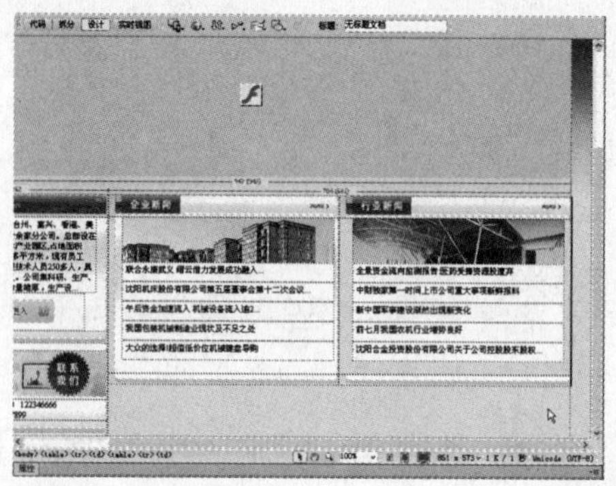

图 24-78　插入相应的图像并输入相应的文字

24.5.4　制作产品展示

接上一节讲述制作产品展示部分，效果如图 24-79 所示，具体操作步骤如下。

图 24-79　产品展示部分

（1）将光标置于文档中相应的位置，执行“插入”|“表格”命令，插入 1 行 2 列的表格，此表格记为表格 1，如图 24-80 所示。

（2）在表格 1 的第 1 列单元格中插入图像 images/con5.jpg，如图 24-81 所示。

图 24-80　插入表格

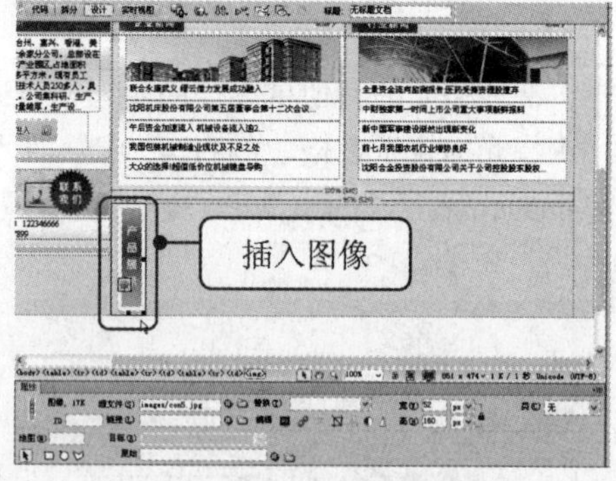

图 24-81　插入图像

（3）将光标置于表格 1 的第 2 列中，切换至“拆分”视图，输入相应的代码 background=images/con5-2.jpg，插入背景图像，如图 24-82 所示。

（4）将光标置于背景图像上，执行“插入”|“表格”命令，插入 2 行 4 列的表格，此表格记为表格 2，如图 24-83 所示。

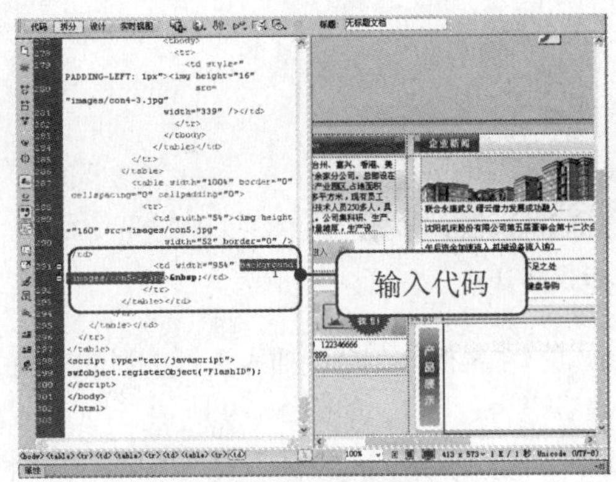

图 24-82　输入代码

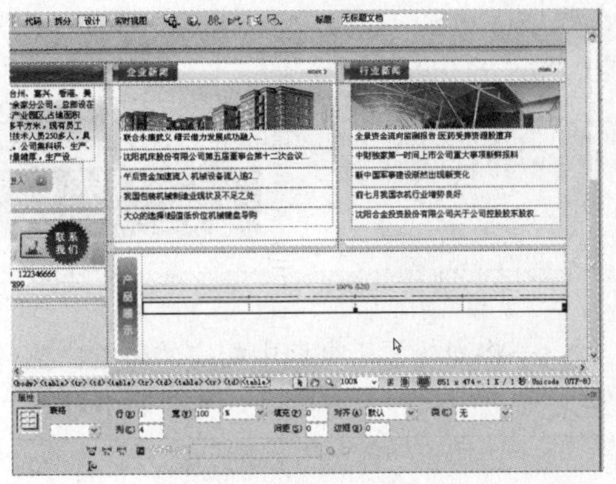

图 24-83　插入表格

（5）在表格 2 的第 1 列中插入 2 行 2 列的表格，此表格记为表格 3，如图 24-84 所示。

（6）在表格 3 的第 1 行单元格中插入相应的图像，效果如图 24-85 所示。

图 24-84　插入表格

图 24-85　插入图像

（7）将表格 3 的第 2 行合并，并输入相应的文字，如图 24-86 所示。

（8）用步骤（5）~（7）的方法插入相应图像，输入相应文字，效果如图 24-87 所示。

图 24-86　输入文字

图 24-87　插入图像和输入文字

24.5.5 制作底部版权部分

接上一节制作底部版权部分，效果如图 24-88 所示。

图 24-88　底部版权部分

（1）将光标置于文档中相应的位置，执行“插入”|“表格”命令，插入 1 行 1 列的表格，在属性面板中将“对齐”设置为“居中对齐”，此表格记为表格 1，如图 24-89 所示。

（2）切换至“拆分”视图，输入代码 background=images/down.jpg，插入背景图像，在属性面板中将“高”设置为 95，如图 24-90 所示。

图 24-89　插入表格

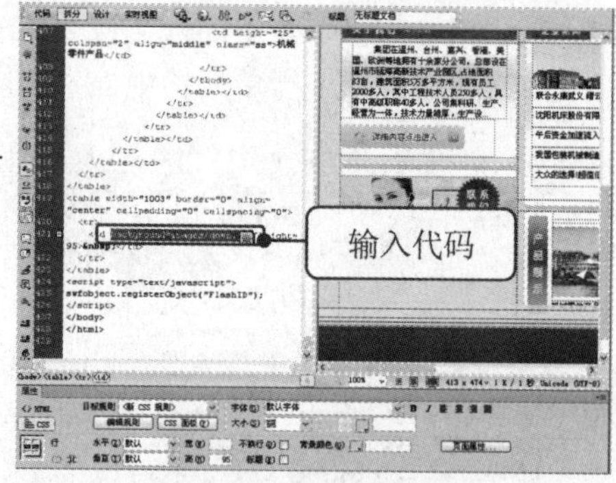

图 24-90　输入代码

（3）在背景图像上插入 1 行 1 列的表格，此表格记为表格 2，在“属性”面板中将“对齐”设置为“居中对齐”，如图 24-91 所示。

（4）在表格 2 中输入相应的文字，在属性面板中设置相应的属性，如图 24-92 所示。

图 24-91　插入表格

图 24-92　输入文字

（5）将光标置于表格 2 的右边，执行“插入”|“表格”命令，插入 1 行 1 列的表格，此表格记为表格 3，在属性面板中将“对齐”设置为“居中对齐”，如图 24-93 所示。

（6）在表格 3 中输入相应的文字，如图 24-94 所示。

图 24-93　插入表格

图 24-94　输入文字

24.6　专家秘籍

1．企业网站色彩搭配指南

企业网站给人的第一印象是网站的色彩，因此确定网站的色彩搭配是相当重要的一步。一般来说，一个网站的标准色彩不应超过 3 种，太多则让人眼花缭乱。标准色彩用于网站的标志、标题、导航栏和主色块，给人以整体统一的感觉。至于其他色彩在网站中也可以使用，但只能作为点缀和衬托，绝不能喧宾夺主。

企业网站的色彩可以选择蓝色、绿色、红色等，在此基础上再搭配其他色彩。另外可以使用灰色和白色，这是企业网站中最常见的颜色。因为这两种颜色比较中庸，能和任何色彩搭配，使对比更强烈，突出网站品质和形象。

2．关于表格布局网页时的一些技巧

大型的网站主页制作，先分成几大部分，采取从上到下、从左到右的制作顺序逐步制作。

一般情况下最外部的表格宽度最好采用 770 像素，表格设置为居中对齐，这样的话，无论采用 800×600 的分辨率还是采用 1024×768 的分辨率网页都不会改变。

在插入表格时，如果没有明确地指定“填充”，则浏览器默认“填充”为 1。

3．企业网站域名选择的技巧

作为网站站长，注册域名是一件很普通的事情。每时每刻都有大量的域名被注册，也有大量的域名到期没有续费。没有续费的域名当中很大一部分都是因为当初注册的域名不符合现在网站的需要，而已经重新注册域名更换导致的。那能否在注册域名之前考虑好网站的布局和规划，然后再去购买域名，这样可以很大程度上降低我们的时间成本和经济成本，具体介绍如下。

- 品牌：作为企业来讲，品牌是一个非常重要的因素，做任何事情都需要有品牌意识。不管是平面的宣传策划，还是网络的宣传策划，最终的目的是把我们生产或者服务的品牌烙印在每一个用户或者潜在用户身上。在注册域名的时候也是一样的，在域名字符中需要包括品牌的名字。即便从营销角度讲，大家可能会做多个网站推广自己的产品，但作为品牌宣传的网站域名也只能是唯一一个品牌名称。这点在国外尤为被重视，往往

很多时候都是先注册域名，然后再申请品牌。

- 域名扩展名：我们都清楚，最为流行的域名扩展名是 COM、NET、ORG 域名，不同的扩展名代表不同的意思。作为企业或者品牌来说，这三种扩展名的域名都必须注册，即便只做一个网站使用 COM 扩展名，其他两个域名扩展名也可以作为品牌的注册保护。

其他的扩展名域名还有很多，每年都会出现几种新的扩展名域名，但主要的扩展名域名却只有上述的 3 个。

- 关于国别域名的使用：一般将 COM 域名的网站作为主要网站。如果公司业务范围针对不同的国家和地区，为了进一步营销，突出本地的特点，需要注册本地区的国别域名单独建立网站，或者同意转接解析到主网站上来。这样做不仅可以进入本地区市场，也是有力的本地营销手段。
- 选择注册商：即在注册域名的时候，一定要选择良好的域名注册商。需要选择信誉度较好的商家，不管是个人还是公司，都要有较好的口碑。

选择注册域名看似一个简单的事情，其实关乎到网站的发展和以后的运行。一个好的域名利于被用户记住，也有利于搜索引擎对网站或者品牌的收录。

4．在使用模板布局企业网站时有哪些注意事项

一般企业网站网页较多，而且整体风格类似，因此利用模板可以快速、高效地设计出风格一致的网页，在使用时需注意以下问题。

- 在模板中，可编辑区域的边框以浅蓝色加亮。
- 在模板中如果调用库文件，可以在资源面板中找到此文件将其拖动到需要的任意位置。
- 创建模板时，可编辑区域和锁定区域都可以更改。但是在利用模板创建网页时，只能在可编辑区域中进行更改，无法修改锁定区域。
- 当更改模板时，系统会提示是否更新基于该模板的文档，同时也可以使用更新命令来更新当前页面或整个站点。

24.7 本章小结

在企业网站的设计中，既要考虑商业性，又要考虑艺术性。企业网站是商业性和艺术性的结合，同时企业网站也是一个企业文化的载体，通过视觉的元素，承接企业的文化和企业的品牌。好的网站设计，有助于企业树立好的社会形象，也能比其他的传播媒体更好、更直观地展示企业的产品和服务。本章的重点是企业网站的设计原则，用 Fireworks 设计网页 Logo，用 Flash 设计网页 Banner 动画，创建本地站点，创建网页。

第 25 章 设计制作购物网站

学前必读

随着互联网的发展，网页图像的应用越来越多，也正是网页图像的应用，使万维网进入了新的时代。在网页中，图像是除了文本之外最重要的元素，图像的应用能够使网页更加美观、生动，而且图像是传达信息的一种重要手段，它具有很多文字无法比拟的优点。本章就来讲述使用 Photoshop 设计网页图像的方法。

学习流程

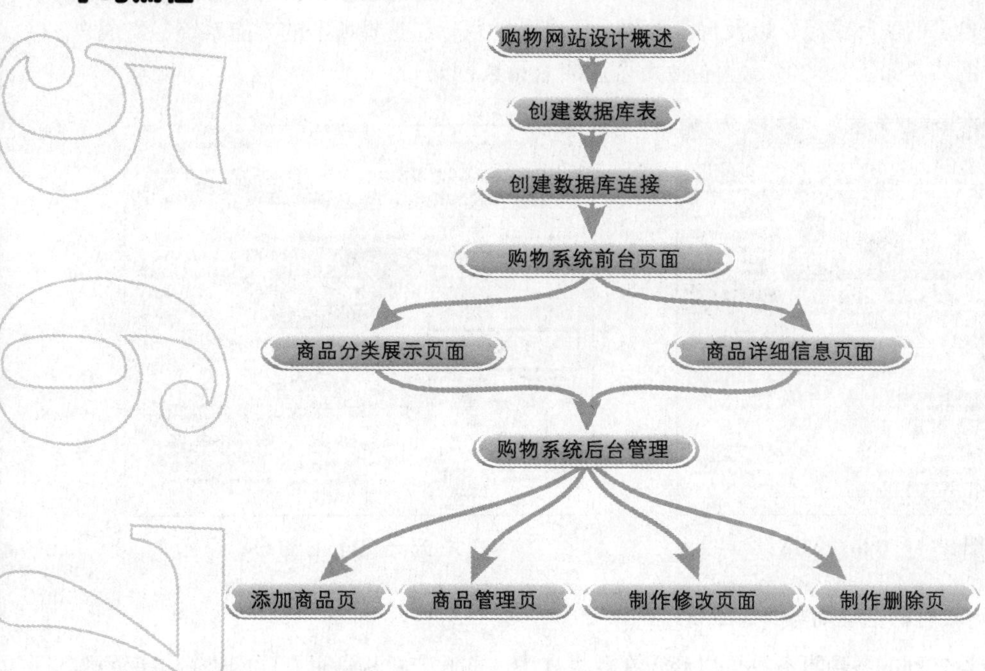

25.1 购物网站设计概述

网上购物系统是在网络上建立一个虚拟的购物商场，避免了挑选商品的烦琐过程，使购物过程变得轻松、快捷、方便，很适合现代人快节奏的生活。同时又能有效地控制"商场"运营的成本，开辟了一个新的销售渠道。

25.1.1 电子商务网站分类

购物网站是电子商务网站的一种基本形式。电子商务在我国首先出现的概念是电子贸易，电子贸易的出现，不仅简化了交易手续，而且提高了交易效率，降低了交易成本，很多企业竞相效仿。电子商务按交易对象的不同可以分成 4 类。

1．企业对消费者的电子商务（B to C）

一般以网络零售业为主，如经营各种书籍、鲜花、计算机等商品。B to C 是商家与顾客之间的商务活动，它是电子商务的一种主要形式，商家可以根据自己的实际情况，以及自己发展电子商务的目标，选择所需的功能系统，组成自己的电子商务网站。如图 25-1 所示为购物网站。

2．企业对企业的电子商务（B to B）

一般以信息发布为主，主要是建立商家之间的桥梁。B to B 就是商家与商家之间的商务活动，它也是电子商务的一种主要的商务形式，B to B 商务网站是实现这种商务活动的电子平台。商家可以根据自己的实际情况，以及自己发展电子商务的目标，选择所需的功能系统，组成自己的电子商务网站。如图 25-2 所示为企业对企业的 B to B 网站。

图 25-1　B to C 网站

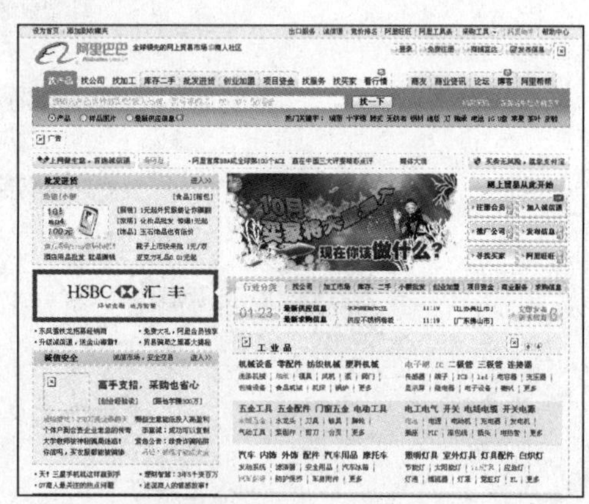

图 25-2　B to B 网站

3．企业对政府的电子商务（B to G）

政府与企业之间的各项事务都可以涵盖在此模式中，如政府机构通过互联网进行工程的招投标和政府采购；政府利用电子商务方式实施对企业行政事务的管理；政府利用电子商务方式发放进出口许可证，为企业通过网络办理交税、出口退税、商检等业务。

4．消费者对消费者的电子商务（C to C）

C to C 电子商务平台就是通过为买卖双方提供一个在线交易平台，使卖方可以主动提供商品拍卖，而买方可以自行选择商品进行竞价。

25.1.2　购物网站特点分析

网上购物这种新型的购物方式已经吸引了很多购物者的注意。购物网站应该能够随时让顾客参与购买，商品介绍也应该更详细、更全面。要达到这样的网站水平就要使网站中的商品有秩序，并且能够科学化地分类，便于购买者查询，把网页制作得更加美观，来吸引大批的购买者。

1．分类体系

一个好的购物网站除了要有好的商品销售之外，更要有完善的分类体系来展示商品，所有需要销售的商品都可以通过相应的文字和图片来说明。分类目录可以运用一级目录和二级目录相配合的形式来管理商品，顾客可以通过单击商品类别名称来了解有关该类的所有商品。

2．大量的信息页面

购物网站中最重要的就是商品信息，如何在一个页面中安排尽可能多的内容，往往影响着访问者对商品信息的获得。常见的购物网站大部分都采用超长的页面布局，以此来显示大量的商品信息。

3．商品图片的使用

图片的应用使网页更加美观、生动，而且图片更是展示商品的一种重要手段，有很多文字无法比拟的优点。使用清晰、色彩饱满、质量良好的图片可增强消费者对商品的信任感，引发购买欲望。在购物网站中展示商品最直观有效的方法就是使用图片。

4．信用卡支付

既然在网上购买商品，顾客自然就希望能够通过网络直接付款。这种电子支付方式正受到人们更多的关注。

5．安全问题

网上购物需要涉及很多安全性问题，如密码、信用卡号码及个人信息等，如何将这些问题处理得当是十分必要的。目前有许多公司或机构能够提供安全认证，如 SSL 证书。通过这样的认证过程，可以使顾客认为比较敏感的信息得到保护。

6．顾客跟踪

在传统的商品销售体系中，对于顾客的跟踪是比较困难的。如果希望得到比较准确的跟踪报告，则需要投入大量的精力。网上购物网站解决这些问题就比较容易了。通过顾客对网站的访问情况和提交表单中的信息，可以得到很多更加清晰的顾客情况报告。

7．商品促销

在现实购物过程中，人们更关心的是正在销售的商品，尤其是价格。通过网上购物网站将

商品进行管理和推销，使顾客很容易地了解商品的信息。对于一些复杂的商品可以采用交叉式的促销策略，针对不同的客户群采用不同的服务方式。

25.1.3 网站主要功能页面

对购物网站而言，拥有完善的动态管理功能是必不可少的，也是管理和维护网站的核心。在创建网站前，首先要了解购物网站的基本功能。本章所制作的网站页面结构如图 25-3 所示，主要包括前台页面和后台管理页面。在前台显示浏览商品，在后台可以添加、修改和删除商品，也可以添加商品类别。

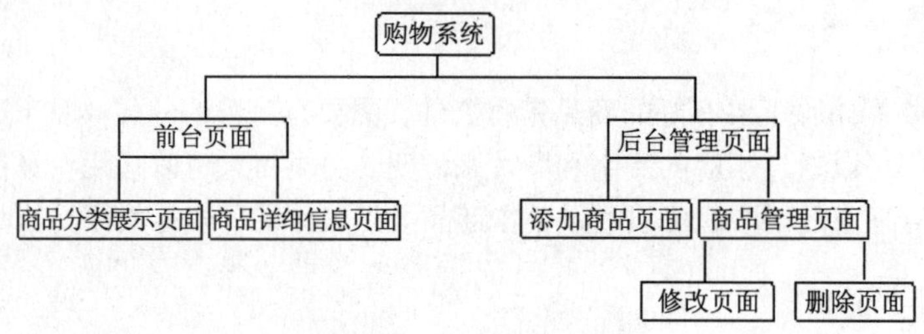

图 25-3　网站页面结构

1．商品分类展示页面

按照商品类别显示商品信息，客户可通过页面分类浏览商品，如商品名称、商品价格、商品图片等信息，如图 25-4 所示。

2．商品详细信息页面

浏览者可通过商品详细信息页面了解商品简介、价格、图片等详细信息，如图 25-5 所示。

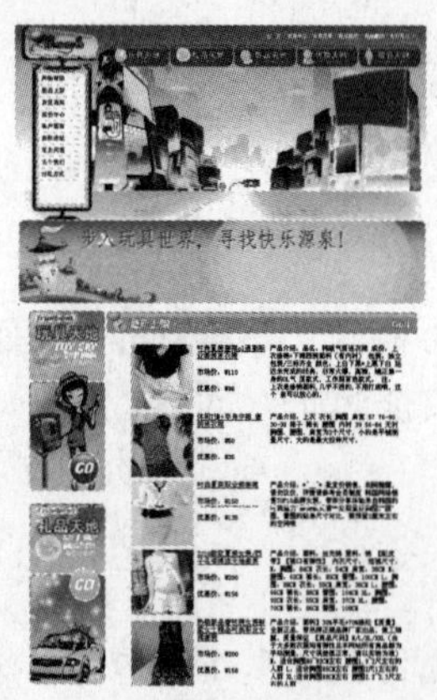

图 25-4　商品分类展示页面

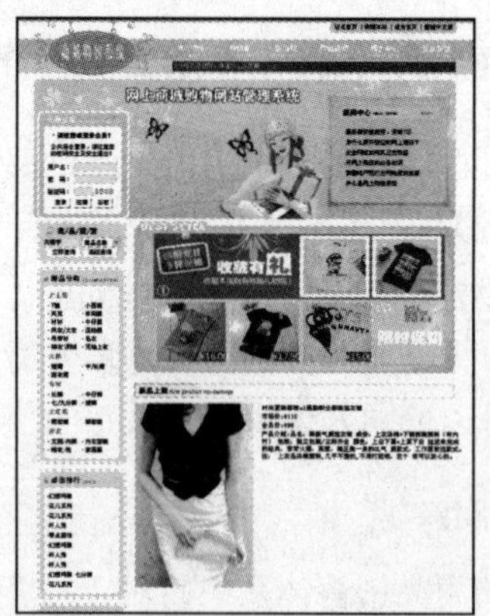

图 25-5　商品详细信息页面

3．添加商品页面

在这里输入商品的详细信息后，单击“插入记录”按钮，可以将商品资料添加到数据库中，如图 25-6 所示。

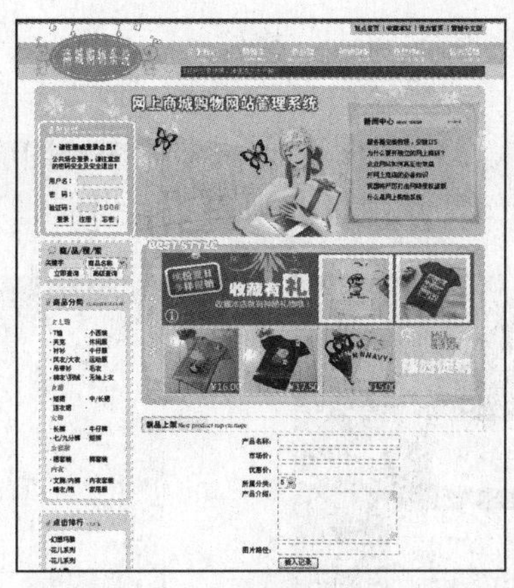

图 25-6　添加商品页面

25.2　使用 Photoshop 设计网页图像

网友在制作网页的过程中，会用 Photoshop 来制作一些图片，特别是网站 Logo 和按钮。下面就通过具体实例讲述 Logo 和按钮的制作。

25.2.1　设计网页按钮

设计网页按钮如图 25-7 所示，具体操作步骤如下。

图 25-7　网页按钮

完成文件　实例素材/完成文件/CH25/25.2.1/按钮.psd

（1）执行“文件”|“新建”命令，打开“新建”对话框，在对话框中将“宽度”设置为“300”像素，“高度”设置为“200”像素，“背景内容”设置为“透明”，如图 25-8 所示。

（2）单击“确定”按钮，新建一个空白文档，如图 25-9 所示。

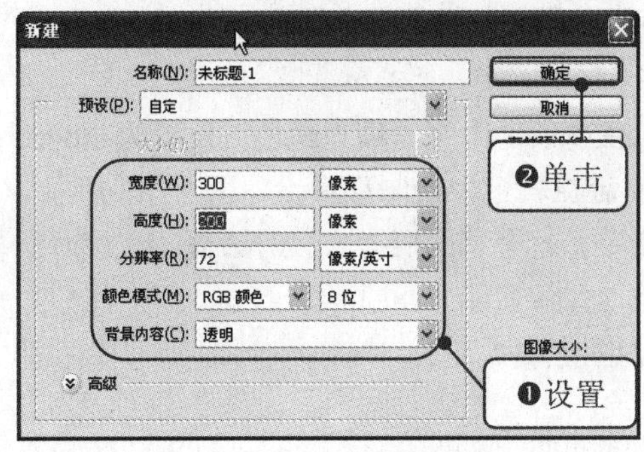

图 25-8　“新建”对话框

图 25-9　新建文档

（3）在工具箱中选择“圆角矩形”工具，按住鼠标左键在舞台中绘制圆角矩形，如图 25-10 所示。

（4）执行“图层”|“图层样式”|“描边”命令，打开“图层样式”对话框，在该对话框中将“大小”设置为 2，“颜色”设置为 eff382，如图 25-11 所示。

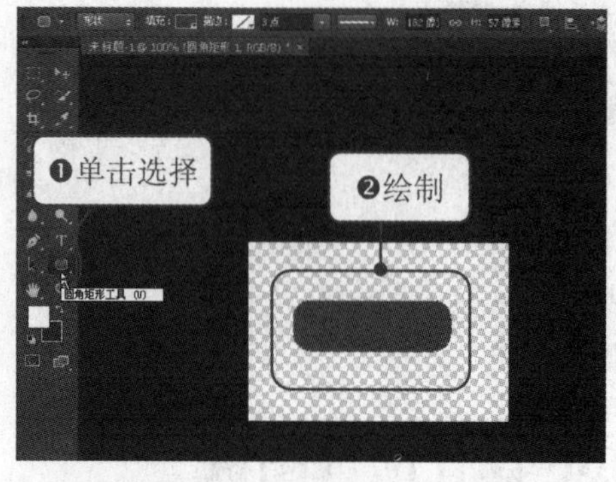

图 25-10　绘制圆角矩形

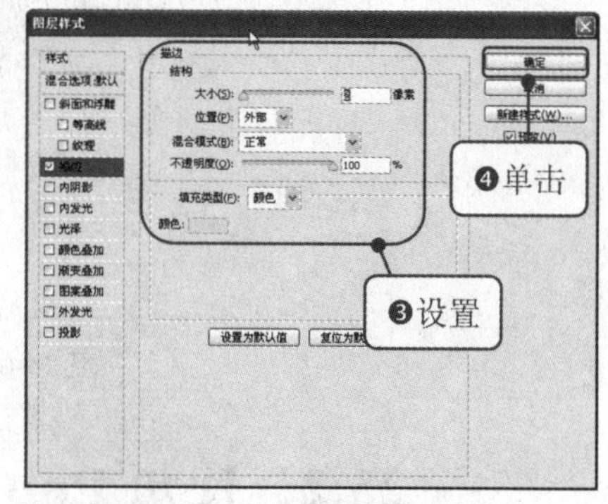

图 25-11　“图层样式”对话框

（5）单击“确定”按钮，应用图层样式，如图 25-12 所示。

（6）选择工具箱中的“椭圆”工具，在选项栏中将“填充”颜色设置为白色，在舞台中按住鼠标左键绘制椭圆，如图 25-13 所示。

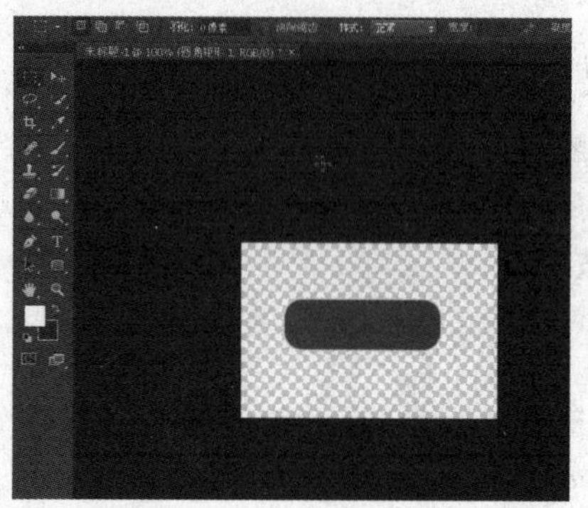
图 25-12　应用图层样式

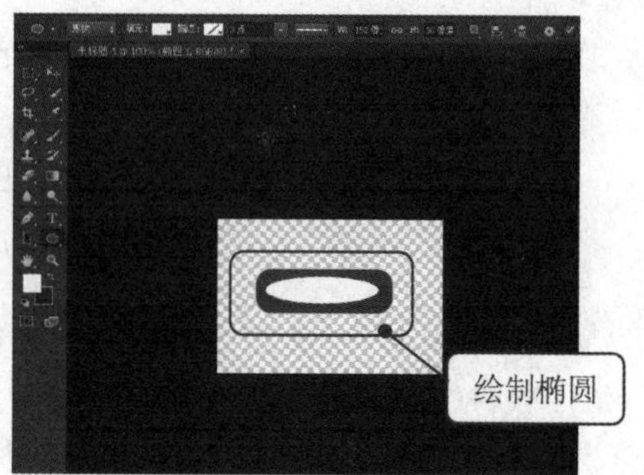

图 25-13　绘制椭圆

（7）执行“窗口”|“图层”命令，打开“图层”面板，将“不透明度”设置为 30%，如图 25-14 所示。

（8）选择工具箱中的“自定义形状”工具，在选项栏中将“填充颜色”设置为 ff0000，在“形状”下拉列表中选择相应的形状，按住鼠标左键在舞台中绘制形状，如图 25-15 所示。

（9）执行“图层”|“图层样式”|“描边”命令，打开“图层样式”对话框，在该对话框中将“大小”设置为 2，“颜色”设置为 ffffff，如图 25-16 所示。

（10）单击“确定”按钮，应用图层样式，如图 25-17 所示。

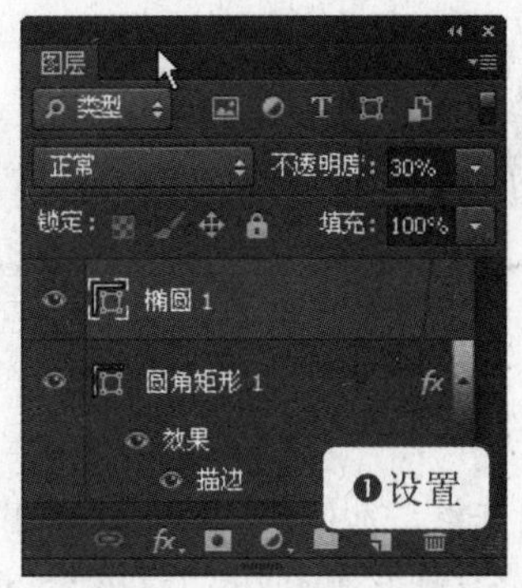

图 25-14　设置不透明度

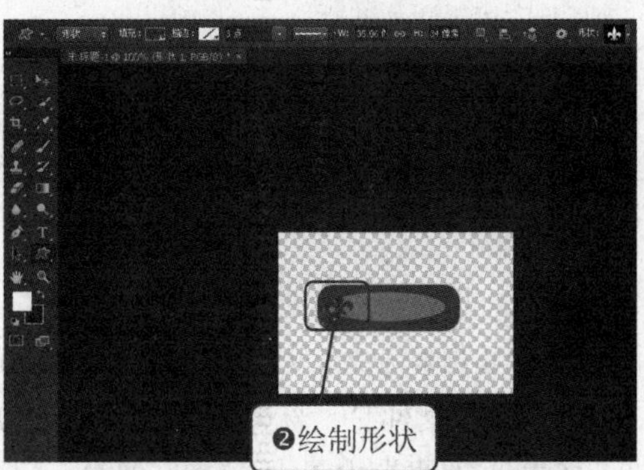

图 25-15　绘制形状

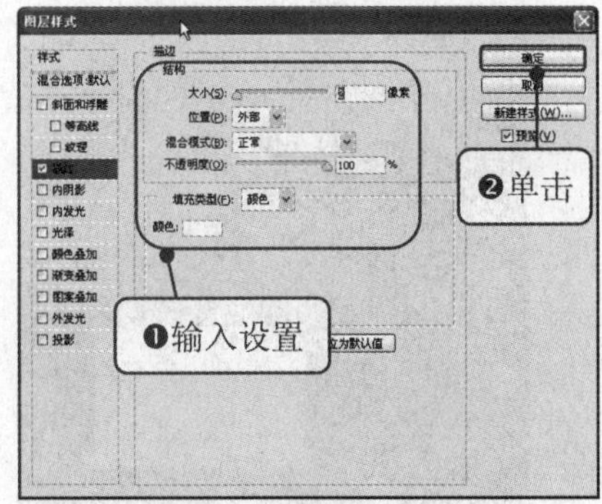

图 25-16　"图层样式"对话框

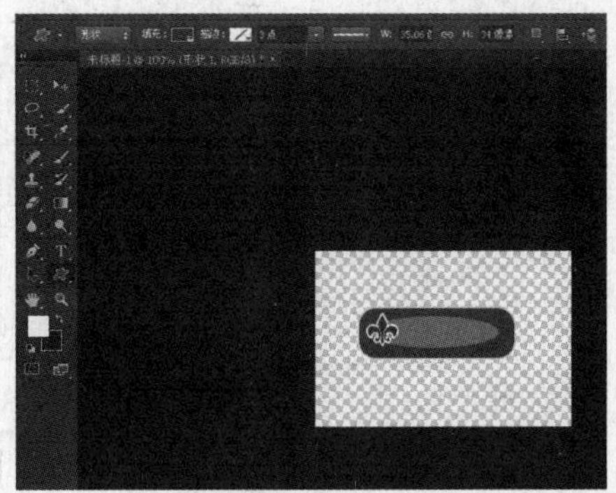

图 25-17　应用图层样式

（11）选择工具箱中的"横排文字"工具，在舞台中输入文字"饰品天地"，在选项栏中将字体大小设置为 26，字体颜色设置为 fff117，如图 25-18 所示。

（12）执行"图层"|"图层样式"|"投影"命令，打开"图层样式"对话框，在该对话框中设置相应的参数，单击"确定"按钮，应用图层样式，如图 25-19 所示。

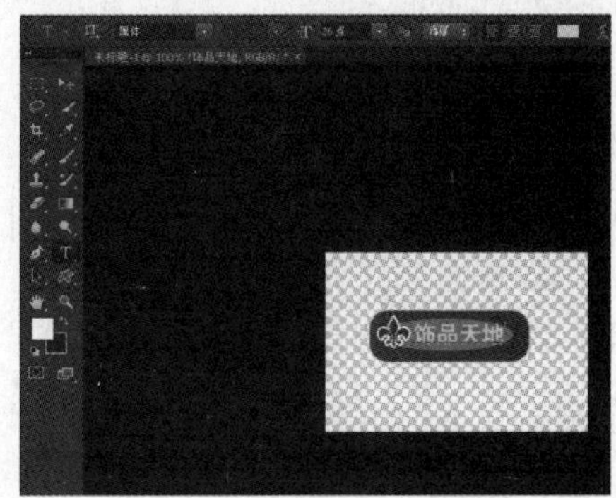

图 25-18　设置图层样式

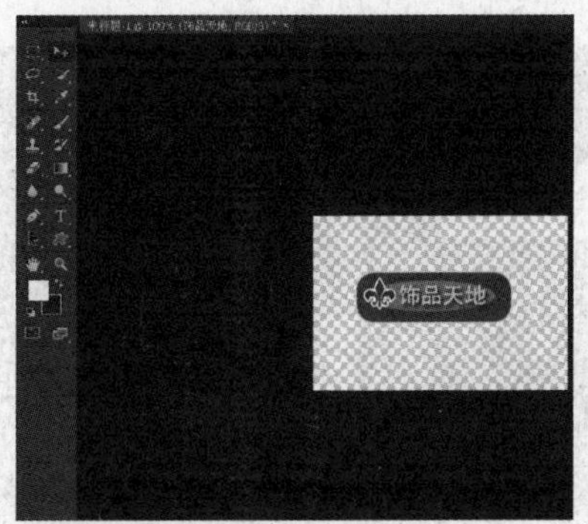

图 25-19　应用图层样式

 25.2.2　设计网页 Logo

设计网页 Logo 如图 25-20 所示，具体操作步骤如下。

图 25-20 Logo

完成文件 实例素材/完成文件/CH25/25.2.2/logo.psd

（1）执行“文件”|“新建”命令，打开“新建”对话框，在该对话框中将“宽度”设置为“200”像素，“高度”设置为“130”像素，“背景内容”设置为“透明”，如图 25-21 所示。

（2）单击“确定”按钮，新建一个空白文档，如图 25-22 所示。

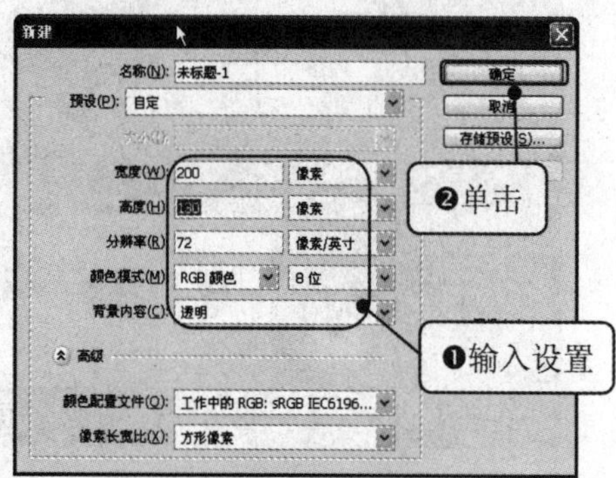

图 25-21 “新建”对话框

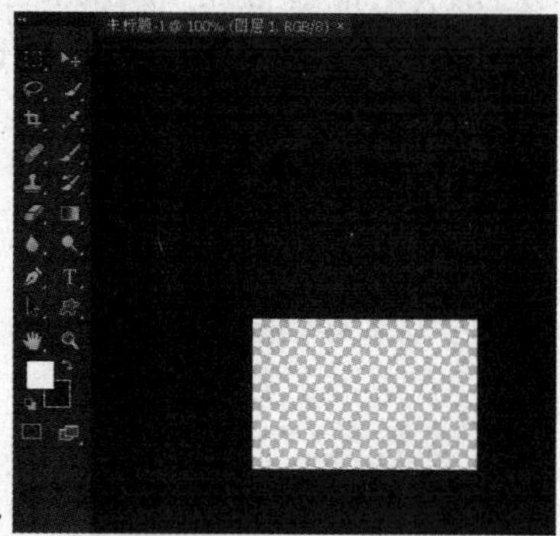

图 25-22 新建文档

（3）在工具箱中选择“自定义形状”工具，在选项栏中选择相应的形状，在舞台中按住鼠标左键绘制形状，如图 25-23 所示。

（4）执行“图层”|“图层样式”|“混合选项”命令，打开“图层样式”对话框，在该对话框中单击右边的“样式”，在弹出的列表中选择“褪色照片”样式，如图 25-24 所示。

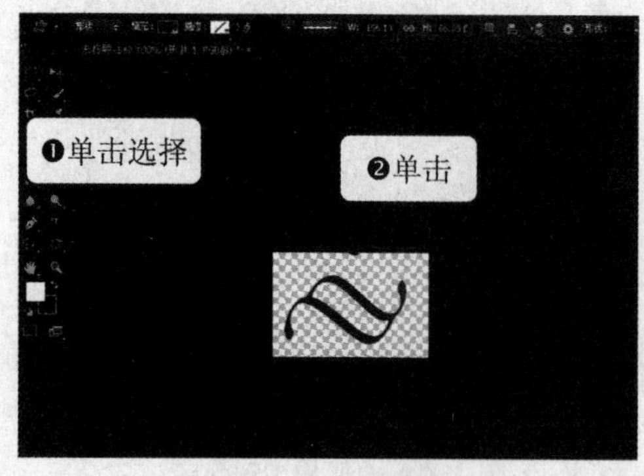

图 25-23 绘制形状

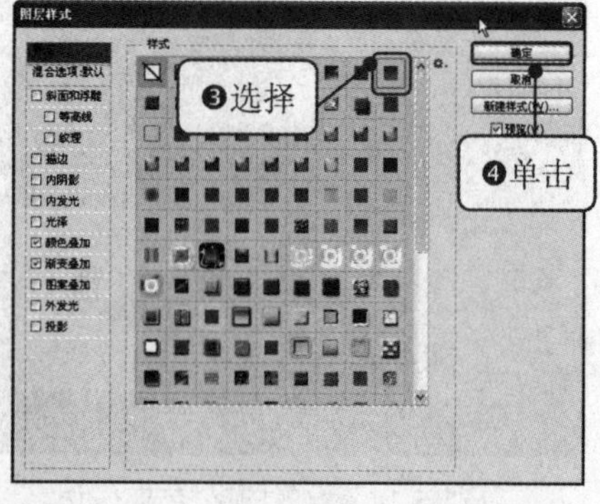

图 25-24 “图层样式”对话框

（5）单击“确定”按钮，应用图层样式，如图 25-25 所示。

（6）执行“编辑”|“变换”|“变形”命令，对绘制的形状进行变形，如图 25-26 所示。

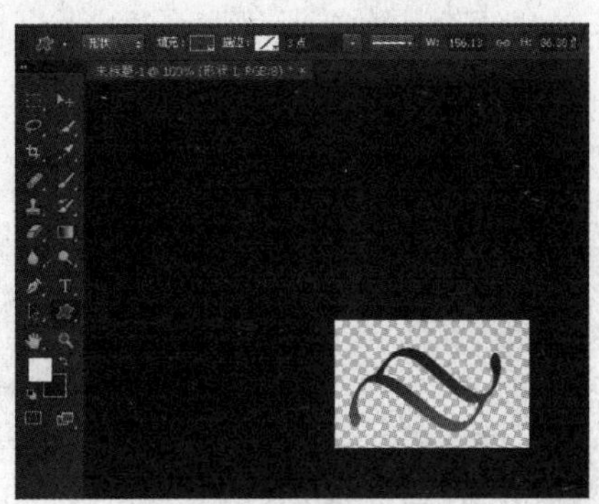

图 25-25　应用图层样式

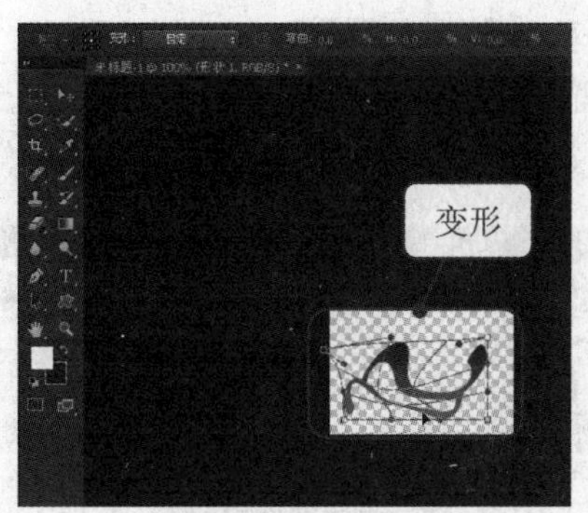

图 25-26　变形图像

（7）选择工具箱中的“椭圆”工具，在选项栏中将“填充”颜色设置为 f26522，按住鼠标左键在舞台中绘制形状，如图 25-27 所示。

（8）执行“图层”|“图层样式”|“混合选项”命令，打开“图层样式”对话框，在该对话框中单击右边的“样式”，在弹出的列表中选择“条纹的锥形”样式，如图 25-28 所示。

图 25-27　绘制椭圆

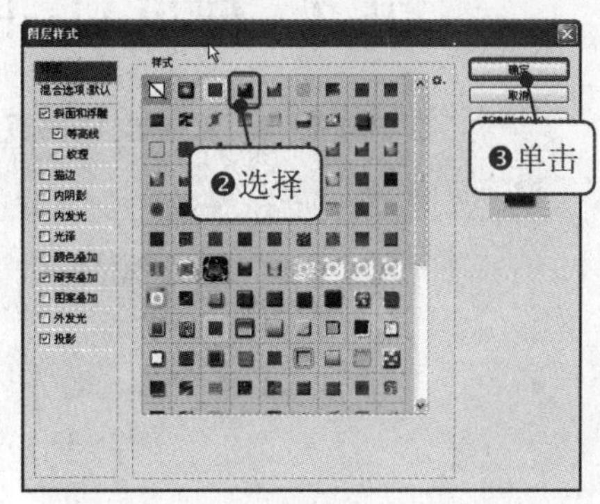

图 25-28　“图层样式”对话框

（9）单击“确定”按钮，应用图层样式，如图 25-29 所示。

（10）选择工具箱中的“横排文字”工具，在舞台中输入文字“缤纷购物”，在选项栏中将字体大小设置为 30，字体颜色设置为 ffed53，如图 25-30 所示。

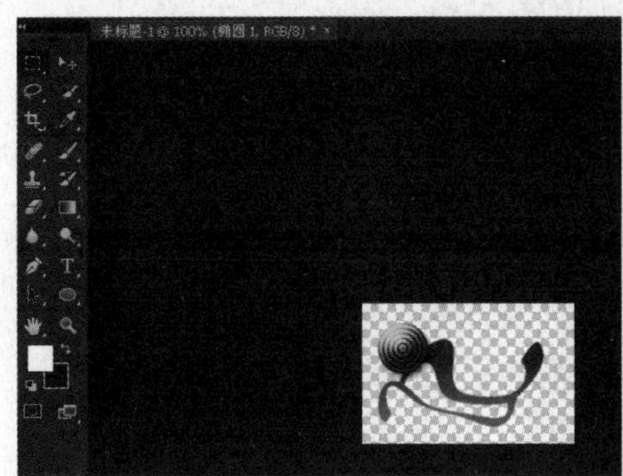

图 25-29　应用图层样式

图 25-30　输入文字

（11）执行“图层”|“图层样式”|“描边”命令，打开“图层样式”对话框，在该对话框中将描边颜色设置为000000，如图25-31所示。

（12）单击“确定”按钮，应用图层样式，如图25-32所示。

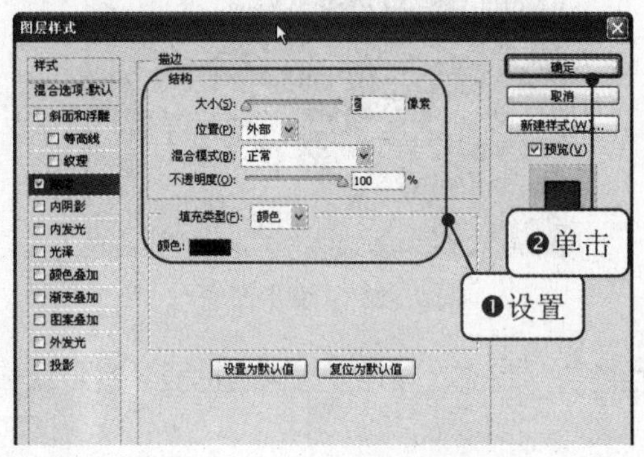

图25-31　“图层样式”对话框

图25-32　应用图层样式

25.3　使用Flash制作网页宣传动画

下面讲述使用Flash制作网页宣传动画效果，如图25-33所示，具体操作步骤如下。

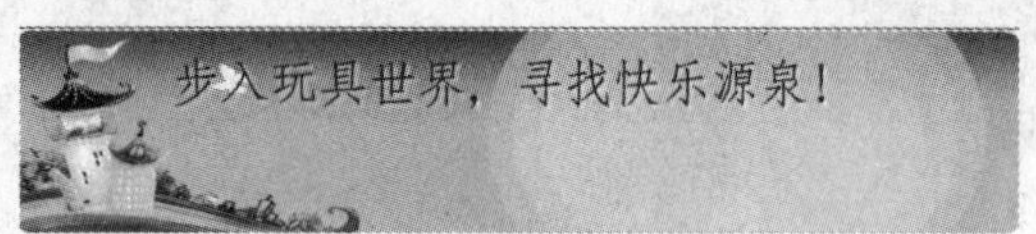

图25-33　网页宣传动画效果

练习文件　实例素材/练习文件/CH25/25.3/banner.jpg

完成文件　实例素材/完成文件/CH25/25.3/banner.fla

（1）执行“窗口”|“行为”命令，打开“新建文档”对话框，在该对话框中将“宽”设置为990，“高”设置为200，如图25-34所示。

（2）单击“确定”按钮，新建文档，如图25-35所示。

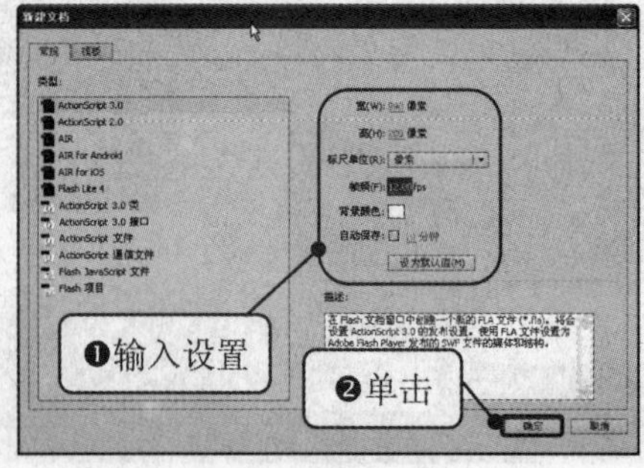

图25-34　打开文件

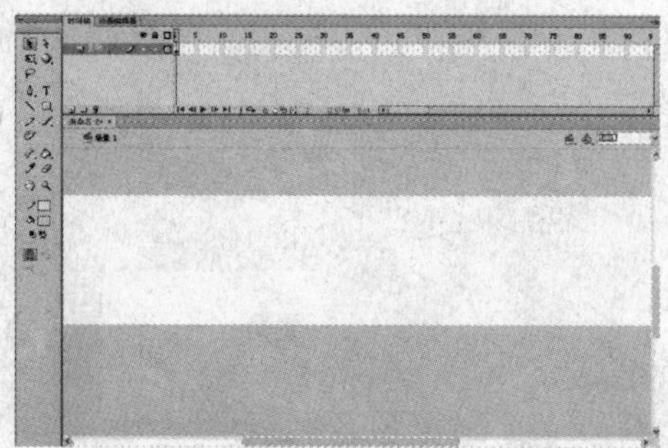

图25-35　新建文档

（3）执行“文件”|“导入”|“导入到舞台”命令，弹出“导入”对话框，选择 banner.jpg，如图 25-36 所示。单击“打开”按钮，将图像导入到舞台中，如图 25-37 所示。

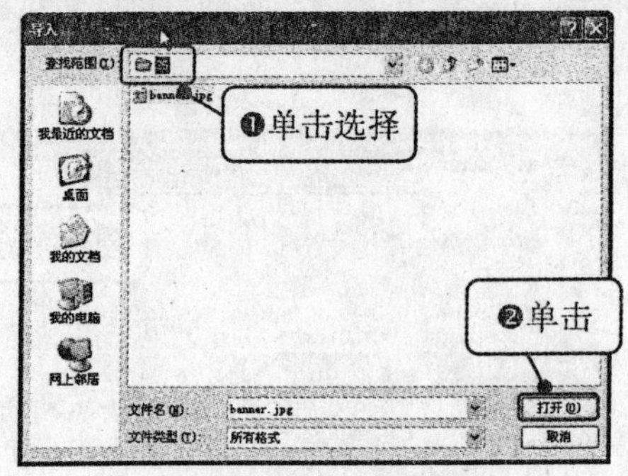

图 25-36　“导入”对话框

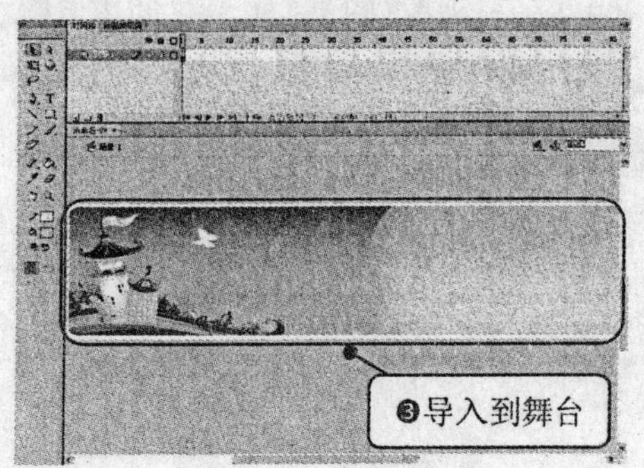

图 25-37　导入图像

（4）单击新建图层按钮，在图层 1 的上面新建图层 2。选择工具箱中的“文本”工具，在舞台中输入文字“步入玩具世界，寻找快乐源泉!”，如图 25-38 所示。

（5）在“属性”面板中打开“滤镜”选项，单击底部的“添加滤镜”按钮，在弹出的列表中选择“投影”选项，如图 25-39 所示。

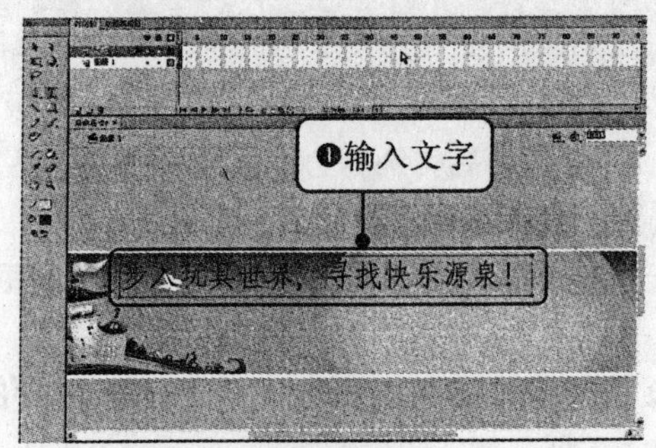

图 25-38　输入文字

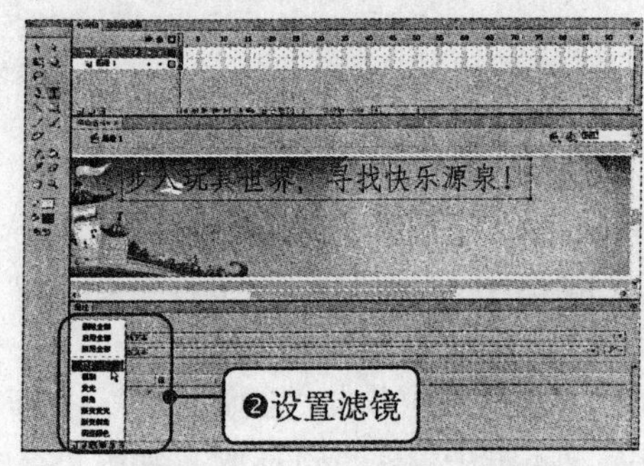

图 25-39　选择“投影”选项

（6）选择输入的文本，按“F8”键弹出“转化为元件”对话框，在该对话框的“类型”中选择“图形”选项，如图 25-40 所示。

（7）单击“确定”按钮，将其转换为图形元件，如图 25-41 所示。

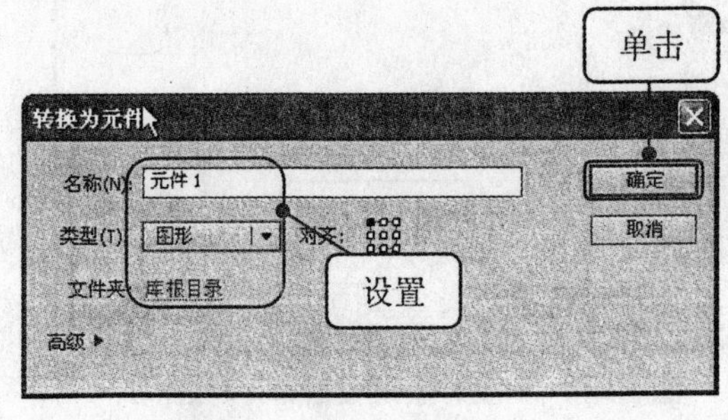

图 25-40　输入文字

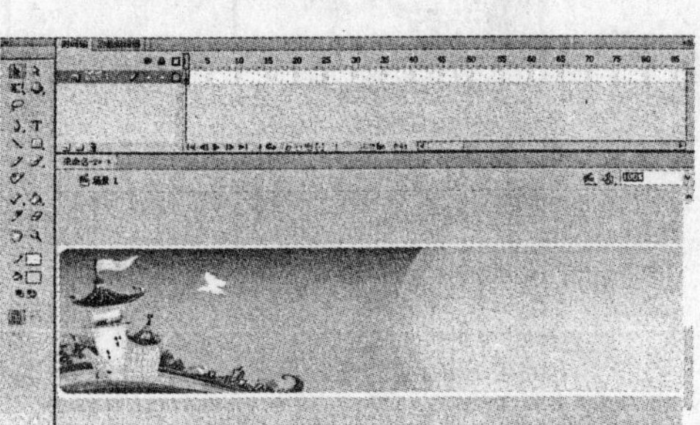

图 25-41　转换为元件

（8）选择图层 1 的第 50 帧按“F5”键插入帧，选择图层 2 的第 50 帧按“F6”键插入关键帧，选中图层 2 的第 50 帧，在舞台中将文本向下移动一段距离，如图 25-42 所示。

（9）在图层 2 的 1 ~ 50 帧之间用鼠标右键单击，在弹出的列表中选择“创建传统补间”选项，创建补间动画，如图 25-43 所示。

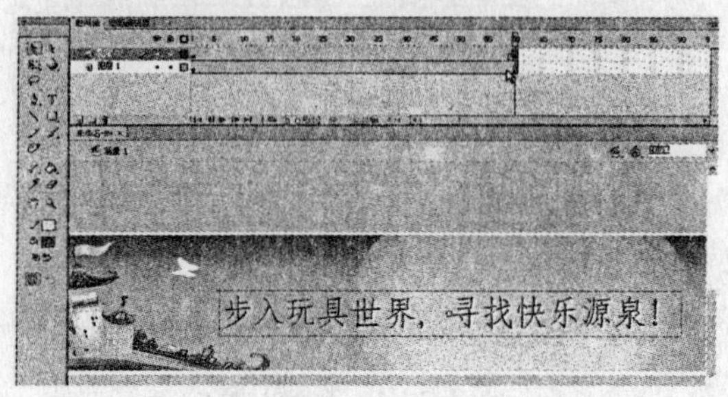

图 25-42　移动文字

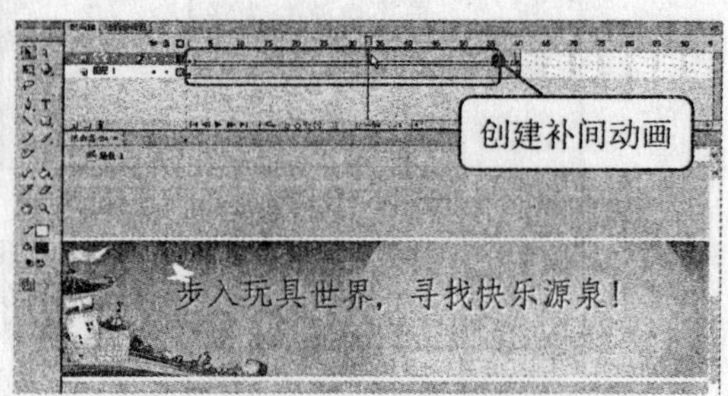

图 25-43　创建补间动画

25.4　创建数据库表

数据库是有组织、有系统地整理数据的地方，是保证数据的文件或信息库，它可以根据外部的要求来改变或变更数据，并且还能够完成保存新数据、改变或删除原有数据的操作。

本章所创建的购物网站数据库需要两个表，一个是商品类别表 Catalog，一个是商品详细信息表 Products，下面讲述商品类别表 Catalog 的创建，具体操作步骤如下。

（1）启动 Access 2003，执行“文件”|“新建”命令，打开“新建文件”面板，如图 25-44 所示。

（2）在面板中单击“空数据库”，打开“文件新建数据库”对话框，在该对话框中的“文件名”文本框中输入“db.mdb”，如图 25-45 所示。

（3）单击“创建”按钮，创建一空数据库，双击“使用设计器创建表”选项，如图 25-46 所示。

（4）打开“表”窗口，在窗口中输入字段名称和字段所对应的数据类型，如图 25-47 所示。

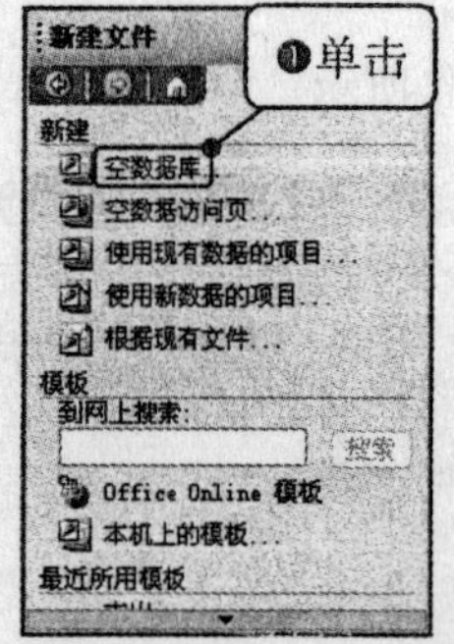

图 25-44　“新建文件”面板

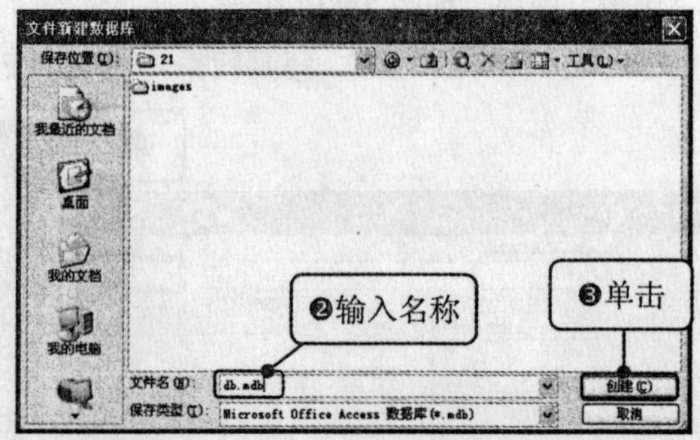

图 25-45　“文件新建数据库”对话框

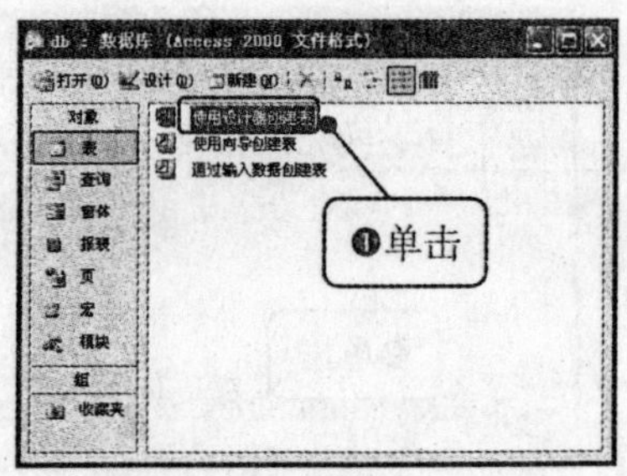

图 25-46　双击“使用设计器创建表”选项

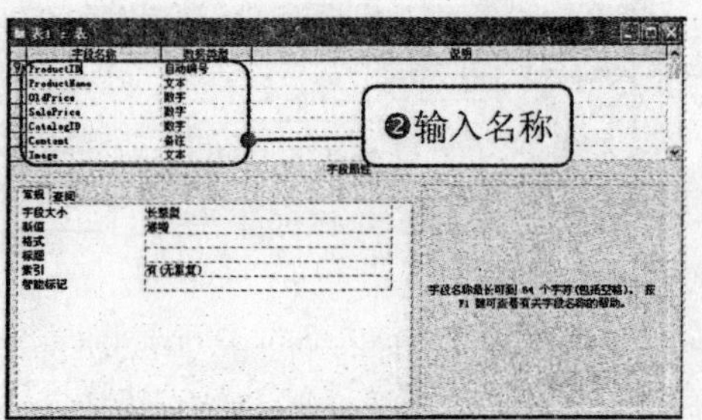

图 25-47　设置“字段名称”和“数据类型”

（5）执行“文件”|“保存”命令，打开“另存为”对话框，如图 25-48 所示。在“表名称”下面的文本框中输入“Products”，单击“确定”按钮，保存创建的数据库表。

（6）双击“使用设计器创建表”选项，创建表 Catalog，如图 25-49 所示。

图 25-48　“另存为”对话框

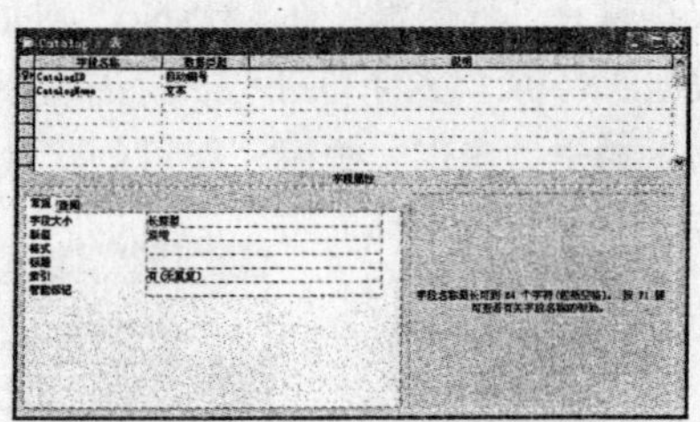

图 25-49　创建表 Catalog

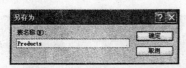

25.5　创建数据库连接

数据库建立好之后，就要把网页和数据库连接起来，因为只有这样，才能让网页知道把数据存在什么地方。创建数据库连接的具体操作步骤如下。

（1）执行“开始”|“控制面板”|“性能和维护”|“管理工具”|“数据源（ODBC）”命令，打开“ODBC 数据源管理器”对话框，切换到“系统 DSN”选项卡，如图 25-50 所示。

（2）单击“名称”右侧的“添加”按钮，打开“创建新数据源”对话框，在对话框中的“名称”列表框中选择“Driver do Microsoft Access（*.mdb）”选项，如图 25-51 所示。

（3）单击“完成”按钮，打开“ODBC Microsoft Access 安装”对话框，在“数据源名”文本框中输入“db”，单击“选择”按钮，选择数据库所在的位置，如图 25-52 所示。

（4）单击“确定”按钮，返回到“ODBC 数据源管理器”对话框，如图 25-53 所示。

图 25-50　“ODBC 数据源管理器”对话框

图 25-51　“创建新数据源”对话框

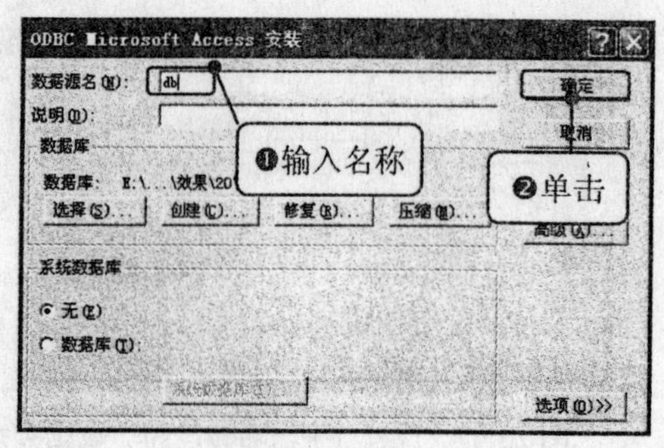

图 25-52 “ODBC Microsoft Access 安装”对话框

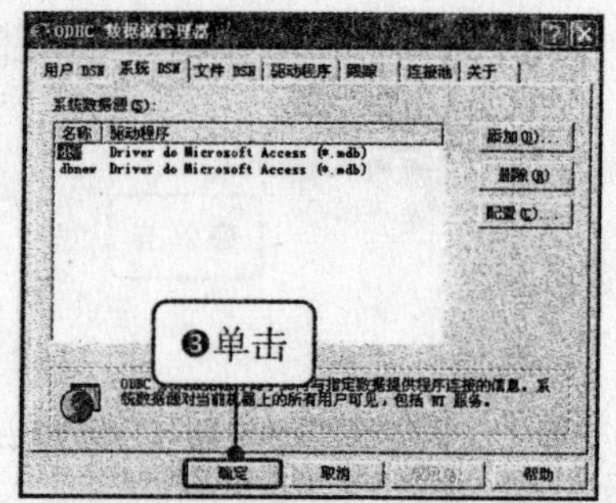

图 25-53 “ODBC 数据源管理器”对话框

（5）执行“窗口”|“数据库”命令，打开“数据库”面板，在面板中单击按钮，在弹出的菜单中选择“数据源名称（DSN）”选项，如图 25-54 所示。

（6）打开“数据源名称（DSN）”对话框，在对话框中的“连接名称”文本框中输入“db”，在“数据源名称（DSN）”下拉列表中选择“db”，如图 25-55 所示。

（7）单击“确定”按钮，即可创建数据库连接，此时“数据库”面板如图 25-56 所示。

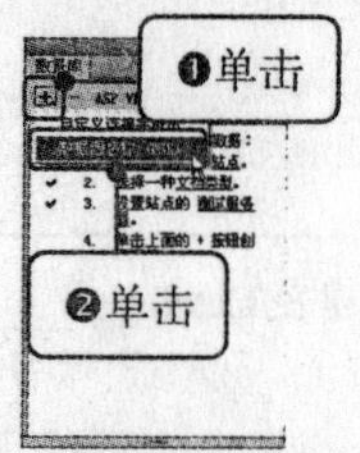

图 25-54 “数据源名称（DSN）”选项

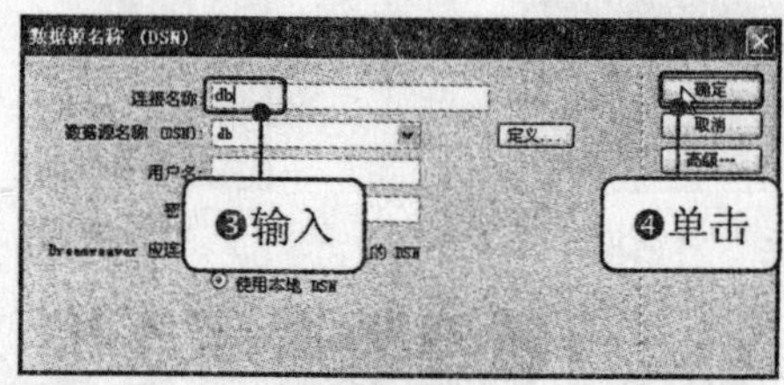

图 25-55 “数据源名称（DSN）”对话框

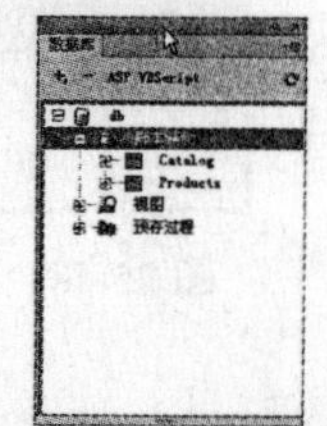

图 25-56 “数据库”面板

25.6 制作购物系统前台页面

本节讲述购物系统前台页面的制作，浏览者通过商品分类页面单击商品名称，可以进入商品的详细信息页面。

 25.6.1 制作商品分类展示页面

商品分类展示也就是列出网站中的商品，目的是让浏览者查看商品的价格、商品图像等。商品分类展示页面，如图 25-57 所示。制作时，首先创建商品记录集和商品类别记录集，然后绑定相关字段，最后通过插入记录集分页来实现商品的分页显示，具体操作步骤如下。

练习文件 实例素材/练习文件/CH25/25.6.1/index.html

完成文件 实例素材/完成文件/CH25/25.6.1/class.asp

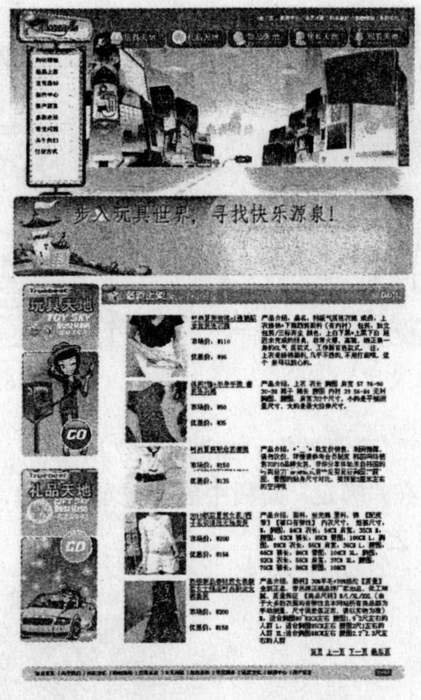

图 25-57　商品分类展示页面

（1）打开 index.htm 网页文档，将其另存为 class.asp，如图 25-58 所示。

（2）将光标放置在相应的位置，执行“插入”|“表格”命令，插入 2 行 3 列的表格，在第 1 行第 1 列单元格中插入图像 images/wanju.jpg，如图 25-59 所示。

图 25-58　打开网页

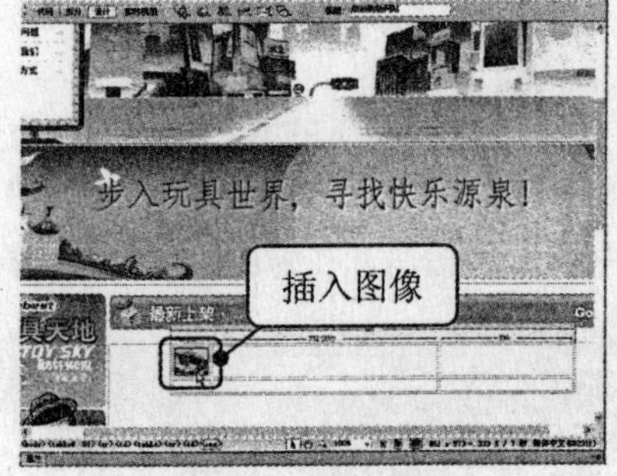

图 25-59　插入图像

（3）分别在相应的单元格中输入文字，如图 25-60 所示。

（4）执行“窗口”|“绑定”命令，打开“绑定”面板，在面板中单击 + 按钮，在弹出的菜单中选择“记录集（查询）”选项，打开“记录集”对话框。在该对话框中，在“名称”文本框中输入“Rs1”，“连接”下拉列表中选择“db”，“表格”下拉列表中选择“Products”，“列”勾选“全部”单选按钮，“筛选”下拉列表中分别选择“CatalogID”、“ = ”、“URL 参数”和“CatalogID”，在“排序”下拉列表中分别选择“ProductID”和“降序”，如图 25-61 所示。

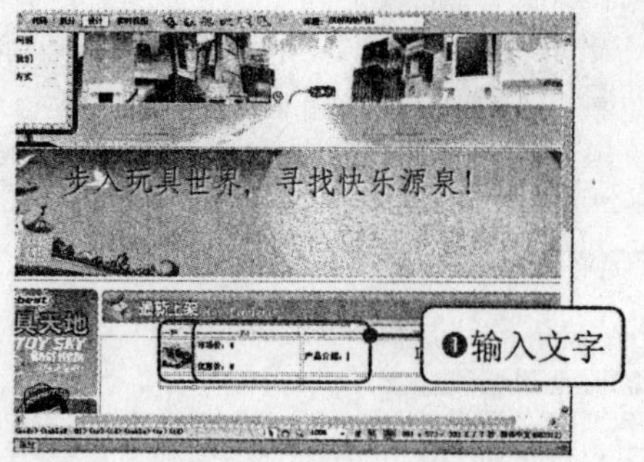

图 25-60　输入文字

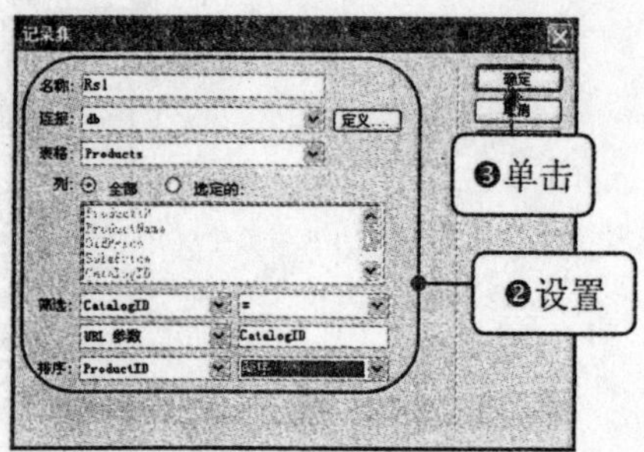

图 25-61　“记录集”对话框

（5）单击“确定”按钮，创建记录集，如图 25-62 所示。

（6）在文档中选择图片，在“绑定”面板中展开记录集 Rs1，选择“Image”字段，单击“绑定”按钮 +，绑定字段，如图 25-63 所示。

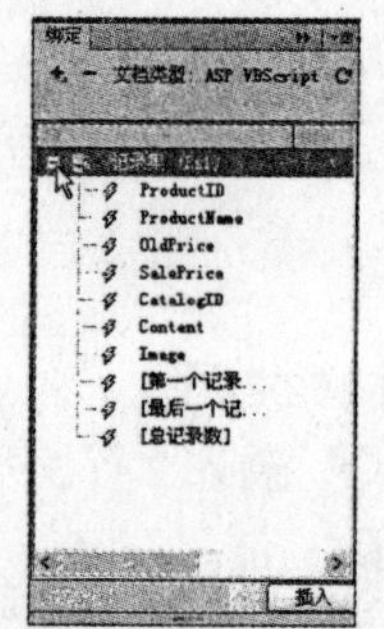

图 25-62　创建记录集

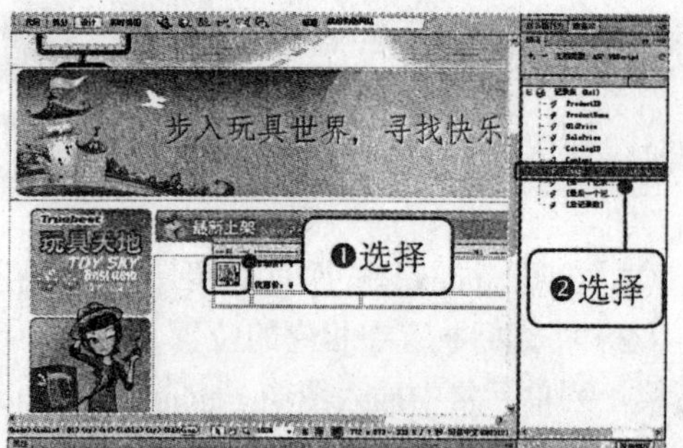

图 25-63　绑定字段

（7）按照步骤（6）的方法在相应的位置绑定其他相应的字段，如图 25-64 所示。

（8）选中第 1 行单元格，执行“窗口”|“服务器行为”命令，打开“服务器行为”面板，在面板中单击 + 按钮，在弹出的菜单中选择“重复区域”选项，如图 25-65 所示。

图 25-64　绑定字段

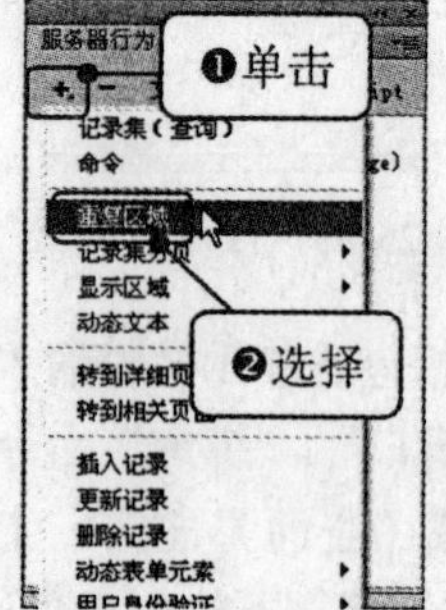

图 25-65　选择“重复区域”选项

（9）打开“重复区域”对话框，在对话框中的“记录集”下拉列表中选择“Rs1”选项，“显示”设置为 5 条记录，如图 25-66 所示。

（10）单击“确定”按钮，创建重复区域服务器行为，如图 25-67 所示。

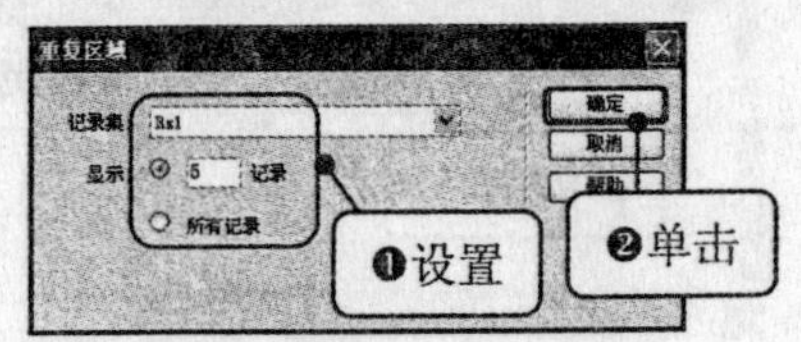

图 25-66　“重复区域”对话框

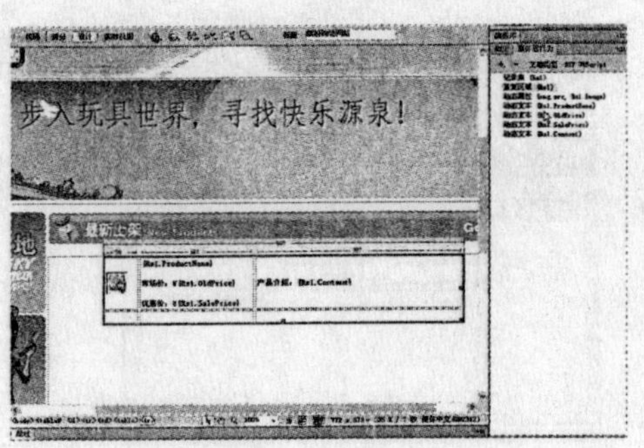

图 25-67　创建重复区域服务器行为

（11）选中右侧的第 2 行单元格，合并单元格，将“水平”设置为“右对齐”，并输入文字“首页 上一页 下一页 最后页”，如图 25-68 所示。

（12）选中文字“首页”，单击“服务器行为”面板中的按钮，在弹出的菜单中选择“记录集分页”|“移至第一条记录”选项，如图 25-69 所示。

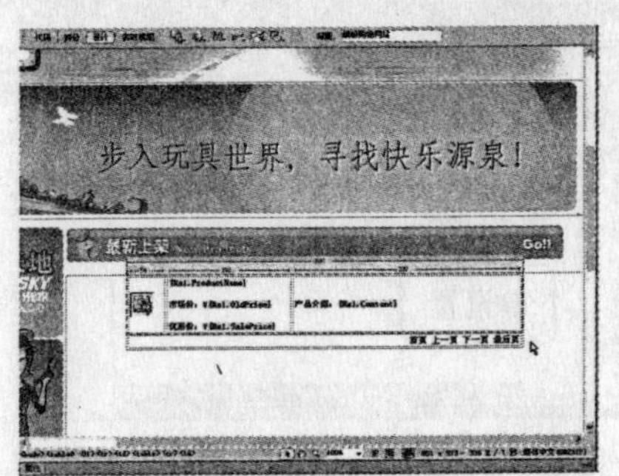

图 25-68　绑定字段

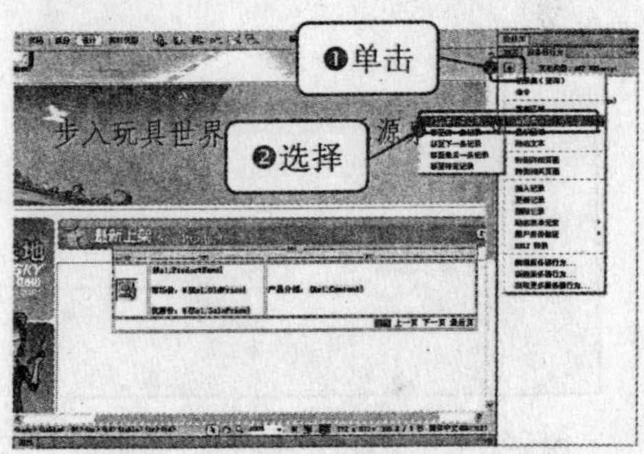

图 25-69　选择“移至第一条记录”选项

（13）打开“移至第一条记录”对话框，在对话框中的“记录集”下拉列表中选择 Rs1，如图 25-70 所示。

（14）单击“确定”按钮，创建服务器行为，如图 25-71 所示。

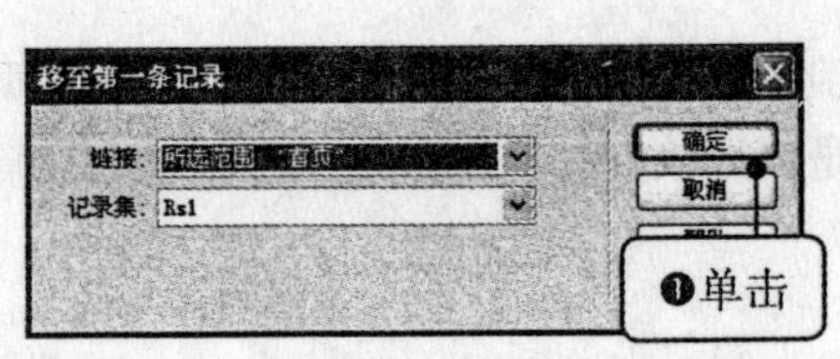

图 25-70　“移至第一条记录”对话框

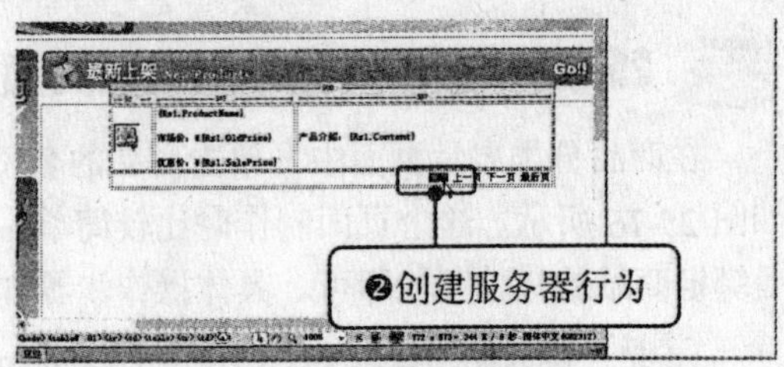

图 25-71　创建服务器行为

（15）按照步骤（12）~（14）的方法分别对其他文字“上一页”、“下一页”、“最后页”创建相应的服务器行为，如图 25-72 所示。

（16）选择“{Rs1.ProductName}”，单击“服务器行为”面板中的按钮，在弹出的菜单中选择“转到详细页面”选项，如图 25-73 所示。

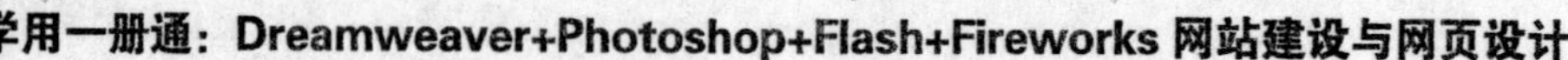

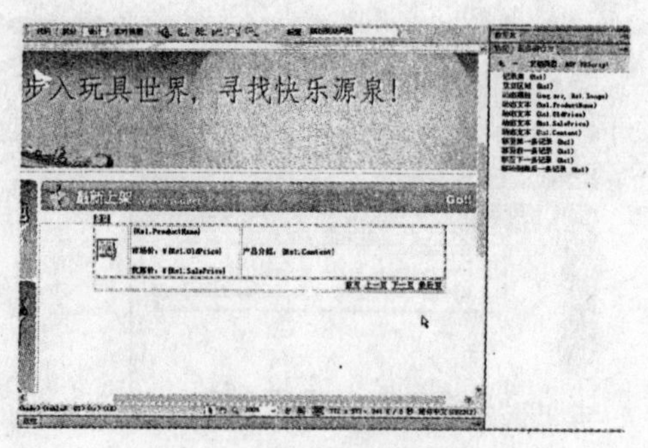

图 25-72　创建服务器行为

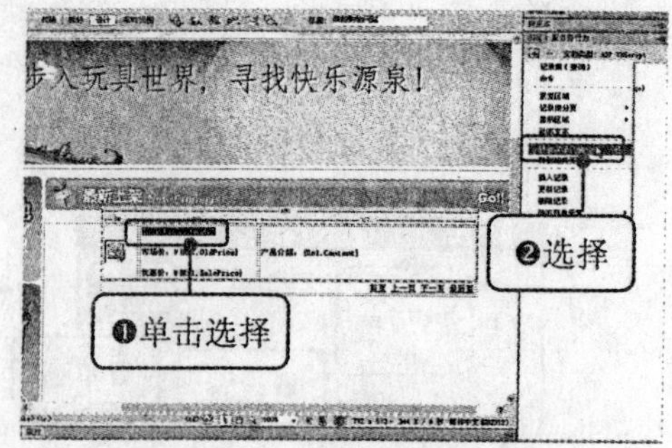

图 25-73　选择“转到详细页面”选项

（17）打开“转到详细页面”对话框，在“详细信息页”文本框中输入“detail.asp”，“记录集”下拉列表中选择“Rs1”，“列”下拉列表中选择“ProductID”，如图 25-74 所示。

（18）单击“确定”按钮，创建转到详细页面服务器行为，如图 25-75 所示。

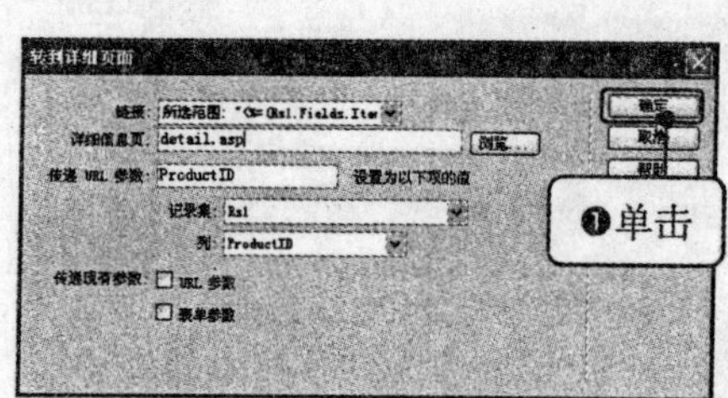

图 25-74　“转到详细页面”对话框

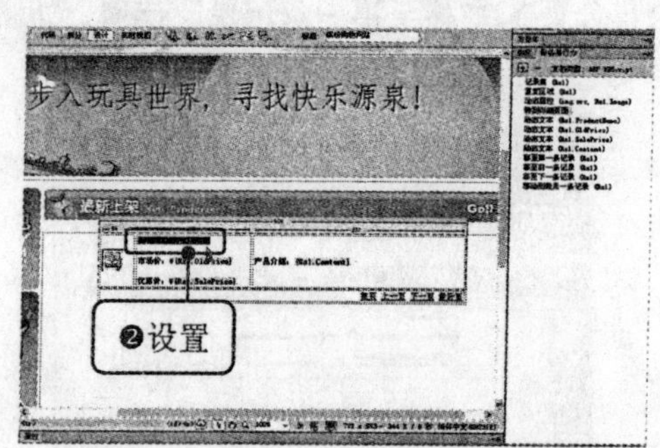

图 25-75　创建转到详细页面服务器行为

提示　“上一页”添加服务器行为“移至前一条记录”，“下一页”添加服务器行为“移至下一条记录”，“最后页”添加服务器行为“移至最后一条记录”。

25.6.2　制作商品详细信息页面

在商品分类展示页面中，单击商品的名称会转到另一个页面，也就是商品详细信息页面，如图 25-76 所示。这个页面制作时比较简单，主要是利用从商品表 Products 中创建记录集，然后绑定商品的相关字段即可。具体操作步骤如下。

练习文件　实例素材/练习文件/CH25/25.6.2/index.html

完成文件　实例素材/完成文件/CH25/25.6.2/detail.asp

（1）打开 index.htm 网页文档，将其另存为 detail.asp，在文档中插入 5 行 2 列的表格，插入图像，并输入相应的文字，如图 25-77 所示。

（2）单击“绑定”面板中的[+]按钮，在弹出的菜单中选择“记录集（查询）”选项，打开“记录集”对话框，在对话框中的“名称”文本框中输入“Rs1”，在“连接”下拉列表中选择“db”，

在“表格”下拉列表中选择“Products”，“列”勾选“全部”单选按钮，在“筛选”下拉列表中分别选择“ProductID”、“ = ”、“URL 参数”和“ProductID”，如图 25-78 所示。

图 25-76 商品详细信息页面

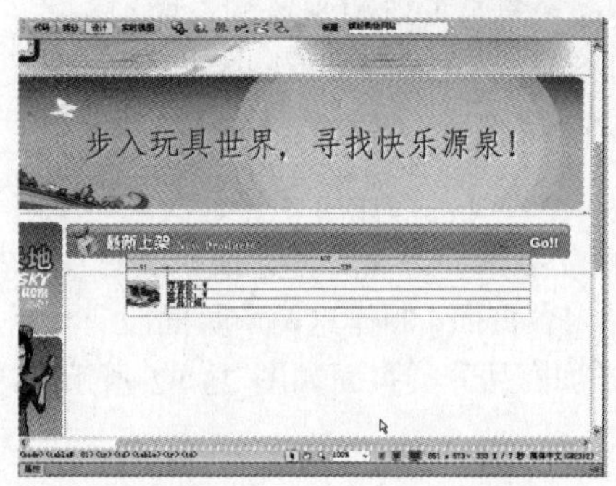

图 25-77 新建网页

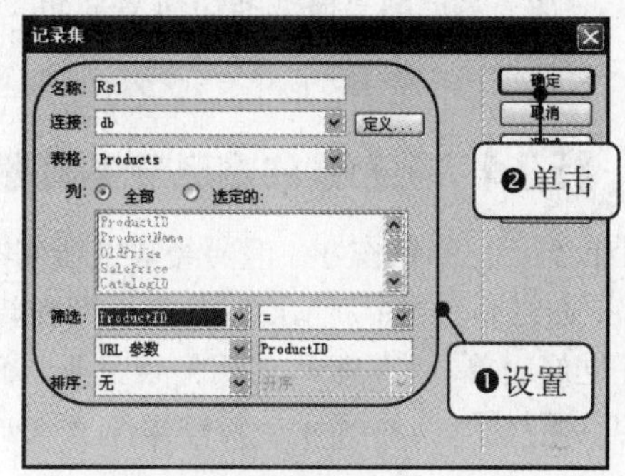

图 25-78 “记录集”对话框

（3）单击“确定”按钮，创建记录集，如图 25-79 所示。

（4）选择图像，在“绑定”面板中展开记录集 Rs1，选择“Image”字段，单击“绑定”按钮[+]，绑定字段，如图 25-80 所示。

图 25-79 创建记录集

图 25-80 绑定 Image 字段

（5）按照步骤（4）的方法，将其他字段绑定到相应的位置，如图 25-81 所示。

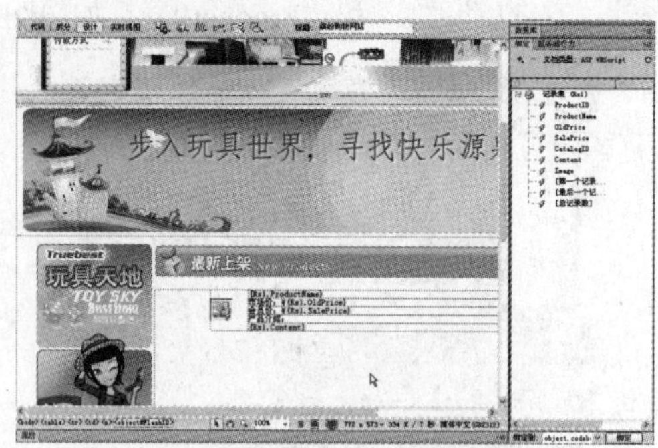

图 25-81　绑定其他字段

25.7　制作购物系统后台管理

本节将讲述购物系统后台管理页面的制作。后台管理页面主要包括添加商品类别页面、添加商品页面、修改商品信息页面、删除商品页面和商品管理主页面。

25.7.1　制作添加商品分类页面

前台页面已经制作好，但要经常更新或添加新商品数据，必须要往数据库里输入新内容，所以，下面将制作一个新增商品分类页面和新增商品内容页面，制作这两个页面没有什么差别，都是建立好表单，然后插入使用记录服务器行为。添加商品分类页面如图 25-82 所示，添加商品内容页面如图 25-83 所示，具体操作步骤如下。

图 25-82　添加商品分类页面

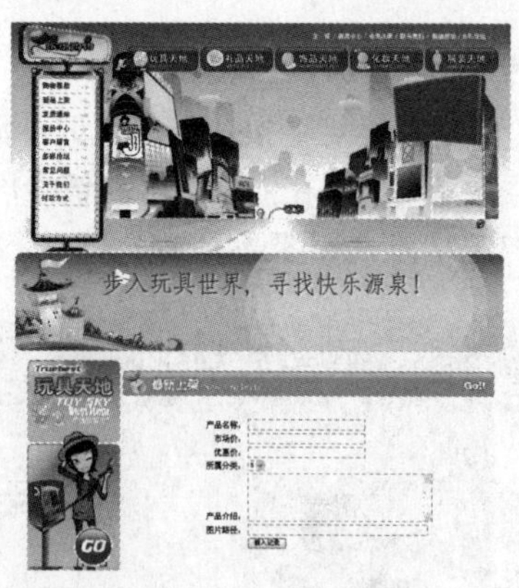

图 25-83　添加商品内容页面

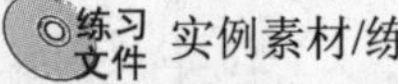
练习文件　实例素材/练习文件/CH25/25.7.1/index.html

完成文件　实例素材/完成文件/CH25/25.7.1/add-catalog.asp、add-Products.asp

（1）打开 index.html 网页文档，将其保存为 add-catalog.asp 和 add-Products.asp，如图 25-84 所示。

（2）下面先制作 add-catalog.asp 网页，将光标放置在相应的位置，执行“插入”|“表单”|“表单”命令，插入表单，并在表单中输入文字，设置为“居中对齐”，如图 25-85 所示。

图 25-84　新建网页

图 25-85　输入文字

（3）将光标放置在文字的右边，执行“插入”|“表单”|“文本域”命令，插入文本域，在“属性”面板的“文本域”名称文本框中输入“catalogname”，“字符宽度”设置为“20”，“类型”设置为“单行”，如图 25-86 所示。

（4）将光标放置在文本域的右边，按“Shift+Enter”组合键换行，分别插入“提交”和“重置”按钮，如图 25-87 所示。

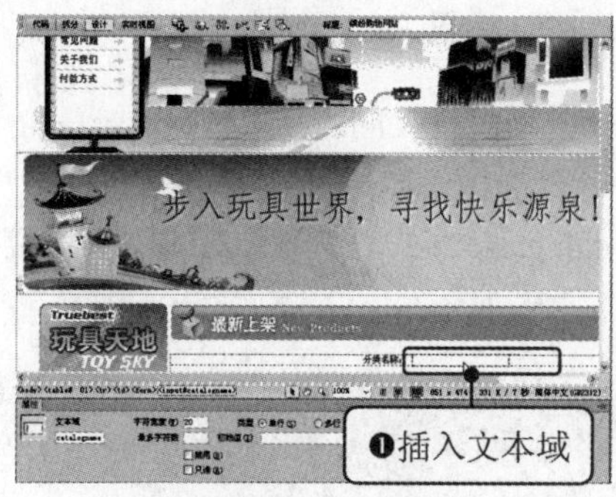

图 25-86　插入文本域

图 25-87　插入按钮

（5）单击“绑定”面板中的 按钮，在弹出的菜单中选择“记录集（查询）”选项，打开“记录集”对话框。在该对话框中的“名称”文本框中输入“Rs1”，在“连接”下拉列表中选择“db”，在“表格”下拉列表中选择“Catalog”，“列”勾选“全部”单选按钮，在“排序”下拉列表中分别选择“CatalogID”和“升序”，如图 25-88 所示。

（6）单击“确定”按钮，创建记录集。

（7）单击“服务器行为”面板中的按钮，在弹出的菜单中选择“插入记录”选项，打开“插入记录”对话框。在该对话框中的“连接”下拉列表中选择“db”，“插入到表格”下拉列表中选择“Catalog”，在“插入后，转到”文本框中输入“ok-1.htm”，如图 25-89 所示。

（8）单击“确定”按钮，插入记录，如图 25-90 所示，保存网页。

（9）将 add-catalog.asp 另存为 ok-1.htm，删除整个表单，按“Enter”键换行，输入文字“提交成功，返回添加商品页面！”，对齐方式设置为“居中对齐”，如图 25-91 所示。

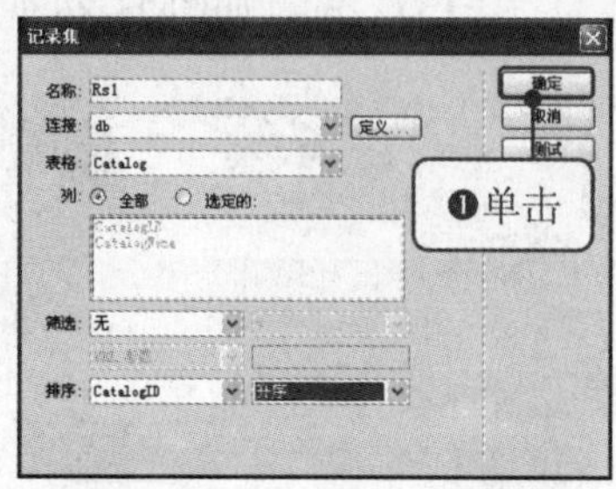

图 25-88　“记录集”对话框

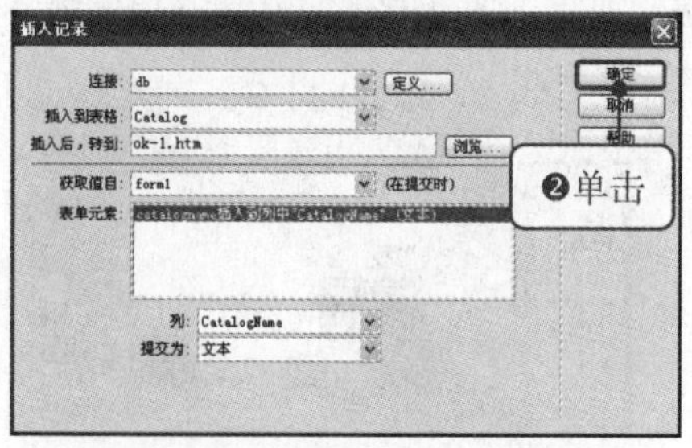

图 25-89　“插入记录”对话框

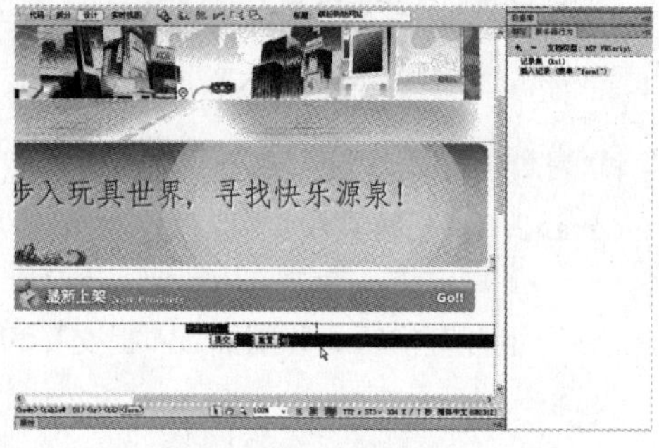

图 25-90　插入记录

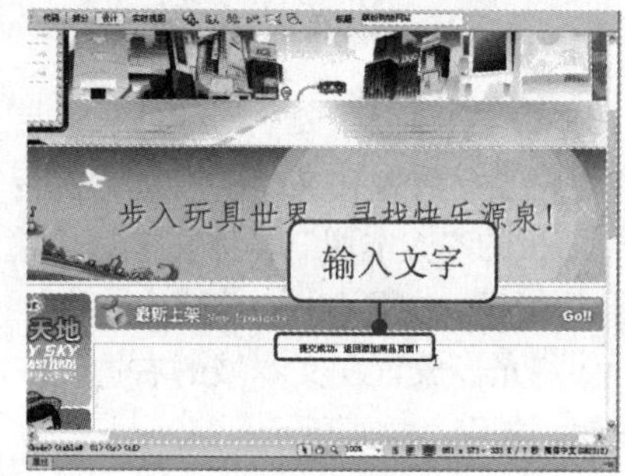

图 25-91　输入文字

（10）选择文字“添加商品页面”，在“属性”面板中的“链接”文本框中输入“add-catalog.asp”，设置链接，如图 25-92 所示。

（11）打开 add-Products.asp 页面，将 add-catalog.asp 网页中的记录集 Rs1 复制到 add-Products.asp 页面中，如图 25-93 所示。

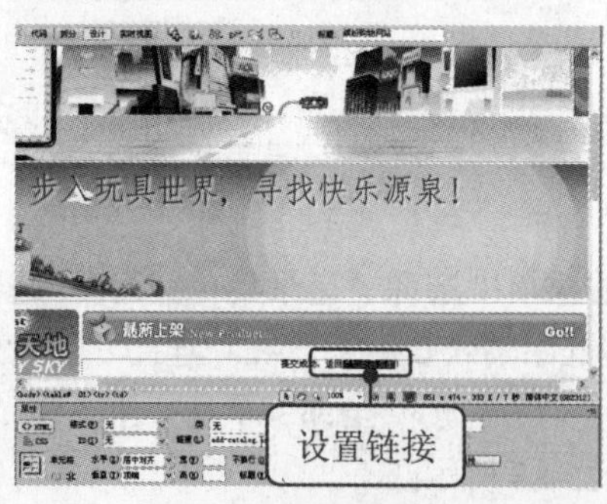

图 25-92　设置链接

图 25-93　复制记录集

（12）单击“数据”插入栏中的“插入记录表单向导”按钮，打开“插入记录表单”对话框。在该对话框中的“连接”下拉列表中选择“db”，在“插入到表格”下拉列表中选择“Products”，在“插入后，转到”文本框中输入“ok-2.htm”，在“表单字段”中的部分：ProductID，单击按钮删除，选中 ProductName，在“标签”文本框中输入“产品名称:”，选中 OldPrice，在“标签”

文本框中输入“市场价:”，选中 SalePrice，在“标签”文本框中输入“优惠价:”选中 CatalogID，在“标签”文本框中输入“所属分类:”，在“显示为”下拉列表中选择“菜单”，单击下面的 菜单属性 按钮，打开“菜单属性”对话框。在该对话框中，“填充菜单项”勾选“来自数据库”单选按钮，如图 25-94 所示。选中 Content，在“标签”文本框中输入“产品介绍:”，选择 Image，在“标签”文本框中输入“图片路径:”，如图 25-95 所示。

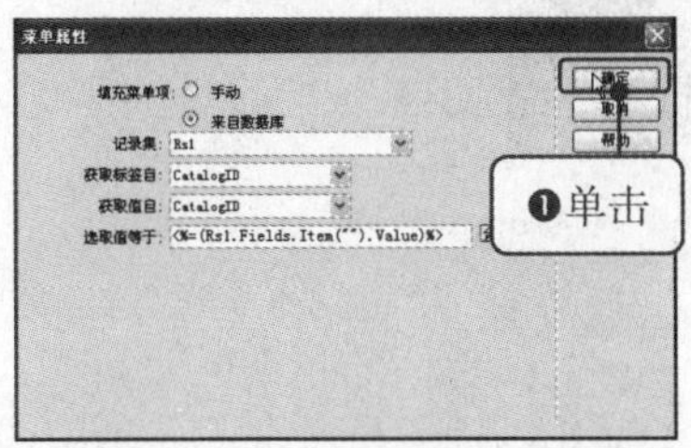

图 25-94　“菜单属性”对话框

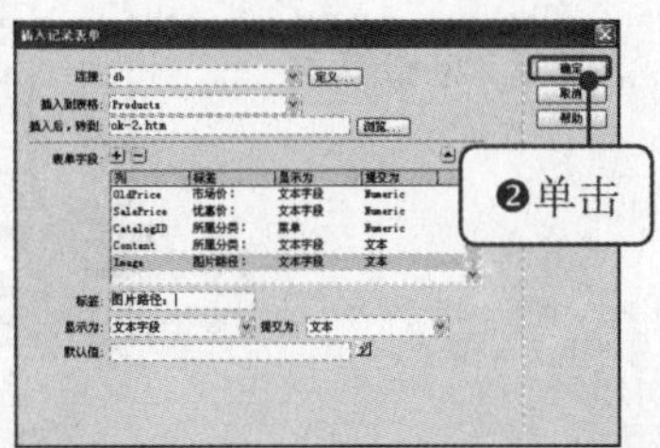

图 25-95　“插入记录表单”对话框

（13）单击“确定”按钮，此时在页面中插入了一个完成的表单项，如图 25-96 所示。

（14）选择“产品介绍:”后面的文本域，在“属性”面板中将“类型”设置为“多行”，“字符宽度”设置为 30，“行数”设置为 6，如图 25-97 所示。

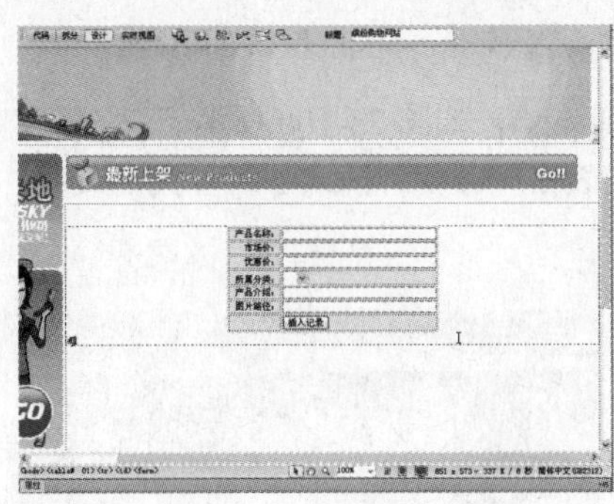

图 25-96　插入表单项

图 25-97　设置属性

（15）打开 ok-1.htm 网页，将其另存为 ok-2.htm 网页，将文字“添加商品页面”的链接换为“add-Products.asp”，如图 25-98 所示。

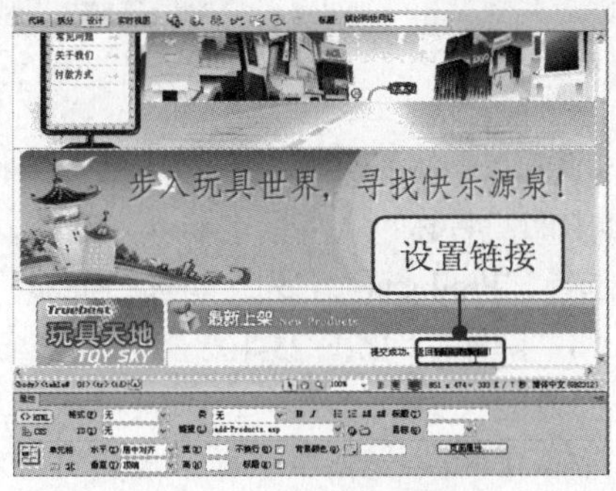

图 25-98　设置链接

25.7.2 制作商品管理页面

商品管理页面如图 25-99 所示，商品管理页面以表格的方式列出所有商品项目，然后再选择要修改或删除的记录，具体操作步骤如下。

图 25-99 商品管理页面

练习文件 实例素材/练习文件/CH25/25.7.2/index.html

完成文件 实例素材/完成文件/CH25/25.7.2/manage.asp

（1）打开 index.htm 网页文档，将其另存为 manage.asp，如图 25-100 所示。

（2）将光标放置在相应的位置，执行“插入”|“表格”命令，插入 2 行 6 列的表格，在相应的单元格中输入文字，如图 25-101 所示。

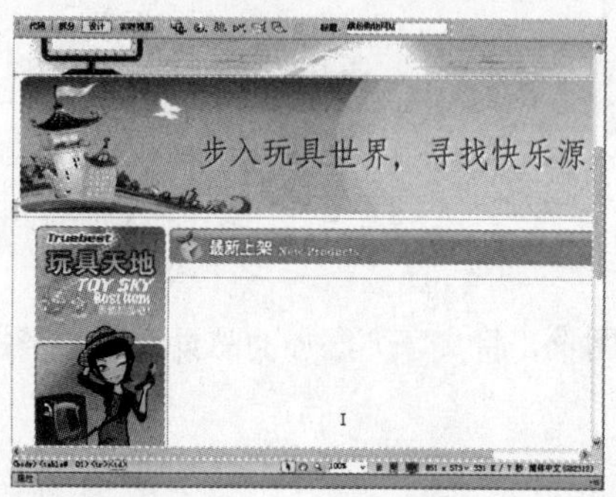

图 25-100 新建网页

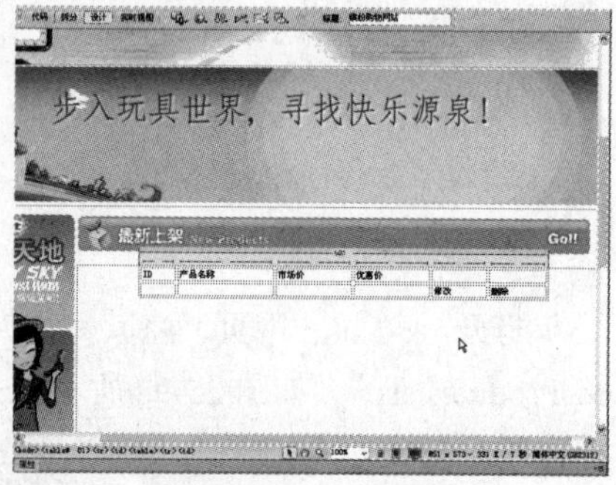

图 25-101 输入文字

（3）单击“绑定”面板中的+按钮，在弹出的菜单中选择“记录集（查询）”选项，打开“记录集”对话框。在该对话框中的“名称”文本框中输入“Rs1”，在“连接”下拉列表中选择“db”，在“表格”下拉列表中选择“Products”，“列”勾选“全部”单选按钮，在“排序”下拉列表中分别选择“ProductID”和“降序”，如图 25-102 所示。

（4）单击“确定”按钮，创建记录集。

（5）将光标放置在第 2 行第 1 列单元格中，在“绑定”面板中展开记录集 Rs1，选择“Rsl.ProductID”字段，单击“插入”按钮，绑定字段，如图 25-103 所示。

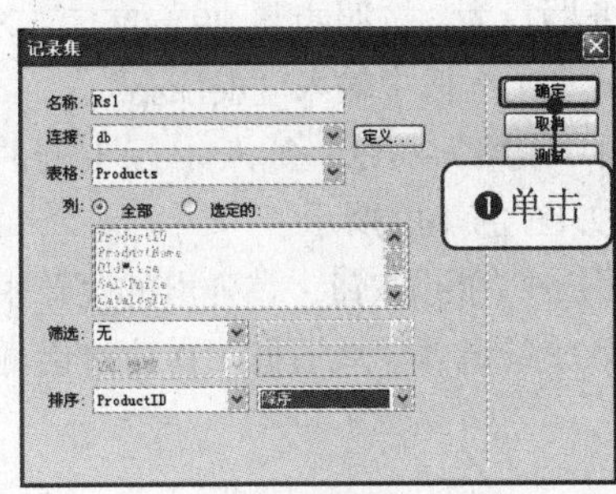

图 25-102　“记录集”对话框

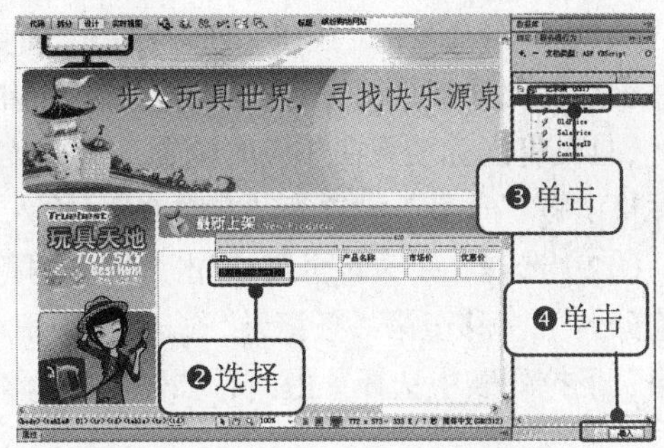

图 25-103　绑定字段

（6）按照步骤（5）的方法，分别在第 2 行其他的单元格中绑定相应的字段，如图 25-104 所示。

（7）选中第 2 行单元格，单击“服务器行为”面板中的+按钮，在弹出的菜单中选择“重复区域”选项，打开“重复区域”对话框。在该对话框中“记录集”下拉列表中选择 Rs1，“显示”设置为 10 条记录，如图 25-105 所示。

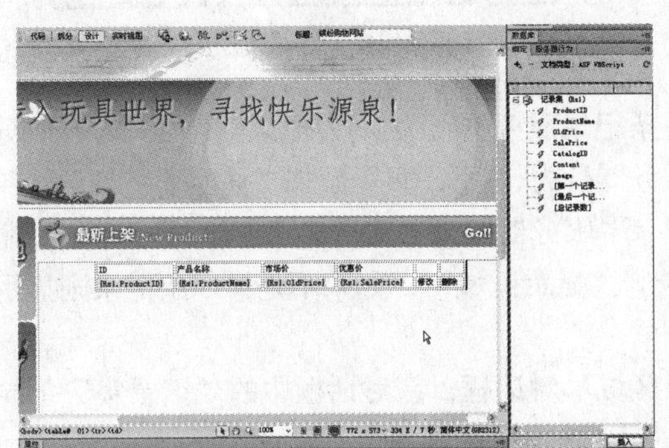

图 25-104　绑定字段

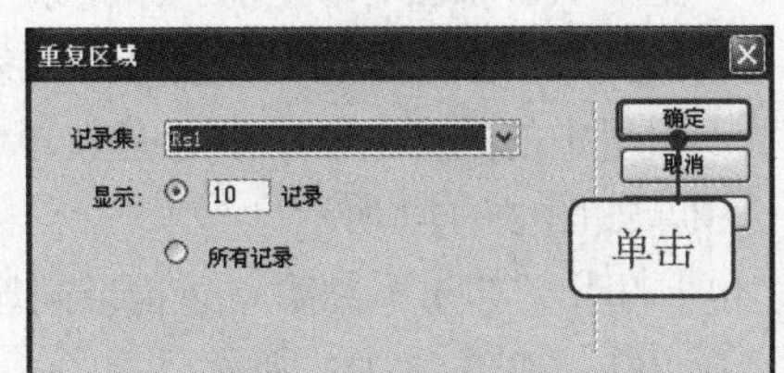

图 25-105　“重复区域”对话框

（8）单击“确定”按钮，创建重复区域服务器行为，如图 25-106 所示。

（9）选择文字“修改”，单击“服务器行为”面板中的+按钮，在弹出的菜单中选择“转到详细页面”选项，打开“转到详细页面”对话框，在对话框中的“详细信息页”文本框中输入“modify.asp”，如图 25-107 所示。

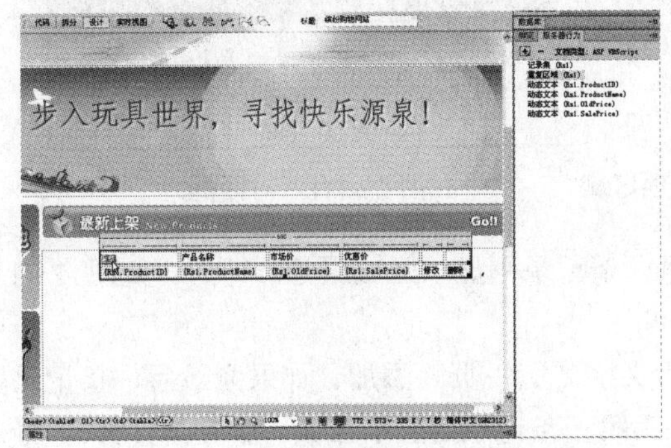

图 25-106　创建重复区域服务器行为

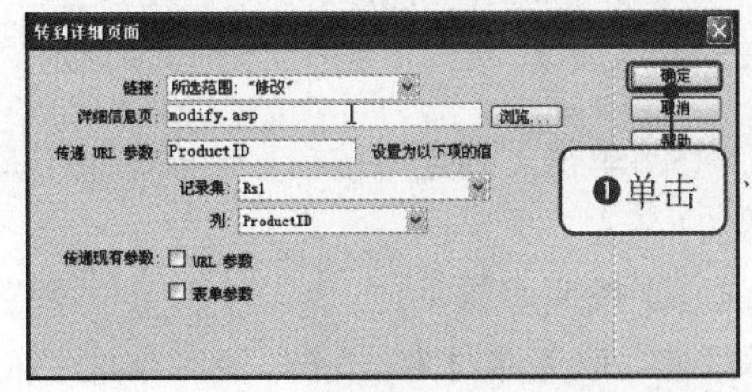

图 25-107　“转到详细页面”对话框

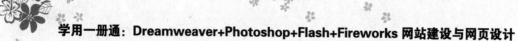

（10）单击“确定”按钮，创建转到详细页面服务器行为。按照步骤（9）的方法为文字“删除”创建转到详细页面服务器行为，在“详细信息页”文本框中输入“del.asp”。

（11）将光标放置在相应的位置，执行“插入”|“表格”命令，插入 1 行 1 列的表格，在单元格中将“水平”设置为“右对齐”，输入文字，如图 25-108 所示。

（12）选择文字“首页”，单击“服务器行为”面板中的[+]按钮，在弹出的菜单中选择“记录集分页”|“移至第一条记录”选项，打开“移至第一条记录”对话框。在该对话框中的“记录集”下拉列表中选择“Rs1”，如图 25-109 所示。

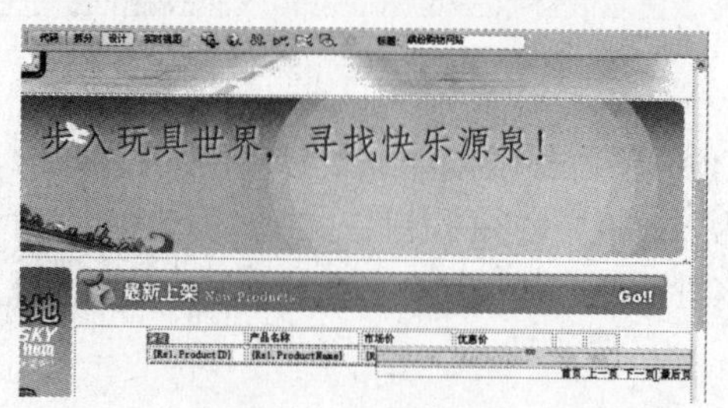

图 25-108　输入文字

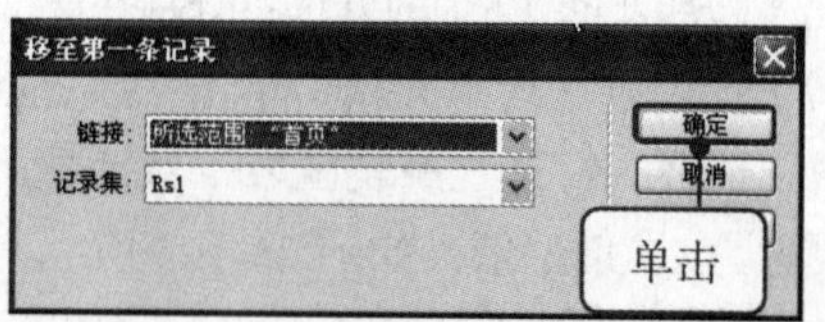

图 25-109　“移至第一条记录”对话框

（13）单击“确定”按钮，创建移至第一条记录服务器行为。按照步骤（12）的方法分别为文字“上一页”添加“移至前一条记录”服务器行为、“下一页”添加“移至下一条记录”服务器行为和“最后页”添加“移至最后一条记录”服务器行为。选择文字“首页”，单击“服务器行为”面板中的[+]按钮，在弹出的菜单中选择“显示区域”|“如果不是第一条记录则显示区域”选项，如图 25-110 所示。

（14）打开“如果不是第一条记录则显示区域”对话框，在对话框中的“记录集”下拉列表中选择 Rs1，如图 25-111 所示。

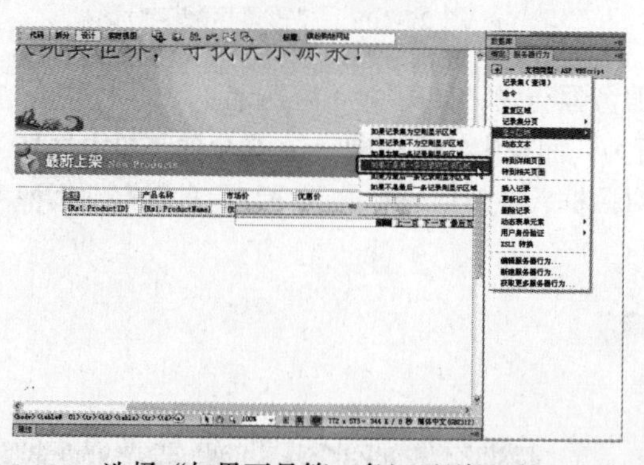

图 25-110　选择“如果不是第一条记录则显示”选项区域

图 25-111　对话框

（15）单击“确定”按钮，创建如果不是第一条记录则显示区域服务器行为，如图 25-112 所示。

（16）按照步骤（13）~（15）的方法，为文字“上一页”添加“如果为最后一条记录则显示区域”服务器行为，“下一页”添加“如果为第一条记录则显示区域”服务器行为，“最后页”添加“如果不是最后一条记录则显示区域”服务器行为，如图 25-113 所示。

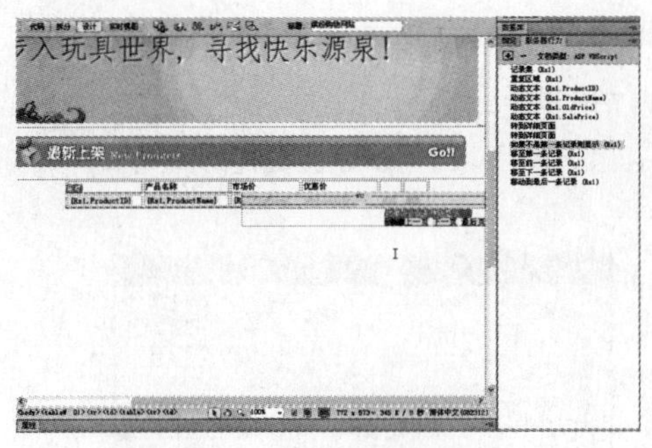

图 25-112　创建服务器行为

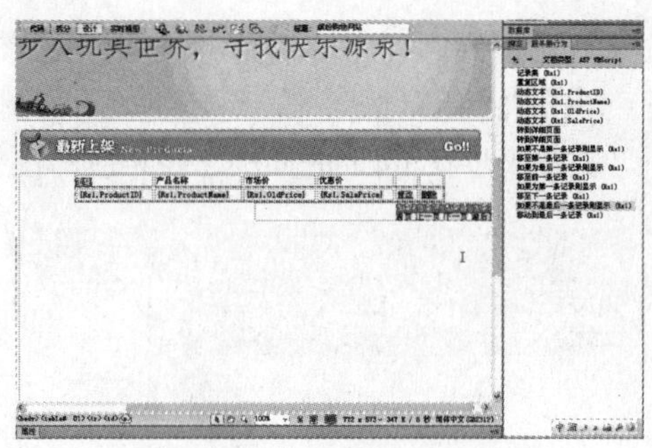

图 25-113　创建服务器行为

25.7.3　制作修改页面

修改页面如图 25-114 所示，修改页面与前面插入记录基本类似，制作时主要是利用服务器行为中的更新记录来实现的，具体操作步骤如下。

图 25-114　修改页面

练习文件　实例素材/练习文件/CH25/25.7.3/index.html

完成文件　实例素材/完成文件/CH25/25.7.3/modify.asp

（1）打开 add-Products.asp 网页，将其另存为 modify.asp 网页，在“服务器行为”面板中单击[-]按钮删除，如图 25-115 所示。

（2）单击“绑定”面板中的[+]按钮，在弹出的菜单中选择“记录集（查询）”选项，打开“记录集”对话框。在该对话框中的“名称”文本框中输入“Rs2”，“连接”下拉列表中选择“db”，“表格”下拉列表中选择“Products”，“列”勾选“全部”单选按钮，“筛选”下拉列表中分别选择“ProductID”、“=”、“URL 参数”和“ProductID”，如图 25-116 所示。

（3）单击“确定”按钮，创建记录集。

（4）选择表单中“产品名称”文本域，在“绑定”面板中展开记录集 Rs2，选择“ProductName”字段，单击“绑定”按钮 ，绑定字段，如图 25-117 所示。

（5）按照步骤（4）的方法，在相应的位置绑定相应的字段，如图 25-118 所示。

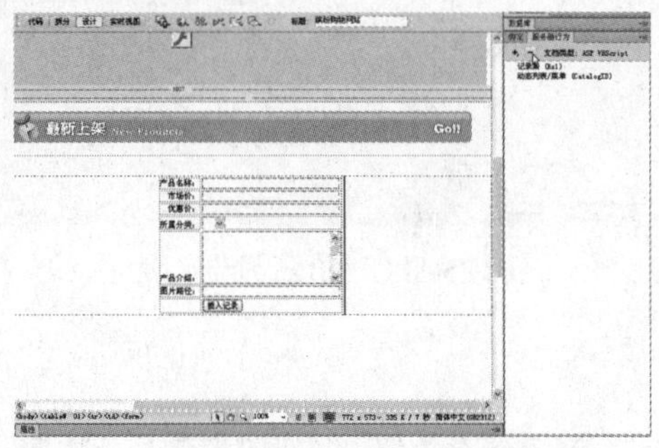

图 25-115　新建网页

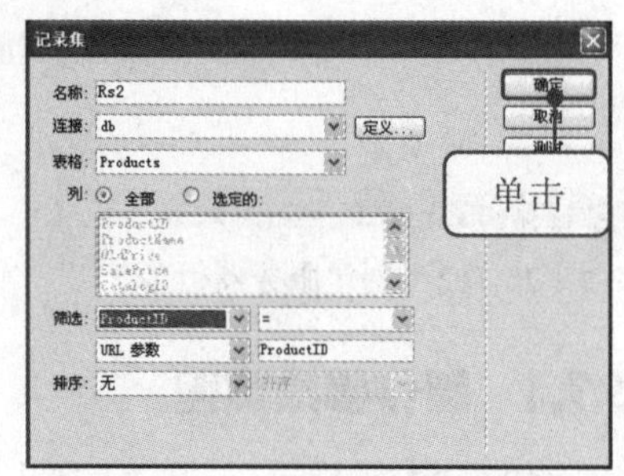

图 25-116　“记录集”对话框

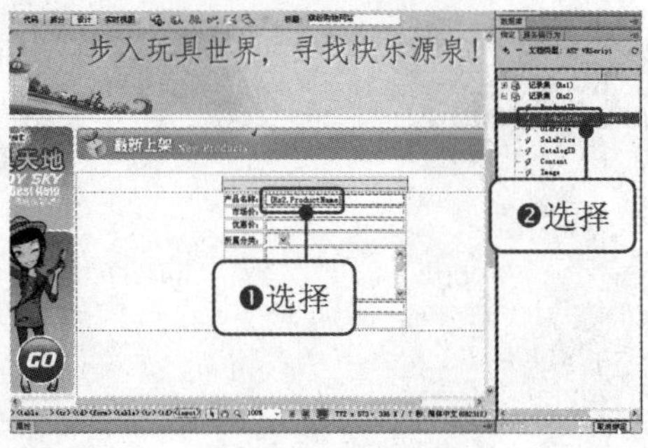

图 25-117　绑定字段

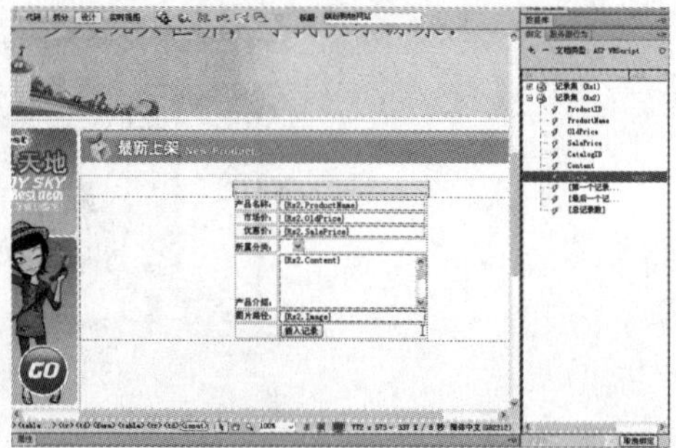

图 25-118　绑定字段

（6）单击“服务器行为”面板中的 按钮，在弹出的菜单中选择“更新记录”选项，打开“更新记录”对话框。在该对话框中的“连接”下拉列表中选择“db”，“要更新的表格”下拉列表中选择“Products”，“选取记录自”下拉列表中选择“Rs2”，“在更新后，转到”文本框中输入“ok-3.htm”，如图 25-119 所示。

（7）单击“确定”按钮，创建更新记录服务器行为，如图 25-120 所示。

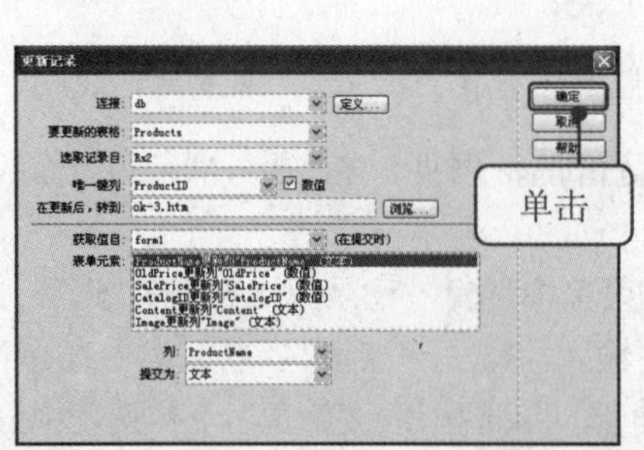

图 25-119　“更新记录”对话框

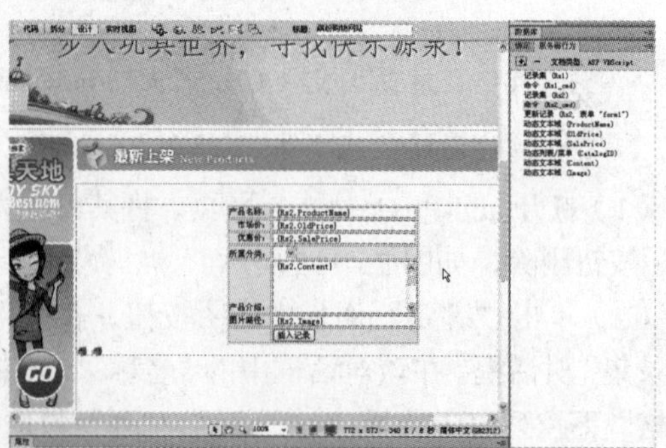

图 25-120　创建更新记录服务器行为

（8）打开 ok-1.htm 网页，将其另存为 ok-3.htm 网页，将右边的文字删除，输入“提交成功，返回添加商品页面！”，选择文字“添加商品页面”，在“属性”面板中的“链接”文本框中输入 manage.asp，如图 25-121 所示。

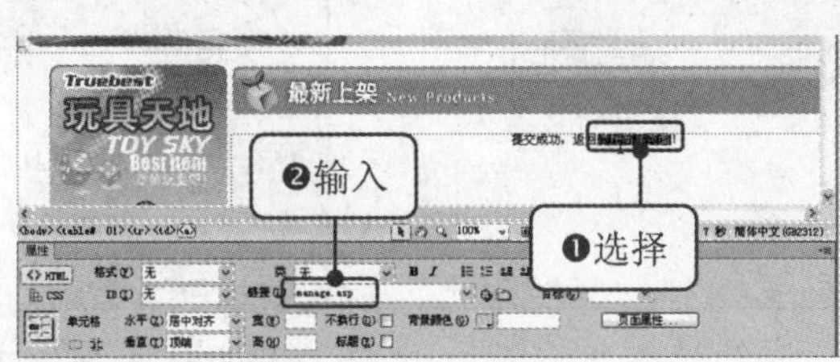

图 25-121　设置链接

25.7.4　制作删除页面

删除页面把重复、多余和不再有效的数据从数据库中删除，以免浪费数据库中的资源。删除页面如图 25-122 所示，具体操作步骤如下。

图 25-122　删除页面

练习文件　实例素材/练习文件/CH25/25.7.4/index.html

完成文件　实例素材/完成文件/CH25/25.7.4/del.asp

（1）打开 index.html 网页文档，将其另存为 del.asp，如图 25-123 所示。

（2）单击“绑定”面板中的+按钮，在弹出的菜单中选择“记录集（查询）”选项，打开“记录集”对话框。在对话框中的“筛选”下拉列表中分别选择“ProductID”、“=”、“URL 参数”和“ProductID”选项，如图 25-124 所示。

（3）将光标放置在相应的位置，设置为“居中对齐”，在“绑定”面板中展开记录集 Rs1，选择“ProductName”字段，单击“插入”按钮，绑定字段，如图 25-125 所示。

（4）按照步骤（2）~（3）的方法，将字段绑定到相应的位置，如图 25-126 所示。

图 25-123　新建网页

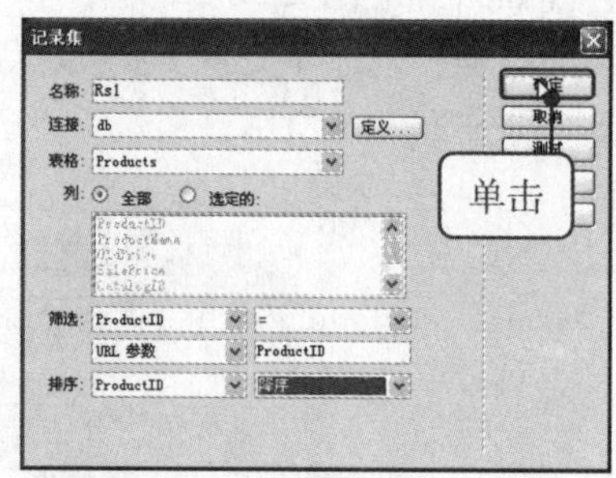

图 25-124　“记录集”对话框

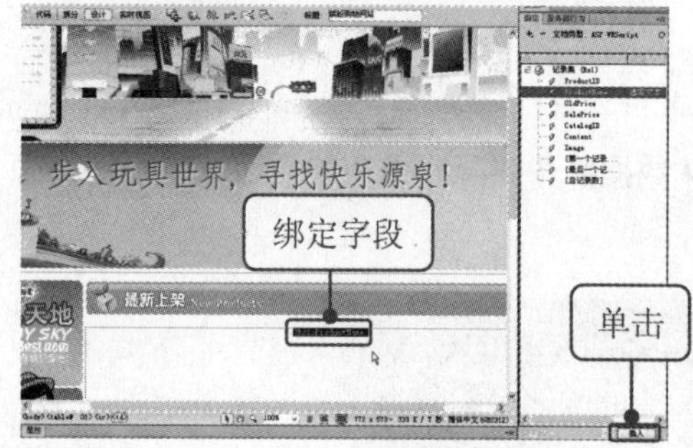

图 25-125　绑定字段

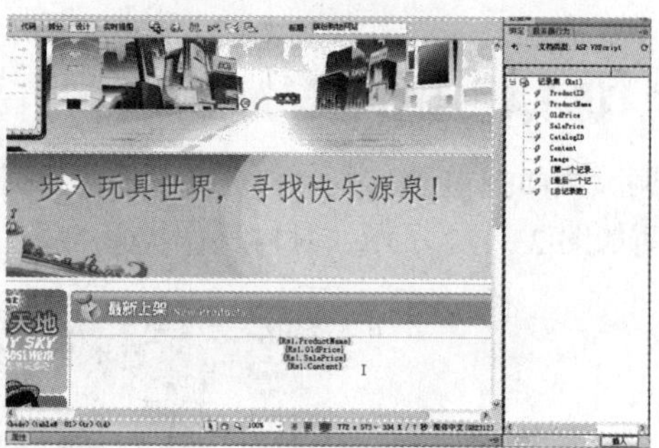

图 25-126　绑定字段

（5）将光标放置在相应的位置，执行“插入”|“表单”|“表单”命令，插入表单，如图 25-127 所示。

（6）将光标放置在表单中，执行“插入”|“表单”|“按钮”命令，插入按钮，在“属性”面板的“值”文本框中输入“确定删除”，“动作”设置为“提交表单”，对齐方式设置为“居中对齐”，如图 25-128 所示。

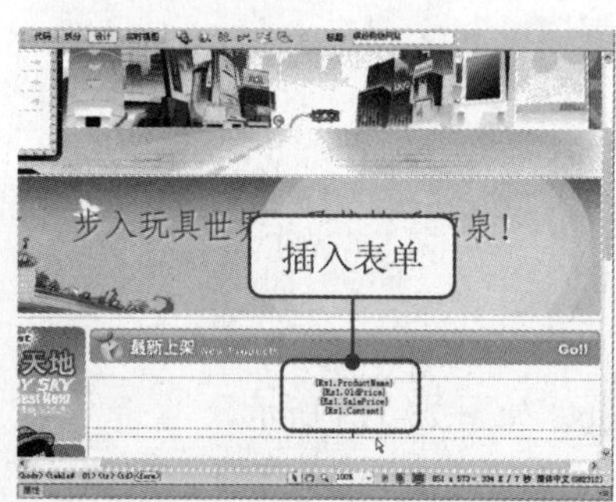

图 25-127　插入表单

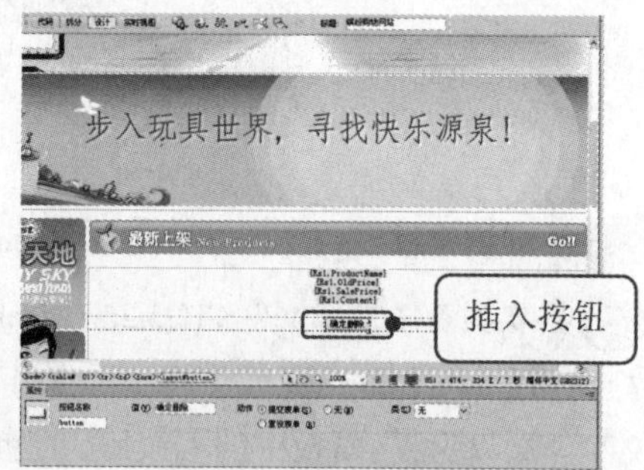

图 25-128　插入按钮

（7）单击“服务器行为”面板中的[+]按钮，在弹出的菜单中选择“删除记录”选项，打开“删除记录”对话框。在该对话框中的“连接”下拉列表中选择“db”，“从表格中删除”下拉列表中选择“Products”，“选取记录自”下拉列表中选择“Rs1”，在“删除后，转到”文本框中输入“ok-4.htm”，如图 25-129 所示。

（8）单击“确定”按钮，创建删除记录服务器行为，如图 25-130 所示。

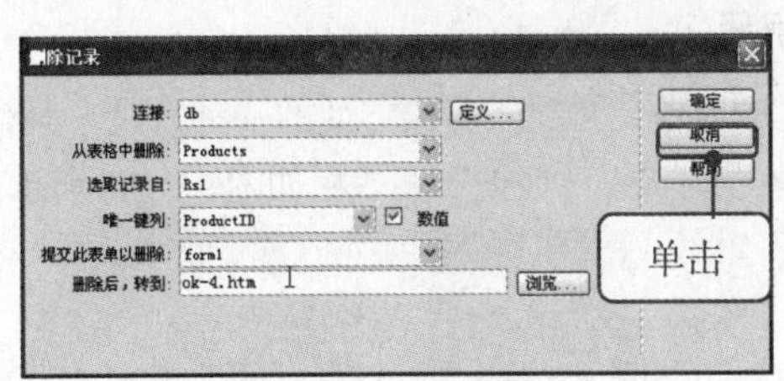

图 25-129　“删除记录”对话框

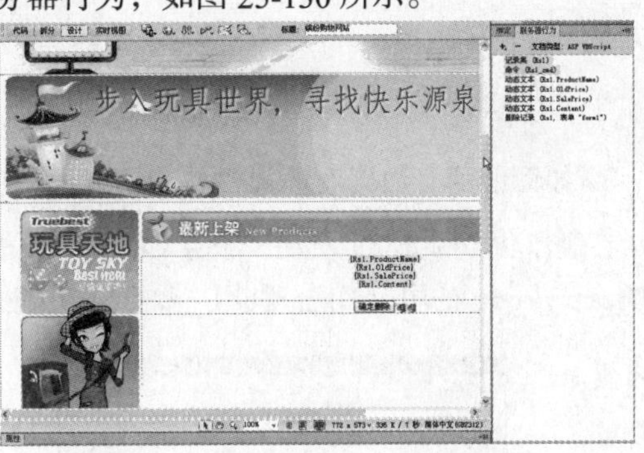

图 25-130　创建删除记录服务器行为

（9）打开 ok-3.htm 网页，将其另存为 ok-4.htm，将右边的文字修改为“删除成功，返回到商品管理页面!”，在“属性”面板中的“链接”文本框中输入“manage.asp”，如图 25-131 所示。

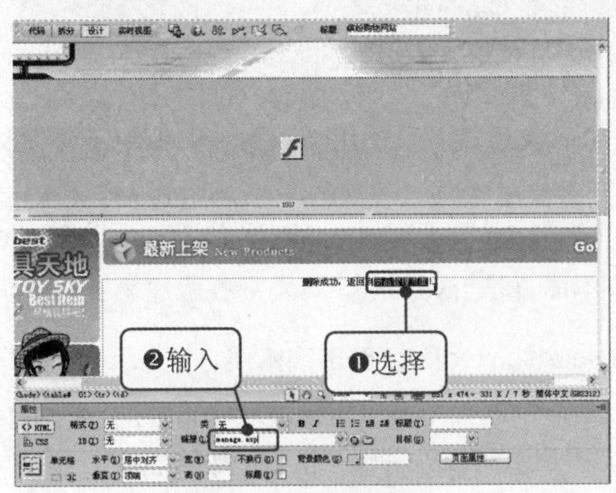

图 25-131　修改文字

25.8　专家秘籍

1. 如何给网站增加购物车和在线支付功能

本章详细讲述了购物网站的制作，但是在实际的购物网站中还有以下功能，本章限于篇幅就不再讲述了，有兴趣的读者可以尝试解决。

- 增加购物车功能：增加购物车的功能是一个复杂而又烦琐的过程，可以利用购物车插件为网站增加一个功能完整的购物车系统。读者可以在网上下载一个购物车插件，下载后安装即可使用。
- 在线支付功能：这就需要使用动态开发语言，如 ASP、PHP、JSP 等来实现。当然现在也有专门的第三方在线支付平台。

2. 如何使用“记录集”对话框的高级模式

利用“记录集”对话框的高级模式，可以编写任意代码实现各种功能，具体操作步骤如下。

- 单击“绑定”面板中的按钮，在弹出的菜单中选择“记录集（查询）”选项，打开“记录集”对话框。
- 在对话框中单击“高级”按钮，切换到“记录集”对话框的高级模式，如图 25-132 所示。

3. 如何使用“数据”插入栏快速插入动态应用程序

在制作动态网页时，利用“服务器行为”面板上的菜单，是比较直接方便的一种方式，但对熟悉 Dreamweaver 的用户来说，利用“数据”插入栏更快捷有效，“数据”插入栏如图 25-133 所示。

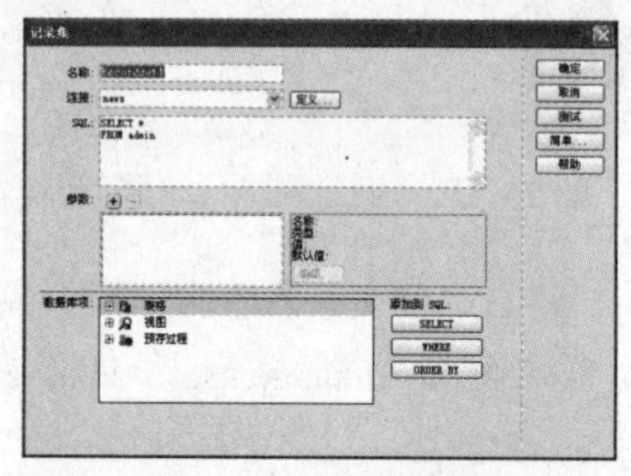

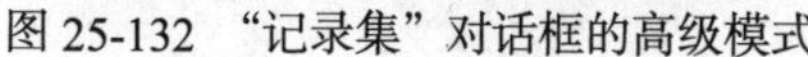
图 25-132 “记录集”对话框的高级模式

图 25-133 “数据”插入栏

4. 需不需要在每个 ASP 文件的开头使用<% @LANGUAGE=VBScript % >

在每个 ASP 文件的开头使用<%@LANGUAGE=VBScript%>代码是用来通知服务器现在使用 VBScript 来编写程序，但因为 ASP 的预设程序语言是 VBScript，因此忽略此代码也可以正常运行，但如果程序的脚本语言是 JavaScrip，就需要在程序第一行指明所用的脚本语言。

5. 为什么在使用 Response.Redirect 时出现错误

在使用 Response.Redirect 的时候出现以下错误“标题错误，已将 HTTP 标题写入用户端浏览器，对任何 HTTP 的标题所做的修改必须在写入页内容之前”，原因为：Response.Redirect 可以将网页转移至另外的网页上，使用的语法结构是这样的：Response.Redirect 网址，其中网址可以是相对地址或绝对地址，但在 IIS4.0 使用与在 IIS5.0 使用有所不同。在 IIS4.0 转移网页须在任何数据都未输出至客户端浏览器之前进行，否则会发生错误。这里所谓的数据包括 HTML 的卷标，如<HTML>、<BODY>等，而在 IIS5.0 中已有所改进，在 IIS5.0 的默认情况下缓冲区是打开的，这样的错误不再产生。在 Response 对象中有一 Buffer 属性，该属性可以设置网站在处理 ASP 之后是否马上将数据传送到客户端，但设置该属性也必须在传送任何数据给客户端之前。为保险起见，无论采用何种 ASP 运行平台，在页面的开始写上< % Response.Buffer=True %>，将缓冲区设置为打开，这样的错误就不会发生了。

25.9 本章小结

本章主要介绍了购物网站的设计制作，重点与难点是数据库创建和连接、建立记录集、绑定记录集中的字段、更新记录、删除记录、重复区域设置、分页显示和应用程序插入栏的使用等。

通过对本章的学习，读者对购物网站的制作开发过程已经有了一个深刻的认识。在实践中多练习，进一步了解购物网站的功能及特点，就可以很好地制作出动态网页。

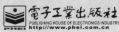

博文视点诚邀精锐作者加盟

九载耕耘奠定专业地位

以书为证彰显卓越品质

《代码大全》、《Windows内核情景分析》、《加密与解密》、《编程之美》、《VC++深入详解》、《SEO实战密码》、《PPT演义》……

“圣经”级图书光耀夺目，被无数读者朋友奉为案头手册传世经典。

潘爱民、毛德操、张亚勤、张宏江、昝辉Zac、李刚、曹江华……

“明星”级作者济济一堂，他们的名字熠熠生辉，与IT业的蓬勃发展紧密相连。

九年的开拓、探索和励精图治，成就**博**古通今、**文**圆质方、**视**角独特、**点**石成金之计算机图书的风向标杆：博文视点。

“凤翱翔于千仞兮，非梧不栖”，博文视点欢迎更多才华横溢、锐意创新的作者朋友加盟，与大师并列于IT专业出版之巅。

英雄帖

江湖风云起，代有才人出。
IT界群雄并起，逐鹿中原。
博文视点诚邀天下技术英豪加入，
指点江山，激扬文字
传播信息技术，分享IT心得

• 专业的作者服务 •

博文视点自成立以来一直专注于 IT 专业技术图书的出版，拥有丰富的与技术图书作者合作的经验，并参照IT技术图书的特点，打造了一支高效运转、富有服务意识的编辑出版团队。我们始终坚持：

善待作者——我们会把出版流程整理得清晰简明，为作者提供优厚的稿酬服务，解除作者的顾虑，安心写作，展现出最好的作品。

尊重作者——我们尊重每一位作者的技术实力和生活习惯，并会参照作者实际的工作、生活节奏，量身制定写作计划，确保合作顺利进行。

提升作者——我们打造精品图书，更要打造知名作者。博文视点致力于通过图书提升作者的个人品牌和技术影响力，为作者的事业开拓带来更多的机会。

联系我们

博文视点官网：http://www.broadview.com.cn
CSDN官方博客：http://blog.csdn.net/broadview2006/
新浪官方微博：http://weibo.com/broadviewbj
腾讯官方微博：http://t.qq.com/bowenshidian
投稿电话：010-51260888 88254368
投稿邮箱：jsj@phei.com.cn

关于本书用纸的温馨提示

亲爱的读者朋友：您所拿到的这本书使用的是 **环保轻型纸**！

环保轻型纸在制造过程中添加化学漂白剂较少，颜色更接近于自然状态，具有纸质轻柔、光反射率低、保护读者视力等优点，其成本略高于胶版纸。为给您带来更好的阅读体验并与读者共同支持环保，我们在没有提高图书定价的前提下，使用这种纸张。愿我们共同分享纸质图书的阅读乐趣！

电子工业出版社博文视点